호텔경영론

김시중 · 박정하 공저

백산출판사

머리말

최근 호텔기업의 여러 가지 환경 속에서 환대산업의 중추적인 역할을 하고 있으며, 고품격 양질의 인적·물적·시스템적 서비스를 접목시켜 고객에게 제공하고 있다.

본 호텔경영론은 고객들의 다양한 욕구를 충족시켜주기 위하여 호텔경영을 공부하는 학생이라면 필히 알아야 할 사항으로 구성하였다.

본 교재는 다음과 같이 3부와 부록으로 구성되었다.

제1부는 호텔경영일반론으로 호텔을 이해하는 장으로 호텔의 이해와 호텔기업의 특성 등에 관한 내용으로 구성되었다.

제2부는 호텔경영관리론으로 기존 호텔경영론 교재에서 볼 수 없는 호텔기업의 주요경영활동으로서 호텔경영관리기능인 계획(planning), 조직(organizing), 지휘(directing), 통제(controling) 등의 4가지 기능을 세분화하여 경영학의 이론을 중심으로 호텔경영과 연계하여 제시하였다.

제3부는 호텔경영기능론으로 인사관리, 객실관리, 프런트오피스, 하우스키핑, 식음료관리, 연회서비스, 호텔재무관리 등 호텔업무 전반에 관한 이론 및 실무적인 내용을 제시하였다.

부록에서는 호텔경영학의 주요 호텔용어를 제시하여 호텔경영학을 공부하면서 필요한 용어를 쉽게 찾아볼 수 있게 하였다.

본 교재는 필자들의 오랜 강의와 현장 실무를 바탕으로 호텔경영학을 전공하는 학생들에게 필요한 기본 저서로서의 역할을 하고자 집필하였다.

끝으로, 본 교재가 탄생되도록 많은 자료와 조언을 주신 학계, 업계의 전문가, 그리고 출판되기까지 많은 도움을 주신 백산출판사 진욱상 사장님과 직원 여러분께 감사의 말씀을 드립니다.

2012년 2월

저자 씀

차 례

제5장 조직화 / 87

제6장 지휘화 / 127

호텔의 이해

제 1 부 호텔경영 일반론

제1장 호텔의 이해

제2장 호텔기업의 특성

제 2 부 호텔경영 관리론

제3장 경영과 경영관리

제4장 계획화   제5장 조직화

제6장 지휘화   제7장 통제화

제 3 부 호텔경영 기능론

제8장 인사관리

제9장 객실판매 및 생산   제10장 프런트오피스의 조직   제11장 하우스키핑

제12장 식음료 관리   제13장 연회 서비스

제14장 호텔 재무관리

☞ 열린 생각 및 직접 해보기

▶ 호텔이 발전하는 원인은 무엇인가?

▶ 최근 호텔업계의 현안 문제점은 무엇이고 해결방안을 토의하기?

▶ 순수 국내 브랜드 호텔 신라의 성공요인은 무엇인가?

▶ 취업 희망호텔의 홈페이지에 들어가서 역사를 알아보기

Chapter 1

호텔의 이해

제1절 호텔의 어원 및 개념

1. 호텔의 어원

호텔의 어원은 손님, 나그네라는 뜻을 가진 라틴어의 hospes에서 비롯되었으며, 여기서 hospitalis(융숭한 대접)가 파생되었으며, hospital은 hospitalis 중성형으로 순례자, 참배자, 나그네를 위한 숙소의 뜻을 지닌 말이다. 이 hospitale이라는 말에서 hospital, hostel, Inn 등으로 변천되어 오다가 오늘날에는 전형적인 숙박 시설인 Hotel로 발전한 것이다.

호텔의 원시적인 형태라 할 수 있는 Hospital이라는 말은 현재에는 병원이라는 뜻으로 사용되고 있지만, 오래 전에는 두 가지 의미를 가지고 있었다. 그 하나는 여행자들이 휴식을 취하고 심신을 회복시킬 수 있는 간이 숙박소로 제공되는 장소의 의미가 있었고, 또 하나는 여행에서 생긴 병자나 부상자, 또는 고아나 노인들을 쉬게 하고 간호하는 시설로서의 의미를 지니고 있다. 그 중에서 여행자의 숙박과 휴식의 장소로 설명되는 것이 오늘날의 숙박 시설인 호텔로 발전한 것이고, 또 하나는 노인과 병약자, 그리고 고아들을 수용하는 자선 시설로서의 의미가 오늘날의 병원으로 발전한 것이다.

Inn은 전치사 'in'과 관계가 있는데, 14세기 영어에 동사로 '숙박시킨다'는 의미로 쓰여 지다가 명사화되어 '숙박 시설'이란 뜻을 지니게 되었으며, hostel 역시 Inn의 뜻으로 19세기 이후부터 사용되고 있는데, 현재에는 청소년을 위한 저렴한 숙박 시설이란 뜻의 youth hostel로 사용되고 있다. 또한, 오늘날 환대산업(hospitality industry)이라고 하면 호텔, 레스토랑, 사교 클럽 등을 의미하는데, 여기에는 '정중하고 예의바르게 격식을 갖추어 접대하는 장소'의 의미를 내포하고 있다.

2. 호텔의 개념

호텔의 개념에 대해서는 여러 문헌에서 찾아볼 수 있으나 그 뜻은 거의 비슷하게 표현되고 있으며, 사전적 의미, 법규적 의미, 학자 간의 정의로 구분하여 살펴보면 다음과 같다.

1) 사전적 의미

웹스터사전(Webster's 3th New International Dictionary)에 의하면 호텔은 "대중을 위하여 숙식, 식사, 오락과 다양한 인적 서비스를 제공하는 건물이나 공공장소"로 정의하고 있다. 랜덤하우스 사전(The Random House Dictionary)에서는 호텔은 "여행자에게 숙박을 제공하거나 식당, 회의실 등을 갖추어 일반 대중에게 이용하게 하는 상업적 시설"이라고 정의하고 있다. 관광사전(The Dictionary of Tourism)에서는 "여행객이나 체재객들에게 빌려줄 목적으로 숙박 시설을 제공하는 장소"라고 정의하고 있다.

2) 법규적인 정의

〈표 1-1〉 국가별 호텔업의 법규적인 정의

국 가	정 의
한국 관광진흥법 제3조 2항	관광객의 숙박에 적합한 시설을 갖추어 관광객에게 이용하게 하고 숙박에 딸린 음식 · 운동 · 오락 · 휴양 · 공연 또는 연수에 적합한 시설 등을 함께 갖추어 관광객에게 이용하게 하는 업으로 정의하고 있다.
일본 국제관광호텔 정비법 제2조 1항	'호텔업이란 외래객의 숙박에 적합하도록 서양식의 구조 및 설비로 만들어진 숙박과 음식을 제공하는 영업체'로 규정하고 있다. 이는 호텔의 기본적 개념 이전에 관광사업진흥을 목적으로 한 국가적 견지에서 규제 요건을 설정한 개념이다.
이탈리아 관광법 제6조 2항	호텔업이란 '일정한 관리 하에 일반인에게 개방되어 있고, 하나 이상의 건물 또는 일부분 내에 객실에서 숙박을 제공하며, 경우에 따라서는 음식과 기타 부대 서비스도 제공하는 수용 시설'로 정의하고 있다. 이 개념에서는 고객에게 숙식을 제공하는 것뿐만 아니라 고객의 재산의 보호책임, 공공의 건강과 안전 규칙에 대한 순응, 그리고 높은 수준의 청결, 위생의 유지가 전제되고 있다.

3) 학자 간의 정의

호텔이란 숙박 및 기타 부대시설의 제공을 우선으로 하나, 최근 들어 상업적 또는 기업적인 면이 추가되어 있음을 알 수 있다. 특히, 최근 호텔 기업은 고객 시장 환경의 변화에 대응하여 휴식과 오락은 물론, 여가와 문화생활을 위한 지원 사업에 이르기까지 공공장소로서의 다양한 기능을 수행하고 있다.

〈표 1-2〉 호텔의 학자 간의 정의

학자명	정 의
김충호	'호텔은 일정한 지불 능력이 있는 사람에게 객실과 식사를 제공할 수 있는 시설을 갖추고 잘 훈련되고 예의바른 종사원이 조직적으로 보좌하여 그 대가를 받는 기업'
김재민·신현주	'일정한 지불능력이 있는 사람에게 객실과 식음료를 제공할 수 있는 시설을 갖추고 예의가 바른 종사원이 조직적으로 서비스 용역을 제공하여 그 요금을 받는 사업체'
메들릭(S. Medlik)	'호텔은 일정한 대가를 받고 여행객이나 투숙객에게 숙소 및 식사를 제공하고 그 밖에 이용자에게 식음료나 부대시설을 제공하는 기업'
제퍼러(J. P. Jefferies)	'호텔은 일반 대중에게 숙박 시설을 제공하거나 한 가지 이상의 호텔 서비스를 제공하는 것을 기본으로 하는 사업 구조'

3. 호텔의 기능

1) 전통적인 호텔의 기능

호텔은 고대 사회에서나 중세기에도 존재하였고, 초기에는 사원에서 주막으로 또는 별장 등으로 변화해 가면서 발전하여 왔다. 호텔 사업은 일반 대중을 고객으로 하고, 숙박과 음식 그리고 인적 서비스를 상품으로 한 현대 기업에 있어서 신흥사업이라고 할 수 있다.

호텔은 여행자를 위하여 숙박과 식사를 제공하는 대중적인 숙박 장소로서 의미를 갖고 있었으나, 사회 환경의 변화, 특히 소득의 증대, 여가의 증대, 교통 기관의 발달, 정보의 증대, 소비자들의 가치관의 변화 등 제반 환경의 변화에 따라 그 기능도 다양해지고 있다. 오늘날 호텔은 대규모의 현대적 사설과 서비스가 상품화되었다는 인식을 하게 되었고, 서비스의 기술 혁신과 고도로 개발된 신규 시설에 의존하게 되었다.

전통적인 호텔은 여행자에게 수면, 음식, 생명과 재산의 보호 등의 기본적인 기능을 갖고 있었으나, 관광객의 욕구가 다양해짐에 따라 호텔업의 기능도 여기에 대응하여 다기능 호텔(Multi-role Hotel)로 변모하게 되었다. 오늘날 호텔은 종래의 가정(home)의 기능에서 사회적, 문화적 역할을 강조하는 기능으로 확대 변화되어 가고 있다.

2) 현대적인 호텔의 기능

오늘날의 호텔은 재래적인 기능이라고 할 수 있는 숙박과 식음료 제공의 기능 외에도 집회의 기능이나 스포츠, 레저 및 상업적 서비스 기능과 건강관리, 비즈니스 기능까지도 갖춘 종합적인 기능을 수행하고 있다고 사꾸고사다요시는 주장하고 있다. 따라서 한 마디로 간략하게 정의하면 호텔은 다목적인 상품 제공 기능의 장소라고 할 수 있다. 이러한 다양한 호텔의 기능을 종합해 보면 <표 1-3>과 같다.

〈표 1-3〉 현대 호텔의 기능

기 능	내 용
숙박 기능	수면, 휴식시설에 관련한 물적 서비스를 비롯한 인적 서비스 정보적 서비스를 제공
음식 제공 기능	음식물 제공 이외에 이에 따른 부수적인 인적·물적·정보적 서비스를 제공
집회 공간 서비스	호텔은 단지 숙식 서비스를 제공하는 기능뿐만 아니라 사교의 장소로서의 시설을 제공하고, 이에 따른 인적·물적·정보적 서비스를 제공
문화 서비스 기능	교육, 예술, 공예 학습
스포츠 레저 기능	관광·레저 오락 휴양 보건의 장소로서의 시설과 이에 수반되는 인적·물적·정보적 서비스를 제공
상업 서비스 기능	쇼핑, 패션, 생활 정보 수집
건강관리 서비스 기능	건강 의료, 헬스, 미용
비즈니스 기능	상업적 비즈니스 활동 장소로서의 기능과 이에 따른 제반 서비스를 제공

호텔의 기능은 영리 추구의 최우선 목적, 공공 사회에 기여하는 공익성, 숙박 시설을 제반 시설의 현대화, 식사 제공 장소로서의 시설(각종 식당, 주방, 휴게실, 연회장 등), 사교 및 오락 장소로서의 시설(로비, 오락실, 수영장 등), 비즈니스 활동 장소로서의 시설(세미나실, 회의실, 전화, 전신 이용 등), 지역 및 국가 사정에 따라 카지노 시설, 건강 및 휴식을 위한 장소로서의 시설(사우나, 골프장, 피트니스센터, 테니스 코트, 조깅 코스 등), 호텔이

위치란 지역의 종합적인 관광 발전에 선도적인 역할 수행, 종합적인 여가 시간 활용, 문화시설 및 사업 활동을 제공할 수 있는 공간적 여건 및 분위기를 제공하여 즐거움과 안락함 등을 주는 기능을 지키고 있다.

현대 호텔이 추구해야 하는 기능은 호텔의 고객을 충족시키고, 각 호텔의 실정에 맞는 특성과 여건을 살려 효율적안 운영을 도모해야 하는 것을 전제로 삼아야 한다. 결국 현대의 호텔은 단순한 개인 생활, 개인 사무실의 공간 개념 보다는 그 지역 사회의 경제, 문화, 사회, 예술, 커뮤니케이션 등의 활용 공간을 갖게 되어 있으며 호텔을 이용한 고객이 상품에 대한 가치 기준의 욕구가 다양해짐에 따라 호텔산업도 환경 변화에 대응하기 위한 고급화, 개성화, 대중화, 편리화, 오락화와 더불어 다양한 서비스를 제공해야 할 것이다.

제2절　호텔의 분류

호텔의 분류는 학자들마다 호텔의 구조, 입지, 규모, 숙박 목적 그 경영방식, 체재기간, 항공운송수단별, 특정 호텔의 시장을 형성하고 있는 고객의 유형 등 다양한 방법에 의해서 분류하고 있지만, 일반적으로 입지에 의한 분류, 숙박 목적에 의한 분류, 숙박기간에 의한 분류, 요금 지불 방식에 의한 분류, 관광진흥법상에 의한 분류, 경영형태 의한 분류, 기타 숙박 형태에 의한 분류 등으로 구분할 수 있다.

1. 입지 조건에 의한 분류

1) 메트로폴리탄 호텔(Metropolitan Hotel)

대도시에 몇 천 실을 보유하고 있는 호텔들을 말한다. 대연회장 등의 대규모 시설을 갖추고 있으며, 사업적으로 필요한 시설, 설비, 서비스가 완비되어 있다.

2) 다운타운 호텔(Downtown Hotel)

도시 중심지에 위치한 호텔이다. 이것은 시티호텔(City Hotel)과 그 성격이 같으며 비즈니스센터, 쇼핑센터 등이 있는 교통이 편리한 시가 중심에 있으며, 사업가나 상용, 공용 또는 도시에 오는 관광객들에게 많이 이용된다.

3) 교외 호텔(Suburban Hotel)

외곽으로 도심에서 약간 벗어난 도심 주변에 위치한 호텔을 칭한다.

4) 컨추리 호텔(Country Hotel) - 산악 호텔

교외나 산간에 위치한 호텔이며 계절에 맞는 각종 오락 시설을 갖추고 고객을 유치한다. 대체로 휴양지나 계절에 따라 즐길 수 있는 적합한 장소를 택하여 건설된 호텔을 말한다.

5) 에어포트 호텔(Airport Hotel) - 에어텔

공항 부근에 건설된 호텔이며 계속적인 발전을 하고 있다. 공항 호텔이 번영하는 원인은 항공기의 증가에 따른 승무원 및 항공 여객의 증가와 기상 관계로 예정된 출발이 늦어지는 등 그리고 야간에 도착할 승객이 이용할 수 있는 편리한 점도 있어서 공항 호텔의 이용도가 높아져 가고 있다.

6) 시포트 호텔(Seaport Hotel)

여객선이 출입하는 항공 부근에 위치한 호텔로서 배를 타고 여행하는 승객들이 이용하기 편리하도록 시설되어 있어 여행자가 하선하여 다음 여행지로 떠날 배를 기다리는 동안 호텔을 이용하게 된다.

7) 스테이션 호텔(Station Hotel)

철도역 앞에 위치한 호텔로서 기차를 타고 여행하는 승객들이 이용하기에 편리하게 시설되어 있는 호텔을 말한다.

2. 호텔의 숙박 시설에 의한 분류

1) 유스호스텔(Youth Hostel)

유스호스텔은 청소년을 위한 저렴한 숙박 시설이다. 1912년 독일에서 시작한 것으로 시작된 것으로 여행하는 청소년들의 숙박에 적합한 구조 및 설비를 갖추어 이를 이용하게 하고 음식을 제공하는 숙박 시설로서 영리를 추구하는 기업과는 달리 일종의 사회 복지 시설이다. 유스호스텔의 특징은 공공시설(식당, 집회실, 도서실, 음악 감상실, 운동장)을 갖추고 있어 남녀가 공동으로 이용할 수 있으나 객실은 엄격히 구별되어 있고, 식당에서는 셀프 서비스가 원칙이며 자기가 원하는 사람은 자취를 할 수 있도록 되어 있다. 또한 각종 운동 기구와 등산 장비가 구비되어 있다. 유스호스텔은 간소, 청결, 저렴한 것이 특징이며, 오늘날 세계 각국에서 고조되고 있는 소셜투어리즘(Social Tourism)의 영향을 받아 여행 경비가 제약된 일반인의 여행에도 이용되고 있다. 전 세계에 약 5,000개의 유스호스텔이 있고 미국에는 225개가 있다.

2) 빵숑(Pension : 펜션)

빵숑은 유럽에서 발생한 전형적인 하숙식 여인숙으로 장기 체재형의 저렴한 숙박 시설이다. 주변에 레스토랑 및 음식점이 많이 있는 곳에 위치하므로 조식은 제공되지만 석식은 제공되지 않는 것이 통례이다. 빵숑의 요금제도로는 흔히 빵숑 뿌랑(Pension Plan)과 더미 빵숑(Demi-Pension)이 있는데, 전자는 숙박에 3식이 포함된 객실 요금이고 후자는 숙박에 1식이 포함된 요금제도이다. 가족적 분위기의 따뜻한 접대와 비교적 저렴한 그 매력이 있으나, 한편 불편하고도 노후한 시설로 인하여 체재 중 상당한 불편을 아울러 감수해야 하는 경우가 있다.

3) 민박(Bed and Breakfast : B&B)

민박은 영국 전역에서 이용 가능하며 우리나라에는 민박, 일본에는 민숙(民宿)에 해당된다. 문자 그대로 침실과 조식을 제공하는 개인 가정이 많고 직업 생활을 끝낸 노부부가 자녀들이 독립해서 떠난 후에 몇 개의 방을 개조해서 숙박 시설로 영업하고 있는 경우가 일반적이다. 외국에서는 B&B의 간판을 달고 도로에 접한 객실 창문에 전광판으로 '빈방 있음'이라고 표시하고 있다. 로비, 응접실, 식당, 욕실 등은 집 주인의 공용이다. 매우 저렴하므로 영국인은 자가용 여행에 흔히 이용되고 있다. 사전에 예약 없이 현지에서 어둡기 전에 보고 고르는 것이 숙박의 한 방법이다. 민박 고객들은 풍성한 조식과 안락한 객실, 공동욕실을 기대할 수 있다.

4) 파라도(Parador)

스페인어로 파라도(Parador) 또는 포르투갈어로 포사다(Posada)는 정분에 의해 호텔로 개조된 성(城)이나 역사적 건축물이다. 주로 휴가객을 대상으로 적정 가격으로 풍성한 식사를 제공한다. 더욱 호화스런 대저택 숙박 시설은 프랑스(chateaux), 독일, 오스트리아(Schlosse)에서 가능하다.

5) 인(Inn)

인은 우리말로 여관에 해당되지만 근대적 호텔 시설이 갖추어지기 이전의 숙박 시설 형태를 말한다. 최근에 특히 미국 등지에서 호텔을 인이라고 부르는 이유 중에 하나는 호텔 경영상의 인건비가 상승하고 서비스가 저하되기 때문에 고객에게 환대에 대한 복고적인 이미지를 창조하기 위한 전략이다.

6) 회관 호텔

한 빌딩에서 호텔과 회관의 역할을 함께 할 수 있는 호텔을 말한다. 한 빌딩의 하층은 회관 또는 상점가로 이용하고 상층은 호텔로 이용할 수 있는 이점을 살려 건물을 유효하게 운영하는 경영 방식이다.

7) 여텔

여관과 호텔을 복합한 형식의 숙박 시설로서 객실은 양식과 한식을 배합하여 호텔 형식의 서비스를 가미한 것이다.

8) 국민 숙사

일본에서 흔히 볼 수 있는 숙소로서 휴가철 숙사라고 하며 가족 단위의 휴가 등을 즐길 수 있는 저렴한 공공 숙박 시설이다. 정부와 공공 단체에 의해 운영되며 쇼셜 투어리즘의 일환으로 장려되고 있다.

9) 로지(Logis)

로지는 펜션과 별로 차이가 없으나 독특하고 아름다운 이미지를 갖는 프랑스의 시골 숙박 시설로서 정부 당국의 육성과 지원을 받으며 전국적인 조직으로 통일된 표식을 갖고 발전하고 있다.

10) 호스텔(Hostel)

호스텔은 빵숑보다 상위의 숙박 시설로서 포르투갈에서 흔히 볼 수 있는 저렴한 시민용 호텔이다.

11) 샤또(Chateau)

샤또는 일명 맨션이라고도 불리는데, 영주나 지주의 대저택 또는 호화 저택을 지칭했으나, 오늘날은 관광지의 아담하고 소규모적인 숙박 시설을 말한다.

12) 샤레이(Chalet)

샤레이는 본래 스위스식의 농가 집을 의미하는 열대지방의 숙박 시설 형태로서 그 규모는 방갈로보다 작고 건물 높이도 낮은 것이 특징이다.

13) 마리너(Marina)

마리너는 유람선의 정박지 또는 중계항으로서의 시설 및 관리 체계를 갖춘 곳을 말한다. 기본적인 시설로는 선박 출입을 위한 외곽 시설, 정박지, 견인 시설, 계류장, 급유 시설, 수리장, 구난 사무실, 정화 시설 이 외에 관리 사무소 등 각종 유관 설비가 있다.

3. 호텔 형태에 의한 분류

호텔기업의 다양성 때문에 특정 호텔기업을 특정그룹으로 명확하게 구분한다는 것은 결코 쉬운 일이 아니다. 그러나 일반적으로 호텔의 규모, 목표시장, 서비스 수준, 그리고 소유 형태와 제휴형태에 따라 구분할 수 있다.

1) 호텔의 규모

호텔의 규모에 의한 분류는 호텔이 보유한 객실 수에 의한 것으로서 일반적으로 다음과 같이 4개의 그룹으로 분류된다.

(1) 150실 미만 : 소규모 호텔
(2) 150~299실 : 중규모 호텔
(3) 300~600실 : 대규모 호텔
(4) 600실 이상 : 특대규모 호텔

이러한 분류는 유사한 규모의 호텔들 간에 호텔의 운영에 대한 절차나 영업에 대한 통계적인 결과들을 서로 비교할 수 있도록 해준다.

2) 목표시장

호텔기업의 마케팅 활동에 있어서 가장 중요한 문제는 호텔을 주로 이용하는 대상이 누구인가 그리고 호텔 상품이 누구에게 매력을 가질 수 있는가를 밝혀내는 데 있다. 이러한 활동은 마케팅 연구나 전략을 통해서 목표시장을 설정하게 된다. 환대산업에 있어서 최근의 마케팅 활동 추세는 대규모 시장 내에서 목표대상을 특정 그룹이나 분야에 한정하고 이들을 만족시킬 수 있는 상품이나 서비스를 개발하고 있다. 이러한 시장세분화 전략은 특히 체인호텔들이 실질적으로 성장하는데 많은 공헌을 하였다.

목표시장에 따른 가장 일반적인 분류는 커머셜, 에어포트, 레지덴셜, 리조트, 카지노, 컨벤션호텔 등으로 구분할 수 있다.

(1) 커머셜(commercial) 호텔

커머셜 호텔의 주 대상고객은 상용고객이나 단체 관광객, 개별여행자, 소규모 회의 참가자들에게도 숙박하게에 편리한 호텔이다. 주로 도심지나 상업 중심지에 위치하며 체재기간이 비교적 단기간이기 때문에 일명 트랜지언트 호텔이라고도 불린다. 제공되는 주요 서비스로는 신문, 모닝커피가 무료로 제공되기도 하며, 시내전화 또한 무료로 이용할 수 있다. 케이블TV, VCR과 비디오, 퍼스널 컴퓨터, 팩스 등을 갖추고 있으며, 렌터카 공항 픽업, 세탁 등의 서비스를 제공받을 수 있으며 커피숍, 각종 식당, 칵테일라운지, 수영장, 헬스, 사우나, 테니스코트 등의 설비를 갖추고 있다.

(2) 에어포트(airport) 호텔

공항주변에 위치하거나 공항에 접근하기 쉬운 곳에 위치하며 규모나 제공되는 서비스 수준도 다양하다. 주 이용고객은 통과여객, 항공편 취소고객, 항공사 직원 등이며, 일부 상용고객도 이용한다. 직통전화를 통한 호텔의 예약이나 호텔이 소유한 리무진이나 밴을 이용한 공항픽업 서비스를 제공받을 수 있기 때문에 공항호텔을 이용하는 고객들은 상당한 여행비용을 절감할 수 있다.

(3) 레지덴셜(residential) 호텔

주로 장기 투숙객을 대상으로 하기 때문에 모든 시설과 설비가 이에 맞추어져 있다.

일반 호텔과는 달리 객실 내에 주방설비를 갖추고 있기 때문에 대부분의 식음료 업장은 소규모로 운영되고 있으며 주로 객실판매를 위주로 한다. 매우 제한적이기는 하지만 하우스키핑, 전화, 프런트데스크, 유니폼 서비스와 같은 호텔식의 서비스가 제공된다. 숙박은 호텔과 고객 간 상호 계약에 의해 이루어지며 최근에 와서는 콘도미니엄이나 스위트 호텔의 개념으로 변모하였다.

(4) 리조트(resort) 호텔

산악지대나 온천, 해수욕장 등과 같은 휴양지에 위치한 호텔로서 주로 휴양을 즐기려고 하는 여행객들을 대상으로 하는 호텔이다. 대부분의 리조트 호텔들은 다양한 식음료 상품뿐만 아니라 밸릿, 룸서비스 등을 제공하며, 골프, 댄싱, 테니스, 승마, 하이킹, 스키, 수영 등을 즐길 수 있는 시설을 갖추고 있다. 그러나 리조트 호텔은 위치하고 있는 입지적 특성상 계절적인 영향을 많이 받기 때문에 수입이 불안정하고 건물이나 설비의 조기 노후화에 따른 유지·보수에 많은 어려움이 있다.

(5) 카지노(casino) 호텔

카지노 호텔은 도박을 전문으로 하는 시설을 갖춘 독특한 호텔이다. 최고급 수준의 객실과 식음료 업장들을 갖추고 운영하고 있지만 이러한 업장들을 통해 적극적으로 수익성을 추구하는 일반 호텔들과는 달리 이들 업장들의 기능은 원활한 카지노운영을 위한 하나의 지원시설에 불과한 경우가 많다. 대부분의 대규모 카지노 호텔들은 카지노를 즐기는 고객들을 유치하기 위해 전세기를 제고하기도 하며 대규모 버라이어티쇼를 개최하기도 한다.

또한 갬블러(Gambler)들이 주로 찾는 호텔로서 객실규모가 1,000실 이상에서 수천 실에 이르기까지 다양한 매머드 급의 호텔이다. 호텔마다 나름대로 독특한 건축양식이나 각종 이벤트 혹은 상징물을 갖고 있는 것이 특징인데, 이러한 호텔 군을 형성하는 대표적인 도시가 미국의 라스베이거스(Las Vegas)이다. 오늘날 카지노 호텔들은 대규모 국제회의장과 각종 식당들을 갖추어 국제회의를 유치하거나 각종 박람회 및 이벤트 등을 개최하면서 이미지 개선에 힘쓰고 있다. 그동안 카지노 호텔로 이름이 높았던 호텔들이 운동시설, 수영장 쇼핑센터 등 내부시설의 보완·확대하면서 그 이미지 개선을 위해 힘쓰고 있다.

(6) 컨벤션(convention) 호텔

컨벤션 수요가 과거 20년 전에 비해 거의 2배 이상 증가한 현재의 추세에 힘입어 컨벤션 호텔은 최근에 급속하게 성장하고 있는 호텔 분야이다. 대부분의 커머셜 호텔들이 600여 개 내외의 객실을 보유하고 있는 반면, 컨벤션 호텔들은 2,000개 또는 그 이상의 객실을 보유한 호텔들이 많다. 이들 호텔들은 대규모 연회장뿐만 아니라 중·소규모의 회의장을 갖추고 각종 연회 및 회의에 필요한 화상설비, 사무, 통역서비스는 물론이거니와 카페테리아와 같은 셀프서비스 식당에서부터 최고급의 전문식당 서비스에 이르기까지 다양한 식음료 서비스가 제공된다.

3) 서비스 수준

호텔기업을 분류하게 위한 또 다른 방법은 고객에게 제공되는 서비스 수준에 의해 구분하는 방법이다. 이러한 서비스 수준은 고객에게 제공된 편의에 대한 척도이며 호텔에서 제공되는 고객서비스의 수준은 호텔의 규모나 형태에 관계없이 매우 다양하다고 할 수 있다.

미국의 경우 AAA(American Automobile Association)나 MTG(Mobile Travel Guide)에서 호텔의 등급을 결정하며 일방적으로 최상급인 world-service, 중간등급인 mid-range, 그리고 하위등급을 지정하는 경우 최상급 호텔인 world-class는 4개 또는 5개의 별로서 표시한다.

우리나라의 경우 호텔의 등급결정은 관광진흥법 제64조에 의거 등록한 등급결정 법인에 의해 등급판정이 이루어지며, 호텔의 서비스 상태, 건축 · 설비 · 주차시설. 전기 · 통신시설, 소방 · 안전상태, 그리고 소비자 만족도 등을 평가하여 결정한다. 평가결과는 특1등급, 특2등급, 1등급, 2등급, 3등급 등 5단계로 구분하며 우리나라 국화인 무궁화로서 표시한다.

4) 소유형태 또는 제휴형태

호텔기업을 분류하는 또 다른 방법은 소유형태나 제휴형태에 따라 구분하는 방법이며, 이를 일명 경영방식에 따른 분류라고도 한다. 이 방법에 따라 호텔기업을 구분하면 크게 독자경영호텔과 체인호텔로 구분할 수 있다.

호텔의 경영형태는 그 자본투입과 경영활동을 함께 하는지, 혹은 따로 하는지에 따라 구분할 수 있다. 하지만 사회의 분화 · 발전에 따라 호텔 또한 다양한 양상을 띠면서 새로운 경영형태의 호텔이 나타나고 있는데, 각각의 특징에 따라 독립경영호텔(Independent Hotel), 임차경영호텔(Leased Hotel), 체인경영호텔(Chain Hotel)이 그것이다.

체인경영호텔은 다시 그 경영주체에 따라 프랜차이즈호텔과 경영계약 호텔로 나눌 수 있으며, 레퍼럴 시스템(Referal System)이나 조인트벤처 시스템(Joint Venture System)은 위에 언급한 경영형태에 다시 새로운 기법을 가미한 형태로서 각각 나누어서 살펴보고자 한다.

(1) 독자경영호텔

소유주의 경영형태는 호텔을 직접 소유하고 경영하는 방식으로 제3자로부터 자금지원이나 경영지원 없이 독립적으로 운영하는 방식으로서 영업정책이나 절차, 그리고 기타 호텔경영 전반에 관한 의사결정은 타의 간섭이나 규제를 받지 않고 독자적으로 이행하기 때문에 비교적 자유로운 호텔경영방식이라 할 수 있으며 신속한 의사결정으로 시장의 변화에 능동적으로 대처할 수 있는 장점이 있다. 그러나 자본의 영세성과 열악한 경영환경에 따른 경영상의 위험성과 호텔건설 및 경영노하우의 부족, 해외마케팅의 한계 등의 단점이 있다.

(2) 임차경영 호텔(Leased Hotel)

임차경영 호텔은 제3자와의 건물계약을 통해 토지 및 건물에 투자할 만한자금조달 능력이 없는 사람이 호텔을 일정한 계약에 의해 임차하여 운영하는 방식의 호텔을 말한다. 이 경우 건물주인 호텔의 임대인은 호텔 내·외부 시설뿐만 아니라 비품이나 가구 등에 대한 투자를 하고, 임차인은 임차계약에 의해 임차료를 지급하고 경영하는 것이 일반적이다. 이 때 임차료의 지급도 영업실적과 관계없이 일정한 액수를 임차료로 지급하는 방법, 영업실적에 따라 일정한 비율로 지급하는 방법, 일정한 최소액수의 임차료와 영업실적에 따른 매출액의 일정 비율을 혼합하여 지급하는 방법 등 계약방법에 따라 세 가지로 나눌 수 있다.

(3) 체인경영호텔(Chain Hotel)

체인호텔이란 일반적으로 2개 이상의 호텔이 하나의 그룹으로 형성되어 운영되는데, 인재 양성문제의 해결, 경영효율의 증진, 규모의 경제 실현 등을 위해 경영상 그룹을 형성하는 것을 말한다. 체인호텔 경영방식은 Ritz가 처음 주창하고 편리성, 안락성, 적절한 가격을 호텔경영의 모티브로 내세운 Statler에 의해 활성화된 호텔경영 방식이다. 체인호텔 경영방식은 체인본부 역할을 하는 모회사를 두고 산하의 모든 호텔기업들에게 동일한 상호와 표준화된 운영방식 및 절차를 적용하여 경영하는 방식이다. 이러한 경영방식의 장점은 첫째, 체인본부 산하의 각 호텔기업들이 사용하는 자재나 소모품 등을 체인본부가 대량으로 일괄구매 함으로써 원가를 절감시킬 수 있으며, 둘째, 체인 산하의 각 호텔들이 공동으로 체인 전체를 광고하기 때문에 적은 비용으로 광고효과를 극대화시킬 수 있다. 셋째, 실제적인 운영측면에서 볼 때 체인 본부인 모회사는 인사관리, 회계, 건축, 판촉 조리 등 각 분야의 전문가를 보유하고 있기 때문에 체인 산하의 모든 호텔들은 각 부문의 전문가를 최대한 활용할 수 있다. 넷째, 체인 산하의 호텔들 간에 구축된 광역체인 예약망을 활용하여 신속하고 정확한 예약이 가능함으로 고객의 예약 편의를 도모할 수 있을 뿐만 아니라 효율적인 판촉활동도 가능하다. 다섯째, 체인 산하 호텔들의 경영실적을 동일한 재무제표로 나타낼 수 있어 경영성과의 비교분석이 용이하다. 그럼에도 불구하고 대부분의 체인호텔들은 중앙 집중적인 조직형태를 나태내고 있어 체인 본부인 모회사와 체인 산하의 호텔 간에 수직적인 주·종 관계가 형성되기 쉬우며, 체인 본부의 지나친 규제와 감독은 산하 호텔들의 독립적인 경영 자율성을 해칠 우려가 있다. 일반적으로 체인 호텔들은 경영계약, 프랜차이즈, 그리고 리퍼랄 그룹형태로 구분되어 운영된다.

체인경영은 오늘날 대규모의 호텔이 계속 건립되면서 나타난 경영형태로 선진화된 호텔경영기법을 전수받을 수 있다는 점에서 큰 장점을 가진다. 이러한 경영형태를 띠는 호텔들은 그 규모 및 시설 면에서도 대규모이면서 고급호텔들이 대부분이다. 체인경영호텔은 다시 경영의 실무담당자를 본사에서 파견하느냐의 여부에 따라 프랜차이즈호텔(Franchise Hotel)과 경영대리호텔(Management Contract Hotel)로 나눌 수 있는데, 각각을 살펴보면 다음과 같다.

〈표 1-4〉 세계 10대 호텔체인회사 그룹

순위	호텔경영회사 그룹	위탁경영 호텔 수	총 호텔 수
1	Marriott international Inc.	759	1,880
2	Societe 여 Louvre	565	990
3	Accor	456	3,234
4	Tharldson Enterprises	314	314
5	Westmont Hospitality Group Inc.	296	296
6	Starwood Hotels	2,041	716
7	Hayatt Hotels & Hayatt International	191	195
8	Marcus Hotel & Resort	185	185
9	Bass Hotel &Resort	175	2,886
10	Hilton Hotels Corp.	173	1,700

자료 : Hotel's Giant Survey, 2000

① 프랜차이즈호텔(Franchise Hotel)

적은 자본으로 호텔을 확장시키는데 유용하며 체인본부로서는 매우 매력적인 프랜차이즈는 일정기간 동안 규정된 계약에 의하여 사업을 할 수 있도록 권리 또는 특허권을 인정하여 상업적인 환대산업을 운영하는 방법이다. 체인본부는 가맹호텔과 운영에 관한 계약을 체결하고, 가맹호텔은 체인본부의 상호나 상표 혹은 기타 운영방법이나 노하우를 제공받는 대신 이에 대한 일정한 대가나 로열티를 체인본부에게 지급하는 형태를 의미한다. 대체로 프렌차이즈호텔은 디자인, 실내장식, 도구, 기구 등과 같은 설비부문과 운영절차 등에 있어 표준을 설정하여 지속적인 관리로 생산과 서비스 면에서 일정 수준을 유지하도록 관리된다.

이 방식은 경영성과가 높고, 그 규모 및 시설, 서비스 등에서 브랜드 가치(Name Value)를 인정받고 있는 호텔에서 계약을 통해 각국에서 영업 중인 호텔에 본사의 이름과 경영노하우를 지원해 주게 된다. 이 때 계약을 통해 경영의 노하우를 전수받는 호텔에서는 로열티를 지급하게 된다. 현재 널리 알려진 프랜차이징 경영회사로는 미국의 컨그레스 모터 인(Congress Motor Inns), 홀리데이 인(Holiday Inns), 라마다 인(Ramada Inns), 하워드 존슨 모터 로지(Howard Johnson Motor Lodges), 쉐라톤(Sheraton Corporation) 등이 유명하다. 이러한 경영형태는 프랜차이즈의 입장에서 볼 때, 다음과 같은 장·단점을 지닌다. 장점으로는 경영 및 시설의 표준화로 대고객 신뢰도 제고, 상표권 활용을 통한 잠재고객의 확보 및 효율적 운영 기대, 본사 예약시스템의 활용으로 전 세계적 예약서비스 가능, 전문가를 통한 교육훈련으로 표준화된 서비스 제공, 본부에서의 통합된 광고 및 판촉활동으로 광고·홍보비의 절감이다. 반면에 단점으로는 본부에 지급하는 가입비 및 로열티에 대한 부담, 지역특성에 맞는 상품개발 및 판매 등의 영업활동에 대한 제한, 본부의 일방적인 제도와 절차로 인한 경영관리상의 제한 등이다.

② 경영계약호텔(Management Contract Hotel)

경영계약호텔 방식은 소유와 경영이 분리된 전문경영인 형태이다. 이는 일반적으로 경영능력이 부족한 소유주가 호텔을 건립하고 호텔경영의 전문지식과 기술을 가진 경영회사와 호텔관리 및 운영에 대한 문서화된 상업상의 계약을 체결하여 경영을 위탁하는 것을 말한다. 계약은 일반적으로 20~30년 기간 동안 장기간 이루어진다. 이 방식의 계약 체결은 호텔 소유주가 토지, 건물, 가구, 시설집기, 운영자금 등의 제정을 법적으로 책임지고, 호텔경영회사는 호텔경영을 감독하고 실제로 운영하여 이윤을 창출하고 계약상의 관리 대행비를 받지만, 자본 또는 운영 자본을 투자하지 않으며, 위협이나 손실에 개해서도 책임을 지지 않는다. 임차경영호텔(Leased Hotel)과 일면 비슷한 점이 있다고 하겠으나, 외국의 선진화 된 호텔전문기업들이 주로 경영 대리를 맡는다는 점에서 그 가맹호텔의 시설 및 규모면에서 차이가 난다. 이러한 방식의 경영형태는 다음과 같은 장·단점을 지닌다. 장점으로는 본사의 상호를 사용함으로써 대고객 신뢰도 구축, 본사 전문경영인에 의한 경영활동으로 경영노하우가 불필요, 본사의 정기적인 교육·훈련의 지원으로 종업원의 자질향상 기대된다. 반면에 당점으로는 일정액의 경영수수료 및 마케팅비용 지급에 대한 부담, 경영권한의 준비부족 및 경영노하우 전수가 불가, 지역특성을 고려하지 않은 획일적인 경영으로 갈등발생우려 등이다.

③ 레퍼럴 시스템(Referal System)

체인 호텔들은 방대한 예약서비스 실시, 객실점유율 확보 등 급속한 영업신장을 보이고 있는 반면에, 단독호텔들은 제반경비의 과대지출로 제정적인 측면에서 많은 어려움을 겪는다. 이에 대한 단점을 극복하기 위해 나타난 새로운 경영형태가 레퍼럴 시스템(Referal System)이다. 이 레퍼럴 시스템은 체인호텔의 증가로 호텔경영에 위협을 느낀 독립호텔들이 소유권 및 경영의 독립성을 유지하면서 체인방식의 장점을 도입한 것이다. 체인경영형태에 비해 구속력은 약하지만 공동기금을 조성하여 함께 광고·선전하는 등 회원업체 상호간에 정기적인 점검을 통해 시설과 서비스의 수준도 일정하게 유지하면서 유대를 강화하고 있다. 하지만 회원업체 간 입장 및 의견차이, 그리고 지역적으로 군집하고 있어, 한편으로는 서로가 경쟁업체로 인식하기 때문에 조직자체가 와해되기 쉬운 특징이 있다.

④ 조인트 벤처(Joint Venture)

보통 합작투자호텔이라고 하는데, 자본제휴를 통해 호텔을 설립하여 운영하는 것으로 경영방식에 초점을 맞추기 보다는 일정지분의 자본이 투자되었음을 강조한 표현이다. 위에서 살펴본 프랜차이즈나 경영대리계약의 형태가 기존에 영업 중인 호텔이 호텔경영에 있어서의 노하우를 갖지 못해 연계한 형태라면 조인트 벤처(Joint Venture)는 호텔의 건립시점부터 시작한다는 것에서 구별된다. 아울러 경영노하우와 자본을 동시에 추구하는 경향도 있는데, 우리나라에서는 라마다 르네상스호텔(Ramada Renaissance Hotel)이 대표적이다.

이상에서 살펴본 내용을 바탕으로 각 경영형태에 따른 주요항목들을 정리하여 비교해 보면 다음의 <표 1-5>와 같으며, 경영형태 및 로열티 지급현황은 <표 1-6>과 같다.

〈표 1-5〉 경영형태에 따른 항목별 비교정리

구분		소유권	경영권	경영책임	규모시설	장점	단점	특징	실례
독립경영형태	독립경영호텔	본인	본인	본인	소규모	자유로운 경영	경영의 노하우 부족	-	
	임차경영호텔	소유주	임차경영인	임차경영인	소규모	초기 자본 투자 없음	임차료 지급부담	-	
	레퍼럴시스텝	본인	본인	본인	소규모	체인호텔 효과	실질적 구속력 낮음	시설과 서비스수준 유지, 공동광고	

34

구분		소유권	경영권	경영책임	규모시설	장점	단점	특징	실례
체인경영형태	프랜차이즈	가맹점	가맹점	가맹점	대규모	경영상의 노하우 전수	로열티 지급부담	가맹본부의 훈련, 지도와 자문	홀리데 인
	경영계약	가맹점	가맹본부	가맹본부	대규모	전문가의 경영	경영상의 노하우 전수불가	가맹본부의 직접적 경영	힐튼 호텔
	조인트벤처	자본투자자	경영담당자	경영담당자	대규모	자본과 경영의 일부분만 담당	경영이익 상호배분	자본과 경영의 결합	라마다 르네상스 호텔

자료 : 김상진 등(2004). 호텔과 호텔경영, 백산출판사

〈표 1-6〉 특1급 호텔의 경영형태 및 로열티 지급 현황

Hotels	운영형태	계약본사	계약조건
Grand Hyatt Seoul 서울 미라마(유)	경영계약	Hyatt Technical Service LTD Hong Kong 1993~2012	• 경영관리수수료(Incentive fee) : GOO의 14% • Royalty(Lo해 alc Sytem 사용료) : GOP의 1% • 경영수수료 GOR의 3% • 관리용역 • 고객관리/판촉프로그램 사용 • 차장급 인사 한국인 직원의 인사는 협의 • 예약망 사용비 : 건당 $11
Grand Inter Continental 한무개발(주)		Inter Continel Hotel U. S. A 1997~2010	• 2004 변경 • Grand/ Coex Royalty : 1,75%에서 2% • Management fee : GOP율에 따른 차등 적용 • 0~30% : 2,5% • 30~40% : 5% • 40% 이상 : 7% • 경영관리수수료 GOR의 4.50%
JW Marriot Seoul 센트럴관광개발(주)	경영계약	Marriot Hotel International 네덜란드 2000~ (20년)	• 국제판촉수수료(Int'l Mkig Fee) : GOR의 1.5% • 면허수수료(Royalty Fee) : GOR의 2% • 경영수수료(Int'l Mkig Fee) : GOP의 10% • 경영수수료(Int'l Mkig Fee) : GOR의 6% • 총지배인 선임에 대한 소유회사의 승인권

Hotels	운영형태	계약본사	계약조건
Renaissance	경영계약	Ramada Pacific LTD	('99.1.1~2001.12.31)
남우관광(주)		Hong Kong 1999~2005	• 경영수수료 GOR의 12% • Basic Management Fee : 객실 매출 2%
			(2002.1.1~2005.12.31)
			• 경영수수료 : GOP의 15% • Basic Management Fee : 객실 매출 2.25% • 경영관리수수료 GOR의 3.75%에서 4.5% 인상 • 경영관리용역 : 독점적 지배권 보장 • 마케팅 및 예약지원 • 광고 판촉활동
Millenium Hillton Seoul	프렌차이즈	Hillton International Co.	• Hillton Franchise Fee : 객실매출의 2.5%
씨디엘코리아(주)		England	• Hillton Marketing Fee : 객실매출의 1.5%
		2004~2009	• 밀레니엄 경영수수료 : GOP에서 밀레니엄 로열티 • 힐튼 지급금액을 차감한 차액의 10%로 산정함 • 경영관리수수료 GOR의 3.75%(밀레니엄 경영수수료 별도) • 상표권 사용 • CRO예약망 사용
Grand Hillton Seoul	프렌차이즈	Hillton International Co.	• Franchise Fee : 객실 매출의 4%
동원(유)		England	• 경영관리수수료 GOR의 1.33%
		2004~2006	• 2004년 11월부터 Franchise로 전환키로 합의 (조건은 현재와 협의 중)
The Ritz-Carlton	경영계약	The Ritz-Carlton Hotel5 Company	• 경영관리수수료 매출액당 항목별 일정 rate로 지급
전원산업(주)		U.S.A	• Basic MT Fee : 매출액의 0.4%
		1995~2010	• Basic Royalty : 매출액의 1.6%
			• Incentive Royalty : 매출액의 1.5% • Group Royalty : 객실매출의 0.335%(매출의 0.1%) • 상기 항목에 관하여 총관리 보수수익에 미해당 매출은 제외)

자료 : 우철현(2007). 국내체인 호텔의 경영성과 분석에 관한 연구

<table>
<tr><td>제3절</td><td>호텔업의 기준</td></tr>
</table>

1. 호텔업의 시설기준 및 등급

관광호텔업은 관광객의 숙박과 체재에 적합한 시설을 갖춘다는 것은 관광진흥법의 규정에 의하여 등록기준법에 적합한 시설을 지칭하고 있는데, 관광호텔업은 일반적인 의미에서 시설의 기준을 정하였다.

관광호텔업은 시설에 따라 우위를 정하기 위해서 관광호텔의 등급을 정하였는데, 객실의 수 보다는 시설의 질과 소비자의 만족도 등에 의해서 등급을 정하게 된다. 한국은 특1등급, 특2등급, 1등급, 2등급, 3등급 호텔로 구분하고 있는데, 이는 이용자의 편의를 도모하고 시설 및 서비스 수준을 효율적인 관리를 도모하고 이용자의 취향과 필요에 따라 호텔을 선택할 수 있는 객관적인 목표로 시행하고 있다.

2. 등급기준

1) 등급평정

관광 호텔업에 대한 등급결정을 위한 평정부문은 현관·로비·복도, 객실, 식당 및 주방 부대시설의 관리·운영, 종사원 복지 및 설비, 전기 및 통신 소방 및 안전부문으로 분류하고 있다. 그러나 호텔의 상품은 물적 상품과 인적 상품으로 구별이 되므로 한국의 경우 호텔의 위치나 이용고객들의 선호도를 고려하지 않고 일률적인 규정에 적용하는 것은 모순이다. 이러한 여건을 고려하여 등급 평정을 위하여 서비스 상태, 건축·설비·주차시설, 전기·통신시설, 소방·안전, 소비자만족도의 관련 평가단을 구성하여 운영함으로서 등급평정에 대한 부문을 객관화하고, 시대적 상황의 변화에 대처하기 위한 방안이라고 하겠다.

관광호텔업의 등급평가는 첫째, 서비스 상태 평가자 2인 이상, 둘째, 건축·설비·주차시설평가자 1인 이상, 셋째, 전기·통신시설 평가자 1인 이상, 넷째 소방·안전상태 평가자 1인 이상, 다섯째, 소비자 만족도 평가자 1인 이상의 평가단이 부문별 등급평가단을 구성하여 등급평가를 실시한다. 관광 호텔업의 등급결정을 위한 기준은 특1등급은 90% 이상, 특2 등급은 80% 이상, 1등급은 70%이상, 2등급은 60% 이상, 3등급은 50% 이상이다.

2) 등급표지

호텔등급 표시는 국화인 무궁화를 부여하고 있다. 외국의 경우에는 일부국가를 제외하고 등급제도가 없으나, 대만은 국화인 매화를 호텔의 등급에 따라서 4~5개, 마카오는 별표제도 (star rating system)를 채택하고 있다. 영국은 시설과 제공되는 서비스에 의해서 등급이 부 여 되는데(잉글랜드, 스코틀랜드, 웨일즈), 등급은 왕관(crown)의 수에 의해서 정해진다. 이 중에서 높은 수준의 등급을 획득한 호텔에는 왕관등급 이외에도 승인(approved)이라는 것을 부여받게 되는데, 등급체제의 가입여부는 업계의 자유의사에 맡기고 있다. 스페인도 등급재 도를 채택하고 있고 헝가리의 경우에도 국제적인 관용에 따라 5등급으로 분류하고 있으며, 스웨덴의 경우에는 객실과 침대 수를 분류하여 호텔의 등급이 결정된다.

3. 한국의 관광숙박업 등록기준

1) 호텔업

(1) 관광호텔업

숙박에 적합한 시설을 갖추어 이를 관광객에게 이용하게 하고 숙박에 부수되는 음식·운 동·휴양·공연·오락 또는 연수에 적합한 시설 등(이하 "부대시설"이라 한다.)을 함께 갖 추어 이를 관광객에게 이용하게 하는 업을 말한다. 관광호텔의 법적인 등록기준은 첫째, 욕 실 또는 샤워시설을 갖춘 객실이 30실 이상이어야 하며, 둘째, 외국인에게 서비스 제공이 가능한 서비스 체제를 갖추고 있어야 하고, 셋째, 부동산의 소유권 또는 사용권이 있어야 한다.

(2) 수상관광호텔업

수상에 구조물 또는 선박을 고정하거나 계류시켜 놓고 관광객의 숙박에 적합한 시설을 갖추거나 부대시설을 함께 갖추어 이를 관광객에게 이용하게 하는 업을 말한다. 수상관광 호텔업의 등록기준은 첫째, 수상관광호텔업이 위치하는 수면은 공유수면관리법 또는 하천 법에 의하여 관리청으로부터 점용허가를 받아야 하며, 둘째, 욕실 또는 샤워시설과 수세식 화장실은 갖춘 객실이 30실 이상이어야 한다. 셋째, 외국인에게 서비스의 제공이 가능한 서 비스 체제를 갖추고 있어야 하며, 넷째, 수상 오염방지를 위한 오수저장·처리시설 및 폐기 물처리시설을 갖추고 있어야 하고, 마지막으로 부동산의 소유권 또는 사용권이 있어야 한다.

우리나라에는 2000년 7월 20일 최초로 부산 해운대구에 객실 수 53실의 수상관광호텔이 등록된 바 있으나, 그 후 태풍 피해로 인해 멸실되어 현재는 전국에 하나도 존재하지 않고 있다.

(3) 한국전통호텔업

한국전통의 건축물에 관광객의 숙박에 적합한 시설을 갖추거나 부대시설을 함께 갖추어 이를 관광객에게 이용하게 하는 업을 말한다. 한국전통호텔업의 등록 기준은 첫째, 건축물의 외관은 전통가옥의 형태를 갖추고, 둘째, 이용자의 불편이 없도록 욕실 또는 샤워시설을 갖추고 있어야 한다. 셋째, 외국인에게 서비스 제공이 가능한 서비스 체제를 갖추고 있어야 하며, 마지막으로 부동산의 소유권 또는 사용권이 있어야 한다.

(4) 가족호텔업

가족단위 관광객의 숙박에 적합하도록 숙박시설 및 취사도구를 갖추어 이를 관광객에게 이용하게 하거나 숙박에 부수되는 음식·운동·휴양 또는 연수에 적합한 시설을 함께 갖추어 이를 관광객에게 이용하게 하는 업을 말한다. 가곡호텔업의 등록기준은 첫째, 가족단위의 관광객이 이용할 수 있는 취사시설이 객실별로 설치되어 있거나 각층별로 공동취사장이 설치되어 있어야 한다. 둘째, 욕실 또는 샤워시설을 갖춘 객실이 30실 이상이어야 하며, 셋째, 객실별 면적이 19제곱미터 이상일 것, 넷째 외국인에게 서비스의 제공이 가능한 서비스 체제를 갖추고 있어야 하며, 마지막으로 부동산의 소유권 도는 사용권이 있어야 하며 다만, 회원을 모집하는 경우에는 소유권이 있어야 한다.

(5) 휴양콘도미니엄업

휴양콘도미니엄의 등록기준은 첫째 동일단지 안에 객실은 50실 이상이며, 관광객의 취사·체재 또는 숙박에 필요한 설비를 해야 한다. 둘째, 식료품점 등과 같은 매점 또는 간이매장이 있어야 하며, 다만, 수개의 동으로 단지를 구성할 경우에는 공동으로 설치를 해야한다. 마지막으로 문화체육공간 등과 같이 관광객의 이용에 적합한 공연장, 전시관, 미술관, 박물관, 수영장 테니스장, 축구장, 농구장 또는 사업계획승인 관청이 적합하다고 인정하는 기타의 문화체육공간을 1개소 이상을 갖추어야 한다. 다만, 수 개의 동으로 단지를 구성할 경우에는 공동으로 설치를 할 수 있고 관광지·관광단지 또는 종합휴양시설 안에 소재할 경우에는 이를 설치하지 않아도 된다.

호텔기업의 특성

제 1 부 호텔경영 일반론

제1장 호텔의 이해

제2장 호텔기업의 특성

제 2 부 호텔경영 관리론

제3장 경영과 경영관리

제4장 계획화	제5장 조직화
제6장 지휘화	제7장 통제화

제 3 부 호텔경영 기능론

제8장 인사관리

제9장 객실판매 및 생산	제10장 프런트오피스의 조직	제11장 하우스키핑
제12장 식음료 관리	제13장 연회 서비스	
	제14장 호텔 재무관리	

☞ 열린 생각 및 직접 해보기

▶ 호텔기업의 인적의 중요성에 대해 토의한다.

▶ 호텔기업의 고정경비를 줄이기 위해 전개하는 활동을 써보기

▶ 취업 희망호텔의 직원들의 협동을 위한 프로그램을 알아보기

▶ 취업 희망호텔의 내가 원하는 부서의 근무시간은 어떻지 알아보기

Chapter **2**

호텔기업의 특성

제1절 호텔기업의 운영상의 특성

1. 인적요소의 중요성

호텔기업은 일반대중을 고객으로 하고 숙박과 음식을 제공하기 위한 인적서비스와 물적서비스로 구성된다. 호텔의 상품은 기본적으로 객실, 식음료 및 부대시설 등이라 할 수 있지만 무엇보다 고객의 호텔선택에 영향을 미치는 가장 중요한 요소는 고객이 받는 서비스의 질적 수준이다.

호텔에서 제공되는 물적·시스템적 서비스도 중요하지만 고객의 욕구수준이 갈수록 다양해지고 높아지면서 그에 따라 인적 서비스의 중요성도 높아지고 있다. 또한 기계문명의 발달은 모든 산업을 기계화하고 자동화하였지만 호텔에서 제공하는 상품은 자동화나 규격화하는데 한계가 있다. 잘 훈련되고 교육받은 종사원에 의해 상품이 판매될 때 고객의 태도가 결정되므로, 호텔종사원들은 조직적인 훈련과 교육으로 숙련시키고, 기업의 의사결정에 참여하게 함으로써 종사원들의 애사심과 소속감을 증진시키는 것이 매우 중요하다. 따라서 호텔은 종사원들의 근로환경까지도 신경을 써야 한다. 종사원들은 자신이 일하고 있는 호텔에 만족감을 느낄 때 마음속에서 우러나오는 고품질 서비스를 제공한다.

2. 부서 간 직원의 커뮤니케이션의 중요성

호텔은 조직 내의 부서별 협력과 통합, 조정이 긴밀하게 이루어지는 특성이 있다. 객실 판촉을 담당하는 마케팅 부서와 실질적으로 고객을 접객하는 객실부서 간의 긴밀한 협조가 없이는 고객에게 일관된 서비스를 제공할 수 없다. 즉 고객에게 서비스를 제공하게 될 때 부서 간의 긴밀한 연결 노력에 의해서 가능하게 되는 것이다. 따라서 이를 위해서는 호텔내의 각 부서가 능동적인 협조체제를 갖출 필요가 있다. 이는 고객이 처음 현관을 통해 들어올 때부터 객실에서 숙박을 하거나 식당에서 식사를 할 때, 그리고 체크-아웃 하는 과정까지 각 부서 담당자들의 서비스태도에 따라 호텔에 대한 이미지를 인식시키기 때문이다. 이를 위해 각 호텔에서는 종업원들의 교육훈련에 상당한 비중을 두고 매달리게 되며, 이 점이 호텔에서의 인적 서비스가 얼마나 중요한가를 단적으로 말해 준다고 하겠다.

3. 연중무휴의 영업활동

호텔의 이용객은 집을 떠난 사람 또는 휴일을 즐기고자 하는 사람들이다. 호텔은 모든 손님이 숙박을 하고 있을 때에도 생명과 재산을 보호하기 위해 일을 해야 하며, 모든 호텔의 기능은 365일 24시간 고객이 필요할 때 움직여야 하므로 연중무휴로 영업활동을 하는 것은 호텔의 대표적인 특징이다.

국가별로 휴일에는 차이가 있으며, 인종이나 민족마다 활동시간도 다를 뿐만 아니라 각 개인마다 투숙 및 시설이용의 목적이 다르므로 특히 외국인들을 많이 체재하는 호텔의 특성상 연중무휴 영업활동은 필수적인 사항이다. 국내의 경우 노동법상 1일 8시간의 노동을 기본적으로 하고 있기 때문에 이로 인해 호텔종사원들은 부득이 Shift제도를 통해 휴일에 쉬지 못하는 불편을 감수해야 한다. 따라서 해당 부서의 팀장은 필요종사원 수나 종사원 별 근무 스케줄을 작성하여 운영하게 된다.

4. 환경의 변화상

환경은 국내 환경 대 국제환경으로 구분될 수 있으며, 외부환경 대 내부환경으로, 경우에 따라서는 업무환경으로 구분될 수 있다. 이와 같이 조직환경 분류방법은 다양하나 일반적으로 환경은 조직환경과 자연환경으로 구분되고, 다시 조직환경은 직접환경과 간접환경으로 그리고 직접환경은 내부환경과 외부환경으로 구분된다. 내부환경이란 특정기업의 조직 분위기를 지칭한다. 외부환경은 특정기업의 조직에 직접적인 영향을 미치는 과업환경(task environment)과 모든 조직에 공통적인 영향을 미치는 일반 환경(general environment)으로 구분이 되며, 기업환경이란 기업의 내부 및 외부에서 기업이나 기업 활동에 미치는 모든 영역이라고 하였다.

호텔기업은 일반 환경으로는 국내·외적인 경제, 정치, 사회, 문화, 기술 환경과 관련된 영향을 받아왔으며, 과업환경은 정부, 노동조합, 고객, 지역사회, 경쟁사, 공급자, 금융업자, 주주 등의 이해집단들도 기업 활동에 직접적인 영향을 미치고 있다.

또한 호텔기업은 타 산업에 비해 높은 환경의 민감성은 현대 들어와 기업의 환경이 매우 복잡하고 다양하며 그 범위도 확대되어가고 있는 추세이다. 호텔경영환경에 영향을 주는 요인으로는 호텔기업들과의 경쟁악화, 기술과 정보의 발달, 고객의 다양한 욕구상승, 종사원의 직업의식 수준 향상, 환경단체, 정치, 경제, 사회, 문화 등의 외부환경의 변화가 신속하고 복잡하게 진행되고 있기 때문에 경영활동에 큰 영향을 미치고 있다.

제2절 호텔기업의 시설상의 특성

1. 초기투자의 과다

호텔은 건물의 내·외부시설 자체가 하나의 상품이 된다. 따라서 토지, 건물, 시설설비 및 기타 등으로 구성되는 초기의 투자내역 전체가 같이 결집되어야 호텔로서 영업을 할 수 있는 기반을 갖추게 되므로 호텔의 개관을 위해서는 조기에 거액의 투자비가 필요하다.

호텔은 무엇보다도 위치의 선정이 가장 중요하며 투자총액에 대한 토지와 건물의 비용이 제일 큰 것이다. 일반적인 평균치는 토지가 12%, 건물이 67%, 가구와 설비가 17%에 상당하여 자본의 회전속도가 느린 것은 두말할 나위가 없을 것이다.

2. 비생산적 공공장소(public space) 확보

고객들이 이용하는 객실과 식당, 그리고 부수적으로 이용할 수 있는 오락·휴게시설로 스포츠 센터 및 카지노, 바와 커피숍 등으로 구성된다. 하지만 이외에도 라운지와 로비, 주차장 및 입구를 비롯한 주변의 환경시설 등은 그 자체로는 수익을 올릴 수 없는 비생산적인 요소이지만 호텔의 특성상 일반 건축물과는 달리 건물의 외향도 중요할 뿐만 아니라, 고객을 위한 서비스 공간이 많이 차지하고 있다.

3. 기계화의 한계

호텔은 기본적인 시설물에 종업원들의 인적 서비스가 어우러져 비로소 하나의 상품으로 판매된다. 나날이 늘어가는 인건비의 지출은 각 부분에서 기계화를 요구하지만 실질적으로 판매되는 상품은 무형의 서비스이다. 각 객실이 아무리 편리하게 꾸며져 있다하더라도, 그리고 주방시설이 아무리 첨단으로 만들어져 있다하더라도 제품을 생산하는 벨맨(Bell Man)이나 도어맨(Door Man), 그리고 요리사(Cook) 등의 서비스를 기계로 대체하기에는 무리가 따른다. 따라서 호텔에서의 기계화는 주로 프런트오피스(Front Office)의 예약 및 등록, 회계 등의 업무나 시설 면에 한정될 뿐 더 이상의 기계화는 어렵다. 또한 종사원이 고객에게 주는 이미지와 감정의 교류에 따라 서비스의 질이 달라질 수 있기 때문이다. 이러한 서비스는 기계로 대체할 수가는 없다.

4. 시설의 조기 노후화

호텔 시설은 제품자체가 건물과 시설로 구성되어 있으므로 이를 이용하는 다양한 고객들이 호텔 시설을 이용하기 때문에 일반기업과는 달리 건물의 시설들이 쉽게 그리고 빨리 훼손되거나 파손되기도 하고, 유행의 회전 속도가 빠르므로 쉽게 시설의 노후화가 온다. 따라서 국제수준의 시설을 유지하기 위해서는 지속적으로 개·보수할 필요성이 제기된다. 일반건물의 수명을 일반적으로 60년으로 보는데 반해, 호텔건물의 수명은 40년 정도로 보고 있다. 다음은 일반건물의 내부시설물들과 호텔의 내부시설물들의 내구연한을 비교한 표이다.

〈표 2-1〉 고정자산의 내구연한

구 분	일반용	호텔용
철근 콘크리트 건물	60년	40년
목조건물	30년	15년
전기 시설	20년	15년
보일러 시설	20년	15년
위생 시설	17년	15년
객실용품	10년	5년
일반 가구	10년	5년
전화 설비	10년	8년

자료 : 법인세법 시행규칙

제3절 호텔기업의 경영상의 특성

1. 높은 초기 투자비

호텔업은 건물, 토지, 비품, 집기 등과 같은 고정자산의 시설투자가 총자본에 비해 많은 부분을 차지한다. 일반기업들의 자본금 대비 고정자산 비중은 약 40% 내외에 불과하지만 호텔의 경우 70%를 상회한다. 이를 위한 모든 제반 비용들이 호텔이 영업을 시작하기 전에 투입되어야 하므로 총자본에 대비한 이러한 고정자산의 투자비용이 일반기업에 비해 월등히 높다고 할 수 있다.

2. 과다한 고정경비 지출

일반적으로 기업의 지출은 고정경비와 변동경비로 구분된다. 고정경비는 업무성과와 관계없이 업무를 위해 필요한 경비로 임대료, 수도난방비, 전기료 등을 말하며, 변동경비는 교통비와 접대비를 포함하는 영업활동에 따라 변동되는 것을 의미한다. 호텔의 경우 고객의 있건 없건 간에 상관없이 각 객실이나 식당, 로비를 비롯한 공공장소에 이르기까지 일정한 밝기와 온도를 유지할 필요가 있으며, 각각의 시설유지를 위한 관리비, 감가상각비, 보험료, 세금 등의 고정경비 지출은 호텔의 큰 부담으로 작용한다. 특히 인건비가 40% 이상을 점유하고 있어 원가계산(原價計算)에 상당한 압력을 받게 된다.

3. 과중한 인건비 지출

호텔은 연중무휴로 운영되면서 직원들이 교대로 쉴 수밖에 없으므로 더 많은 직원들을 확보해야 하며, 이는 곧 과중한 인건비 지출로 이어진다. 뿐만 아니라 보다 양질의 서비스를 제공하기 위한 종업원들의 주기적인 교육훈련도 필요한데, 이 때에도 Shift 제도의 실시로 말미암아 같은 내용의 훈련을 수차례 반복해야 하는 경우도 있다. 이 모든 것이 인건비의 지출로 연결되는 것이다.

4. 낮은 자본회전율

호텔사업은 최초의 높은 투자에 비해 매출액은 투자된 자본에 비해 상대적으로 매우 낮아 자본회전율이 낮다. 특히 호텔 상품 중 객실의 경우 그 비중이 높다. 이러한 낮은 자본회전율은 호텔경영을 압박하는 요인으로 작용한다. 따라서 호텔들이 지속적인 종업원들의 정신교육 강화, 기계화의 도입, 그리고 보다 과학적인 수요예측기법의 활용, 다양한 변화에 대응하여 경영성과 제고에 힘쓰고 있다.

제4절 호텔기업의 상품상의 특성

1. 이동 불가능성

일반 제조품들은 생산자와 소비자가 떨어져 있어도 유통과정을 통해 구매가 가능하지만 호텔이라는 상품은 고객이 직접 현장에 찾아와 구매하는 특성이 있다. 즉 한 자리에 고정되어 있으므로 이를 가리켜 식물성 상품이라고도 한다. 하지만 이는 다른 한편으로는 장소적 독점성을 지니고 있다고 볼 수도 있다. 호텔이 위치한 환경 및 그 주변의 빼어난 자연경관은 그 호텔만의 독점적인 우월성을 가질 수 있기 때문이다. 스타틀러 호텔을 창시한 Ellsworth Startler는 "호텔을 건축함에 있어 중요한 것이 세 가지 있는데, 첫째가 위치요, 둘째도 위치요, 셋째도 위치"라고 하여 호텔의 위치가 경쟁력을 좌우함을 강조하였다. 따라서 신규 호텔을 계획할 경우 가장 중요시되는 것이 호텔의 위치다. 이를 위해 환경조사 분석을 철저히 하여야 한다.

2. 비저장성 · 소멸성

호텔의 대표적인 상품 중의 하나가 서비스는 종사원에 의해 이루어지는 부분이 많다. 그런데 어느 한 종사원이 대고객 서비스가 훌륭하다 하여 그 종사원의 대고객서비스를 저장해 놓았다가 다른 종사원이 조금씩 이용할 수 있는 것은 아니다. 따라서 호텔의 제품은 저장이 불가능하다. 일반 제품들은 오늘 팔지 못했다 하더라도 그 다음날 판매가 가능하지만 호텔의 객실이라는 상품은 당일 판매하지 않으면 그 가치가 소멸된다. 또한 식음료상품의 경우에도 주문생산이므로 정확한 수요예측이 곤란하여 많은 식재료들이 버려지는 경우가 많다. 즉 이러한 의미에서 호텔상품은 비저장성 또는 소멸성 상품이라 불린다.

경영과 경영관리

제 1 부 호텔경영 일반론

제1장 호텔의 이해

제2장 호텔기업의 특성

제 2 부 호텔경영 관리론

제3장 경영과 경영관리

제4장 계획화　　제5장 조직화

제6장 지휘화　　제7장 통제화

제 3 부 호텔경영 기능론

제8장 인사관리

제9장 객실판매 및 생산　제10장 프런트오피스의 조직　제11장 하우스키핑

제12장 식음료 관리　　제13장 연회 서비스

제14장 호텔 재무관리

☞ 열린 생각 및 직접 해보기

▶ 경영과정을 이해하고, 경영관리의 특성에 대해 토의한다.

▶ 경영학에서 효율성과 효과성에 대해 설명한다.

▶ 취업 희망호텔의 경영과정과 조직 알아보기

Chapter 3

경영과 경영관리

인간을 아리스토텔레스는 '사회적 동물'로 표현했듯이 인간은 사회공동체를 통하여 생활을 영위하고 있다. 다시 말하면 원시시대와는 달리 교환경제의 메커니즘 속에서 생산·유통·소비가 이루어지며 이를 바탕으로 우리들의 경제활동이 전개되고 있는 것이다.

이러한 의미에서 욕구충족을 위한 우리들의 경제활동에 대해 알고자 할 경우 한 나라 전체로서의 국민경제와 국민경제의 실제적인 구성단위가 되는 개별경제가 있다. 한나라의 발전은 경제발전에 의해 이루어지며, 또한 경제발전은 기업의 발전에 의존한다. 이처럼 한나라의 발전이 기업발전과 연결되어 있다는 것은 적어도 자본주의 하에서 이것은 불변의 진리이기도 하다.

기업은 풍요로운 사회건설과 사회적 욕구를 충족시키는데 필요불가결한 기관일 뿐만 아니라 경영의 노력과 공헌 없이는 사회의 발전을 이룰 수 없어 현재를 경영의 시대(The Age of Management)라고 한다.

다시 말하면, 이 같은 시대적 요청에 부응하여 기업의 경영을 연구하는 학문으로서 등장한 것이 경영(經營)의 학(學), 즉 경영학이다.

물론 경영학은 독립과학이 아니라 상호보완적인 과학이다. 경영학은 사회과학의 한 분야로 국민경제를 구성하는 경영(개별경제)을 그 대상으로 하되 주체적인 인간의 의사결정과 관계가 있는 학문이다.

좀 더 협의적인 개념으로 말하자면, 경영학이란 경영체의 경영활동을 합리적으로 수행하기 위한 여러 법칙을 연구하는 학문이다. 여기에서 경영체란 경영활동을 영위하는 조직체 즉 기업뿐만이 아니고 관청, 학교, 병원, 교회, 노동조합, 군대 등도 포함된 조직된 협동체

(organized cooperation)를 의미한다.

경영체란 자본주의 체제 하에서는 중성적 존재가 기업이므로 기업체로 한정하는 경우가 많으나 관청, 학교, 병원 등 목적 조직체를 포함하는 좀 더 넓은 의미가 정확한 의미라고 하겠다.

경영은 개인으로서 달성할 수 없는 조직목표를 달성하기 위해 집단 속에서 함께 일하는 환경을 조성하고 유지·발전해 나가는 과정으로서 이해할 수 있다. 그렇다면 경영은 무엇인가라는 과제에 부딪힌다.

경영은 조직구성원에 의해 수행된 활동을 효율적으로(efficiently) 집약하는 과정(process)이라고 할 수 있다. 여기서 프로세스란 경영자에 의해 수행되는 기능 또는 주요활동에 큰 영향을 받는다.

[그림 3-1]은 효율성(efficiency)이란 투입(input)과 산출(output)의 관계를 말하는 것으로, 경영자는 희소한 경영자원(예로 3M : Man, Money, Material)을 가지고 산출(제품)을 얻기 위해 투입자원(input resource)을 효율적으로 관리한다.

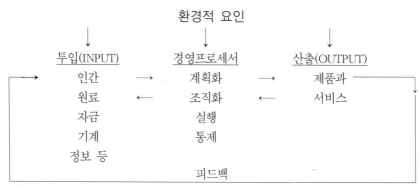

자료 : Robert L. Trewatha & M. Gene Newport, Management, 1988, p. 6

[그림 3-1] 경영과정과 조직

또한 경영은 효율성만으로 완전하지 않다. 그래서 효과성(effectiveness)을 추구하는데, 경영자가 조직의 목표를 성취할 때 경영자가 효과적이었는지 아니지를 확인할 수 있다. 다시 말하면 효율성은 방법에 효과성은 목적에 관계된다.

효율성과 효과성은 상관관계에 있는데, 조직은 효과적이지 않으면서 효율성을 추구할 수 있다. 이는 어느 조직이 잘못된 방향으로 일을 수행할 경우에 발생하는 것으로 조직 목적으로 위해서 경영을 할 경우 그 목적과는 관계없이 잘못된 일 자체의 효율성을 추구할 수 있는 것이다. 즉 경영능력이 빈약하다면 비효율성과 비효과성을 동반하는 것이다. 그러므로 고효율성은 고효과성에 연결되기 때문에 효율성과 효과성의 연결에 있어 경영자원을 효율적으로 연결하는 것이 경영이라고 할 수 있다.

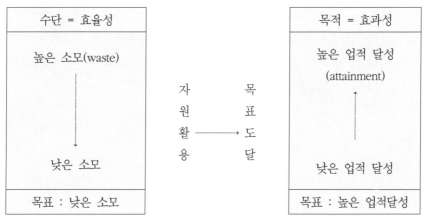

자료 : Robert L. Trewatha & M. Gene Newport, Management, 1988, p. 7

[그림 3-2] 경영의 탐색 그리고 효율성과 효과성

1. 전문직으로서의 경영

경영의 본질은 경영자 그 자체보다도 경영자가 발휘하게 되는 기능, 즉 경영자의 기능에 있다고 하겠다. 이러한 기능으로서 경영은 전문직(professional)으로서의 성격을 띠고 있어 경영자를 전문가로 정의할 수 있다. 샤인(E. H. Schein)은 전문가로서 경영자의 3가지 본질을 주장하고 있는데 다음과 같다.

첫째, 경영자란 의사결정을 내리는 존재이다.

둘째, 전문직으로서 경영을 수행하는 직분은 정치적 이권이나 특혜로서가 아닌 성취감을 통하여 얻을 수 있는 것이다.

셋째, 전문직으로서 경영자의 의사결정 및 행동은 경영자의 기업윤리 내지 사회규율에 의해 유도된다.

기업경영은 우리 인간 모두가 현실적인 생존을 위한 활동으로서 계속적인 성장과 발전을 위해서는 그 자체의 수익성과 안정성, 성장성뿐만 아니라 종업원의 복지, 사회적 공헌 등과 같은 사회적 책임이 수반된다. 경영자의 이러한 사회적 공공성은 다양한 인간의 본능적 욕구를 충족시키기 위해 자원의 배분과 그 이용의 효율성이라는 과제를 해결함으로써 수행된다. 현대기업에 있어서의 경영자의 행동강령 내지 지도원칙은 수익성과 경제성뿐만 아니라 사회성 원칙이 있으며 이 지도원칙이 바로 경영정책이나 경영이념으로 구현되는 것이다.

흔히 경영정신, 경영비전, 경영사상, 경영신조 또는 경영이념이라고 일컬어지는 경영철학(business philosophy)은 최고 경영자의 가치관, 신념, 태도에 있어 일종의 정신적 지주이기도 하다. 이러한 기업윤리의 또는 경영조직에 표준적·일률적으로 적용될 수 있는 기준으로 규칙은 존재하지 않는다. 그러나 경영자에게 이러한 직업윤리의 본질 내지 사명감은 계속 정립·발전되어야 할 것이다.

2. 예술로서의 경영

오늘날 경영을 특징짓는 또 다른 면은 경영을 예술의 차원에서 이해하려는 것이다. 감각적인 것이 예술이 아니고 사람이 특별한 능력을 가지고 주어진 재료를 사용하여 삶에 필요한 것을 만들어 내거나 심미적인 것을 창조하는 활동에서의 의미이다. 즉 한 인간이 타고난 재능을 가지고 독창적이며 직관으로 얻어진 생각에 따라 새로운 형상을 만들어 내는 움직임의 과정 또는 그 움직임의 결과로 만들어진 작품을 말한다. 따라서 예술의 본질은 창조작용으로서 창작이라고 할 수 있는데, ① 만들어 내고 싶은 느낌, 또는 생산하고 싶은 느낌, ② 구상으로서의 영감 등의 새로운 생산에의 충동, 즉 예술형성의 의욕으로서 예술의지이다. 즉 다시 말하면 기업가적 의지와 관계가 있다.

이러한 예술의 일반적 성격에 비추어 볼 때 훈련을 받지 않고 사업에 성공하는 경우를 많이 보는데 인간은 경험을 통해 배우는 특별한 능력을 지니고 있기 때문이다. 즉 그들은 창조를 위한 충동 또는 의지의 바탕 위에서 여러 사항을 세밀히 검토하고 적절한 이론을 세우며 경영환경에 적응함으로써 유용한 경영이론 또는 경영철학을 세우며 인간의 능력이 이용 가능한 수준까지 실용적 측면을 가장 완벽하게 수행한 사람들이다.

3. 과학으로서의 경영

과학은 일반적으로 지식을 통해 얻는 것의 집적이라고 할 수 있으며, 지식의 체계는 지식을 일정한 틀(framework)과 선에 따라 하나의 체계로 구성한 것이다. 넓은 의미에서 과학은 철학·종교·예술 등에 관한 지식의 체계를 포함하며 좁은 의미에서는 경험을 통하여 특수한 대상에 관해 얻은 법칙이나 윤리를 객관화하고 보편화한 것으로서 체계상 합리성과 실증성을 갖추고 있는 것을 의미한다.

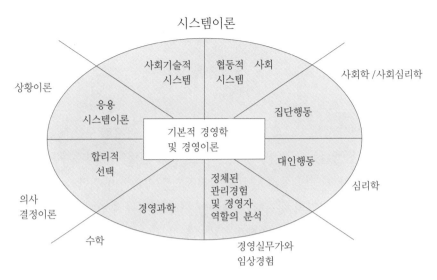

시스템이론

자료 : Harold D. Koontz, Cyril O'Donnell, and Heinz Weihrich, Management, 7th ed., (Mcgraw-Hill Kogakusha, Ltd., 1980), p. 75.

[그림 3-3] 경영학연구의 접근법

경영은 근본적으로 인간의 능력을 다루기 때문에 그 능력을 경영의 기본요소로 파악해야 한다. 경영의 기능은 필연적으로 과학과 지식을 요구하고 있으며 그것을 전제조건으로 하고 있는 것이다. 인간의 지식이 단편적인 것이기 때문에 관리활동은 그 한계성을 갖는다.

그래서 관리활동에 있어서 일부는 과학을, 또 한편으로는 비과학적 관리의 노력을 필요로 한다. 그러면 학문은 일상생활에서 우리 행위의 기본임을 인식할 필요가 있다. 즉 우리는 어떠한 사건이나 사물 또는 대인관계 등의 문제해결을 위한 의사결정에 있어 경영학적 지식이 필요하며 경영학의 올바른 탐구를 위해 수학·심리학·사회학·경제학·정치학·법학 및 공학, 역사학 등을 탐구하게 된다.

경영학의 영역은 여러 과학에 기초를 두고 있는데 행동과학이나 사회과학, 자연과학 등에 기초를 둔 종합학문으로서 인접과학과 밀접한 관계를 가지며 새로운 분야를 흡수하고 있다. 다시 말하면 경영학은 기본적으로 실용적인 응용과학으로서 경영실무에 적용시키면서 독립종합과학의 영역을 확충하고 있다.

제2절 일반 경영관리

1. 경영관리의 의의

기업을 구성하는 생산요소는 인적 요소와 물적 요소의 두 가지로 구분된다. 이중에서 인적 요소가 수행하는 집행활동이 경영 내지 관리활동으로 기업의 경영자가 담당하고 있다. 경영 내지 관리활동이란 기업의 목적 달성을 합리적으로 수행하기 위한 인간 활동이다. 구체적으로 관리활동이란 "기업의 목표를 달성하기 위해 계획을 수립하고 조직을 구성하며 필요한 인적자원을 충원하고 활동을 수행하게끔 지휘하고 나아가서 활동이 계획된 대로 이행되도록 통제하는 인간의 활동"이라 정의할 수 있다.

경영관리의 개념은 함축적이고 포괄적이어서 한 마디로 정의하기는 어렵다. 일반적으로 경영관리란 "재화의 생산과 배급을 목적으로 하는 기업조직의 활동을 능률적이고 유효하게 수행하기 위하여 계획(Planning)하고 조직(Organization)하고 통제(Control)하는 일련의 과정"을 의미한다. 따라서 경영관리는 일반적으로 계획·실시·통제(plan-do-see)란 순환적 관리과정은 기업조직의 모든 계층, 모든 부문에서 이루어지는 관리과정이다.

2. 경영관리의 본질적 특성

쿤쯔(H. Koontz)와 오돈넬(C. O'Donnell)에 의하면, 경영관리학은 경영관리를 조직된 집단 가운데의 구성원들로 하여금 일을 수행시키고자 하는 과정·기능으로서 파악하고 있다. 따라서 관리과정론으로서 경영관리학은 이러한 과정을 분석하고, 이를 위한 개념적인 틀(conceptual framework)을 연구하고 그 기초가 되고 있는 제 원칙을 식별하여 관리의 이론을 구축함을 목적으로 하고 있다.

경영관리가 무엇인가에 대한 개념과 본질적 특성에 대해서는 전통적으로 관리과정학파들에 의해 주도되어 왔으며, 그 초점은 관리과정에 놓이게 되었다. 관리과정학파의 주창자로 일컬어지는 쿤쯔의 관리과정의 개념을 중심으로 그 특성을 살펴보면 다음과 같다. 그는 경영관리의 본질적 특성을 관리과정적 기능으로 보고, 모든 조직에 보편적으로 적용될 수 있으며, 그리고 조직 내 어느 경영계층에서도 적용될 수 있는 것으로 다음과 같이 요약하고 있다.

1) 첫째, 경영자가 수행하는 기본적인 관리기능이다

경영관리의 본질은 경영자가 수행하는 기본적인 관리활동에서 찾아볼 수 있다. 따라서 많은 경영학자들이나 실무자들은 경영관리기능을 분석하여 유용한 조직이해의 지식체계를 형성하게 되었다. 이러한 관리기능의 요소는 학자마다 다양하게 구분하고 있다. 그러나 관리기능의 과정적 요소를 구분하는 것과는 관계없이 관리기능을 특성에 따라 과정적 요소로 구분하여 개념화하고, 원칙을 발견하여 이론적으로 체계화한 점, 그리고 수행방법으로서 여러 가지 기법을 사용하는 것은 관리기능 연구의 공통된 특징이라고 할 수 있다. 따라서 지금까지의 관리기능론의 지식체계는 관리기능을 어떻게 구분하여 개념화하고 그 원리를 이론화하여 조직이 직면한 문제해결에 활용되어 왔다. 이와 같이 경영관리의 개념들을 과정적 기능으로 볼 때 경영문제 해결에 이론적으로 또는 실무적으로 강점을 갖고 있음은 위에서 지적되었다. 즉 경영관리의 과정적 개념은 조직 환경이 안정적이고 예측 가능한 경우에 보다 유용한 것이다.

그러나 조직 환경이 급변하며 불확실성이 큰 동태적 환경일 경우에는 위의 관리과정적 기능의 원활한 수행은 한계가 있다. 즉 전통적 관리기능론의 계획수립기능으로 급격하게 변화하는 환경에 전향적으로 대응하기 위한 대안으로 경영자의 전략적 사고와 전략수행 능력이 요구되는 것이다.

이런 관점에서 볼 때 경영자가 수행해야 할 임무는 이제 조직내부의 문제에 국한되지 않고 외부 조직 환경과의 관계 속에서도 수행될 임무가 부여되는 것이다.

2) 경영관리는 모든 조직에 보편적으로 적용된다

모든 경영 관리자들은 조직 내 구성원으로 하여금 조직목표의 달성을 위해 최대한의 공헌을 하도록 해야 할 책임을 갖고 있다. 따라서 경영관리는 규모, 목적, 형태에 구애받지 아니하고 모든 조직에 보편적으로 적용될 수 있는 기능이다. 즉 경영관리는 대기업이나 중소기업, 영리기업이나 비영리 기업, 서비스업종의 조직이나 제조기업, 그리고 개인기업이나 회사형태의 기업, 학교, 병원, 교회 등의 모든 조직에 공통적으로 필요한 기능이다. 따라서 어떤 조직이든 조직목표를 효과적으로 달성하기 위해서는 경영관리기능은 필수적인 것이다.

3) 경영관리는 조직 내 모든 계층별로 관리활동을 수행하는 데 노력하는 시간과 내용이 다를 뿐이다

앞에서 논의된 바와 같이 경영자의 관리기능은 조직계층별로 상대적 중요성이 다르다는 것을 알 수 있다. 즉 최고경영층의 관리수준은 하위계층의 관리자들에 비하여 상대적으로 계획수립이나 조직화 기능에 많은 노력을 하고 있는 반면에 하위계층의 관리자들은 지휘·감독기능에 많은 노력을 하게 된다. 따라서 경영계층별로 요구되는 관리기술(managerial skill)도 다르게 된다.

이와 같이 경영관리기능은 조직계층의 수준에 관계없이 적용되는 보편성을 갖고 있다. 그런데 여기서 경영관리기능의 의미는 수직적 계층의 분화에 따라 이루어지는 경영활동을 의미하므로 본질적으로는 전반관리(general management)를 지칭하는 것이다.

경영관리기능은 분화 양상에 따라 수직적 관리기능과 수평적 관리기능으로 구분할 수 있다. 수직적 관리기능이란 조직계층의 분화에 의하여 경영자 층을 구분하는 것이며, 수평적 관리기능이란 부문기능으로서 생산, 판매, 인사, 재무 등의 부문으로 분화되는 것을 말한다.

수직적 관리기능은 일명 관리자기능(managerial function) 또는 경영자기능(function of manager)과 동일한 개념이며, 부문기능과는 전혀 다르다. 즉 수직적 관리기능을 수행하는 것이다. 그러나 부문관리기능(department business function)이란 부문별 수평적 분화에 따라, 이를테면 생산관리, 마케팅관리, 재무관리, 인사관리 등과 같이 구분되는 것이다. 이를 도시(圖示)하면 다음과 같다.

다음과 같이 경영관리기능을 구분할 때 이를 연구대상으로 하는 경영학의 학문체계는 경영자의 전반관리기능의 본질 규명을 대상으로 하는 경영학원론과 부문관리론으로서의 경영학 각론으로 구분되는 것이다.

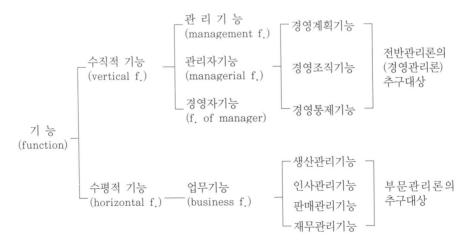

[그림 3-4] 경영관리기능

3. 경영관리의 목적

경영관리란 경제재의 생산과 배급이라는 경영목적을 능률적으로 그리고 유효하게 달성하기 위하여 조직체의 활동을 계획하고 조직·지휘·통제하는 조직적 과정을 의미한다. 여기에서 알 수 있는 바와 같이 경영관리의 목적은 조직체의 관리를 통해서 경영목적을 능률적으로 유효하게 달성하는 데 있다고 할 수 있다. 조직체는 그의 지속적인 형성과 유지를 위해서는 필연적으로 조직적 균형(organizational equilibrium)을 실현하지 않으면 안 된다. 조직적 균형을 실현하기 위해서는 능률 및 경제성의 원칙(principle of efficiency or economy)에 따라서 경영목적을 달성하기 위한 최적한 수단을 선택하고, 최소의 시간과 비용으로 최대의 성과를 달성해야 한다. 한편 조직체의 활동을 계속적으로 유지하기 위해서 경영체는 각 구성원의 협동의욕(willingness to cooperation)을 자극하는 데 충분한 경제적·비경제적 유인을 제공하는 능력을 가져야 한다. 이것을 유효성의 원칙(principle of effectiveness)이라 한다. 경영관리의 목적은 경영체의 능률과 그 유효성을 실현함으로써 경영체와 그의 여러 요소를 계속적으로 유지하는 데 있는 것이다.

능률·경제성의 원칙 및 유효성의 원칙을 구체적으로 살펴보면 다음과 같다.

1) 능률 및 경제성의 원칙

기업의 경영목적을 달성하기 위해서는 능률 및 경제성의 원칙에 따라야 한다. 이러한 측면에서는 기술적·경제적 사고가 지배적이며, 이것에 따라 경영목적을 달성하는 데 필요한 최적의 수단을 선택해야 한다. 능률의 원칙은 경영과정에 투입되는 여러 요소의 투입량(input)에 대해서 산출량(output)의 비율을 최대로 하는 것이다. 이것을 물적 요소와 물적 요소로 비교하면 기술적 능률(technical efficiency)을 의미하고 가치와 가치로 비교하면 경제적 능률(economic efficiency)이 되는 것이다. 경제성의 원칙이란, 이 경제적 능률에 상당하는 것이다.

2) 유효성의 원칙

기업의 경영목적을 현실적으로 달성하는 것은 조직체이다. 조직체는 단순히 사람의 집단이 아니고 상호 의식적으로 조정된 다수인의 인간 활동이다. 그런데 조직체의 목적에 개인의 활동이 합리적인가의 여부는 각 개인의 협동의욕의 유무와 그 정도에 의존하는 것이다. 이 협동의욕은 모럴이라고 표현되고 있다. 모럴이란 조직의 구성원이 개인의 행위를 조직체의 활동의 일부로서 조직체에 자기 몰입하여 조직체의 목적달성을 위해서 적극적으로 협동하는 의욕을 의미한다. 바꾸어 말하면 개인이 자기의 개인적 동기와 이해타산에 따라 행동하는 개인인격(individual personality)이 아니라 조직체의 객관적인 목적을 위해서 합리적으로 행동하는 조직인격(organizational personality)으로서 행동하는 의욕을 말한다. 그런데 협동의욕을 확보하기 위해서는 각 개인의 개인적 동기를 만족시킬 수 있는 유인(inducement)을 제공하지 않으면 안 된다.

조직체가 구성원의 개인적 동기를 충족시키고 협동의욕을 자극하는 데 충분한 경제적 · 비경제적 유인을 제공하는 능력을 가질 때 비로소 경영목적의 달성은 유효하게 이루어질 수 있는 것이다.

4. 경영관리의 요소

경영관리란 경영의 목적을 효율적으로 달성하기 위하여 조직체의 활동을 계획하고 조직 · 지휘 · 통제 · 조정하는 사회적 과정을 의미한다. 경영관리의 목적은 조직체로 하여금 효율적으로 경영목적을 달성하도록 함으로써 조직체를 지속적으로 유지해 가는 데 있다. 그러므로 관리는 모든 조직체에 없어서는 안 될 직능인 것이다.

경영관리직능의 요소는 학자에 따라 여러 가지로 분류하고 있어 일정하지 않으나 경영관리직능으로서 불가결한 것으로 다음과 같은 다섯 가지를 들 수 있다.

1) 계획직능(planning function)
2) 조직직능(organizing function)
3) 지휘직능(directing function)
4) 통제직능(control function)
5) 조정직능(coordinating function)

(1) 계획직능

기업의 모든 경영활동은 계획에 따라 수행된다. 계획(planning)이란 조직체의 여러 활동을 미래지향적인 목표를 통일하고 조정하기 위해서 경영목적의 구체적 설정, 정책의 결정(policy-making), 경영계획의 설정, 표준절차의 선택 등을 수행하는 것을 의미한다.

경영계획에서 신제품개발계획과 같이 경영정책 또는 경영전략에 입각한 전사적 계획이 있다. 이러한 계획에서는 기업내외의 여러 상황이나 미래에 대한 정확한 예측이 매우 중요하다. 또한 여기에는 생산정책 및 판매정책 등의 부문정책에 입각한 각 부문계획이 있다. 이러한 부문계획은 그것이 부문계획이라 할지라도 전사적인 예산이나 종합적인 이익계획에 의거하여 수립된다는 점에 주의해야 한다. 또한 계획직능에 있어서는 각 계획의 실행에 대한 책임을 각 부문관리자에게 할당하는 일, 또는 관리자가 계획을 실행할 때 필요로 하는 표준을 설정하는 일도 중요한 임무가 된다.

여기서 한 가지 주의할 점은 경영정책(business policy) 또는 경영전략(business strategy)도 경영계획개념에 포함된다는 점이다. 학자에 따라서는 계획직능을 경영계획에 한정하고 경영정책의 문제나 경영전략의 문제는 경영관리와는 구별해서 생각하는 경우도 있다. 즉 경영정책은 경영의 최고경영자의 관리계층에 있어서의 직능이고, 경영관리는 중간관리 이하의 부문관리계층의 직능이라고 보는 입장도 있다. 그러나 이와 같이 경영정책과 경영관리를 구별하는 것은 어디까지나 편의적인 것이며 결코 본질적인 것은 아니다.

또한 경영정책은 경영활동의 기본이념·기본원리를 다루는 것이고, 경영관리는 경영정책을 집행하는 방법과 절차를 다루는 것이므로 경영관리는 경영기술적인 성격을 갖는다고 보는 입장도 있다. 이러한 구분은 전혀 무의미하다고는 할 수 없으나 경영관리는 경영활동의 동태적 측면을 전체로서 종합적으로 다루는 것이므로, 경영관리의 하나의 요소인 계획직능에는 원리적인 경영정책과 그것을 집행하기 위한 기술적인 경영계획도 포함되는 성질의 것으로 이해해야 한다. 경영정책과 경영계획은 그 성격을 달리한다 해도 각종의 경영활동을 미래지향적 목적에 통일·조정하는 직능으로서 계획직능의 범주에 들어가는 것이기 때문이다.

경영계획은 그 대부분이 기업의 정책이나 전략에 기초하여 수립되는 것이며, 실제의 계획수립과정에 있어서도 이러한 관점이 도입되고 있다. 예컨대 기업의 신제품다각화 등과 같이 정책적이고 전략적인 관점에서 수립되는 계획을 특히 전략계획이라고도 한다.

(2) 조직직능

조직직능은 조직체의 구조를 유효하게 형성·유지하기 조직화의 기능이다. 이러한 의미에서 조직은 관리목적을 유효하게 달성하기 위한 수단이며, 관리용구(a tool of management)라고도 할 수 있다. 조직직능은 경영에 종사하는 각 구성원에게 특정의 업무를 할당하고 또한 직무를 수행하는 데 필요한 권한과 책임을 할당하여 각 직위의 상호관계를 명확히 규정하는 것을 의미한다. 또한 그렇게 함으로써 경영목적달성에 협력하는 각 구성원의 공식적인 협동관계가 형성된다. 다시 말하면 조직기능은 구성원의 공식적인 협동관계를 유효하게 형성·유지하고자 하는 데 그 목적이 있다.

한편 조직은 관리조직과 작업조직의 두 가지 요소로 구분된다.

관리조직(managerial organization)은 관리자의 직무와 그의 상호관계를 규정하는 것이다. 다시 말해 각 관리자의 공식적인 협동관계의 구조를 형성하는 것이다. 작업조직(work organization)은 직접 작업에 종사하는 노무자의 직무를 규정하는 것이며, 노무자의 직무는 노무자와 작업대상(기계·설비·원재료)과의 관계를 포함하고 있다. 관리조직이 사람과 사람과의 관계인데 대하여, 작업조직은 사람과 물체와의 관계라는 점에 그 특징이 있다.

그런데 경영관리에서 중요성을 더욱 인식하게 된 것은 관리조직이다. 합리적인 관리조직의 형성은 계획·지휘·통제·조정과 같은 다른 관리직능의 원활한 수행에 불가결한 전제가 되기 때문이다. 관리직능은 경영이 조직체이기 때문에 생기는 것이다. 경영활동이 기업가 개인의 활동인 경우에는 엄밀한 의미의 관리직능은 생기지 않는다. 조직직능은 조직체의 구조를 합목적적으로 형성·유지하는 것을 목표로 하는 것이다. 조직체는 관리직능을 필요로 하는 기초를 이루는 것이다. 관리활동은 조직의 기반 위에서 이루어진다. 따라서 조직체의 활동은 바로 관리활동을 이루는 것이다.

(3) 지휘직능

지휘직능은 경영목적을 달성하기 위해 타인의 행동을 유효하게 유발시키는 기능을 의미한다. 지휘의 개념은 단순한 것 같으나 실제로는 관리직능 중에서도 매우 중요한 요소이며, 여기에는 리더십(leadership), 부하의 지휘·감독(supervision), 커뮤니케이션(communication), 인간관계 등의 제 문제가 포함되어 있다. 이 지휘 직능은 경영현실에서 중요한 직능인데도 불구하고 이에 대한 이론적 규명이 소홀하였다. 그러나 최근에는 리더십의 유형뿐만 아니라 부하의 지휘·감독과 교육·인간관계의 개선 등에 관한 연구가 활발하게 이루어지고 있다. 또한 전통적 인간관계에 대한 반성은 협력적인 인간관계 형성을 위한 관리에 필요한 이론과 기법이 개발되고 있다.

(4) 통제직능

통제직능은 경영활동이 수익성 또는 경제성의 원칙에 따라 당초의 설정된 계획대로 수행되도록 하는 관리활동을 의미한다. 따라서 통제를 하기 위해서는 사전에 계획이 수립되어 있어야한다. 따라서 계획과 통제는 불가분의 관계에 있다. 통제활동은 다음과 같은 과정을 수행된다.

① 경제성의 측정
② 표준 또는 예산과 실적과의 비교분석

③ 예산과 실적과의 차이를 발생시킨 제약점요인의 파악 및 그 책임소재의 확인

④ 제약적 요인의 통제 또는 제거를 위한 수단의 강구

⑤ 제약적 요인에 대한 통계가 불가능한 경우 목적·계획의 변경

이상과 같은 통계직능을 유효하게 수행하기 위한 수단으로서 예산통제·원가관리·품질관리·직무평가 등의 여러 관리기법이 발달하고 있다. 여기에서도 주의할 점은 계획과 통제활동의 직접적인 대상은 어디까지나 조직체의 활동이라는 것이다. 계획과 통제를 위한 여러 가지 관리기법이 사용되고 있지만, 그것으로 관리기술과 경영관리활동이 혼동되어서는 안 되는 것이다.

(5) 조정직능

조정직능은 경영관리활동의 한 요소이면서 동시에 그것은 경영관리의 종합적이고도 전사적인 기능이라는 의미에서 매우 중요하다. 경영관리직능은 조직체의 형성과 유지를 위한 것이다. 따라서 조직체의 활동을 조정하는 기능을 수행하는 조정직능은 경영관리의 직능 중에서 특별한 지위에 있는 것이다. H. Koontz는 관리의 본질은 사람과 사람과의 관계를 조정하는 것이라고 강조하고 조정을 계획·조직·지휘·통제 등의 제요소와는 별도의 의미를 부여하고 있다.

조정이란 소정의 목적을 효과적으로 달성하기 위하여 여러 활동을 시간과 장소 및 양과 방향에서 통일화하고 상호를 조화 있게 결합하는 과정을 뜻한다. 조정의 대상은 어디까지나 조직체의 여러 활동이지만, 그 활동이 시기와 장소, 그리고 양과 방향에 있어 서로 조화되어 통일화되는 것이 필요하다.

조정에는 수직적 조정(vertical coordination)과 수평적 조정(horizontal coordination)이 있다. 수직적 조정이란 경영의 각 단계에서의 활동을 종적으로 조정하는 것을 말한다. 경영규모가 커짐에 따라 관리의 단계가 늘어나므로 수직적 조정이 불가피하게 된다. 또한 수평적 조정이란 전문화되고 분업화된 경영활동을 횡적으로 조정하는 것이다.

또한 조정은 대내적 조정(internal coordination)과 대외적 조정(external coordination)으로 나누어진다. 대내적 조정은 기업내부의 사람과 업무활동의 조정을 말하며, 대외적 조정은 소비자·노동조합·주주·금융기관·정부·지역사회 등 기업을 둘러싼 이해관계자집단(interest group)의 이해관계의 조정을 의미한다. 기업은 이러한 제도적 환경 하에서 가능하고 있는 것이다. 산업기술과 시장경제구조가 급변하는 현재의 기업환경 하에서는 대내적·대외적 조정의 기능은 매우 중요한 것이다.

계획화

제 1 부 호텔경영 일반론
제1장 호텔의 이해
제2장 호텔기업의 특성

제 2 부 호텔경영 관리론	
제3장 경영과 경영관리	
제4장 계획화	제5장 조직화
제6장 지휘화	제7장 통제화

제 3 부 호텔경영 기능론		
제8장 인사관리		
제9장 객실판매 및 생산	제10장 프런트오피스의 조직	제11장 하우스키핑
제12장 식음료 관리	제13장 연회 서비스	
제14장 호텔 재무관리		

☞ 열린 생각 및 직접 해보기

▶ 계획화의 목적·특성에 대해 토의한다.
▶ 취업 희망호텔의 금년도 경영계획 알아보기
▶ 취업 희망호텔의 장기경영계획에 대해 알아보기
▶ 경영관리는 기업의 목적 달성을 합리적으로 수행하기 위한 계획·실시·통제 (plan-do-see)의 순환적 관리과정을 이해한다.

계획화

호텔경영에 있어서 경영자는 경영관리를 위하여 인적·물적·제자원을 효과적으로 통합·조정하며, 경영목표의 합리적인 달성을 위하여 경영활동의 합리적인 수단으로 경영전반에 걸친 계획, 조직, 인원배치, 지휘, 조정, 통제를 수행한다. 이 프로세스에는 일정한 법칙이 있고, 서로 연관되어있다는 것을 알 수 있다. 이 프로세스 매니지먼트 사이클이라고 하며 경영관리의 순환구조를 나타낸다.

먼저 계획화(planning)는 경영관리의 시발점이며, 호텔기업의 장래를 예견하고 대처하는 기능이며, 이는 경영활동을 합리적으로 수행하기 위해 활동목표와 실시과정을 가장 적합하게 도달할 수 있도록 사전에 계획을 세우는 것을 말한다. 이 계획화에 따라 조직화화가 이루어지고 그 조직된 부서가 유기적으로 통합시켜 상호직무가 능률적으로 달성되도록 인원을 적재적소에 인원을 배치하는 활동을 조직화라고 한다. 지휘화는 조직구조의 계층화 속에 포함되는 성질의 것이며, 상사와 하급자의 관계에서 명령계통이 형성되어 전 구성원이 적극적으로 책임을 지고 업무를 수행하게끔 하는 의욕이 생기도록 조직을 관리하는 활동이다. 통제화는 계획이 실시되고 결과가 예정대로 되어 있는지를 확인·감독하여 설정된 목표와 일치하고 있는가를 확인하는 관리활동을 말한다. 일반적으로 계획화는 통제화와 언제나 일치되어 있다고 보아야 한다.

이와 같이 5가지는 서로 관련되어 일체화시킴으로써 경영관리가 효과적이기 때문에 매니지먼트 사이클에 대하여 충분히 이해하여야 할 것이다.

제1절 | 계획화의 의의

기업의 활동이 합리적으로 수행되도록 관리하기 위해서는 먼저 목표를 설정하고 그 목표의 효과적 달성을 위해 필요한 활동방향, 지침, 그리고 순서를 결정해야 한다. 그러므로 미래의 기업 활동의 수행에는 여러 가지 대체적인 안들이 있으며, 이러한 대안들 중에서 최적의 것을 선택하고 이에 의거해서 기업 활동을 수행하게 되면 가장 합리적인 기업 활동을 수행할 수 있다. 이와 같이 미래의 활동과정에 대한 여러 대안들 중에서 가장 적합한 안을 선택하는 것을 계획 설정 또는 계획수립이라고 하며, 이에 따라 선택된 미래의 활동과정에 대안을 가리켜 계획이라 한다.

따라서 계획은 경영관리활동의 출발점이 되는 것으로서 관리의 전 과정에서 각 기능과 밀접한 관련을 갖고 있다. 관리과정이란 경영활동에 필요한 계획이 이루어지면, 이를 체계적으로 수행하기 위하여 조직화를 도모하고 충원된 종업원이 직무를 집행할 경우 이를 지휘하며 나타난 결과를 계획과 비교함으로써 통제를 행하게 되는 과정을 뜻하는데, 간단히 계획(plan)—집행(do)—통제(see)의 과정이라고도 설명할 수 있다.

특히 계획은 미래에 대한 예측을 전제로 하는 까닭에 어느 정도의 불확실성을 피할 수가 없으며, 다음과 같은 필요성과 중요성 때문에 계획은 기업경영에 있어서 매우 중요한 기능이라고 인식되고 있다.

① 계획은 미래의 불확실성과 변화에 대처하기 위해 필요하다. 왜냐하면 미래의 상황에 대한 일정한 가정 하에서 계획이 수립되므로 이러한 상황에 변화가 생겼을 때에는 계획의 수정을 통해 이러한 변화에 신속히 적응하는 것이 가능하기 때문이다. 미래의 불확실성 때문에 계획이 쓸모없다고 생각하기 쉬우나 오히려 불확실성 때문에 계획을 세울 필요가 있다고 말할 수 있다.

② 계획은 경영자가 경영목표에 주의와 관심을 집중할 수 있도록 해주기 때문에 필요하다. 계획은 목표의 설정과 이의 효과적 실현을 위해 경영자가 수행해야 하는 기본적 직능이다. 따라서 계획수립에 참여함으로써 경영자는 경영목표에 관심과 주의를 기울이게 되며, 각 부문활동들의 의의와 상호관계를 명확히 이해할 수 있게 된다.

③ 계획은 비생산적이거나 비경제적인 노력들을 배제함으로써 경제성과 유효성을 높일 수 있게 해주기 때문에 필요하다. 계획은 인적자원과 설비 등의 제 생산요소를 잘 활용하여, 되도록 낮은 비용으로 최대의 성과를 얻도록 해준다.

④ 계획은 통제에 있어 필수 불가결한 전제가 되기 때문에 필요하다.

계획에 의해서 목표나 표준이 설정되어 있지 않으면 경영자는 통제를 행할 수가 없다. 즉 경영관리활동의 양·불량을 판정하고 수행상황의 감독을 위해서는 표준이 필요하며 이러한 표준이 계획에 의해 설정되어진다.

제2절 계획화의 목적

기업에서 계획화의 목적은 불확실성과 변화에 대한 대처, 목표지향성, 경제적인 기업운영, 통제의 용이성 측면으로 구분하여 살펴볼 수 있다. 이를 구체적으로 설명하면 다음과 같다.

1. 불확실성과 변화에 대한 대처

계획은 미래의 불확실성과 변화에 대처할 수 있는 기준을 마련해 준다. 계획은 미래지향적이므로 불확실성, 위험 및 변화가 계획 기능을 필요하게 만든다. 효과적인 계획수립은 조직의 내·외부 환경으로부터 야기되는 불확실성을 어느 정도 감소시킴으로써 미래의 활동을 어느 정도 확신을 가지고 수행할 수 있도록 하게 한다. 따라서 기업은 미래의 여러 가지 불확실성과 변화를 예측하고 이에 대처함으로써 그 존립과 성장을 확보할 수 있도록 계획을 수립하여야 한다.

2. 목표지향성

계획은 목표지향성을 가지고 있기 때문에 기업의 상이한 여러 부문활동이 기업의 공통된 목표를 수행하도록 이들을 통합하여 준다. 또한 계획을 수립함으로써 관리자로 하여금 근시안적인 목표달성에서 벗어나 장기적인 관점에서 현재의 계획을 재검토하고, 필요에 따라서 수정하게 함으로써 목표달성을 용이하게 하여 준다.

3. 경제적인 기업운영

기업의 궁극적인 목적이 영리성에 있는 것은 아니라 할지라도 계획수립에 있어서는 이익개념을 최종목표로 인식하고, 이를 계획에 반영시켜 비용을 최소로 하고 이익을 극대화함으로써 경제성원칙에 입각한 계획수립활동이 가능하도록 계획은 일관성 있게 유지되어야 한다. 인사·생산·판매·재무 등의 부문은 사전에 치밀하게 마련된 계획에 따라서 능률적 이고 통일적으로 운영되므로, 낭비가 발생할 여지가 적게 된다.

4. 통제의 용이성

경영계획은 경영자로 하여금 통제활동을 수행할 수 있는 기초를 마련해 주는데, 계획이 라는 기준이 있으므로 해서 경영자는 하위조직의 경영성과를 측정하고 이를 평가할 수 있 게 된다. 계획은 미래의 활동에 대한 관리의 출발점이며, 통제는 과거의 실적을 관리하고 조정하는 도구가 된다.

제3절 계획화의 특성

쿤츠(H. Koontz)는 계획화의 기본적 특성을 원칙과 관련시켜 다음과 같이 4가지를 제시 하였다.

1. 목표에 대한 공헌선 원칙

모든 경영계획의 목적은 기업목표를 적극적으로 달성하는 데 공헌하여야 한다. 이 경우 계획은 행동을 목적에 집중시키는 힘을 갖는 것으로서, 의도적인 협동을 통하여 집단의 목 적을 달성하기 위해 존재한다는 조직체의 기본성격에 바탕을 둔 것이다.

즉 계획은 경영활동이 수반되어야 하는 것으로, 어떤 활동을 통하여 기업이 궁극적인 목 적에 지향하도록 하여야 한다. 결론적으로, 경영계획은 기대목표에 초점을 두고, 이를 실현 하기 위해서 필요로 하는 모든 조치를 강구함으로써 목표성취를 보다 효과적으로 이룰 수 있도록 하는 데에 그 특징이 있다.

2. 계획의 우선성 원칙

계획 이외의 관리활동, 즉 조직, 충원, 지도 및 통제활동은 조직목표를 달성하는 데 지원 하기 위해서 설계된 활동이지만, 계획화는 이들 제기능의 필수 전제로서, 모든 집단노력에 필요한 목표를 수립한다는 점에서 다른 관리기능의 수행에 우선해야 한다는 특징을 갖는다.

특히 계획은 통제와 불가분의 관계를 가짐으로써, 계획이 수립되지 않으면, 통제의 기준을 제공할 후 없으므로 할 수 없기 때문에 계획은 우위성을 갖는다.

3. 계획의 보편성 원칙

계획은 계획수립자의 권한이나 방침의 내용에 따라 그 특징과 범위가 다양하지만, 모든 계층의 경영 관리자가 다 해야 하는 기능이다.

다만 모든 경영자가 같은 특성의 계획을 수립하는 것은 아니다. 상위자가 계획 중의 계획인 전반적인 계획을 수립한다면, 하위자는 전반적 계획에서 제시한 목표를 실현하기 위한 집행계획을 수립한다. 이와 같이, 관리자들에게 어느 정도의 재량과 계획화에 대한 책임이 부여되어 보편화 내지 파급화가 이루어지고 있다. 그러나 일반적으로 최고경영층에 의해서 더 많이 수립되고, 또한 그 성격도 중요성을 띠는 계획을 수립한다.

4. 계획의 능률성 원칙

계획의 능률성은 기업이 추구하는 목표에 대한 기여도라고 할 수 있으므로, 계획의 효과는 목적과 목표를 수행하는 데 소요되는 비용과 다른 형태로 투입된 공헌의 양으로 측정된다. 그러므로 계획은 최소의 비용을 투입하여 최대의 능률을 획득할 수 있도록 수립되어야 한다.

이 경우, 계획수립은 문자의 형태로도 가능하지만, 물량적인 수치로 나타내고, 또한 화폐가치로 환산함으로써 보다 능률적인 판단기준으로 삼을 수 있다.

제4절 계획화의 전제조건과 그 과정

1. 계획화의 전제조건

경영계획은 계획화의 과정을 통해 확정되는데, 이를 위한 전제조건은 다음과 같다. 즉 목표에 기여할 수 있어야 하며, 관리과정 중 계획이 최우선적이어야 하고, 또한 계획은 모든 경영계층에 관련될 수 있도록 일반적 성격을 지녀야 하며, 계획은 조직의 제자원의 효율성이 달성되도록 수립되어져야 한다.

1) 목표의 반영성

모든 경영계획과 파생되는 하위계획은 기업목표의 달성을 보다 합리적이고 체계적으로 달성하기 위한 것이므로 목표달성에 공헌하도록 조직목표를 반영해야 한다. 즉 경영목표가 설정되면 계획은 그 목표를 달성하기 위한 활동에 초점을 맞추어 개인과 부문들의 행동을 목적에 집중시키는 것이다. 따라서 관리자는 계획을 수립할 때 목표달성을 위해 일관되고 통합된 활동을 유도할 수 있도록 목표를 반영한 계획을 수립하여야 한다.

2) 계획의 최우선성

경영목표를 달성하기 위한 관리활동은 계획화, 조직화, 지휘화 및 통제화의 과정으로 이루어진다. 계획은 이들 제과정의 제 1단계이며 기본적인 필수전제가 된다. 즉 계획수립은 다른 과정에 우선하는 출발점이 되는 것이다. 특히 계획수립과 통제는 불가분의 관계에 있다. 통제는 계획과 실행의 차이를 밝혀주어 행동이 계획된 경로를 따라 이루어지도록 하는 것을 말한다. 결국 계획되지 않은 행동은 통제될 수 없는 것이다.

3) 계획의 일반성

계획수립은 모든 경영자들이 수행하는 직능이다. 최고관리자로부터 하급 관리자에 이르기까지 모든 관리계층은 계획 직능을 가지고 있는데, 이들을 계획수립의 일반성이라 한다. 즉 최고경영자들은 전략적 결정과 관련된 전략적·장기적 계획기능을, 중간관리자들은 그 실행계획을 다루는 것이다.

4) 계획의 효율성

계획은 주어진 자원으로 최대의 효율성과 효과성을 발휘하도록 수립되어야 한다. 계획의 효율성은 계획에 따른 실행비용과 예상치 못한 추가비용을 공제한 후의 이익으로 측정된다. 따라서 목표달성에의 기여에 비하여 너무 많은 비용을 발생시키는 계획은 의미가 없다. 효율성의 계산량 및 작업시간뿐만이 아니라 조직구성원의 만족감(satisfaction) 등과 같은 요소도 고려되어야 한다.

2. 계획화의 과정

1) 기획의 인식(being aware of opportunity)

계획의 출발점은 문제나 기회를 올바르게 인식한다는 것이라 할 수 있다. 다만 이 '기회의 인식'은 계획의 첫 단계라기보다도 계획의 전제조건이라고 간주해야 옳을 것이다.

2) 목표의 설정

장차 가능한 기회에 대한 예비적인 조망, 이들 기회에 대한 명확하고 완전한 이해, 자기회사의 현재 장점과 약점에 비추어 본 현재 위치의 파악, 그리고 해결하고자 하는 문제점과 그 이유의 이해 및 얻고자 기대하는 것에 관한 지식 등이 이 단계에 포함된다. 현실성 있는 목표를 설정할 수 있는지 여부는 바로 이와 같은 인식에 달려 있다. 계획화는 기업에게 주어진 기회여건의 현실적인 진단을 요하는 것이다.

계획화에 있어 두 번째 단계는 장기 및 단기로 회사전체에 대한 전체목표를 수립하고, 다음에는 각 소속단위별 목표를 세우는 것이다. 목표는 기대되는 결과를 구체적으로 명시하고 달성되어져야 하는 최종지점과, 가장 강조되어야 할 곳은 어디이며, 전략, 방침, 절차, 규칙, 예산, 프로그램 등의 네트워크에 의하여 무엇이 달성되어야 할 것인가를 나타낸다.

기업목표는 모든 주요 부서들의 목표를 규정하는데, 이 목표를 반영하게 함으로써 주요 계획(major plans)의 방향을 제시해 준다. 주요 부문 목표는 다시 하위 부서의 목표를 통제하며, 조직의 라인을 따라 내려가면서 이와 같은 하향적인 통제가 이루어진다.

3) 계획전제의 수립(premising)

계획의 제 2단계는 계획 설정을 위한 기초가 되는 예측자료, 기본방침, 기존의 계획안 등을 지칭한다. 이 가운데서 특히 예측은 전제수립에 있어서 가장 중요한 요인이 된다. 즉 시장의 종류는? 판매규모는? 가격은? 제품의 종류는? 기술개발의 종류는? 원가는? 임금률은? 세율과 조세정책은 어떻게 될까? 신규 공장은? 배당정책은? 정치적·사회적 환경은? 재정은 얼마나 확장될 것인가? 장기적인 변화의 추세는 어떻게 될 것인가? 등을 합리적으로 예측하여야 한다.

4) 대안적 과정의 대체안의 결정(determining alternative courses)

계획의 제 3단계는 여러 가지 대안적 과정을 전제와 목표에 비추어 비교 모색·검토하는 단계이다. 즉 계획을 위한 여러 가진 행동의 대안을 모색하게 되는데, 특히 즉각적으로 명확하게 나타나지 않는 대안들을 찾아내고 조사하는 일이 중요하다. 그러나 합리적인 대안이 존재하지 않는 계획은 거의 없으며, 명확하게 드러나지 않은 대안이 최선의 방안이 되는 경우도 많다.

5) 대체안의 평가(evaluating alternative courses)

대안적 과정이 모색·검토된 다음의 단계가 이 평가과정이다. 즉 계획의 제4단계로서 이 단계에서는 여러 가지 대안적 과정의 장·단점에 관한 검토가 끝난 다음에 각기의 대안적 과정을 평가하게 된다. 다시 말해서 계획의 전제와 목표에 비추어 여러 가지 요인들을 비교하여 대안들을 평가하게 되는 것이다.

6) 대체안의 선택

다섯 번째의 계획 단계는 행동과정을 선택하는 단계로서 계획이 채용되는 시점, 즉 의사결정이 이루어지는 시점을 말한다. 다시 말해서 이 시점이 바로 계획이 구체적으로 수립되는 단계라 할 수 있다. 흔히 코스, 즉 계획의 목표달성을 위한 과정으로는 하나의 대체적 과정이 선택되나, 때에 따라서는 여러 가지 대안들의 분석·평가결과로 둘 또는 그 이상의 대체적 과정이 선택될 수도 있다.

7) 파생계획의 수립(formulating derivative plan)

의사결정이 이루어지는 시점, 즉 대체적 행동과정이 선택되는 시점에서 계획의 단계가 종료되는 경우란 드물다. 즉 계획의 최종단계는 이른바 파생계획의 수립단계라 할 수 있다. 어떠한 계획이라도 이를 보완하기 위한 지원 내지 예비계획의 수반 없이는 그 실행이 가능해질 수 없기 때문이다. 따라서 충분한 보완적 성격의 각종 파생계획이 수립될 때 비로소 계획의 제단계가 완료되었다고 간주된다. 이와 같은 계획의 수립과정은 다음 그림과 같다.

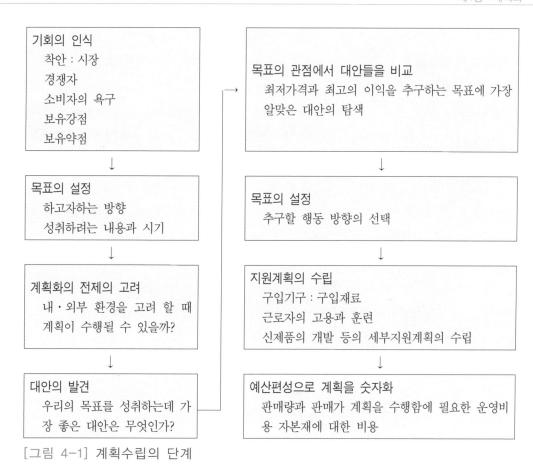

[그림 4-1] 계획수립의 단계

1. 배경과 개념

　제 2차 세계대전 후 순탄한 성장을 지속해 오던 미국경제는 1959년에 불황국면에 들어서게 되었다. 이러한 경제적 불황에서 미국의 기업들은 시장경기 예측에 지대한 관심을 쏟지 않을 수 없게 되었다. 이에 따라 미래 환경의 측정과 경영계획 수립을 담당하는 기획실제도가 많은 기업에 도입되었다.

　이러한 기획실제도 도입에 큰 영향을 미친 또 다른 요인은 연방정부국방성의 PPBS(Planning, Programming, Budgeting, System)제도 도입에서 찾을 수 있다. 이 제도는 1961년

75

출범한 케네디 정부의 국방장관이 도입한 것으로, 예산편성시 과거 수치를 물가변동률로 조정하여 새 예산으로 산정하던 종래의 방식에서 탈피한 제도이다. PPBS제도에서는 우선 조직이 추구하는 목표를 세우고(Planning), 목표를 달성하기 위해 프로젝트를 추진하며(Programming), 이를 예산을 편성하는(Budgeting), 당시로서는 획기적인 제도(System)였다.

그러나 1960년대 초 기획실에서 수행한 경기예측은 통계적 기법을 통한 양적인 예측으로서 신규업종에 참가 및 기존업종의 폐쇄 등과 같은 질적, 전략적 성격의 것은 아니었다. 즉 단기적으로는 투하된 생산시설의 조업도를 경기예측에 따라 효율적으로 조정하여 수급을 조절하고, 장기적으로 생산시설의 증설 및 감축과 이에 따른 자금수요를 예측하여 효율적인 자금 조달원을 선택하는 데 초점을 맞춘 계획 업무였다.

1950년대 말의 불황을 이기고 60년대 미국경제는 순탄한 성장을 하게 되는데, 이러한 성장기를 마련한 시대적 상황을 살펴보면 기획실 제도 외에 두 가지를 더 들 수 있다.

하나는 1957년 소련의 스푸트니크(Sputnik) 인공위성 발사였다. 그때까지 미국인들을 미국이 정치, 경제뿐만 아니라 기술, 문화 등 모든 면에서 소련을 앞섰다고 생각하고 있었고, 그만큼 이 스푸트니크 사건은 미국인에게 커다란 충격과 함께 자존심의 상처를 안겨 주었다.

인공위성 발사에서 선수를 빼앗기고부터 대책마련에 부심하게 되었던 미국은 인문사회 중심이던 초등학교, 중·고등학교 교과과정을 과학중심으로 바꾸고 그동안 소홀히 다루던 수학과목을 강화시켰다. 또한 1960년에 대통령 후보로 출마했던 케네디(J. Kennedy)는 미국이 비록 인공위성 발사에서는 소련에 뒤졌지만 달에 인류를 착륙시키는 꿈은 어느 나라보다 앞서서, 그것도 1960년대가 가기 전에 실현하겠다고 선거공약을 제시하였다.

그리하여 대통령에 당선된 케네디는 공약을 실현하기 위해 국립항공우주국(National Aeronautics and Space Agency : NASA)을 설치하고 이를 통하여 우주산업에 대한 투자를 대규모로 시작하였으며, 그 결과 항공우주 관련 산업이 활성화되어 비약적으로 성장하게 되었다. 비록 케네디는 1963년에 암살되었으나, 그의 꿈은 그 후 아폴로계획으로 추진되어 1969년 7월 21일 닐 암스트롱(Neil Amstrong)이 인류 최초로 달의 표면에 착륙함으로써 현실로 나타난 것이다.

또 다른 하나는 국방장관이 되고 맥조지 번디(McGeorge Bundy)가 대통령 정치보좌관이 되면서 당시 내전(內戰)이 시작된 베트남 문제와 관련하여 군사력을 증강시킬 계획이 입안되었고, 이를 계기로 군수산업에 대한 투자가 관련분야를 활성화시켰다는 점이다.

이러한 요인 등으로 미국경제는 1960년대에 또 다시 비교적 순탄한 성장을 이룰 수 있었으나 1950년대의 성장과는 근본적인 차이가 있었다. 즉 1950년대의 경제성장은 인플레이션을 수반하지 않은 것임에 비해(1951년의 1달러 구매력은 1959년의 1달러 구매력과 같았다.) 1960년대는 인플레이션을 수반한 값비싼 성장이었던 것이다. 그러나 인플레이션은 고정자산에 투자가 이루어지고 있는 제조기업으로서는 환영할 만한 일이었고, 이러한 호황이 계속되자 60년대 초 성급하게 도입되었던 기획실 중심의 경영관리체계는 다시 마케팅 중심의 경영관리체계로 대체되었다. 1973년의 오일쇼크는 미국경제에 커다란 충격을 주었으며, 59년의 불황보다도 훨씬 심각한 경기침체를 몰고 왔다. 오일쇼크로 야기된 이 불확실성의 시대에 각 기업은 다시금 기획실을 찾게 되었으며, 1974, 75년에 가서는 웬만한 중소기업까지도 기획실 제도를 도입, 운영하게 되었다. 그러나 이 시기에 나타난 기획실과 1960년대 초의 기획실 업무에는 근본적인 차이가 있었다. 즉 1959년의 경기침체가 자연스러운 경기순환의 한 국면이었던 것과 달리 1973년 이후의 경기침체는 유가의 급작스런 상승과 공급중단이라는 외생변수의 영향으로 인하여 발생한 것으로서, 기업의 본질적이고 전략적인 문제와 직결되었기 때문이다.

외식산업을 예로 들어 오일쇼크가 기업의 본질과 전략에 어떠한 영향을 주었는가를 살펴보기로 하자. 1920년대 이후 자동차 및 도로망의 발달로 도시 외곽으로 주거지가 옮겨지는 대신 도심이 빈민촌으로 바뀌면서 도심에 모여 있던 호화스런 고급음식점들 역시 도시 외곽으로 이동하였다. 그러나 1973년 오일 쇼크 이후 휘발유 구입도 원활하지 못하고 가격도 엄청나게 상승하여 자동차의 유지가 힘들게 되자 이들 고급음식점들은 다시 시내 중심지로 모이게 되었다. 이러한 음식점 위치의 변동은 각 음식점의 단순한 매출액의 증감에만 영향을 미치는 것이 아니라 그 음식점의 사활을 좌우하는 본질적이 문제를 제기하게 된 것이다. 따라서 이러한 불확실한 환경변화에 효율적으로 대처하고자 나타난 경영혁신기법이 바로 장기 전략계획이다. 즉 장기 전략계획은 기업업체 차원에서 사업구성을 비전에 맞게 재구성하는 계획을 수립하는 혁신기법이다.

2. 내용

장기 전략계획은 지금까지의 이론적인 틀을 바탕으로 기업이 실제로 경영정책을 결정하고 실시하는 데 활용할 수 있는 계획방법이다.

'장기 전략계획'의 의미는 무엇보다도 전략이라는 말의 본질적인 차이를 비교할 때 명확해질 수 있다. 즉 정태적으로 볼 때 전략이 기업 활동의 목적 또는 내용이라면 계획은 수단

또는 도구라고 할 수 있으며, 동태적으로는 전략이 정책적인 요소, 즉 기업의 활동방향을 설정하는 것임에 반하여 계획은 이와 같은 기업 활동을 언제 실시할 것인가들을 결정하는 것이라고 할 수 있다. 다시 말해서, 전략계획은 보다 개념적이라 할 수 있는 전략을 현실로 구체화하기 위한 활동인 셈이다.

기업이 전략계획을 수립하는 목적은 한마디로 불확실성하의 급변하는 기업환경에 효과적으로 대처하기 위한 것이다. 이러한 전략계획의 수립과 실천을 통하여 기업은 목표달성 및 경쟁전략에 도움이 되는 전략도출이 이용해지며, 또한 전략 안에 따라 장기적으로 일관성 있는 경영활동이 가능할 것이다.

그런데 이러한 전략계획을 현실경영에 실제로 활용하기 위해서는 기업마다 특수한 상황을 고려하여 계획을 수립하여야 하며, 무엇보다도 현실을 계획에 맞추는 것이 아니라 현실 경영의 나침반으로서 전략계획을 사용하여야 할 것이다. 따라서 전략계획을 보다 바람직하게 활용하기 위해서는 치밀하고 철저한 분석의 예측보다는 복잡한 경영환경을 단순화시키는 정보의 수집과 대체안의 선별이 요구되며, 이렇게 되었을 때 전략계획이 기업경영의 나침반 역할을 수행할 수 있게 되는 것이다. 이제 전략계획의 목적과 그 활용을 위한 기본방향을 가지고 장기 전략계획이 어떤 성격을 지니게 될 것인가에 대해 살펴보자. 그런데 장기 전략계획의 성격을 파악하기 위해서는 우선 전략계획의 종류를 구분하여 기준에 따라 계획의 종류를 나열하고 그 중에서 장기 전략계획과 관련 있는 내용들을 추출할 필요가 있는데, 이들은 다음과 같다.

3. 전략계획의 종류

1) 계획기간에 따른 분류

(1) 장기계획(long-term planning) : 업종구조변화, 신규 사업 참여, 기존사업의 처분 등이 가능한 기간계획

(2) 중기계획(mid-term planning) : 생산시설의 확장, 축소가 가능한 기간계획

(3) 단기계획(short-term planning) : 조업도 변경이 가능한 기간계획

2) 계획의 성격에 따른 분류

(1) 전략계획(strategy planning) : 기업의 목표설정 및 전략수행에 필요한 자원의 배분결정을 비롯한 전략적 판단과 결정

(2) 운영계획(operational planning) : 전략계획을 구체적으로 실시하기 위한 인력계획, 생산계획, PR계획 등의 세부계획

(3) 예산계획(budget planning) : 전략계획과 운영계획을 자금으로 뒷받침해주기 위한 예산 작성

3) 질적 내용에 따른 분류

(1) 전략적 계획(strategic planning) : 사업구조나 제품구조와 같은 경영구조자체의 변혁을 의도하는 전사적·종합적·포괄적 성격의 거시적 계획으로 불확실성의 정도가 높은 비계량적, 질적 계획

(2) 전술적 계획(tactical planning) : 업무실행이나 개별행동 등 경영의 과정을 바꾸려는 부문적 개별계획으로 재무환경 정보에 의해 단순한 계량적 판단만을 요구하는 미시적인 계획

4) 계획기간의 변동여부에 따른 분류

(1) 확정계획(fixed-time planning) : 경제개발 5개년 계획과 같이 시작하는 시점과 끝나는 시점이 확정된 계획

(2) 연동계획(roll-over planning) : 시작하는 시점과 끝나는 시점이 해를 지날 때마다 한 해씩 뒤로 밀리는 계획

이상의 내용 중에서 장기 전략계획은 우선 장기계획이며, 운영계획이나 예산계획을 세부계획으로 포함하는 전략계획이며, 질적으로는 전술적 계획이라기보다는 전략적 계획이어야 할 것이다.

마지막으로, 확정계획이 되어야 할 것인지 연동계획이 되어야 할 것인지에 대해서는 일반적인 제조기업의 경우에는 보다 유연성이 높은 연동계획이 바람직 할 것이나, 대규모 투자가 일단 시작되고 나면 되돌리기 어려운 경우에는 오히려 확정계획이 적합할 것이다.

그런데 장기 전략계획은 누가 만들고 또 누가 책임져야 하는 것인가? 장기 전략계획과 같은 계획수립은 기획실장 혹은 기획담당 임원 혹은 기획부원이 담당하고 그 책임 역시 그들이 져야 한다고 생각하는 경우가 많을 것이다.

그러나 전략계획의 최고책임자는 바로 최고경영자 자신이어야 한다. 기획담당 이사에게도, 기획부원에게도, 기획전문가에게도 최고경영자가 가진 이러한 책임은 전가될 수 없다.

왜냐하면, 전략계획은 기업의 목표와 활동방향을 결정하기 위한 도구인 까닭에 궁극적으로 기업의 성패를 좌우하는 것이므로, 기업의 최종적인 의사결정자인 최고경영자가 결과에 대한 책임이 있기 때문이다.

그렇다고 이 표현이 최고경영자가 어느 누구의 도움도 없이 혼자서 전략계획의 수립·실천을 담당해야 한다는 것을 의미하지는 않는다. 과거와 같이 기업가가 권력을 가진 실력자를 만난 자리에서 순간적으로 머리에 떠오른 아이디어를 가지고 주도면밀한 분석과 평가 없이 즉흥적으로 결정을 하고 또 사업을 일으켰던 시기에는 기획 자체가 무의미하였겠으나, 오늘날과 같이 경제규모가 대형화하고 기획추구의 여건이 경쟁체제로 바뀜에 따라 투자효과가 평준화되고 있는 시대로 이행되어 오면서, 치밀하고도 정밀한 전략계획에 대한 욕구는 계속 증대되고 있다. 더구나 대기업과 같이 기업규보가 크고 사업내용이 복잡한 기업일수록 전략계획의 내용도 필연적으로 방대하고 복잡해지기 마련이다. 따라서 최고경영자 단독으로 전략계획을 수립·시행한다는 것은 불가능한 일이므로 최고경영자를 보좌하여 전략계획을 입안·분석·평가할 기획담당자와 기획부서가 필요한 것은 당연한 것이다.

물론 장기 전략계획이 기업 내에 완전히 정착되기 위해서는 계획 작성과 과정을 기업 내의 전직원에게 공개하여 전략계획에 대한 안목을 배양하는 것이 필요하다. 더구나 임원진이나 사업부의 책임자들이 장기 전략계획 수립과정에 적극적으로 참여 캔미팅(can meeting) 형식을 띤 장기 전략에 대한 심층토론 및 협의를 통해 그들의 의견을 수렴하여 계획안에 반영시키는 것은 기업 일체감의 형성이나 계획의 실천에 대단히 중요한 계기가 되므로 간과되어서는 안 될 것이다. 여기에서 캔미팅의 캔(can)이 뜻하는 바를 잠깐 살펴보자. 영어로 I can can a can이라는 문장이 가능하다. 여기에서 캔은 세 번 나오는 데, 나올 때마다 그 뜻이 다르다. 첫 번째 캔(can)은 조동사(助動詞)로서 할 수 있다는 뜻이고, 두 번째 캔(can)은 깡통을 따다는 동사이고, 세 번째 캔(can)은 깡통이란 명사이다. 즉 위의 문장은 나는 깡통을 딸 수 있다고 해석할 수 있다. 따라서 캔미팅도 그 뜻은 깡통과 같이 밀폐된 곳에서 모든 토의사항이 끝날 때까지는 누구도 나가지 못한 채, 머릿속에 있는 모든 생각을 깡통을 따듯이 꺼내 놓고 어떤 합의점에 도달할 때까지, 그리고 어떤 해결방안이 찾아질 때까지 전원이 계속해서 한 곳에 머무르면서 토의를 계속 진행하는 회의인 것이다.

장기 전략계획의 존재의의를 비유적으로 말한다면 자동차의 헤드라이트에 비유할 수 있다고 하겠다. 즉 어두운 밤에 헤드라이트 없이 자동차가 움직이기 곤란한 것과 같이, 과거처럼 어느 정도 미래를 확실할 수 있었던 시절에는 장기 전략계획의 필요성이 절실하지 않았겠으나, 70년대 중반 이후 급속하게 변동하는 세계 경영환경에서 미래를 예측하기 어려운 불확실성의 시대에는 장기 전략계획의 필요성이 거의 절대적이라 하겠다. 또한 헤드라이트가 얼마나 멀리, 그리고 얼마나 밝게 앞을 비출 수 있는지의 여부는 전구의 성능과 건전지의 에너지에 의해 좌우되듯이, 장기 전략계획이 얼마나 실용성을 높일 수 있는지는 직접장기전략계획에 참여하는 경영자들의 능력과 자세, 그리고 궁극적으로 기업이 갖고 있는 에너지, 즉 기업력에 의해 좌우될 것이다.

5) 장기 전략계획의 절차

기업의 성공적인 전략을 수립하기 위하여 꼭 지켜야 할 대원칙은 계획의 수립과 집행과정에 기업 구성원 전원이 참여하여 기업 일체감과 책임감을 공유하여야 한다는 것이다. 이러한 대원칙을 전제로 하여 전략계획 수립 절차를 제시해 보면 다음과 같다.

(1) 기획위원의 구성

장기 전략계획 수립에 있어서 최고 의사결정기관인 기획위원회를 구성한다. 이 때 위원장은 기업의 최고경영자가 되어야 하고, 위원은 임원 및 사업부의 장으로 구성하는데, 이 조직은 상징기구가 아닌 실질적인 최고 의사결정기관으로서 계획수립의 최종책임을 진다.

(2) 기획실무팀의 구성

기존의 기획실 조직을 활용하거나 기획담당 프로젝트팀을 새로이 조직하여 기획실무팀을 구성한다.

(3) 기업 내·외의 경영여건 분석

기획실무팀에서는 1차 기획위원회의에서 활용할 수 있도록 현재까지의 기업연혁을 체계적으로 구분·정리하고 기업의 내부 경영여건과 외부의 경영환경을 분석하여 일목요연하게 정리하게 정리한 자료집을 작성한다.

(4) 1차 기획위원회의(1차 캔미팅)

기획위원회에서는 기획실무팀이 제작한 자료를 검토한 후, 다각적인 토론을 통해 기업의 장기적인 경영목표를 확정하고 이러한 장기목표를 달성할 수 있도록 기본전략을 도출해 낸다.

(5) 사업본부별 장기전략계획 작성지침의 배부

기획실무팀에서는 1차 기획위원회에서 채택된 장기목표 및 전략의 내용과 함께 각 사업부별로 사업부 수준에서의 목표·전략과 장기경영성과 및 투자계획안 등을 작성하여 보고

할 수 있도록 사업본부별 장기전략계획안 작성지침서 및 기본양식을 제작하여 배부한다.

(6) 사업본부별 장기전략계획 작성

각 사업본부에서는 기획실무팀이 제작·배부한 작성지침을 참조하면서 각 사업부의 특수한 환경에 적합한 목표 및 그의 달성을 위한 전략을 수립하고 배부된 기본 양식에 맞추어 장기경영성과 및 투자계획안 등을 작성한다. 이 때, 각 사업부에서는 사업부장이 주관하는 캔미팅 형식의 전 사원 참여 프로그램을 진행하여 장기전략 수립 및 진행에 대한 일체감을 형성하는 것이 바람직하다.

(7) 전사적 장기전략계획 작성

기획실무팀에서는 각 사업부에서 작성하여 제출한 사업부별 계획안을 취합하여 전사적 수준의 계획안으로 만든다. 이러한 전사적 계획안에서는 대개의 경우 사업부 수준에서 기존사업의 보완 내지 확장계획에 주력하면서, 사업부 나름대로 목표달성을 위한 신규 사업을 제시하게 된다.

따라서 전사적으로 사업부계획안을 취합하다 보면 중복되거나 배타적인 것, 또 타당성이 부족한 계획이 발견될 수도 있다. 이 때 기획실무팀에서는 이러한 내용들을 조정하여 첨삭하기보다는 조정을 요하는 부문이 2차 기획위원회의에서 다루어질 수 있도록 전사적 계획안을 작성하는 것이 바람직할 것이다.

(8) 전사적 계획안에 따른 미래상 조명

기획실무팀에서는 취합된 전사적 계획안에 따라 매출규모나 수익성 등 기업경영의 성과지표를 도출해 낸다.

(9) 목표와 미래상간의 괴리분석

기획실무팀에서는 1차 기획위원회의에서 잠정적으로 의결한 장기 목표치와 전사적 계획안이 현실화될 경우 나타날 미래의 경영성과를 비교하여 2차 기획위원회에서 제출할 수 있도록 준비한다.

(10) 2차 기획위원회

기획위원회 위원장 및 위원들은 기획실무팀이 작성하여 제출한 자료를 토대로 하여, 1차 기획위원회의에서 잠정적으로 의결한 목표치와 전사적 계획안에 따른 미래상 간의 괴리를 토의·조정하고, 각 사업부에서 계획안 신규 사업 간의 중복부문을 조정하는 2차 기획위원회의를 연다. 이러한 과정을 통해 상의하달식(Top-Down) 목표와 하의상달식(Bottom-up) 미래상을 비교·분석할 수 있으므로 보다 나은 기업목표를 설정할 수 있게 된다.

(11) 대체전략의 검토

기획실무팀에서는 2차 기회위원회의 결과에 따라 장기전략계획안을 수정하고 조정한다. 그런데 조정된 목표는 최고경영층의 성향에 따라 다르기는 하겠지만 대개의 경우 전사적 계획안에 의한 미래상보다 높은 성과목표를 선호하는 경향이 있으므로, 이러한 괴리를 메우기 위한 신규사업이 추가로 필요하게 될 것이다. 이 때에는 기존의 사업영역을 가진 일반 신규사업부보다 기획실무팀이 독자적으로 신규 사업을 검토하는 것이 바람직할 것이다.

(12) 3차 기획위원회

기획위원들은 실무팀에서 제출한 최종의 장기전략계획안을 공식적으로 확정한다. 이 때 최고경영자는 확정된 장기전략계획에 따라 세부적인 운영계획과 예산계획을 수립하도록 지시함으로써 장기전략계획 수립절차를 마무리하게 된다.

이상에서 간략히 살펴본 절차에 따라 장기전략계획을 수립하게 되면 기획부원들의 노력만으로 작성되는 일반적인 장기정략계획수립 방식에 비하여 보다 훌륭한 성과를 낼 수 있게 된다. 왜냐하면, 본고에서 제시한 장기전략계획은 계획수립과정에서 전 직원이 참여한다는 것과 장기계획과 운영·예산계획을 연계시킨다는 두 가지 큰 특징을 지니고 있고, 이러한 특징에 의하여 계획과 운영, 그리고 성과가 연결될 수 있기 때문이다. 그 밖에도 계획수립과정에 참여한 사람들의 보람과 책임감, 전략적 사고능력 개발 등 몇 가지 구체적인 장점이 장기전략계획 수립 과정을 통해 얻어질 수 있다.

그러나 이처럼 장기전략계획을 작성하는 데는 몇 가지 유의해야 할 일이 있는데 그 중에서도 가장 중요한 것은 기업의 최고경영자가 적극적으로 참여해야 한다는 것이다. 만약 장기전략계획 수립절차에서 최고 경영자가 참여하지 않는다면 새로 작성된 장기전략계획안도 지금까지 여러 기업에서 수많은 기획담당자들이 최고경영자층에게 매년 제출해왔던 평범한 계획안과 마찬가지의 상태로 전락하고 말 것이다. 요컨대 최고경영자가 참여의식과 관심만 보인다면 장기전략계획 수립과 운영 99% 성공할 것이다. 또한 장기전략계획의 실질적인 효과는 확실히 눈앞에 나타나지도 않고 또 장기적으로 나타난다는 점을 고려하여 한두 차례씩 적용해 보다가 중도에 그만두는 우를 범하지 말아야 한다. 처음 몇 년간은 뚜렷한 성과를 보이지 않더라도 적응기간이라 생각하고 꾸준히 진행하다 보면, 장기전략계획이 그 진가를 발휘하여 전략적인 경영을 추진하는 유용한 집행수단으로 활용될 수 있을 것이다.

조직화

제 1 부 호텔경영 일반론

제1장 호텔의 이해

제2장 호텔기업의 특성

제 2 부 호텔경영 관리론

제3장 경영과 경영관리

| 제4장 계획화 | 제5장 조직화 |
| 제6장 지휘화 | 제7장 통제화 |

제 3 부 호텔경영 기능론

제8장 인사관리

| 제9장 객실판매 및 생산 | 제10장 프런트오피스의 조직 | 제11장 하우스키핑 |
| 제12장 식음료 관리 | 제13장 연회 서비스 | |

제14장 호텔 재무관리

☞ **열린 생각 및 직접 해보기**

▶ 조직의 목표에 대해 토의한다.

▶ 적절한 관리폭을 이해한다.

▶ 조직의 3원칙(책임, 권한, 의무)에 대해 토의한다.

▶ 취업 희망호텔의 경영조직 알아보기

▶ 취업 희망호텔의 사업부제 조직을 알아보고 이해하기

Chapter **5**

조직화

현대는 조직의 시대라 일컬어 질만큼 조직의 중요성이 강화되고 있다. 큰 조직이던 작은 조직이던 어떠한 관계로던 인간은 조직과 연관되어져 있다. 조직화란 조직목표달성에 공헌할 수 있도록 체계적으로 경영자원을 배치하는 것을 말하며 목적은 각 개인에게 독특한 임무를 부여하고 이들 임무를 조직목표가 성공적으로 달성되도록 통합하는 것이다. 그러므로 조직목표달성에 공헌하기 위하여 통합된 특정의 임무수행자로 구성된다.

제1절 조직화의 정의

1. 조직의 개념

조직은 현대기업경영의 핵심이라고 할 수 있는데, 기업의 기본적 기능인 생산·판매활동을 인간이 형성하고 있는 조직을 통해 수행하기 때문이다. 조직을 이해하는 데에는 시대와 학자마다 이견이 있을 수 있는데 조직의 개념에 대해 살펴보면 다음과 같다.

① 조직은 개인들의 집합체이다.
② 조직은 구성원들이 특정한 목표, 목적을 가지고 그것을 위한 여러 가지 과업을 수행한다.
③ 조직은 인적·물적 요소들로 구성되어, 요소들은 상호의존·상호작용을 하여 공통목표달성을 위하여 조정되어야하는 시스템이다.
④ 조직은 사회시스템으로서 목표달성기능, 적응기능, 유형유지기능, 통합기능을 수행한다.
⑤ 조직은 사회시스템의 하위시스템(sub system)일 뿐만 아니라 자체 내에 여러 하위시스템으로 구성되어 있다.

2. 조직목표

조직에서 제일 중요한 것은 조직 목표라 하겠다. 조직의 방향을 제시하며, 조직성공도를 위한 하나의 조직달성의 미래상으로서의 조직목표(organization goal)에 관해 파머(R. Farmer)와 리치맨(B. Richman)은 다음을 열거하고 있다.

① 이윤(profit)
② 생산성(productivity)
③ 생존(survival)
④ 기술혁신(innovation)
⑤ 조직의 성장(organization growth)
⑥ 시장주도(market leadership)
⑦ 종업원의 직무만족과 개발(employee satisfaction and development)
⑧ 경영자원(인적·물적·금융자원)개발(managerial resources development : human resources, physical and financial resources)
⑨ 고객을 위한 제품 및 서비스의 질적 향상(quality, product / service for clients or customers)
⑩ 사회적 책임(social or public responsibility)

그러나 이러한 조직목표가 현재는 이윤보다는 종업원이나 고객 그리고 조직의 사회적 책임이 중요하게 느끼고 있다.

3. 조직의 구조분석

1) 기업 활동분석

기업의 제목표를 달성하기 위하여 어떤 활동이 필요한가를 찾아내는 것으로서 다음 사항을 유동위해야 한다.

① 주요한 직능의 간과 내지 방치
② 중요한 직능이 '아무렇게나 식(haphazard)'으로 취급
③ 과거에는 중요했으나 현재는 무의미한 활동이 여전히 중시되고 있는 경우
④ 유해무익한 역사적 구성부문을 답습, 계승하는 경우이다.

2) 의사결정분석

기업의 제목표달성에 어떤 의사결정을 해야 하는가를 분석하는 것으로서,

① 인간행위의 기본원칙
② 윤리적
③ 사회적·정치적 신조 등의 요소가 포함되어야 한다.

3) 직무관계분석

어떠한 조직구조를 필요로 하는가를 알기 위해 경영담당자의 조직관계 등을 분석하는 것으로서,

① 조직의 소요규모 형태
② 인원배치 및 인적자원 계획
③ 조직의 유동화 등을 분석하는 것이다.

4) 불량조직의 특징

일반적으로 불량조직의 징후로서 다음 5가지가 제시된다.

① 경영계층의 증가 : 목표의 혼란 또는 빈곤, 성적불량자의 방치, 과도한 권한의 집중 등으로 인해서 경영계층이 증가하는 경우
② 마찰적 간접비(frictional overhead) : 조정력, 보좌역, 촉진역 등 명확한 자기책임도 없이 상사의 업무만을 조력하는 경우
③ 불필요한 의사소통수단의 혼재(混在) : 조정위원회, 빈번한 회합, 전임연락원의 설치 등으로 의사소통수단에 혼선이 빚어진다.
④ 정보채널(information channel) : 필요한 정보 및 아이디어를 전달하는 불필요한 경로가 많은 조직은 불량조직의 징후가 된다.
⑤ 경영층의 연령구성의 불균형

5) 조직도

조직을 구성하는 일반적인 방법은 조직도를 통하여 특정시점의 조직구조를 나타내고, 각 경영관리자의 직위 및 부서의 책임자를 라인계통으로 연결하여 체계화한다. 따라서 최고경

영층으로부터 하위직위까지의 명령계통을 나타내는 것이다.

조직도는 직무명, 의무, 과업을 상세히 설명하는 직무기술서(job descriptions)와는 다르며, 조직 내의 실제 의사소통형태를 나타내지도 않고, 종업원들이 어떻게 감독되며 조직구성원들이 실제 어느 정도의 권한을 가지는가를 나타내지도 않는다. 단지 그 조직도에 보여 주는 것은 직무명과 조직의 장으로부터 하위계층에 이른 명령계통 뿐이다.

조직도는 종업원들의 직무가 무엇이며 이들의 직무가 조직 내의 다른 사람들과 어떻게 관련되는가를 이해하는 데 도움이 되므로 대부분의 조직체들은 조직도를 갖고 있다.

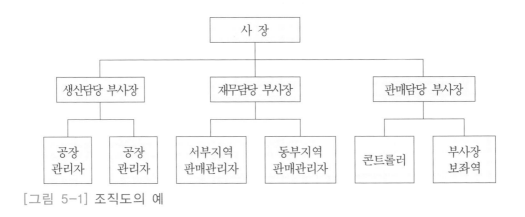

[그림 5-1] 조직도의 예

제2절 분업화

1. 분업의 의의와 장·단점

1) 분업의 의의

조직이 고유의 목표를 달성하기 위해서는 많은 종류의 작업을 필요로 한다. 이 때 다양한 작업들이 더욱 세분화되어 한 사람이 세분된 작업만을 수행한다면 조직 전체의 작업능률은 현저히 상승하게 된다. 이와 같이 작업의 세분화를 통하여 조직 전체의 능률향상을 목적으로 하는 것을 분업화라고 하며, 전문화(specialization)라고 부르기도 한다.

일찍이 분업에 관한 중요성을 지적한 아담 스미스는 『국부론』이란 그의 저서에서 핀을 제조하는 공장에서 작업의 전문화(철사 줄을 다이고, 곧게 펴서, 규격대로 자르며, 끝부분을 뽀족하게 하고, 머리 부분을 붙이는 작업)를 실시하면 10명이 하루에 48,000개의 핀을 생산할 수 있다고 지적하였다. 이는 수작업에 의해 한 명이 하루에 20개의 핀을 생산하던 것에 비하면 엄청난 생산성의 증가를 뜻하는 것이다. 헨리 포드가 자동차의 대량생산을 위하여 조립공정(assembly line)의 생산방식을 채택한 것도 분업화의 일례이다.

2) 분업화의 장점

분업을 시행하면 다음과 같은 혜택을 얻을 수 있다. 첫째, 개인의 작업능률이 신장되어 조직은 제품이나 서비스를 보다 효율적으로 생산할 수 있다. 둘째, 조직 구성원의 전문적 기술수준이 제고된다. 셋째, 작업수행과 관련된 더욱 풍부한 견해나 독창성이 대두된다. 넷째, 조직의 중점적인 업무를 확인하고 강조할 수 있다. 다섯째, 개인적 작업감독을 위한 의사결정이나 의사소통의 필요를 줄일 수 있다. 그리고 개인은 전문적 기술을 습득한 결과 높은 소득을 얻을 수 있으며 이에 따르는 만족감을 높일 수 있다.

3) 분업화의 단점

분업에는 다음과 같은 경우에 문제점이 발생한다. 첫째, 조직의 구성원은 각자의 전문적 작업수행에 치중하기 때문에 조직 전체의 목표를 간과하기 쉽다. 둘째, 조직의 각 부서는 작업수행의 시간수준을 달리한다. 생산부서는 단기적 업무수행을 강조하지만 연구개발부서의 연구업적은 장기간에 나타나는 것이다. 셋째, 편협주의가 만연하여 각 전문분야 간의 의사소통을 어렵게 하고 조정이 용이하지 않을 수 있다. 넷째, 종업원의 평가와 보상의 제공이 있어 상이한 방법·절차·기준·규칙 등이 적용될 우려가 있다. 다섯째, 지나친 분업의 강조는 사기의 저하를 초래하며 결근율과 이직률을 증가시킬 수 있다. 이는 결국 조직 전체의 생산성 감소로 연결될 수 있다.

이상에서 검토한 분업의 장점과 단점을 종합하면 다음과 같다. 적당한 정도의 분업의 시행은 작업의 연속도를 높여서 조직 전체의 생산성이 증가하지만, 과다한 분업의 강조는 역기능을 초래하여 오히려 총체적 생산성이 감소할 수 있다. 즉 조직의 생산성을 극대화하기 위해서는 적당한 정도의 분업을 시행해야 한다는 것으로서 다음 그림에 나타나 있다.

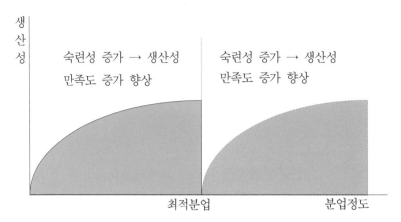

[그림 5-2] 분업과 생산성의 관계

2. 작업설계

전술한 바와 같이 분업에는 득과 실이 있기 때문에 분업의 효과를 극대화하도록 작업을 설계하여야 한다. 작업을 설계하기 위해서는 작업의 심도와 범위, 그리고 작업의 특성을 고려하여야 한다.

1) 작업의 심도의 범위

분업화를 효과적으로 추진하기 위해서는 작업의 심도(job depth)와 작업의 범위(job scope)를 필히 고려하여야 한다.

작업의 심도는 개인이 자신의 작업을 수행함에 있어서 어느 정도 자율성을 갖느냐와 유관하다. 경영자가 엄격한 작업기준을 설정하여 작업수행의 구체적인 방법을 제시하며 세부적 사항까지 철저히 감독하는 경우에는 작업의 심도는 낮을 수밖에 없다. 반면에 목표와 일반적인 규칙이 일단 제정만 되면 종업원이 자신의 방식이나 생각대로 자율적으로 업무를 추진할 수 있다면 작업의 심도가 높은 경우이다.

작업의 범위는 개인이 한 직무를 수행하는데 요구되는 상이한 활동의 종류나 직무를 완결하는 데 걸리는 작업수행의 시간이나 빈도수와 관련이 있다. 예컨대 병원에서 일하는 간호사의 작업범위는 상당히 넓은데, 이들은 혈압을 측정하며, 주사를 놓고, 수술보조업무를 행하는 등 다양한 일을 하기 때문이다.

작업의 심도와 범위의 정도는 분업화 혹은 전문화의 정도를 결정한다. 작업의 심도가 낮고 범위가 제한적일수록 분업화의 수준은 높다. 분업으로 인한 생산성의 극대화효과를 도모하기 위해서는 작업의 심도와 범위가 적당한 정도라야 한다는 것을 새삼 강조할 필요가 없다.

2) 작업의 특성

분업화를 추진할 때 추가적으로 고려해야 하는 것은 기술의 다양성, 작업의 명확성, 작업의 중요성, 자율성, 피드백과 같은 제특성이다. 작업의 심도는 자율성과 직접 관련이 있으며 다른 특성과도 간접적으로 연결되어 있다. 그리고 작업의 범위가 넓을수록 다양한 기술이 필요하며 작업의 명확성이 요구된다. 작업의 특성과 직업의 예가 다음 <표 5-1>에 지시되어 있다.

사람들은 자기의 일이 의미가 있다고 생각하며, 자율성이 높은 일을 하는 사람은 작업결과에 대한 책임감이 강하다. 또한 피드백이 강한 일을 하는 사람은 그들에게 요구되는 구체적인 역할이나 기능을 이해하게 된다. 즉 위와 같은 제 작업의 특성이 강할수록 작업의 내부적 동기화, 작업수행의 질, 작업의 만족도가 제고되며 결근이나 이직률이 줄어들게 된다. 이는 결국 분업으로 인한 역기능을 최소화하여 생산성을 극대화 시킬 수 있는 기초가 된다.

〈표 5-1〉 작업의 특성과 내용 및 직업의 예

직업의 특성	내 용	높은 정도의 직업	낮은 정도의 직업
기술의 다양성	부과된 과업을 완수하기 위해 요구되는 기술이나 재주의 다양성의 정도	의류디자이너	우편집배원
과업의 명확성	시작에서부터 끝까지 작업을 성실하게 수행하여 가시적 결과를 보이는 정도	컴퓨터 프로 그래머·디자이너	조립공정기술자
과업의 중요성	조직 내·외의 사람이나 작업, 안전 등에 영향을 미치는 정도	항공관제사	페인트공
과업의 자율성	작업의 성공과 실패에 대한 책임을 지거나 작업수행의 절차 및 통제유형 결정의 자유도	연구계획 책임자	현금출납원
피드백	작업수행의 결과에 대한 구체적인 반응이나 정보의 확보	연극배우	청원경찰

3. 분업효과 증대방안

분업의 효과를 증대시키는 방안은 상기한 작업의 특성을 강조하는 이외에 직무확대화 (job enlargement)와 직무충실화(job enrichment) · 순환근무(job rotation) 그리고 유동적 작업 일정(flexible work schedule) 등이 있다.

1) 직무확대화와 직무충실화

직무확대화는 작업의 범위를 넓힘으로써 불만족을 제거시키고자 하는 것이다. 조직의 세 부적인 다양한 일들을 수평적으로 서로 변화시켜 한 사람에게 많은 일을 부과하거나, 순환 근무제를 채택하여 한 작업이 완료되면 전혀 다른 작업을 시작하도록 유도하는 것이다. 많 은 일을 하거나 순환근무를 하거나 제한적이고 반복적인 일을 할 때 생기는 단조로움과 무 료함은 다소 제거될 수 있다.

직무충실화는 작업수행에 있어서의 자율성을 높여줌으로써 불만족을 방지하고자 하는 것 이다. 수직적으로 여러 작업을 결합시켜 한 사람에게 부과함으로써 작업의 자율적 수행과 그 결과에 대한 책임을 동시에 묻는 것이다. 개인은 작업일정과 추진방법을 독자적으로 결 정하고 오류가 발생했을 때도 자율적으로 수정한다. 직무의 충실화는 동기화이론에 근거하 고 있으며, 자율성 확보 이외에 고객과의 접촉기회 확대, 피드백 경로의 확대, 자연적 작업 단위의 구성 등 여러 방법에 의하여 그 결과가 제고될 수 있다.

2) 순환근무

순환근무란 작업자들이 주기적으로 한 종류의 일에서 다른 종류의 일로 옮겨가며 근무하 는 제도를 말한다. 이것의 목적은 직무의 다양성을 부여함으로써 단순 · 복잡작업에서 야기 되는 지루함이나 나태함을 방지하는 데 있다.

순환근무방법은 종업원들에게 다양한 기술을 습득케 함으로써 직무배정의 유연성을 최대 한 발휘할 수 있으며, 종업원의 자기경력개발의 수단으로도 이용된다. 순환근무제도가 상이 한 사업부서나 영업지역에 적용된다면 서로 상이한 견해의 교환을 촉진하여 기업 내에 혁 신분위기가 형성될 수 있다. 순환근무의 취약점은 순환 근무자에게 하찮은 일이나 임시적 일을 부과하여 신규로 소속된 부서에 대한 충성도를 약화시킨다는 것이다.

3) 유동적 작업일정

작업자의 불만은 작업일정을 유동적으로 택함으로써 다소 제거될 수 있다. 직무의 확대화와 충실화는 작업 자체의 의미를 강화시키는 방법인 반면, 이 방법은 종업원들이 편리한 시간에 작업을 하도록 함으로써 여가 시간을 선용케 하는 데에 목적이 있다. 유동적 작업일정에는 주별 단축근무제도와 자유근무시간제도가 있다.

주별 단축근무제도는 주 6일 44시간 근무 대신에 5일 동안 44시간을 근무하는 등과 같이 근무일수를 단축하는 것이다. 이 방법은 종업원이 가족과 함께 하는 시간을 늘리거나 취미생활 등 다른 활동을 가능케 하는 장점이 있다. 이 방법은 시간외 근무로 인한 인건비 지출을 줄이고자 하는 기업이나 종업원이 과로하더라도 산업재해 발생의 우려가 적은 소규모 제조업이나 서비스업에 적합하다.

한편, 자유근무시간제도는 개인의 필요나 생활리듬에 맞도록 작업시간을 자유로이 선택하게 하는 방법이다. 이는 출·퇴근시의 교통 혼잡을 피하는데 유용하며, 작업분량의 변화가 심한 경우에도 적합하다. 근무시간을 자유로이 선택하는 사람은 다른 사람의 작업과 자신의 작업을 적절히 잘 조정하여야 하며, 작업의 성격상 여러 사람이 같이 일해야 하는 시간을 core time이라고 부른다. 그런데 이러한 자유근무시간제도는 일관적인 조립공정 같은 생산제도에서는 부적절하다.

제3절 조직구조의 형태

조직구조는 부분화(혹은 부서화) 작업의 결과로 정형화된 조직의 틀을 일컫는다. 그리고 부문화란 특별한 경영활동의 수행과 그 결과에 관하여 경영자의 권위가 미치는 분명한 영역이나 단위 혹은 조직의 하부체계로 정의된다. 일반적으로 부문화는 기능·제품·지역·고객·사람·시간 등의 요인에 의해 이루어진다. 그리고 이러한 요인에 대한 부문화는 곧 조직의 구조를 나타내게 되는데, 거대한 조직은 복합적인 요인에 의해 부문화가 되어 있어 조직구조 역시 복잡하다.

1. 조직도(organization chart)

조직도란 조직구성원들이 조직구조를 체계를 알 수 있도록 조직의 지위, 업무부서, 업무기능 및 업무의 제 관계를 표시한 도표이다. 이러한 조직도는 경영자나 종업원이 그들의 직무에 대하여 권한·책임·보고의무를 명백히 규정하는 데 도움이 될 뿐만 아니라 기업조직에 있어서 기업 구성원들의 위치, 정보의 흐름, 의사소통, 명령계통, 공식적인 역할, 업무의 전문화 정도 및 조정 등도 표시된다. 일반적으로 조직도는 단지 공식조직의 흐름만을 의미하기 때문에 비공식조직의 명령계통이나 의사소통 패턴 등이 표시되지 않는다.

조직도의 내용은 첫째, 각 경영자의 직무명이 표시된다. 둘째, 어떤 종업원이 누구에게 보고해야 할지 보고의무관계가 표시된다. 셋째, 담당부서의 책임소재가 표시된다. 넷째, 부서의 종류가 표시된다. 다섯째, 의사소통 채널이 표시된다. 여섯째, 종업원이 직무명과 위치가 표시된다. 일곱째, 관리계층이 표시된다.

2. 기능별 조직(functional organization)

기능별조직은 부문화의 가장 기본적인 한 형태이다. 이는 직무상의 업무내용이 유사하고 관련성이 있는 특성별로 분할·결합되는 조직구조이다. 이는 아래 [그림 5-3]에서 보는 바와 같이 인사·생산·재무·회계·마케팅 등 경영기능을 중심으로 부서를 구조화하기도 하고, 계획·조직·통제 등 관리기능별로 부분화되기도 한다.

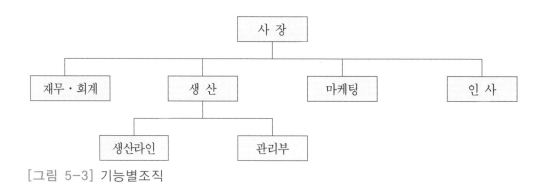

[그림 5-3] 기능별조직

이 기능별 조직은 부서별로 전문화를 촉진시켜 능률을 향상시키며, 관련된 활동을 부서화했기 때문에 개별부서 내의 조정이 용이한 이점이 있으나 기업의 성장으로 인하여 구조가 복잡해지면 기업 전체의 의사결정이 지연되고, 기업전반의 효율적인 통제가 어려우며, 전반관리자의 교육훈련에 애로점이 있다는 단점도 있다. 일반적으로 이러한 기능별조직 구조는 단일제품이나 서비스를 생산·판매하고 있는 소규모 기업에서 선호된다.

상기에서 기능별조직 구조의 장·단점에 대해 언급이 있었으나 이를 정리·요약하면 다음과 같다.

(1) 장 점

① 전문화를 촉진시켜 능률향상이 제고된다.

② 전문가의 양성이 용이하다.

③ 대인관계 기술의 요구가 적다.

(2) 단 점

① 대규모 조직에 적용하기 어렵다.

② 전문적 기능에 대한 합리적으로 분할되지 않으면 책임전가의 위험이 있다.

③ 기술혁신의 촉진이 어렵다.

④ 전반관리자의 양성이 어렵다.

⑤ 전체적인 업무에 대한 책임이 명확하지 못하다.

⑥ 제품우선에 대한 갈등이 발생한다.

3. 사업부제 조직(divisional organization)

사업부제 조직은 제품별·시장별·지역별로 사업부가 분화되어 이것을 기초로 하여 구성된 조직형태이다. 이 조직은 제품별 또는 지역별로 제조 및 판매에 따르는 재료의 구매권한까지도 사업부에 부여되어 그 경영상의 독립성을 인정하여주고, 반면에 책임의식을 가지게 함으로써 경영활동을 효과적으로 수행할 수 있도록 형성된 연방제 분권제의 조직형태이다. 다음 [그림 5-4]는 사업부제의 한 예이다.

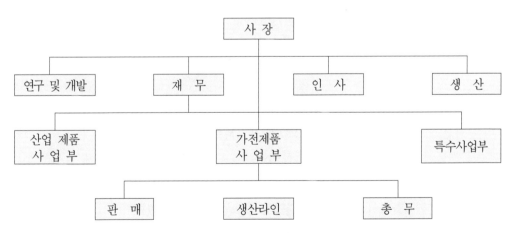

[그림 5-4] 사업부제조직의 유형(고객별 사업부제)

사업부제를 선택하는 것은 제품이 여러 종류에 걸쳐있는 다각적 경영의 경우 또는 제품 판매지역이 대단히 광범위하게 걸쳐있을 경우 등이다. 예컨대, 전자제품을 다양하게 생산하는 기업에 있어서 조직을 제조부문·판매부문 등과 같이 기능별로 나누지 않고 라디오사업부·오디오사업부·텔레비전사업부 등 제품별로 나누어서 각각의 제품부문에서 제조와 판매가 독자적으로 이루어질 수 있게 하는 것이다.

또한 각 사업부는 독립적인 수익단위(profit center)와 비용단위(cost center)로 운영되기 때문에 사업부 자체가 독립된 기업의 성격을 띠게 된다. 사업부제 조직을 취하면 사업부장의 책임경영체제 하에 독립적이며 기동적인 경영활동을 수행할 수 있으므로 전반경영자의 육성에도 효과적이다. 그러나 자주성이 너무 지나쳐서 사업부문 상호간의 조정이나 기업 전체로서의 통일적 활동이 어렵게 된다는 단점이 있다.

사업부제 조직의 내용을 살펴보았는데, 이 조직의 장·단점을 요약하면 다음과 같다.

(1) 장 점

① 급변하는 환경에 적합하다.
② 제품별로 나뉘어져 있으므로 업무를 정확히 규정할 수 있다.
③ 제품의 중요성을 부각시켜 각 제품의 전문가를 육성할 수 있다.
④ 경영성과에 대한 평가를 보다 합리적으로 할 수 있다.

(2) 단 점

① 자원분배에 있어 중복성이 조장된다.
② 상이한 사업부 간에 경쟁이 심화되어 기업전체의 이익이 희생될 수 있다.
③ 전문적 능력이 도태될 우려가 있다.
④ 기업의 목표와 사업부의 과업 간의 분쟁이 발생할 수 있다.

4. 프로젝트 조직(project organization)

이는 최신의 경영조직형태로서 경영활동을 프로젝트별로 조직하는 형태로 미국 NASA의 우주항공계획에서 활용된 후 일반에 파급되었는데 특정관제를 해결하기 위해 일시적으로 형성되는 조직형태이다. 프로젝트라는 것은 구체적인 특정한 계획 또는 과업을 말한다. 오늘날의 경영은 기업환경이 동태적으로 다양하게 변동하고, 또한 기술혁신이 급격하게 진행됨에 따라 프로젝트를 중심으로 행하여진다. 그런데 프로젝트는 여러 기능부문이 망라되는 경우가 대부분이므로 종전과 같은 고정적인 기능조직으로써는 업무의 신속화와 합리화를 기할 수 없다. 이에 따라 생긴 조직이 프로젝트조직이다.

종래의 조직은 기능이나 인력의 운 용면에서 탄력성이 없는 조직인 반면에, 이 조직은 프로젝트의 진전에 따라 인원을 교체하고, 프로젝트가 완료되면 이를 해산하는 탄력성이 있는 조직이다.

(1) 장 점
① 인원구성상 탄력성이 유지된다.
② 조직상의 제도나 절차의 제약을 적게 받으므로 기동성이 촉진된다.
③ 프로젝트 조직의 목표가 명확하므로 책임과 평가가 명확해진다.

(2) 단 점
① 전문가 간의 의사소통이 어렵다.
② 프로젝트 관리자의 관리능력에 크게 의존한다.
③ 원래 소속부서와 프로젝트 조직 간의 관계를 조정하기 어렵다.

아래의 [그림 5-5]은 프로젝트조직의 구조를 예시한 것이다.

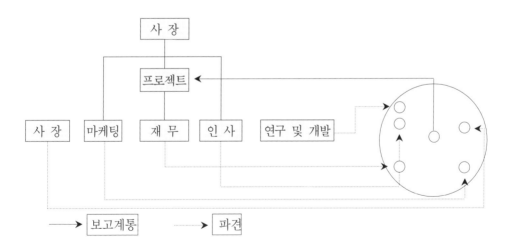

[그림 5-5] 프로젝트조직의 구조

5. 행렬 조직(matrix organization)

행렬조직은 그리드 조직(grid organization)이라고도 부르는데, 이는 기능별 조직과 프로젝트 조직의 혼합형태로서 경영자가 프로젝트와 같은 구체적인 목적을 효율적으로 달성하기 위한 조직구조를 형성할 때 사용되는 부분화 방법으로서 그 장점만을 결합시킨 조직이다.

행렬조직 하에서 작업자는 2중 명령체계를 가진다. 한 개의 명령체계는 기능부문이나 사업부부문에서 유래하는 수직적 명령체계이며, 또 다른 명령체계는 특수분야의 전문가의 프로젝트 책임자로부터 기인하는 수평적 명령체계이다. 이러한 이유에서 행렬조직을 복합명령체계(multiple command system)라고도 한다.

행렬조직이 적용되는 부문은 건설회사·경영자문업·우주항공사업·광고대행업 등이다.

행렬조직을 채택하는 것은 결코 쉽지 않다. 유요한 행렬조직은 모든 계층 사람들의 이해와 협조, 그리고 공개적이고 직접적인 의사소통경로의 확보가 전개되어야 한다. 필요한 경우에는 경영자나 작업자에게 새로운 작업 기술과 대인관계기술을 습득하게 하는 특수교육이나 훈련도 고려하여야 한다. 행렬조직의 장·단점을 살펴보면 다음과 같다.

(1) 장 점

① 환경변화에 적응력이 높다.
② 종업원의 직무기술개발이 가능하다.
③ 생산과 이익책임을 결합할 수 있다.
④ 전문분야별 동일성을 유지할 수 있다.
⑤ 종업원의 창의성을 촉진시킨다.
⑥ 최고경영자의 계획수립업무를 줄여준다.

(2) 단 점

① 이중권한과 책임으로 인한 갈등이 유발될 수 있다.
② 문제해결의 실행보다 토의에 그치는 경우가 발생된다.
③ 명령의 일원화가 이루어지지 않을 가능성이 있다.
④ 프로젝트팀으로 인해 이중적인 노력이 요구된다.
⑤ 새로운 프로젝트에 따른 인사배치로 인한 사기문제 등이 발생된다.

다음 [그림 5-6]은 행렬조직의 한 예이다.

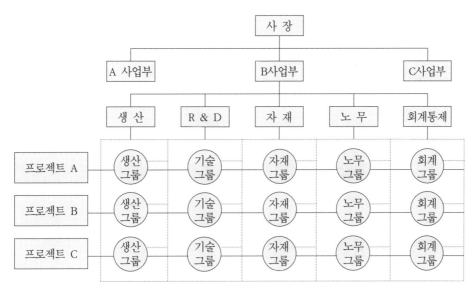

[그림 5-6] 행렬조직의 예시

6. 비공식 조직(informal organization)

공식적 조직 내에서 조직의 구성원들이 정기적으로 만나게 되면 비공식 조직(또는 비공식집단)이 자연히 형성된다. 공식 조직이 조직목표의 합리적인 달성을 위해 의식적·인위적으로 형성된 조직형태인 반면, 비공식 조직은 조직구성원의 태도나 관습에 의해 자연발생적으로 형성되는 조직형태로서 조직도에 공식적인 표시되지 않는다.

비공식 조직의 구성원은 비공식조직이 추구하는 조직목표를 위해 개인적 욕구를 자제한다. 비공식 조직은 이에 대한 대가로 조직구성원을 지원하고 보호한다. 조기 테니스회나 바둑모임 같은 비공식 조직은 구성원 간의 유대강화를 통하여 기업전체의 업무수행에 도움을 주기도 한다. 그러나 이들 집단의 해가 될 수 있는 새로운 작업이 요구될 때는 이에 대한 강력한 반발을 하기도 한다.

비공식조직의 장·단점을 살펴보면 다음과 같다.

(1) 장 점

① 통상적인 사회관이나 문화적 가치를 영속화시킨다.
② 사회적 소속감·만족·지위감을 제공한다.
③ 구성원 간의 의사소통을 촉진시킨다.

(2) 단 점

① 사회성의 강조는 본연의 업무수행을 저해할 수 있다.

② 부당한 정부나 소문의 유포로 인한 사기저하 또는 열악한 의사결정이 우려된다.

③ 변화에 대한 저항을 하게 된다.

제4절 조정화

1. 조정의 의의와 필요성

1) 의 의

작업활동이 세분화되고 부분화된 다음에는 전반적 조직목표를 효율적으로 달성할 수 있도록 조직활동을 적절히 조정해야만 한다. 그렇지 않을 경우 상이한 하위목표를 가진 각 부문의 활동들 사이에 갈등이 초래되어 어느 한 부문에서의 최적화는 달성될지 몰라도 조직의 전반적 최적화(overall optimization)는 달성되기 어려울 것이기 때문이다. 따라서 경영자는 조직의 목표를 적절한 하위목표를 구체화 내지 변환시켜 이를 각 하위단위에 전달해야 한다. 나아가 경영자는 각 하위단위에게 다른 하위단위들의 목표를 주입시킴으로써 조직의 상이한 부문들이 조화롭게 협력하도록 해야 할 책임이 있다.

이와 같이 조정(coordination)이란 조직목표를 효율적으로 달성하기 위해 조직 내에 있는 서로 다른 하위단위의 목표와 활동들을 통합하는 과정을 말한다. 조직이라는 과정이 없으면 개인과 하위단위들은 조직 내에서 수행해야 할 자신의 역할을 망각하기 쉽다. 다시 말하면, 자기 자신이나 부서의 특수한 이익만을 추구하게 되어 조직목표라는 더 큰 이익이 희생될 가능성이 있는 것이다.

1) 통제폭

경영자들의 조정기능이 효과를 발휘할 수 있겠느냐 하는 것은 이들에게 보고하는 부하들의 수에 의해 영향을 받는다. 이와 같이 주어진 명령계통상에서 한 경영자에게 직접적으로 보고하는 부하의 수를 통제폭(span of control) 혹은 관리폭(span of management)이라 한다. 통제폭이 클수록 경영자는 부하들의 활동을 감독하고 조정하기가 어렵게 되며, 그 반대의 경우도 성립한다. 그러나 경영자가 가장 효과적으로 조정기능을 수행할 수 있는 최적 통제폭을 결정한다는 것은 그리 간단한 일이 아니다. 여기에서는 주로 효과적인 조정방법에 대하여 설명하되, 조정의 효율성에 상당한 영향을 미치는 통제폭의 문제에 대해서도 간단히 설명하게 될 것이다.

2) 조정의 필요성

조정에 대한 필요성은 수행되는 과업의 성격과 이것이 요구하는 의사소통의 정도, 그리고 과업을 수행하는 상이한 하위단위들의 상호의존성에 따라 좌우된다. 즉 과업의 성격상 하위단위들 사이의 정보흐름을 필요로 하거나 정보흐름이 과업의 수행에 도움을 줄 때에는 조정을 폭넓게 실시하는 것이 좋다. 또한 비정규적이고 예측 불가능한 과업, 환경요인들이 변동하는 과업, 그리고 다른 과업과의 상호의존성이 높은 과업은 높은 수준의 조정을 필요로 한다. 마지막으로 높은 성과목표를 설정하고 있는 조직에서도 조정의 수준을 높이는 것이 바람직하다.

(1) 상호의존성과 조직수준

요구되는 조정의 수준에 영향을 미치는 이상과 같은 요인들 중 경영자가 관심을 가져야 할 것은 상호의존성이다. 특히 톰슨(J. D. Thomson)에 의하면 조직단위들 사이의 상호의존성에는 세 가지 유형이 있다고 한다. 종합적 상호의존성, 순차적 상호의존성 및 호환적 상호의존성이 그것이다.

먼저, 종합적 상호의존성(pooled interdependence)은 한 조직단위가 일상적인 업무를 수행할 때에는 다른 조직단위와 상호작용을 하거나 그로부터 영향을 받지 않지만 궁극적인 생존과 관련된 문제에 있어서는 각 조직단위의 성과에 크게 의존하는 경우를 말한다. 이 때 각 부문은 전체목표의 달성에 독자적으로 기여하면서 조직전체의 지원을 받게 된다.

다음, 순차적 상호의존성(sequential interdependence)은 반드시 한 부서의 과업이 수행된 다음에 다음 부서의 과업이 수행될 수 있는 경우를 의미한다. 생산공장에서 이러한 예를 자주 볼 수 있다.

마지막으로, 호환적 상호의존성(reciprocal interdependence)은 조직단위들 사이에 서로 영향을 주고받는 관계가 의존할 때 나타난다. 가령 A와 B의 두 지역에 거점을 두고 있는 정기화물운송회사의 경우 트럭이 A에서 화물을 적재하여 B에 하역하고, 다시 B에서 화물을 적재하여 A에 하역한다면 A와 B 사이에 호환적 상호의존성이 있다고 할 수 있다.

이상에서 설명한 것들 중에서 가장 높은 수준의 조정을 필요로 하는 것은 마지막의 호환적 상호의존성이 존재하는 조직이며, 그 다음이 순차적 상호의존성이 존재하는 경우이다. 종합적 상호의존성이 지배하는 조직에서는 상대적으로 특별한 조정의 필요성을 느끼지 않는다.

2. 효과적 조정방법

1) 기본적 접근법

효과적 조정을 하기 위한 핵심적 요소는 커뮤니케이션 즉 의사소통이다. 다시 말하면 조정이란 정보의 획득, 전달 및 어리와 직접적인 관련을 갖는다고 할 수 있다. 조정의 대상이 되는 과업들의 불확실성이 클수록 정보의 필요성도 커지게 된다.

효과적 조정을 위해 이용할 수 있는 접근방법에는 일반적으로 세 가지가 있다. 그 첫째가 기초적 경영기법만을 도입하는 방법으로서, 이는 조직 내에 설정되어 있는 명령계통, 조직목표 및 규칙과 프로그램 등을 이용하는 경우를 말한다. 둘째는 조직의 조정능력을 증대시키는 접근법으로서 여기에는 수직적 정보시스템의 구축과 수평적 상호관계의 창출이 포함된다. 셋째는 조정의 필요성을 감소시키는 방법이다. 이는 주어진 과업들에 대한 조정능력을 증대시키는 대신에 조정의 필요성 자체가 감소되도록 하기 위한 접근법으로서, 여유자원의 창출과 독립적 과업의 창출이 여기에 해당한다.

이상에서 소개한 각 접근법의 구체적 내용을 설명하면 다음과 같다.

2) 기초적 경영기법

조직단위들 사이에 종합적 상호의존성이 존재하는 경우에서 볼 수 있듯이, 비교적 낮은 수준의 조정을 필요로 하는 조직에서는 기초적 경영기법들을 활용하는 것이 효과적이다.

(1) 명령계통

조직 내에 확립되어 있는 명령계통(chain of command)은 구성원들 사이의 업무관계와 보고체계의 근간을 이룬다. 이러한 명령계통은 조직 단위들 사이의 업무와 정보의 흐름을 원활하게 한다. 명령계통은 또한 각 개인 및 조직단위들 사이에 발생하는 갈등을 해소하기 위한 전통적인 방법으로 이용되어 왔다.

명령계통이 조정수단으로서 효과적으로 이용되기 위해서는 무엇보다도 권한체계만을 커뮤니케이션의 경로로 사용하여 조직단위들 사이의 조정을 실시할 경우 경영자에게 과중한 정보부담을 주게 되어 효과적인 조정이 어렵게 된다.

(2) 규칙과 절차

규칙과 절차 역시 정규적 조정과 통제를 위한 효율적 수단이 된다. 부하들이 조직이나 부서의 업무수행에 관한 규칙과 절차를 이해하고 이를 규칙적으로 이용할 경우에는 일상적 문제에 대하여 상사와 의사소통할 필요성이 줄어든다. 이로 인해 부하들은 더욱 신속한 행동을 취할 수 있고 경영자는 조기의 전반적 문제에 전념할 수 있게 된다.

물론 규칙과 절차 역시 일정한 한계가 있음을 유의해야 한다. 불규칙적으로 발생하는 사건과 특수한 처방을 요하는 독특한 상황 및 복잡한 문제들에 대해서는 사전에 이들을 다루기 위한 규칙과 절차를 재정한다는 것이 비현실적이기 때문이다.

(3) 계획과 목표설정

조직 전반에 관한 계획과 목표를 설정함으로써 모든 조직단위들이 어느 한 방향으로 그들의 노력과 시간을 집중시킬 수 있다. 따라서 계획과 목표는 효과적 조정을 위한 유력한 수단이 된다. 특히 경영자들이 하위단들의 활동을 조정하는 데 필요한 모든 정보를 규칙과 절차만을 가지고는 적절히 처리할 수 없을 경우 계획과 목표가 중요한 조정 수단이 될 수 있다.

계획과 목표가 조정활동에 실질적인 도움을 주기 위해서는 조직 구성원들이 자신과 그 부서에 대하여 합리적인 목표를 설정하여 목표달성에 필요한 책임을 수용하며, 또한 자신의 성과에 대하여 객관적 평가를 받고자 하는 자세를 스스로 확립해야만 한다.

3) 조정능력의 증대

조직단위들 사이에 상호의존성이 클수록, 그리고 조직단위의 규모와 기능이 확대될수록 조직목표의 달성에 필요한 정보의 양은 증대한다. 이 경우 조정능력 또한 증대되어야 함은 물론이다. 그러나 앞에서 설명한 기초적 경영기법만으로는 조정능력의 증대를 기할 수 없을 경우 새로운 조정 메커니즘을 확립하는 것이 바람직하다.

(1) 수직적 상호시스템

수직적 상호시스템이란 정보가 경영계층상의 상하로 이동되는 시스템을 말한다. 전통적 경영정보시스템은 마케팅, 재무, 생산 및 내부운영과 같은 분야를 중심으로 개발되어 왔다. 이러한 각 기능분야 내에서 명령계통을 따라 수직적 정보시스템을 구축해 두면 경영자의 조정활동이 용이해질 것이다. 특히 전달되는 정보가 공식화되고 계량화된 형태를 취하는 경우에는 공식적 정보시스템이 매우 효과적인 조정수단이 될 수 있다.

(2) 수평적 정보시스템

수평적 정보시스템은 실제 정보를 필요로 하는 비슷한 계층의 조직 단위들 사이에 정보를 교환하여 의사결정을 내릴 수 있도록 구축된 시스템을 말한다. 이와 같이 유사한 상황이나 문제를 다루는 개인 또는 조직단위들 사이에 직접적 접촉이나 정보교환의 창구를 마련해 줌으로써 부하들이 의례적으로 특정 문제의 해결에 대한 책임을 상사에게 미루고자 하는 습성을 제거할 수 있다.

4) 조정의 필요성 감소

조정에 대한 요구가 너무 강력하여 앞의 두 가지 방법으로도 이를 충족시킬 수 없을 경우의 최선의 방법은 조정에 대한 필요성 자체를 감소시키는 일이다.

(1) 여유자원의 창출

작업자의 수를 늘리고 충분한 자재, 재고 및 시간을 확보함으로써 과업의 수행이 용이해지고 그에 따른 문제점 또한 줄어들 수 있다. 3개월 동안 5,000대의 자동차가 판매될 것으로 예측되는 경우 예기치 못한 수요에 대비하여 6,000대의 재고를 확보해 두는 것이 그 대표적인 예이다. 여유자원의 창출은 조직단위들 사이의 상호의존성을 감소시킴으로써 조정에 따른 어려움을 극복하는 데 도움을 준다.

(2) 독립적 조정집단의 구성

조정의 필요성을 감소시킬 수 있는 또 하나의 방법은 다른 조직 단위와 정보나 자원을 교류하지 않고 특정의 과업을 독자적으로 수행할 수 있는 새로운 과업집단을 조직하는 일이다. 가령, 조직 내에 하나의 독립적인 과업집단을 신설하여 여기에 제품 엔지니어, 마케팅 엔지니어 및 조립전문가 등을 배치하고 특정의 제품에 대한 총체적 책임을 부여하는 경우가 그 예이다.

이와 같은 독립적 과업집단의 구성을 교환되어야 할 정보의 소요량을 줄여 줌으로써 조정의 필요성도 감소된다. 그러나 독립적 과업집단을 구성하는 것은 한정된 전문요원들을 특정의 분야에 몰입시킴으로써 전문적 자원의 비효율적 이용이라는 문제점을 안고 있다.

5) 최적조정방법의 선전

조정을 위한 최적 방법을 선정하는 데 있어 핵심적 고려사항은 조정에 대한 요구수준과 조직의 조정능력을 일치시키는 일이다. 만약 조정에 대한 요구수준이 조정능력보다 크면 경영자는 수직적 정보시스템이나 수평적 정보시스템을 도입함으로써 조직의 조정능력을 증대시키든지 아니면 여유자원을 창출하거나 독립적 과업집단을 구성함으로써 조정에 대한 요구수준을 감소시키는 것이 좋다. 반면에 조정의 필요성에 비해 정보처리능력이 너무 큰 것이 경제적 측면에서 비효율적이다.

3. 관리폭

1) 의 의

조정은 관리폭(혹은 통제폭)이라는 조직화의 또 다른 주요 개념과 밀접히 관련되어 있다. 관리폭(span of management)이란 주어진 경영자에게 보고하는 부하의 수를 말한다. 한 경영자에게 보고하는 종업원의 수가 많을수록 종업원들의 활동을 효과적으로 조정하기가 어렵게 된다. 그러나 양자의 관계가 그렇게 간단한 것만은 아니다. 조직규모가 일정하다고 할 때, 만약 각 경영자에게 보고하는 부하들이 많아질수록 필요한 경영자의 수는 그만큼 줄어들기 때문이다.

조직화에 있어 관리폭이 중요성을 띠는 것은 한 개인이 어느 조직에 참여할 때 그에게 영향을 미치는 조직구조의 제1차적 측면들 중의 하나가 곧 관리폭이기 때문이다. 또한 관리폭은 경영자가 자신의 직무를 효과적으로 수행할 수 있도록 조절할 수 있는 구조적 변수라는 점에서도 중요하다. 경영자에게는 자신과 부하들의 노력과 시간을 가장 효과적으로 활용할 수 있는 관리폭을 결정하는 일이 무엇보다도 중요하다.

2) 관리폭 결정의 필요성

적절한 관리폭을 선정하는 것이 중요한 이유는 크게 두 가지를 들 수 있다. 첫째, 관리폭은 관리자들의 효율적 활용과 그 부하들의 성과에 영향을 미치기 때문이다. 관리폭이 지나치게 넓으면 관리자들은 자신의 활동영역을 과도하게 확대하는 결과를 초래하고 부하들은 상사로부터 과소한 지도나 통제를 받게 되는 결과를 초래한다. 반면에 관리폭이 지나치게 좁다는 것은 관리자들을 효율적으로 활용하지 못하고 있음을 의미한다.

둘째, 조직전체적인 관리폭과 조직구조 사이에는 일정한 관계가 있기 때문이다. 관리폭이 좁을 경우 최고경영층과 최하위 계층 사이에 많은 감독 층이 게재하게 되어 조직구조의 비대화를 야기한다. 반대로 관리 폭이 넓다는 것은 최상위 계층과 최하위 계층 사이의 관리층이 적어지게 됨을 의미한다. 이러한 조직구조는 계층적 수준에 관계없이 모든 경영자들의 유효성에 영향을 미치는 것이다.

지나치게 넓거나 좁지 않은 최적관리폭의 개념은 1950년대 초기에 전개된 관리폭에 관한 논쟁에서 비롯되었다. 이러한 최적관리폭의 개념은 특수한 경우에 관리폭이 너무 넓기도 하고 좁기도 하여 조직의 비효율을 야기시킬 수 있음을 의미한다.

3) 조직구조와 관리폭

앞에서 권한위양의 결과로 조직계층 내지 경영계층이 형성된다는 것을 확인한 바 있다. 그러나 어느 면에서 보면 경영자가 효과적으로 감독할 수 있는 부하의 수에 한계가 있기 때문에 그와 같은 조직계층이 생성된다고도 할 수 있다.

4) 적절한 관리폭의 선정

(1) 상황적 접근법

관리폭에 관한 고전적 접근법에서는 몇 명의 부하가 효과적인 관리폭인가를 구체적으로 결정하고자 하였다.

고전적 접근법의 주장은 상위계층의 경우 3~7명 혹은 3~8명 정도가 적절한 관리폭이라는 것인데, 이와 같은 주장은 실제경험에 의해 지지되고 있는 것이 사실이다.

그러나 보다 최근의 접근법에서는 조직상황에 너무 많은 관련변수들이 존재하기 때문에 효과적인 관리폭을 구체적으로 결정하는 것은 불가능하다는 입장을 취하고 있다. 따라서 관리폭의 원칙(principle of the span of management)은 "한 경영자가 효과적으로 감독할 수 있는 부하의 수에는 한계가 있으나 그 정확한 수는 관련변수들의 영향에 따라 달라진다."는 의미로 해석되는 것이 보통이다. 이는 관리폭에 관한 한 상황적 접근법(situational approach)을 적용하는 것이 현대의 추세임을 의미한다.

다시 말하면, 관리폭에 관한 현재의 지배적 지침을 광범위하게 적용할 수 있는 수치적 한계가 존재한다고 가정하여 이를 찾기 위해 노력할 것이 아니라, 개별적인 상황에 따라 달라지는 관리폭의 원인을 찾는 데 주력해야 한다는 것이다. 만약 경영자가 부하와의 관계를 다루는 데 시간을 소비하도록 하는 요인이 무엇이며, 이러한 시간낭비를 줄이기 위해 어떠한 장치를 이용할 수 있는가를 확인할 수 있다면, 우리는 개별적 상황별로 최적관리폭을 결정하고 나아가 감독의 유효성을 희생시키지 않으면서 감독폭을 확대할 수 있는 방법을 강구할 수 있을 것이다.

(2) 관리폭의 결정요인

한 경영자가 관리할 수 있는 부하의 수를 결정하는 데 있어 가장 중요한 요인은 그가 부하들을 관리하는 데 소요하는 시간을 얼마나 줄일 수 있느냐 하는 것이다. 이러한 경영자의 능력은 당연히 개별 경영자에 따라, 그리고 그가 수행하는 직부에 따라 달라진다. 그러나 상사와 부하의 접촉빈도 및 그에 따른 관리폭에 영향을 미치는 기본요인이 있기 때문에 경영자는 이러한 요인을 고려하여 관리폭을 선정하는 것이 바람직하다.

① 부하의 훈련상태 : 부하에 대한 훈련이 잘되어 있으면 상사와 부하의 접촉빈도는 낮아도 되며, 따라서 관리폭을 넓히는 것이 바람직하다.

② 권한위양의 명료성 : 과업이 명확하게 정의되어 있고 경영자가 이 과업의 수행권한을 명확하게 위양할 경우 부하는 상사가 소비하는 시간과 노력을 최소화하면서 이 과업을 효과적으로 수행할 수 있다.

③ 계획의 명확성 : 조직이 계획이 명확하게 수립되어 있지 않고 부하들 스스로 자신의 계획을 수립해야 하는 경우 이들은 상사로부터 많은 지도와 감독을 받아야만 한다. 그러나 상사가 명확한 계획과 정책을 수립하여 부하들의 의사결정을 도울 수 있을 때는 상사가 많은 시간과 노력을 소비하지 않아도 되며, 따라서 넓은 관리폭을 선택하는 것이 좋을 것이다.

④ 개관적 기준의 설정 : 성과에 대한 평가 기준이 명확하게 설정되어 있으면 경영자는 부하들과 접촉하느라 시간을 소비하지 않아도 되며, 계획의 성공적인 실행을 위해 중요하고도 예외적인 일에만 전념할 수 있다.

⑤ 변화의 속도 : 조직 내·외에서 발생하는 환경변화의 속도는 조직의 정책이 얼마나 정형화도리 수 있고 수립된 정책의 안정성이 얼마나 유지될 수 있느냐에 영향을 미친다. 변화의 속도가 빠를수록 잘 훈련된 부하들과 효과적인 커뮤니케이션 시스템을 필요로 하며, 따라서 관리폭도 좁아질 수밖에 없다.

⑥ 커뮤니케이션 기법 : 조직의 계획 및 상사의 명령이나 지시를 개인적인 접촉을 통하여 부하들에게 전달하거나 주요 조직변수들의 변동사항을 구두로 전달한다면 상사 외 업

무부담이 과중되어 조직의 전반적 성과가 저하된다. 따라서 부하들에게 조직의 계획과 같은 중요한 문제들을 빠르고 정확하게 전달할 수 있는 효과적 커뮤니케이션 시스템을 확립하는 것은 신속한 의사결정을 가능하게 하며, 따라서 관리폭을 확대시켜 준다.

⑦ 요구되는 개인적 접촉의 양 : 일반적으로 교육훈련, 효과적 계획 및 정책수립, 명확한 권한 위양, 효과적인 통제 시스템과 객관적 기준의 정립 등을 통하여 상사와 부하 사이의 개인적 접촉을 줄이는 것이 바람직하다. 그러나 부하들이 위원회나 회합 등을 통해 상사와 직접 만나 특정의 문제에 대하여 상의하는 것이 바람직할 경우도 많다. 부하들에 대한 인사고과, 보험제도, 고정(苦情)처리제도 등에 관한 문제가 그것이다. 이와 같이 상사와 부하들 사이의 개인적 접촉이 잦은 조직에서는 관리폭을 확대하는 것이 효과적이다.

⑧ 조직계층의 수준 : 조직계층상의 각 수준에 따라서도 가장 효과적인 관리폭의 크기가 달라진다. 특히 각 개인의 전문화 정도에 따라 각 계층별로 상이한 관리폭이 요구된다는 것이 지금까지의 지배적인 이론이다. 다시 말하면 각 개인별로 대부분의 업무에 대한 전문화가 이루어져 있는 조직의 경우 하위계층과 중간계층에서는 관리폭이 좁은 것이 좋으나, 상위계층으로 올라갈수록 관리폭을 확대하는 것이 좋다. 왜냐하면 상위계층의 경영자들은 주로 외부환경과의 접촉문제, 전략적 계획 및 주요 정책적 문제들에 관심을 가지고 있기 때문이다.

⑨ 기타 요인 : 그 외에도 경영자가 관리폭을 선정할 때 고려하야 할 요인은 많다. 가령, 유능하고 잘 훈련된 경영자는 보다 많은 부하들을 효과적인 감독할 수 있을 것이다. 또한 수행되어야 할 과업들이 단순할 때에도 관리폭을 확대할 수 있다. 마지막으로 부하들이 과업책임의 수용에 대하여 적극적 태도를 지니고 있을 때에는 상사가 보다 많은 권한을 위양할 수 있기 때문에 관리폭의 확대가 가능하다.

제5절 조직설계

1. 조직설계의 본질

1) 조직설계와 조직구조

조직설계와 조직구조의 두 개념은 매우 유사한 성격을 내포하고 있다. 이 두 용어는 문자적인 표현에서 다소 혼란을 일으키고 있는데, 두 개념의 차이점은 다음과 같다.

민쯔버그(H. Mintzberg)는 그의 유명한 연구『조직의 구조화(The Structuring of Organization)』에서 이들 개념차이를 밝히고 있다. 먼저, 조직 구조는 "조직이 목표달성을 위해 노동을 특정과업으로 분화하고 동시에 이들을 다시금 조정하기 위한 총체적 방법"으로 규정하고 있다. 이러한 개념에는 조직효율성의 원리로서 두 가지 결정적 지주가 필요한데 바로 분화와 통합이 그것이다. 분화는 분업 또는 전문성의 논의로서 수행해야만 될 필연적인 과업으로 일을 구분하는 것이고 통합은 이렇게 합목적으로 분화된 과업의 결집을 위해 다시금 통합·조정하는 것이다. 조직구조는 대게 '공식적조직도(Organization chart)'로 나타난다. 조직도는 명령계통상의 권한관계, 의사소통의 경로, 공식적 업무수행집단, 그리고 책임의 공식적인 계통이 포함되어진다. 반면, 조직설계는 조직구조보다 훨씬 포괄적인 내용을 담고 있다. 민쯔버그의 견해에 의하면, 조직설계는 조직구조보다 몇 가지 중요한 특성을 가지는데, 즉 단위조직의 규모, 단위조직의 집단화, 계획과 통제의 체계, 그리고 행위와 공식화(정책과 규칙) 등이 그것이다. 이를 우리의 신체에 비유한다면, 구조는 인간의 골격이고, 설계는 골격을 이루는 근육, 신경, 혈관 등 인간의 전체적인 신체부위에 해당하는 것이다. 다음 <표 5-2>은 조직설계와 조직구조를 나타내고 있다.

〈표 5-2〉 조직설계

조 직 설 계	
■ 구 조	■ 과정
① 분 화	① 계획과 통제시스템
② 통 합	② 행위의 공식화(정책, 절차, 규칙)
	③ 의사결정

2) 공식적 조직과 비공식적 조직

조직설계는 일반적으로 공식적 조직(formal organization)을 주 대상으로 삼고 있다. 즉 가시화된 객관적인 조직을 그 대상으로 한다. 그러나 실제적으로 조직은 비공식적인 조직(informal organization)에 의해 많은 영향을 받는다. 이러한 비공식적 조직체로서는 의사소통의 비공식적 경로, 비공식적 영향력을 들 수 있다. 학문접근상 공식적 조직을 연구의 기본골격으로 삼고 있으나 비공식적 조직에 대한 관심을 무시할 수가 없으며, 비공식적인 조직의 성격이나 내용을 가급적 가시적인 형태로 부각시킬 필요가 있는 것이다.

3) 조직의 규모와 복잡성

조직의 규모를 측정하는 방법은 크게 3가지로 나누어진다.

첫째, 시장점유율을 지준으로 한 측정방법이다. 예를 들면 제너럴 모터스(GM)사는 여러 다른 이유로서도 대규모기업으로 평가될 수 있지만, 자동차 시장에서 차지하는 엄청난 시장점유율(1986년 미국자동차 시장의 43%)로서 설명될 수 있는 것이다.

둘째, 자산의 규모와 생산 및 유통라인의 외형으로도 평가된다.

셋째, 가장 일반적인 측도로서 상근종업원의 수가 얼마인가를 기준으로 할 수 있다.

이상의 조직규모 평가방법문제와 함께 조직규모의 증대가 조직의 설계에 어떠한 영향을 미치게 되는가 하는 문제가 제기된다. 일단 조직이 성장하기 시작하면 새로운 사람이 조직에 귀속되고 이들이 조직의 목표달성에 공헌할 수 있도록 조직은 효율적인 체계를 세워야 하며 공식화, 즉 조직 내에서 경영층은 하위자들에게 업무수행상의 책임과 결정을 위양시켜 이를 기본적으로 조직성장과 결부된 수단과 통제를 행사하는 것이다. 또한 일의 논리적 흐름에 따른 수평적, 혹은 수직적 분화가 이루어진다. 조직규모의 증대는 다양화, 복잡화 및 직능의 전문성을 높이면서 또한 고차적 기법에 의한 조직의 통합·조정의 필요성을 증대시키게 된다. 한편, 하부층의 의사결정 참여요구로 인해 상부경영층은 하부층과의 상호 유기적 협력에 의한 목표설정 및 경영참가에 의한 전사적 통합 노력을 증대시킬 것을 요구하고 있다.

조직의 규모가 증대함에 따라 이루어지는 수직적·수평적, 혹은 지역적 분화에 의해 그 복잡성이 고도화된다. 따라서 현대기업조직은 그 관리의 전문성을 발휘하여 복잡다양한 조직구성원의 욕구 내지 의사를 통합하기 위한 조직혁신으로서의 지속적인 조직변화와 조직개발을 요구하고 있다. 조직규모의 복잡성에 해한 홀(R. H. Hall)의 연구는 다음 [그림 5-6]으로 요약된다.

자료 : Richard H. Hall, Organizations : Structure and Process(Englewood Cliffs, N, J. : Prentice-Hall, 1972), pp. 143-147.을 요약한 것임.

[그림 5-6] 조직의 복잡성

이러한 연구에 이어 조직규모와 복잡성에 대한 체계화된 모형은 프레드릭슨(J. W. Fredrickson)의 연구에서 찾아볼 수 있다.

이 모형은 민쯔버그가 제시한 조직구조 유형을 조직의 복잡성, 중앙집권화 정도, 공식화에 따라 그 적합도를 설명한 것이다.

여기에서 제시하고 있는 모형은 크게 세 가지인데, 즉 단순화 조직구조, 기계적 관료제 조직구조, 전문적 관료제 조직구조 등이다. 단순화 조직구조는 비공식적이며, 중앙집권화 성향이 매우 높을 뿐만 아니라 스태프의 지원이 거의 없고, 분권화가 거의 이루어지지 않는 조직모형이다.

기계적 관료제 조직구조는 목표설정, 의사결정 및 통제 등 조직관리가 중앙집권적이며, 공식화된 절차나 규칙 및 표준화에 초점을 맞추고 있으나 단순화 구조보다는 훨씬 더 공식화되어 있을 뿐만 아니라 복잡성이 높은 편이다.

전문적 관료제 조직구조는 복잡성의 심도가 보다 깊고 비공식적이며 분권적 의사결정 및 권한 체계를 가지는 것이 특징이다.

4) 조직설계와 환경

조직설계에 영향을 미치는 많은 요인 중에 가장 포괄적이고 중요한 것은 환경이다. 조직설계와 관련해서 환경요인을 파악하는 데는 일반적으로 환경의 안정성과 동질성의 두 가지 측면이 그 결정기준으로 작용한다.

조직과 환경의 관계를 핫지(B. J. Hodge)와 안토니(W. P. Anthony)는 설명하고 있다. 이 두 가지 요인은 조직설계에 있어서 정책적인 결정을 제공하게 될 것이다. 먼저 환경의 동질성 혹은 이질성은 조직구성원이 조직과 과업수행 및 성과의 차이가 어느 정도인가?, 그리고 생산 활동을 위한 원료수급의 안정성 정도는 어떠한가? 등의 요인에 의해 결정될 수 있다. 또한 환경의 안정성 정도는 직면한 상황들을 얼마나 정확히 예측할 수 있느냐에 의해 결정된다.

일반적으로 환경이 안정적이고 동질적인 경우에는 복잡성이 낮고 보다 집권적인 조직설계가 요구되며, 반면 환경이 불안정하고 이질성이 높을수록 보다 복잡하고 분권화된 조직설계가 타당한 것이다.

5) 효율적인 조직설계

조직설계의 개념에 관심을 가지는 이유는 무엇인가? 그것은 조직의 구성원들이 합목적적인 활동을 수행하기 위한 조직 관리의 한 형태이며, 효율적인 조직설계는 성과향상에 공헌을 하기 때문이다. 배의 밑바닥이 네모인 경우보다 V형일 경우, 동일한 마력으로도 훨씬 더 빠르고 효율적이다. 이와 마찬가지로 효율적인 조직구조는 조직성과를 향상시킨다. 효율적 조직이란 다음과 같은 여섯 가지의 특성을 가진다.

① 조직의 권한과 책임에 관한 계통이 명확하다. 개별 조직구성원이 책임져야 할 사안이 무엇인가를 분명하게 알고 있다.

② 조직 활동의 수단에 있어서 차별적 형태를 취한다.

③ 조직의 합목적적인 활동을 수행하는 다양한 조직구성원의 활동을 효율적으로 통합·조정할 수 있다.

④ 의사소통과정이 효율석이기 때문에 의사결정자들이 적절하고도 신속하게 정보를 획득할 수 있다.

⑤ 공식적인 조직구조에서도 조직구성원의 행동편차를 인정하고, 비공식적인 구조의 필요성을 수용한다.

⑥ 분권화와 복잡성의 정도가 적절한 조직일 경우 이러한 조직은 환경에 대한 적응능력이 탁월하게 된다.

이와 같은 효율적인 조직설계는 조직이 해야 할 과업을 누락하거나 간과하는 오류를 최소화할 수 있으며, 한편으로는 하나의 과업을 둘 이상의 단위조직이 수행함으로 인해 발생되는 비용의 중복 등의 문제를 극복할 수 있을 것이다.

2. 조직설계의 결정요인

1) 과업 혹은 직능의 유사성

과업을 분화하는 가장 일반적인 형태는 조직에서 이루어지는 많은 활동들이 필요에 따라 기본적인 직능요소를 기준으로 적절하게 분류하는 것이다. 이러한 직능은 대체로 생산, 마케팅, 재무, 회계, 인사직능 등으로 분류할 수 있으며, 이러한 일차적 분화 이후에 필요에 따라 다시 세부적인 하부분화가 이루어진다. 이러한 기준에 따라 조직설계를 실현한 대표적인 기업으로서 이스트맨 코닥(Eastman Kodak)사를 들 수 있다. 1985년 이 회사가 전략단위조직으로 재조직을 하기 전에는 이러한 직능의 유사성에 근거하여 조직의 설계를 유지해 왔던 것이다.

2) 제 품

조직에서의 제품이나 제품군의 생산이나 마케팅에 따라 과업을 분화하는 경우도 있다. GM사의 조직설계는 기본적으로 각 제품사업부별로 전반관리자를 두고 제품을 뷰익, 캐딜락, 올즈모빌, 폰티악, 쉐보레 그리고 GM트럭으로 분류하여 제품계열별로 부서화하여 업무를 구분하였다. 이러한 과업의 분화는 제품 또는 제품계열을 개발·생산·판매하는 데 필요한 모든 활동을 부서화함으로써 자기가 속해 있는 회사에 얼마만큼의 책임이 있는가를 강조한다. 이러한 부서분화는 독자적으로 개발·생산·판매와 같은 직능부서를 갖고 있다.

3) 지 역

기업 활동을 수행하는 지역을 중심으로 조직분화를 꾀하는 경우인데, 이러한 형태의 분화는 대부분 조직의 판매와 시장직능 내에서 나타난다. 미국의 연방준비은행(U. S. Federal Reserve System)의 조직체계기준이 바로 지역에 따른 분화로 이루어진 대표적 형태인데, 이은행은 보스턴, 뉴욕, 샌프란시스코 등 12개 중심도시별로 나누어지며, 크게는 은행 내의 국내부서와 해외부서로 나누어지기도 한다.

4) 마케팅 경로

마케팅 경로란 제조업자가 최종소비자에게 그들의 제품을 제공하는 배합경로인데, 이는 고객별 분화와 비슷하지만 여러 가지 면에서 차이점이 있다. 고객별 부문화에서 통상 최종고객들에게 제품의 제조 및 판매의 양면에 대하여 책임을 지고 있으나 마케팅 경로별 분화에서는 동일제품은 일반적으로 둘 혹은 그 이상의 다른 경로를 통해서 시장으로 출하되며, 어느 부서가 다른 모든 마케팅 부서를 위해 어떤 제품을 생산할 것인가를 마케팅 경로별로 의사결정하게 되는 것이다.

3. 조직설계의 접근방법

1) 기계적 관료제 조직설계

베버(Max Weber)는 고전이론으로 일컬어지는 그의 저서『사회·경제적 조직에 대한 이론(The Theory of Social and Economic Organization)』에서 관료제가 조직운영을 향상시키는 유일한 방법으로 간주했다. 그의 이론적 근거는 합리적이고도 기계적인 조직원칙에 두고 있는데, 그 구체적인 특성은 다음과 같다.

① 조직의 목표가 명백하고도 분명하게 표현된다.
② 조직의 규칙, 절차, 관행 등이 극도의 합리적인 체계로 이루어진다.
③ 권한은 최고경영자에게로 집중되어 경영구조는 피라미드 형태를 취한다.
④ 의사결정은 공식적인 규칙을 기초로 이루어진다.
⑤ 조직구성원의 기술적인 업무능력을 토대로 조직의 체계를 세운다.

이상적인 관료제는 규칙과 절차 및 합리적인 권한에 근거를 두고 있으며, 인간을 통제하는 수단 가운데서 합리적인 측면의 정확성·안정성·규율의 엄격성을 강조한다.

이와 같은 조직특성을 갖춘 관료제가 정부의 행정기구뿐만 아니라 기업, 정당, 교회, 군대 등의 조직에도 타당한 제도임을 주장하였다. 특히, 1940년대의 체계적인 조직이론이 부재했던 시점에서 조직일반론을 제시함으로써 커다란 시사점을 던졌다.

그러나 관료제 조직이론은 다음과 같은 역기능을 낳기도 하였다.

① 형식적인 규칙과 규정 및 절차에 집착하여, 조직목표의 달성보다는 수단이 목적이 된다.
② 권한의 비효율적인 집중현상이 발생한다.
③ 형식주의가 팽배하여 책임과 의사결정을 타인에게 전가시킨다.
④ 장기적인 관점에서 볼 때, 단일부서에 속하기 때문에 타인에 대한 이해부족이 생기거나 부서 간의 이기주의가 팽배하여 조직전체에 악영향을 미친다.
⑤ 기본적으로 보수성을 가지며, 환경에 변화하는 탄력성이 결핍되어 있다.

2) 유기적·상황적 조직설계

기계적·관료제적인 조직설계와는 상반된 특성을 가지고 있는 것으로 유기적·상황적 조직설계를 들 수 있다. 전자의 결점을 극복하고, 역동적인 환경에 더욱 잘 적용할 수 있는 조직유형으로 발전했지만, 이러한 유기적·상황적 조직설계가 보다 더 유용하다고 단정하기는 어렵다. 그것은 급격한 환경변화에 능동적으로 적응하고 도전할 수 있는 유연성 있는 합리적 조직구조의 재편성을 요구하기 때문이다.

그러나 오늘날 조직 환경은 변화가 급박하고 환경의 내용이 이질적인 경우가 지배적이기 때문에 기계적·관료제적 조직구조보다는 유기적·상황적 조직구조가 일반적으로 타당하다고 할 수 있다. 따라서 조직설계 및 조직 관리의 과제도 특정상황에서 가장 효과적인 제

변수들의 상호관련성을 밝히고 조직과 환경, 그리고 조직의 하위시스템 간의 기능적 관계가 특정상황에 따라 유용하게 적응시킬 수 있는 유기적·상황적 조직설계에 초점을 맞추게 된다.

제6절 호텔의 경영조직

1. 호텔의 경영조직

1) 호텔 경영조직의 의의

기업을 경영해 나가는 데는 여러 가지의 경영활동이 필요하다. 이러한 경영활동을 수행하기 위해서는 이들 여러 활동을 그 성질에 따라 정리하고, 일정한 기준에 의하여 분류함으로서 각 담당자가 분담할 직무를 명확하게 하고, 이들 각 직무 간의 관계를 뚜렷이 하지 않으면 안 된다. 조직(organization)이란 이러한 각 담당자가 수행할 직무 및 각 직무 상호간의 관계를 규정한 것이라고 하겠다.

경영상 모든 일을 한 사람이 담당할 수 있는 경우에는 경영조직이라는 문제는 일어나지 않는다. 그러나 경영규모가 확대되면 한 사람의 힘만으로는 업무를 추진할 수 없기 때문에 다수인의 업무가 분담되어야 한다. 이러한 경우기업이 하나의 활동체로서 일정한 목적에 따라 합리적으로 운영해 나가기 위해서는 각 담당자 간에 밀접한 결합이 필요하다. 이 결합의 형태를 경영조직(business organization)이라 한다.

구체적으로 호텔의 조직을 요약하자면 목표인 최상의 영업성과를 통한 이익을 창출하기 위해 그 활동분야를 담당한 각 종사원들을 보다 합리적이고 체계적으로 구성하여 최대한의 능률을 확보하는 것이라 하겠다. 그러므로 각각의 구성단위인 직무체계를 어떻게 구성하며, 그에 따른 종사원들의 합리적인 배치와 훈련이 그 핵심을 이룬다고 하겠다.

2) 호텔조직의 기본구조

호텔을 처음 찾는 고객들은 호텔 운영과 관련하여 내면적으로 내재되어 있는 복잡성을 결코 인식하지 못한다. 즉 다시 말하면 고객들은 예절바른 도어맨이나 아주 능률적이고 착한 프런트데스크 종사원 그리고 잘 정돈된 객실 등은 효율적인 호텔조직운용의 결과에서 비롯된다는 사실을 잘 인식하지 못한다. 호텔조직의 운영에 있어서 각 부문자의 실제적이고 유기적인 관계는 시각적으로 보이지 않지만 능률적인 호텔조직 운영의 결과로 나타나는 서비스는 대단히 시각적이며 호텔서비스의 수준을 결정하는 요인이 된다.

호텔조직을 능률적이고 효율적으로 운영하기 위해서는 각 부문에 종사하는 종업원들은 호텔기업이 추구하는 미션을 이행하고 미션을 이행할 수 있도록 노력해야 한다. 일반적으로 호텔기업의 미션을 이행하기 위한 구체적인 체제가 바로 조직기구표이다.

호텔조직의 목적도 각 종사원의 직무를 분담 규정하고, 또 일정한 권한과 책임을 담당함으로서 각 직무의 상호관계를 정하여 업무를 능률화시키고 호텔경영활동을 촉진시키는데 있다. 따라서 일반기업도 마찬가지겠지만 호텔조직에는 전형적인 체계는 존재하지 않지만 몇 가지 요소들의 특성을 지니고 조직이 각기 형성될 수 있는 것이다.

첫째, 호텔의 입지적인 조건, 둘째, 서비스의 형태, 셋째, 호텔의 구조적인 형태, 넷째, 경영진의 배경과 훈련, 다섯째, 호텔의 소유형태 등과 같은 특성에도 불구하고 호텔의 조직형태는 크게 객실부문, 식음료부문, 관리부문으로 구분되어 기본구조를 가지고 발전하여 왔다.

3) 호텔의 조직구성

호텔기업은 업무 부서별 조직은 호텔의 규모와 성격에 따라 다양하게 구분하지만 일반적으로 수입창출부문과 비용발생부문 또는 영업부문과 영업지원부문으로 구분할 수 있다.

수입창출부문은 고객에게 직접 상품과 서비스를 제공하고 수입을 획득하는 부서로서 프런트오피스, 각종 식음료 상품을 판매하는 식당, 룸서비스 등이 여기에 속하며, 비용발생부문은 직접 고객에게 상품을 판매하여 수입을 획득하지 않고 수입창출이 원활하게 상품을 판매할 수 있도록 적극 지원해 주는 부서를 말한다. 대표적인 비용발생부문은 하우스키핑, 회계, 유지관리, 인사부문 등이 여기에 속한다.

한편 고객과의 직접적인 접촉여부에 따라 'front-of-the-house'와 'back-of-the-house'로 구분한다. 'front-of-the-house'는 고객이 호텔에 투숙해 있는 기간 동안에 고객과 직접적으로 접촉하는 부서로서 객실부문을 비롯한 대부분의 영업부문이 여기에 속한다.

'back-of-the-house'는 고객과 직접적인 접촉이 거의 없는 부서들로서 'front-of-the-house'를 지원해 주는 역할을 수행하며 재정, 인사, 회계, 구매, 영선, 하우스키핑 등을 일컫는다.

전통적으로 호텔조직은 영업부문 또는 'front-of-the-house'라고 할 수 있는 객실부문,

식·음료부문, 부대시설부문 그리고 'back-of-the-house'인 관리부문으로 구성된다.

전반적으로 호텔의 운영을 원활하게 하기 위해서는 전통적으로 호텔을 구성하고 있는 각 부문들의 기능을 이해해야 한다. 호텔의 조직을 구성하고 있는 중요 부문들의 대략적인 기능을 살펴보면 다음과 같다.

호텔 경영조직의 가장 일반적인 조직구조는,

첫째, 객실부문(Room Department).

둘째, 식음료부문(Food & Beverage Department)

셋째, 관리부문(Management & Executive Department)

의 3개 부문으로 구성된다.

미국의 호텔협회(American Hotel Association)는 "한 호텔에 있어서 최대의 발전기회는 음식의 준비와 그 서비스에 있다. 이 부문이 호텔의 명성을 좌우하게 되며, 아무리 기술을 향상시키더라도 항상 부족함을 보이는 곳이기도 하다."고 하여 식음료부문의 중요성을 강조하고 있다.

2. 객실부문(Room Department)의 경영조직

객실부문은 호텔의 중추적인 역할을 담당하는 가장 핵심적인 부문으로서 객실판매에 수반되는 수준 높은 서비스의 제공과 더불어 발생하는 매출구성 측면에서 호텔경영의 전체적인 성공여부는 바로 객실부문에 달려있다고 해도 과언이 아니다. 왜냐하면 호텔에서 발생하는 전체 매출액 중에서 약 60% 이상을 객실부문 매출액이 차지하고 있을 뿐만 아니라 객실판매로 인한 객실수익은 그 자체만의 수익으로 그치는 것이 아니고 호텔의 영업 전반에 영향을 미치게 되기 때문이다. 그리고 객실부문은 고객이 호텔에 체재하는 동안 고객과의 빈번한 접촉을 통해 고객으로 하여금 호텔의 전체적인 이미지를 느낄 수 있도록 해야 한다. 예를 들어, 객실에 투숙한 고객이 단순히 자기가 사용한 객실에 대해 만족하지 못한다면 고객의 입장에서는 불만족스러운 부분에만 한정되는 것이 아니라 전체 호텔상품을 불만족스러운 것으로 인식하는 경향이 있기 때문이다. 객실부문의 조직은 호텔의 규모, 서비스 형태와 수준 등에 따라 다양하지만 대체적으로 현관, 예약, 유니폼 서비스, 객실정비, 교환, 비즈니스센터 등으로 구성된다. 또한 객실부문은 객실의 서비스가 가장 핵심적인 부문이라 할 수 있으며, 전면에서 호텔상품의 직접적인 판매 및 판매에 따른 서비스 업무를 담당하는 프런트오피스(Front Office)와 이 판매상품인 객실의 관리와 정비 및 그에 따른 부가서비스를 담당하는 하우스키핑(Housekeeping)의 두 부문으로 나눌 수 있다.

1) 프런트오피스(Front Office)

현관은 주위환경, 분위기 및 현관직원의 예의와 친절, 그리고 정확한 직무수행은 고객과 호텔의 관계를 밀접하게 연결하여 주고, 서비스의 중추적인 역할을 하는 곳으로 객실판매뿐만 아니라 식음료판매촉진과 부대시설의 이용효과에 전력을 다하여야 한다. 또한 고객을 처음으로 맞이하는 부서로 호텔의 첫인상을 좌우하는 중요한 업무를 맡고 있다. 즉 고객이 처음 호텔을 방문하여 불편함이 없이 내부시설물을 이용하고 만족스럽게 호텔을 나설 수 있도록 제반적인 서비스를 제공하는 부서라고 할 수 있는데, 이를 그 업무성격을 기준으로 다시 구분한다면, 첫째, 프런트데스크(Front Desk), 둘째, 유니폼 서비스(Uniform Service) 셋째, 전화교환실(Operating Room), 마지막으로 이그제큐티브 플로어 룸 (Executive Floor Room: EFL) 등으로 나누어 볼 수 있다.

2) 하우스키핑(Housekeeping)

호텔의 운영에는 호텔제품의 판매활동과 제품의 재생산 판매를 위한 창조적인 생산 기능이 호텔 수익에 직접 영향을 주는 중요한 요인이므로 하우스키핑이 호텔운영의 상호관계 (객실의 재생산 및 판매)는 가장 중요한 업무이다. 따라서 객실 재생산을 위한 전 건물과 공공장소를 청결하고 안락하게 그리고 안전하고 효율적으로 유지하고 관리를 위해 많은 경

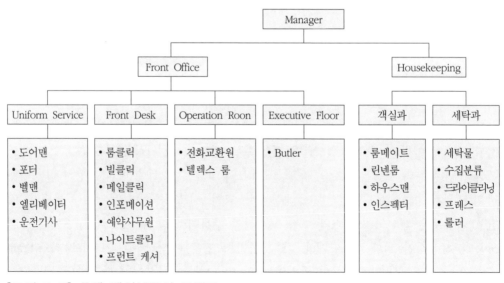

[그림 5-7] 호텔 객실부문의 조직도

비를 반복 투자하는 것과 동시에 업무도 반복된다. 업무로서는 객실의 청소를 비롯하여 정리정돈, 그리고 욕실 등에 필요한 수건을 비롯한 각종 어메니티를 비치하는 등 고객들이 편리하면서도 안전하게 객실을 이용할 수 있도록 항상 최적의 상태를 유지하는 업무를 담당한다. 하우스키핑도 다시 객실내부의 사항을 정리하는 객실 과와 고객들이 이용한 물품의 세탁을 담당하는 세탁과로 [그림 5-7]과 같이 나눌 수 있다.

3. 식음료부문(Food & Beverage Department) 경영조직

이 식음료부문은 최근에는 수익의 극대화 추구를 위해서 객실판매위주의 경향에서 벗어나 식음료 판매에 보다 깊은 관심을 가지고 있다. 식음료부문을 일명 Catering Department라고도 한다. 식음료부문은 호텔의 전체매출에 있어서의 비중이 높아가면서 그 중요성 또한 더욱 새롭게 부각되고 있다. 최근에는 식음료부문의 매출액이 객실판매의 매출액보다 상회하고 있는 호텔이 많다. 물론 입지적인 조건에도 영향이 있겠지만 연회 및 회의장 시설에 중점을 두고 있는 곳도 있다. 따라서 종업원의 임무도 한층 더 중요시되고 있다.

식음료부문에서 맡고 있는 중요한 세 가지 역할은 식음료의 구매 및 저장(Purchasing and Storing of food and beverage), 식사의 준비(Preparation of food), 식음료의 통제(Food and beverage control)인데, 각 호텔에서는 일반적으로 연회과, 식당과, 주·음료과의 세 부서로 나누어 고객이 만족할 만한 수준의 서비스를 제공하기 위해 노력하고 있으며 서비스는 바로 종업원의 자세에 의해 결정된다.

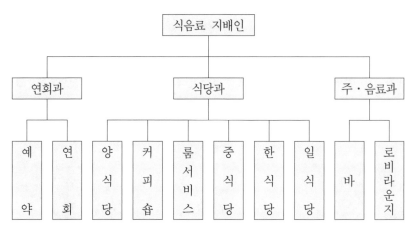

[그림 5-8] 식음료부문의 조직도

1) 연회과

연회과의 주된 업무는 각 연회장의 시설 및 집기의 운용과 관리, 연회사항 예약 및 행사준비, 연회유치를 위한 판촉활동 및 판촉부와 정보교환, 연회행사 메뉴 및 가격결정을 위한 조정, 연회서비스 개선 및 품질관리와 고객의 안전관리, 출장연회의 종합관리, 연회 종사원의 인사관리 및 교육훈련 등이다.

2) 식당과

각 호텔들은 일반적으로 양식과 중식, 일식, 한식 등의 고객들의 입맛을 맞추기 위한 다양한 식당을 갖추고 있는데, 식당과에서는 식당 영업뿐만 아니라 각 식당의 집기비품 및 시설물의 보존·유지와 관리, 판매메뉴 및 가격결정 등 영업에 필요한 제반사항을 맡고 있다.

3) 주·음료과

로비 라운지, 나이트클럽, 메인 바 등 각 주장(酒場)의 영업 및 고객관리, 집기비품 및 시설물의 보존·유지와 관리, 음료판매, 메뉴 및 가격결정, 종사원의 인사관리와 교육 등 기타 주장영업에 필요한 내용들을 주된 업무로 한다.

4. 관리부문(Management & Executive Department) 경영조직

호텔기업의 관리부문은 최고경영진의 의사결정에 필요한 경영정보나 경영자료를 제공하는 참모적 역할을 수행하며 전반적인 호텔경영정책을 수립하여 경영성과의 극대화를 추구한다. 관리부문은 경영정책 및 계획의 수립, 예산편성 및 통제, 조직 및 인원관리, 경영분석 및 평가, 원가관리, 인사·노무·급여 및 서무업무, 광고·선전·홍보계획의 수립, 전산운영관리, 각종 물자의 구매, 시설의 정비, 소방·안전관리, 종업원의 복리후생, 재무관리 등과 같은 기능별 관리로 세분화 할 수 있다. 여기서는 인사관리와 시설 및 마케팅 부서, 재무관리와 시설 및 안전관리로 나누어 살펴보겠다.

1) 인사관리 부서

인사관리부서는 호텔에서 고객에게 서비스할 인력자원의 신입사원 모집, 응시자 면접과 선발, 추천인 검증과 조사, 최종선발을 위해 해당 부서장에게 통보, 합격한 응시자 처리 및 근무규칙, 후생, 휴가 등에 관한 기업정책을 설명, 교육훈련 프로그램 실시, 안전 및 후생제도 설정과 관리, 노동조합 간부들과의 협상 및 호텔을 대표하여 노조계약의 해석, 노동법을 해석하고, 관련된 정부기관의 규정 준수 등을 담당하고 있다.

2) 마케팅 부서

호텔영업을 위한 전반적인 전략을 수립하는 부서로서 사회 전반의 흐름을 읽고 시장 상황을 세밀하게 분석함으로써 고객들의 취향에 맞는 호텔상품의 개발을 위해 연구・노력하는 부서이다. 주요 업무로는 호텔의 연간 판매 예상매출액을 수립 작성, 목표시장 계획의 방향설정, 객실・식음료 담당자와 협조하여 시장조사, 마케팅 부문 종업원 교육・훈련, 국내・외 시장 개척, 호텔의 안내문 제작 및 배포, 분기별 광고홍보활동, 객실・식음료부문의 예약상황 및 고객동향분석과 대응, 여행사・항공사와의 업무협조, 단체고객 및 개인고객의 호텔이용실태 분석 및 유치방안 모색, 텔레마케팅 운영 등이다.

이상에서 호텔의 각 부문에 걸친 조직구성에 대해 살펴보았는데, 위의 내용들은 호텔 전체의 체계적인 업무의 흐름을 파악하기 위한 목적에서 그 역할과 조직구성을 살펴본 것으로 각 호텔마다 경영자의 경영철학과 관련한 업무비중에 따라 조직은 얼마든지 달라질 수 있다.

3) 재무관리 부서

호텔의 돈과 관련되는 부서로서 현금출납 및 영업활동에 따른 각종 공과금의 계산, 전표와 회계처리, 장부정리 등이라고 한다면 보다 과학적인 자료의 집계와 분석을 통해 경영자로 하여금 수요의 예측 및 사전대책을 수립할 수 있는 방향을 제시하는 업무를 맡고 있다. 따라서 현재의 경영상태를 면밀히 분석하고, 시장상황의 변화상을 찾아내어 호텔영업에 필요한 정보를 제공하는 부서이다.

4) 시설 및 안전관리 부서

호텔시설을 관리하는 부서로서 각 부서에서 필요하거나 혹은 파손된 설비들을 수리하고, 목공, 배관, 전기 작업과 페인트, 카펫의 수선, 가구 손질과 각종 안전사고의 예방 및 조경관리 등 호텔 내・외부의 설비 및 기계에 대한 관리유지 및 개보수와 관련한 업무를 담당한다. 안전관리를 위해서는 수시로 호텔 구내를 순찰하거나 CCTV 등 첨단장비를 이용하여 고객들의 안전을 위해 보이지 않게 일하는 부서이다.

지휘화

제 1 부 호텔경영 일반론

제1장 호텔의 이해

제2장 호텔기업의 특성

제 2 부 호텔경영 관리론

제3장 경영과 경영관리

제4장 계획화   제5장 조직화

제6장 지휘화   제7장 통제화

제 3 부 호텔경영 기능론

제8장 인사관리

제9장 객실판매 및 생산   제10장 프런트오피스의 조직   제11장 하우스키핑

제12장 식음료 관리   제13장 연회 서비스

제14장 호텔 재무관리

☞ 열린 생각 및 직접 해보기

▶ 지휘활동에 대해 토의한다.

▶ 동기유발이란 대해 토의한다.

▶ 전략적 리더십에 대해 토의한다.

▶ 의사소통에 대해 토의한다.

▶ 취업 희망호텔의 동기부여 정책에 대해 알아보기

▶ 취업 희망호텔의 의사소통 방법에 대해 알아보기

Chapter **6**

지휘화

제1절 지휘활동의 의의

기업은 기업목적과 실행계획을 수립하고 이를 체계적이고 합리적으로 수행하기 위해서 조직을 필요로 하는데, 이에 적합한 인적자원을 충원(staffing)하고 이러한 인적자원을 최적 상태로 활용하여 기업목적 및 조직유효성을 제고시키기 위해서는 지휘기능이 반드시 필요 하다.

지휘(directing)란 부하들이 작업을 보다 유효하고 능률적으로 수행할 수 있도록 하기 위 한 모든 활동이라고 할 수 있다. 즉 부하들이 계획에 따라 기업 활동을 의욕적이면서도 적 극적으로 수행할 수 있도록 동기를 부여하고 지도·감독하는 관리직능을 말한다.

그러나 이러한 지휘의 개념은 시대에 따라서 상이하게 전개되어 왔다. 즉 전통적 입장에 서는 지휘는 상위자가 하위자에게 가지는 당연한 권한의 개념으로 인식되었으며, 그에 따 라 가부장적 내지 전제적 성격을 지니고 있었다. 그러나 근래에 와서는 이러한 지휘는 상위 자의 일방적이 아닌 하위자의 수용을 전제로 한 상호관계 내지 상호작용적 관점에서 논의 되고 있다. 왜냐하면, 오늘날 조직의 모든 관리활동은 그 과정에서 부하들의 수용과 적극적 인 협조 및 지지 없이는 성공적 수행을 기대할 수 없게 되었기 때문이다.

따라서 효과적 지휘활동을 위해서는 종업원의 동기부여와 이를 전제로 한 관리자의 리더 십 개발에 대한 검토가 필요하다. 또한 이러한 동기부여와 효과적 리더십의 발휘를 위해서 는 조직 내의 제반활동에 대한 정보의 원활한 전달이 전제가 되어야 한다. 이런 점에서 효 율적 지휘활동의 관리를 위해서는 경영자의 의사소통 내지 조정활동에 대한 관리의 문제도 검토되어야 한다.

따라서 여기서는 지휘활동과 관련된 동기부여, 리더십 및 의사소통과 관련된 제반 이론들을 검토하고자 한다.

동기부여

1. 동기부여의 개념

1) 동기부여의 개념

오늘날 동기 또는 동기부여이라는 말은 조직체뿐만 아니라 일상생활에서도 흔히 사용되고 있다. 동기(motive)는 개인의 행동을 어떤 목적을 위한 방향으로 작동시키는 내적 심리상태를 말하며, 동기부여(motivation)는 개인의 행동이 실제로 작동되는 과정 또는 작동되도록 유도 내지 기도하는 과정이라고 할 수 있다. 동기부여 행동의 과정을 설명하면 다음과 같다.

① 행동의 활성화(envenomization behavior) : 불균형의 시정 또는 결핍된 욕구를 충족시키기 위한 내적 심리상태, 즉 동기를 발생시키고 이를 행동으로 활성화시키는 과정, 다시 말해서 개인의 욕구결핍이나 심리적 불균형을 수정하기 위하여 의식 또는 무의식적 행동으로 에너지가 전환되어지는 과정.

② 행동의 유도(channeling of behavior) : 활성화된 행동을 특정 목표를 지향하도록, 예를 들면 기업경영에서 개인의 욕구충족과 동시에 기업의 목표달성을 위한 방향으로 활성화된 행동을 유도하는 과정.

③ 동기부여된 행동의 강화(reinforcement of motivated behavior) : 특정의 방향을 갖춘 활성화된 행동이 지속적으로 유지되도록 강화시키는 과정.

한마디로 동기부여이란 어떤 것을 자발적으로 하려고 하는 행동의 유발과정이다. 그러므로 기업에 있어서 경영목표의 실현을 위한 방향으로 종업원의 직무수행 활동이 자발적으로 그리고 지속적으로 이루어진다면 그것은 동기부여된 행동이라고 할 수 있다.

기업에서 동기부여의 개념이 중요한 이유는 다음과 같이 설명될 수 있다. 기업 전체의 성과는 개인의 성과를 그 기반으로 한다. 그런데 개인의 성과는 개인의 능력(ability)과 동기유발 및 환경적 상황에 의해 결정된다고 할 수 있다.

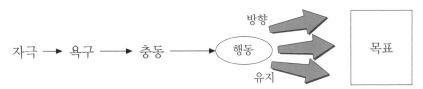

자료 : R. H. Baron/J. Greenberg, op. cit. (1990), p. 76

[그림 6-1] 동기부여의 구성요인

그러므로 능력 있는 부하가 많은 경영자는 상대적으로 자신의 책임을 성공적으로 완수할 수 있다. 그러나 아무리 능력이 있어도 부하들이 동기부여가 되지 않아서 노력하지 않을 때는 좋은 결과를 기대할 수 없다. 동기부여는 바로 이러한 개인의 노력의 크기 또는 강도를 결정하는 것과 밀접히 관련 있는 개념이다.

2) 동기부여의 과정

개인의 미충족 욕구(need)에 의해 발생되는 동기는 목표지향성을 띤 행동으로 이어지고, 목적이 달성되면 불균형의 내적 심리상태가 균형을 회복한다. 이와 같은 균형회복과정은 다음의 [그림 6-2]와 같이 나타낼 수 있다.

[그림 6-2] 균형회복 과정

한편 현실적으로 실제행동의 동기유발과정은 이처럼 단순하게 생각하기 어려운 복합적 요소들이 개입되어, 그 이유는 다음과 같다.

① 동기부여의 과정은 단지 추론할 수 있는 인간의 내면심리상태의 전개과정이지 외부적으로 관찰되거나 정확히 측정될 수 있는 대상이 아니다.
② 문화나 개인적 차이에 의해 동기의 표현양식이 상당히 달라질 수 있다.

③ 한 개인의 동기도 매우 역동적이다. 즉 일정한 시간에 수많은 욕망·욕구 또는 기대를 가지고 있으며 시간에 따라 변화한다.

이에 따라 단일의 행동도 여러 동기가 원인이 될 수도 있고, 유사한 동기라도 여러 가지 서로 다른 행동으로 표출될 수 있다. 또 동기가 위장되거나 감추어진 진짜 행동으로 표현되기도 한다. 그러므로 유능한 경영자는 종업원 개개인의 욕구구조를 항상 정확히 파악하여 이를 충족시키면서 동기부여를 저해하는 행동이 지속되지 않도록 노력해야 한다.

3) 동기부여의 요인

동기유발에 영향을 미치는 여러 요인 가운데 가장 기본적인 세 가지 요인은 개인적 차이·직무특성·조직적 실제로 이를 살펴보면 다음과 같다.

(1) 개인적 차이

개인적 차이는 개인의 욕구·가치·태도·직무에 대한 흥미 등의 차이이다. 이러한 특성이 사람에 따라서 다르기 때문에 그러한 특성이 사람들을 동기 시키게 된다(예를 들어 어떤 근로자는 월 급여에 의해서 동기유발이 되지만, 또 다른 근로자는 높은 보수보다는 실업)

(2) 직무특성

직무특성은 직무의 한계와 본질을 결정하는 요소이다. 이러한 특성 속에는 기술의 다양성, 처음부터 끝까지 직무를 수행할 수 있는 정도, 직무에 대한 공헌의 중요성, 근로자들이 받는 성과의 피드백 내용, 자율 등이 포함된다. 한편 여러 직무에서 몇몇 특성은 높게 평가되고, 다른 특성은 낮게 평가되기도 한다(예를 들어 공항 셔틀버스 운전사의 경우 반복적인 직무를 해야 하고, 업무의 자율성은 낮으며, 중요성은 있으나 직무가 동일하다. 또 운전사는 고객으로부터 성과에 대하여 불만과 감사를 피드백 받게 된다).

(3) 조직적 실제

조직적 실제는 규칙·인사정책·관리실체·보상체계 등이 포함된다. 이 중에서 보상정책에 따른 부가급여는 신규근로자를 끌어들이게 되고, 장·노년 근로자들을 기업에 계속 근무 하도록 하는 요인이 된다. 보상을 성과에 따라서 실시하게 되면, 근로자들의 동기부여를 도모할 수 있다(예를 들어 모 회사는 수익성 목표를 달성할 경우 연간 보너스를 추가로 지급할 수 있는 보상체계를 갖고 있다. 이 기업은 이러한 보상체계가 근로자들의 동기를 유발시키게 되어 성과의 향상을 실현할 수 있었고, 그 결과 수익성 목표가 달성되어 추가적으로

월 급여의 7~8% 보너스를 지급하게 되었다).

(4) 요인의 상호작용

세 가지 요인의 상호작용에는 ① 작업장에서 근로자들이 수행하는 개인의 질적 수준, ② 작업상태서 수행하는 행동, ③ 작업장에서 근로자들에게 영향을 미치는 조직적 체계를 포함한다. 근로자들이 동기부여를 갖고 일할 때, 경영자들이 이들 세 가지 요인을 모두 고려할 필요가 있다.

4) 동기부여이론의 흐름

인간의 행동이 동기부여 되는 과정은 실제로는 개인의 내부에서 일어나는 심리적 변화과정이다. 따라서 학자들은 이러한 과정을 추론과 실험을 통해 분석함으로써 일정한 가설을 입증하려는 시도를 지속적으로 하여왔다. 그러나 동기부여에 관한 현재까지의 여러 연구결과에 각 이론은 인간의 동기부여에 관해 부분적인 설명만을 하고 있을 뿐 이에 관한 이론체계는 아직 완벽하게 형성되어 있지 않다. 또한 동기부여에 관한 각 이론은 장·단점을 동시에 지니고 있으며, 서로 상충적이라기보다 상호보완적이다. 따라서 경영자는 여러 동기부여이론의 요점과 그 이론이 지닌 경영에의 함축성을 이해함으로써 실제경영의 질을 높일 수 있는 것이다.

일반적으로 동기부여이론은 내용이론과 과정이론 및 강화이론으로 구분된다.

① 내용이론은 개인행동이 동기부여되는 개인과 환경상의 요인을 규명하고자 하는 이론이다. 내용이론에는 개인의 욕구구조가 인간의 동기부여에 영향을 미친다는 가정 하에 접근한 A. H. Maslow, C. Aldermen, R. McClelland 등의 욕구이론(need theory)과 개인과 환경요인을 함께 다룬 F. Herzberg의 2요인이론이 있다.

② 과정이론은 행동이 활성화되고 유지되는 동기부여의 과정에 초점을 맞춘다. 동기부여된 행동은 객관적 상황요인 그 자체가 아니라 오히려 상화에 대한 개인의 지각에 의해 좌우된다고 한다. 다시 말하면 과정이론은 무엇에 의해 동기부여 되는가보다 어떻게 동기 부여되느냐의 과정을 설명하기 때문에 좀 더 복잡하고 역동적 모형을 취하게 된다. 대표적인 이론으로서는 J. Adams의 공정성 이론과 V. Vroom, Porter & Lawler 등의 기대이론이 있다.

③ 강화이론은 행동에 대한 설명으로서 개인의 사고과정과 관련이 없다는 점에서 과정이론에 반대되는 것으로, 결과로서 우리의 행동을 설명하는 이론이다. 즉 이 이론은 즐

겁고, 긍정적인 결과를 가져오는 행동은 좀 더 반복적이 될 수 있고, 즐겁지 못하고,
부정적인 결과를 가져오는 행동은 덜 반복적이어야 한다는 것이다. 이 이론은 Skinner
에 의하여 처음 제시되었다.

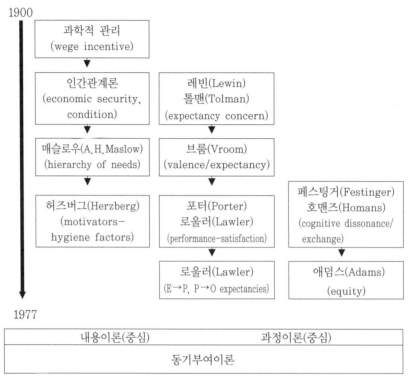

자료 : F. Luthans, Organizational Behavior, McGraw-Hill, 1997, p. 406.

[그림 6-3] 동기부여이론의 흐름

2. 동기부여이론의 접근방법

1) 철학·관점을 중심으로 한 접근방법

(1) 전통적인 접근방법

이는 테일러의 과학적 관리와 관련된다. 통제화와 지시화에 강조점을 두는 이모형은 X이
론적 인간관과 경제인의 인간관에 입각하고 있음으로서 권위주의적인 근접적 관리(close
control)와 가부장주의, 그리고 경제적 유인책으로 종업원들을 동기부여하려 한다.

(2) 인간관계적 접근방법

전통적 동기부여의 접근방법이 불완전하다는 제결론에서 메이요와 여타의 인간관계론자들이 중심이 되어 전개한 이 접근방법은 종업원은 경제적 욕구 이상의 차원 높은 욕구를 지니고 있다는 가설 하에서 전개된다.

사회인의 인간관에 근거한 이 접근방법은 비공식집단(informal group)의 활동을 용납하여 자유로운 분위기를 조성해 주며 사회적 욕구 등 고차원의 욕구를 충족시켜 줌으로써 동기부여하려 한다. 따라서 이는 기술적 접근방법이 된다.

전통적 접근방법에서는 높은 임금을 받는 조건으로 경영자의 권위가 수락되는 데 반해 인간관계적 접근방법에서는 인간적인 배려를 받기 때문에 경영자의 권위가 수락된다. 종업원은 경영자에 의해서 설정된 작업한경을 받아 들여야 한다는 경영자의 의도는 여전히 전제가 된다.

(3) 인적자원 접근방법

맥그리거를 비롯한 매슬로우(A. Maslow), 아지리스(C. Argris), 리커트(R. Likert) 등 행동과학자들은 전통적 모형 또는 인간관계적 모형이 각각 보다 교모하게 돈 또는 인간관계로 종업원을 조종하고 단순한 것이라고 비판하고 종업원은 돈이나 만족뿐만 아니라 성취욕구(need for achievement)와 일의 의미 등의 많은 요인에 의해 동기부여가 된다고 주장하기에 이르렀다.

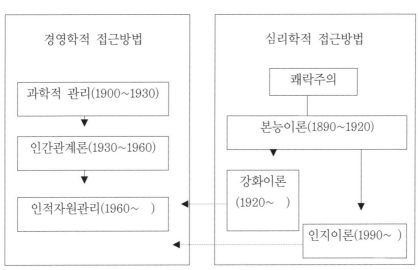

자료 : R.M. Steers, Introduction to Organizational Behavior(1981), p. 59

[그림 6-4] 동기부여 접근방법의 역사적 발전

〈표 6-1〉 동기부여의 경영학적인 접근방법의 일반적 모형

	전통적 모형	인간관계모형	인적자원모형
가정 (전제)	* 일은 대부분의 사람들이 원래 싫어한다. * 무슨 일을 하는 가는 일에서 얻는 바의 것보다 덜 중요하다. * 창의성 또는 자주관리를 요하는 일을 원하거나 할 수 있는 사람은 거의 없다.	* 사람들은 쓸모 있고 중요한 존재임을 느끼고자 한다. * 사람들은 집단(조직)에 속하기를, 그리고 개체로서 인정 받기를 원한다. * 이 같은 욕구는 사람들을 동기부여함에 있어서 돈보다 더 중요하다.	* 일이란 원래 싫은 것이 아니다. 사람들은 의미 있는 목표에 공헌하기를 원한다. * 대부분의 사람들은 현재의 직무가 요구하는 것보다 더욱 창의적이고 자주적으로 관리할 수 있다.
방침	* 관리자의 기본적인 과업은 부하들을 세심하게 감독하고 통제하는 일이다. * 관리자는 과업을 단순하고 반복적이며 쉽게 배워서 작동할 수 있도록 세분화하여야 한다. * 관리자는 세부적인 작업의 일상화와 정착을 기하여 철저히 그리고 공정하게 관리하여야 한다.	* 관리자의 기본적인 과업은 각자로 하여금 쓸모있고 중요하다고 느끼게 하는 일이다. * 관리자는 부하들에게 정보를 제공하고 자신의 계획에 대한 반대의견을 청취해야 한다. * 관리자는 부하들이 일상적인 일에 있어서 약간의 자주관리를 하도록 용납해야 한다.	* 관리자의 기본적인 과업은 '사용되지 않는(untapped)' 인적자원을 활용하는 일이다. * 관리자는 모든 구성원들이 자신의 능력을 최대로 발휘할 수 있는 환경을 조성해야 한다. * 관리자는 중요한 문제와 확장되는 부하의 자주관리에 최대한 참여하도록 용기를 북돋워야 한다.
기대	* 사람들은 임금이 알맞고 상급자가 공정하면 일을 참을 수 있다. * 과업이 매우 단순하고 구성원들을 근접적으로(closely) 관리하면, 그들은 작업표준을 달성할 것이다.	* 부하들과 정보를 나누고 일상적인 의사결정에 참여시키면, 그들은 집단에 소속하고 있으며 중요한 존재임을 느끼고 기본적 욕구를 충족할 것이다. * 욕구의 만족은 사기를 증대시키고 공식적인 권한에 대한 저항을 줄여 기꺼이 협동할 것이다.	* 부하들의 영향력과 자주관리의 폭을 넓혀 주면, 이는 직접적으로 능률적인 작업증대로 연결될 것이다. * 작업만족은 그 부산물로서 부하들이 지니고 있는 제자원의 활용을 최대한 증대시킬 것이다.

자료 : R.M. Seers / L.W. Porter, op. cit.(1983), p. 14 및 op. cit.(1991), p. 16.

말하자면 낙관적인 Y이론적 인간관에 입각하여 원격관리(remote control)하며 경제인 및 사회인의 개념뿐만 아니라 복잡한 전인(whole person)의 개념까지 수용하면서 기업 내 종업원을 중요한 인적 자원으로 관리하려는 이 접근 방법은 전자의 두 접근방법과는 달리 종업원을 믿을 수 있고 협조적일 수 있으며 창조적일 수 있는 존재라는 가설 하에서 전개된다. 따라서 경영자는 조직의 목적과 종업원의 목적을 달성하기 위한 책임을 공유해야 한다는 관점이다. 이 접근방법은 종업원의 동기부여에 관한 현대적인 관점에 기반을 형성하였다.

스티어스 등이 언급하고 있듯이 이들 세 모형은 발전론적인 모형들이기는 하나 각각이 바람직한 것이 될 수 있으며, 어느 하나만이 어느 특정시점에서 적용될 수도 있다는 점이다.

스트라우스 등도 이상의 결론과 맥락을 같이 하는데, 그들은 ① 고전적인 방법, ② 인간 관계론적인 방법, ③ 암시적·계약적(implicit-bargaining)인 방법, ④ 경제적인 방법 및 ⑤ 내화적(internalized)인 방법 등을 제시하면서 대표적인 방법으로 ① 고전적인 것, ② 인간관계 론적인 것 및 ③ 내화적인 것을 제시하고 있는 바그들의 주징을 요약하면 다음과 같다.

① 이들 각 접근방법은 모두 그 나름대로의 장점과 단점을 함께 지니고 있다. 말하자면 각 방법은 그 나름대로의 가치가 있다.

② 내화적(인적자원 모형)인 접근방법이 개인의 욕구를 충족시켜 주고, 그들의 퍼스낼러 티를 개발시켜 줄 최대의 기회를 제공한다는 관점에서 가장 바람직한 것이다.

③ 실제로 관리자들은 이들 방법을 혼용하고 결합적으로 사용하고 있다.

④ 결론적으로 가장 분명한 것은 동기부여에 관한 제 문제를 다목적으로 대답하고 해결 해 줄 유일한 접근방법은 없다는 것이다.

〈표 6-2〉 동기부여의 대표적인 세 가지 접근방법

	고전적	인간관계론적	내화적(인적자원)
관리자의 가설	*사람은 일을 싫어하고 *돈만을 위해 일하며 *자주관리 능력이 없고 *기회만 포착하며 빈둥거린다.	*사람은 안전하고 쾌적한 작업 환경에서 그리고 이해심 많은 상급자와 함께 일하기를 원한다. *행복한 종업원이 더욱 열심히 일하려 한다.	*사람은 의미 있는 일을 하기 원하고 *폭넓은 자주관리 능력이 있으며 *발휘하지 않은 자원들을 발휘한다.
주된 보상	*직무를 떠난(off-the job), 즉 경제적 보상, 특히 임금	*직무주변(around-the job), 즉 외재적인 보상(동료로부터의 승인, 상급자로부터의 칭찬, 만 족스런 작업조건 등을 포함), 또한 정당한 임금, 안전 및 복지제도	*직무를 통한(through-the job) 내재적 보상(성취, 기능훈련, 개인적 성장 등을 포함)
보상이 동기 부여되도록 하 는데 메커니즘	*잘 설계된 임금체계, 단 순한 직무, 분명한 작업 지침, 근접적 감독	*위생적(hygiene) 관리, 공정한 회사방침과 복지제도, 사려 깊 은 감독자, 응집적 집단의 장려	*직무재설계(redesign), 목표설 정, 자율성, 전반적인 감독, 개방적인 경영방침
주된 욕구 충족	*생리적	*안전·안정	*자아(ego)
만족의 역할	*무관함 *직무는 본질적으로 불 만스러움	*만족은 생산성을 야기함	*생산성이 만족을 야기할 수 있음
참여의 역할	*관리자가 가장 잘 알고 있음	*사기의 증진을 위해 부차적인 문제에 관련된 참여	*활용성 있는 제안을 얻기 위 해 중요한 문제에 참여

자료 : G. Strauss / L.R. Sayles, op. cit., p. 46.

135

2) 시대적·역사적 기준을 중심으로 한 접근방법

동기부여이론의 역사적 전개과정을 살펴보면 많은 논자들은 '초기(early)' 또는 '고전적 (classical)'인 것과 '현대적(modern, contemporary)'인 것으로 대분하여 논의하고 있음을 볼 수 있다.

여기에서 먼저 논의하고자 하는 전자의 초기 동기부여이론은 규범적 모형(prescriptive model)에 속하는 과학적 관리와 인간관계론에서의 동기부여이론을 대상으로 하며 이들은 다분히 심리학자들의 연구업적에 근거하므로 이들 속에는 쾌락주의(hedonism)가 흐르고 있다. 먼저 쾌락주의의 내용부터 살펴보기로 하자.

인간은 누구나 최소한 불쾌감을 좋아하거나 고통을 좋아하지도 않는다. 대부분의 동기부여이론에 흐르고 있는 쾌락주의의 기본원칙은 개인은 기쁨과 위로를 추구하고 불쾌감과 고통을 극소화하는 방향으로 행동한다는 것인데, 이 개념은 희랍 철학자로부터 시작하여 18세기와 19세기 로크(J. Locke), 밀(J. S. Mill) 및 벤담(J. Bentham) 등의 고전경제학자들의 이론에서 영향을 받으면서 동기부여이론에 침투되고 있다. 이 같은 철학적인 접근방법은 인간이 왜 그 같은 방법으로 행동하는가를 탐색함에 약간의 기반을 제공하기도 했으나 인간이 왜 다른 행동을 하지 않고 어떤 특정 행동을 선택하는가를 이해함에는 어떤 기틀(framework)을 제공하지 못했다.

20세기에 접어들면서 동기부여이론의 주된 연구과제는 이 같은 철학적인 접근방법에서부터 보다 심리학적이고 경영학적인 것으로 옮기게 되었다.

따라서 인간의 행동연구에 새로운 방법들이 등장하게 되었으며 쾌락과 만족에 관련된 제 변수(요인)의 발견과 이를 추구하는 과정에 초점을 맞추어 개인의 동기 부여된 행동을 설명하고 그 같은 행동을 예측할 수 있는 방향으로 연구의 초점이 전환되기에 이르렀다.

시대적·역사적 흐름에 따른 이 같은 초점의 전환은 동기부여이론의 연구에서 매우 중요한 의미를 지닌다.

3) 초기 동기부여이론

(1) 과학적 관리이론에서의 동기부여론

경영관리론에서의 동기부여이론은 시대적으로 테일러의 과학적 관리에서부터 시작되었는데 이 동기부여이론은 작업원의 능률을 극대화하기 위한 작업의 연구와 설계에 초점을 두었다. 테일러의 이 같은 접근방법은 원래 작업현장에서의 개인에 관한 다음과 같은 몇 개의 전제에 기반하고 있다.

① 비능률의 문제는 작업원의 문제가 아니라 경영자의 문제이다.

② 작업원들은 만일 그들이 일을 너무 빨리 하면 계속 고용되지 못할 것이라는 잘못된 생각을 갖고 있다.

③ 작업원들은 그들의 능력보다 최소한 덜 일하려는 자연적 성향을 지니고 있다.

④ 특정 직무에 적합한 사람을 찾아내고 각 작업에 가장 능률적인 방법으로 그들을 훈련하는 일은 경영자의 책임이다.

⑤ 작업원의 업적은 임금 시스템과 직접적으로 연계되어야 한다.

이들 여러 전제 중에서 동기부여와 직접적으로 관련된 사항은 인간관에 관한 것이라 할 수 있다.

테일러와 그의 추종자들은 '경제인'의 인간관(가설)에 근거하여 작업원들은 경제적인 보수를 주는 만큼 생산성을 올릴 것이라고 믿고 자극임금제(wage incentive system)를 제창했던 것이다. 즉 자극 임금제도야말로 작업원들이 하고자 하는 의욕을 불러일으킬 것이며 그릇된 개념에 의해 지배된 조직적 태업을 해소시켜 생산성을 증대시킬 수 있는 특효약이라고 생각하여 작업원들을 당근과 채찍(carrot and stick)으로 관리하였다.

과연 당시까지 경영관리자의 경영행동을 뒷받침해 온 작업원에 대한 기본적인 사고방식, 즉 인간관은 작업원을 단지 '경제인'으로서 획일적으로 파악하려는 추상적인 것이며, 작업원의 행동을 단지 능률의 논리(logic of effciency)만으로 규제하려는 기계론적 사고였다.

그러나 인간이란 존재는 복잡한 것이어서 '경제인'이나 '합리적 인간'의 측면만을 가진 것이 아니라 따라서 "많은 인간행동은 논리적인 것도 아니고 비논리적(illogical)인 것도 아니며 그것은 몰논리적(non-logical)인 것"이라는 전제에 동의한다면 과학적 관리에서의 동기부여이론은 조직의 인간적 측면, 즉 자주성과 주체성을 지나치게 무시했다고 하겠다.

(2) 인간관계론에서의 동기부여이론

인간성을 무시한 합리주의 내지 인간기계관에 근거한 과학적 관리의 문제는 이처럼 동기부여론적 측면에서도 비판과 반론이 호손실험에서 비롯되었는바 이는 새로운 경영이론, 더 직접적으로 동기부여이론의 발전에 결정적인 계기가 되었다.

호손실험은 인간의 욕구나 감정 등을 고려하지 않고 인간을 물리적·생리적·요소적 존재로서만 보는 종래의 인간기계론에 입각하여 작업원의 생산능력은 임금, 작업시간 및 작업환경 등의 물적·외적 제 조건의 함수라는 전통적인 산업심리학적 가설에 역점을 두고 이를 검증하려는 데 목표를 둔 실험이었다. 그러나 실험결과는 이 같은 가설을 전면적으로 부정하고 생산능률을 좌우하는 것은 오히려 내적·심리적 및 사회적인 것으로 나타남으로써 사기, 리더십, 비공식 조직 등 인간적 요소, 즉 인간관계 중시의 관리방식을 강조하게 되었다.

이 같은 의미를 지닌 호손실험에서 비롯된 인간관계론은 '사회인'의 인간관에 근거하여 작업원의 비합리적인 감정이 생산성에 밀접히 관련된다고 믿어 지나치게 인간적 측면을 중시한 나머지 동기부여이론은 조직의 목표를 경시하게 되고 작업의 합리화를 후퇴시켰으며, 인간행동은 인간관계만으로는 해결할 수 없다는 한계에 직면하게 되었다. 사실 드러커 교수도 이에 언급하여 "인간관계는 기업의 번영에 우선하지 않는다."고 하기에 이르렀다.

다시 말하면, 인간관계론적 접근방법은 다음과 같은 세 가지 가설에 입각함으로써 심리적 과정의 중요성을 인정하는 데 실패하였다.

① 인간은 주로 경제적인 것에 의해 동기부여 되며 2차적으로 안전과 양호한 작업조건을 바란다.
② 인간에 대한 이 같은 보상의 조항(provision)은 그들의 사기에 긍정적인 효과(영향)를 미친다.
③ 사기와 생산성 사이에는 긍정적인 상관관계가 있다.

이들 가설에 따르면, 관리자가 직면하는 동기부여에 관한 문제는 상대적으로 분명하고 쉽게 해결할 수 있었다. 즉 관리자가 할 일은 경제적인 유인계획(monetary incentive plan)을 고안하고 안전을 보장하며 좋은 작업조건을 제공해 주는 일이었다. 그렇게 하면 사기가 진작될 것이고, 생산성의 극대화를 기할 수 있을 것이라고 믿었기 때문이다.

그러나 불행히도 이 같은 단순한 접근방법은 관리자가 직면하는 복합적인 동기부여의 문제를 의미 있게 해결할 수 없게 되었다. 전통적 접근방법의 주된 결함은 이들 가설이 경제, 안정 및 작업조건 등을 중심으로 한 이 같은 접근방법에 의해 제시된 것보다 훨씬 복잡하고 다양하다. 더 나아가서 사기는 매우 알기 힘든 개념으로 밝혀졌으며 체계적인 조사·연구의 결과가 축적됨에 따라 사기와 생산성의 관계는 불분명하게 되었다.

4) 현대적 동기부여이론

동기부여에 관한 현대적 이론을 살펴보면 먼디 등과 같이 ① 욕구이론 ② 기대이론 ③ 강화이론 및 ④ 공정성 이론, 바틀(K. M. Bartol) 등과 같이 ① 욕구이론 ② 인지이론 ③

강화이론 및 ④ 사회학습이론 등과 같은 네 가지로 구분하여 설명하는 논자도 있다. 그러나 많은 논자들은 세 가지 또는 두 가지로 구분하여 논의하고 있다.

세 가지로 구분하는 경우에는 바론 등과 같이 ① 욕구이론 ② 기대이론 및 ③ 공정성 이론 등과 같이 구분하여 설명하는 논자도 있으나 많은 논자들은 다음 <표 6-3>과 같이 ① 내용(욕구)이론 ② 과정(기대)이론 및 ③ 강화(도구, 학습)이론 등의 세 가지로 구분하여 설명하다.

〈표 6-3〉 동기부여이론의 세 가지 구분

논 자	구 분		
질라기 / 월리스	욕구이론	과정이론	도구이론
그리핀 외	욕구이론	과정이론	강화이론
캘러한 / 플레너	욕구이론	선택이론	강화이론
체링톤	욕구(내용)이론	과정(의사결정)이론	강화(학습)이론
카시오	욕구이론	기대이론	강화이론

다음의 <표 6-3>에서 보듯이 여러 논자들이 다양하게 두 가지로 구분하여 설명하기도 하나 대부분의 논자들은 ① 내용이론(content theories)과 ② 과정이론(process theories)으로 대분하여 설명하고 있고 앞에서 살펴본 세 가지로 구분할 때의 강화이론(reinforcement theories)은 두 가지로 구분하는 경우의 많은 논자들이 과정이론에 포함시키고 있음을 볼 수 있다. 따라서 이하에서는 두 가지로 구분하여 설명하기로 한다.

〈표 6-4〉 동기부여이론의 두 가지 구분

구 분	논자 및 근거
① 내용이론 ② 도구이론	W. T. Duncan, Organizational Behavior(1981, 2nd), p. 141.
① 욕구이론 ② 행동수정론	① J. B. Lau/M. Jelineck, Organizational Behavior(1984, 3rd), p. 157. ② P.P. Dawson, Fundamentals of organizational Behavior(1985), p. 61.
① 인지이론 ② 강화이론	A. J. DuBrin, Foundations of Organizational Behavior(1984), p. 106.
① 욕구이론 ② 행동론	W. R. Plunkett/R.F. Attner, Introduction to Management(1989), pp. 300-314

다만 여기서 이같이 2대분되는 동기부여이론과 관련하여 다음과 같은 몇 가지 사항에 유념할 필요가 있다.

① 이들 양자는 상호 모순되거나 대립적인 성질의 것이라기보다는 상호보완적(complementary)인 성질의 것이다. 따라서 어느 이론이 '최선의 것(best)'인가 하는 관점에서 그것을 찾으려 할 것이 아니라 종업원의 작업상에서의 행동의 어떤 독특한 측면을 이해함에 있어서 가장 도움이 되는 접근방법을 찾는 일이 중요하다.

② 내용이론은 서로 다른 사람은 서로 달리 동기부여 된다는 전제에서 출발하여 개인차(individual difference)에 초점을 둠으로써 사람을 동기부여 하는 특정의 것(specific things)이 무엇인가에 관련된 연구이다.

③ 과정이론은 행동이 어떻게 일어나는가? 다시 말해서 행동이 어떻게 시작되고 방향이 정해지며 지속되는가에 관련된 연구이다.

④ 내용이론은 기술적(descriptive)이고 정태적(static)이라는 비판을 받는 데 반해 과정이론은 경험적이고 동태적인 흐름을 지니고 있으면서도 이들 상호 배타적(exclusive)이지는 않다. 그러기에 이들은 종합(combination)되고 통합된다.

⑤ 전체적으로 보아 동기부여론은 비교적 단순한 이론(내용이론)에서부터 복잡한 이론(과정이론)으로 발전되어 왔다. 내용이론은 역사적으로 60년대 중반에서 시작된 과정이론에 앞서 전개되었다. 다시 말해서 초점이 내용이론에서부터 과정이론으로 옮겨져 왔다. 흑자는 내용이론은 역사적인 관심사에 불과하다고까지 말한다.

⑥ 이들 이론은 각각 장·단점을 지니고 있으므로, 즉 각각이 보다 효과적으로 전개될 수 있는 상황이 따로 있으므로 아직 언제나 보편적(universally)으로 적용될 수 있는 유일한 이론으로 제시된 것은 없다.

⑦ 이 같은 이유 때문에 효과적인 동기부여이론은 주어진 여러 가지 상황에 따라 달라질 수밖에 없다는 환경적응론적인 동기부여이론이 등장하게 된다.

⑧ 동기부여이론은 개인적 차원, 집단(조직)적인 차원 그리고 사회적인 차원에서 논의될 수 있다.

3. 내용이론

내용이론은 개인행동이 동기 유발되는 개인과 환경상의 요인을 규명하는 이론이다. 내용이론에는 여러 모형이 있지만 가장 기본적이고 최초의 이론인 A. H. Maslow의 욕구 5단계

모형과 그것의 수정이론이라고 할 수 있는 C. Alderfer의 ERG모형과 Herzberg의 2요인모형을 중심으로 설명한다.

1) 매슬로우(Maslow)의 욕구단계론

매슬로우에 의하면, 인간의 욕구는 다원욕구의 계층적 구조로 이루어져 있으며 개인의 행동은 자신의 미충족 욕구를 순서적으로 충족하는 과정에서 동기가 유발된다고 전제한다.

(1) 욕구의 단계적 구조

매슬로우가 제시하는 다섯 가지 기본 욕구는 순서적으로 배열되어 있는 일련의 계층적 구조의 모습을 띠고 있다. 먼저 이런 다섯 가지의 기본 욕구를 설명하면 다음과 같다.

① 생리적 욕구(physiological needs) : 가장 기초적 욕구이다. 의식주에 관련된 욕구로서 주로 경제적 보상에 대한 관심에서 나타난다.

② 안전욕구(safety needs) : 육체적 안전과 심리적 안정에 대한 욕구이다. 안정된 직업, 신체적 보호에 대한 관심 등이 그 예이다.

③ 사회적 욕구(social needs) : 대인관계에서 나타나는 욕구이다. 정을 주고받거나 어떤 단체에 소속되기를 원하는 욕구로서 애정욕구라고도 한다.

④ 존경욕구(esteem need) : 타인으로부터 존경을 받고 싶어 하는 욕구이다. 신분·지위·명예에 대한 관심이 높은 것은 바로 존경의 욕구를 의미한다.

⑤ 자아실현욕구(self-actualization need) : 최상위의 욕구이다. 자기 능력을 개발하고 최대로 발휘하고자 하는 욕망으로 자율성, 보람 있는 직무, 능력개발, 책임감 등에 대한 관심 등을 의미한다.

한편 위의 다섯 가지 욕구 중에서 일반적으로 생리적 욕구·안전욕구·사회적 욕구는 하위욕구, 존경과 자아실현의 욕구는 상위욕구로 분류하곤 한다.

(2) 욕구의 역동성

매슬로우에 의하면 계층적 구조의 욕구를 순서적으로 충족하는 과정에서 동기적 행동이 유발된다고 한다. 결핍된 욕구에서 그것을 충족하기 위한 동기가 유발되지만(결핍원리 : deficit principle) 그것이 하위계층의 욕구로부터 상위계층의 욕구로 이동하며 나타난다고 한다.(진행원리 : progress principle)

그러나 특정 욕구에 의해 유발되는 행동의 저변에는 특정 욕구 한 가지만 있는 것이 아니라 다른 욕구도 함께 존재하고 있다. 다만 그 특정 욕구가 지배적 욕구(dominant needs)로서 다른 욕구보다 그 시점에서 중요하다든가 강력하다는 의미가 있는 것이다. 그러므로 새로운 욕구는 갑작스럽게 출현하는 것이 아니라 느리고 점진적으로 나타나게 된다. 또 지배적 욕구가 특정 행동의 유발에 반드시 독점적으로 영향을 미치는 것이 아니라 강도가 다른 욕구들과 함께 행동의 복합적인 원인으로 작용하는 것이다.

(3) 매슬로우 이론의 경영에의 함축성

매슬로우의 이론은 경영자가 종업원의 동기유발을 위해서는 그들의 미 충족된 욕구가 무엇인지를 파악하는 데 관심을 기울이면서 그것을 충족시키는 노력을 해야 한다는 점을 시사해주고 있다. 또 개인의 관심이 하위욕구로부터 상위욕구의 방향으로 진행하므로 한 가지 욕구를 충족시킨 후에도 보다 상위의 욕구를 충족시킬 수 있는 기회를 제공해야 한다는 경영자의 적절한 경영풍토의 조성이라는 책임을 강조한다.

인본주의적 시각을 경영에 도입하는 데 기여한 매슬로우의 이론은 경영자가 종업원의 만족을 충족시키기 위해 무엇을 해야 하는지를 결정할 수 있는 하나의 방향을 제시하고 있다. 또한 그의 이론은 실무경영자와 그 이후의 연구가들에게 정상적인 인간의 내면적 욕구는 다원적 계층구조임을 인식시키는 계기가 되었다는 점에서 그 의의가 크다.

2) Alderfer 의 ERG 모형

매슬로우 이론은 다음과 같은 한계점이 있다.

첫째, 인간의 욕구구조가 과연 매슬로우의 지적처럼 다섯 가지의 욕구가 계층적 순서를 형성하고 있는가?

둘째, 개인적 차이와 관계없이 모든 인간의 욕구계층구조가 항상 매슬로우의 욕구구조와 동일하다고 할 수 있는가?

셋째, 욕구충족을 위한 행동의 유발이 반드시 하위욕구로부터 상위욕구로 진행하면서 실현되는가?

넷째, 인간의 행동이 반드시 미 충족 욕구에 의해서만 유발되는 것인가?

Maslow의 욕구이론을 Alderfer는 다음과 같이 수정·보완하고 있다. 욕구의 계층성을 주장하되 존재(existence : E)·관계(relatedness : R)·성장(growth : G)의 세 가지로 축소하여 다음과 같이 설명하고 있다.

① 존재(existence : E) : 배고픔·목마름·주거 등과 같은 모든 형태의 생리적·물질적 욕

망들이다. 조직에서는 임금이나 쾌적한 물리적 작업조건에 대한 욕구가 이 범주에 속한
다. 이 범주는 Maslow 이론의 생리적 욕구나 물리적 측면의 안전욕구 등에 비할 수 있다.

② 관계(relatedness : R) : 자업장에서 타인과의 대인관계와 관련된 모든 것을 포괄한다.
이 욕구범주는 Maslow의 안전욕구, 귀속 및 애정욕구 같은 사회적 욕구에 유사하다.

③ 성정(growth : G) : 창조적·개인적 성장을 위한 한 개인의 노력과 관련된 모든 욕구
들이다. 성장욕구의 충족은 한 개인이 자기 능력을 극대로 이용할 수 있을 뿐만 아니
라 새로운 능력개발을 필요로 하는 일에 종사함으로써 얻을 수 있다. Maslow의 자아
실현욕구나 일부 존경욕구가 이 범주와 비교될 수 있다.

Alderfer는 처음의 연구에서 세 가지 욕구의 관련성에 대하여 제시한 7개의 가설은 그 후
에 자신에 의하여 부분적으로 수정은 하였으나, 결국은 하위욕구가 충족되면, 상위욕구에
대한 욕망이 커지고, 상위욕구가 충족되지 않을수록 하위욕구에 대한 욕망이 커진다는 것
이다. 이를 구체적으로 설명하면 다음과 같다.

① 존재욕구가 충족되지 않을수록 이에 대한 욕망은 크다(Maslow).
② 관계욕구가 충족되지 않을수록 존재욕구에 대한 욕망은 더 커진다.
③ 존재욕구가 충족될수록 관계욕구에 대한 욕망은 커진다.
④ 관계욕구가 충족되지 않을수록 이에 대한 욕망은 커진다.
⑤ 성장욕구가 충족되지 않을수록 관계욕구에 대한 욕망은 커진다.
⑥ 관계욕구가 충족될수록 성장욕구에 대한 욕망은 커진다.
⑦ 성장욕구는 충족될수록 이에 대한 욕망은 커진다.

위의 7개의 가정에서 Maslow이론과 ②, ⑤의 두 가지 가정이 다른데, 이를 두 가지 측면
에서 살펴보면 다음과 같다.

① Maslow의 욕구계층설은 만족-진행(satisfaction-progression)과정, 즉 하위욕구가 만
족될수록 보다 높은 욕구로 진행해간다는 이론에 근거를 두고 있는데 반하여, ERG이
론은 이러한 이론에 더불어 좌절-퇴행(frustration-regression)의 과정도 추구하여 욕구
충족과정을 설명하고 있다. 좌절-퇴행이란 높은 단계의 욕구가 만족되지 않을 때, 즉
좌절될 때 그보다 낮은 단계의 욕구-중요성이 커지는 것을 말한다. 위의 ②, ⑤의 가
정이 이에 해당된다.

② 첫 번째 차이와 관련이 있는 것으로서 ERG이론은 Maslow이론과 달리 한 가지 이상
의 욕구가 동시에 작용할 수 있다는 것이다.

이러한 ERG이론은 최근에 발전을 본 이론이다. 따라서 검증한 실증연구가 많지 않다. 그러나 이 이론에 대하여 보편성에 의문을 제시하는 학자들도 있다. 그러나 조직론 학자들은 경영자들에게 ERG이론이 다른 이론에 비하여 유용한 현실적인 이론이 될 가능성이 있음을 지적하고 있다. 이와 같은 Maslow 이론의 수정이론인 Alderfer의 ERG이론을 그림으로 나타내면 다음 [그림 6-5]와 같다.

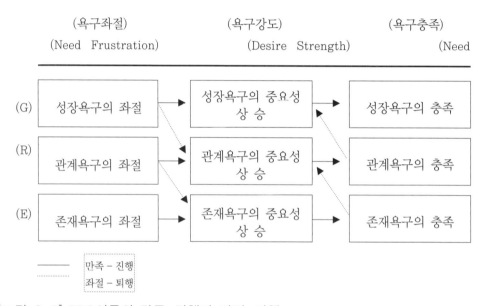

[그림 6-5] ERG이론의 만족-진행과 좌절-퇴행

3) 요인이론

만족한 인간이 더 열심히 일을 한다는 전제하에 Herzberg는 인간의 만족-불만족의 요인이 각각 다른 차원에서 존재하고 있음을 주장하였다.

(1) 2요인과 양자의 관계

① 행동자극요인의 2 요인

① 위생요인(hygiene factors or dissatisfiers) : 위생이론은 개인의 욕구를 충족시키는 데 있어서 주로 개인의 불만족을 방지해주는 효과가 있는 것들을 말한다. 따라서 이들 요인들을 불만족요인이라고 부르며, 주로 임금, 안정된 직업, 작업조건, 신분, 경영방침, 관리, 대인관계 등을 포함하고 있다.

위생요인은 주로 Maslow의 생리적 욕구와 안전욕구 그리고 사회적 욕구에 해당되며 개인의 불만족을 방지해 주는 효과만을 발생시킨다. 위생요인은 주로 개인의 직무환경과 관련된 직무 외재적 성격을 지니고 있는 것이 특색이기 때문에 직무의 환경요인(context factors)이라고도 한다.

② 동기유발요인(motivators or satisfiers) : 동기유발요인은 개인으로 하여금 직무 만족을 느껴 스스로 열심히 일하게 함으로써 성과도 높아지게 하는 요인으로 성취감, 안정감, 책임감, 성장, 발전, 보람 있는 직무내용, 존경과 자아실현욕구 등을 포함한다. 위생요인이 직무 외재적 성격을 지닌 데 반하여, 동기유발요인은 대조적으로 주로 직무 내재적 성격을 지닌 직무내용요인(content factor)이라고 할 수 있다.

② 양요인의 독립성

Herzberg는 기업의 성과를 증진시키는 긍정적 직무수행의 행동이나 태업·이직 등의 부정적 행동은 각각 직무의 만족과 불만족의 정도에 의해 좌우된다고 전제한다. 그는 다음 [그림 6-6]처럼 2요인은 만족과 불만족의 공통요인이 아니라 개별의 2원구조로 독립되어 있음을 실증하였다.

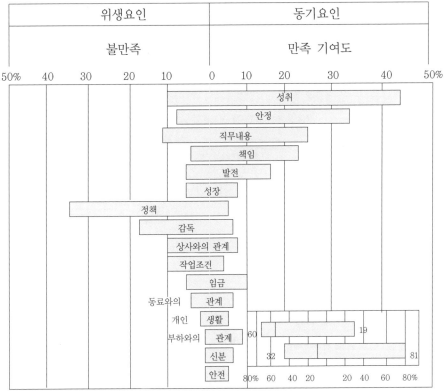

[그림 6-6] 2요인이론의 유생요인과 동기유발요인

　　위생요인에 대해서 불만을 느끼는 종업원은 기업을 떠나거나 작업을 부실하게 행할 수 있지만, 설사 불만을 느끼지 않는다 하더라도 자발적인 작업동기를 갖지 않을 수 있다. 또한 동기요인에 대해서도 종업원의 충분한 작업동기는 높은 작업만족도에 의해서 형성되지만, 동기유발요인이 없다고 해서 결코 불만을 느낀다는 뜻은 아니다.

　　요컨대 Herzberg는 종래의 만족-불만족이 단일차원적 연속선(unidimensional continum)상의 대응개념이라는 점을 부인하고, 만족과 불만족의 독립적 연속선(independent continua)상의 개념이라는 이론을 제시함으로써 위생이론과 동기유발요인들이 작용영역과 한계를 명백히 해주고 있다. 이는 다음의 [그림 6-7]에 표시되어 있다.

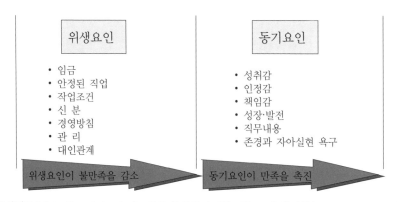

[그림 6-7] Herzberg의 만족-불만족연결관계

(2) 2요인이론의 평가

　　2요인이론은 그 이후의 연구가들에게 그 연구방법과 내용에 있어 적지 않는 논쟁과 비판을 유발하였다.

　　첫째, 기사와 회계사 등 전문직을 대상으로 한 연구결과라는 점에서 2요인이론이 일반 노동자에게도 과연 적용될 수 있는가? 예를 들면 그들은 동기유발요인에 큰 비중을 두지 않을 수도 있다.

　　둘째, 동기유발요인에 의해 만족한 사람이 과연 반드시 더 자발적으로 열심히 일하는 방향으로의 행동이 유발된다고 볼 수 있는가? 다시 말해 만족이 반드시 직무수행의 동기로 이어진다는 보장이 없는 것이다. 때문에(높은 직무만족→ 높은 성과)라는 Herzberg의 주장보다(높은 성과→ 적절한 보상→ 높은 직무만족)의 논리가 좀 더 현실과 일치한다는 주장이 기대이론 등에서 제기된다.

셋째, 직무이 불만족-만족요인이 반드시 Herzberg가 제시하는 것처럼 2원적 구조가 이루어져 있다는 보장이 있는가? 예를 들면 상징성이 강한 임금 등의 경제적 요인은 오히려 동기유발요인의 의미도 강하기 때문에 대금에 대한 욕구의 미 충족은 낮은 만족과 낮은 성과로 이어지는 경향이 크다는 지적이 있다.

이와 같은 Herzberg의 이론은 연구방법과 이론 그 자체에 있어 많은 학문적 비판을 받았다. 그러나 직무의 내재적 특성과 관련된 동기유발요인에 대한 강조를 통해 직무확대(job enlargement)·직무충실(job enrichment) 등의 기법이 개발되어 직무재설계(job redesign)에 대한 관심을 제고시킨 점 등에서 크게 기여한 점이 많은 이론이다. 또한 일반적인 행동이 아니라 기업구성원의 직무수행이라는 작업동기에 초점을 맞추었다는 점에서 2요인이론의 의의를 찾아볼 수 있다.

4) 내용이론의 평가

세 가지 이론에 의하여 서술된 욕구를 비교하면 다음 <표 6-5>와 같다. 이 이론들은 동기유발의 원천으로서 높은 수준의 욕구 중요성을 지적한 점에 있어서는 일반적으로 서로 모순되지 않고 양립할 수가 있다. 그런데 ERG이론은 다른 2개의 이론에 비하여 욕구구조의 구성에 있어서 개인별로 다르다는 것을 좀 더 강조하고 있다. 그리고 이러한 것이 개인별로 욕구구조가 동일하다고 하나는 것보다는 연구자들의 강한 지지를 받고 있다.

ERG이론의 조절-퇴행(fruxtration-regression) 관점은 좀더 높은 욕구를 시현하려는 근로자가 좌절될 때 좀 더 확실한 욕구로 돌아올 수 있다는 점에서 조직을 위한 중요한 함축적 의미를 부여하고 있다. 특히 현재 널리 요구되는 새로운 창조적인 아이디어, 질적, 향상, 요구되는 변화를 위한 능력 등을 위하여 증가되는 욕구의 충족은 매우 중요한 것이다.

〈표 6-5〉 세 가지 내용이론의 욕구비교

Maslow 욕구 계층설	Alderfer의 ERG모형	Herzberg의 2요인이론
생리적 욕구	존 재	위 생
안전 욕구		
사회적 욕구	관 계	
존경의 욕구	성 장	동 기
자아실현의 욕구		

자료 : Judith R. Gordon, a Diagnostic Approach to Organizational Behavior, 2nd ed., Boston : Allyn and Bacon, 1987, p. 92

4. 과정이론

1) 기대이론

(1) 기대이론의 내용

모티베이션의 기대이론(expectancy theory)에 있어서 개인의 동기부여는 행위와 보상이 어떻게 연결될 것인가에 관한 개인의 지각에 의존하는 것이다.

이 기대이론에 대한 설명으로 가장 폭넓게 인정되는 견해가 브룸(V.H. Vroom)에 의하여 제시되었는데 그는 세 가지 개념, 즉 유의성·수단성·기대에 근거를 두고 설명하고 있다.

① 유의성(valence)

유의성이란 어떤 결과에 대한 개인이 가지는 가치나 중요성을 나타낸다. 그리고 특정한 행동과정의 결과에 대한 유인이나 개인욕구의 강도를 반영한다. 유의성을 이해할 수 있는 가장 간단한 방법은 특정행위의 결과가 보수·승진·표창 등의 보상이라고 가정하는 것이다. 즉 각 결과 혹은 보상의 유의성은 각 보상이 개인에 따라 나타나는 긍정적 가치 또는 부정적 가치이다.

② 수단성(instrumentality)

높은 성과와 같은 1차수준결과와 승진과 같은 2차수준결과 사이의 관계에 대한 개인의 지각을 반영한다. 예를 들면 수단성은 자신의 성과가 승진하는 데 도움이 될 것이라고 믿는 정도를 반영하는 것이다.

③ 기대(expectancy)

일정수준의 노력과 일정수준의 성과 사이의 지각된 관계를 말한다. 다시 말해서 기대는 사람들이 자신의 노력이 실제로 1차수준결과를 가져오게 할 것이라고 믿는 정도를 의미한다. 브룸모형은 ① 개인이 어떤 과업을 선택할 것인가, ② 유의성, 수단성 및 관련된 기대를 근거로 하여 자신이 선택한 과업에 어느 정도 노력을 기울일 것인가를 예측하는 데 목적을 두고 있다.

요컨대, 브룸은 동기부여가 대개 다음과 같은 의식적인 단계의 사고과정을 가진다고 주장한다.

① 개인이 승진과 같은 2차수준결과가 중요한 것으로 혹은 유의성이 높은 것으로 느끼는가?

② 높은 성과와 같은 1차수준결과가 자신의 승진에 도움이 될 것이라고 느끼는가?

③ 노력이 실제로 성과증대를 가져올 것이라고 느끼는가?

모티베이션에 관하여 이 밖에도 다른 유의성-수단성-기대(V-I-E)이론들이 많이 제시되어 왔으나 모두 개념과 시사점에서 브룸의 이론과 비슷하다.

모티케이션에 관한 기대이론으로부터 도출되는 검증 가능한 몇 가지 예측들은 다음과 같다.

① 다른 조건이 일정하다면, 노력이 성과를 가져올 것이라는 기대가 크면 클수록 노력의 양이 많아질 것이다.

② 다른 조건이 일정하다면, 수단성이 크면 클수록, 즉 보상이 성과여부에 달려있다고 지각될 가능성이 크면 클수록 노력의 약이 증가할 것이다.

③ 다른 조건이 일정하다면 유의성, 즉 보상이나 결과의 가치가 크면 클수록 기울이는 노력의 양은 증가할 것이다.

④ 만일 기대나 수단성 또는 유의성이 0이라면 노력도 0이 될 것이다.

(2) 기대이론의 연구결과

이러한 예측들을 검증하기 위하여 많은 연구가 시도되었으며, 연구결과 중의 일부는 기대이론을 뒷받침하고 있다. 예를 들면 브룸은 한 학생집단을 연구대상으로 하였는데 그들 중 약 3/4가 그들의 목적달성에 가장 도움이 된다고 평가한 고용주를 위하여 작업을 수행한다는 사실을 발견하였다. 또 다른 연구에서는 노조가 결성된 공장에서 600명의 생산직 근로자들을 대상으로 조사를 실시하였다. 근로자들은 자금임금체계에 근거하여 임금을 지급받고 있었다. 연구자들은 세 가지 결과, 즉 더 많은 소득 증대, 작업집단과의 융화, 그리고 보다 높은 임금으로의 승급 등을 위한 성과간의 고저와 수단성을 측정하는 데 목적을 둔 질문지에서 높은 수단성을 보고한 근로자가 보다 많은 성과를 달성하는 경향이 있는 것으로 나타났다. 최근에도 모티베이션에 관한 기대이론의 구성요소들을 뒷받침하는 다양한 연구가 발표되고 있다.

그러나 모든 기대이론의 연구결과가 이 이론을 뒷받침하는 것은 아니다. 이러한 사실은 유의성과 행동의 연계방식에 관한 문제에 대해서는 더욱 그러하다. 기대이론의 예측들 중에서 다른 조건이 동일하다면 보상의 유의성이 클수록 노력도 더 크다는 예측을 검증하기 위하여 ① 개인들이 어떤 보상에 부여하는 가치와 ② 개인들의 노력 또는 성과와의 상관관계를 연구하였는데 이 연구에서 성과의 평가와 결과들의 유의성 사이의 평균적 상관관계는 별로 큰 의미를 갖지 못함을 발견하였다. 그와 유사한 부정적 증거가 다른 연구자들에 의해서도 발견되고 있다. 게다가 기대이론은 사람들이 서로 다른 보상에 대해 그들의 선호등급을 매길 수 있다고 가정하며, 그리고 개인들이 기대이론가들에 의하여 제시된 신중한 방식으로 그렇게 할 수 있는가에 대한 점이 논의의 대상이 되고 있다.

(3) 기대이론의 시사점

기대이론의 연구결과들은 일관성이 결여되어 있지만 다음과 같이 결론을 내릴 수 있다.

① 높은 성과는 보상을 받게 된다(보상을 받는 데 도움이 된다.)고 믿는 개인들은 그렇게 믿지 않는 개인들보다 더 나은 업무성과를 보여준다.

② 노력과 업무성과간의 기대연계에서도 위와 마찬가지로 종업원 자신들의 노력이 효율적인 성과를 가져올 것이라고 믿고 있는 곳에서는 그러한 연계가 분명하지 않은 곳보다 종업원들이 일반적으로 더 많은 노력을 기울인다.

③ 종업원의 노력이나 성과는 보상의 가치나 유의성에 의해 좌우될 것이라고 생각하기 쉬우나, 여기에 대한 연구결과들은 서로 모순된 것들이 많아 분명한 결론을 내리기는 어렵다.

이러한 내용들에 근거하여 여러 가지 유용한 시사점들이 기대이론으로부터 도출되어지는데 그 중에서 가장 분명한 것은 아마도 급여나 그 밖의 보상들이 성과의 여하에 따라 좌우될 것이라는 사실이다. 따라서 행동수정(behavior modification)과 기대이론 양자의 연구결과들은 최선의 업무수행을 하는 종업원들이 그들의 직무수행과 그들이 가치를 부여하는 보상의 수용사이의 강한 상관관계를 갖고 있는 사람들이라는 것을 분명히 시사해 준다. 결과적으로 조직은 성과에 따라 종업원에게 보상(급여, 승진 또는 보다 나은 직무)을 제공하는 데 더 많은 노력을 경주해야 할 것이다. 덧붙여 만일 조직이 종업원들의 성과를 토대로 하여 종업원들에게 보상을 제공하기로 결정한다면 모든 종업원들의 성과와 보상 사이의 관계(수단성)는 분명하게 이해할 수 있도록 공개되어야 한다. 그러나 이것은 근로자들이 현행의 급여를 공정한 것으로 여긴다고 가정한 경우이다.

2) 포터 · 로울러의 모티베이션 모형

(1) 포터-로울러 모형의 내용

포터(L.W. Porter)와 로울러(E.E. Lawler)는 브룸의 기대이론을 기초로 하는 조직에 있어서의 종업원에 대한 태도와 성과와 관계를 규명하였다. 그들의 연구에서는 다음과 같은 9개의 변수가 사용되고 있다.

① 보상의 가치(value of reward) : 이는 유의성을 나타내는 것으로서 하나의 성과가 가지는 매력의 정도를 말한다.

② 노력 對 보상의 확보(effort-reward probability) : 이는 보상이 노력을 근거로 하여 주어진다는 것에 대한 자각을 말하는 것으로, 구체적으로 노력·성과와 성과·보상으로 인식된다.

③ 노력(effort) : 특정한 과업을 수행하는 과정에서 사용되는 힘을 말한다.

④ 능력과 특성(abilities and traits) : 이는 특정인이 갖는 장기적인 특성을 의미한다.

⑤ 성과(performance) : 이는 직무를 담당하고 있는 개인의 과업성취를 의미한다.

⑥ 역할지각(role perceptions) : 이는 조직구성원이 자신의 직무와 과업에 대해서 갖는 사명감을 말한다.

⑦ 보상(rewards) : 이는 자기 자신의 생각이나 다른 사람들의 행동으로부터 얻을 수 있는 바람직한 상태로서, 이에는 내재적 및 외재적 보상이 있다.

⑧ 지각된 공정한 보상(peceived equitable rewards) : 한 사람이 공정하다고 생각하는 보상의 양을 말한다.

⑨ 만족(satisfaction) : 이는 직무성과에 따라 제공된 보상에 대하여 개인이 느끼는 욕구와 충족정도를 의미한다.

포터와 로울러는 이상과 같은 9개의 변수로 구성된 모티베이션의 이론적 모형을 다음 [그림 6-8]과 같이 제시하였다.

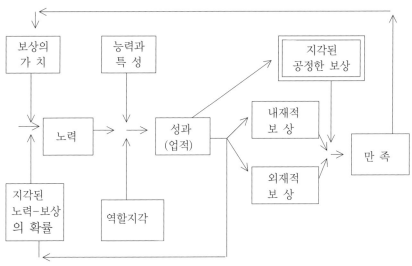

자료 : L.W.Porter and E.E. Lawler, Ⅲ, Managerial Attitudes and Performance (Homewood, Ⅲ. : Irwin, Richard D., 1968), p.165.

[그림 6-8] 포터·로울러의 모티베이션 모형

포터와 로울러의 모형을 편의상 몇 단계로 나누어 고찰해 보면 다음과 같다.

① 이 모형은 조직구성원이 일에 대해서 어느 정도의 노력을 할 것인가 하는 것은, 노력을 한 대가로 얻은 보상이 얼마나 매력적인가, 즉 보상의 가치(value of reward)와 노력에 대해서 기대되는 보상의 주관적 확률, 즉 지각된 노력 → 보상의 확률(perceived effort → probability)에 의해서 결정된다는 가정에서 출발한다. 이는 수식으로 표시하면 다음과 같이 될 것이다.

> 노력의 정도 = 지각된 노력 → 보상의 확률 × 보상의 가치

② 조직구성원이 이에 대해서 노력(effort)을 경주하면 할수록 다른 조건(노력, 역할지각 등)이 일정하다고 가정하면, 높은 수준의 성과를 올릴 것이다. 그러나 일하는 사람의 능력 및 특성(abilities and traits)과 역할지각(roll perceptions)의 두 변수 때문에, 노력과 성과의 관계는 완전한 비례관계를 갖지 못한다.

③ 그리고 높은 성과를 올릴수록 많은 보상(rewards)을 받게 되겠지만 다른 한편에서는 지각된 공정한 보상(perceived equitable regards)수준, 즉 보상에 대한 요구수준을 높여 만족(satisfaction)수준에 영향을 준다.

포터·롤러모형에서 성과와 보상의 관계는 대단히 중요한 부분이다. 높은 성과가 높은 보상을 가져오느냐의 여부는 구성원이 소속하고 있는 조직이나 부문의 성격, 그들이 담당하는 직무의 성격 등과 같은 상황에 따라 좌우된다. [그림 6-8]에서 성과에서 보상에의 파선은 이것을 나타낸다. 그리하여 성과와 보상과의 연결이 강한 상황 하에 있는 개인일수록 높은 성과를 올리기 위하여 노력한다고 가정하고 있다.

④ 만족은 실제로 얻은 보상과 지각된 공정한 보상과의 차이이기 때문에, 조직구성원이 높은 성과를 달성함으로써 만족이 증가되는 경우는 높은 성과가 보상을 증가시키고 이것에 의해서 지각된 공정한 보상수준과 실제로 얻은 보상수준간의 차이가 거의 없는 경우뿐이다. 만일 높은 성과를 달성함으로써 지각된 공정한 보상수준이 높아졌는데도 불구하고 실제로 얻은 보상이 요구수준이 높아진 것만큼 증가하지 않은 경우에는 높은 성과는 도리어 불만족을 가져올 것이다.

⑤ 보상은 둘로 나누어 내재적 보상(intrinsic reward : 7A) 과 외재적 보상(extrinsic reward : 7B) 으로 나누어진다. 포터·로울러에 의하면 내재적 보상이란 개인자신에 의해서 관리되는 것이고 외재적 보상이란 조직에 의해서 관리되는 것이라 한다. 보상

은 성과와 만족을 매개하는 변수로서, 직무자체에 내재적 보상에 대한 잠재력이 갖추어져 있지 못하거나, 외재적 보상이 개인의 성과수준과 연결이 잘 안되면 성과와 만족간의 관계는 약하게 될 것이다. 그런데 포터·로울러의 모형에서 외재적 보상에 대해서는 '약한 파선(semi-wave line)'으로 표시하고 내재적 보상에 대해서는 '강한 파선(wave line)'으로 표시하고 있는 것은, 내재적 보상 쪽이 보상과 성과 간에 더 직접적인 연결이 존재한다는 것을 의미한다.

⑥ 포터·로울러는 피드백 개념을 이용하여 브룸의 모델을 동태적인 것으로 만들고 있다. 앞의 [그림 6-8]의 피드백선에 있어서의 하향선은 구성원이 높은 성과를 올려 높은 보상을 얻는 경험을 한다면 노력에 대한 보상의 확률이 높아질 것이라고 생각하게 될 것이라는 것을 표시하고 있다. 또 상향선 피드백은 구성원이 보상을 얻어 만족을 경험한 경우에는 보상의 가치를 더 높이 평가하게 될 것이라는 것을 표시한다.

⑦ 이 모형에서 보상의 가치와 지각된 노력 → 보상의 확률은 태도변수로서, 이것이 곧 모티베이션이다.

(2) 포터와 로울러모형의 문제점

포터와 로울러의 연구는 모티베이션과 성과에 관한 이론적 모형을 구성했다는 점에서 큰 의의를 가지고 있지만 그 모형이 이론적 기초로 하고 있는 기대이론 그 자체에 대한 다음과 같은 비판들이 있다.

첫째로 기대이론이 비판되고 있는 가정은, 인간이 그들의 의사결정과정에서 쾌락주의적 계산(gedonistic calculus)을 한다는 가정이다. 그러나 인간의 행동은 이와 같은 쾌락주의적 가정에 따라서만 행동하는 것이 아니며, 기대이론에서 가정하고 있는 것과 같은 인지과정을 가질 수 있는가 하는 것은 의문이다. 즉 인간이 행동을 할 때는 기대이론에서 가정하는 것과 같은 복잡한 계산적이고 합리적인 과정을 간단히 사용할 수도 없고, 실제로 사용하지도 못하는 것이다.

둘째로 기대이론이 비판되고 있는 방법론적인 문제의 하나는, 기대이론이 너무 복잡하기 때문에 변수측정에 많은 난점이 따른다는 것이다. 즉 각 변수들은 주로 질문지를 통해서 측정되기 때문에, 변수에 대한 지각적 정의(operational definition)에 통일성이 없고 따라서 과학적 타당성에 문제가 있다는 것이다.

셋째로 포터·로울러의 기대이론은 개인수준의 모티베이션 이론이라는 문제점을 가지고 있다. 즉 집단수준의 모티베이션의 이론, 특히 그 중에서 모티베이션과 관련이 깊은 집단역

학(group dynamics) 등을 고려하지 않고 있다는 문제점을 가지고 있다.

개인이 어떤 종류의 집단이라는 환경하에서 행동을 할 때는 그 행동은 그 자신의 개인적 행동의 경우와는 성질을 달리하게 된다. 왜냐하면, 집단이라는 환경하에서의 행동은 집단내의 다수가 기대하는 집단이 인정하는 방식으로 생각하고 느끼고 행동하게 하는 인지된 힘의 체계인 집단적 구조 속에서 그 영향을 받아 행동하기 때문이다. 집단적 기구로는 집단의 풍토·집단규범·집단매력과 응집성·역할기대 등을 들 수 있다. 모티베이션의 과정이나 영향력을 제대로 파악하기 위해서는 이와 같은 집단적 기구가 조직구성원의 일에 대한 모티베이션에 어떤 영향을 미치는가도 고려해야 할 것이다.

3) 로울러의 수정모형

로울러(E. E. Lawle, Ⅲ)는 브룸과 포터·로울러의 (E→O) 기대를 (E→P)기대와 (P→O) 기대의 두 가지로 분류했다. 이곳에서 (E→P)기대란, 즉 노력(effort : E)이 성과(performance : P)를 가져올 것이라는 기대이고, (P→O)기대란, 즉 그 성과 P가 결과(output : O)를 가져올 것이라는 기대를 말한다. 로울러에 의하면, 기대를 이와 같이 둘로 구분하는 근거는 기대의 형성요인이 각각 다르기 때문이라는 것이다.

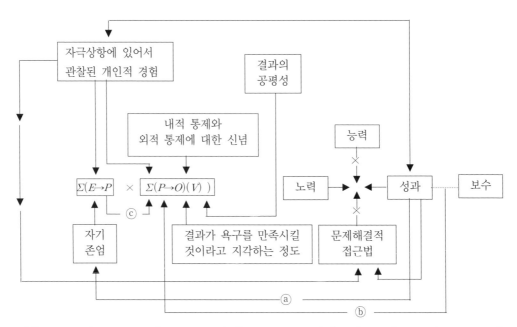

자료 : E. E. Lawler, Ⅲ, Pay and Organizational Effectiveness A Psychological View (New York: McGraw-Hill, 1971). 野中郁次郎 외 5人 共著, 「組織現像の 理論と豫定」(千倉書房, 1980), p. 316. 재인용

[그림 6-9] 로울러의 기대이론의 과정모형

로울러의 수정모형은 브룸모형에 대한 포터·로울러의 개선점(조직구성원의 능력과 역할지각의 변수의 도입)에다 기대의 분해를 추가한 기대이론의 과정모형이다. 이것을 도시한 것이 다음 [그림 6-9]이다.

로울러의 이 모형에서 그가 가정한 모티베이션의 구조는 $\sum[(E \to P) \times \sum(P \to O)(V)]$로 된다는 것을 알 수 있다. 또 이 모형에서는 전술한 포터·로울러의 개선점인 역할지각이 문제해결적 접근법(problem solving approach)이라는 변수로 명칭이 바뀌었고, 두 개의 기대형태의 각각의 결정요인, 즉 $(E \to P)$ 기대의 결정요인(자극상황하의 관찰된 개인적 경험)과 $(P \to O)$기대의 결정요인(내적 통제 및 외적 통제의 신념)을 추가하였다.

4) 공정성 이론

(1) 공정성 이론의 내용

공정한 이론(equity theory)은 각 개인은 자신들의 공헌(투입) 對 보상 사이의 균형을 유지하기 위하여 강하게 동기부여 된다고 가정한다. 공정성 이론은 개인이 행하는 투입(노력·기술·교육 등에 의한 것)과 그가 갖는 결과(금품·표창·승진 등)에 관하여 개인과 조직 사이에 발생하는 교환에 초점을 맞춘다. 이 때 개인에 대한 교환의 순 가치(net value)는 결과에 대한 투입의 비율로 표현되어질 수 있는데 여기서 결과(보상)는 각 개인의 지각된 중요도에 따라 가중치가 부여되어진다. 지각된 공정성이나 불공정성은 사람들이 자신의 투입 대 산출의 비율을 조직 내의 다른 사람들의 투입 대 산출의 비율이 그러할 것이라고 믿는 것과 비교할 때 발생한다. 기본적으로 만일 어떤 사람이 불공정성을 가지 간다면, 그의 마음속에 긴장이나 추진력이 발생하여 긴장과 불공정성을 감소시키거나 제거하기 위해 동기부여 될 것이라는 것이 공정성 이론의 내용이다. 이 지각된 불공정성이 긴장을 초래하게 되는 과정은 때때로 인지부조화(cognitive dissonance)라고 불리어진다.

공정성 이론에 관한 대부분의 연구가 개인의 성과와 그에 따른 금전적 보상(특히 과소 또는 과다임금)과의 관계에 초점을 맞추어 왔다. 또한 대부분의 연구들이 성과가 명백히 노력의 함수인 매우 단순한 과업들에 근거를 두고 있다. 이러한 조건하에서 공정성 이론가들은 다음과 같은 예측을 하였다.

① 만일 어떤 사람이 임율(piece rate)에 따른 보수지급체계에서 보수를 받으며, 그 자신이 과다한 보수를 받고 있다고 생각한다면, 그 사람의 산출량은 전과 동일하거나 감소할 것이다. 왜냐하면 산출량을 증대시키는 것은 그 사람에 대한 재정적 보수를 증

대시킬 것이고 그에 따라 그의 지각된 불공정성도 훨씬 더 증가할 것이기 때문이다. 그러나 질적인 면은 향상된다. 왜냐하면 지각된 불공정성을 감소시키기 위하여 개인 은 자신이 제공하는 투입을 증가시킴으로써 질적 향상을 달성하기 때문이다.

② 반대로, 만일 어떤 사람이 작업양(per piece)에 따른 임금을 받고 있으며, 자신이 낮은 보수를 받고 있다고 생각한다면, 그의 작업의 질은 저하될 것이고, 그가 산출하는 양 은 산출단위당 얼마만큼의 임금을 받는가에 따라 좌우되어 증가할 것이다.

③ 만일 그 사람이 산출량에 관계없이 고정급(salary)을 받으며 자신이 과다한 보수를 받 는다고 생각한다면 작업의 양이나 질 중의 하나는 증가할 것이다. 왜냐하면 이렇게 하는 것이 지각된 불공정성을 감소시킬 것이기 때문이다.

④ 그러나 만일 그 사람이 고정급을 받으며, 그 자신이 낮은 보수를 받는다고 생각한다 면 작업의 질과 양이 모두 감소할 것이다.

이상과 같은 내용은 다음 <표 6-6>에 요약되어 있다.

〈표 6-6〉 성과에 따른 지각된 불공정성의 영향

	과소보수	과다보수
작업률 기준	질 저하, 양불변 또는 증대	질 향상, 양불변 또는 저하
고정급 기준	질 또는 양이 저하될 것이다.	질 또는 양이 증대될 것이다.

(2) 공정성 이론의 연구결과

모티베이션에 관한 공정성 이론의 예측의 대부분은 많은 연구에 의하여 지지되고 있다. 최초이자 가장 잘 알려진 연구는 애덤스(J. S. Adams)와 로센브럼(W. B. Rosenbrum)의 연구 이다. 이 연구는 두 개의 개별적인 실험으로 구성되었다. 처음에 피실험자들은 시간을 기준 으로 해서 급료를 받았다. 여기서 연구자들은 과다급료를 받고 있다고 믿고 있는 피실험자 들이, 자신의 급료가 공정하다고 생각하는 피실험자들보다 더 생산적이 될 것이라고 예측 하였다.

그러나 각 피실험자집단이 선택된 방법에 큰 차이점이 하나 있었다. '불공정성' 피실험자 들로 하여금 과다급여를 받는다고 느끼도록 하기 위하여 연구자들은 피실험자들에게 "여러 분은 우리가 종사하고 있는 종류의 조사업무나 면담에 대하여 전혀 경험이 없습니다. 나는 직업소개소에 그런 종류의 경험을 가진 사람만 보내달라고 특별히 요청하였습니다. 그러나 어찌되었다든 나는 여러분을 고용해야 될 것이라고 생각합니다."라는 말을 들려주었다. 두 번째의 불공정성이 없는 피실험자집단은 직무에 관하여 그들이 적절한 자격을 갖추었다는 말을 들었다. 첫 번째 실험에서는 예측대로 자신들이 과다급여(시간당 3.50 달러)를 받고 있다고 믿었던 집단이 자신들의 급료를 공정한 것으로 생각한 집단보다 상당히 더 나은 성과를 나타냈다.

두 번째 연구에서 연구자들은 과다급여를 받는다고 생각하지만 시간당 급여가 아니고 면담건수에 따라서 급여를 받는 피실험자들이 업무를 잘 수행하지 못할 것이라고 예측하였다. 여기서의 가정은 보다 적은 수의 면담을 함으로써 피실험자들은 더 적은 돈을 벌 것이고 그에 의해 그들이 불공정하게 높은 급료를 받는다는 생각을 줄일 것이라는 것이다. 예측한 바와 같이 자신들의 급여가 너무 높은 수준이라고 생각한 피실험자들은 자신들의 급여가 공정하다고 여긴 피실험자들 보다 더 적은 면담을 실시함으로써 반응을 나타내었다.

그 밖의 많은 연구결과들도 공정한 이론의 예측들을 비슷하게 뒷받침해 왔다. 그러나 공정성 이론은 일반적으로 과다임금의 경우보다 과소임금의 경우에 대하여 보다 적합하다. 그리고 이 점에서 왜 공정성 이론이 과소임금의 경우에 대하여 더 적합한지는 분명하지 않다.

제3절 리더십

1. 리더십(Leadership)

1) 리더십의 개념과 필요성

헤이만(Haiman, 1951)은 인간이 공동체 생활을 영유하는 한 원시시대부터 20세기의 국가 사회에 이르기까지 어느 시대에서도 리더를 찾았으며 인간이 발달하는 한 그 곳에서 리더가 있었다고 한다. 현대 사회에 존재하는 모든 조직-기업, 국가, 군사 조직, 학교 등-에서는 한층 더 리더십의 중요성을 인식하고 있다. 리더가 없는 세계란 감독 없는 프로축구나 지휘자가 없는 오케스트라와 같아서 상상하기조차 어렵다. 이처럼 리더가 필요하게 된 것은 급격한 환경의 변화에 적응하기 위한 조직관리와 함께 다양한 인간관계 기술을 사용하여 자신들에게 주어진 과업을 효율적이며 효과적으로 수행해야 하는 경영자를 어느 조직에서든지 필요로 하고 있기 때문이다.

그리고 남자이건 여자이건 인간이 큰 집단으로 모일 때, 또는 조그마한 그룹으로 얽힐 때에도 조화를 이루고 만남의 의미를 극대화하기 위해서도 리더십이 필요하게 된다.

같은 조직이라 하더라도 리더에 의해 조직이 달라지며 목표와 업적도 달라지며 부하들의 사기도 달라진다. 따라서 리더십은 현재와 같이 급격히 변화하는 사회에서는 지대한 관심사로 등장하는 것이다.

2) 리더십의 정의

현대는 조직의 시대이다. 인간생활의 모든 영역에 조직이 침투하고 있다. 이러한 상황에서 어느 조직이던 뛰어난 조직 리더를 필요로 하고 있으며 이러한 리더십이 급격히 요구되고 있다. 인간의 리더십이란 어떤 조직의 구성원을 하나의 목적을 위해 단결시키는 능력과 의지이며, 구성원들에게 신뢰감을 불러일으키는 인격적인 힘이라고 정의할 수 있다(이대웅, 1992). 또한 리더십은 리더만의 단일 행동이 아니며, 개인과 집단 활동에게 지시하고 복종하게 하는 영향력을 행사하는 것을 뜻한다.

이같이 조직 관리에서 중요한 의미를 지니는 리더십의 개념을 올바르게 이해하기 위해서는 리더십의 다른 정의들도 살펴볼 필요가 있다.

> ☞ 리더십이란 주어진 상황에서 목표를 달성하기 위한 개인 또는 집단의 행동에 영향을 미치는 과정[L = f(L, F, S)]이다(Hersey & Blanchard, 1999).
> ☞ 리더십이란 사람들에게 그들의 노력을 어떤 특정한 목표 또는 몇 개의 목적을 안내하기 위해 그들에게 영향을 미치는 과정이다.

이들 정의들은 공통 요소들을 포함하고 있는데 ① 리더십은 부하와 같은 다른 사람들을 포함한다. ② 리더십은 리더와 집단 구성원간의 불공평한 배분을 포함한다. ③ 부하에 대한 영향력을 포함한다. 따라서 위와 같이 리더십의 정의를 참고하여 다음과 같이 리더십의 정의를 내릴 수 있다. 즉 조직의 목표 달성 과정에 있어서 구성원 상호간에 미치는 영향력으로 표현한다.

2. 리더십 이론

1) 리더십 연구 및 접근방법

조직성장과 조직성과를 중시하게 되어 등장하게 된 리더십에 대한 연구는 그 개념의 중요성, 복합성, 다차원성 등으로 인하여 여러 가지 방향에서 다양하게 이루어져 왔다.

리더십에 대한 초창기의 연구에서는 효과적인 리더에게는 남과 다른 개인적인 특성이 있다고 생각하고, 그 특성을 추출하려고 노력하였다.

이를 리더십의 특성추구이론이라고 한다. 그러나 이러한 특성추구이론은 리더들의 공통적인 특성을 추출해 내지 못하고, 성공적인 리더십과 리더의 특성 간에 나타나는 관련성이 별로 발견되지 않아 곧 한계에 부딪히게 되었다.

따라서 특성추구에 실패한 리더십 연구는 이번에는 밖으로 드러나는 리더의 행위를 관찰하는 방향으로 진행되었다.

그리하여 성과와 이러한 성과를 내는 리더의 지속적인 행위 양식 즉 리더십 스타일 간의 관계를 구명하는 연구들이 이루어지게 되었는데 이러한 연구방향을 리더십의 행위이론이라고 부른다.

또, 이러한 연구과정 중에서 리더에 못지않게 리더가 이끄는 집단이나 추종자들이 리더십의 발현에 중요한 영향을 미친다는 주장이 등장해 리더십의 집단이론 혹은 추종자와 리더가 맡은 과업을 포함하는 상황의 산물이라는 주장이 호응을 받고 있다.

이를 리더십의 상황이론이라 부른다.

이 이론에 따르면 상황이 리더를 만드는 것이어서 가장 효과적인 리더란 상황의 요구에 가장 부합되는 사람을 이른다는 것이다.

최근에는 이 상황이론이 많은 각광을 받고 있지만, 그러나 이것만으로는 리더십의 완전한 개발 방안이 밝혀지지는 않는다. 앞의 두 이론도 나름대로 리더십 연구에 기여한 바가 있는 것이어서 리더십에 대한 전반적인 이론이나 개발 방안은 이상의 여러 이론들을 통합하는 관점에서 전개되어야 할 것이다.

이상에서 설명한 세 가지 이론을 시대적으로 비교 요약하면 다음과 같다.

〈표 6-7〉 리더십 이론

접근법 내용	연구모형	강조점
특성추구이론 (1930년대~1950년대)	개인적 특성 (효과적인 리더의 특성 탐색)	리더와 리더가 아닌 사람을 구별할 수 있는 특징이나 특성이 분명히 존재한다.
행위이론 (1950년대~1960년대)	리더행위 → 성과 　　　　　종업원유대	리더십의 가장 중요한 측변은 리더의 특성이 아니라 리더가 여러 상황에서 실제하는 행위이다. 성공적 리더와 비공식적 리더는 그들의 리더십 스타일에 의해 구별된다.

내용 　　　　접근법	연구모형	강조점
상황이론 (1970년대 이후)	리더행위　　성과 　→　　→ 만족 　　　↑ 상황요인: 과업(종업원 유대) 퍼스낼리티 → 기타 이 기준에 집단성격 등 관련된 변수	리더의 유호성은 그의 스타일뿐만 아니라 리더십 환경을 이루는 상황에 의해서도 결정된다. 상황에는 리더나 하급자들의 특성, 과업의 성격, 집단의 구조, 강화의 유형 등이 있다.

자료 : 지도자의 전략과 리더십, 이대웅, p. 22.

3. 특성론적 접근

1) 지도자로서의 특성 개발

리더십 개발을 위한 첫 번째의 관점은 지도자 자신이 어떤 특성을 구비하는 것이 바람직한가 하는 데 초점이 모아졌었다.

리더십 연구의 초기단계에서 학자들이 관심을 둔 대상은 역사상 유명했던 위대한 인물 즉 영웅들이었다. 연구자들은 이 위대한 인물들이 어떻게 막강한 영향력을 행사하는 지도자가 될 수 있었던가 하는 데 관심을 집중하였다. 그 결과 연구자들은 거의 공통적으로 이 지도자들일 보통사람보다 우수한 특수 자질을 지니고 있기 때문이라는 데 의견을 모으게 되었다. 이러한 의견은 전통 있는 가문에서 훌륭한 지도자가 많이 배출되었다는 주장들에 의해서 더욱 강조되었다. 그래서 어떤 사람은 타고난 자질로 인해 위대한 인물, 즉 지도자가 된다는 주장을 '리더십 인걸이론'이라고 부르기도 한다.

이렇게 리더가 될 수 있는 고유의 자질 내지 특성이 존재한다는 가정 하에서 그것들을 찾아내려고 하는 리더십 연구의 한 흐름을 리더십의 특성추구이론이라고 한다.

이 특성추구이론은 종래 리더십 연구의 주류를 이루었다.

이 접근법의 특색은 선천적이든 후천적이든 지도자들이 갖고 있는 일련의 공통적인 특성을 구명하는 것이었다.

이 이론에 따르면 지도자가 고유한 개인적인 특성만 가지고 있으면 그가 처해 있는 상황이나 환경이 바뀌더라도 항상 지도자가 될 수 있다고 믿는다.

특성추구이론의 지지자들은 지도자들이 공통적으로 구비하고 있는 특성을 구명하는 데 많은 노력을 기울여 왔다.

초기에는 테드나 버나드와 같은 학자들에 의해서 이러한 연구가 이루어졌다.

예를 들면, 테드는 지도자가 구비하여야 할 특성으로 육체 및 정신적 에너지와 목적의식과 지시능력, 정열, 친근감과 우호심, 품성, 기술적 우월성, 과단성, 지능, 교수능력, 신념의 10가지를 들고 있다. 또 버나드는 지도자의 특성을 크게 두 가지 측면에서 파악하고 있다.

첫째는 체력·기능·기술·지각력·지식·기억력·상상력 등의 기술적 측면에서 개인적인 우월성을 가져야 하고, 둘째는 결단력·지구력·인내력·용기와 같은 정신적인 측면에서 우월성을 가져야 한다는 것이다.

2) 비 판

그러나 특성추구이론의 주창자들은 아직까지도 리더와 비리더를 가를 수 있는 핵심적인 특성을 발견해 내지 못하고 있다. 성공적인 리더의 특성으로 제시된 어떤 때에는 형편없는 지도자의 특성으로 나타나기도 하였다.

예컨대 어떤 연구들에서는 키가 큰 사람이 지도자가 될 자질이라고 제시하는데 반해 실제 지도자들 중에는 키 작은 사람이 적지 않다. 그리고 비교적 일관된 결과로 보이는 지도자의 지능·자신감·감수성이라고 하는 특성도 지도자에게 유용한 특성이 되는 것은 사실이지만, 집단이나 과업과 같은 다른 요인과 함께 고려해 볼 때 리더십 유효성에서 차지하는 역할은 아주 작은 부분이라는 것이 밝혀졌다. 그리하여 50여년의 연구역사를 지녔음에도 불구하고 특성추구이론은 지도자가 되는데 필수적인 특성으로 이렇다할만한 것을 내놓지 못하고 있다.

그러면 특성추구이론이 이토록 실망스러운 연구결과를 낼 수밖에 없었던 이유는 무엇인가?

우선 첫 번째는 특성을 표현하는 개념이 의미내용이 애매하며, 특성을 결정할 수 있는 기술이 아직 확립되어 있지 않다는 점이다.

두 번째는 특성추구이론이 상황요인을 고려하지 않고 있다는 점을 들 수 있다. 예컨대 사무실에서 지도자가 되는데 필수적인 특성이 현장에서는 효과적 지도자가 되는데 맞지 않을 수도 있다. 따라서 상황이 다르게 되면 다른 지도자의 특성이 요구된다고 볼 수 있다. 이 점을 특성추구이론에서는 미처 깨닫지 못하였다. 그래서 최근에 '스톡딜'은 이러한 문제점을 고려하여 상황마다 중요한 특성을 달리하는 특성이론의 수정판을 내놓고 있다.

세 번째 이유는 특성추구이론이 개인의 특성에만 초점을 맞춤으로써 개인이 리더십 상황에서 실제로 어떻게 하는가를 밝혀주지 못하고 있기 때문이다.

이 이론은 누가 리더인가를 확인해 주기는 하나 리더가 어떻게 해서 하급자들에게 영향력을 행사하는지를 제시해 주지 못하고 있다. 즉 특성추구이론은 하급자들과 그들이 리더십에 미치는 효과를 무시하고 있다. 영향력이라는 것이 두 사람 이상의 사람간의 관계임을 감안할 때 누가 가장 적당한 지도자가 될 것인가를 찾는 특성추구이론은 리더십 과정을 완벽하게 파악하지 못하고 있다고 볼 수 있다.

이와 같은 특성의 개념에 대한 여러 가지 의미의 복잡성과 측정상의 어려운 점에 기인하기도 하지만, 결과적으로 특성추구이론에 대한 불신을 가져오게 하였다. 각각의 지도자가 우수한 특성을 구비하여야 한다는 것은 리더십 발현에 더 큰 가능성을 갖게 하지만, 이것만으로 반드시 효과적인 리더십이 보장되는 것은 아니라는 인식이 생기게 된 것이다.

이것이 리더십 연구를 다음 단계로 이행시키는 계기가 되었다. 그러나 이러한 결점들이 있다고 해서 특성추구이론이 전혀 의미가 없다고 말할 수는 없을 것이다. 우리는 아직도 지도자가 될 수 있는 고유한 특성이나 자질이 있다는 주장을 전적으로 무시하기가 어렵다.

〈표 6-8〉 리더십의 특성분류

신체적 특성	사회적 배경	지 능	퍼스낼러티	과업관련 특성	사회적 특성
연 령 체 중 신 장 외 모	교 육 이 동 성 사회적 지위	판 단 력 결 단 력 언 변	독립심 자 신 지배성 공격성	성취욕구 주 도 성 끈 질 김 책임욕구 안전욕구	감독능력 협 동 성 인간관계 능력 통 합 력 권력욕구

자료 : B. M. Bass, op.cit.(1990). pp. 80-81.

4. 행동론적 접근

1) 지도자의 행위 개발

조직에서 관리자가 지도자로서의 어떤 행위 패턴을 가지게 될 때 성공할 수 있을까?

앞에서 지도자의 외양이나 퍼스낼리티에서 지도자가 될 수 있는 특성을 찾아내지 못한 연구자들은 이번에는 지도자의 행위에 어떤 보편성이 있는가 하는 데 눈을 돌렸다.

예를 들면, 어떤 지도자는 의사 결정을 할 때 집단의 자문을 구하는가 하면, 어떤 사람은 그렇지 않다. 이렇게 지도자의 행위 패턴이 드러나게 되자 이 행위 패턴, 즉 리더십의 스타일이 연구의 대상이 되었다. 이러한 리더십 스타일에 대한 연구는, 효율적인 지도자는 특정 스타일을 이용함으로써 개인이나 집단으로 하여금 목표를 달성하게 하고, 높은 생산성과 사기를 유지시킨다는 가정에 입각하고 있다.

다음은 리더십의 개발을 위해 어떤 스타일들이 논의되고 있는가에 대하여 일차원적인 관점과 이차원적인 관점으로 나누어 살펴보기로 한다.

(1) 일차원적 관점

여기서 일차원적 관점이란 리더의 행위 패턴을 하나의 직선상에서 양극단으로 구분할 수 있는 것으로 가정하고, 어느 쪽이 보다 바람직한가를 설명코자 하는 것이다.

일차원적 관점에서의 대표적인 연구로는 정치 지도자로서의 행위 패턴을 구분하는 방식과 행정조직 또는 기업 조직에서 리더의 행위 패턴을 구분하는 두 가지 방식을 들 수 있는데 이러한 분류 방식을 통하여 우리는 리더십 개발을 위한 기초적인 아이디어를 얻을 수 있게 될 것이다.

① 민주적·전제적·자유방임적 리더십

리더십 스타일에 대한 초기의 연구는 이에 대한 대표적인 스타일을 정치 지도자의 형태에서 구했다. 처음 등장한 것이 민주적, 전제적, 자유방임적으로 구분하는 방식이었다. 이러한 구분은 무엇보다도 의사 결정이 주요 기준이 된다.

즉 집단 행위와 관련된 거의 모든 의사 결정을 리더가 혼자서 행하는 형을 전제적 지도자라 한다. 반면에 의사 결정의 권한을 대폭 집단 구성원들에게 이양하는 지도자를 민주적 지도자라고 한다. 그리고 개인은 개인으로 남고 지도자는 지도자로서의 자기의 역할을 완전히 포기한 채 의사결정을 구성원들에게 맡기는 형태의 지도자를 자유방임형 지도자라 한다.

탄넨바움과 슈미트는 리더십 스타일을 전제적 지도자와 민주적 리더를 양극으로 하여 다음과 같은 광범위한 지도자의 행위 유형을 나타내고 있다.

이 외에도 여러 연구들이 있으나 이제까지 기업을 중심으로 민주적·전제적·자유방임적 리더십 스타일의 유효성이 어떠한가를 연구해 온 문헌이나 자료들을 간단히 요약해 보면 다음의 <표 6-9> 같다.

기업의 생산성 또는 성과 면에서는 자유방임적 스타일이 최악의 상태를 보인다는 점에서 대부분의 연구가 일치하고 있다. 그러나 생산성의 효과성에서 민주적 스타일이 전제적 스타일보다 나을 것이라는 우리의 예상과는 달리 그 우위를 결정하기 힘든 것으로 보인다. 어떤 연구는 민주적 리더십이 더 생산적이라고 밝히고 있으며, 또 어떤 연구는 위기 상황에서는 전제적 스타일 하에서 생산성이 더욱 높고 심지어 사기까지도 높다는 연구 결과를 보여 주고 있다.

〈표 6-9〉 리더십 스타일과 유효성

유효변경수　　　스타일	민주적 스타일	전제적 스타일	자유방임적 스타일
(1)리더와 집단과의 관계	호의적이다.	수동적이다. 주의 환기를 요한다.	리더에 무관심하다.
(2)집단 행위의 특성	응집력이 크다.	노동 이동이 많다. 냉담·공격적이 된다.	냉담하거나 초조하다.
(3)리더 부재 시의 구성원의 태도	계속 작업을 유지한다.	좌절감을 갖는다.	불변(불만족)이다.
(4)성과(생산성)	우회를 결정하기 힘들다.		최악이다.

후자와 같은 연구 결과가 나오는 이유는 위기 상황에서는 구성원들이 민주적 결과를 거친 만큼 시간이 충분하지 못하다는 것을 알고 있고, 따라서 실제로 주도권을 잡고 일을 추진해 나가는 지도자를 선호하기 때문이다.

그러나 일반적으로 민주적 스타일이 지도자와 집단 구성원의 관계, 집단 행위의 특성, 지도자 부재 시의 구성원 태도 면에서 전제적 스타일보다 호의적으로 나타나기 때문에 생산성 효과가 동일하다고 볼 때 결국 보다 바람직한 지도자 행위는 민주적 스타일이라고 주장할 수 있다.

② 하급자 중심적, 직무 중심적 리더십

리더십 스타일에 대한 중요한 연구는 리커트에 의해 이루어졌다. 그는 앞서의 스타일의 구분과 다른 각도에서 성과가 높은 집단의 감독자들이 사용하는 일반적인 리더십 스타일을 발견하기 위하여 광범한 연구를 행하였다.

그 결과 가장 높은 성과를 기록한 지도자들은 하급자의 인간적인 측면과 높은 성과 목표를 가진 효율적인 작업 집단을 구축하기 위한 노력에 일차적인 관심을 집중하는 사람이라는 것을 알아냈다. 그는 이러한 유형의 리더십 스타일을 '하급자 또는 종업원 중심적'인 리더십이라고 부르고, 작업에 대해서 계속적인 압력을 넣는 스타일을 '직무 중심적'인 리더십이라고 호칭하면서, 후자는 성과가 낮은 부문에서 보다 자주 발견된다는 사실을 지적하였다.

그는 세세하게 감독하는 지도자보다는 전체적으로 감독하는 지도자가 높은 생산성과 관련을 가지는 경향이 크다고 주장하고 있다. 리커트의 연구에서 함축된 의미는 가장 이상적이며 동시에 가장 생산적인 리더십은 하급자 중심적이라는 것이다.

하급자 지향적인 지도자는 건전한 인간관계를 발전시키는 데 많은 시간과 노력을 쏟는 사람이다. 즉 그는 모든 종업원들을 중요하다고 생각하며 그들 각각의 개인적인 욕구와 개성을 받아들임으로써 모든 사람에게 관심을 가진다.

생산 지향적인 지도자는 종업원들을 조직의 목표를 수행하는 도구로서 보며 생산과 직무의 기술적인 측면만을 강조한다.

(2) 오하이오 대학의 2차원적 관점

리더십 스타일을 1차원 선상에서 구분하는 것은 관념적인 면에서는 도움이 될 수 있지만 현실적인 면에서는 적합하지 않다는 인식이 일기 시작하면서 2차원적 리더십의 개발 방안이 등장하게 된다. 아래에서 세 가지 주요 연구 결과를 음미해 봄으로써 조직에서 적용할 수 있는 시사점을 찾아보기로 한다.

① 고려와 구조주도

미국 오하이오 대학에서는 1945년부터 일련의 리더십 연구가 시작되었다.

고려란 지도자와 그의 집단 성원들 사이의 관계에 있어 우정, 상호 신뢰, 존경, 온정 등을 표시하는 행위를 말하는 것이다. 또 구조 주도에서 구조 또는 구조화란 간단히 말해 직무나 인간을 조직화하는 것을 말한다. 이것을 지도자가 앞장서서 행한다는 것인데, 예를 들면 집단의 각 구성원의 역할을 정하고 직무 수행의 절차를 정한다거나 지시, 보고 등을 포함한 집단 내의 커뮤니케이션 경로를 설정한다던가 하는 것이다.

이 연구는 고려와 구조주도의 여러 가지 배합을 보여주기 위해 다음 그림과 같이 4분면을 개발했다.

오하이오 대학의 리더십 연구를 통해 나온 결과들을 요약하면 다음과 같다.

* 구조주도는 종업원의 성과와 적극적인 관련이 있으며, 동시에 결근율이나 고충과 같은 부정적 결과와도 관련성은 갖고 있다.
* 고려는 결근율이나 고충이 낮은 것과 관련성을 맺고 있으나 성과와는 거의 관련성이 없는 것으로 나타나고 있다.
* 고려와 구조주도가 둘 다 높을 때는 생산성과 만족이 둘 다 높은 경향이 있다. 그러나 어떤 경우에는 높은 생산성에 결근율과 고충의 문제가 수반되기도 한다.

결국 이러한 연구 결과는 위의 그림에서 제시된 구조 高, 고려 高의 스타일이 가장 효과적인 리더십 스타일임을 보여주고 있다.

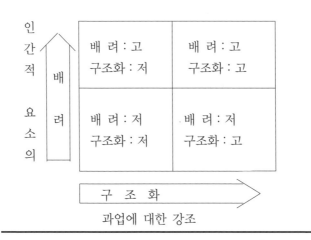

자료 : Rensis Likert, New Patterns of Management, New York : McGraw-Hill, 1961.

[그림 6-10] 오하이오 대학의 리더 행동(리더십) 유형

오하이오 대학의 연구는 비판도 적지 않게 받고 있지만 한편 리더의 행위를 정의하고 설명함에 있어 상당히 체계적이고 상세한 노력을 했다고 할 수 있다.

② P·M이론

일본에서는 미쓰비시가 오하이오 대학 연구의 개념을 이용하여, 리더십의 기능을 성과 기능 : P와 유지 기능 : M으로 구성된 것으로 보는 P·M이론을 개발하였다. 그에 의하면 P기능이란 집단에서 목표 달성이나 과업 해결을 지향하는 기능이고, P기능은 집단의 자기 보존 내지 집단의 과정 그 자체를 유지, 강화하려는 기능이다. 여기서 P기능을 실현시키는 지도자의 행위, 즉 집단의 목표달성의욕을 축진 시키고 강화하는 행위를 리더십P행동, M기능을 구현시키려는 행위를 리더십M행동이라 부른다. 미쓰비시는 요인 분석의 결과를 종합하여 P행동과 M행동의 내용을 다음과 같이 설명하고 있다.

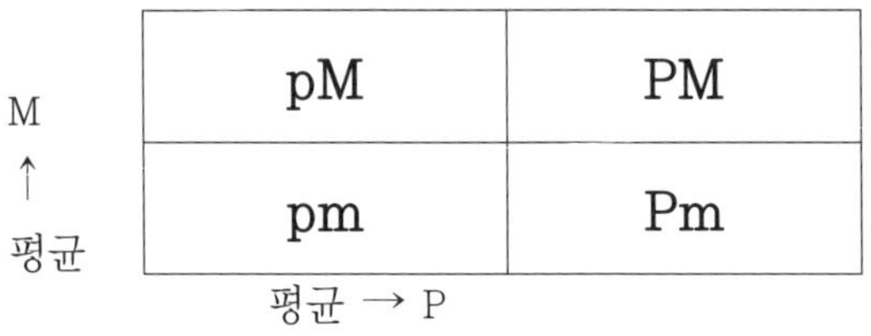

M ↑ 평균	pM	PM
	pm	Pm
	평균 → P	

자료 : 三隅二不二, 新しいリ-ダ″-ツッフ″ 集團指導の行動科學, タ″イヤモソト″ 社, 1966.

[그림 6-11] PM이론의 4분면

이 두 요인에 따라 리더십의 유형을 위의 그림과 같이 4분면으로 분류할 수가 있다.

어느 지도자가 어느 유형에 속하는가는 P차원과 M차원에 관한 질문서를 통해 하급자로 하여금 그들의 지도자의 행위를 평가하도록 하여 그 결과 지도자의 P점수와 M점수를 구한다. 그리고 조사 대상이 된 모든 지도자의 점수 평균을 P와 M의 각각에 대하여 구한 후 그 평균보다 높은 점수는 대문자로, 평균 이하의 점수는 소문자로 나타낸다. 이에 따라 PM, Pm, pM, pm의 네 유형이 만들어지고 여기에 모든 지도자가 속하게 된다.

이들 각 유형별 리더의 유효성을 실증 연구에 따라 살펴보면 사기, 팀워크, 정신위행, 커뮤니케이션, 성과 등의 면에서 PM형의 지도자가 이끄는 집단이 가장 높고, 그 다음이 pM과 Pm형, 다음이 pm형의 순인 것으로 나타나고 있다. 이러한 실증 연구 결과에 따라 미쓰비시 등은 각 차원을 4단계로 세분하여 16유형의 리더십 유형을 설정한 후, 이를 각 조직에 적용하여 그 타당성을 입증하고 있다.

③ 매너지리얼 그리드 이론

앞의 연구들은 조직의 유효성에 있어서 리더십이 얼마만큼 중요한 것인가를 시사해 주고는 있지만, 어떤 방향에서 리더의 행위를 개발하는 것이 가장 효과적인가 하는 것에 대하여 뚜렷하고 체계적인 결론을 내리지는 못하고 있었다. 이 점에 착안하여 블레이크와 모우튼은 리더십을 두 차원으로 생각한 '매너지리얼 그리드'의 개념을 정립하였다. 이들은 오하이오 대학에서 비롯된 리더십 연구에 자극을 받아 오늘날 산업에서 경영자 개발 계획에 널리 적용되는 '매너지리얼 그리드' 이론을 주장하게 된 것이다.

블레이크와 모우튼은 다음 그림과 같이 '매너지리얼 그리드'를 만들어서 리더가 지향할 수 있는 방향을 두 차원으로 구분하였다. 횡축에는 생산에 대한 관심-과업-의 정도를 파악할 수 있도록 9등급으로 나누고, 또 종축에도 인간에 대한 관심-관계-의 정도를 파악할 수 있도록 역시 9등급으로 나누고 있다.

따라서 이론적으로는 81가지의 리더 유형이 있는 것으로 이해할 수 있다. 이 중에서 기본적 형태로서 (1.1)형, (9.1)형, (1.9)형, (5.5)형, (9.9)형을 들 수 있다.

* (1.1)형 : 이는 무관심형으로서, 과업 달성 및 인간관계 유지에 모두 관심을 보이지 않는 유형이다.

* (9.1)형 : 이는 과업형으로서, 인간관계 유지에는 적은 관심을 보이지만 생산에 대해서는 지대한 관심을 보이는 유형이다.

* (1.9)형 : 이는 칸트리 클럽형으로서, 생산에 대한 관심은 낮으나 인간관계에 대해서는 지대한 관심을 보이는 유형이다.

* (5.5)형 : 이는 중간형으로서, 생산과 관계의 유지에 모두 적당한 정도의 관심을 보이는
  유형이다.
* (9.9)형 : 이는 팀형으로서, 생산과 관계의 유지에 모두 지대한 관심을 보이는 유형으로
  서 종업원의 자아실현의 욕구를 만족시켜 주고 신뢰와 지원의 분위기를 이루며 한편
  으로 과업 달성을 이룩하기를 강조하는 유형이다.

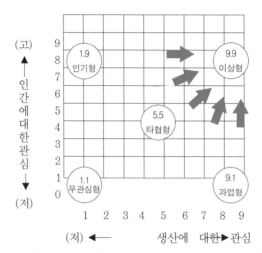

자료 : Robert R. Black and J. S. Mouton, The managerial Grid, Houston : Gulf Publishing Co., 1964, p, 10.

[그림 6-12] 매너지리얼 그리드

이 이론이 실무에 적용되는 것을 보면 다음과 같다.

우선 그들이 개발한 설문지에 의해 현재 한 집단의 리더십이 예컨대 3.8로 나타났다면, 이 집단의 지도자는 생산에 대한 관심이 부족한 것으로 지적될 수 있다. 이런 지도자에게는 생산에 대한 관심을 늘려 줄 수 있는 여러 가지 훈련 기법들을 동원하여 이상적인 9.9형에 접근하게 만든다는 것이 이 이론의 기본적인 발상이다. 실제로 블레이크와 모우튼은 '매너지리얼 그리드' 훈련을 거친 조직에서는 보다 협동적인 작업 관계를 가질 수 있게끔 종업원의 행위가 변화하고 생산성이 증가한다는 주장을 하고 있다.

지금까지의 리더십 행위 이론에 따른 리더십 스타일을 정리하여 보면 크게 과업 지향적인 것-직무 중심적 구조주도 성과 생산-에 대한 관심과 관계 지향적인 것-종업원 중심적 고려 유지 인간에 대한 관심-으로 나누어짐을 알 수 있다. 그런데 이들 이론에 대한 실증 연구 결과들은 어느 한 스타일이 보다 유효한가에 대한 명쾌한 답을 내리지는 못하고 있다.

대개의 경우 우리가 생각하는 것은 사람에 대한 관심이 클 때 성과가 높으리라는 것이지만 실제로 반드시 그러한 결과가 나오는 것은 아니다. 예컨대 오하이오 대학의 연구 결과를 오히려 역기능적인 결과를 보여주고 있고, 하급자-종업원-중심적 리더십을 주장하는 리커트 자신조차도 집단 구성원의 특성이 리더십 발휘에 중요한 요소임을 인정하고 있다.

또한 이원론에서 양차원에 대한 높은 관심이 반드시 높은 유효성을 발휘하는 가에는 문제가 제기되고 있다. 그리고 PM이론에서는 조직 특성이 리더의 행위에 반영된다는 가정을 전제하기는 하나 이들 이론에서는 집단의 유효성이 다른 상황 요인을 제쳐 두고 리더만을 변수로 하여 측정된다는 문제점이 있다.

이러한 이유로 인해 여러 상황적인 제약 요인을 고려하여 그때 유효한 리더십 스타일을 찾아보려는 시도가 행해지게 되었는데, 이것을 다음에서 다룰 리더십의 상황 이론이다.

5. 환경적응론적 접근

리더십에 관한 상황이론은 리더십이 선천적이거나 학습된 능력 및 잠재력에 있다는 가설을 부정하고, 여러 상황 하에서 관찰되는 리더와 종업원의 행동에 관심을 두고 있다.

상황적 접근은 개개인이 여러 상황 하에서 그들만의 리더행동을 적용시키기 위해 훈련받을 수 있다는 가능성을 인정하는 환경적 상황을 강조한다. 그러므로 대부분의 사람들은 교육, 훈련, 자기개발 등을 통해 리더십의 역할들을 효과적으로 증가시킬 수 있을 것이라고 믿는다. 따라서 수많은 상황에서 특정 리더의 행동이 빈번히(또는 가끔) 관찰되는 것들을 종합하여, 리더들이 현 상황에 가장 적절한 리더행동을 할 수 있도록 모델들이 개발되는 것이다.

1) 피들러의 환경적응론적 리더십 모형

피들러는 환경적응론적 리더십 모형(Contingency Lesdership Model)을 통해서 리더십 효과는 리더의 행동과 어떤 특정한 상황적 요소와의 상호작용에 의존한다는 주장을 하고 있다. 즉 가장 효과적인 리더십 유형은 상황의 본질에 달려 있다. 라고 보는 것이다. 따라서 지도자가 처해 있는 상황의 호의성을 높일 수 있을 때 리더십은 촉진된다. 이러한 맥락에서 연구가 심층적으로 행해진 것이 바로 리더십 유효성의 상황모형이다. 이 모형은 특성 추구 이론과 상황 이론의 양 이론을 결합한 것이라고 할 수 있다. 피들러에 따르면 리더십의 유효성은 지도자와 집단 성원의 상호작용 스타일과 상황의 호의성에 따라 결정된다는 것이다. 피들러는 리더십 특성과 상황을 대응시키기 위해 다음과 같이 상황과 리더를 분류하고 있다.

(1) 상황의 분류

상황 모형에 따르면 지도자에게 호의적인가의 여부를 결정하는 리더십 상황은 다음의 요소로 구성된다.

① 지도자 - 구성원과의 관계 : 지도자가 집단의 다른 사람들과 좋은 관계를 갖느냐, 나쁜 관계를 갖느냐 하는 것이, 상황이 지도자에게 호의적이냐의 여부를 결정하는 주요 요소가 된다. 여기서 지도자와 성원간의 관계는 소시오메트릭(socio metric) 구조와 집단 분위기의 척도를 통해 측정된다.

② 지도자의 직위 권한 : 이는 지도자의 직위가 집단 성원들로 하여금 명령을 받아들이게 끔 만들 수 있는 정도를 말한다. 따라서 권위와 보상 권한 등을 가질 수 있는 공식적인 역할을 가진 직위가 상황에 제일 호의적이다. 지도자의 직위 권한은 지도자의 합법적 권력, 보상적 권력 등에 관한 항목의 측정을 통해 이루어진다.

이상의 조합이 지도자에 대한 상황의 호의성을 결정하게 된다.

피들러는 상황의 호의성이라는 것을 그 상황이 리더로 하여금 자기 집단에 대해 그의 영향력을 행사할 수 있게 하는 정도라고 정의하고 있다. 이모형에서는 요소의 결합 방법에 따라 상황이 리더에게 가장 호의적인 데서부터 가장 비호의적인 데까지 여덟 가지의 조합이 나올 수 있다.

즉 지도자 - 성원 관계에 있어서 양호한 것과 그렇지 못한 것의 두 가지, 과업 구조가 높을 때와 낮을 때의 두 가지, 직위 권한이 강할 때와 약할 때의 두 가지가 있을 수 있으므로, 전체로 8가지가 나올 수 있다.

이 여덟 가지 중 지도자에게 가장 호의적인 상황은 그 집단의 성원들이 모두 그 지도자를 좋아하고 '양호한 리더성원 관계 - ', 명확하게 정의된 직무를 지시할 수 있고 '높은 과업 구조', 또 지도자가 강력한 직위를 차지하고 있는 '강력한 직위 권한' 상황이다.

(2) 리더의 분류

지도자 자신의 특성은 지도자에게 '가장 싫어하는 동료 작업자: LPC'에 대해 물어 봄으로써 측정한다. LPC(Least Preferred Coworker scale)점수는 8가지 기본 질문에 대한 20개의 설 문항에 대한 점수를 집약하여 산출해 낸다.

구체적으로는 지도자에게 그가 가장 같이 일하기 어려운 사람을 생각하게 한다. 그가 현재 같이 일하는 사람이건 과거에 알았던 사람이건 상관없다. 또 그는 제일 감정적으로 싫은 사람일 필요는 없고, 단지 일을 하기에 가장 애로를 느끼는 사람이다. 그 사람이 지도자에게 어떻게 보이는가를 측정하기 위해 다음 그림과 같은 척도를 이용하게 되는데 이것이 LPC점수가 된다.

〈표 6-10〉 LPC 척도의 보기

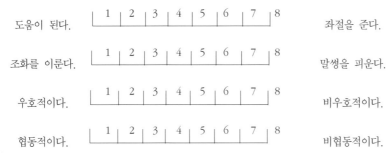

도움이 된다.	1 2 3 4 5 6 7 8	좌절을 준다.
조화를 이룬다.	1 2 3 4 5 6 7 8	말썽을 피운다.
우호적이다.	1 2 3 4 5 6 7 8	비우호적이다.
협동적이다.	1 2 3 4 5 6 7 8	비협동적이다.

피들러에 따르면 LPC점수가 낮은 것-비호의적 평가는 지도자가 자기와 같이 일할 수 없는 사람은 거부할 태세가 되어 있는 정도를 보여주는 것이다.

그러므로 LPC점수가 낮을수록 리더가 과업 지향적일 가능성이 크다. 반면에 높은 LPC점수-호의적인 평가-는 최악의 동료 작업자라도 어떤 긍정적 속성을 지니고 있는 것으로 평가할 의사가 있다는 것을 표시해 주는 것이다. 그러므로 LPC점수가 높을수록 리더가 종업원 지향적이 될 경향이 많아진다.

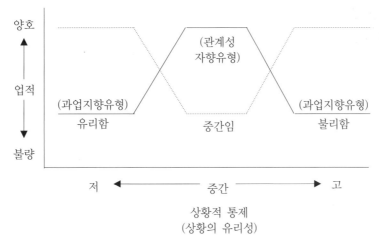

자료 : F. E. Fiedler, "Leadership Effectiveness," American Behavioral Scientist(1981, May-June), p. 625 및 F. E. Fiedler/J. E. Garcia, op. cit.(1987), p. 83.

[그림 6-13] 이상적인 환경적응론적 리더의 모형

동기부여의 관점에 볼 때 LPC점수가 높은 지도자는 자기 하급자와 호의적으로 원만하게 관계를 유지하려는 기본적 목표를 지니고 있다. 만일 지도자가 이 목표를 달성하면 그는 지위와 존경과 같은 2차적 목표를 달성할 수 있을 것이다. 그러나 LPC점수가 낮은 지도자는 과업 달성이라는 하나의 목표를 지니고 있다. 존경과 지위에 대한 욕구 등은 직접 하급자와의 관계를 통해서 획득되는 것이 아니라 과업 달성을 통해 얻어진다. 이는 LPC점수가 낮은 지도자가 하급자에 대해 호의적이 아니라는 것을 의미하는 것이 아니라 과업 달성이 위협받을 때에는 원만한 인간관계란 2차적인 중요성만이 주어진다는 것을 뜻하는 것이다.

(3) 지도자와 상황의 적합 관계

피들러의 이와 같이 상황과 지도자를 분류한 후에 각 상황에 적합한 효과적인 리더십을 발견해 내려고 하였다. 그 연구 결과가 다음 그림에 나타나 있다.

이 그림에서 볼 수 있듯이 피들러의 연구 결과 중에 내표적인 것은 다음의 두 가지 결론이라 할 수 있다.

첫째, LPC점수가 낮은 지도자, 즉 과업 지향적인 지도자는 그림에서 Ⅰ, Ⅱ, Ⅲ과 같이 집단 상황이 그에게 매우 호의적이든가, 아니면 Ⅷ과 같이 아주 비호의적인 상황에서 가장 일을 잘하는 경향이 있다.

둘째, LPC 점수가 높은 지도자, 즉 관계 지향적인 지도자는 Ⅳ, Ⅴ와 같이 호의성이 중간인 상황에서 가장 훌륭히 일을 수행하는 경향이 있다. 여기서 호의성이 중간 정도라는 것은 ① 과업이 구조화되어 있으나 성원일 지도자를 싫어함으로 성원의 감정을 중시하지 않으면 안되는 상황이나, ② 성원이 지도자를 좋아하기는 하나 과업이 구조화되어 있지 않으므로 성원의 창의성과 참여를 구해야만 하는 상황을 말한다.

이러한 지도자와 상황이 적합 관계를 예를 들어 설명하면, 우선 대학이나 전문가들의 단체에서는 관계 지향적인 지도자가 보다 효과적인 기능을 수행하게 된다. 대학에서 가르치는 일은 대부분 구조화가 잘 안 되어 있고 교수들은 지극히 개성이 강하며 특별한 사유가 없는 한 교수직은 학문적 자유를 보장받는다. 이런 상황에서 관리직을 가진 사람들은 교수들과 행정 문제를 다룰 때 극히 기술적이어야 하며 관계 지향적이어야 한다. 그들의 협조를 얻기 위해서는 교수들의 욕구에 민감해야 하는 것이다.

반면 군대 조직에서는 과업 지향적인 지도자가 관계 지향적인 지도자보다 낫다고 볼 수 있다. 왜냐하면 상황이 극히 호의적이든가 아니면 극히 비호의적이든가 하기 때문이다. 평화 시에는 군대는 극히 구조화되어 있고 정형화된 일을 하며 상관은 강력한 권한을 가지고 있고 하급자들은 그들에게 복종해야 한다.

반면 전시에는 상황이 극히 비호의적이라 할 수 있다. 과업은 정의가 잘 안 되어 있고 때로 혼돈스러울 때도 있다. 하급자들은 명령에 불복종하기도 한다. 이러한 비호의적 상황에서는 과업 지향적인 지도자가 추종자들의 행위를 통제하기 위해 지시를 내리고 공식적 권한을 잘 행사한다.

상황 모형의 타당성을 검증하는 많은 연구들이 이루어져 왔다.

이모형을 지지해주는 연구들도 물론 많지만 반면에 타당성에 의문을 제시하는 연구들도 특히 LPC점수의 측정이 중심적인 문제점으로 제기되고 있다. 과연 LPC점수가 지도자를 분류할 수 있는 기준이 될 수 있느냐가 논란의 대상이 되고 있는 것이다.

즉 LPC 점수의 부당성과 신뢰성의 문제가 있다. 이 외에도 상황의 분류가 지나치게 단순하다든가 변수의 의미가 분명하지 못하다든가 하는 문제들이 덧붙여 제기되고 있다.

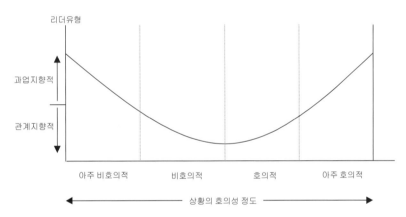

자료 : F. Luthans Organizational Behavior, 3rd ed(Tokyo : McGraw-Hill Kogakusha Company, Ltd, 1981), p. 423.

[그림 6-14] 리더의 유형과 성과 예측

그러나 이러한 비판에도 불구하고 피들러의 상황 모형은 이론과 실무의 양측 면에서 리더십 연구에 크게 기여를 하고 있다. 우선 이론 면에서는 최초로 상황 변수를 본격적으로 도입하였으며 기업 조직에서 리더십과 리더십의 유효성에 영향을 미치는 변수들을 이해할 수 있게 해 주었다.

그리고 실무면에서는 지도자와 상황과의 적합 관계가 리더십 유효성에 가장 중요함을 밝혀주어 리더십 개발의 방향을 제시해 준 의의가 있다. 즉 지도자나 상황간의 적합 관계를 개선하는 데 있어 지도자의 변경은 현실적으로 어렵지만 상황의 변경을 통해 리더십 유효성의 제고가 가능하다는 시사를 해주고 있는 것이다. 실제로 피들러와 그의 동료들은 지도자와 상황이 부합되게끔 지도자가 상황을 수정하는데 이용할 수 있는 기법들을 가르치는 훈련 프로그램을 개발하여 성과를 거둔 바 있다.

요컨대 피들러의 상황 모형은 리더십 연구의 새로운 장을 열어 준 이론이며 적절하게 수정만 이루어지면 장래도 유망한 이론이라고 할 수 있다.

2) 브룸과 예턴의 리더십 상황이론

조직에서 지도자가 상황에 따라 하급자들을 의사 결정 과정에 참여시키는 것이 필요하다는 것을 인식할 때 리더십의 유효성은 높아진다. 이러한 흐름을 대표해 주는 리더십 상황 이론이 바로 브룸과 예튼이 제시한 리더십의 규범 이론이다. 이는 지도자가 의사 결정을 함에 있어 하급자들을 어느 정도까지 참여시켜야 할 것인가를 상황에 따라 구명한 이론이다.

따라서 이를 의사 결정의 이론으로 보아야 할지 아니면 리더십 이론으로 간주해야 할는지는 결정하기가 곤란하다. 그러나 지도자가 해야 할 일 중에 중요한 것이 의사 결정이고 또 이 이론이 지도자가 의사 결정 과정에서 어떻게 해야 할 것인가를 설명한 이론이므로 리더십 이론이라고 보아도 무방할 것이다.

브룸과 예튼은 지도자가 하급자들을 의사 결정에 어느 정도 참여시켜야 할 것인가 하는 데 관하여 규범적인 해답을 제시하고자 하였다. 그러나 규범적이라고 해서 모든 상황에 일률적으로 적용 가능한 하나의 최적 전략을 주장한 것이 아니라, 상황에 따라 참여의 정도가 다른 전략이 적당하다는 입장을 택하고 있다.

그리하여 이 이론은 지도자가 최적 전략을 택하는데 있어 어떤 상황 요인들이 중요하며 이러한 상황 요인들을 어떻게 이용하여 적절한 전략을 선택할 것인가를 중점적으로 해명하고 있다.

그리고 지도자는 이러한 선택적 전략에 맞춰 그에 맞는 의사 결정 방식, 즉 리더십 스타일을 사용해야 한다. 지도자가 상황에 맞춰 자기 스타일을 적응시켜 나갈 수 있다고 가정한 점은 앞서 설명한 피들러 이론과는 대조적이라 할 수 있다.

(1) 의사 결정의 유효성

우선 브룸과 예튼이 '무엇'을 리더십이 잘 발휘되고 있는 것으로 보는 가부터 살펴보기로 하자. 피들러는 한 리더가 효과적이냐의 여부를 평가하는 기준으로 집단성과를 채택한 반면 그들은 의사 결정의 유효성을 기준으로 이용하고 있다. 의사 결정의 유효성은 다음의 세

요소로 구성된다.

① 결정의 질 : 이는 고려 대상이 되고 있는 결정이 집단성과를 촉진하는데 있어서 중요한 정도를 가리킨다. 예컨대 공장에 식수대를 어디에 설치하느냐 하는 결정은 질이 낮아도 상관없지만 작업 할당이나 성과 목표에 대한 결정은 질이 높아야 할 것이다.

② 결정의 수용도 : 이는 하급자들이 결정 사항을 자기 것으로 받아들이는 정도를 가리킨다.

③ 결정의 적시성 : 이는 의사 결정이 지연 없이 적시에 이루어져야 하는 것을 가리키는 것이다.

결국 한 의사 결정은 그것이 위의 세 요소를 충족시키는 정도만큼 효과적이라 할 수 있다.

(2) 지도자의 의사 결정 유형

다음은 지도자가 택할 수 있는 의사 결정의 스타일에 대해 살펴본다. 이 이론에서는 다음 표에서 볼 수 있는 것처럼 다섯 가지 스타일을 제시하고 있다. 이는 리더가 혼자서 결정을 하는 전제적A스타일에서부터 자문C를 거쳐 완전 참여G에 이르는 다섯 등급으로 구성되어 있다.

〈표 6-11〉 의사 결정의 스타일

의사 결정의 스타일	정 의
A I	경영자 혼자서 문제를 해결하고 의사 결정을 한다.
A II	경영자는 하급자들에게 정보를 요청하지만 의사 결정은 혼자 한다. 하급자에게는 문제가 무엇인지를 알려줄 수도 있고 알려주지 않을 수도 있다.
C I	경영자는 하급자와 문제를 함께 공유하며 정보와 평가를 그들에게 요청한다. 회합은 집단으로서 이루어지지 않고 1:1로 이루어진다. 그 다음 경영자 혼자서 의사 결정을 한다.
C II	경영자와 하급자들은 문제를 토론하기 위해서 하나의 집단으로서 모인다. 그러나 경영자가 최종적인 의사 결정을 한다.
G II	경영자와 하급자는 문제를 토론하기 위해서 집단으로서 만난다. 그리고 전체로서의 집단이 의사 결정을 한다.

이 유형들은 각각 나름대로의 장·단점을 지니고 있다. 참여적인 방법들은 하급자들의 수용과 지지를 얻을 수 있다. 이에 반해 지도자가 혼자서 내리는 결정은 보다 신속하고 효율적으로 이루어질 수 있다. 따라서 지도자는 잠재적으로 이득을 극대화할 수 있는 선에서 구체적인 의사 결정의 전략을 선택해야 한다.

(3) 전략 선택을 위한 진단 절차

브룸과 예튼은 적절한 전략 선택은 상황, 즉 의사 결정 문제의 성격에 좌우되는 것이므로 이를 위해서 지도자는 문제의 성격에 대한 진단을 먼저 실시해야 한다고 한다. 그리고 상황을 진단하는데 이용될 수 있는 일곱 가지 규칙을 제시하고 있다. 일곱 가지 규칙 중 앞의 셋은 결정의 질을 확보하려는 규칙이고 나머지 넷은 결정의 수용도를 보호하려는 규칙들이다.

① 지도자 - 정보 규칙 : 만일 의사 결정의 질이 중요한데 지도자가 혼자 문제를 해결할 수 있을 정도의 충분한 정보를 가지고 있지 못하면 가능한 전략 중에서 A I 을 제외시켜야 한다. 왜냐하면 A I 을 사용할 경우 질 낮은 결정이 이루어질 위험이 있기 때문이나.

② 목표 합치 규격 : 만일 의사 결정의 질이 중요한데 하급자들이 조직 목표에 합치되게 문제를 해결할 것을 확신하지 못한다면 G II 스타일을 고려에서 제외시켜야 한다. 즉 집단에 의사 결정을 전적으로 맡길 수는 없다.

③ 비구조화된 문제 규칙 : 만일 의사 결정의 질이 중요하고 지도자가 충분히 정보를 갖고 있지 못한 경우, 문제도 구조화되어 있지 않다면 고려 대상에서 A I, A II, C I 을 제외시켜야 한다. 이런 상황에서는 지도자와 하급 자간에 문제와 해결안을 찾으려는 상호작용이 필요하다.

④ 수용 규칙 : 하급자들이 결정을 받아들이는 것이 효과적인 시행에 필수적인 경우 지도자에 의한 전제적인 결정이 하급자들의 수용을 확보할 확신이 없다면 A I, A II를 고려 대상에서 제외시켜야 한다.

⑤ 갈등 규칙 : 의사 결정에 대한 수용이 중요하고 전체적인 결정이 수용될는지가 불분명한데 하급자들 간에 적절한 해결안에 대해 갈등 가능성이 있는 경우에는 가능한 전략들 중에서 A I, A II그리고 C I 을 제외시켜야 한다. 구성원들 간의 상호 교환과 보다 큰 참여를 통해 갈등이 해결될 수 있다.

⑥ 공평성 규칙 : 의사 결정의 질은 중요하지 않으나 수용이 중요한데 전제적 결정을 가지고는 이것이 보장 안 될 때는 A I, A II, C I, C II를 제외시켜야 한다. 여기서는 집단의 수용만 고려하면 되므로 G II 스타일이 가장 효과적이 될 것이다.

⑦ 수용 우선 규칙 : 만일 수용이 절대적으로 중요한데 전제적 결정으로는 이것이 확보 안 되고 하급자들이 조직 목표를 추구하도록 동기부여가 되고 있을 때는 결정 과정에 모든 하급자들을 동등하게 참여시키는 방법이 결정의 질을 훼손하지 않으면서 보다

큰 수용을 낳게 할 수 있을 것이다. 이 때문에 고려 대상에서 AⅠ, AⅡ, CⅠ, CⅡ그리고 GⅡ를 제거해야 한다.

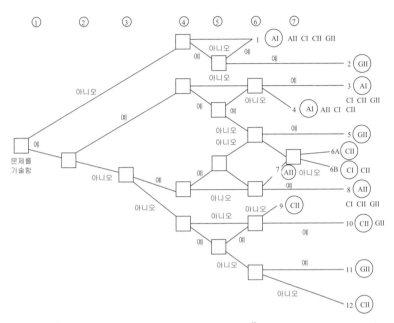

자료 : V. H. Vroom, "New Look at managerial Decision Making" Organizational Dynamics(1973, summer) 및 J. A. F. Stoner/R. E. Freeman, op. cit.(1989), p. 478.

[그림 6-15] 가능한 대체 방안을 보여 주는 의사결정 모형

이러한 규칙들을 이용하여 상황을 진단하고 적절한 전략을 선택하는 과정을 브룸과 예튼은 다음에 나와 있는 의사 결정수의 형태로 간편하게 제시하고 있다. 지도자는 하단에 나와 있는 일련의 일곱 가지 질문에 '예' '아니오. 로 대답하면서 앞으로 나아가다 보면 특정 상황에 알맞은 최적의 전략에 도달하게 된다. 예컨대 질이 썩 중요한 것은 아닌 반면 -A: 아니오-수용은 중요한데-D : 예-혼자서 내리는 결정으로는 수용이 안 될 때-E: 아니오-는 GⅡ, 즉 완전 참여만이 유일하게 가능한 전략이 된다.

그러나 그림에서 볼 수 있는 것처럼 의사결정수를 따라갔을 때 여러 대안이 있는 경우는 어떻게 할 것인가? 이에 대해 브룸과 예튼은 여러 가지 전략이 있을 수 있다고 말한다.

예컨대 능률을 강조한다면 시간이 제일 적에 되는 전략을 선택할 수도 있고, 반면에 하급자들의 의사 결정 능력을 키우는데 초점을 두면 참여적 전략을 선택할 수도 있다.

따라서 여러 가능한 대안들 중에서 어느 하나를 선택해야만 할 때 최선의 유일한 기법은 없고 조직의 목표에 따라 폭넓게 선택하게 된다.

브룸 등의 이론에 대한 타당성을 입증해 주는 연구가 아직 그렇게 많은 것은 아니나 상당히 고무적인 연구 결과가 나오고 있다. 즉 관리자들은 실제로 이 이론이 제시하는 것처럼 탄력성 있게 의사 결정을 한다는 것이다. 그리고 적절한 참여 수준을 결정하고 상황을 진단하는 훈련을 받은 관리자들은 그런 훈련을 못 받은 관리자보다 유권성이 높다는 것이다. 결론적으로 브룸과 예튼의 규범 이론은 관리자들이 실제 의사 결정을 어떻게 하는가를 이해하게 해주었다는 점과 적시에 질 높은 의사 결정하기 위해서는 관리자들을 어떻게 훈련시켜야 할 것인가 하는 방향을 제시했다는 점에서 큰 진전을 이룩한 이론이라 할 수 있다.

3) 길잡이-목표 이론

(1) 상황 이론과 길잡이-목표 이론

조직에서 지도자는 하급자들이 추구하는 목표에 길잡이가 될 수 있을 때 효과적인 지도자라 할 수 있다. 이러한 흐름을 대표하고 있는 리더십의 상황 이론이 하우스에 의해 발전된 길잡이-목표 이론이다.

이 길잡이-목표 이론은 하급자들이 열심히 일하게끔 동기 유발을 시킬 수 있는 지도자의 행위를 연구하는 이론으로서, 동기부여 이론의 하나인 기대 이론에 기반을 두고 있다.

이 이론을 도움과 같은 기본 전제 위에서 출발하고 있다. 즉 집단의 성과란 하급자들에 의해 달성되는 것이다. 그러므로 성과를 낼 수 있는 효과적인 지도자란 하급자들이 열심히 일하게끔 영향력을 잘 행사할 수 있는 사람이다. 그런데 하급자들은 아무것도 바라는 것 없이 일하는 것이 아니고 직무상 행위를 통하여 무엇인가 구체적인 목표를 추구하고 있다. 때문에 하급자 편에서는 그들이 추구하는 목표에 도움을 준다고 생각되는 지도자의 영향력을 잘 받아들이게 된다.

즉 하급자들의 눈에 지도자의 행동이, 상황이 제공 못하는 어떤 것을 제공함으로써 그들이 추구하는 목표에 도움을 주고 있는 것으로 비칠수록 지도자는 하급자들에게 영향력을 행사할 수 있고 또 그들에게 호의적으로 받아들여진다. 이러한 길잡이-목표 이론의 핵심을 정리하면 다음 그림과 같다.

그러면 어떻게 해야 지도자가 이러한 기능을 잘 수행할 것인가? 다시 말해 어떤 리더의 행동이나 리더십 유형이 하급자들에게 도움이 되는 것으로 비칠 것인가?

대부분의 상황 이론이 그렇듯이 길잡이-목표 이론에서도 이는 상황에 좌우된다고 본다.

즉 상황에 부합되는 리더십 유형이 종업원들의 만족과 성과를 유발한다는 상황 이론의 기본적 골격은 여기서도 그대로 적용되고 있다. 다만 다른 이론과의 차이점은 상황에 부합되는 리더십이 어떻게 만족과 성과를 내는가 하는 과정에 대한 설명이 있다는 것이다. 길잡이-목표 이론의 보다 구체적인 개요가 다음 그림에 나와 있다. 이를 좀 더 자세하게 설명하면 다음과 같다.

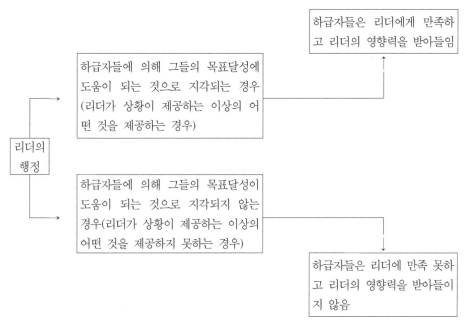

자료 : R. A. Baron, Behavior in Organization : Understanding and Managing the Human Side of Work (Boston : Allyn and Bacon, Inc, 1983), p. 482.

[그림 6-16] 길잡이-목표 이론의 핵심

(2) 리더십 유형

길잡이-목표 이론에 의하면 지도자가 취할 수 있는 행위, 즉 리더십 유형에는 다음의 네 가지가 있다.

① 지시적 리더십 : 이는 도구적 리더십이라고도 하며, 계획·조직·통제와 같은 공식적 활동을 강조하는 유형이다. 즉 이 스타일은 구체적 지침과 표준·작업 스케줄을 제공하고 규정을 마련하여 하급자들로 하여금 그들에게 기대되는 것을 알게 해 준다.

② 후원적 리더십 : 이는 하급자들의 복지와 안락에 관심을 쓰며 후원적 분위기 조성에 노력한다. 그리고 구성원들 간에 상호 만족스러운 인간관계 발전을 강조한다.

③ 참여적 리더십 : 이는 하급자들에게 자문을 구하고 그들의 제안을 끌어내어 이를 진지하게 고려하며, 하급자들과 정보를 공유하는 스타일이다.

④ 성취 지향적 리더십 : 이는 인도적인 작업 목표를 설정하고 성과 개선을 강조하며 하급자들의 능력 발휘에 대해 높은 기대를 성정하는 스타일이다.

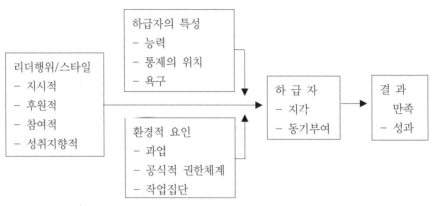

[그림 6-17] 길잡이-목표 이론의 개요

길잡이-목표 이론에서는 지도자가 이러한 네 가지 유형 중에서 자유로이 어느 하나를 선택할 수 있다고 본다. 이 점은 리더십을 비교적 고정적으로 본 피들러 이론과 대조적이다.

(3) 상황 요인

그러면 이 네 가지 유형 중 어느 것이 가장 효과적인가? 길잡이-목표 이론에서는 앞서도 언급한 것처럼 이것일 상황에 좌우된다고 본다. 즉 효과적인 리더십은 지도자와 상황 요인의 상호작용의 극수라고 가정한다. 이 이론에서 고려되는 상황 요인에는 하급자의 특성과 환경적 요인의 두 가지가 있다.

① 하급자의 특성

리더십 유형의 선택에 영향을 미치는 하급자의 특성 중에는 능력, 통제의 위치, 욕구 등을 대표적으로 들 수 있다. 즉 능력이 있다고 생각하는 하급자들은 지시적 유형에 대해서는 이를 불필요하다고 생각할 것이고 오히려 성취 지향적 유형을 선호할 것이다.

통제의 위치에 있어서는 내재론자들은 참여적 유형에 만족하는 반면 외재론자들은 지시적 리더십에 만족한다. 욕구도 영향을 미치는데 예컨대 친교 욕구가 강한 하급자들은 후원적 리더십 유형이나 참여적 리더십 유형에 대해 호의적일 것이다. 성취 욕구가 강할 때는 성취 지향적 지도자 밑에서 가장 일을 잘할 것이다.

② 환경적 요인

리더십 유형의 선택에 영향을 미치는 환경적 요인에는 과업, 공식적 권한 체계, 작업 집단 등이 있다.

그 중에서 과업의 성격에 대한 연구가 가장 많이 되어 있는데, 구조화가 안 되어 있는 과업의 경우에는 지시적 리더십에 대해 하급자들은 호의적 반응을 보인다. 이는 지시적 리더십이 그들의 목표 달성을 위한 경로를 분명히 해주기 때문이다. 반면 구조화된 과업의 경우에는 지시적 리더십은 불필요하게 엄격한 통제의 인상을 주므로 오히려 후원적 리더십이 과업의 일상성의 결과로 발행하는 좌절을 감소시켜 줄 수 있는 바람직한 역할을 한다.

길잡이-목표 이론은 제기된 역사가 그리 길지 못하므로 이의 타당성 여부를 확인한 연구가 그리 많지는 않다. 그리고 타당성 연구도 대개는 이론의 완전한 검증이 아니고 과업의 성격과 관련된 부분적인 검증들이다. 이러한 연구에서는 비교적 이 이론의 타당성에 대한 지지를 받고 있다.

즉 비구조화된 과업에서는 지시적 리더십이 하급자들의 만족을 높이고 구조화된 과업에서는 후원적 리더십이 효과적이라는 것이다.

길잡이-목표 이론의 결점은 우선 너무 복잡하다는 데 있다. 따라서 완전한 이론의 검증이 어렵다는 것이 이 이론의 값어치를 떨어뜨린다. 또 매너지리얼 그리드의 (9.9)형처럼 명확하게 추구할 목표가 없기 때문이다. 관리자들이 실무에 응용하는데 문제가 있다는 점도 지적되고 있다.

반면에 이 이론이 가지는 가장 큰 장점은 어떤 상황에서 어떤 유형의 지도자가 효과적인가를 설명하는 데에서 한 발 나아가서 왜 효과적인가 하는 이유를 밝혀 주고 있다는 점이다.

6. 전략적 리더십

1) 전략적 리더십의 정의

책정된 전략이 효과적으로 실행되기 위해서는 실행과정을 지휘하고 관리하는 리더가 중요한 역할을 해내고 있다. 전략을 수행하는 리더는 대부분의 다른 역할을 해내지 않으면 안 된다. 기업가적인 역할, 경영자의 역할, 위기의 해결자로서의 역할, 일의 지휘자, 자원의 배분자, 교보자, 모치베라 어드바이저, 착상자, 합의형성자, 정책입안자로서의 역할 등이다.

톰슨과 스트릭랜드는 이와 같은 리더의 전략적인 역할을 전략적 리더십이고 [아주 근접한 상황을 진단하고 그것을 잘 처리하는 방법을 선택할 것]이라고 생각하고 있다.

또, 호스머는 타인의 태도나 의견에 영향을 줄 수 있는 조직 내의 개인이 리더라고 정의하고 리더의 역할은 전략의 책정, 전략의 실행, 조직성과, 차기의 전략책정이라는 전략적인 관리과정의 전반에 대해 책임을 지는 일이라고 생각하고 그런고로 전략적인 리더십이란 전략의 책정과 실행에 관련되어 다양한 노력을 통합하고 조정하기 위해 조직전체에 걸친 방향성과 목적을 만들어 내는 일이라고 할 수 있다.

호스머는 어떤 조직요인에 의해 조직 멤버의 인지가 영향 받는가, 그리고 그 인진가 어떻게 개개인의 방향이나 목적을 만들어 내어 전략정책과 실행과 조화한 노력으로서 결부되는가에 대해 다음과 같이 기술하고 있다. 그것에 의하면, 조직 내의 멤버는 각각의 지위에 있어서 사업 활동의 성과와 시장에서의 쏘지션에서 판단하여 조직이 어떻게 행동해야 할 것에 대한 생각(Concept)을 갖고 있다. 그것은 도표에 있어서 보여 있는 바대로 [적절(proper)한] 조직전략에 대한 개개인의 인지라 생각되어 조직의 미숀(사명), 전사적인 성과와 포지션, 관리자의 가치와 태도, 기업에 오픈되어 있는 전략적인 대안의 범위, 환경 내에 있어서 기회와 리스크, 회사의 강점과 약점 등에 의해 영향 받는다.

또, 조직의 [현재의] 전략에 대한 개개인의 인지는 부문의 목적과 목표, 부문의 정책과 수속, 부문의 프로그램과 계획, 부문의 직접적인 행동에 의해 구성된다.

그리고 개인의 방향과 목적을 결정하는 다른 하나의 인지에 개개인의 [개인적인] 조직전략에 대한인지가 있다. 조직의 구조나 관리시스템은 성과를 달성하기 위해 어떻게 해야 할 것인가에 대해 멤버에 전달하는 역할을 갖고 있으나, 이와 같은 멤버의 개인적인 인지는 전체의 조직구조, 전사적인 계획시스템, 전사적인 통제시스템, 전사적인 모티베션시스템에 의해 영향 받는다고 생각되고 있다.

그리고 이들의 [적절한] 조직전략에 대한인지와 [현재의] 조직전략에 대한인지와 [개인적인] 조직전략에 대한인지가 조직멤버의 방향이나 목적에 대해 의미를 주고 그것에 의해 전략의 책정과 실행과 조화한 노력이 되어 나타나는 것이다.

이와 같이 전략적인 리더십이란 집단이나 레벨의 리더십에 대해 서술한 것이 아닌 조직의 전략적인 성장방향, 조직의 장기목표의 달성 등의 조직전체에 걸친 전략레벨의 문제와 깊이 관련된 통제 활동이라고 생각할 수 있다.

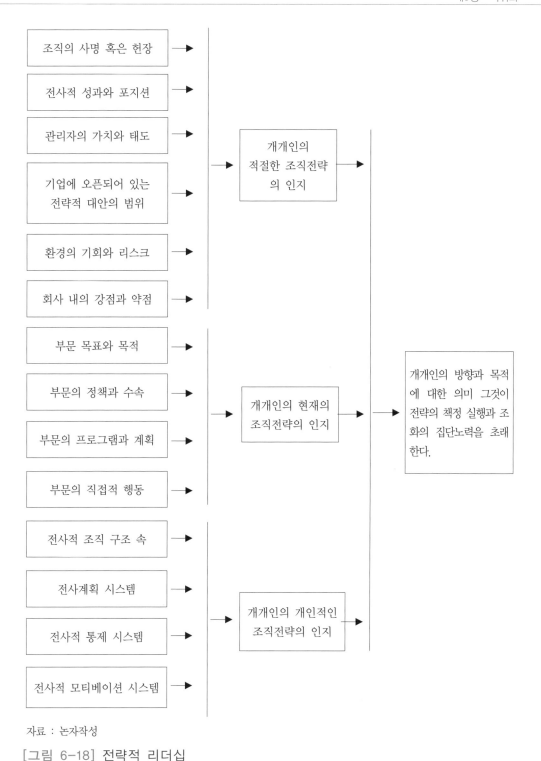

자료 : 논자작성

[그림 6-18] 전략적 리더십

2) 전략적 리더십의 과제

톰슨과 스트릭랜드는 전략적 리더십을 발휘하는 관리자는 다음 네 가지 리더십에 관한 문제를 생각해야 한다고 서술하고 있다.

① 조직이 전략을 책정하여 높은 레벨의 실행이 가능한 풍토나 문화를 만들어 내기 위해 어떤 행동이 받아들여져야 할 것인가

② 조직이 변화하는 상황에 대응하여 새로운 기회에 주의를 하여 혁신적인 아이디어가 사라져 버리는 것에 어떻게 대응하면 좋은가.

③ 전략의 책정과 실행에 관련된 정착을 어떻게 처리하여 권력투쟁을 어떻게 해결하여 합의를 형성하면 좋은가

④ 전략의 실행과 전체에 걸친 전략적인 성과를 향상시키기 위해 언제 어떻게 올바를 행동을 일으키면 좋은가

첫 번째의 과제는 전략을 실행하는 리더는 전략을 기대하는 듯하다 분위기, 풍토를 조직 안에 형성할 책임을 갖고 있다. 특히 전략의 변경을 동반하는 듯한 사태가 생겼을 때, 전략의 변경에 맞추어 그것을 기대하는 문화에 변혁하는 것이 중요하다. 그렇지 않으면 전략과 문화와의 적합관계가 조정할 수 없게 된다.

그렇기 때문에 말에 의해 전략의 달성을 고무하는 일이 필요함과 동시에 행동을 동반시키는 일이 중요한 요건으로 된다. 눈에 보이는 듯한 심벌과 이미지가 실질적인 행동을 보완하기 위해 필요하게 된다.

두 번째의 과제는 조직 멤버로부터 새로운 아이디어를 제공해 받아 상황의 변화에 항시 적응할 수 있도록 기업가 정신에 넘치는 [해보자]라는 정신 구조를 창출해 내는 일이다.

그를 위해서 새로운 아이디어보다 좋은 서비스, 신제품이나 새로운 용도의 개발을 먼저 앞서 행동에 옮기는 인간을 기대하고 아이디어를 새로운 사업으로까지 높일 수 있는 기회를 제공해야 할 것으로 생각된다. 이것이 전략적 리더십의 두 번째의 과제이다.

세 번째의 과제는 조직내부에 있어서 정치적인 권력구조를 고려해 두지 않으면 안 된다. 그것이 책정된 전략계획에 대한 전사적인 기대를 구책하는 일이 되며, 또, 전략의 실행 메커니즘에 대한 합의가지도 형성하는데 연결되기 때문이다.

그리고 네 번째의 과제는 전략계획과 그 실행계획은 장래에 걸친 모든 문제를 예견하여 계획되어 있는 것은 아니다. 그런고로, 실행과정의 여중에서 계획을 조정하거나, 전망을 꾀하는 일이 필요해진다.

전력적인 리더십을 발휘하기 위해서는 이상과 같은 과제를 해결하지 않으면 안 된다.

3) 전략적 리더십의 유형

전략적인 리더십은 전략의 책정과 실행에 걸린 조직전체의 방향성, 조직구조, 조직과정을 대상으로 하여 전략경영활동을 통제하는 행동이므로 그것을 실행하는 리더의 역할은 크다.

(1) Visionary 리더십

웨스레이와 민즈버그는 전략적 리더십을 Visionary Leadership이라는 말로하고 있다. 리더십 비전(Leadership vision) 혹은 비져닝(visioning)이라는 말은

① 조직의 바람직한 장래의 상태를 그려내는 일

② 그것을 효과적으로 부하에게 의사 전달하는 일

③ 조직멤버를 비전을 향해 분발시키는 일의 3가지 다른 단계로 분석 가능하다고 서술하고 있다.

그리고 Visionary Leadership의 스타일을 창조자(Creator), 전향자(Proselytizer), 이상주의자(Idealist), 불의의 습격자(Bricoleur), 예언자(Diviner)의 5종류로 분류하고 현저한 능력, 내용, 과정, 조직의 내용, 제품/시장의 배경, 타겟트가 되는 집단의 각각의 항목에 대해 다음 표와 같이 정리하고 있다.

(2) 카리스마형의 리더십

또, 내려와 타슈만은 전략적인 조직변혁을 효과적으로 수행하는 리더십의 유형을 [카리스마]형의 리더십이라 규정하고 이 리더십의 특징을

① 마음에 그릴 것(Envisioning)

② 활기 있을 것(Energizing)

③ 가능하게 할 것(Enabling) 등으로 나타내고 있다.

[마음에 그릴 것]이란 장래의 구도를 창조하는 일이며 바람직한 장래의 상태를 제시하고 흥분을 일으키는 듯한 역학을 해내는 것이다. 그를 위해 명확하며 드라마틱한 말로 움직이게 하지 않고서는 있을 수 없는 비전이 필요하다.

[활기 있을 것]이란 조직멤버사이에 행동하려는 동기부여를 일으켜, 에너지를 생성시키는 일이다. 그를 위해서는 조직내에 여러 사람들과의 접촉을 통하여 개인적인 흥분과 에너지를 표현할 것, 혹은 장래 구도의 실현에 대한 능력에 신뢰를 두는 것이 필요하다.

〈표 6-12〉 리더십 스타일의 종류

상징적스타일	현저한 능력	내 용	과 정	조직의 내용	제품/시장 의 배경	목표가 되는 그룹
창조자	인스피레션, 선견성 이미지 네이션	제품에 초점	급격, 전체적 내성적신중	스타트업 기업가적	발명과 혁신 유형제품 니치시장	독립의소비자, 과학적커뮤니티
전향자	이미지네이션, 선견성	시장에 초점	급격 초점의 이동 상호작용 전체적	스타트업 기업가적	유형제품 적응 대량시장	집단시장 경쟁자 인프라구조
이상주의자	이미지네이션	이상에 초점	신중, 연역적 내성점진적	런-어라운드 공적 관료제	정치적 콘셉트 제로섬시장	일반적 인구 50% 쉐아
불의의피습자	선견성, 통찰	제품/조직에 초점	긴급, 귀납적 상호작용 점진적	재생,런어라운 드, 공적· 사적관료제	유형제품 세분화된 과점시장	정부노조 소비자
예언자	통찰, 민감 인스피레션	서비스에 초점	점진적, 급격결정 상호작용	재생 관료제	서비스개발과 혁신, 대량의 과점시장	종업원

자료 : Westley F and H Minzberg. "Visionary leadership and strategic management" Strategic Management Journal. vol 10. p. 23.

[가능하게 할 것]이란 인간이 목표에 대해 도전하는 행동을 심리적으로 기대하는 역할이다. 장래비전이 제시되어, 그 실현을 향해 동기부여가 이루어짐과 동시에 그것을 수행하는 인간을 기대하고 서포트하지 않으면 안 된다. 그리고 그것을 효과적으로 수행하는 사람들의 능력을 신뢰하는 일이다. 그런고로 카리스마적인 리더는 비전구축에 의해 장래방향을 명백히 하며 인간을 분발시켜 그 실현을 향해 지지 체제를 구책해야 한다고 말할 수 있다.

그러나 카리스마적인 리더의 역할은 거기에 역점이 놓여 있으므로 전략적인 방향을 지시하며 전략을 실행하는 리더십으로서는 효과성으로 문제가 있다. 그런고로, 개인의 흥분이나 욕구라는 개인레벨의 리더십을 경영자팀의 일원으로서의 개인, 조직을 통한 행동이라는 조직레벨의 리더십으로 높일 필요가 있다.

이와 같은 리더십은 도구적인 리더십(Instrumental leadership)이라 불리며 도구성을 만들어 내기 위한 매니지먼트팀, 조직구조, 관리과정에 초점이 맞춰져 있다. 그런고로 바람직한 행동을 동기 부여하기 위한 조건을 만들어 내는 환경을 관리하는 일이 필요하게 되는 점에서 도구적인 리더십은 구조화(Structuring), 통제(Controlling), 보수

(Rewarding)라는 세 가지 구성 요소로서 성립하고 있다.

즉 구도적인 리더십은 조직의 전략적인 방향전환에 대해 일관한 행동을 형성하는 것에 역점이 놓이는 것에 대해 카리스마적인 리더는 개인을 흥분시키고 욕구레벨을 만들어 에너지를 그 방향으로 향하게 하는 역할을 하고 있다. 그러므로 도구적인 리더십은 그것에 관여하는 개인의 범위를 넓히는 일에 공헌하고 있으며, 리더십을 제도화하기 위해 필요하게 된다.

▣ 제도화의 방법에는
- 경영자팀의 강화
  효과적으로 눈에 보이고 동시에 활동적인 경영자팀을 만들어 내는 일
- 경영자팀의 확대
  경영의 상급 관리자로서 보다 넓은 범위의 개인을 포함하는 일
- 조직에 있어서 리더십 개발
  조직의 방향전환과 일정한 리더십 개발을 위한 조직구조, 시스템, 프로세스를 만들어 낼 것 등으로 요약될 수 있겠다.

제4절 의사소통

1. 의사소통의 의의

조직 내의 제반활동의 효과적 수행을 위해서는 먼저 구성 원간, 부문간, 및 계층 간에 원활한 의사소통이 이루어져야 한다. 왜냐하면, 그렇게 될 때 조직목표 달성을 위한 제반활동 등이 서로 조정되고 통합될 수 있기 때문이다. 따라서 의사소통의 효율적 관리는 경영활동의 지휘기능의 주요한 부분이다.

일반적으로 의사소통은 단순히는 개인 간의 정보의 교환과정으로, 또한 조직에서는 상하간, 동료 간, 단위 부서긴 및 조직내외간의 의사의 소통 내지 정보의 전달을 의미한다. 이와 관련해서 카츠와 칸은 의사소통, 즉 정보의 교환과 의미의 전달을 사회시스템 내지 조직의 본질이라고 하고 있으며, 버나드도 의사소통을 조직의 공동목표를 달성하고자 노력하는 구성원들의 연결수단으로 이를 커뮤니케이션 시스템의 유지가 경영자가 해야 할 첫 번째의 과제라고 하고 있다.

이와 같이 의사소통은 오늘날 가장 중요한 관리과정의 하나로서 간주되고 있는 바, 그 배경은 다음과 같다.

조직규모의 확대와 관리의 복잡성에 따른 결과이다.

즉 조직규모의 확대와 관리의 복잡성은 조직계층의 증가와 직능분화를 가속화시키는 동시에 권한위양 내지 분권화의 필요성을 증대시킴으로서 이들 조직을 관리하기 위한 지시 내지 보고사항의 정확성과 신속성이 그 어느 때보다도 요구되었기 때문이다.

노동조합의 발달에 따른 결과이다.

즉 노동조합의 결성 및 그에 따른 노동공세는 이들에게 조직 내의 제반사항을 정확히 전달함으로서 불필요한 분쟁을 미연에 방지하는 동시에 이들 노동조합의 적극적 협력을 유도할 필요성이 증대되있기 때문이다.

인간관계론의 대두이다.

호손연구 등을 인간관계론 및 행동과학 이론 등의 출현에 따라 종업원의 감정 태도 및 욕구 등에 대한 파악과 그에 따른 관리의 필요성이 증대되었기 때문이다.

2. 의사소통의 원칙

버나드는 의사소통은 다음과 같은 요건을 갖추어야 한다.

① 종업원이 그 경로를 명확히 알고 있어야 하며,

② 그 경로는 가능한 한 직접적이고 짧아야 하며,

③ 경로를 항상 이용될 수 있어야 하며,

④ 공식적 의사소통 경로 상에는 권한이 주어져 있어야 하며,

⑤ 의사소통중심점(communication center)에 있는 사람들은 충분한 의사소통능력을 가져야 하며,

⑥ 경로는 중단되지 않으며,

⑦ 모든 의사소통은 확인될 수 있어야 한다.

그리고 의사소통의 기능을 유지시키기 위한 원칙은 다음과 같다.

① 명료성의 원칙(principle of clarity) : 수신자가 이해할 수 있는 공통적인 언어로써 명료하게 의사소통을 행하여야 한다. 그렇게 되기 위해서는 부하나 동료 및 상사의 언어패턴을 잘 알고 있어야 한다.

② 일관성의 원칙(principle of consistency) : 전달되는 내용은 시종일관된 것이어야 한다.

③ 적기적시성의 원칙(principle of timing and timeliness) : 커뮤니케이션은 그것을 통해서 경영상의 모든 기능이 수행되는 것이므로 업무활동의 신속한 처리를 위해서는 적기에 전달되어야 한다.

④ 배분성의 원칙(principle of distribution) : 커뮤니케이션은 조직 구조상의 혈액순환과 같으므로 조직 전체의 필요한 모든 경로에 적절히 배분되어야 한다.

⑤ 타당성의 원칙(principle of adequacy) : 일정한 파이프라인으로 조직된 인체의 혈관에 지나치게 많은 혈액이 통과할 때 고혈압이란 고장(병)이 나는 것과 같이 조직의 의사소통 내용도 피전달자가 수용 가능한 것이어야 한다.

⑥ 적응성과 통일성의 원칙(principle of adaptability and uniformity) : 의사소통의 내용은 독자적인 개별성을 지니면서 현실적으로 적응성이 있으며 통일된 정책의 표현이 되어야 한다.

⑦ 관심과 수용의 원칙(principle of interest and acceptance) : 의사전달은 전달하는 데에 의의가 있는 것이 아니라 수용하는 데에 큰 뜻이 있으며, 그 청취자의 수용은 그의 참된 관심에서 비롯된다.

3. 의사소통의 기능

1) 정보전달의 기능(information function)

기업에서 정보의 교환은 필수 불가결한 것이다. 그 이유는 책임의 분산과 직무의 전문화는 조정을 필요로 하며 조정은 의사소통과 정보의 교환 없이 이루어질 수 없다. 이와 같이 의사소통의 정보전달 기능은 기업의 존속에 가장 중요한 것이라고 할 수 있다.

2) 평가적 기능(evaluative function)

경영자는 정보를 평가하지 않고는 받아들일 수가 없다. 어떤 행위에 대해서 의미와 가치를 부여하는 것은 바로 그 행위에 대해서는 평가하는 것을 말한다.

3) 교육적 기능(instructive function)

기업 내 의사소통의 교육적 기능이란 명령을 하고 절차와 방법을 지시하고 각종 정보를 전달하는 과정에서 업무를 가르치고 훈련시키는 기능을 말한다.

189

4) 영향력과 설득의 기능(influence and persuasive)

사회생활이나 기업 내 생활에서 항상 다른 사람의 생각·태도·행동에 영향을 주려고 생각하고 있으며 더 나아가 자기가 의도하는 방향으로 설득하고자 하는 것은 의사소통에 의하여 달성될 수가 있다.

4. 의사소통의 과정

의사소통이 어떠한 경로를 통해 이루어지는가가 의사소통의 과정인 바, 가장 기본적 과정은 송신자-메시지-수신자로서 구성된다. 이러한 의사소통의 세 가지요소 중 어느 하나라도 없으면 의사소통은 불가능하다. 한편, 이와 같은 단순한 과정은 조직이나 환경이 복잡해짐에 따라 다소 복잡하게 된다. 즉 의사소통이 이루어지는 과정에 원활한 의사소통을 저해하는 잡음 등이 게재된다. 또한 의사소통을 단순히 송신자로부터 수신자로의 정보전달 이외에 송신자가 수신자에게 기대했던 반응까지도 포함하는 개념으로 보면, 여기에는 반드시 피드백의 과정까지 포함되어야 한다. 이를 좀 더 구체적으로 제시하면 다음과 같다.

1) 송신자

의사소통은 어떤 생각이나 아이디어를 전달하고자 하는 송신자는 자신의 의도한 바를 부호나 심벌(symbol)로서 변환시킨다. 이러한 심벌 중 가장 대표적 형태가 언어이다.

2) 메시지 전달

전달하고자 하는 메시지가 송신자와 수신자를 연결하는 통로에 의해 전달된다.

3) 수신자

송신자에 의해 전달된 메시지를 수신자를 수령하여 재해석하는 단계이다.

4) 잡 음

잡음(noise)이란 송신자와 수신자 사이에 일어나는 일종의 방해로 의사소통의 정확도나 감도를 감소시키는 모든 것을 의미한다.

5) 피드백

이는 메시지가 정확히 전달되고 이해되었는지를 알려주는 수신자의 반응이다. 이는 불만이나 오해를 대화나 표정 등을 통해 알 수 있는 경우나, 기업에서의 생산성 저하나 이직률 증가 및 부문 간의 갈등과 같은 것이 이에 해당된다.

5. 의사소통의 종류

1) 공식적 의사소통

공식적 의사소통은 기본적으로 권한·책임·의무에 의해 확립된 조직구조에 의해서 이루어지는 것이고 공식적 의사소통은 크게 수직적 의사소통, 수평적 의사소통, 대각적 의사소통의 세 가지로 분류할 수 있고, 수직적 의사소통은 다시 하향적 의사소통과 상향적 의사소통으로 나누어진다.

의사소통의 수신자가 있으므로 해서 비롯된다는 의미를 가진 수직적 의사소통, 조직 내에서 대등한 수준, 즉 부문 상호간 또는 개인 상호간에 평행으로 의사가 전달되는 수평적 의사소통, 그리고 조직 내에서 수준이 다른 부문 또는 개인 간에 의사가 소통되는 대각적 의사소통의 공식적 의사소통이 이루어지는 네트워크는 다음과 같다.

2) 하향적 의사소통(downward communication)

조직계층에서 상급자로부터 하급자에게 명령이나 지시 및 기타 정보가 전달되는 의사소통이다. 주로 관료적인 분위기를 갖는 조직에서 찾아볼 수 있는 의사소통으로 대부분이 구주와 문서에 의해서 명령·지시 및 방침 등이 전달된다.

카츠와 칸(D. Katz and R. L. Kahn)은 하향적 의사소통이 이루어지게 되는 요소로서 다섯 가지를 들고 있다. 즉 단순하고 반복적인 직무지시, 과업상호간의 관계를 위한 정보, 조직에서의 모든 절차 및 실무적인 정보, 조직성원의 성과에 대한 피드백, 조직목표에 관한 정보 등이다.

하향적 의사소통에서는 정보가 명령계통을 따라 내려오면서 소멸되거나 방해를 받기 때문에 최고층상급자의 방침이나 지시가 정확하게 전달되지 않는다. 이것은 공식적 조직에서 조직계층에 따른 위계의 상이성에 의해 어쩔 수 없이 나타나는 역기능 현상이다.

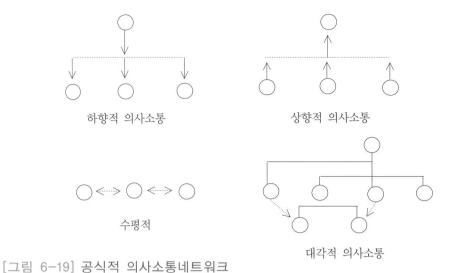

[그림 6-19] 공식적 의사소통네트워크

3) 상향적 의사소통

조직계층에서 하급자로부터 중간계층의 관리자에게, 그리고 중간관리자로부터 최고 관리 청의 상급자에게로 계속해서 의사전달이 이루어지는 것을 말한다. 상향적 의사소통은 주로 과업수행 과정의 보고, 의견, 설명 및 의사결정이나 지원에 대한 요청 등이다. 이 유형도 전 형적인 명령계통에 따라서 이루어지만, 그 방법이 카운슬링, 집단회의(group meeting), 면담 과 같은 민주적이고 비지시적인 것이 되는데, 이들은 참여적인 환경 하에서 이루어진다.

그러나 일반적으로 동료나 상급자에게 자신의 불리한 정보를 전달하지 않으려는 인간의 심리와 상위계층으로 올라갈수록 정보가 여과되며, 특히 불리한 정보일 경우 누락되고 왜 곡되는 문제점이 있다.

4) 수평적 의사소통(horizontal communication)

조직에서 위계수준이 같은 구성 원간 또는 부서 간에 이루어지는 의사소통의 한 형태이 다. 하급 부서 내의 구성원 사이에서나 하급 부서긴 이루어지는 의사소통을 중심으로 하고 있는데, 두 경우 모두 소홀하게 취급되어 온 감이 많다. 그러나 최근에 와서 그 중요성이 커지고 있는데, 그 이유는 이러한 수평적 의사소통에 의해서 부서간의 상충된 활동에 대한 조정이 이루어지고 있기 때문이다. 조직이 분화되고 다원화됨에 따라서 각 부서 간에는 정 보의 방해 및 단절로 인하여 많은 갈등이 발생하고 있다. 이러한 갈등을 조정하여 조직목표 를 효과적으로 달성하는 데 효율적인 수단이 바로 수평적 의사소통이기 때문이다.

5) 대각적 의사소통(lateral or crosswise communication)

명령이나 지시를 받지 않는 위계가 다른 하급부서 간에 이루어지는 의사소통을 의미한다. 대각적 의사소통의 주요 목적은 조직의 조정과 문제해결을 위한 직접적인 의사소통경로를 제공하는 데 있으며 또한 대등한 위치의 동료들 간에 상호관계의 형성을 가능케 해주는 것이다.

결국 대각적 의사소통은 조직의 목표달성을 위한 노력을 조정하며, 이해를 증진시키는 데 있어서 정보의 흐름이 빠르다는 것을 이용하는 것이다.

6) 비공식적 의사소통

공식적 의사소통이 구조적이고 단정적인 반면에 자생적으로 형성되는 비공식적 의사소통은 전달경로가 불확실하고 내용도 모호하게 나타난다. 비공식적 의사소통에 있어서 경로는 누가 누구에게 전달하는가에 의해 결정되며, 정보와 관련된 경우에는 공식적 경로와 비공식적 경로가 중복된다. 경로가 중복되는 경우라도 의사소통을 원활하게 하는 공통된 감정과 규범을 개발시키는 면이 있기는 하지만 공식적 의사소통과 동일시되지는 않는다.

데이비스(K. Davis)의 연구를 참고로 하면, 그는 비공식의사소통이 소문의 형태로 포도덩굴처럼 이루어지기 때문에 그레이프바인(grapevine)으로 표현하고 있다. 그레이프바인은 수평적일 때가 많으나 때로는 계층의 위계를 넘어 이루어지기도 한다. 그리고 그레이프바인에서의 연결은 공식적 의사소통과는 달리 친구관계나 위치상 가까운 상태에서 흔히 이루어진다. 이러한 관계를 데이비스는 아래의 그림으로 표현하고 있다.

그림에서 단일경로(single strand)의 경우 A는 B에게, B는 C에게, 계속해서 K에게 의사소통의 연결이 이루어지다. 여기의 정보흐름은 정확성이 가장 적다. 1인 집중형은 한 사람이 정보를 찾으려 하고, 정보를 얻은 후에는 모든 사람에게 전달하는 형태이다. 이런 형태는 관심은 있으나 직무와 관계없는 정보가 발생했을 때 흔히 나타나는 현상이다. 확률형은 정보를 제공하는 사람이 달라서 정보를 임의의 사람에게 전달할 때 나타난다. 그리고 정보의 내용이 친근감은 가지만 중요하지 않은 경우이다. 마지막으로 집단형에서는 A라는 한 사람이 정보를 몇 사람에게 전달하면, 또 한 사람이 다른 몇 사람에게 정보를 전달하는 식이다.

데이비스는 조직에서 가장 많이 나타나는 형태는 집단형이라고 했다. 조직에서 비공식적 의사소통체계가 긍정적인 기능을 수행하느냐 아니면 부정적인 기능을 수행하느냐 하는 문제는 의사소통을 하는 사람이 가지고 있는 목표에 좌우된다. 비공식적 의사소통은 특히 개인적인 의도가 담기는데, 개인적인 목표는 조직의 목표와 일치할 수 있고 그렇지 못할 수도 있으므로 이러한 목표의 일치 정도에 따라서 긍정적 기능을 발휘 할 수도 있고 부정적 기능을 발휘할 수도 있는 것이다. 그러나 비공식적 의사소통의 긍정적인 측면이 공식적 의사소통의 보완역할, 즉 공식적 의사소통에서 빠뜨리기 쉬운 유용한 정보를 신속하게 전파할 수 있다는 것은 간과할 수 없다.

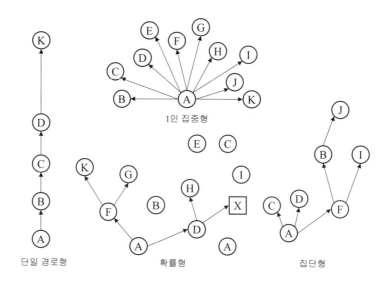

[그림 6-20] 정보전달

통제화

제 1 부 호텔경영 일반론
제1장 호텔의 이해
제2장 호텔기업의 특성

제 2 부 호텔경영 관리론

제3장 경영과 경영관리

제4장 계획화	제5장 조직화
제6장 지휘화	제7장 통제화

제 3 부 호텔경영 기능론

제8장 인사관리

제9장 객실판매 및 생산	제10장 프런트오피스의 조직	제11장 하우스키핑
제12장 식음료 관리	제13장 연회 서비스	

제14장 호텔 재무관리

☞ 열린 생각 및 직접 해보기

▶ 통제의 과정에 대해 토의한다.
▶ 통제의 기법에 대해 토의한다.
▶ 취업 희망호텔의 총매출액에 대해 알아보기
▶ 취업 희망호텔의 손익분기점에 대해 알아보기

Chapter **7**

통제화

제1절 통제의 의의

경영통제(management control)는 관리순환(management cycle)과정의 최종적 기능으로서 설정된 기준(계획)에 따라 경영활동이 수행(집행)되고 있는가를 검토, 평가하여 기준(계획)과의 편차를 시정하는 기능을 말한다.

경영통제는 경영계획 및 경영조직과 함께 경영의 3대 관리기능을 형성하는 마지막 관리과정으로 이는 피드백에 의한 수정기능을 가진다. 따라서 통제는 계획 및 조직과 함께 유기적인 관계에 있는 경영관리의 기본기능으로서 경영활동의 집행을 미리 수립된 계획에 일치하게끔 지도하며 감독하는 것이다. 계획과 통제는 매우 밀접한 상호의존관계를 가져 조직에 의한 집행 이전의 사전적 관리기능으로서의 계획은 통제의 기준이 되며, 또한 집행이후의 사후적 관리기능으로서의 통제는 기준이 되며, 또한 집행이후의 사후적 관리기능으로서의 통제는 차후의 계획 설정에 피드백 된다. 이와 같은 관계를 요약하면 다음 그림처럼 될 것이다.

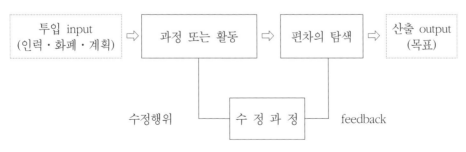

[그림 7-1] 통제의 과정

제2절 　통제의 과정

1. 표준의 설정

표준은 기업전체와 각 부의 계획목표를 나타낸 것으로서, 집행과정에서의 성취도를 측정하는 기준 내지 통제활동의 목표이다.

경영자가 적용해야 할 표준은 산출표준과 투입표준으로 분류되기도 하는데, 제품의 양, 서비스의 단위, 사람-시간, 작업속도 등으로 표시될 수도 있다. 뿐만 아니라, 종업원의 높은 충성심이나 사기, 지역사회의 수용 그리고 여론 등과 같은 지표가 표준으로 이용될 수도 있다.

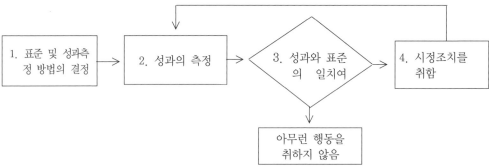

[그림 7-2] 통제과정의 기본단계

2. 성과의 측정

이것은 실제로 수행되고 있는 경영활동의 성과를 측정하는 과정이다. 그것은 성과를 그 목표와 측정·평가하여 발생하게 되는 편차를 신속하고도 적절한 시정조치를 강구함으로써, 장래계획으로부터 이탈을 방지하기 위해서이다. 즉 목표와 실행 간의 차이가 실제로 발생하기 전에 이를 미리 예방할 수 있다.

3. 성과와 표준의 비교

이것은 측정된 성과와 설정된 표준을 비교해서 그 차이를 발견하는 과정이다. 경영자는 표준으로부터 어느 정도이어야 그 결과를 받아들일 것인가를 결정해야 한다.

4. 편차의 시정

표준과 성과가 일치되지 못하는 제반 이유, 즉 편차의 원인을 찾아내어야 한다. 원인을 규명한 뒤 경영자는 시정 조치하는 적절한 행동을 취해야 한다. 경영자가 취할 수 있는 방법은 현상유지를 하는 것, 시정조치를 취하는 것, 비교기준을 수정하는 것 등 세 가지가 있다. 예를 들어, 표준(성과)의 설정에 문제가 있어서 편차가 생겼을 경우에는 계획을 다시 수립하거나 표준을 수정함으로써 이를 고칠 수 있다.

제3절 통제의 기법

경영통제는 여러 가지 기법으로 수행될 수 있는데, 그 기본으로서는 재무통제 및 운영통제로서의 예산통제와 비예산통제가 있다.

재무통제는 재무제표에서 제공되는 정보를 재무비율에 의해 분석하여 통제하는 것으로서, 재무관리 부분에서 상세하게 설명할 것이다. 이에 따라 본 절에서는 운영통제 중 예산통제와 비예산통제에 대해 연구한다.

1. 예산통제

1) 예산통제의 의의

예산은 돈으로 환산된 계획이기 때문에, 계획에서 다루어질 내용이면서, 동시에 관리적 통제를 위한 주요기구가 된다. 따라서 예산통제라 함은 관리적 성과를 높이기 위하여 기업의 경영활동에 대한 계획을 화폐가치로 나타낸 예산으로 수립하고, 그것에 기초하여 경영활동을 수행하며, 최초의 예산과 실제 업무성과의 차이를 분석하는 관리기법을 의미한다. 여기에서 예산은 관리적 성과의 적부를 판단하기 위한 표준이 된다.

2) 예산통제를 위한 주요표준 유형

보다 효과적인 예산통제를 하기 위해서 채택될 수 있는 통제표준의 주요유형은 다음과 같다.

① 물적표준 : 이는 비화폐적 요인으로 측정 가능한 표준으로서, 원자재, 고용되는 노동자, 제공되는 제품의 양이 해당된다.

② 원가표준 : 이는 화폐적 측정을 위한 통제의 표준으로서, 구체적인 측정기준으로는 생산품단위당 직접비와 간접비, 제품단위당 시간당 노무비, 생산단위당재료비, 기계-시간원가, 판매단위당 판매비 등이다.

③ 자본표준 : 이는 기업에 있어서 자본투자의 효율성을 측정하기 위하여 채택되는 표준으로서, 새로운 투자에 대한 순이익률이나 자본회수율 등이 해당된다. 이외에도 유동비율, 총투자에 대한 고정자산의 점유비율, 외상매출금에 대한 현금비율 및 재고자산의 크기와 회전율 등이 이에 속한다.

④ 수입표준 : 이는 기업이 일정기간 동안 현금으로 실현한 판매액에 따른 수입을 기준으로 하여 통제하는 것으로서, 이는 고객당의 평균판매액이나 자본단위당 판매액, 지역당 판매액, 판매원당 판매액 등으로 평가된다.

⑤ 계획 표준 : 이것은 신제품 개발을 위한 프로그램 또는 판매력의 개선을 위한 프로그램 등과 같이 일정프로그램의 총체적 성과를 평가하기 위해서 채택된 관리의 표준이다.

3) 예산통제의 단계

예산통제는 예산의 편성, 예산의 집행 및 예산차이분석의 단계로 이루어진다.

(1) 예산의 편성

예산통제의 첫 단계는 예산편성에서 시작된다. 기업의 각 부문활동이 항상 기업전체와 동일성을 유지해야 하며, 따라서 각종의 부문예산이 기업전체로서의 경영활동에 종합적인 체계로서 편성되어야 한다.

이 경우, 기업예산은 대체적으로 판매예산으로부터 시작되는데, 판매예산은 과거의 경험, 마케팅 조사에서 획득한 고객, 경쟁자 및 기타 경제계의 동향에 대한 정보를 기초로 해서 수립된다.

그리고 판매는 생산, 자본, 원료, 인력, 현금 등에 대한 정보가 뒷받침되어야 하므로, 모든 관리활동을 효율적으로 수행하기 위해서는 판매예산, 생산예산, 자본예산, 원료·인력예산 등을 편성하고, 그 예산의 범위 내에서 관리활동이 이루어지도록 하여야 한다.

또한 보다 효과적으로 예산을 편성하기 위해서는 예산편성을 담당할 책임자가 확정되고, 콘트롤러에 의해서 개개 부문예산을 통합하도록 관리하며, 그 후 개별예산과 총예산을 예산위원회의 승인을 받음으로써 타당성을 검정 받아야 한다.

(2) 예산의 집행

이렇게 책정된 예산은 예산 기간 내에 집행하게 되는데, 이 경우 예산의 집행결과를 보면 항상 원래의 예산과 차질이 생기는 경우가 많으므로, 경영자는 업무활동이 예산대로 집행되는가에 대해 항상 주의해야 한다.

이를 위해서는 집행상황을 회계적 방법으로 명확히 기록하고 상급경영자에게 예산과 실적을 비교한 보고서를 정기적으로 보고해야 하는데, 실행예산과 계획예산과의 차이에서 발생되는 손실을 최소를 줄이기 위해서는 예산의 집행과정에서 예산의 집행과정을 일일이 체크하기 위해서이다.

(3) 예산차이분석

예산차이분석이란 계획과 예산과 집행된 실적을 비교・검토함으로써 예산차이가 발생하게 된 원인과 그 발생장소, 그리고 책임소재를 명확히 밝히는 예산통제상의 핵심적 활동을 말한다.

외적 환경조건 또는 내적 경영여건에 의해 미래에 대한 전망에 있어서 반드시 차질이 발생하기 마련이다. 이러한 예산차이분석에 의해서 각 부문별로 일일이 체크하고, 그 차이에서 나타나는 교란요인과 예산집행상의 책임을 면밀히 분석함으로써 차기의 예산편성을 위한 자료로서 이용할 수 있어야 한다.

(4) 예산통제의 이점과 한계

1 예산통제의 이점

① 경영계획이 구체적인 수치와 시간에 의해서 일정한 체계 하에 포괄적으로 수립됨, 각 부문의 활동목표가 명확함, 목표에 기준하여 모든 경영활동을 종합적으로 통제함.

② 복잡한 각 부문의 경영활동이 예산의 편성 및 실행에 의해 종합 조정됨, 부서긴 균형 있는 계획의 전개가 가능함.

③ 예산편성의 책임자인 경영자는 예산편성을 통해 앞으로의 운영문제와 그에 대한 방안을 예상함. 구체적인 수치와 시간에 의해 경영자의 전반적인 계획행위가 개선됨.

④ 계수적 통제와 사고에 의해 경영관리를 과학화함. 경영계산제도를 확립함, 내부적 통제제도 확립의 기초를 마련함.

2 예산통제의 한계

① 예산통제가 관리수단인 이상 통제과정에서 번잡성과 갈등의 잡음을 피할 수 없음.

② 관료기구에서 볼 수 있는 목적과 수단의 전도현상이 나타남으로써 예산과 그에 의한 통제가 경영목적을 위한 하나의 수단이라는 사실을 잊고 오히려 예산우선주의에 빠질 위험이 있다.

③ 예산통제가 효과적이기 위해 여러 가지 전제조건이나 통제의 목적 및 의의가 당사자에 의해 이해되어야 하나, 그렇지 못할 경우 예산통제가 효과를 거둘 수 없다.

④ 예산은 장래계획을 예상 수치화한 것이기 때문에, 이에 의한 통제로 동질성격이 짙은 기업의 경영활동을 융통성 없게 할 가능성이 크다.

2. 비예산통제

통제방안으로서 예산과 관계없이 있는데, 이것에는 손익분기점 분석과 내부감사가 있다.

1) 손익분기점 분석

(1) 손익분기점 분석의 의의

손익분기점의 기본개념에 대해서는 이미 경영계획에서 설명하였다. 그러나 이것은 통제를 위한 중요관리도구가 될 수 있으므로 통제의 관점에서 그 내용을 연구해야 한다. 즉 손익분기점 분석은 원가-조업도(생산량)-이익분석이라고도 하는데, 그것이 한계개념으로서, 손익분기점 이상과 이하에서 기업이 이익을 획득하거나 손실을 보게 되기 때문에, 경영자의 의사결정과 계획 및 통제를 위한 도구로서 대단히 유익한 관리수단이 된다.

(2) 손익분기점 산출방법(공식법)

손익분기점을 산출하는 방법에 대해서는 이미 연구한 바 있으므로, 여기에서는 손익분기점의 기본공식에서 유도될 수 있는 몇 가지 변화요인에 따른 관련공식에 대해 연구하고자 한다.

① 손익분기점을 산출하는 기본공식

$$X = F \div \left(1 - \frac{V}{S}\right)$$

② 일정한 매출액(S)을 실제로 올렸을 경우 손익 X를 산출하는 공식

$$X = S \times \left(1 - \frac{V}{S}\right) - F$$

③ 일정한 이익(g)을 올리는 데 필요한 매출액 X를 산출하는 공식

$$X = (F+g) \div \left(1 - \frac{V}{S}\right)$$

④ 판매가격이 r율만큼 변화했을 경우의 손익분기점 X를 산출하는 공식

$$X = F \div \left[\left(1 - \frac{V}{S(1 \pm R)}\right)\right]$$

⑤ 변동비율이 r율만큼 변화했을 경우의 손익분기점 X를 산출하는 공식

$$X = F \div \left[1 - \frac{V}{S}(1 \pm r)\right]$$

⑥ 고정비가 b만큼 증가했을 경우의 손익분기점 X를 산출하는 공식

$$X = (F \pm b) \div \left(1 - \frac{V}{S}\right)$$

(3) 도표법에 의한 손익분기점 분석

도표법이란 매출액과 비용·수익의 변동에 따라서 달리 나타나는 손익분기점을 그림으로 나타내는 방법이다.

예를 들어, 2010년 상반기 매출액이 1000만원이고, 그 중 비용총액이 800만원(고정비 : 300만원, 변동비 : 500만원)이었을 때의 도표는 다음의 [그림 7-3]과 같이 그려진다.

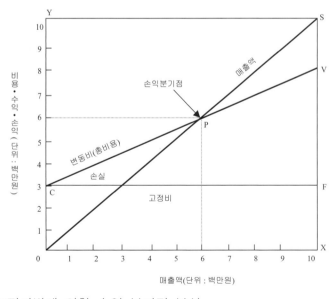

[그림 7-3] 고정비법에 의한 손익 분기점 분석

먼저 O로부터 ˚45의 매출액선 OS를 긋고, 다음에는 고정비 300만원을 Y선상에 취하여 OX선과 평행하게 그으면 그것이 고정비선이 된다. 그리고 변동비 500만원을 F점으로부터 500만원의 상향이 되는 점, 즉 800만원인 점 V를 취하여 연결시키면 그것이 총비용선이 된다. 그리고 총비용선과 매출액선이 교차하는 점인 P가 곧 손익분기점이 된다.

(4) 내부감사

관리적 통제를 위한 또 하나의 도구인 내부감사(internal audit)는 자체감사(self-audit)라고도 하는 것으로서, 조직의 내부구성원, 즉 내부감사 스태프나 재무회계담당자에 의해서 경영을 자체적으로 평가하려고 할 때 사용하는 평가방법으로, 재무구조의 정확성뿐만 아니라, 재무제표와 운영의 능률성을 함께 검토하여 통제 시스템의 개선을 위해 경영자의 의사결정을 지원하기 위한 통제방법이다.

내부감사는 그 정의에서와 같이 그 주요핵심은 경영에 대한 업무감사라는 것이다. 따라서 관리과정의 도중에 수시로 계획결과와 실적결과를 대비함으로써 업무활동의 올바른 수행을 확보한다. 이를 위해서는 방침과 절차, 권한의 이용정도, 경영의 질과 제방법의 유효성 등 모든 관리국면을 포괄해서 평가한다.

그러나 내부감사는 전문적인 내부감사요원에 의해 수행되므로, 이를 실행할 감사인의 확보가 어려우며, 또한 감사의 범위와 깊이가 기업의 규모와 정책에 따라 상이하다는 것이다. 그리고 내부감사는 많은 유용한 정보를 제공하지만, 비용이 많이 소용되고, 훈련된 전문요원이 필요하며, 또는 동기유발에 대한 부정적인 영향을 미친다는 제한성도 있다.

인사관리

제 1 부 호텔경영 일반론

제1장 호텔의 이해

제2장 호텔기업의 특성

제 2 부 호텔경영 관리론

제3장 경영과 경영관리

제4장 계획화　　제5장 조직화

제6장 지휘화　　제7장 통제화

제 3 부 호텔경영 기능론

제8장 인사관리

제9장 객실판매 및 생산　제10장 프런트오피스의 조직　제11장 하우스키핑

제12장 식음료 관리　제13장 연회 서비스

제14장 호텔 재무관리

☞ 열린 생각 및 직접 해보기

▶ 인사관리의 중요성을 토의한다.

▶ 인사관리의 내용에 대해 토의한다.

▶ 신인사제도에 대해 토의한다.

▶ 취업 희망호텔의 홈페이지를 채용관리에 대해 알아보기

▶ 취업 희망호텔의 교육·훈련제도를 알아보기

▶ 취업 희망호텔의 근무조건에 대해 경쟁사와 비교하기

Chapter 8

인사관리

제1절 인사관리의 의의 및 기본전제

인사관리의 개념에 대한 몇몇 학자의 정의를 살펴보면 다음과 같다.

스페이트(Spates. T. G.)-"인사관리란 종업원의 잠재력 능력을 최대한으로 발휘시킴으로써 최대한의 성과를 확보할 수 있도록 그들을 처우하고 조직하는 방법에 관한 규범체계이다."

피고스와 마이어스(pigos. P. and Myers. C. A.)-"인사관리란 종업원의 그들의 노동으로부터 최대의 만족을 얻음과 동시에 기업에 대하여 최대의 공헌을 하게끔 그들의 잠재능력을 육성 발전시키는 방법이다."

요더(Yoder. D.)-"인사관리는 남녀 종업원들로 하여금 그들의 직장에 대하여 최대의 공헌을 함과 동시에 최대의 만족을 얻을 수 있도록 조력하며 지도하는 기능 내지는 활동이다."

이상의 정의에서 볼 수 있듯이 인사관리(personal administration)란 노동력 내지는 인력을 관리의 대상으로 삼아 그것을 어디까지나 생산제력의 최고의 효율적 이용을 목표로 삼는 생산관리는 테일러(Tailor)의 과학적 관리에 대한 반성에서부터 발달되었다.

즉 테일러의 과학적 관리는 인간을 기계와 동일시함으로써 생산에 있어서의 인간적 요소를 무시하고 나아가서는 경영독재주의로 기울어져 마침내는 노동조합의 강력한 반대운동을 불러 일으켰던 것이다. 여기에 과학적 관리가 내포하는 약점을 보완코자 성립 발현된 것이 바로 인사관리인 것이다. 이리하여 인사관리는 첫째로 개인심리학을 토대로 하는 '개인적 인간공학'을 적용함으로써 작업능력을 향상시키고자 하였고, 둘째로는 개인적 인간공학과 아울러 사회심리학적 토대 위에서는 '사회적 인간공학'을 적용함으로써 경영독재주의의 폐단을 시정키 위한 의사소통기구의 확립에 노력하였다. 나아가서 인사관리는 생산에 있어서의 인간성 회복 및 민주화의 실현에 기여하게 되었던 것이다.

그런데 이러한 인사관리는 그것이 어디까지나 노동자를 최고 효율적 이용의 대상으로 삼는 한에 있어서 여전히 본질적으로는 광의의 기계관리 위에 초래된 노동자의 인간소외와 해고의 위험성 및 이에 따르는 생활의 불안정성을 어떻게 회복 또는 극복해 나아가느냐가 중심문제로 되는 노동관리개념과는 기본적으로 다른 점인 것이다.

이리하여 작업능률의 향상과 의사소통의 원활은 어디까지나 인사관리에 있어서의 2대과제인데 이들 과제를 달성키 위한 구체적인 관리내용은 아래와 같다.

① 작업능률의 향상을 위한 관리내용으로서는 채용, 배치, 교육, 훈련, 취업, 퇴직, 해고, 승진, 휴직, 직무분석, 직무평가 및 인사고과 등을 들 수 있는데 이것들에 대한 유효적절한 관리는 종업원의 능력과 창의를 발휘시킴으로써 작업능률 내지는 생산성의 향상을 가져오게 한다.

② 의사소통의 원활을 기하기 위한 기구로서는 인사상담제도, 고민처리제도 등을 들 수가 있는바 이것들의 효율적 운용을 통해 경영독재화를 방지하고 나아가서는 기계적 생산에 있어서의 인간성회복 및 민주화 현실에 기여할 수가 있는 것이다.

제2절 인적자원의 중요성

1. 인적자원의 능동성

다른 자원에 비하여 인적자원의 가장 특이한 점은 인적자원이 능동적인 성격을 가지고 있다는 것이다. 즉 자금이나 기계, 설비 등의 물적자원의 성과는 그들 자원 자체의 질과 양의 지배를 받게 되어 비교적 수동적인 성격을 지니고 있지만 인적자원의 성과는 인적자원 자체의 질과 양뿐만 아니라 그들의 욕구와 동기 등은 경영관리에 대한 반응으로 표시되어 능동적이고 반응적인 성격을 지니고 있다. 따라서 조직체의 성과는 인적자원의 질과 양보다는 경영관리에 의하여 큰 영향을 받게 된다. 그러므로 인적자원이 부족하더라도 이들이 효율적으로 활용되면 좋은 성과를 거둘 수 있는 반면에, 인적자원이 풍부하고 수준이 높더라도 이들에 대한 경영관리가 부실하면 성과가 나쁘게 된다.

2. 인적자원의 개발가능성

자금이나 물적 자원은 자체의 주어진 양과 질에 의하여 그 확장과 개발이 제한되어 있다. 그러나 인적자원은 자연적인 성장과 성숙은 물론, 오랜 기간에 걸쳐서 개발될 수 있는 많은 잠재능력과 자질을 가지고 있다. 인적자원개발의 중요성은 환경과 조직변화가 커짐으로써 더욱 커졌고, 인적자원의 이러한 성격은 인적자원 접근방법의 중요한 발달요인으로 작용하고 있다. 따라서 인적자원개발은 인사관리에 매우 중요한 비중을 차지하게 되었다.

3. 전략적 자원성

조직의 성과는 자금, 물적 자원, 인적자원 등 조직체의 자원을 얼마나 잘 관리하느냐에 따라 결정된다. 그러나 이들 자원 중에서도 조직의 성과와 가장 밀접한 관련을 맺고 있는 것이 인적자원이다. 인적자원에 대한 투자효과는 장기적으로 발휘되고 그 효과는 다른 어느 자원보다도 크다. 따라서 인적자원은 다른 어느 자원보다도 조직성과에 가장 전략적인 요소로 작용하고 있어서 조직성과의 가장 중요한 요인이 되고 있다.

제3절 인사관리의 내용

1. 고용관리

고용관리는 기업활동의 수행에 필요한 자질을 갖춘 인력을 필요로 하는 양만큼 필요로 하는 시기에 노동력을 발휘할 수 있도록 선발·배치하는 계획적·조직적 조치이다. 따라서 이러한 고용관리가 잘 이루어지기 위해서는 직무분석에 의해서 직무수행에 요구되는 인적 자격요건을 명확히 해야 하고, 직무에 필요한 인력의 수를 계획하여야 하고, 필요한 자격을 갖춘 노동자를 적절한 방법에 의해서 필요한 인원만큼 직무에 배치시켜야 한다.

2. 이동관리

기업조직은 직무요건과 인적능력의 적합 상태를 유지하여 적재적소의 배치를 실현하려고 노력한다. 그러나 최초의 배치가 부적절하였거나 직무환경의 변화로 직무내용이 변화하거나 그 인력의 지식과 능력이 변화하여 직무요건과 인적능력의 부적합이 발생되게 한다. 그러므로 조직은 경영 인력의 유효한 이용을 위해서 직무요건과 인적능력의 최적합 상태가 유지되도록 계획적·조직적으로 조정하는 작업을 하지 않으면 안 되는데 이것이 이동관리이다. 이동관리의 내용으로는 최초의 배치 이외의 모든 이동, 즉 배치전환, 승진, 일시해고, 휴직, 퇴직 등이 포함된다.

3. 교육훈련

교육훈련이란 종업원의 사고, 관습 및 태도를 변화시킴으로써 그들이 맡은 바 직무를 효과적으로 수행할 수 있도록 지원하기 위해 계획된 조직적 활동이다. 교육훈련은 개인이 기업에 들어오기 전에 습득한 지식과 기술이 직무요건과 일치하지 않는 점을 고려하여, 일단 채용된 종업원들이 주어진 환경과 담당직무에서 최대의 능력을 발휘할 수 있도록 단기간에 많은 기술을 연마시키고 직무수행능력을 향상시키기 위해 실시한다. 교육훈련은 궁극적으로 종업원의 직무수행능력을 배양하는 동시에 근로의욕이 왕성한 종업원을 양성시키는 데 의의가 있다.

4. 안전·보건관리

조직구성원에게 안전한 작업조건과 건전한 작업환경을 마련하고 이를 유지·관리하는 것은 인적자원의 유지·보전의 관점에서 매우 중요한 기능이다. 유지·보전관리란 산업재해를 방지하고 질병 및 유독물질로 부터 심신의 손상을 방지하여 인간의 항구적인 복지향상을 추구하며 그것을 실현하는 노력과 활동의 총체라고 할 수 있다.

5. 임금관리

임금이란 종업원들이 노동의 대가로 받는 것인데, 종업원들의 가장 중요한 관심사의 하나이다. 임금관리란 조직구성원들 개개인의 임금지급액, 임금단위 및 임금지급방법, 임금의 사회적 수준, 생활급으로서의 안정 여부, 승진가능성 등의 관리문제를 합리적으로 효율적으로 운영하기 위한 기술이다. 임금관리는 노동력 관리의 합리화, 인간관계의 원활화, 노사관계의 원활화 등을 목적으로 한다.

6. 복지후생

복지후생이란 종업원의 생활수준향상을 위하여 시행하는 임금 이외의 간접적인 제급부를 말하며, 복지후생을 증진하는 주체는 기업 측이 되는 것이 보통이지만 그 관리운영을 반드시 기업 측이 담당할 필요는 없다. 복지후생제도는 온정적·은혜적 성격을 지닌 것이었지만 산업사회의 발전과 노사관계의 변화로 인하여 오늘날에 있어서는 국가의 입법에 의하여 강제되는 법정제도로서의 성격을 지니게 되었다.

7. 인간관계관리

인간관계란 종업원으로 하여금 집단의 한 구성원으로서 상호 생산적이고 협동적으로 활동할 수 있도록 그들의 경제적·심리적·사회적 욕구를 충족시켜 주면서 그들을 조직의 전체적 상황에 결합시키는 활동이라고 볼 수 있다. 현대사회에서 양호한 인간관계를 유지하는 일은 조직과 개인 모두에게 피할 수 없는 과제로 대두하게 되었다. 조직 내의 인간관계관리는 사람들이 일생이 대부분을 조직 속에서 보내게 됨에 따라 조직 내에서의 인간관계가 보다 중시되었다는 점에서 중요하다. 따라서 훌륭한 인간관계관리를 통하여 건전하고도 원만한 인간관계를 유지함으로써 근로생활의 질의 향상에도 기여할 수 있다.

8. 노사관계관리론

노사관계란 자본과 임금노동 사이에서 노동조건결정이라는 대립적 경제관계를 기초로 하여 형성되는 사회관계를 말하는데, 이의 합리적 운영에 노사관계관리의 의의가 있다. 이는 기업조직내의 사용자와 노동자 및 노동조합이 서로의 자주성과 대립성을 인정하면서 기업목적을 달성하기 위하여 그 관계를 어떻게 조화 있게 유지·발전시켜 가느냐 하는 것에 관한 이념, 태도, 방법 등을 중요한 과제로 삼고 있다.

제4절 　신인사제도

인사관리란 조직이 필요로 하는 인력을 조달하고 유지·개발하며 이를 활용하는 관리활동의 체계라 할 수 있다. 이 말은 곧 인사제도 그 자체는 보다 종업원의 사기를 높이고 그들의 생산성을 높이는데 목적이 있는 것이다.

기업에서 인사관리는 종업원들에게 보다 인간다운 대우를 받는 직장을 제공함으로써 일하는 사람들이 일하는 보람을 가지고 자신의 능력을 키우며, 그것을 직무를 통하여 발휘함으로써 기업도 발전하고 개인들도 발전하여 보다 완성된 인간이 될 수 있는 바탕을 마련하는 것이다. 따라서 기업경영의 기본은 '사람을 어떻게 움직일 것인가?', '사람을 통해서 경영자원을 어떻게 조직화할 것인가?', 즉 '어떻게 해서 사람을 통하여 일을 수행할 것인가?'하는 문제이며, 이것이 바로 기업의 인사관리의 목적인 것이다.

하지만 오늘날 같은 극심한 경쟁 환경에서는 전통적인 인사제도가 인사관리의 목적을 만족시키지 못할 뿐만 아니라 조직의 효과성과 효율성을 달성하는데 전혀 기능을 발휘하지 못하고 있다.

따라서 기업들은 기존의 인사제도로는 생사여탈적인 경쟁을 따라갈 수 없다는 위기감에 직면해 있다. 전통적으로 기업이 사용하는 연공원칙은 근무연수가 실무능력을 좌우하는 조직 환경이라면 거기서 얻을 수 있는 이득도 상당히 클 것이나, 사업이 신속한 활동과 새로운 기술을 요하는 조건이라면 연공원칙은 상당한 정도로 그 중요성이 감소될 것이다.

만약 연공원칙을 탈피함으로써 조직의 활력을 높이고 종업원의 적극적인 노력과 자기개발의지를 환기시킬 수 있다면, 그리고 능력이라는 새로운 원칙이 일시적으로 상당한 저항을 받더라도 이를 뒷받침 할 훈련과 설득, 인센티브 제도에 의하여 결국 사원 전체의 이익이 된다는 것이 확인만 된다면 쉽게 수용될 수 있을 것이다.

신인사제도의 출현배경을 살펴보자.

첫째, 우리나라는 오랜 기간 연공서열을 원칙으로 한 인사관리가 이루어진 결과 인사적체현상을 피할 수 없었다. 이 같은 상태로는 '인재의 적재적소 활용'을 실현할 수가 없고 인사제도의 주요기능인 구성원 만족도 제공하지 못하게 되었다. 따라서 근속연수 기준이 고과, 승진, 보상에 함께 적용되는 연공서열원칙의 모순을 피하고, 능력의 유무, 성과의 과오에 따라 적절한 승진이나 보상이 이루어지는 차별화를 두기 위해서는 인사제도의 수정이 불가피할 수밖에 없었다. 신인사제도의 목적은 구성원들의 자발적인 참여와 창의성을 최대화시킬 수 있는 제도적 여건을 마련하고자 하는 노력이다. 즉 구성원들이 자신의 능력을 개발하고 그것을 본인과 조직을 위해서 활용하여, 그 결과가 승진으로 반영되고 사회로부터 인정을 받을 수 있는 제도가 필요한 것이다.

둘째, 다변적인 경쟁 환경에서 생산기능을 수행하는 기업의 이점은 과거환경처럼 '규모의 경제'에 있는 것이 아니라 이보다는 구성원들의 '창조성과 재능, 지식의 깊이와 폭'에 있다.

따라서 이러한 정신적 자원을 조직 목적에 효과적으로 공헌하도록 하는 적극적 개념의 인사제도가 필요하다. 물론, 제도적인 측면도 중요하지만 새로운 패러다임 하에서 인사관리는 바로 종업원이 지닌 자율적이고 창의적인 능력들을 파악하여 이를 계발시킴으로써 기업 입장에서 우수한 인력을 경영자원화 할 수 있을 것이다.

셋째, 현재의 인사체제개혁은 인류기업수준의 경쟁력을 확보하기 위한 몸부림이다. 또 미국기업의 생산성이 일본을 급속히 앞지르는 최근의 경제적 우위변화도 국내기업들의 개혁을 자극하는 한 요인이 되고 있다. 과거에는 일본의 종신고용을 대표로 한 고용안정이 능력중심의 미국 기업들을 앞지르는 경쟁력의 원천으로 여겨졌으나, 이제는 능력주의를 바탕으로 한 미국의 경영혁신노력들이 오히려 성공하고 있기 때문이다. 이에 기업 확대에 따른 경직성으로 고심하고 있는 국내기업들은 유연한 조직구조에서 비롯되는 환경적응능력을 키우기 위하여 미국과 같은 능력주의 바탕의 경영혁신이 필요하다고 절실히 느끼고 있다.

넷째, 각종 자원의 이용비용이 상당히 높아지고 있는 현실에서 기업이 모든 곳에 자원을 쏟아 부을 수 없다. 따라서 앞으로 기업조직은 저부가가치 업무의 자동화, 조직의 탈 정형화를 이루는 동시에 전문가 중심조직으로 나아가야 한다. 그렇게 되면 기업은 제한된 자원을 각자의 전략적 비교우위에 집중할 수 있다. 그러나 연공서열식 인사제도의 지배를 받는 현실에서는 기업에서 근무한지 일정기간이 지나면 평범한 능력을 가진, 그만저만한 사람들이 되고 만다. 조직의 전문성은 구성원의 전문성에 의해 좌우되기 때문이고, 기업들은 이렇게 평범한 구성원들이 조직의 핵심 사업을 수행할 수 있도록 능력을 제발시켜야 한다.

마지막으로, 과거 고도성장 시대에는 승진과 승급의 기회가 많아 연공서열주의로도 종업원들에게 자연스럽게 동기부여를 할 수 있었다. 그러나 오늘날과 같이 인사적체가 불가피한 저성장시대에는 연공서열주의는 조직 구성원의 능력을 최대한 발휘할 수 없게 만드는 걸림돌이 되고 만다.

객실 판매 및 생산

```
┌─────────────────────────────────────────────────────────────┐
│                  제 1 부 호텔경영 일반론                         │
│                  ┌──────────────────────┐                     │
│                  │   제1장 호텔의 이해    │                     │
│                  ├──────────────────────┤                     │
│                  │  제2장 호텔기업의 특성 │                     │
│                  └──────────────────────┘                     │
└─────────────────────────────────────────────────────────────┘

┌─────────────────────────────────────────────────────────────┐
│                  제 2 부 호텔경영 관리론                         │
│              ┌────────────────────────────┐                   │
│              │      제3장 경영과 경영관리    │                   │
│              └────────────────────────────┘                   │
│         ┌──────────────┐     ┌──────────────┐                 │
│         │ 제4장 계획화   │     │ 제5장 조직화   │                 │
│         └──────────────┘     └──────────────┘                 │
│         ┌──────────────┐     ┌──────────────┐                 │
│         │ 제6장 지휘화   │     │ 제7장 통제화   │                 │
│         └──────────────┘     └──────────────┘                 │
└─────────────────────────────────────────────────────────────┘

┌─────────────────────────────────────────────────────────────┐
│                  제 3 부 호텔경영 기능론                         │
│                  ┌──────────────────────┐                     │
│                  │    제8장 인사관리     │                     │
│                  └──────────────────────┘                     │
│  ┌──────────────────┐ ┌──────────────────┐ ┌──────────────┐  │
│  │ 제9장 객실판매 및 생산│ │제10장 프런트오피스의 조직│ │제11장 하우스키핑│  │
│  └──────────────────┘ └──────────────────┘ └──────────────┘  │
│         ┌──────────────┐ ┌──────────────────┐                │
│         │ 제12장 식음료 관리│ │ 제13장 연회 서비스  │                │
│         └──────────────┘ └──────────────────┘                │
│                  ┌──────────────────────┐                     │
│                  │   제14장 호텔 재무관리  │                     │
│                  └──────────────────────┘                     │
└─────────────────────────────────────────────────────────────┘
```

☞ 열린 생각 및 직접 해보기

▶ 객실상품의 특징을 설명한다.

▶ 객실상품의 분류를 설명한다.

▶ 객실요금의 종류를 설명한다.

▶ 취업 희망호텔의 홈페이지를 통해 객실상품과 종류별 가격을 알아보자.

▶ 미래의 환경변화에 따른 객실상품은 어떻게 변화할지 써보기

Chapter **9**

객실 판매 및 생산

생산은 호텔경영의 실체, 즉 중핵적 실체이며 생산관리에 있어서 중핵적 존재이다. 생산관리란 생산 활동을 계획하고 조직하고 통제하는 기능의 총칭이다. 광의의 생산관리란 경영에 있어서 제활동, 즉 구매·제조·재무활동 가운데 특히 제조활동 내지 현장의 작업수행활동을 대상으로 하는 관리활동을 의미한다.

그러므로 생산관리는 다른 부문관리와 유기적인 연결 하에 수행될 때 그 목적을 달성할 수 있는 것이며, 특히 구매 관리를 전제로 하지 않는 생산관리는 무의미하다.

따라서 구매, 판매, 재무 등의 각 부문관리와 상호간 밀접한 관계를 유지하면서 계획, 조직, 통제되어야 한다.

생산관리는 생산 활동을 관리하는 하나의 시스템적 의사결정과정이다. 환언하면, 생산관리란 생산목표를 달성할 수 있도록 생산 활동이나 생산과정을 관리하는 것이라 할 수 있다. 즉 양질의 제품 및 서비스를 적기에 적량을 적가로서 공급·생산할 수 있도록 이에 관련되는 생산과정·생산 활동을 조정하는 일련의 관리활동이다.

제품이나 서비스를 산출하는 데 필요한 종업원, 시설, 기계설비, 원재료, 자본 등을 생산요소라 한다. 한편 최근에는 이 밖에도 에너지(energy)와 정보(information)도 생산요소에 포함시키고 있다. 1965년 이후부터 생산관리의 명칭이 미국에서 생산관리(Production Management)로부터 생산·운영관리(Production and Operations Management : P/OM)로 개칭되었다.

제1절 객실 상품의 개념과 특징

1. 객실의 상품

1) 객실 상품의 개념

호텔이란 호텔을 방문하는 고객에게 객실과 식사를 제공하는 곳이며, 숙박은 호텔에 있어서 가장 대표적인 상품이다. 그러므로 대부분의 호텔에서는 객실매출은 가장 큰 단일 소득원이며, 다른 모든 서비스에 매출액을 합한 것보다 더 많다. 특히 객실은 높은 마진을 주기 때문에 호텔경영 이익의 주요부분을 차지한다. 또한 숙박의 주요영향 요인은 객실은 고객이 호텔에 투숙하여 퇴숙할 때까지 전 과정을 걸쳐 관련되는 종합적인 부문이다.

이렇게 호텔 내에서 주요한 부문을 차지하고 있는 호텔객실의 개념을 살펴보면 객실은 (guest room)은 글자 그대로 손님을 위한 방이다. 사전적 의미는 손님을 거처(일정하게 자리를 잡고 살거나 숙박 함)하게 하거나 접대하는 방, 또는 여객선, 여객기, 열차 등에서 손님이 타는 방으로 설명되고 있다. 웹스터 사전에서 "객실은 벽에 의해 분리된 건축물내의 공간 또는 유사한 공간의 벽 등에 의해 분리된 공간"으로 정의하고 있다. 현대적 의미의 호텔의 객실은 식·음료, 연회, 집회, 문화, 레저, 쇼핑, 비즈니스 등의 기능과 고급의 인적서비스 기능을 갖춘 영리사업체가 고객에게 편안한 휴식과 조용하고 안락한 잠자리 장소로 제공하는 건축물공간의 일부라고 할 수 있다.

2) 객실 상품의 특징

일반적으로 제공되는 호텔상품은 객실상품, 식음료 상품, 기타 부대시설 그리고 인적 서비스 상품으로 대별할 수 있다. 객실 및 식음료 상품 그리고 부대시설은 유형의 상품이며 인적서비스상품은 무형의 상품이다. 이들 상품들 중에서도 객실상품은 호텔경영에 있어서 가장 중요한 상품이라 할 수 있다. 왜냐하면 객실상품의 판매로 발생하는 객실수익은 객실수익 그 자체만으로 그치는 것이 아니라 호텔의 전체 영업수익에 큰 영향을 미치게 되기 때문이다. 식당의 식음료 상품뿐만 아니라 기타 부대업장의 수익발생은 객실 투숙객의 증감에 따라 많은 영향을 받게 된다. 즉 다시 말하면 객실 투숙객이 많으면 많을수록 식당이나 부대시설의 이용도가 높아져 전체 영업수익이 향상되기 때문에 호텔로서는 객실판매를 극대화 시킬 수 있는 전략이 전체적으로 원활한 호텔경영을 위해서 대단히 중요하다.

(1) 무형성(intangibility)

무형의 상품이기 때문에 저장할 수 없으며 특허와 같은 법적제도를 통해 보호받을 수 없고, 그 상품의 내용을 미리 보여주거나 알려줄 수 없다.

(2) 동시성(inseparability)

생산과 소비가 동시에 이루어지기 때문에 분리하여 생각할 수 없다. 그러므로 고객의 입장에서 서비스 상품을 소비하기 위해서는 생산 형장에 직접 와야 하고 동시에 생산에 참여하지 않을 수 없게 된다. 따라서 서비스 상품의 대량생산은 어려운 일이다.

(3) 이질성(heterogeneity)

많은 이질적인 요소들이 모여 하나의 상품을 구성하다보니 서비스 상품을 표준화한다거나 전체상품의 질을 관리하기가 매우 어렵다.

(4) 소멸성(perishability)

서비스상품은 제고가 없다. 그러므로 오늘 사용하지 못한 상품을 저장했다가 사용한다는 것은 있을 수 없다.

3) 객실 상품의 기능

호텔은 크게 공공부문, 숙박부문, 식음부문 으로 나눌 수 있다. 그 중에서 객실은 숙박부분에 속하며 이것은 호텔의 기능 중에서 가장 중요한 역할이라고 할 수 있다. 호텔에서 객실은 주요 수입원이고 호텔이 지향하는 성격과 목적에 따라 객실의 유형을 다양하게 갖추면서 경영에 중요한 역할을 담당하고 있다.

따라서 객실은 쾌적과 개성을 필요로 하며 필요에 따라서 변화상을 주어 호텔의 특성을 살려야 하는데 객실의 기능을 숙박객 생활의 활동적인 측면에서 살펴보면 다음과 같다.

(1) 휴면공간

침실의 기능으로써 취침과 휴식공간이다. 호텔의 주체는 객실이고 고객에게 안전하고, 쾌적한 휴식과 수면의 제공에 있어 가장 중요한 기능이 되며 취침기분을 좌우하는 침대는 객실의 설비 중 가장 중요한 품목이다.

(2) 자유공간

거실의 기능으로 다목적 공간이 된다. 즉 TV시청, 사무, 독서, 음악 감상, 작업, 대화, 상담 등의 활동공간으로 이용되어 손님접대로 외부와의 관계를 맺게 되는 공간이 된다.

(3) 위생공간

배수설비를 핵심으로 하는 공간의 배수, 세면, 목욕 등 생리적 행위를 위한 공간이다. 이같은 기능의 핵심은 욕실에서 화장실과 세면장이 있다.

(4) 사무공간

최근의 객실 환경의 주요요인으로써 기존의 관광과 여행의 단순한 숙박이 현재는 숙박보다는 비즈니스를 하는 사무공간으로써 활용도가 확대되면서 현대의 호텔은 각각의 객실에 랜선, 컴퓨터, PDA, 휴대폰, 팩스 등 비즈니스 고객의 이용만족을 위하여 지속적으로 급격히 발전되고 있다.

(5) 화물공간

일정한 양의 고객의 수하물을 보관할 수 있는 공간은 반드시 필요하다. 휴면공간이나 자유공간에 침해를 주지 않으며 고객께서 쉽게 이용할 수 있어야 한다.

제2절 호텔 객실 상품의 분류

호텔 객실 상품은 침대 수와 크기, 그리고 상품의 위치에 따라 구분할 수 있다. 침대 수는 곧 객실에 투숙 가능한 인원수를 의미하는 것이며, 침대의 크기는 제조회사마다 약간의 차이는 있지만 대체로 보통, 퀸 사이즈, 킹사이즈 등으로 구분된다. 그리고 객실이 어디에 위치하고 있느냐는 객실내부에서 외부의 경관을 감상할 수 있느냐에 따라 객실요금에 차등을 두는 것이 일반적이다.

1. 침대 수 및 크기에 의한 분류

1) 싱글룸(single room)

Single room with bath로 표현되며 SWB, S/B 등의 약자로 나타내기도 한다. 1인용 침대가 1개로서 한 사람이 투숙하기에 적합한 객실이다. 객실의 크기는 평균 13~20㎡ 정도이며 침대의 크기는 가로 970㎜, 세로 1,950㎜가 일반적이다.

2) 더블 룸(double room)

Double room with bath로 표현하고 DWB, D/B 등의 약자로 표기된다. 2인용 침대가 1개인 객실로서 주로 부부가 이용하기에 편리한 객실이다. 객실면적은 평균 15~24㎡ 정도이며 침대의 크기는 가로 1,380㎜, 세로 1,950㎜가 일반적인 크기이다.

3) 트윈룸(twin room)

Twin room with bath로 표현하며 TWB 또는 T/B 등의 약자로도 표기한다. 2개의 1인용 침대가 배치된 객실로서 같이 여행하는 단체고객들이 사용하기에 편리한 객실이며, 특히 city hotel이나 business hotel의 성격을 지닌 호텔에서 많이 선호하는 객실이다.

4) 트리플 룸(triple room)

Triple room with bath로 부르기도 하며 TPWB 또는 TPL/B 등의 약자로 표기되기도 한다. 3인이 사용하기에 편리하도록 3개의 single bed를 비치하거나 1개의 double bed와 1개의 single bed 또는 2개의 single bed와 보조침대를 비치하는 경우도 있다.

5) 스위트 룸(suite room)

Suite room 또는 suite room with bath로 표현하며 SUT/R, SUT/B 등의 약자로 표기하기도 한다. 스위트룸의 크기는 일반적으로 보통 객실의 2배 이상이며 침실과 거실이 분리된 형태이다. 우리나라에서는 이러한 객실을 특실이라 부르기도 하며 대부분의 호텔들은 상징적으로 이러한 객실을 보유하고 있다. 객실 명칭 또한 presidential, royal suite 등과 같이 화려하고 거창한 객실명칭을 부여하고 있다.

6) 스튜디오 룸(studio room)

Studio room with bath 또는 studio room으로 표시하며 ST/B, STWB 등의 약자를 사용하기도 한다. 이러한 객실은 주거와 사무실 용도를 겸할 수 있는 오피스텔과 같은 곳에서 많이 도입하고 있다. 설치된 침대는 주간에는 사무실 용도의 응접용 소파로서 그리고 야간에는 침대로 활용할 수 있으며, 이를 일명 카우치 베드라 한다.

2. 객실의 위치에 의한 분류

1) 아웃사이드룸(outside room)

일반적으로 아웃사이드 룸이란 객실내부에서 외부의 경관을 감상할 수 있는 객실로서 흔히 전망 좋은 객실을 말하며, 호텔이 어디에 위치하고 있느냐에 따라 다양한 명칭을 사용하기도 한다. 예를 들어 해변에 위치한 호텔이 경우 객실내부에서 확 트인 바다의 경치를 볼수 있으면 sea side, 호수주변에 위치한 호텔객실에서 호수의 경관을 감상 할 수 있으면 lake side, 객실내부에서 산의 전경을 감상할 수 있으면 mountain side 등으로 부르지만 이들 모두는 아웃사이드 룸 개념에 속하는 것들이라 볼 수 있다. 대부분의 고객들이 전망 좋은 객실을 선호하는 것은 당연하기 때문에 호텔건물의 설계 시에는 가능하면 전 객실에서 외부의 경관을 감상 할 수 있도록 설계하는 것이 바람직하다.

2) 인사이드 룸(inside room)

인사이드 룸이란 아웃사이드 룸의 반대되는 개념으로써 객실내부에서 외부 경관을 감상할 수 없는 객실을 말한다. 대부분의 호텔들이 아웃사이드 룸은 많이 확보하는 방향으로 건물을 설계하지만 건물구조상 인사이드 룸의 확보가 불가피한 경우도 있다. 이러한 경우 호텔 경영자는 인사이드 룸을 아웃사이드 룸 보다 약간 저렴한 가격으로 판매하거나 단체를 인솔하는 가이드에게 배정하거나 또는 하우스 유스룸 등으로 활용하는 것이 바람직하다.

3) 커넥팅 룸(connecting room)

커넥팅 룸이란 서로 인접한 객실이지만 객실과 객실사이에 내부에서 서로 통하는 문이 있어 복도를 통하지 않고도 자유롭게 서로 왕래할 수 있는 객실을 의미한다. 가족단위 여행객 또는 신변보호 목적이나 업무수행을 위해 수행원을 많이 대동하는 고객들이 사용하기에 편리한 객실이다. 예를 들어 어느 호텔 10층에 1001호부터 1050호 까지 50개의 객실이 있다고 가정하고 1001호와 1002호 사이에는 내부에서 서로 왕래 할 수 있는 통로가 있고 1048호, 1049호, 1050호는 또 하나의 커넥팅 룸이 되는 것이다. 이러한 경우, 고객의 사정에 따라 커넥팅 룸을 한 개의 유니트로서 판매할 수 있지만 호텔의 객실사정이 여의치 못할 경우 커넥팅 룸일지라도 따로 분리해서 판매할 수도 있다.

4) 어드조이닝 룸(adjoining room)

어드조이닝 룸은 같은 방향으로 나란히 연결된 객실을 말하지만 커넥팅 룸과는 달리 객실과 객실 사이에 서로 통하는 문이 없다. 따라서 객실과 객실사이를 왕래할 때는 반드시 복도를 이용해야 한다. 이러한 객실의 구분은 특히 단체에 대한 객실배정을 할 경우 룸 블로킹의 좋은 참고가 된다.

5) 어제이션트 룸

어제이션트 룸은 서로 마주보는 객실을 말한다. 일반적으로 호텔객실은 호텔의 구조상 복도를 사이에 두고 양쪽으로 배열되어 있다. 경우에 따라서 객실번호가 복도를 중심으로 한 쪽은 짝수 번호, 다른 한 쪽은 홀수 번호로 배열된 경우도 있으며, 또 다른 경우 아무런 구분 없이 차례대로 배열되기도 한다. 그러나 어쨌든 특히 단체의 객실배정에 있어 룸 블로킹 할 때 어드조이닝으로 할 것인지 아니면 어제이션트로 할 것인지는 고객의 특성이나 그 날의 객실 상황을 참고하여 담당자가 결정할 일이다.

3. 변형된 형태의 객실상품

고객의 다양한 욕구를 충족시킴과 동시에 객실 매출증대를 도모하기 위해 호텔들은 기존의 객실개념을 변형시켜 다양한 형태의 객실상품을 선보이고 있다. 특히 가족단위 여행객들이 즐겨 찾는 휴양지 호텔에서 다양한 형태의 가족단위 여행객들을 유도하기 위해 주로 개발되고 있다.

1) 디럭스 트윈 또는 패밀리 트윈

싱글-더블베드 룸이나 더블-더블베드 룸과 같이 1인용 침대인 single bed 1개와 2인용 침대인 double bed 1개를 설비하여 부모와 자녀 1명이 투숙하기에 이상적인 객실로 만든다거나 부모와 자녀 2명이 투숙하기에 적합하도록 함으로써 이들이 기존의 객실을 사용할 경우 추가 될 수 있는 extra bed charge의 부담을 없애준다.

2) 온돌

온돌은 우리나라의 전통적인 객실형태로 우리나라의 호텔에서만 볼 수 있는 객실형태이다. 대부분의 호텔들은 서양식 객실을 많이 보유하고 있지만 소량의 온돌 룸을 보유하고 주로 내국인들에게 판매하고 있다. 도심지에 위치한 호텔보다는 휴양지에 위치한 호텔들이 온돌 룸을 많이 보유하고 있으며 이들 중 상당수는 전형적인 우리나라의 온돌이라기보다는 변형된 형태로서 한실과 양실의 절충형으로 운용되고 있다. 전형적인 온돌을 보유하고 있는 호텔들은 내국인 단체를 수용하기에 매우 적합한 점도 있으나 외국인을 주로 유치하는 호텔에서는 풀-하우스 전략에 차질을 가져다 줄 수도 있다.

제3절 객실 요금의 종류

호텔의 객실요금은 공표요금(정상요금), 특별요금, 그리고 추가요금 크게 분류 할 수 있다. 이러한 요금은 호텔의 경영정책에 따라 분류하지만 영업 전략에 따라 융통성 있게 적용되는 것이 일반적이다.

1. 공표요금(tariff)

정상요금이라고도 부르며 호텔기업이 객실요금을 책정하여 주무관청의 승인을 얻고 호텔에서 공시하는 기본요금을 말한다. 공표요금은 할인되지 않은 정상적인 요금으로서 일명 풀-차지 또는 플-레이트라고도 하며 호텔이 판매촉진이나 광고 또는 홍보 목적으로 만들어내는 브로우셔나 팸플릿 등에 표시하는 요금이다.

2. 특별요금(special rate)

호텔에서는 정상요금을 적용하는 것이 원칙이나 호텔의 영업 전략상 특별요금을 적용하기도 한다. 이러한 특별요금은 객실요금을 무료로 처리하는 경우는 컴플리멘터리와 스페셜 유스의 두 가지 유형이 있으며 할인요금에는 싱글할인요금, 비수기할인요금, 커머셜요금, 단체할인요금, 가이드 요금 등이 있다.

1) 컴플리멘터리(complimentary)

컴플리멘터리는 호텔의 판매촉진 등 영업 전략상의 목적으로 호텔에서 특별히 접대해야 할 고객이나 초빙한 고객에게 요금을 징수하지 않는 것을 말하며 일명 컴프라고도 한다. 예를 들면 호텔의 영업에 지대한 영향력을 행사할 수 있는 사람. 빈번하게 거래하는 기업체의 임직원, 거래 여행사의 임원 및 간부, 그리고 각종 세미나나 행사진행을 위해 사전에 호텔을 방문하는 사전 답사자 등이 주로 그 대상이 된다. 무료처리를 할 때는 해당 부서의 원활한 업무처리를 돕기 위해 객실만 무료인 경우 comp on room, 객실과 식음료 모두 무료인 경우 comp on room, food and beverage라고 표시해 주는 것이 바람직하다.

2) 스페셜유스(special use)

special use는 U/S라는 약자로 표기하기도 하며 객실을 무료로 처리한다는 면에서는 전술한 컴플리멘터리와 유사하다고 생각하기 쉬우나 그 적용 대상이 각종 행사나 세미나를 주관하는 실무 담당자나 행사의 진행요원, 단체를 안내하는 가이드나 여행사직원 등에게 무료로 제공되는 객실을 말한다.

3. 할인 요금(discount rate)

할인요금은 정상 또는 공표요금에서 일정액만큼 할인해 주는 요금으로서 싱글할인 요금, 비수기할인요금, 커머셜요금, 단체할인요금, 가이드요금 등으로 구분한다.

(1) 싱글할인요금(single discount rate)

호텔의 객실요금은 계약에 의한 단체고객의 숙박을 제외하고는 투숙객 개개인에 대한 요금계산이 아닌 객실 당 요금계산이 일반적이다. 예를 들면 2인용 객실에 1명이 투숙한다 하더라도 객실요금은 투숙인원수에 관계없이 정해진 요금이 부과된다. 싱글 룸을 제공하지 못하고 이 보다 가격이 높은 더블이나 트윈 룸을 제공하고 싱글룸 가격을 적용하는 경우를 말하며 이러한 경우를 일명 엎그레딩이라 한다.

(2) 비수기할인요금(off season rate)

비수기할인요금은 호텔의 이용률이 낮은 계절에 한하여 정상적인 요금에서 일정액만큼 할인해 주는 요금을 말한다. 특히 사계절의 변화가 뚜렷한 우리나라 도심지호텔의 경우 3월, 4월, 5월, 9월, 10월, 11월은 성수기를 이루고 있으며, 12월, 1월, 2월, 3월, 6월, 7월, 8월은 호텔이용률이 비교적 낮은 편이다. 반대로 휴양지 호텔의 경우, 겨울철인 12월, 1월, 2월, 그리고 여름 바캉스 철인 7월과 8월은 성수기에 속한다. 이와 같이 호텔의 이용률이 낮은 계절에 도심지호텔을 비롯한 많은 휴양지 호텔의 경우, 겨울철인 12월, 1월, 2월, 그리고 여름 바캉스 철인 7월과 8월은 성수기에 속한다. 이와 같이 호텔의 이용률이 낮은 계절에 도심지호텔을 비롯한 많은 휴양지호텔들이 경영활성화의 일환으로 20~50% 할인된 비수기 요금을 적용하고 있다. 그러나 비수기 요금의 적용에 있어 주의할 점은 할인율을 얼마로 할 것인가는 전적으로 호텔경영자의 판단에 따르겠지만 업체 간의 과다경쟁에 따라 지나친 할인율을 적용함으로써 발생할 수 있는 호텔의 이미지 손상을 염두에 둘 필요가 있다.

(3) 커머셜요금(commercial rate)

커머셜요금은 호텔이 정한 특정 기업체나 공공단체 등과 상업적인 목적으로 정기적으로 장기간 투숙을 원하는 고객에게 계약에 따라 일정한 금액을 할인해 주는 요금이다. 특정 기업체나 공공단체에서 투숙하는 고객에게 계약에 따라 일정한 할인혜택을 제공함으로써 해당업체의 고객들을 정기적으로 투숙시킬 수 있는 장점이 있다. 그러나 객실사정이 여의치 못한 상황에서는 특정 업체나 공공단체가 요구하는 객실 수와 할인율을 수용하더라도 당일 요구분에 한해서는 지불보증을 요구함으로써 no show나 갑작스런 예약취소에 따른 호텔의 일방적인 피해를 미연에 방지할 수 있다.

(4) 단체할인요금(group rate)

단체할인요금은 국·내외 여행사에서 보내주는 단체관광객이나 혹은 정부기관이나 각종 단체에서 개최하는 각종 컨벤션이나 세미나에 단체로 참가하는 고객들에게 특별히 할인해 주는 요금이다. 이들 단체에게는 객실의 형태에 관계없이 동일한 요금을 적용하므로 이를 일명 균일 요금 또는 flat rate이라 한다. 객실요금에 식사가 포함되며 객실 당 요금계산이 아닌 고객 개개인 당 요금으로 계산하는 것이 일반적이다. 여행사의 단체요금은 호텔과 거래여행사 사이에 서로 계약에 따라 매년 초에 결정하며 일반적으로 1년을 유효기간으로 한다.

(5) 가이드요금(guide rate)

가이드요금은 여행사단체를 수용하는 호텔 측과 고객을 보내주는 여행사 사이에 계약되며 우리나라의 경우 대부분 가이드에게 제공되는 객실은 스페셜 유스로 처리하여 무료로 제공한다.

4. 추가요금(additional charge)

추가요금은 정상 또는 공표요금 이외에 별도로 추가되는 요금을 말하며 midnight

charge, hold room charge, 초과요금, extra charge 등이 있다.

1) 미드나이트 차지(midnight charge)

예약을 접수한 고객이 사정상 새벽에 도착한 경우 호텔은 전일부터 객실을 다른 고객에게 판매하지 않고 기다렸으므로 요금을 부과하게 된다. 이러한 경우 호텔은 전일부터 객실요금을 부과하여 고객이 아무리 늦게 도착하더라도 차질 없이 객실을 이용 할 수 있도록 하기 위한 것이며 예약을 접수할 때 미리 고객과 합의해 두는 것이 바람직하다.

2) 홀드 룸 차지(hold room charge)

일명 키프 룸 차지라고도 하며 홀드 룸 차지는 다음과 같은 두 가지 경우에 발생한다. 그 하나는 투숙한 고객이 단기간의 여행을 떠나면서 수화물을 객실에 남겨두고 가는 경우 이 객실을 고객이 계속 사용할 의사가 있는 것으로 간주하여 요금을 부과하게 되며, 또 다른 경우는 고객이 객실을 예약하고 호텔에 도착하지 않았을 경우 그 객실을 타인에게 판매하지 않고 보류시킨 경우에 부과되는 요금이다. 이러한 경우 고객이 항공편의 지연이나 개인사정으로 인하여 호텔도착이 늦어질 경우 당초의 예약조건대로 요금을 부과하게 된다. 이러한 추가요금의 적용을 호텔의 예약담당자와 고객 간에 사전 합의되어 guaranteed(GTD)된 경우에 한하여 이루어지는 것이 바람직하다.

3) 초과요금(additional charge)과 엑스트라 차지(extra charge)

초과요금은 호텔이 정하고 있는 퇴숙 시간을 넘겨 객실을 사용하는 경우에 부과되는 요금을 말한다. 일반적으로 대부분이 호텔은 정오 12시까지를 퇴숙 시간으로 정하고 있으며 고객이 check-out time을 연장하면 연장된 시간만큼 별도요금을 징수하게 된다.

엑스트라 차지의 경우 실제 등록인원 또는 예약된 인원보다 투숙인원이 추가되어 extra bed를 투입해야 될 경우 발생하는 요금을 말한다. 그러나 단골고객이나 VIP고객인 경우에는 객실부문 책임자의 재량에 따라 이러한 요금을 부과하지 않을 수도 있다.

5. 기타 객실요금

1) 취소요금(cancellation charge)

취소요금은 예약신청자가 숙방당일 혹은 하루 전에 예약을 취소해올 경우에 호텔에서는 취소요금을 부과하게 된다. 취소요금에 대한 규정은 호텔마다 차이를 두고 있으나 이에 대한 상세한 사항은 일반적으로 숙박약관에서 정하고 있다.

〈표 9-1〉 문화관광부 규정 취소요금

구 분	3일전 취소	2일전 취소	1일전 취소	당일 오후 6시 이전 취소
개인고객	객실요금의 20%	객실요금의 40%	객실요금의 60%	객실 요금의 80% 부과
단체고객 (15면 이상의 고객)	객실요금의 10% (9일전부터 3일 전까지)	객실요금의 30%	객실요금의 50%	

자료 : 민혜성(2005), 호텔객실 영업론, 현학사.

2) 파트 데이 차지(part day charge)

일명 데이 유스라고 하며 낮 시간 동안만 객실을 이용하는 고객에게 부과하는 요금이며 정상요금의 50% 정도를 부과하는 것이 일반적이다.

3) 옵셔널 레이트(optional rate)

미결정요금이라고도 하며 예약시점에 정확한 요금을 결정할 수 없을 때 사용하는 용어이다.
예를 들면 예약신청자가 내년의 객실예약을 신청해온 경우 예약을 접수한 현재로서는 내년의 정확한 객실요금을 확정해 줄 수 없을 경우 예약은 수요하되 요금은 미결정상태로 두게 된다. 또한 예약신청자가 특별할인을 요구하여 왔지만 결정권자가 부재중이어서 요구사항을 즉시 수용할 수 없을 때에도 미결정요금으로서 옵셔널 레이트로 표시한다.

4) 패밀리 플랜(family plan)

가족여행객을 우대하기 위한 요금으로써 가족과 동반한 14세 미만의 어린이에게 extra bed를 제공하고 요금을 부과하지 않는다거나 초과되는 투숙인원에 대해 별도의 추가요금을 적용하지 않는 요금 제도를 말한다.

5) 업그레이딩(up grading)

호텔의 사정에 의해 고객이 예약한 객실보다 가격이 비싼 객실을 제공하고 요금은 고객이 예약한 객실요금을 적용하는 경우를 말한다. 호텔이 중요고객을 접대하기 위한 수단으로 많이 활용하고 있으며 앞에서 설명한 single discount rate도 일종의 업그레이딩에 속한다고 할 수 있다.

6) 다운그레이딩(down grading)

전술한 업그레이딩과 반대되는 개념으로써 고객이 예약한 객실보다 가격이 낮은 객실을 제공하는 경우를 말한다. 이러한 경우 자칫하면 고객의 기분을 상하게 할 우려가 있으므로 신중을 기해야 하며, 선불고객인 경우에 차액은 당연히 고객에게 반환해야한다.

7) 호스피탈리티 룸(hospitality room)

호텔의 영업목적상 무료로 제공하는 객실을 말하며 총지배인이나 객실담당지배인의 허락 하에 단체의 수화물을 임시보관 한다거나 행사주최자의 일시적인 편의를 도모해 주기 위한 목적으로 제공되는 객실이다.

8) 하우스유스 룸(house use)

하우스유스 룸은 호텔자체의 필요에 의해 객실을 다른 용도로 사용하는 것을 의미한다. 예를 들면 사무실 공간이 부족하여 특정객실을 사무실로 활용한다거나 임원의 숙소로 이용하는 경우 이는 호텔자체의 필요성에 따라 사용하는 것이므로 객실요금은 계산하지 않는다.

제4절 숙박형태에 따른 요금제도

호텔경영방식 또는 숙박형태에 따른 호텔의 요금제도는 유럽식과 미국식으로 대별하고 순수 유럽식의 변형된 형태라 할 수 있는 대륙식, 그리고 순수한 미국식, 수정된 미국식 등으로 구분할 수 있다.

1. 유럽식 요금제도

유럽식 요금제도는 객실요금과 식사요금을 분리하여 별도로 계산하는 방식이다. 이 방식은 고객에게 식사를 강요하지 않고 고객의 의사에 따라 결정하도록 하며 식사를 할 경우 식사요금은 별도로 계산된다. 특히 도심지에 위치하고 있는 비즈니스호텔의 경우 호텔 외부에서도 고객의 취향에 맞는 다양한 식사를 즐길 수 있으므로 반드시 호텔에서 식사를 하지 않아도 된다. 세계적으로 대부분이 호텔들이 객실요금과 식사요금이 분리되는 유럽식 경영방식을 택하고 있으며 우리나라의 도심지 호텔들도 이러한 경영방식으로 운영되고 있다.

2. 대륙식 요금제도

대륙식 요금제도는 순수 유럽식 경영방식과는 달리 객실요금에 조식을 포함시키는 방식을 말한다. 이 방식에서 제공되는 아침식사는 계란요리를 메인으로 하는 미국식 아침식사와는 달리 롤빵이나 토스트에 커피나 홍차 그리고 우유가 제공되는 유럽식 조식이다. 이는 호텔의 식당이 영업을 개시하기 전에 아침 일찍 체크 아웃 하는 고객의 편의를 도모해주기 위한 것으로 주로 룸서비스를 통해 제공된다.

3. 미국식 요금제도

미국식 요금제도는 호텔의 객실요금에 식사요금을 포함시키는 제도로서 호텔 주위에 다양한 식당이 없는 휴양지 호텔에서 주로 적용하고 있는 요금 제도이다. 이 요금제도는 객실요금에 식사를 포함시키기 때문에 요금결정에 있어서는 한 객실 당 요금이 아닌 1인당 요금으로 책정하는 것이 일반적이다. 미국식 요금제도는 다음과 같은 두 가지 유형으로 구분된다.

1) 순미국식 요금제도

순수한 미국식 요금제도는 객실요금에 조식 · 중식 · 석식의 3식 요금을 포함하는 제도로서 일명 풀 펜션 시스템이라고도 한다. 이러한 요금 제도는 객실요금에 세끼의 식사가 의무적으로 포함되기 때문에 경우에 따라서는 고객의 취향에 맞지 않는 식사메뉴가 포함될 수도 있으며 만약 고객이 식사를 하지 않을 경우에도 요금은 환불되지 않으므로 고객으로부터 불평이 야기될 우려가 있다.

2) 수정된 미국식 요금제도

수정된 미국식 요금제도는 세미펜션, 하프펜션 또는 데미펜션 등으로 불리기도 하며, 전술한 순미국식 요금 제도를 변형시킨 형태로서 객실요금에 조식은 기본적으로 포함하고 중식·석식 중 한 끼의 식사를 더 포함시키는 제도를 말한다. 여기에서 제공되는 조식은 계란 요리를 메인으로 하는 미국식 조식이며 메뉴 내용과 가격이 서로 다른 중식과 석식 중에 어느 것을 객실요금에 포함시킬 것인가는 고객과 상의하여 결정해야 한다. 비록 객실요금에 식사요금을 포함해서 상품을 판매할지라도 부문별 매출액이나 부문별원가계산 같은 내부적인 경영관리를 위해서는 객실요금과 식사요금을 분리해서 회계처리 하는 것이 일반적이다.

제5절 객실가격 결정방법

"가격은 상품 및 서비스 판매 또는 구매 대가다."라는 정의를 기초로 할 때 호텔객실요금은 객실 이용객이 공급자인 호텔 측으로부터 특정기간 객실 이용권과 편익을 제공받는데 지불하는 대가라고 할 수 있다. 호텔의 객실은 공동주택이나 모델하우스처럼 소비자들이 사전에 확인 할 수도 없을 뿐만 아니라 구매 후 교환이나 반품도 불가능하다. 소비자가 서비스를 인식하고 서비스의 질을 평가하는 데는 기대된 서비스(expected service)와 실제 고객에게 제공된 지각된 서비스(perceived service) 사이에서 기대된 서비스보다 지각된 서비스가 크거나 같으면 만족하게 되고 서비스 질은 높게 평가되어진다.

고객이 객실의 서비스 질을 인식 할 때 사전 기대감은 개인적인 욕구, 선전 광고, 판매원의 말, 구전, 평판, 전통과 이미지, 그리고 체험에 의해서 형성되며, 지각된 서비스는 다른 참여 고객, 호텔의 물적·기술적 자원과 종사원의 조화된 서비스에 따라 종합적으로 판단하게 된다. 그러나 고객의 평가는 호텔로부터 제공받는 객실에 대한 시설과 서비스 질에 대한 주관적인 평가에 의해서 지불되는 금액의 정도를 판단하는 가치지향적인 입장을 취하게 되므로, 호텔은 객실 요금의 수준을 결정하는 과정에서 이러한 고객의 지불의사 수준의 금액과 일치하는 수준에서 결정해야 한다. 그러나 고객의 시설과 서비스의 질에 대한 평가는 개인적인 편차가 심하므로 이를 고려하여 신중한 결정이 요구된다.

호텔의 모든 제품의 가격결정방법은 일반적으로 원가지향, 수요지향, 경쟁시장 고려 그리고 행정지도 등의 방법을 채택하고 있다.

1. 원가 중심 가격 결정

원가는 제품이나 서비스상품에 있어 가장 기본적인 가격결정의 근거가 된다. 원가에는 고정비와 변동비가 있는데 호텔에서는 객실판매와 관계없이 일정하게 지출되는 고정비의 비율이 약 70%이상으로 높다. 즉 이는 호텔경영의 특성의 하나인 최초의 고정자산 투자비, 즉 물적 시설에 투지하는 금액이 크기 때문이다. 또는 호텔은 인적서비스의 의존성이 높기 때문에 대부분의 경우 인건비도 고정비의 성격을 갖는다. 객실상품의 원가를 결정하는 기본적인 개념인 직접비와 간접비의 항목을 구체적으로 살펴보면 다음과 같다.

첫째, 직접비에는 직원의 임금 및 급식비, 복리후생비, 유니폼 비, 세탁 및 드라이클리닝 비, 린넨 비, 장치 장식비 등이다. 둘째는, 간접비에는 일단 관리비(임금 및 복리후생비 제외) 광고, 선전 및 판매촉진비, 수도광열비, 수선비, 제세공과금 및 보험료, 감가상각비, 지급이자 등이다. 일반적으로 호텔은 보통 65%의 객실점유율을 손익분기점으로 보고 있다. 과거에는 호텔건축 당시의 비용으로 객실료를 계산하는 경험적인 방법을 사용하였지만, 현대에서는 고정비와 변동비 또는 직접비와 간접비 등의 과학적인 방법으로 가격을 계산한다.

1) 전통적인 방법

1930년대 하워즈 앤 하워즈(Horwath and Horwath)호텔 회계법인에 의해 최초로 사용된 것으로, 호텔경영자가 객실건축비의 1/1000로 하여 산출하였던 것이다. 예를 들면 호텔의 1객실당 건축비가 1억 원일 때 평균실료는 10만원이 되는 셈이다. 호텔을 신규로 건축할 당시 건축비를 강조하여 시설의 화폐가치를 초기에 투자한 비용으로 산출하여 객실의 가격을 결전하는 방법이다.

이 방법의 정당성은 상품원가(실료)의 대부분이 호텔건설로 충당되어질 때의 시점에서 결정되기 때문에 세금, 보험, 감가상각비, 영업비, 지붕이자 등의 전부가 투자에 의해 결정되기 때문이다. 이러한 전통적인 방법은 1960년대까지 적용되다가 오늘날에는 사용되지 않고 있다. 그 이유는 현대의 호텔에서의 객실요금은 그 시설만이 아닌 각종 서비스가 제공되고 있기 때문에 이에 대한 객실요금의 책정이 배제되었기 때문이다.

2) 원가 중심가격

① 휴버트(Hubbart)방식

1960년대 후반 미국 호텔 앤 모텔협회에서 채택한 방법으로 1970년대 후반에 우리나라의 호텔에서 채택 사용되었다. 이 방법은 목표이익을 달성할 수 있는 객실 매출 원가, 기타 부문 이익, 영업비 및 자본을 추정하여 평균객실 요금을 산출한다. 이 방식은 호텔의 사업예산을 역산하여 평균객실 요금을 산출하는 것이다. 또한 이 방법은 하워드 방식보다는 향상된 방법으로 현대의 대부분의 호텔경영자들이 이 방법을 합리적이며 타당성이 있다고 인정하고 있다.

이것은 요구되는 투자수익(return on investment)을 달성하기 위해 필요한 최저한의 평균객실 요금을 결정하기 위한 방법이다. 즉 다음과 같은 공식으로 산출한다.

$$평균\ 객실요금 = \frac{예측되는\ 연간\ 총경비 + 목표\ 투자\ 이익}{예측되는\ 판매\ 객실\ 수}$$

$$예측\ 판매\ 객실\ 수 = 객실\ 수 \times 예측가동율 \times 365일$$

이 방식은 전시설을 포함하는가, 요구되는 투자 수익을 어떻게 정하는가에 따라 몇 가지의 문제점이 발생한다. Hubbart의 객실가격 결정법은 객실부문이 다른 호텔부문을 지탱한다고 요구되는 편중 손익분기점방법을 혼합하여 해결하는데 다음의 5단계의 과정에 의해 객실가격이 결정된다.

제 1단계 : 영업비용의 집계는 모든 부문별 영업비용의 합계는 총 영업 경비가 된다.

제 2단계 : 요구되는 투자 수익의 결정은 모든 고정자산에서 자본의 총 현재 시장가치가 적절한 수익률에 의해 계산 된다.

제 3단계 : 객실 이 외의 수익계산은 객실을 제외한 전 부문에서 얻어진 수익을 총계한다.

제 4단계 : 객실에 의해 실현되어져야 할 판매액의 산출 총 영업 경비와 투자수익의 합계에서 그 밖의 수익을 공제함으로써 객실부문에서 발생하는 판매액을 산출한다.

제 5단계 : 평균객실요금 발견은 평균객실요금은 실제의 객실 판매액을 이용한 객실수(기대한 가동률)로 나누는 방법이다.

이 방법은 객실 요금의 최저 가격을 도출하는데 도움을 주지만 몇 가지 문제점과 보완점이 있는데 다음과 같다. 첫째, 휴버트 공식은 예상 객실 점유율과 희망 투자 회수율이 어디까지나 추정이므로 구체적으로 책정되어야 한다. 둘째, 이 공식은 객실뿐만 아니라 식음료 기타 이익 발생에 대한 공헌 이익법이 다루어져야 한다. 셋째, 이 공식은 호텔과 객실과 식음료가 관련되는 판매믹스에 대한 가격결정 문제를 해결해야만 한다.

휴버트 방식은 연간 총경비에 연간의 목표수익을 중심으로 산출하는 방법이다. 아래의 예를 통해 자세히 알아보자.

* 연간 총 경비(E) ································· 2,000,000,000
* 연간 목표수익(P) ································· 500,000,000
* 객실 수(R) ······································· 100
* 예상점유율(O) ··································· 80%
* 1일 예상 객실료 $= \dfrac{E+P}{R \times O \times} = \dfrac{2,000,000,000 + 500,000,000}{100 \times 0.8 \times 365}$ ≒ 85,616

② 손익 분기점 분석에 의한 방법

손익분기점방법은 호텔산업에서만 특별하게 작용되는 것이 아니다. 비록 휴버트 방식과 본질적으로 유사하지만 이 방식은 호텔경영자로 하여금 최소의 객실점유율과 객실요금의 선택 고정비와 변동비를 충당할 수 있는 객실경비의 구성 비율을 결정할 기회를 제공한다.

객실료의 변동비 배분은 하우스키핑 경비와 객실경비와 같이 판매량의 증감에 비례해서 변화하는 비용이다. 이 방법에 의해 신속하게 평균 객실료를 결정할 수 있고, 객실점유율과 실제 평균 객실료 방식과 마찬가지로 비용과 객실 점유율을 포함한 몇 가지 가정의 정확성이 문제가 된다. 즉 이 방법은 고정비와 변동비의 정확한 분해, 객실 점유율을 위시한 가정의 타당성이 요구되고 있다.

손익분기점(break even point) 분석은 고정비가 높은 호텔에서는 유용한 서비스상품 관리와 통제수단이 되어 판매나 비용 예측, 비용통제, 가격결정서 많이 이용된다.

손익분기점은 객실 상품의 총 매출액이 모든 비용과 같아지는 점으로서 이익도 손실도 발생되지 않는 시점을 말한다.

공식 법에 의한 BEP분석은 다음과 같다.

$$* \ F = X \times \left(1 - \frac{V}{S}\right)$$
$$* \ X = F \div \left(1 - \frac{V}{S}\right)$$

BEP = 고정비 ÷ (1-변동비/매출액) 즉 당기 매출액(S)을, 고정비(F)로 표시하고, 변동비(V)라고 할 때, (V)는 당기 변동비를 매출액으로 나눈 것이므로 변동비율을 나타낸다. 손익분기점을 산출하는 전제로는 고정비와 변동비의 비용을 알아야 한다. 고정비는 일반적으로 조업도의 변동에 따라 영향을 받지 않고, 일정하게 발생하는 급료, 보험료, 세금, 감가상각비 등을 말하고 변동비는 조업도의 변동에 따라 증감 변동하는 판촉비, 원가, 연료비, 소모품비 등을 말한다.

3) 객실크기에 근거한 객실료 산정방법

객실의 크기에 따라 객실료를 크기(평수)에 의해 요금을 산정하는 방식으로 이 방법은 객실의 종류별 숫자에 크기를 곱하여 전 호텔 객실의 넓이를 산정한 다음 예상의 일 년 평균 객실 점유율을 곱하여 1일 사용 총 객실 넓이를 계산한다. 1일 평균 요구되는 넓이의 단위당 가격을 산정하고 종류별 객실크기(평수)에 곱하여 객실 단위당 요금을 산정하는 방법이다.

---

* 객실 종류별 요금 = 단위당 가격 × 객실의 크기
* 단위당 가격 = 1일 평균 요구되는 순수입/1일 총사용 객실의 넓이
* 1일 평균 요구되는 순수입 = 1년 요구되는 수익/365
* 1일 총사용 객실의 넓이 = (종류별 객실 숫자 × 1객실당 크기)의 합 × 예상객실 이용률

프런트오피스의 조직

<table>
<tr><td colspan="3">제 1 부 호텔경영 일반론</td></tr>
<tr><td colspan="3">제1장 호텔의 이해</td></tr>
<tr><td colspan="3">제2장 호텔기업의 특성</td></tr>
</table>

<table>
<tr><td colspan="2">제 2 부 호텔경영 관리론</td></tr>
<tr><td colspan="2">제3장 경영과 경영관리</td></tr>
<tr><td>제4장 계획화</td><td>제5장 조직화</td></tr>
<tr><td>제6장 지휘화</td><td>제7장 통제화</td></tr>
</table>

<table>
<tr><td colspan="3">제 3 부 호텔경영 기능론</td></tr>
<tr><td colspan="3">제8장 인사관리</td></tr>
<tr><td>제9장 객실판매 및 생산</td><td>제10장 프런트오피스의 조직</td><td>제11장 하우스키핑</td></tr>
<tr><td>제12장 식음료 관리</td><td>제13장 연회 서비스</td><td></td></tr>
<tr><td colspan="3">제14장 호텔 재무관리</td></tr>
</table>

☞ 열린 생각 및 직접 해보기

▶ 프런트오피스의 운영과 조직을 이해하고 토의한다.

▶ 유니폼 서비스조직과 구성원의 업무를 토의한다.

▶ 프런트데스크의 조직과 구성원의 업무를 토의한다.

▶ 취업 희망호텔의 프런트오피스의 운영과 조직을 알아보기

▶ 취업 희망호텔의 프런트오피스의 이그제큐티브 운영실태를 찾고, 업무를 알아보며, 갖추어야할 사항을 써보기

Chapter **10**

프런트오피스의 조직

제1절 프런트오피스의 조직

호텔프런트오피스의 조직은 호텔의 규모나 성격, 그리고 운영형태에 따라 다소 차이가 있을 수 있다. 그럼에도 불구하고 전형적인 프런트오피스는 프런트데스크와 프런트서비스 부문으로 대별할 수 있다.

프런트오피스는 호텔을 이용하는 모든 고객과 접하게 되는 최초의 부서이자 마지막 장소이다. 고객의 예약에서부터 체크-아웃까지 호텔 이용고객의 전 과정이 여기에서 이루어지기 때문에 모든 호텔업무의 중심이 되는 곳이기도 하다. 호텔 이용고객을 직접적으로 가장 많이 접하는 부서이므로 다른 어느 부서보다도 친절과 예의, 세련된 매너와 함께 성실한 마음자세가 요구된다. 이 프런트오피스(Front Office)는 다시 그 역할을 유니폼 서비스(Uniform Service), 프런트데스크(Front Desk), 이그제큐티브 클럽(Executive Club) 등으로 나눌 수 있다.

1. 프런트오피스의 조직

1) 유니폼 서비스(Uniform Service)

유니폼 서비스는 일명 현관서비스라고도 한다. 고객이 호텔에 도착하면서부터 그를 환대하여 영접한 뒤 프런트데스크로 안내하고, 숙박등록절차가 끝나면 고객을 객실로 안내하는 업무를 하는 것이 유니폼서비스 이다. 따라서 현관서비스(Front Service)로 다른 조직과의 명확한 구별을 위해, 그리고 종사원 모두가 고객들에게 깔끔하고 세련된 인상을 심어주기 위해 유니폼을 착용하고 서비스하므로 유니폼 서비스(Uniform

Service)라고도 한다.

2) 프런트데스크(Front Desk)

프런트데스크는 고객을 맞이하는 최초의 장소이자 최후로 고객을 환송하는 장소이기 때문에 호텔의 얼굴역할을 담당하는 곳이라 할 수 있다. 고객이 프런트데스크에서 처음 받은 좋은 인상은 체재하는 기간 동안 안정감과 만족감을 가질 수가 있지만 처음 받은 나쁜 인상을 회복할 수 없는 불쾌감으로 호텔 전반에 대해 불신과 불만을 야기 시킬 수 있다. 따라서 프런트데스크 종사원들의 예절 바르고 신속·정확한 업무수행은 잠재적 고객의 창출에 크게 기여하게 된다. 따라서 고객들의 문의 및 요구에 대한 서비스를 제공하는 업무를 수행할 시 갑작스럽게 발생하는 고객들의 새로운 요구사항이 많이 발생하므로 담당자들의 신속한 대처와 센스가 필요하며, 프런트데스크의 기본적인 업무는 컴퓨터를 이용한 체크 인(Check In)·체크아웃(Check Out) 및 그와 관련한 업무이다.

3) 이그제큐티브 클럽(Executive Club)

고객의 욕구와 수요가 다변화·개성화되어가고 있는 추세이다. 이런 추세에 맞추어 호텔들은 고객의 욕구를 충족시켜주기 위해 시설이나 서비스측면에서 다양화되고 고객의 욕구에 부응하고자 노력하고 있다. 이그제큐티브 클럽은 비즈니스 여행객을 위한 시설로 간단한 문서처리와 통신업무 등을 볼 수 있도록 서비스하는 업무를 맡고 있다.

제2절 유니폼 서비스(Uniform Service)

1. 유니폼 서비스의 조직

유니폼 서비스(Uniform Service)는 현관업무와 프런트서비스를 일컫는다. 고객이 호텔에 도착하면 제일먼저 영접하고 안내하는 일과 숙박을 마치고 호텔을 떠날 때 마지막으로 전송하는 일을 수행한다. 호텔의 첫인상을 좌우하게 되는 유니폼 서비스(Uniform Service)는 아래의 그림과 같이 각각의 업무내용을 구분하면 다음과 같다.

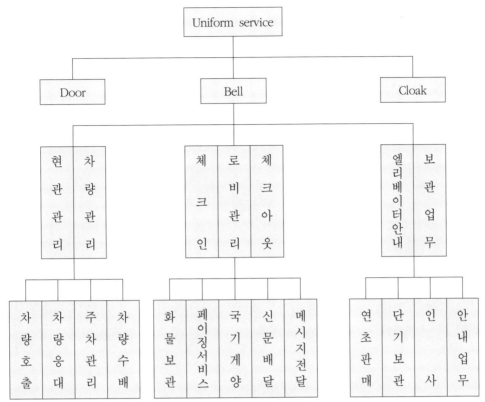

[그림 10-1] 호텔 유니폼 서비스(Uniform Service) 조직도

2. 유니폼 서비스 구성원의 업무

1) 도어맨(Doorman)

호텔의 현관 바깥에서 가장 먼저 고객을 맞이하는 종사원으로 고객의 영접 및 영송에서 부터 차량의 정리, 주차장 안내, 차량의 호출, 택시 수배와 간단한 안내 등의 업무를 맡고 있다. 호텔의 첫인상을 좋은 이미지로 기억시키기 위해, 또는 마지막인상을 깊게 남겨주기 위해 무엇보다 절도 있고 예의바른 태도와 미소를 잃지 않는 성실한 자세가 요구된다. 계절 이나 시간에 관계없이 항상 외부에서 업무가 이루어진다는 특징이 있다.

도어맨(Doorman)의 역할은
① 고객의 영접 및 전송
② 차량의 안내 및 통제

③ 현관 주변의 정리

④ 연회고객 영접 및 환송

⑤ VIP고객 관리

⑥ 각종 안내업무

호텔 내의 각 영업장 및 시설물, 영업시간, 행사 등의 안내, 호텔 주변 관공서, 공공건물, 관광지 등에 대한 안내

① 기타 서비스

눈이나 비가 올 시 고객의 우산을 보관, 관리 및 반환

2) 벨맨(Bellman)

고객의 숙박절차를 도와주며 객실까지 안내하여 객실사용법을 설명해 주는 등의 역할을 맡은 사람을 벨맨(Bellman)이라고 한다. 또한 벨맨(Bellman)은 호텔이 영업활동을 하는데 보이지 않는 세세한 부분을 챙긴다. 벨맨이 수행하는 중요한 업무는 아래와 같다.

① 접객서비스(check in, check out)안내

② 배정받은 객실의 안내

③ 호텔영업장 시설 및 객실설비의 안내

④ 로비의 청결관리

⑤ Paging Service

⑥ 고객의 짐에 대한 배달(,delivery) 및 Baggage Down Service

⑦ 수하물 보관 및 취급(Baggage Check Slip을 발부하여 기록장에 기재)

⑧ 국기의 게양 및 하기

⑨ 신문배포 및 보고서 작성

⑩ 룸 클럭으로부터 메시지를 수거하여 고객에게 전달

⑪ 외부로부터 들어온 선물 및 꽃 등을 고객에게 전달

⑫ 타부서의 업무지원

이와 같은 벨맨(Bellman)의 다양한 업무내용 [그림 10-2]는 보여준다.

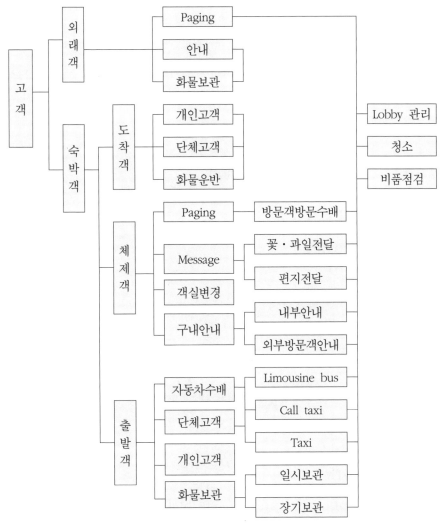

[그림 10-2] 벨맨(Bellman)의 업무내용

3) 클로크룸 담당자(Cloak-Room Attendant)

투숙객 이외의 방문고객이나 식사 고객, 연회 및 공연 고객 등의 휴대품과 옷 등을 맡아
두는 장소를 말한다. 오늘날 호텔의 규모가 대형화하면서 그에 따라 다양한 부대시설이 설
치되고, 그 이용객 또한 나날이 늘어나면서 중요성이 높아가고 있다. 중요한 연회행사를 비
롯하여 결혼식 등이 호텔에서 많이 이루어지므로 방문객들이 휴대하는 물품도 다양해지고,
또 일시에 많은 사람들이 한꺼번에 몰리기 때문에 물품의 접수 및 전달시 클로크룸 담당자
의 깔끔하고 재빠른 일처리 능력이 요구된다.

4) 전화교환원(Telephone Operator)

전화교환(Telephone Operator)업무는 외부의 고객과 내부 호텔을 신속하게 연결시켜 줌으로서 실질적으로 호텔상품의 판매와 대내외적인 호텔이미지 형성에 많은 영향을 미치고 있다. 전화교환업무가 호텔경영의 중요한 한 부문 차지하고 있다는 아래와 같이 여러 가지 기능과 업무를 통해 알 수가 있다.

① 통신매개체로서의 기능(communication link)

② 정보제공 및 안내기능(information center)

③ 홍보(public relation) 및 이미지(image) 관리기능

④ 외부 및 내부의 전화 송수신 업무

⑤ 메시지 접수 및 전달 업무

⑥ 각종 정보제공 업무

⑦ 국제전화 및 전보의 신청 접수 및 연결

⑧ 모닝콜(Morning Call)

⑨ 귀빈 객실의 체크(VIP Room List Check)

⑩ 단체명단 체크(Group List Check)

⑪ 호텔 상황에 따라 프런트에서 단체명단을 받아 모닝콜 및 식사시간, 장소, 메뉴 등의 안내 등의 업무도 전화교환원들이 맡고 있다.

5) 오피스 클럭(Office Clerk)

프런트오피스 내의 업무를 담당하며, 월별 및 연간보고서 작성을 가장 주된 업무로 하고 있다. 주요 업무로는

① 각 부서로부터 받은 일일보고서를 보고 Room Revenue, Room Condition Status, Room Type Status, Nationality Status, Bell Job Status, Telex Status, P.B.X. Status 등을 계산하여 월별보고서를 작성, 보고

② Annual Report 정리, 작성 등의 업무를 맡고 있는데, 이는 호텔의 매출과 관련한 전반적인 통계로서, 이러한 호텔이용객들의 동향파악을 통해 최고경영자는 호텔의 경영계획 수립에 참고하고 개선사항을 도출해 낸다.

제3절 **프런트데스크(Front Desk)**

1. 프런트데스크의 의의

호텔을 이용하는 모든 고객을 접촉하는 최초의 부서이며 체크인과 체크아웃을 시키며, 고객들의 숙박과 관련하여 객실예약, 객실배정의 업무를 담당한 부서를 말한다. 미리 예약된 고객의 경우 예약상황을 확인하고 그에 따라 방을 배정하며, 고객의 갑작스런 객실변경 요구 시에도 같은 과정을 거친다. 이와 같이 프런트데스크(Front Desk)의 주요업무를 요약하여 분류한다면 예약의 접수와 객실의 배정이라 하겠다.

그리고 프런트데스크(Front Desk)는 업무성격상

첫째, 그 서비스 내용의 질적 수준에 따라 호텔 전체 이미지에 상당한 영향을 미치며,

둘째, 객실상품뿐만 아니라 식음료를 비롯한 부대시설의 이용 등 전반적인 호텔상품의 판매에도 영향을 미치며,

셋째, 불평불만사항을 청취, 해결함으로써 고품위 서비스를 실현한다는 점에 그 특징과 중요성이 있다.

2. 객실 예약의 중요성

객실예약은 사전에 객실을 사용하도록 예정 판매하는 업무이다. 따라서 객실상황의 변동은 수시로 발생할 수 있고 변동사항도 사용 시기, 사용기간, 사용규모나 예산 등 이 될 수 있다. 그러므로 예약을 담당하는 부서는 수시로 확인하므로 차질이 없도록 하기 위해서는

첫째, 상품에 대한 숙지

둘째, 호텔의 영업시설에 대한 충분한 지식

셋째, 객실을 숙박이외의 목적으로 사용하는 경우

넷째, 객실요금의 조정과 대책

마지막으로 VIP예약과 준비가 이루어져야 한다.

3. 예약 종류 및 접수

프런트데스크(Front Desk)의 중요한 업무 중 중의 하나가 예약을 접수하는 일이다.

예약은 매출행위가 이루어지는 출발과정이며, 여러 가지 방법을 통해 접수된다. 그렇기 때문에 예약을 접수할 때는 항상 세심하고 정확하게 하여야 한다. 예약 접수 시 가장 중요한 사항은 도착 및 출발일자, 객실종류, 가격 등을 확실히 고개에게 안내해야 하며 고객이 투숙하고자 하는 기간의 객실점유율 등을 고려하여 예약을 접수하여야 한다.

1) 예약 종류

(1) 보증예약(Guaranteed Reservation)

호텔은 일반적으로 고객이 지정한 날짜에 오지 않거나 혹은 시간이 경과하여 늦게 도착할 경우 예약된 해당 객실을 판매할 수 없는 손해를 감수해야 하므로 보통 오후 6시까지 예약고객이 나타나지 않을 경우 예약 없이 찾아오는 고객에게 예약된 객실을 팔 수 있도록 규정하고 있다.

Guaranteed Reservation이란 고객의 사정으로 인해 규정되어 있는 오후 6시 이후에 도착하더라도 예약된 객실을 다른 고객에게 판매하지 않고 확보해 두기로 하는 예약이다. 이를 위해 예약고객은 투숙하지 못하더라고 객실요금을 지급하기로 확실하게 계약을 체결해야 하는데, 보통 신용카드의 카드번호와 유효기간 및 카드소지자의 성명 등을 사전에 확인해 주거나, 1일 객실비용을 사전에 보증금으로 지급함으로써 계약이 이루어진다.

호텔의 예약담당자는 고객으로부터 객실의 예약접수를 받을 때에 항상 호텔의 예약취소 규정에 대해 정확하게 알려주어야 한다. 보증예약 방법으로는

첫째, 신용카드를 예약자가 체크 인하기 전에 호텔에 카드번호를 알려줌으로서 신용카드회사에서 객실요금 지불의 보증을 서는 것으로 현대 와서 가장 널리 사용되는 보증예약의 방법이다.

둘째, 선수금(Advanced Deposit)은 고객이 체크 인하기 전에 객실요금에 대하여 현금이나 수표로 지불보증을 하는 방법이다.

셋째, 호텔과 계약을 맺고 있는 회사가 예약고객에 대해 지불보증 하는 것으로서 회사는 고객이 No Show에 대한 지불보증을 한다.

마지막으로 여행사에서 지불보증 하는 것으로서 고객의 No Show가 발생하였을 때 여행사가 지불보증 하는 것으로서 호텔과 여행사 간의 사전계약에 의한 No Show Charge를 부과한다.

(2) 비 보증예약(Non Guaranteed Reservation)

예약자가 예약을 할 경우 아무런 지불보증을 하지 않은 것이 비 보증예약이다. 이는 호텔이 정한 일정시간이 지나면 자동적으로 예약이 취소되며 Walk In이나 당일예약 고객에게

객실을 판매할 수 있다. 만일 비보증예약 고객이 늦은 체크 인시 객실이 없는 경우 호텔의 객실을 제공하지 않아도 되지만 고객관리 차원에서 인근 호텔에 예약을 해주거나 교통편을 제공하여 고객과의 관계가 악화되지 않도록 세심한 배려가 주의 된다.

2) 고객유형별 예약

(1) 개별예약(Single Reservation)

한사람이나 또는 가족, 친지동반 고객이나 몇 명으로 구성된 소규모 인원의 그룹고객도 개별예약(Single Reservation)의 범주에 넣고 있다.

(2) 단체예약(Group Reservation)

일반적으로 국제관광의 관례에 따라 15명 이상의 그룹을 단체로 취급하고 있다. 단체의 경우 또는 개인의 경우라 할지라도 기본적인 예약접수 순서대로 말하는 것은 그렇게 크게 다를바가 없다. 그러나 단체예약을 받을 경우 또는 접수후의 처리에 있어서는 다음과 같음 몇 가지 점에서 유의할 필요가 있다.

첫째, 단체의 경우 이름 난에는 단체명을 기입하고 인원수(남, 여, 어린이, 기타)를 확실히 하여 수배된 객실 타입과 객실 수를 다르지 않도록 조심한다. 예약자의 이름은 물론 Agent, 일반회사의 경우에도 담당자의 전화번호를 분명히 받아둔다(토 · 일요일, 국경일에 급히 연락을 대비하여 핸드폰도 기입). 식사에 관해서도 기입이 빠지지 않도록 주의가 필요하다.

둘째, 단체의 경우에는 지불조건의 확인이 필요하다. 보통지불은 여행사지불이던가 회사지불이던가 하나 중에서 Conduct가 지불하는 Case도 간혹 발생하니까 조심해야 한다. 그리고 어떤 요금까지는 Agent 지불 또는 회사지불로 되어 있으니까 확실하게 확인해둔다. 외국인 단체인 경우 Tour Conduct 가붙어 있으나 이러한 Conduct의 요금은 Conduct Free 적용된다.

셋째, 단체객의 명부입수는 될 수 있으면 빠른 시기에 단체객명부(name list)와 단체의 여정(itinerary)을 보내 받는다. 예약과에서는 단체객 명부에 따라서 Reception 을 담당하는 곳과 상담하고 객실을 지정하는 경우가 많다. 단채고객의 경우에는 같은 층 또는 전원이 가까운 방에 머물 수 있도록 Room Assign을 하기 때문에 예약의 단계에서 자주 행해진다.

구성된 고객들의 예약을 말한다. 보통 여행알선업체를 통해 이루어지고 있으며, 단체예약시의 예약에는 식사가 포함되는 경우가 많다.

넷째, 호텔의 서비스는 팀웍에 의해 성립하고 있기 때문에 상호연락이 중요하게 된다. 그 연락 속에서 확인을 위한 연락도 상당히 많다. 단체고객은 자주 참가 인원이 변경된다. 늘어나는 경우는 대체로 적고 줄어든다. 거기서 호텔에서는 효율적인 세일(객실과 식사 포함)을 수행하는 것부터 Agent, 회사 등 확인하여 단체고객의 인원을 파악하여 헛되지 않도록 노력한다.

다섯째, 단체고객의 최종확인이 종료한 단계에서 단체객의 식사 예정표를 작성한다. 이 표에는 단체명, 인원, 이용식당명, 시간, 요금 등이 기입되고 Front Office의 담당자이외에도 식당부문, 조리부문에도 배부한다.

마지막으로 단체고객의 경우 인원 및 객실 사용수가 많기 때문에 예약을 받을 때 주의하여야 한다. 이는 단체로 객실을 이용하기 때문에 객실요금이 낮게 책정이 되고 단체고객만 유치하다가 보면 일반고객이 객실을 요청할 시 제공하지 못할 수가 있으며 이는 호텔의 이미지와도 관계되어 있기 때문이다.

(3) 에이전트예약(Agent Reservation)

여행업체를 통해 이루어지는 예약을 말한다. 이 경우에는 개인예약도 가능하고 단체예약도 가능하다. 에이전트예약(Agent Reservation)을 진행하는 여행업자에게는 보통의 경우 커미션(Commission)이 지급된다.

(4) 기타의 예약

단골고객이나 VIP 등의 예약은 별도로 하여 특별히 취급하고 있다.

3) 예약의 접수경로

보통의 경우 이루어지는 에이전트예약(Agent Reservation)의 담당자에 따라 다시 살펴보는 예약의 형태이다. 대규모의 특급호텔의 경우에는 예약을 대리하는 주체도 경우에 따라 다양한 형태를 띠고 있다.

(1) 여행사(Travel Agent)

주로 호텔과의 계약에 따라 예약을 대행하는 외국여행사나 규모가 큰 국내 여행사의 경우에도 호텔과에 계약에 의해 고객에게 쿠폰(coupon)을 발행하여 요금을 징수한다. 이 경우 예약카드에는 쿠폰에 의한 예약임을 명기해야 한다.

(2) 호텔대리인(Representative)

호텔 대리인의 자격으로 공항이나 터미널 등 외국인 여행자나 관광객이 많이 왕래하는 곳에서 객실상황과 관련한 정보를 제공하면서 예약을 접수하는 직원을 말한다. 이 때, 호텔

대리인(Representative)은 정해진 범위 내에서 객실요금을 할인해 줄 수 있는 권한을 행사한다. 고객과의 계약이 성사되면 호텔 리무진버스를 이용하여 고객들을 호텔로 안내하고 등록절차를 마치도록 도와준다.

(3) 해외 사무소(Overseas Sales Office)

규모가 큰 호텔이나 체인망을 형성하고 있는 호텔에서는 잠재고객이 많은 곳이나 현재 많은 고객이 송출되는 외국의 도시에 해외 판매사무소를 설치·운영하기도 한다. 소수의 적은 인원으로 운영되지만 사무소가 위치한 지역은 물론 당해국가의 여행객들에게는 자국에서 여행목적지의 정보도 얻고 미리 호텔의 예약도 가능하므로 이용도가 높아지고 있다.

(4) 항공사(Airline)

항공사에서 항공편을 이용하는 고객의 편의를 위해 호텔의 예약을 대행해 주기도 한다. 처음에는 항공사 자체 승무원(crew)들의 숙박을 위해 시작되어 항공 스케줄상의 결항이나 지연으로 인한 승객들의 편의를 위해, 그리고 나아가 많은 비중을 차지하는 것은 아니지만 항공사 승객들을 위한 서비스의 일환으로 이루어지기도 한다.

다음의 [그림 10-3]은 호텔의 다양한 예약경로를 보여주고 있다.

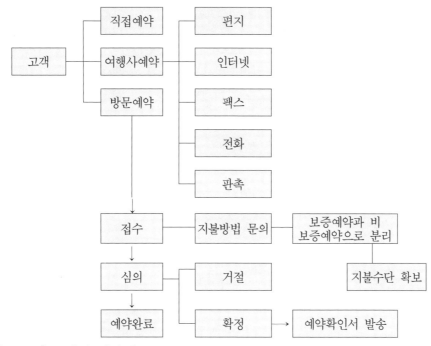

[그림 10-3] 호텔의 예약경로

4) 예약의 관리

(1) 접수절차 및 예약카드 기재사항

예약과 관련한 사항들은 예약카드에 기재하게 되는데, 이 예약카드에 기재할 내용들은 고객의 예약신청을 접수하는 과정에서 확인하고 기재해야 한다. 일반적으로 다음의 절차에 따라 기재하게 된다.

① 도착예정일(월일 및 요일, 시간 등)

② 출발예정일(월일 및 요일, 시간 등)

③ 객실의 종류(침대구조, 객실의 형태 및 위치 등)

④ 예약하는 방의 개수

⑤ 예약하는 투숙객의 인원수

⑥ 투숙객의 정확한 성명(철자까지 확인 요망)

⑦ 정확한 객실요금(요금의 화폐단위 및 할인시의 할인율)

⑧ 예약자의 연락처 및 주소

⑨ 객실요금의 지급주체

⑩ 기타 특별한 주문사항 등

(2) 예약의 확인

예약이 확정되었을 경우 고객에게 예약확인서(Reservation Confirmation Slip)를 작성하여 직접 건네주거나 전화로 예약번호를 알려주거나, Fax 송신, 우편 및 메일을 이용하여 발송한다. 이 확인서는 예약접수 시 예약카드에 기재된 사항에 따라 작성되며, 고객이 체크 인(Check-In)시에 제시한다.

예약이 오래 전 날짜에 이루어졌을 경우에는 고객의 사정에 따라 변동사항이 생길 수도 있으므로 예약의 변경이나 취소에 대비하여 정기적으로 예약사항을 재차 확인할 필요가 있다. 이 때, 확인과정에서 변동사항이 생기면 예약카드에 즉시 수정하여 관리해야 한다. 예약확인서의 양식은 다음의 그림과 같다.

(3) 예약취소 및 변경

객실예약 취소는 해당호텔의 숙박약관이나 국제호텔 약관에 적용된다. 객실예약의 약관에 따르면 쌍방 간에 예약의 이행에 있어 부분이나 전부가 불이행되었을 경우 불이행측이 전적으로 보상을 할뿐만 아니라 합리적인 조치를 취해야 할 책임이 있다.

호텔 측의 예약실수 및 초과예약으로 고객에게 객실을 제공하지 못할 경우 인근의 동급 호텔이나 한 단계 업그레이드하여 투숙시키며 모든 비용은 호텔 측에서 전적으로 비용을 지불하여야 한다.

하지만 고객 측의 일방적인 예약의 취소나 No Show가 발생이 되면 해당호텔의 숙박약관에 따르게 되어 있다. 일반적으로 숙박 15일에서 2일전까지는 객실요금의 10%, 숙박 전일 취소 시에는 30%, 당일 취소 시에는 객실상황에 따라서 50~80%, No Show가 발생하면 객실요금의 50~100%를 호텔에 지급을 하여야 한다. 그러나 자연재해 및 기타 특별한 사유에 의해 예약을 취소하거나 No Show는 고객관리 차원에서 융통성 있고 적절하게 처리할 수 있어야 하겠다.

(4) 예약통제 및 초과예약

예약의 통제는 날씨, 항공사 노조 파업, 비행기 취소나 연착, 천재지변을 제외하고는 예약현황을 정확히 파악하여 효율적인 객실 판매를 하도록 하는 객실예약상황을 조정하는 것을 지칭한다. 따라서 무제한으로 예약을 받을 수가 없다. 호텔경영상 객실예약은 생산과 소비가 동시에 발생하여 재고가 불가능하여 당일 한정된 객실만 판매하여야 한다.

특히 수요가 많은 성수기, 연휴, 국제회의나 단체회의 등을 고려하여 예약을 접수하여야 한다. 예약 시 호텔마다 우성순위를 정하여야 한다. 일반적으로 예약자. VIP, Membership회원, 계약회사 고객, 단골고객, 일반고객, 단체고객 등의 순으로 예약을 통제 한다. 그리고 예약담당자는 수시로 Forecasting 자료를 바탕으로 적절한 객실요금산출 및 예약관리를 통해 수익관리를 하여야 한다.

(5) 초과예약

객실담당자는 어떤 방법과 수단을 통해서라도 객실 이용률을 극대화시켜 객실매출을 증진시킬 의무와 책임이 있다. 호텔상품은 저장이 불가능하기 때문에 당일에 판매하지 않으면 소멸되며 이는 곧 호텔의 수익과 직결된다. 호텔상품의 객실 상품은 예약 취소나 No Show, Early Check Out 및 연장, 객실의 고장 및 수리 등에 의해 판매가능 객실 수는 매일매일 변동이 발생한다.

이를 조정하기 위해서는 초과예약을 받는데 일반적으로 5~10% 정도를 받는다. 초과예약을 받을 때에는 과거의 No Show 및 취소의 비율의 데이터, 인근 호텔의 예약 상황, Walk in의 비율 등을 고려하여 판매가능 객실 수의 이상을 예약을 받게 된다. 특히 성수기와 주말 등은 객실이용률을 100%로 올리기 위해 초과예약(over booking)을 접수하기도 한다. 하지만 예약을 한 고객이 호텔에 도착하여 객실이 없을 경우에는 아래와 같이 처리하는 것이 바람직하다.

첫째, 호텔등급의 동급이나 더 좋은 호텔에 예약 대행

둘째, 객실료나 Pick Service를 제공

셋째, 다음날 호텔로 초대하여 객실 및 기타 부대업장의 초대권을 지급 한다.

마지막으로 총지배인의 공식적인 서한을 통해 사과문을 발송한다.

(6) No Show 처리

예약을 하고 아무런 연락도 없이 나타나지 않은 경우를 말한다. 이는 객실이 많이 비어 있는 경우에는 문제가 덜하지만, 객실이 부족한 경우는 객실을 원하는 다른 고객에게 판매 할 수 없기 때문에 호텔수익에 직접적으로 영향을 받는다. 따라서 No Show가 발생하면 아래와 같이 처리하는 것이 바람직하다.

첫째, 예약고객 또는 예약회사에게 확인을 한다.

둘째, 보증예약인 경우 사전에 알려준 카드 및 현금으로 호텔의 약관에 의해 수수료를 징수한다.

셋째, 고객의 동의를 받는다.

넷째, 비 보증의 예약인 경우 위험고객으로 등록을 해서 추후 예약 시 예약의 거절이나 확실한 지불보증을 받는다.

마지막으로 위험고객으로 등록되어 있는 경우 고객의 No Show가 발생하면 소색재판소에 청구를 하거나 채권과에 통보해 No Show Charge를 받는다.

4. 프런트데스크의 조직

호텔의 프런트데스크는 호텔상품의 실질적인 판매행위가 이루어지면서 체크 아웃 과정에서 현금의 수납이 이루어지므로 조직도상에서 볼 수 있듯이 관리 및 지원·감독자가 많다.

5. 프런트데스크 구성원의 업무

프런트데스크(Front Desk)는 업무성격이 명확하므로 여기서는 구체적인 각 구성원들의 업무파악을 통해 전체적인 프런트데스크(Front Desk)의 역할을 살펴보겠다.

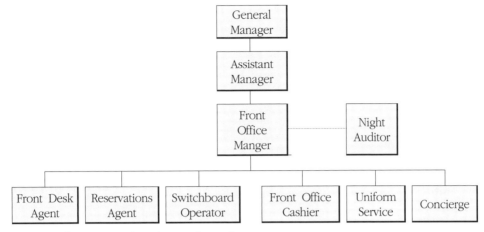

[그림 10-4] 호텔 프런트데스크의 조직도

1) 프런트오피스 매니저(front office manager)

프런트오피스는 호텔 내에서 쉽게 찾을 수 있는 로비(lobby)에 위치하며, 고객의 입실 및 퇴숙절차, 객실판매, 각종정보제공 등의 업무를 담당하는 현관지배인(front office manager)이 수행하는 업무의 중요성은 효율적인 객실판매를 통하여 경영목표를 달성하기 위한 제반 업무를 지휘하고 감독하는 일이라 할 수 있다.

① 영업수입 예상
② 프런트 종업원 채용, 승진 등의 인사 관련 업무 결정
③ 예약업무의 총괄 조정
④ 컨벤션 개최에 따른 객실부문 총괄지위
⑤ 타부서와의 업무현조 및 관계유지
⑥ 간부회의 참석
⑦ VIP고객 서비스(영접, 객실점검 및 제반 업무 확인)
⑧ 고정고객의 영접 및 환송
⑨ 캐셔 데스크의 시재금 관리
⑩ 사내 공문의 작성 및 처리
⑪ 비용절감노력(인건비, 제 경비, 기타 경비 등)
⑫ 고객 불평처리
⑬ 프런트오피스 종업원의 업무지도 교육

⑭ 종업원의 근무 스케줄 감독(특히 휴일, 공휴일)

⑮ 일일 보고서 검토

⑯ 객실 마스터 키 통제

⑰ 판매촉진 활동 참여

⑱ 각종 회의 참석

⑲ 부서 내 회의 주재 및 지시 사항 전달

⑳ 각종 업무 감독(프런트, 예약, 벨 데스크, 교환, EFL 등)

㉑ 업무 능률 극대화를 위해 양식 및 절차에 대한 연구

2) 예약지배인(Reservation Manager)

모든 객실의 예약사항을 확인하고 감독하는 업무를 맡은 사람이다. 정확성과 신속성을 요구하는 업무성격상 특히 각 여행사와의 계약요금, 계약규정을 상세히 숙지하고 있어야 한다. 예약지배인(Reservation Manager)은 아래와 같이 예약과 관련한 다양한 업무를 맡고 있다.

① 예약현황(외국인 고객과 단체고객을 포함) 파악 및 확인, 감독

② 귀빈(VIP) 선정 및 객실 준비상황의 확인, 감독

③ 특별손님(Special Guest)에 대한 할인 결정

④ 여행사의 정확한 객실요금 및 할인 적용여부 확인

⑤ 해당되는 예약랙, 슬립, 사용예약 확인(White, Yellow, Green, Pink, Blue, …)

⑥ 이중 예약여부 확인

⑦ 예약신청카드(Reference File)의 보관상태 확인

⑧ 노 쇼(No Show), 취소(Cancel) 등의 건수, 배율, 원인 분석

⑨ 경쟁호텔의 예약현황, 점유율, 매상액, 평균객실요금, 단체점유율, 단체요금 등의 비교분석

⑩ 경쟁호텔의 귀빈 및 회의(Convention) 유치목표, 객실료 등의 정보파악

⑪ 월간 리포트 자료의 보관 및 점검

⑫ 기타 수시로 발생하는 예약관련 업무

예약사무원(Reservation Clerk) 주요업무는

① 각종 예약의 신청 접수 및 예약카드 작성

② 필요한 경우의 예약확인서(Confirmation Slip) 송부

③ 고객의 투숙 1일 전 예약 랙슬립을 프런트데스크에 전달

④ 기타 예약과 관련한 수시업무

고객카드(Guest History Card) 작성, 예치금(Deposit) 관련업무, 무료(Complimentary) 및 할인(Discount) 처리 등이다.

3) 치프 룸 클럭(Chief Room Clerk)

현관지배인의 보조역할을 수행한다. 그리고 프런트오피스 매니저가 부재 시에는 그 업무를 대행하기도 하는데, 구체적인 업무내용은 다음과 같다.

① 당일 예약사항의 확인 및 접수
② 고객의 등록 확인
③ 객실의 점검 및 확인
④ 룸 키(Room Key)의 관리로는 룸 클럭(Room Clerk)으로 하여금 1일 2회 객실 및 열쇠 보고서(Room & Key Report)를 받고 그 기록사항에 대한 이상유·무를 확인과 분실된 열쇠에 관한 보고를 받아 열쇠기록대장에 자세한 내용을 기록한 후, 키 맨(Key Man)에게 실린더(Cylinder)를 바꿀 것을 지시하고 새로운 키를 인수
⑤ 고객의 숙박사항 점검-조기 퇴숙(Early Out), 연장(Extension) 등
⑥ 스키퍼(Skipper) 발생시 프런트오피스 매니저에게 보고후 처리
⑦ 우편물 및 텔렉스의 취급, 관리
⑧ 각종 리포트의 확인 및 보고는 야간당직 근무자가 작성한 각종 보고서(일일 객실매상 보고서, 귀빈 보고서, 고객의 국적사항, 예약예상표 등)의 확인
⑨ 기타 수시업무로는 로그 북(Log Book)의 관리와 호텔 내 각종 부대시설, 각종 요금 등 수시 변동사항을 클럭(Clerk)에게 안내, 확인

4) 룸 클럭(Room Clerk)

예약업무를 직접적으로 담당한 가장 중요한 직원이다. 가장 먼저 예약을 받는 사람으로서 예약업무의 성격상 직접적인 모습을 보지 않고 전화 및 팩스 등의 기기를 이용하는 경우가 대부분이므로 업무처리에 있어서 기본적인 업무상식을 갖추고 신속하게 처리해야 한다.

5) 메일 클럭(Mail Clerk)

고객들에게 온 우편이나 전화, 문서를 전달하는 업무를 맡은 사람을 말한다. 중·소규모의 호텔에서는 따로 메일 클럭(Mail Clerk)을 두지 않는 경우도 많지만 대부분의 대규모 호

텔에서는 메일 클럭이 있어 고객들에게 온 통신 및 우편물을 해당 고객들이 신속하게 받아볼 수 있도록 돕고 있다. 비즈니스를 목적으로 호텔을 이용하는 고객들이 늘어나면서 생겨난 직업이라고 할 수 있다.

6) 레코드 클럭(Record Clerk)

객실 및 Information Rack과 관련한 기록 유지와 고객의 Ledger Card 및 기타 증빙서류의 기록을 유지하는 것을 기본업무로 하는 사람이다. 보통의 중·소규모 호텔에서는 룸 클럭(Room clerk)이 그 업무를 대신하기도 한다.

7) 키 클럭(Key Clerk)

고객의 체재 중 객실의 키(Key)를 보관하고 인도하는 것이 주된 업무이다. 룸 클럭(Room clerk)과 협조하여 고객의 동태를 파악, 인포메이션에 제공하기도 한다.

8) 인포메이션 클럭(Information Clerk)

고객이 원하는 정보, 즉 여행안내, 명소 및 관광지, 교통수단 등과 관련한 내용을 미리 파악하고 있다가 고객에게 편의를 제공하는 사람이다.

일상생활에서도 마찬가지이지만 무엇이든 사전에 알아두면 편리할 만한 각종 정보들을 세밀하게 파악하고 있어야 한다. 호텔의 이용고객들에게는 '자신의 가정을 떠난 낯선' 지역이므로 인포메이션 클럭이 제공하는 정보에 전적으로 의존할 수밖에 없다. 이 인포메이션 클럭의 친절한 안내에 따라 새로운 추가상품의 판매도 가능해진다.

인포메이션 클럭(Information Clerk)의 세부적인 업무내용은

① 인포메이션의 관리는 체크 인(Check-In) 슬립의 관리와 체크아웃(Check-Out) 슬립의 관리

② 인포메이션 서비스의 제공은 전화문의에 따른 서비스 제공(투숙객의 객실번호 및 객실의 전화번호 등), 전화 및 텔렉스를 통한 메시의 접수 및 전달, 일반적인 페이징 서비스(Paging Service), 각종 행사 및 시내관광 안내, 호텔 내 부대시설의 안내 등이다.

9) 플로어 클럭(Floor Clerk)

객실의 각 층에서 프런트맨의 제반 업무와 직능을 함께 수행하는 직원이다. 주로 객실의 상황파악, 우편물의 정리 및 확인 등과 관련한 업무를 맡고 있다.

10) 나이트 클럭(Night Clerk)

현관의 야간업무를 총괄하여 수행하는 직원이다. 주간업무를 체크하며 계산업무 및 객실보고서 등을 작성하기도 한다.

11) 프런트 캐셔(Front Cashier)

고객이 숙박 등록을 마치고 난 후부터 호텔내부 업장에서 발생되는 거래기록을 원장(folio)에 정리하여 일관적으로 모든 회계처리를 통합·관리·징수하는 업무를 수행한다. 일반적으로 고객이 체크아웃 시 객실상품과 식음료상품의 이용에 따른 총 거래내역을 프런트케셔가 정리하여 대금을 수납 받는다. 주요 업무로는 아래와 같다.

① 업장에서 발생한 고객의 거래내역을 고객원장(guest folio/account)에 기록(posting)하고 정확성 여부를 확인
② 고객 체크아웃 시 계산서(bill) 작성
③ 요금처리 및 관리
④ 외환교환

12) 나이트 오디터(night auditor)

나이트 오디터가 수행하는 업무는 감사업무와 야간업무의 총책임업무로 대별된다. 감사업무는 프런트 케셔가 수행한 계산서 작성·관리 및 수납 등과 같은 회계처리가 제대로 이루어졌는지를 최종적으로 결산하고 검토하는 업무이다. 주간의 프런트오피스 매니저가 수행하는 업무를 야간에는 나이트 오디터의 역할이 중요한 만큼 호텔전반에 걸친 전문성과 책임성이 요구된다.

① 프런트케셔의 업무내용 점검
② 고객이 발생시킨 전표와 신용카드 점검
③ 쿠폰, 할인, 기타 행사의 할인율 적용 확인
④ 당일 수입보고서 작성 및 제출

| 제4절 | 이그제큐티브 클럽(Executive Club) |

1. 이그제큐티브 클럽의 개념

현대사회에서의 비즈니스 활동은 다양하고 신속하게 진행되어야 하기 때문에 가능한 한 시간을 절약하여 활용해야 하므로 호텔의 비즈니스 고객은 한 장소에서 많은 업무를 처리하는 것이 유리하다. 이그제큐티브 클럽은 차별화된 서비스를 바탕으로 '호텔내의 작은 호텔(a small hotel within a hotel)'의 개념으로 보통 1~2개 층을 지정하여 운영되고 있으며, 이곳을 출입하기 위해서는 따로 허용되는 열쇠를 지녀야 한다. 우리나라에서는 대부분의 특1등급 호텔과 일부 특2등급 호텔에서 운영하고 있는데, 호텔의 매출과 관련한 효과보다는 이미지 제고에 더 큰 의미를 두고 있다.

이그제큐티브 클럽은 Regency Club, Executive Salon, Grand Club, 혹은 Towers, Executive Floor 등의 다양한 이름으로 불리지만 그 의미는 VIP 고객만을 위한 전용 객실 층을 말한다. 1960년대 자동차 도시로 유명한 미국의 디트로이트에서 주로 사업상의 목적으로 여행하는 투숙객들이 호텔 내에서도 실질적인 업무를 볼 수 있도록 각 호텔마다 각종 첨단기기 및 설비를 갖추고 서비스를 실시하면서 처음 시작되었다. 그러나 세계적인 추세로 발전한 것은 1980년대 세계 경제성장이 호조를 띠면서 세계적인 규모의 Chain Hotel이 생겨나기 시작하면서부터라고 할 수 있다.

2. 이그제큐티브 클럽의 서비스

이그제큐티브 클럽에는 다음과 같은 전문화와 차별화된 서비스가 제공된다.

1) 특별한 Room의 배정

소음이나 전망 등을 고려하여 고층(high floor)의 방을 배정받는다. 그리고 객실에는 일반 객실과는 다른 고급의 비품이나 소모품이 비치되며, 간단한 회의나 업무를 볼 수 있도록 sofa set나 table의 형태도 다양하게 준비되어 있다.

2) Executive Club Lounge의 이용

휴식 및 식사를 할 수 있는 Lounge가 따로 마련되어 있는데, 차나 기타 음료, 칵테일 등이 무료로 제공되며, 정기간행물, 전문 잡지, 소규모의 책자 및 Video Tape 등이 비치되어 있다.

3) Business Conference Room의 이용

10명 내외의 소규모 인원이 회의를 할 수 있는 소규모 회의실이 마련되어 있어 업무와 관련하여 무료로 이용할 수 있다. 이 회의실에는 회의에 필요한 TV, VTR, Slide, Beam Project, speaker telephone, white board 등의 기기들이 갖추어져 있다.

4) 사무용 기기의 이용

Fax와 복사기, 초고속 인터넷이 가능한 컴퓨터 등의 사무용 기기들도 무료로 제공된다.

5) Limousine Service

보통 공항이나 철도역 등에서 호텔까지 이동하는데 있어서의 편의가 제공된다.

6) 기타 서비스

이 외에도 다림질, 사우나, 수영장, 헬스클럽 등을 이용할 수 있으며, 각종 차와 음료 등도 무료로 제공받는 특권을 누린다.

3. 이그제큐티브 클럽 이용고객의 특성

다양한 서비스가 제공되는 이그제큐티브 클럽을 이용하는 고객의 대부분은 주로 업무차 이용하는 비즈니스가 목적이다. 이러한 이용고객들의 특성은
① F. I. T.(Foreign Independent Tourist), 즉 외국의 개별여행객이다.
② 구매력이 높고 수요가 비탄력적이다.
③ 관리직이나 전문직 종사자들이다.
④ 일반 관광객에 비해 까다로운 성향을 가지고 있다.
⑤ 여행비용은 회사에서 지급된다.
⑥ 재투숙율이 높다는 점 등으로 요약할 수 있다.

4. 이그제큐티브 클럽의 조직 및 업무내용

비교적 까다로운 성향을 지닌 이그제큐티브 클럽 이용고객들의 욕구를 충족시키기 위해 각 호텔에서는 다양한 전문 인력을 구성하여 이들의 요구에 걸맞은 서비스를 제공하고 있다.

1) Receptionist(Service Agent)

예약시 컴퓨터에 입력된 고객의 신상에 관한 사전정보를 기초로 하여 체크 인 및 체크 아웃과정을 보다 신속히 처리하며, 고객의 편의를 위해 예약의 확인업무, 각종 정보의 제공 및 일정표의 작성, Fax의 수발 및 서류의 복사 등과 같은 업무 외에도 특별한 경우 통역도 포함한 비서업무를 대행한다.

2) Butler

'집사'라는 뜻으로 고객이 요구하는 차와 음료를 제공하는 업무를 맡는다.

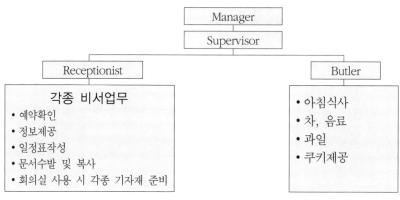

[그림 10-5] Executive Club의 조직

5. 컨시어지(concierge)

1983년 미국호텔협회에서 착안하여 고객유치를 위한 경쟁의 일환으로 도입되어 여러 호텔에서 시행하고 있다. 컨시어지는 고객이 필요로 하는 각종정보의 편의를 제공해 주는 업무를 수행한다. 호텔상품 이용을 통한 만족과 더불어 호텔상품의 이외 것들을 원하는 고객의 편의를 위한 서비스를 제공함으로서 간접적으로 호텔서비스에 대한 고객의 만족도를 극대화시키는데 있다. 따라서 고객이 쉽게 찾을 수 있는 로비에 위치하여 호텔의 Full Service의 중추적인 역할을 담당하고 있다. 최근에는 컨시어지 협회가 창설되어 전문 직종으로 간주하여 일정한 자격을 부여하고 있다. 컨시어지의 주요 업무로는 다음과 같다.

① 유용한 각종 정보제공
② 고객의 여행, 공연, 쇼핑, 항공권 예매 및 구매, 렌터카 등의 편의를 제공
③ 고객의 주관행사 진행 및 보조
④ 비서업무 수행

컨시어지 유례

사전적 의미로 수위나 집사, 관리인을 칭하는 '컨시어지'는 '촛불을 지키는 사람'이라는 뜻의 옛 불어 '르콩트 데 시에르지(le comte des cierges)'에서 유래되었다. 어두운 집 안을 밝히기 위해 집안 곳곳을 다녔던 이 '촛불지기'는 당시 집 구조에 대해 가장 잘 아는 사람이었다. 일찍이 바다를 건너다니던 유럽 사람들은 여행 시 서로의 집에 머무르며 집 구조에 밝은 촛불지기에 의해 영접을 받았고, 호텔이 없던 18세기 초 이러한 촛불지기들이 정보공유 차원에서 집결하면서 차츰 전문화된 것이 오늘날 컨시어지의 시초다.

'촛불지기'가 호텔로 들어오게 된 것은 로마제국의 세력이 유럽과 아시아에서 확장되면서부터다. 로마인들은 상권이었던 파리 전역에 컨시어지를 둔 작은 호텔을 짓기 시작하였고 그때 컨시어지는 로비에 작은 공간을 임대 받은 뒤 직원을 자체 고용하여 물건을 파는 '영업권 소유자'의 의미를 지녔다. 오늘날까지도 몇몇 호텔에는 컨시어지들이 엽서, 담배, 면도 크림 등의 일반용품을 판매하는 모습을 볼 수 있다.

컨시어지 지침서

1. 고객들의 요청사항은 정보와 지식을 필요로 하는 것이므로 지식을 축적하는 것을 게을리 해서는 안 된다.
2. 컨시어지의 언어는 신속하며 정확하고, 예의발라야 한다.
3. 컨시어지는 호텔 주변은 물론, 전국에서 일어나는 일에 대해 숙지하고 있어야 하며, 나아가 전 세계적인 '인적 네트워크'를 가지고 있어야 한다.
4. '레끌레도어 컨시어지'는 '최고의 서비스'란 의미의 황금열쇠배지를 유니폼에 부착함으로 구분 된다.
5. 레끌레도어 컨시어지는 고객들에게 법적이나 도덕적 범위 안에서 어떤 서비스라도 제공한다.
6. 컨시어지는 고객을 만족시키는 것을 업으로 삼는다.
7. 컨시어지는 고객과 지속적인 만남을 가져야 하며, 레스토랑, 여행지, 스포츠 이벤트, 쇼핑 등의 정보에 대해 알려줄 수 있는 능력을 겸비해야 한다. 또한 인기 있는 레스토랑, 클럽 등과 긴밀한 관계를 유지하며 협력해야 한다.
8. 만약 컨시어지가 혼자만의 힘으로 고객의 요청을 만족시키지 못하는 경우, 무한대의 네트워크를 통하여 고객의 요청을 만족 시킬 수 있도록 해야 한다.
9. 마지막으로 가장 중요한 것은 세계화로 인해 국가 간의 장벽이 허물어지고 있다 해도, 세상에는 다양한 문화를 가진 고객들이 있다는 것을 인지해야 한다. 고객들의 문화를 정확하게 이해하고 있어야 한다는 것이다.

자료제공 : 호텔 & 레스토랑

6. G.R.O(guest relation officer)

VIP고객을 위한 특별하고 세심한 안내·상담·영접·환송 등의 업무를 담당하며 호텔안의 모든 업장에서 발생하는 불편사항 처리와 보고를 담당하고, VIP고객의 각종 요구사항을 접수 및 처리, 외부기관들과의 효율적인 업무협조를 할 수 있도록 네트워크 구축을 한다. 컨시어지와 비슷한 의미로 사용되어지고 있다. 주요 업무 내용으로는 다음과 같다.

① 고객 영접 및 환송.

② 로비관리

③ 분실물 및 습득물 관리

④ 응급환자 처리

⑤ 여행관련 서비스

⑥ Daily Tour 예약

⑦ 호텔내·외의 모든 상황들에 관한 충분한 정보를 파악하고 있어야 한다.

⑧ 호텔내 업장, 서비스, 경영방침의 숙지

⑨ 최신 안내 책자나 잡지들의 확인 및 점검

⑩ 메시지, 우편물, 팩스 등의 전달 확인

제5절 **프런트오피스(front office)의 운영**

1. 고객 서비스 흐름

고객 서비스 흐름이란 호텔과 고객사이의 외형적인 접촉과 재무적인 거래과정을 체계적으로 나타낸 것을 의미한다. 고객 서비스 흐름은 고객이 호텔을 이용하기 위해 호텔과 처음으로 접촉하는 순간에서부터 회계계정이 마감되는 퇴숙시까지로 정의할 수 있으며 이러한 서비스 흐름은 호텔경영활동을 효율적으로 통제하고 고객과의 거래를 조정하는 데 매우 효과적인 수단이 되고 있다.

일반적으로 프런트오피스 업무의 흐름은 도착이전, 도착, 점유, 그리고 출발과 같은 4단계의 고객 서비스 흐름으로 이루어진다. 서비스 흐름의 각 단계와 프런트오피스 업무와의 관계를 요약하면 다음과 같다.

고객 서비스 흐름의 각 단계에서 프런트오피스의 고객서비스 및 회계처리와 관련된 중요한 업무들이 구분되고 분석될 수 있다. 그러나 이러한 고객 서비스 흐름의 형태는 각 단계별 활동과 기능이 서로 중복될 수도 있기 때문에 불변의 기준은 아니다.

어떤 호텔기업에서는 전통적인 형태의 고객 서비스 흐름을 수정하여 판매이전, 판매시점, 판매 후 단계와 같이 3단계로 구분하여 적용하고 있다. 특히 전산화가 완벽하게 이루어진 호텔기업에서는 전통적인 고객 서비스 흐름보다 오히려 수정된 고객 서비스 흐름이 호텔의 각 부문 간의 업무조정능력을 향상시킬 수 있다.

프런트오피스 종사자들은 고객 서비스 흐름의 모든 단계에서의 고객서비스와 회계처리업무를 반드시 숙지해야 할 필요가 있다. 왜냐하면 프런트오피스 종사자들이 호텔 전체의 업무흐름을 분명하게 파악하지 못한다면 능률적인 고객서비스를 제공할 수가 없기 때문이다. 프런트오피스 종사자들이 고객 서비스 흐름의 각 단계별 업무내용을 요약하면 다음과 같다.

1) 도착이전단계

① 고객이 호텔선택(과거 투숙경험, 광고, 여행사 추천, 호텔의 명성, 체인, 예약의 용이성, 예약담당자의 상품지식 등)
② 예약이 고객의 요구대로 수용된 경우 예약카드 작성
③ 객실배정, 요금결정 및 사전등록
④ guest folio 생성

2) 도착단계

① 등록카드 작성(지불방법, 체재기간, 특별요구사항, 주소, 전화번호, 서명 등)
② 체크-인 서비스

3) 점유단계

① 고객 서비스의 조정
② 고객만족을 극대화시키기 위한 각종 정보제공
③ 고객관계유지
④ 고객의 불평사항 접수 및 처리

⑤ 고객 안전 대책(키 관리, 귀중품 보관, 응급상황 등)

⑥ 거래의 발생에 대한 회계처리 및 감사실행

4) 출발단계

① 고객회계의 정산 및 결산

② 체크-아웃 서비스

③ 가용객실상황을 하우스키핑에 통보

④ 고객 이력 파일작성

⑤ 일일 객실 영업보고서 출력

2. 프런트오피스(front office) 시스템과 설비

1) 프런트오피스(front office) 시스템

프런트오피스 시스템에서의 각종 기록의 생성 및 유지를 위한 시설들은 수작업과 반자동화 시스템을 거쳐 컴퓨터를 이용한 완전자동화 시스템으로 발전하였다.

프런트오피스 업무수행을 위한 컴퓨터 시스템은 1970년대 초에 처음으로 소개되었으나 시스템 구축에 따른 높은 비용과 운영상의 문제점 등으로 그다지 활성화되지 못했다. 그러나 1980년대에 접어들면서 가격이 저렴하고 이용하기에 편리한 이용자 위주의 각 종 소프트웨어와 개인용 컴퓨터가 개발됨으로써 보편화되기 시작하였으며 오늘날은 호텔의 규모에 관계없이 최대한의 비용효과를 누릴 수 있게 되었다.

반자동화 시스템과 컴퓨터를 이용한 완전자동화 시스템 상에서 전통적인 고객사이의 단계별 업무처리 절차를 요약하면 다음과 같다.

2) 프런트오피스(front office) 설비

① 프런트데스크(front desk)

고객의 등록, 서비스 및 정보제공, 불평불만의 접수 및 처리, 회계. 그리고 체크-아웃과 같은 모든 프런트오피스 업무를 수행하는 곳으로서 호텔로비의 눈에 잘 띄는 곳에 위치하는 것이 일반적이다. 프런트데스크의 디자인과 배치에 있어서 가장 중요한 문제는 능률성과 접근성을 들 수 있다.

프런트데스크의 디자인은 프런트데스크 종사원들의 업무수행에 필요한 각종 시설이나 사무용품을 쉽게 이용할 수 있도록 설계되어야 하며 수행하는 업무의 기능에 따라 각종 비품이나 설비들이 배치되어야 한다.

② 룸랙(room rack)

일명 객실판매 상황판이라고 하며 층별로 객실번호가 순서대로 부여되어 있으며 각 객실 번호마다 룸랙슬립과 스톡카드를 삽입할 수 있도록 제작되었다. 룸랙에는 하우스키핑과 연결된 룸 인디케이터가 설비되어 있어 램프에 표시되는 빨간, 파랑, 노랑, 깜빡거림에 의해 고객이 투숙중 인 객실, 정비중인 객실, 판매 가능한 객실 등을 파악 할 수 있다. 그러므로 룸랙은 수작업 시스템이나 반자동화시스템을 갖추고 있는 호텔의 프런트데스크 설비 중에서는 가장 중요한 설비중의 하나이다.

그러나 완전자동화 시스템을 갖추고 있는 호텔에서는 룸랙슬립에 포함되는 정보가 컴퓨터 시스템에 내장되어 프런트 테스크의 터미널을 통해 필요할 때마다 화면에 나타내어 주기 때문에 룸랙은 사실상 필요가 없다.

③ 우편, 메시지, 키랙(mail, message, key rack)

객실의 열쇠를 객실번호 순서대로 보관하기 위해 만들어진 설비로서 우편물이나 메시지를 동시에 보관 할 수 있다. 객실과 연결된 메시지 램프는 키랙과 연결되어 있어서 메시지나 우편물이 발생하며 해당 객실번호의 키랙에 보관하고 메시지 램프를 작동시켜 객실에 체재중인 고객에게 알려주게 되는 데 우편물이나 메시지를 고객에게 전달할 때는 반드시 고객의 확인을 받아두는 것이 대단히 중요하다.

그리고 또한 키랙을 통해서 전체의 객실상황을 파악 할 수 있다. 예를 들어 키랙에 객실키가 있는 경우는 객실이 판매되지 않았거나 판매되었더라도 고객이 키를 맡겨 놓고 외출중인 경우이며, 키랙에 키가 없는 경우 고객이 체재 중이거나 아니면 호텔 내에 머물고 있다는 의미가 된다.

④ 레저베이션 랙(reservation Rack)

수작업 시스템이나 반자동화 시스템을 갖춘 호텔의 프런트오피스에서는 advancereservation rack과 current reservation rack은 도착예정 일자 별로 작성된 예약 슬립이나 도착예정인 개별고객이나 단체고객의 명단이 알파벳순으로 정리된 레저베이션랙을 말하며 current reservation rack은 당일 도착예정인 고객의 레저베이션 랙을 말한다. 예약담당자는 매일 아침 advance reservation rack에서 당일 도착예정 고객명단을 작성하여 프런트데스크로 넘겨주며 프런트데스크에서는 고객이 호텔에 도착하여 등록할 때 예약내용을 다시 확인하게 된다.

그러나 완전자동화 시스템을 갖추고 있는 호텔에서는 이러한 내용들을 컴퓨터의 예약 소프트웨어가 자동적으로 처리해주기 때문에 레저베이션 랙은 사실상 필요가 없으며 예약 상황은 필요에 따라 언제든지 컴퓨터 화면상에서 조회가 가능하다.

⑤ 인포메이션 랙(information Rack)

인포메이션 랙은 투숙고객의 이름을 알파벳순으로 나열하거나 지정된 객실번호를 순서대로 정리해 둠으로써 투숙고객에게 찾아오는 방문자에게 신속한 서비스를 제공해 줄 수 있을 뿐만 아니라 투숙고객에게 외부로부터 걸려오는 전화나 우편, 메시지를 신속하게 처리하는데 도움을 주기 위한 것이다.

이러한 인포메이션 랙은 여러 개의 홈을 가지고 있으므로 해당 고객의 정보를 슬립에 기록하여 꽂아 두게 된다.

그러나 완전한 컴퓨터시스템으로 운영되는 프런트오피스에서는 투숙 고객의 이름과 객실번호를 컴퓨터 화면상으로 쉽게 조회할 수 있기 때문에 이러한 인포메이션 랙은 필요가 없다.

⑥ 통신 설비

능률적이고 효과적인 통신 시스템을 보장하기 위해서는 호텔은 적절한 설비를 갖추고 고객에게 다양한 전화서비스를 제공할 수 있어야 한다.

호텔에 체재하는 동안 고객이 이용하는 대표적인 전화는 시내전화와 장거리 자동전화를 들 수 있으나 요금처리 방식에 있어서는 매우 다양하다.

그렇기 때문에 고객에게 다양하고 능률적인 전화서비스를 제공하기 위해서는 적절하게 혼합된 전화회선의 설정이 필요하다.

전화회선의 수와 형태는 호텔이 제공하는 고객서비스의 수준에 따라 결정해야 하지만 일반적으로 많은 호텔들이 채택하고 있는 통신설비는 private branch exchange(PBX) system과 call accounting system(CAS)을 들 수 있다.

① PBXsystem : outbound call(호텔 → 외부)은 호텔의 교환을 거치지 않고도 가능하지만 inbound call(외부 → 호텔)은 호텔의 교환이 각 업장이나 사무실의 해당번호에 연결시켜주는 system을 말한다. 이 system은 제한된 회선으로서 많은 내선을 가질 수 있다는 장점이 있다.

② CAS : 이 system은 호텔의 교환이나 프런트데스크 종사원의 도움을 전혀 받지 않고 고객이 직접 유료전화를 할 수 있다는 시스템이며 일명 전자교환시스템이라 한다. call accounting system은 일련의 소프트웨어 프로그램으로서 호텔의 컴퓨터 시스템에 직접 접속하게 되면 요금은 자동적으로 고객의 폴리오에 전기된다. PBX system보다 전화요금이 저렴한 장점을 가지고 있다.

3. 자산관리시스템

오늘날 현대호텔의 프런트오피스 운영에 있어서 컴퓨터 시스템의 활용은 필수적이다. 새로 건립되는 호텔의 경우 컴퓨터 시스템은 모든 설비의 표준이 되고 있으며 기존의 호텔에서는 보다 신속한 고객서비스를 위해 기존의 컴퓨터 시스템들을 하나의 통합체로 운영하고 있다.

하나의 통합체로 운영되는 컴퓨터 시스템은 일상적인 예약업무의 처리뿐만 아니라 고객등록, 고객회계, 체크-아웃, 회계감사업무에 이르기까지 광범위하게 응용되고 있다. 호텔 프런트오피스의 운영에 있어 모든 호텔들이 보편적으로 채택하고 있는 컴퓨터 응용 프로그램이 바로 자산관리 시스템이다.

이러한 자산관리시스템은 고객에게 서비스를 제공하기 위해 필요로 하는 기능을 중심으로 설계되어 있으며 이 시스템의 중요 메뉴를 살펴보면 아래와 같다.

프런트오피스의 모든 컴퓨터 시스템들은 동일하게 운영되고 있지는 않지만 가장 보편 적으로 운영되고 있는 자산관리 시스템을 프런트오피스의 운영에 컴퓨터를 어떻게 응용하고 있는가를 잘 나타내 준다. 이러한 자산관리 시스템은 프런트데스크와 백오피스에서 일어나고 있는 다양한 항목들을 지원해 줄 수 있는 컴퓨터 소프트웨어 패키지들로 구성되어 있다.

프런트오피스 소프트웨어 패키지들은 프런트오피스 종사원들의 예약을 비롯한 객실판매와 회계업무와 백오피스의 일반관리업무를 원활하게 수행 할 수 있도록 설계 되었다. 프런트오피스의 운영에 있어서 컴퓨터의 응용을 살펴보면 다음과 같다.

1) 예약관리 모듈

컴퓨터를 이용한 예약 패키지는 호텔로 하여금 고객의 객실요구를 신속하게 처리해 줄수 있을 뿐만 아니라 정확한 객실상황이나 객실수입, 그리고 객실 수요예측 보고서를 적시에 출력시켜준다. 오늘날 대부분의 체인 호텔들은 효율적인 예약업무 수행을 위해 컴퓨터를 이용한 광역배송시스템과 중앙시스템을 채택하고 있다.

인터넷 운용을 포함하는 광역배송시스템은 미래의 예약정보를 신속하게 획득하고 처리하며 중앙예약 시스템은 예약 데이터의 저장, 예약된 객실의 추적, 객실형태나 요금에 의한 예약통제 그리고 접수된 예약의 수를 조정하게 된다.

프런트오피스 컴퓨터 시스템을 이용하고 있는 호텔은 원거리 예약 네트워크에서 직접 전송된 데이터를 수신할 수 있으며 데이터를 수신하는 순간 호텔내의 컴퓨터에 저장되어있는 예약기록이나 파일, 수익예측 내용은 즉시 새로운 내용으로 갱신된다. 가장 최근에 개발된 컴퓨터 시스템은 원거리 예약 네트워크와 호텔 컴퓨터 사이에 실시간적으로 양방향 통신이 가능하게 되어 고객정보와 객실상품에 정보에 대한 순간적인 갱신이 가능해 졌다.

이외에도 사전에 접수된 예약데이터는 사전 등록 자료로 자동 전환되어 당일도착 예정자 목록은 물론 요약된 예약 데이터와 고객체재정보를 포함하는 다양한 예약 관련 보고서를 출력시킬 수 있다.

2) 객실판매 모듈

객실판매 모듈은 객실상황에 관한 현재의 정보와 객실요금, 그리고 객실배정에 관한 정보를 제공하여 프런트오피스 종사원이 고객서비스로 조정하는데 도움을 준다. 그리고 또한 이 모듈은 예약이 진행되고 있는 과정에서도 이용가능 객실을 신속하게 파악할 수 있도록 해 주기 때문에 단기 예약 확인이나 객실 수입 예측을 가능하게 하는 장점을 가지고 있다. 이렇게 컴퓨터 화된 시스템에서는 프런트오피스 담당자가 컴퓨터 시스템 터미널에 고객의 이름만 입력하게 되면 현재의 모든 객실상황이 컴퓨터 터미널의 스크린에 나타나게 된다.

한편 객실정비가 완료되어 판매할 준비가 되었을 때는 하우스키핑 담당자는 하우스키핑에 설치되어 있는 터미널이나 전화 또는 텔레비전 인터페이스를 통해 객실상황을 통신할 수 가 있다.

컴퓨터 시스템으로 운영되는 호텔에서는 객실상황이 변화에 대한 프런트데스크와 즉시 통신 할 수 있으며, 이외에도 프런트데스크 담당자는 고객의 특별요구사항들을 컴퓨터에 입력함으로써 고객이 사용하고 있는 객실에 대한 고객 만족도를 확인할 수도 있다. 더욱이 최근에 개발된 객실판매 관련 모듈에서는 유지관리나 고객의 특별 요구사항을 신속하게 처리해 줄 수 있는 내용들을 포함하고 있다. 예를 들면 냉방장치에 문제가 있는 객실이나 엑스트라 타월을 필요로 하는 객실이 있을 경우 이러한 내용을 컴퓨터에 입력시키게 되면 유지관리부서의 기술자나 하우스키퍼는 즉각적으로 고객의 요구사항을 해결해 줄 수가 있다.

3) 고객 회계처리 모듈

고객 회계처리 소프트웨어는 고객의 회계처리 업무에 대한 통제력을 한층 더 강화 시켰으며 전통적인 회계감사 업무를 크게 개선시켜 주었다. 고객회계는 전자회로를 통해 처리되므로 수작업이나 반자동화 시스템의 회계처리에서 필요로 하는 고객폴리오, 폴리오트레이, 금전등록기와 같은 장비들은 더 이상 필요가 없게 되었다. 고객 회계 처리 모듈은 미리 설정된 고객신용 한도액을 조정하고 다중 폴리오 포맷을 통해 회계처리의 융통성을 제공한다.

체크-아웃 시점에서는 이미 승인된 미결계정잔액은 지속적인 청구와 회수를 위해 외상매출금 계정에 자동적으로 이체된다. 그리고 호텔영업부문의 모든 업장들은 프런트오피스 컴퓨터 시스템과 연결되어 고객의 거래내용이 원거리 전자 현금등록기를 통해 프런트오피스에 전달되며, 거래내용은 전자고객 폴리오에 자동적으로 전기된다. 이러한 자동전기는 고객이 출발한 후에 고객의 계정에 전기되는 누락된 거래의 수를 최대한 줄일 수 있다. 위의 내용에서 보는 바와 같이 컴퓨터를 이용한 회계 관리 능력은 자산관리 시스템의 가장 큰 장점 중의 하나이다.

4) 일반관리 모듈

일반관리 소프트웨어는 프런트오피스 소프트웨어 패키지와 분리되어 독립적으로 운영될 수 없다. 일반관리 소프트웨어는 예약관리나 객실판매, 그리고 회계 관리 프로그램을 통해 수집되는 데이터를 기초로 하여 필요로 하는 각종 보고서를 생성시키는 패키지를 말한다. 즉 다시 말하면 일반관리 소프트웨어는 예약과 객실판매 소프트웨어에 기록된 자료를 기초로 하여 도착예정 고객과 판매기능 객실에 대한 보고서를 생성시킬 수가 있다.

일반관리 모듈은 이러한 복고서의 생성이외에도 프런트오피스와 백오피스 컴퓨터시스템사이의 접속이 정상적으로 이루어져 작동될 수 있도록 일련의 연결고리 역할을 수행하기도 한다.

제6절 **비즈니스 센터**

1. 비즈니스센터 의의

비즈니스센터는 비즈니스를 목적으로 방문하는 고객에게 인적 서비스 및 각종 최신장비 즉 컴퓨터(computer), 팩스(fax), 복사기와 같은 사무기기와 비즈니스 업무에 숙련된 직원을 배치하여 이용객이 호텔 내에서 비즈니스 업무를 원활히 수행하도록 도움을 주는 곳이다.

또한 비즈니스센터는 소규모 회의나 호텔 투숙객이 업무와 관련한 상담을 하는 상담 장소로도 제공되며, 특히 비즈니스를 위한 비서업무나 통역, 기타 비즈니스를 위한 각종 업무를 보조하기도 하는 곳이다.

비즈니스 고객들은 좀 더 완벽하게 비즈니스 업무에 부족함이 없는 자신의 사무실과 같은 시설과 비즈니스를 원하고 있으며 호텔에서도 여러 가지 이유로 비즈니스 고객을 선호하고 유치하기 위해 노력하고 있는 가운데 비즈니스센터의 중요성은 앞으로 더욱 그 비중이 커지고 있다.

2. 비즈니스센터의 업무

비즈니스센터는 객실 투숙객이나 혹은 호텔 시설을 이용하는 상용고객에게 타이핑이나 복사, 명함제작 그리고 번역 업무를 지원한다. 따라서 비즈니스센터의 담당직원은 컴퓨터와 외국어에 능통하여야 한다. 또한 고객이 회사 이름이나 위치를 물었을 때나 통역을 원할 때에는 외국어에 능통한 직원이 지원을 하거나 전문통역원 혹은 전문통역회사를 알선해 주는 역할까지도 해야 한다.

그리고 호텔 투수객의 비즈니스에 필요한 컴퓨터, 미팅룸, 핸드폰(cellular Phone) 등의 렌탈(rental) 서비스 또는 간단한 수하물을 전달해 주는 서비스도 비즈니스센터의 중요한 업무 중의 하나이다. 따라서 택배회사(courier company)와의 연계체계를 구축해야 하며, 항공예약이나 항공권을 교체해주는 업무도 수행해야 한다. 즉 비즈니스센터 내에서 비즈니스업무를 수행하는데 전혀 손색이 없도록 인적·물적 자원을 준비하여 서비스를 하는 것이 비즈니스센터의 업무라고 할 수 있다.

하우스키핑(Housekeeping)

```
┌─────────────────────────────────────────────────────────┐
│              제 1 부 호텔경영 일반론                       │
│                제1장 호텔의 이해                          │
│                제2장 호텔기업의 특성                      │
└─────────────────────────────────────────────────────────┘

┌─────────────────────────────────────────────────────────┐
│              제 2 부 호텔경영 관리론                       │
│                제3장 경영과 경영관리                      │
│          제4장 계획화          제5장 조직화              │
│          제6장 지휘화          제7장 통제화              │
└─────────────────────────────────────────────────────────┘

┌─────────────────────────────────────────────────────────┐
│              제 3 부 호텔경영 기능론                       │
│                   제8장 인사관리                         │
│   제9장 객실판매 및 생산   제10장 프런트오피스의 조직   제11장 하우스키핑   │
│      제12장 식음료 관리      제13장 연회 서비스          │
│                제14장 호텔 재무관리                      │
└─────────────────────────────────────────────────────────┘
```

☞ 열린 생각 및 직접 해보기

▶ 하우스키핑의 중요성을 설명한다.
▶ 하우스키핑의 구성원의 업무를 설명한다.
▶ 세탁관리의 구서운의 업무를 설명한다.
▶ 하우스키핑과 연관부서간의 중요성을 설명한다.
▶ 취업 희망호텔의 하우스키피의 조직 및 인원을 알아보기
▶ 취업 희망호텔의 객실상품의 고급화를 위한 기사를 찾아본다.

Chapter **11**

하우스키핑(Housekeeping)

하우스키핑(Housekeeping)

1. 하우스키핑의 개념

하우스키핑이란 사전적 의미로 "가정에서의 가사·가계 또는 건물을 수리하고 관리하며 유지한다." 등으로 정의되어져 있으며 호텔에서의 하우스키핑은 투숙객의 체재 중 사용에 편리하고 안락한 시설과 용품을 갖춘 하드웨어(hardware service)와 항상 청결하게 관리하고 정비함은 물론 가정을 떠난 가정으로서의 또 다른 편안함과 즐거움을 느낄 수 있도록 하는 데 필요한 소프트웨어(software service), 즉 인적 서비스를 의미한다.

하우스키핑의 가장 주된 역할은

첫째, 객실의 쾌적성을 유지하기 위한 청소와 객실설비, 시설과 비품관리

둘째, 호텔 내 레스토랑, 화장실, 라운지, 주방 등 호텔 전역의 공공지역 관리

셋째, 린렌류의 세탁관리, 직원 유니폼의 지급과 수선이라고 할 수 있다.

마지막으로 객실내의 미니 바(Mini-Bar : 객실에 비치된 냉장고에 간단한 주·음료와 스넥류, 기념품이나 신변용품을 진열하여 투숙고객에게 이용케 하는 객실 내의 부대사업)의 관리가 있다. 따라서 하우스키핑은 고품질 객실상품의 생산에 최선을 다해야 하며 호텔의 재산관리와 비용절감을 위해서도 최선을 다해야 한다.

2. 하우스키핑의 중요성

1) 호텔 수익의 증대

호텔의 자산을 관리하고, 호텔의 운영경비를 절감하는 일이 비용지출을 줄이는 측면에서

살펴본 내용이라면 호텔 상품의 생산과 창조는 호텔에 있어서 간접적인 수익의 증대를 가져온다고 하겠다.

호텔 객실의 청결유지와 관리는 결과적으로 객실판매와 객실점유율에 영향을 가져와 호텔의 수익증대로 연결된다. 객실은 호텔의 판매상품의 중심을 이루는 요소이며 가장 중요한 수입원이므로 이러한 수입원을 청결하게 관리하고 유지하는 부서로서 하우스키핑의 역할이 중요하게 평가받는 것이다.

2) 호텔 자산의 관리

호텔자산은 유동자산(current assets)과 고정자산(fixed assets)으로 분류할 수 있다. 유동자산은 현금·당좌예금 등을 말하며, 고정자산은 건물·시설·기계 등이다.

일반적으로 호텔기업은 자본금의 80~90%가 고정자산이 차지하고 있다. 이 고정자산을 이루는 요소가 호텔의 건물을 비롯한 내부설비이다. 그러므로 호텔의 객실을 비롯한 내·외부 공간을 청결하게 유지하고 시설물을 관리하는 부서로서 하우스키핑의 중요성이 새로이 인식되고 있다. 보통 대규모 호텔에서 이 부문의 책임자인 하우스 키퍼(House Keeper)가 부지배인(Assistant Manager)과 동격의 지위를 갖는 것도 이러한 이유에서이다.

3) 호텔 운영경비의 절감

호텔의 운영경비는 고객의 증감에 관계없이 일정한 비용이 꾸준히 지출되는 고정경비(Fixed Expenses)와 고객의 증감에 따라 그 지출도 함께 증감하는 변동경비(Variable Expenses)로 나눌 수 있다.

고정경비는 호텔에 고객이 많은 경우나 적은 경우에 관계없이 일정한 비용지출이 발생하는 경우로서 인건비나 광열비 등이 포함되며, 변동경비는 고객이 많고 적음에 따라 그 비용지출이 늘던가. 줄거나하는 비용으로 재료비 등이 포함된다.

일반 기업과 마찬가지로 호텔의 경영목표도 당연히 이익의 극대화인데, 이러한 목표의 달성은 판매의 극대화를 통하거나 지출되는 비용을 극소화함으로써 가능하다. 따라서 객실을 비롯한 호텔 내의 모든 비품 및 설비의 관리를 책임지고 있는 하우스키핑 부서가 큰 몫을 하고 있다.

4) 호텔 상품의 생산과 창조

호텔의 80%가 고정자산이고, 그 고정자산을 주요한 상품으로 하여 영업활동을 하고 있는 호텔의 특성상 새로운 상품의 생산은 불가능하다. 하지만 지속적인 객실 및 기타 설비의 점검 및 청소와 관리를 통한 하우스키핑 부서의 역할은 기존의 제품이 새로운 효용을 가지고 새로운 고객에게 만족을 줄 수 있도록 상품을 재생산한다고 볼 수 있다.

즉 고객의 체크아웃(Check-Out)과 함께 객실이라는 효용가치가 떨어진 제품을 다시 새로운 상품으로 창조하는 부서가 하우스키핑인 것이다.

3. 하우스키핑의 직무

1) 호텔 전역의 청결 유지

객실뿐만 아니라 레스토랑, 연회장, 현관, 복도, 로비, 화장실, 주방 등과 같은 공공지역(public area)에서 호텔 외부에 이르기까지 호텔 전역을 청결하게 유지한다. 따라서 하우스키퍼(housekeeper)라는 전문 관리인의 책임 아래 효율적으로 관리하여야 한다.

2) 보수를 요하는 사항의 신속 처리

프런트오피스(Front Office)가 객실상품을 판매하는 곳이라면 하우스키핑은 상품을 재생산하는 곳이다. 기물이나 설비가 파손되었거나 고장이 나서 사용이 불가능한 객실이 있다면 신속하고도 완벽하게 정비되어야 상품으로서의 가치를 지닌다고 할 수 있다. 객실의 청소와 세심한 관리로 투숙객이 편안하게 휴식을 취할 수 있도록 재판매를 위한 제반적인 사항을 취하는 것도 하우스키핑의 중요한 업무 중 하나이다.

3) 조명기구의 청결유지 및 적당한 조도관리

객실의 전반적인 조명은 객실분위기를 좌우한다고 할 수 있다. 따라서 전체조명과 부분조명 설비를 갖추어 고급스럽고도 편안한 분위기를 조성하여 고객의 수요에 부응할 수 있도록 하는 것도 하우스키핑의 몫이다.

4) 고객 안전을 위한 방해물 제거

사고는 자그마한 원인이 불씨가 되어 일어나는 경우가 대부분이다. 완벽한 시설과 철저한 정비, 그리고 지속적인 점검 등으로 사고를 미연에 방지하는 것이 가장 중요하다. 작은 사고라도 인명의 피해, 정신적 피해, 재산상의 피해가 따르게 되고 이것은 다시 호텔전체의 부정적인 이미지를 가져오므로 고객안전을 위해 위험요소나 방해물이 발견되면 즉시 제거해야 한다.

5) 린넨·직원유니폼 및 소모품 보충

린넨(linen)류란 말은 면직류를 총칭하는 단어로, 호텔에서는 면류나 화학섬유로 만들어진 타월(Towels), 냅킨, 시트, 담요, 유니폼, 커튼, 도일리(Doily) 등을 말한다. 유니폼(uniform), 청소용품, 고객용품 등은 항상 적정 수량을 확보하여 고객의 요구에 즉각적으로 서비스할 수 있도록 해야 한다. 특히 린넨(linen)류는 사용 중인 것과 사용 후 세탁 중인 것, 그리고 예비 분을 포함하여 최소한 3회전 분량을 준비해야 하며, 비상시를 대비하여 4~5회전 분량을 확보해 두는 것이 바람직하다.

6) 습득물의 보관 및 처리

객실에 물건을 빠트리고 체크아웃(Check-Out)하는 고객들이 있을 수 있다. 객실을 정리할 때에는 침대, 옷장, 서랍 등 고객이 물건을 넣어 둘 만한 곳을 샅샅이 살펴서 습득물이 나오면 고객이 찾아갈 수 있도록 호텔의 규칙에 따라 사후 관리하여야 한다. 습득물의 정확한 회수 또한 고객의 만족도를 높임으로써 호텔의 이미지 제고에도 큰 몫을 할 수 있다.

4. 하우스키핑의 직원의 숙지사항

1) 평상시의 숙지사항

(1) 용모 및 복장

① 호텔 유니폼 실에서 세탁되고 수선된 유니폼을 착용
② 명찰은 정해진 위치에 부착
③ 두발은 청결하고 가지런히 손질
④ 화려한 화장은 피하고 아이섀도, 진한 립스틱은 피한다.
⑤ 짙은 향기의 향수는 사용을 금한다.
⑥ 결혼반지, 약혼반지, 손목시계 이외의 장신구나 보석류는 착용을 금한다.
⑦ 신발은 안전과 편안함을 위하여 굽이 낮은 것을 착용한다.
⑧ 구두는 깨끗이 윤이 나게 하며, 발끝이 막힌 것을 신는다.
⑨ 손톱은 짧고 깨끗이 다듬어야 하며, 매니큐어는 화려하지 않은 색을 사용한다.

(2) 태도

① 손님과 마주치게 되면 가벼운 미소를 띠고 인사한다.

② 손님이 말을 걸지 않는 한 필요 없는 말은 걸지 않는다.

③ 손님과 스쳐 지나갈 때에는 가볍게 고개를 숙이며 인사한다.

④ 인사는 반드시 멈춰서 한다.

⑤ 낭비를 삼가고 절약정신의 생활화

⑥ 국제인으로서의 매너(manner)와 에티켓(etiquette)을 함양한다.

(3) 정숙

① 서비스 구역(station)에서는 큰 소리를 삼가고 웃거나 노래를 부르지 않는다.

② 객실 및 복도에서 작업 중에는 업무와 관련 없는 대화는 삼가며, 근무 시에는 동료 간에도 공손한 말을 쓰도록 한다. 객실 중 어디에 손님이 있을지 모르므로 항상 조심하며, 난폭한 언어는 손님에게 불쾌감을 주게 되므로 사용하지 않도록 한다.

③ 객실 청소 중의 라디오, TV 점검 시 음량을 필요 이상으로 크게 하지 않는다.

(4) 보안업무

① 고객의 프라이버시(privacy)에 관한 일은 일절 외부에 누설하지 않는다.

② 고객의 허락 없이 어떤 외래객도 객실에 들여보내면 안 된다.

③ 체재 고객의 성함 등을 이유 없이 외부에 누설하여서는 안 된다.

④ 고객을 평하거나 흉을 보지 않는다.

⑤ Door open request시에 요구객실의 실제 투숙객인지를 확인하여 이상이 없을 경우에 열어 준다.

⑥ 회사의 일들을 외부에 발설하지 않는다.

(5) 비상구, 소화전의 위치 확인

① 비상구, 소화기, 소화전 등의 위치를 숙지한다.

② 소화기 취급요령을 지킨다.

③ 비상시의 경우 자기가 맡은 역할을 충실히 이행한다.

(6) 직장 내 에티켓

① 직장 내의 규율을 지켜 동료 간의 인화단결을 도모한다.

② 출퇴근 시간 및 식사, 휴식시간을 잘 지킨다.

③ 공동으로 사용하는 물건은 서로 소중하게 취급하고 제자리에 둔다.

(7) 위생관념 및 자기관리

① 손님과 대화할 때에는 신체부위(얼굴, 머리 등)를 만지지 않는다.

② 작업 종료 시 반드시 손을 닦는다.

③ 고객에게 불쾌감을 주는 냄새나는 음식을 삼간다.

④ 부주의로 인한 질병에 감염되지 않도록 주의한다.

⑤ 근면하고 강건한 체력유지 한다.

⑥ 접객원으로서의 어학을 숙지한다.

2) 근무시의 근무수칙

(1) 입실 및 퇴실

입실 시에는 반드시 노크를 하고, 허가를 받아 입실한다. door의 노크는 가볍게 2~3회 천천히 두드리며, 3~4초를 기다린다. door를 천천히 여는 것은 door chain을 하고 있을 경우가 있으므로, 갑자기 열면 손님을 놀라게 하거나 쉬고 있는 손님을 방해할 우려가 있기 때문이다. Do not disturb card가 도어 핸들에 걸려 있을 경우에는 입실하지 않는다. 퇴실할 경우 문이 있는 데서 손님을 향해 가볍게 인사한 후 복도에 나가 조용히 문을 닫고 떠난다. Make up card가 도어 핸들에 걸려 있는 것을 발견하면 우선순위로 청소한다.

(2) 전화

Floor station에 전화가 울리면 곧 받는다. 손님으로부터의 전화인 경우, 말씨에 신경을 쓰고 복잡한 용건이면 메모를 하며 객실 청소 중, 객실에 전화가 울리더라도 전화를 받으면 안 된다. 또한 객실의 전화를 사용하여 외부에 전화해서도 안 된다.

(3) 열쇠 취급

안전과 관련하여 키 관리는 아주 중요한 문제이다. 따라서 고객의 안전과 사생활보호를 위해 적절한 절차를 취하는 것은 매우 당연하며 master key나 pass key는 더욱 엄중하게 취급하여야 한다. key를 받을 때에는 시간과 이름을 반드시 기록장부에 기입한다.

(4) 부재 손님에 대한 내방객의 처리

손님의 지인, 친구라고 하더라도 손님이 부재 시에는 입실시켜서는 안 되며, 상사나 프런트에 보고한다. 손님의 지인, 친구라 하더라도 체재객의 지시가 없는 경우에는 손님의 짐을 실외로 반출하면 안 된다.

(5) 호텔 관계자의 입실

객실에 일이 있어서 입실허가를 받은 자(bellman, room service, waiter, laundry service 등)의 요청으로 객실을 열 경우에는 소정의 기록부에 입실자의 성명, 입실목적 및 입실시간 등을 기입한다.

(6) 객실 내에서의 주의사항

객실 내 화장실을 사용하면 안 되고, 점검 이외에는 TV, 라디오를 시청해서도 안 된다. 그리고 객실 내에서 흡연을 하거나 신문·잡지 등을 읽거나 옷을 갈아입어서도 안 되며, 체재객실 청소의 경우에도 손님의 짐에는 되도록이면 접촉하지 않는다.

3) Floor Station 정비

호텔의 객실 층에는 각층에 floor station이 있다. 이 floor station에는 객실의 관리나 서비스를 행하기 위한 각종 도구류, 집기류 등이 설비되어 있고, 또한 linen 등을 보관하는 창고가 있으며 냉장고 등이 설치되어 있다.

① 정기적으로 floor station 내부를 청소한다.
② linen 창고에 보관되어 있는 린넨류는 종류별로 분리해서 정리해 둔다. 린넨류는 고객의 피부에 접촉되는 것이므로 보관창고는 항상 청결하게 유지해야 한다.
③ 고객용 소모품류는 소정의 장소에 정리해 놓아야 하며, 이러한 물건을 개인용도로 사용해서는 안 된다.
④ maid cart에 실린 물건은 잘 정리해 놓는다.
⑤ maid cart나 wagon 등을 취급할 때 벽면이나 도어에 부딪히지 않도록 주의한다.

4) 하우스키퍼(Housekeeper)에게 보고할 사항

① 고객이 아프다고 말했을 때, 또는 고객이 고열의 환자이거나 심한 복통 등 병에 걸려 있는 것이 확인되었을 때
② 체재객의 객실에 흉기나 마취제 등 위험물질이라고 생각되는 소지품이 발견되었을 때
③ 소란스러운 고객, 또는 객실 내에서 노름을 할 경우
④ single 예약 또는 혼자서 등록한 객실에 2인이 숙박했을 경우
⑤ 숙박객이 체재중인데도 불구하고 짐이 없거나 또는 짐이 적은 경우

⑥ 체재객이 숙박하지 않은 경우(no sleep)

⑦ 외래객의 출입이 많은 경우

⑧ 객실의 설비, 집기, 비품, 벽면 등에 파손 또는 고장 등을 발견했을 경우

⑨ 객실이 무단으로 가구나 비품 등 사전연락 없이 구조를 변경하였을 경우

⑩ 복도에서 이상한 사람을 발견했을 경우

5. 하우스키핑의 조직 및 업무내용

1) 하우스키핑의 조직

객실을 정비하는 하우스키핑의 업무는 그 특성상 눈에 보이지 않으며, 작업내용 또한 간단한 것처럼 보여 안이하게 판단하기 쉽다. 그러나 객실의 정비가 없이는 호텔상품의 판매란 있을 수 없다. 객실의 정비업무가 원만하게 수행되어야 품격 높은 서비스가 제공될 수 있는 것이다.

하우스키핑 부서는 호텔 내에서도 타부서에 비해 많은 인원이 배치되어 있는 이유도 조직적인 작업수행과정에서 담당자의 업무능력을 극대화함으로써 객실상품의 생산효과를 높일 수 있기 때문이다. 이처럼 체계적인 객실정비를 위해서는 과학적이고 합리적인 조직을 구성해야 할 것이다.

2) 하우스키핑 구성원의 업무내용

(1) 객실정비과장(Executive Housekeeper)

고객과 종사원의 안전과 쾌적한 환경의 조성 및 유지를 위해 객실을 비롯한 각 지역의 청결관리와 이를 능률적으로 실현하기 위해 부서내의 업무와 관련한 계획과 감독 및 조정하는 역할을 한다. 각 객실의 가구 및 시설과 장비들을 점검하고 관리하는 부서의 업무와 호텔의 경비를 절감함으로써 동시에 고객에 대한 서비스의 질과 생산성을 높인다는 부서업무의 중요성을 직원들에게 주지시킴으로써 업무효율을 높이기 위해 노력한다.

그 구체적인 주요업무는 다음의 몇 가지로 요약할 수 있다.

① 객실부장을 보조하고 호텔 청소용역과 관련된 계약과 협상을 관리하며 개발한다.

② 부서 총괄업무 기획·관리 및 감독

③ 모든 직종의 지속적인 훈련계획의 수립 및 진행(방화, 도난, 산재 등과 관련한 안전교육, 위생교육, 서비스 교육 등)

④ 노동조합과 노동법 요구에 맞는 성수기 및 비수기의 근무 스케줄의 작성 및 조정

⑤ 급여 및 스케줄의 정확한 관리.

⑥ 고객용 소모품, 비품 비치 및 적정량 유지

⑦ 린넨, 유니폼, 기타 물품의 심사와 기록 유지

⑧ 린넨류 재고조사 및 저장수준 유지에 관한 감독

⑨ VIP, long term guest에 대한 우대(treatment) 지시 및 감독

⑩ 고객의 불평 및 요구사항 파악

⑪ 호텔 전 지역의 청결유지와 감독

⑫ 분실물(lost & found)의 보관 및 의뢰품 관리

⑬ 외주업자의 관리

⑭ 연간 예산계획 수립 등

⑮ 타부서간 업무협조 및 조정역할

⑯ 호텔운영 경비절감방안 수립

⑰ 간부회의 참석

⑱ 대외업무 수행

(400실 이상 규모)

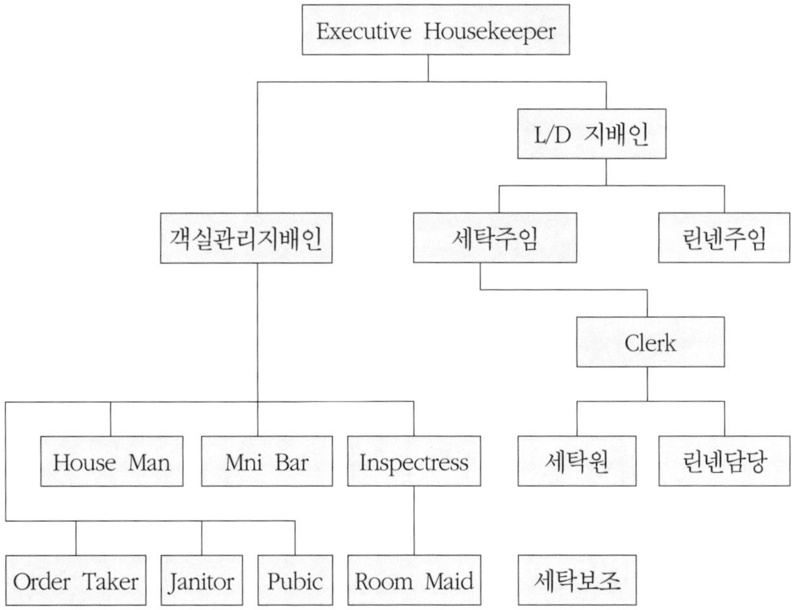

[그림 11-1] House Keeping 부서의 조직도

(2) 객실관리지배인(Assistant Executive Housekeeper)

부서내의 업무진행과 정책수립을 위해 하우스키핑(Housekeeping) 업무를 계획하고 조직·감독하며, 부하직원을 훈련·상담·감독·지시한다. Housekeeping과 관련한 모든 업무에서 객실정비과장(Executive Housekeeper)을 보좌하고 부재 시 업무를 대행한다. 따라서 반드시 부서내의 모든 업무에 능통하여야 한다. 주요 업무내용은

① 부서 운영상 관련되는 문제를 책임지고, 변동사항은 사전에 Executive와 상의
② 직원 퇴근 전에 분담된 업무의 완료상태 확인
③ 예정된 투숙율에 의거하여 인력을 조정
④ 모든 객실, 공공지역 및 비영업지역을 점검
⑤ 모든 열쇠, 업무배정과 특수 업무 지시
⑥ VIP 객실의 점검
⑦ Housekeeping 창고와 고객용품, 청소용품 등의 통제와 관리 등이다.

(3) 하우스맨(Houseman)

보급품과 사용된 물자를 운반하며 아울러 복도, 계단, 엘리베이터, 로비 현관 등의 청소를 담당한다. 일반적으로 볼룸(Ball Room)이나 호텔의 서비스 장소같이 넓은 장소의 청소를 책임진다. 플로어 관리 등이 이에 속하는 좋은 예이다. 하우스맨의 주요업무는 다음과 같다.

① 린넨류 및 보급품의 체크
② 더럽혀진 린넨류의 수집
③ 폐품의 수거 및 간단한 보수작업
④ 힘든 작업에 있어서 메이드의 업무보조
⑤ 건물의 청소
⑥ 복도, 홀, 계단 등의 청소
⑦ 복도의 화분관리
⑧ 새로운 린넨류의 공급
⑨ 쓰레기 운반
⑩ 각종 객실 청소장비의 관리 등
⑪ 고객 및 객실 층으로부터 Order Taker
⑫ 각종 Order 집계 및 통보
⑬ Lost & Found 접수 및 보고

⑭ Lost & Found 반송 및 사후관리

⑮ 소모품·비품 등 재고조사

⑯ 단체객실, VIP 객실 층 통보

⑰ 고객세탁물 수거 및 배달

⑱ Extra Bed 투입 및 철수

⑲ 각종장비수리 및 수리의뢰

⑳ 고객 및 객실 층으로부터 Order Taker

㉑ 프런트데스크와의 각종 업무협조

㉒ 각종 Key 관리 및 점검

㉓ 각종 객실관리 보고서 작성

(4) 미니바(Mini Bar)

호텔의 매출과 직결되는 Mini Bar는 객실 내의 냉장고에 맥주, 사이다, 콜라, 주스, 마른안주 등을 비치된 모든 품목을 말하며, 고객께서 주문하는 번거로움을 피하고 편리하게 이용할 수 있도록 준비하여 판매하는 것을 말한다. 요금에는 봉사료가 포함되지 않으며 고객이 직접 냉장고에서 꺼내어 사용할 수 있고 고객이 직접 영수증을 작성하여 체크아웃 시 지불하도록 되어 있다. 담당직원은 물품조달, 영수증 처리, 업무마감, 재고관리 등의 업무를 성실히 수행하여 매출증대에 적극적으로 노력하여야 한다. 미니바 담당자의 주요업무는 다음과 같다.

① 물품청구 및 수령

② 물품 각 층별 배달

③ 1일 판매보고서 작성

④ 스키퍼 보고서 작성

⑤ 룸메이드 부재 시 미니바 점검

⑥ 재실객실의 영수증 작성 후 후론트 케셔에 통보

⑦ 단체고객 냉장고 철수

(5) 객실점검원(Inspector)

Inspector는 Executive Housekeeper의 업무지시를 받아 완벽한 객실상품을 만들기 위한 객실점검이 주 업무이다. 각 객실의 청소·정비 상태 점검, 시설보수 점검, 객실비품의 제규정에 의한 Set 점검 등 잘못된 점을 지시하여 완벽한 객실 상품이 되도록 하는 임무를 수행한다. 주요 업무내용은 다음과 같다.

① 객실점검(객실, 욕실, 발코니, 복도 등), 객실환경 및 기능(전기, 설비, 건축구분)

② Room Maid의 작업을 지시하고 감독

③ 배정된 층의 모든 객실, 복도, 서비스지역, 린넨룸의 청결과 분실물 유무 점검(분실물이 있을 경우, 보고 및 정리, 인계함)

④ 린넨실을 점검하고 모든 공급품의 구입 여부를 확인하고, 필요한 것을 부서내의 창고에서 수령하여 보충

⑤ Maid Cart를 점검하여 정돈상태, 적정량 적재여부 확인

⑥ Room Maid가 Housekeeping의 지시된 청소요령을 따르고 있는지 확인 및 지시

⑦ 고객의 불평(complain)을 처리, 보고

⑧ 세탁을 요하는 커튼, 카펫, 가구 등 기타 특별청소를 요하는 모든 사항의 점검, 보고

⑨ Room Maid와 함께 VIP 객실을 준비

⑩ Room Check List 작성

⑪ 발생 가능한 모든 비정상적인 일들의 재점검

⑫ 층에서 사용되는 key를 housekeeping 사무실에 수령, 배분하고 관리, 감독

⑬ 소모품, 비품 등 월말재고조사

(6) 오더테이커(Housekeeping Order Taker)

Housekeeping의 전반적인 업무진행상 마치 중추신경과도 같이 긴요한 역할을 담당하며, 부서운영 전반에 큰 영향을 미칠 수 있는 업무를 맡는다.

유선통신을 매개로 다양하게 접수되는 모든 정보의 적정 처리와 부서 주사무실에 위치하여 부서운영상 전반 업무의 연락담당자로서 역할 한다. 수시로 변하는 우선처리업무의 순서를 판단해 가면서 업무를 효율적이고 신속하게, 그러면서도 누락된 사항이 없이 정확하게 전달하고 확인함으로써 모든 영업지역에서 원활한 서비스가 이루어지도록 노력한다.

주요 업무는 다음과 같다.

① 마스터 키(master key)의 관리
  • 각 층의 마스터 키는 출·퇴근 시에 층 감독(inspector)에게 지급, 회수한다.
  • 공공지역의 열쇠 관리는 청소관리상 혹은 긴급한 개폐를 요할 때 담당자의 서명으로 지급, 회수한다.

② 고객의 요구 및 문의사항 응답

- Housekeeping service 의뢰에 응대한다.
- 호텔의 외부 혹은 외국으로부터의 분실물 문의에 응대한다.
- 고객 세탁 및 다림질(pressing) 의뢰에 응대한다.

③ Front와의 업무 협조
- 하루 3회 객실 현황보고서(room status report)를 작성하여 넘겨줌으로써 업무진행에 협조한다.
- 프런트로부터 긴급히 요구되는 객실이 통보되면 해당 층으로 연락하여 우선적으로 준비되도록 한다.
- extra bed, room change, early check-in, room show, day use, VIP room assignment 와 compliment order 등 통보받는 대로 해당 층 관련부서로 통보해줌으로써 원활한 서비스가 이루어지도록 협조한다.
- 미니-바(Mini Bar) 점검 의뢰, 객실 현황의 차이점 확인업무로 신속한 재확인과 결과 통보가 이루어지도록 협력한다.
- 객실에 보수요인이 발생하여 판매가 불가능하게 되었을 때(out of order), 서면통보와 컴퓨터 입력으로 보수 진행이나 판매상에 지장이 발생하지 않도록 조정·확인한다.

④ 교환의 wake up call 지원
- 고객이 교환의 wake up call service에 응하지 않아 현장의 협력을 의뢰해 오면 해당 층에 연락하여 업무에 협력하게 한다.

⑤ 시설부와의 업무협조
- 긴급을 요하는 시설보수는 유선으로 해당 부서로 통보하여 긴급조치를 의뢰한다.
- 시일을 요하는 시설보수는 executive housekeeper에게 알리고 서면으로 보수내용과 보수기간을 프런트에 통보한다.

⑥ 업무보고서의 작성
- 당일의 층별 보고서를 종합·정리하여 당일의 부서 업무보고서를 작성한다.

⑦ 습득물 신고접수 및 반환업무
- 객실, 복도, 혹은 공공지역에서 습득되는 모든 물품의 습득보고서를 접수하고 누가, 언제, 어디서, 무엇을 습득하였는지 그 내용을 분실물(lost & found) 대장에 기록한다.
- 분실자에 관한 정보가 확인되는 즉시 연락하여 찾아가도록 조치한다.
- 반환되지 않은 습득물은 등록번호와 지정 꼬리표를 부착한 후 보관함에 수납하고 보관 조치한다.

(7) 청소원(Janitor or utility man)

곡곡구역의 청소원을 의미하는데, 특별한 기술이 필요하지 않는 호텔의 로비나 화장실, 호텔주변, 주차장, 쓰레기 분리처리장 등의 청소를 담당한다.

① 업장 및 객실내의 카펫 샴푸 및 오물제거

② 업장 내 각조의자·소파 등의 샴푸작업

③ 호텔인근 청소

④ 각종 쓰레기 분리수거 확인 및 처리

(8) 객실정비원(Room Maid)

배정된 지역의 객실을 빠른 시간 안에 고객에게 안전하며 쾌적하고 청결한 상태로 만들어 고객에게 서비스하며, 모든 지역을 능률적으로 정비한다.

주요 세부업무는 다음과 같다.

① 업무배정과 함께 열쇠를 받아 배치된 지역을 정비

② 지시된 방법에 따라 업무수행을 위한 공급품을 카트에 적재

③ 알고 있는 객실 현황과 상이한 점을 발견했을 경우 inspector에게 보고

④ 규정된 방법으로 모든 습득물을 신고, 제출

⑤ 린넨실의 청결유지 및 관리

⑥ 객실 내의 보수나 수선을 요하는 일들을 inspector에게 보고

⑦ 객실 청소 완료시마다 보고서 작성

⑧ Executive Housekeeper나 Inspector가 지시하는 업무의 수행 등

(9) 세탁 지배인(Laundry Manager)

세탁지배인(Laundry Manager)은 고객용 세탁과 호텔용 세탁을 원활하게 수행시키는 책임자로서 세탁물관리와 각종 세탁기계의 유지 및 수리관리는 물론, 세탁물 분류부문·물세탁부문, 드라이클리닝, 프레스부문 등의 종사원을 지휘하고 감독하는 업무를 맡고 있다.

세부적인 주요업무내용은 다음과 같다.

① 직원들의 업무교육 및 인원관리

② 장비관리 및 점검

③ 작업지시

④ 공문서 발송 및 접수공문 공지

⑤ 소모품관리 및 재고조사

⑥ 예산편성 및 집행

⑦ VIP세탁물 점검 및 세탁

⑧ 린넨의 손 망실 판정 및 집계

⑨ 고객의 불편접수 및 해결

⑩ 효과적인 세탁방법 추구

(10) 린넨 주임(Linen Asst Manager)

호텔의 객실 및 각 영업장에서 나오는 더럽혀진 린넨류를 취합하여 세탁소로 보내고 세탁된 린넨류와 비품 및 소모품을 수령하여 필요한 부서에 할당, 분배하는 업무를 맡고 있다. 세부적인 주요 업무내용은 다음과 같다.

① 린넨류의 정리 및 청소

② 세탁물의 집계 및 확인

③ 구매과를 통한 물품의 청구 및 수령

④ 폐품의 반납

⑤ 파손 및 못쓰게 된 린넨류를 파악하여 보고처리

⑥ 보급품의 접수 및 배부

⑦ 비품, 린넨류, 소모품을 장표에 기록, 정리

⑧ 월말 결산 보고

⑨ 재고품의 정리정돈

⑩ 각종 린넨류 및 소모품의 적정수 유지, 관리

⑪ 각종 목록의 작성

⑫ 린넨류의 수거

⑬ 린넨과 소모품의 사용량과 수량, 금액을 산출양식에 의거 객실관리 지배인에게 보고

(11) 라운드리 클럭(Laundry Clerk)

호텔에서 사용되는 모든 린넨류와 종사원의 유니폼 등을 세탁하여 항상 깨끗하고 위생적인 상태를 유지함으로써 고객에게 최상급의 서비스가 이루어지도록 하는 업무를 맡고 있다. 아울러 고객으로부터 의뢰받은 세탁물을 고객이 원하는 시간까지 깨끗이 세탁하여 인도하는 서비스도 제공한다. 그 주요업무를 요약하면 다음과 같다.

① 세탁업무의 담당·처리

② 세탁물 수불현황 유지
③ 세탁물에 관한 Bill을 작성·발행
④ 세탁기 관리 등

객실의 정비

1. 객실정비의 의의

객실정비는 고객이 사용한 객실을 거의 원상태에 가깝도록 청소·관리하고 파손된 부분은 수리하며, 필요한 물품은 보충함으로써 새로운 고객에게 판매가 가능하도록 만드는 일종의 재생산활동이라고 할 수 있다. 호텔상품의 근간을 이루는 것이 객실이므로 이러한 객실정비 업무는 보이지 않는 곳에서 이루어지는 가장 치열한 생산 활동이라고 할 것이다.

이 객실정비는 청소와 관리·점검을 아우르는 포괄적인 의미로, 객실정비 업무를 다시 그 구체적인 업무에 따라 첫째, 객실의 청소업무 둘째, 객실 내에 필요한 비품 및 소모품의 보완과 이상유·무 확인을 위한 점검으로 나눌 수 있다. 하지만 이 두 가지 업무는 거의 동시에 이루어진다.

2. 객실정비의 우선순위

객실의 정비는 객실상황에 따라 청소 및 점검하는 내용의 종류와 정도가 달라질 수 있다. 이를테면, 객실을 첫째, 공실. 전날 사용하지 않았던 객실(vacant room) 둘째, 고객이 사용하고 나간 객실(check-out room) 셋째, 고객이 계속해서 체재중인 객실(stay room) 넷째, VIP 등이 사용하는 객실로 나눌 수 있겠는데, 일단 비어있는 객실(vacant room)은 청소하지 않아도 무방한 것이라 생각할 수도 있겠지만 객실을 점검하고, 욕실의 욕조와 세면대의 물을 틀어서 녹물이 나오는지 확인하기 위해서는 가벼운 점검이라도 반드시 필요하다. 그리고 장기간 비어있는 객실의 경우에는 진공청소기로 카펫에 가라앉은 먼지를 제거해야 한다. 다음은 고객이 사용한 객실을 작업해야 한다. 그래야 다시 상품으로 판매가 가능하기 때문이다

객실은 항상 최상의 상태를 유지하도록 체크해야 하지만, 기존의 고객이 계속해서 사용할 경우에는 고객이 외출 중인 짧은 시간을 이용하여 정비하거나, 경우에 따라서는 고객이 객실 내에 머무르고 있는 중에도 정비작업이 이루어지는 수가 있으므로 정비에 소요되는

시간을 줄일 수 있도록 신속하게 마쳐야 하므로 체크하는 범위도 약간씩은 달라질 수 있다.

이상에서 살펴본 바와 같이 객실을 정비하는 순서는 첫째, 공실, 전날부터 사용하지 않았던 객실(vacant room) 둘째, 고객이 사용하고 나간 객실(check-out room) 셋째, 고객이 계속해서 체재중인 객실(stay room)에 따르는 것이 일반적이다.

또한 고객이 계속해서 사용하는 객실(stay room)도 어떤 고객이 사용하느냐에 따라 일반고객이 사용하는 객실과 VIP와 같은 귀빈이 사용하는 객실에 따라 정비하는 데에는 약간의 차이가 있으며, 이러한 작업을 진행하는 중이더라도 고객이 정비를 요구하는 객실이 있을 경우에는 우선적으로 작업에 들어가야 한다.

3. 객실정비의 내용

일반적으로 객실의 정비에는 절차의 통일성을 가지고 있으나, 각 호텔의 운영형태에 따라 그 시스템(system)과 기술에는 차이가 있을 수 있다. 객실정비원이 출근하면 하우스키핑 사무실로 가서 출근부에 서명하고 오더테이커(Order Taker)로부터 담당구역을 할당받는다. 배정받은 층(floor)에 도착하면 층 감독자(Floor Supervisor)로부터 열쇠와 작업일지를 받은 후 메이드 카드(Maid Card)를 챙긴다. 아울러 작업에 임하기 전에 그 날 필요한 만큼의 지급품들을 확보한 후 객실의 정비작업에 임한다.

이러한 객실의 정비는 일상적인 정비와 기간을 두고 해야 할 특별한 경우의 정비로 나눌 수 있겠는데, 일상적인 정비는 다시 주간 객실정비와 야간 객실정비(Turn Down Service)로 나누어진다. 이렇게 주간과 야간을 구분하는 이유는 주간의 정비가 1차적인 정리에 그 초점을 맞춘다면 야간의 정비는 최종적인 점검이라고 할 수 있다. 그리고 특별한 경우의 정비에는 일정한 기간을 두고 이루어지는 매트리스를 비롯한 각종 비품과 가구 등의 교체작업과 정기적인 대청소(Spring Cleaning)가 있다.

아래의 표는 일상적인 작업과 기간을 두고 해야 하는 작업의 내용과 주기를 보여준다.

〈표 11-1〉 청소작업별 사용용구 및 주기

대상 \ 구분	일상적인 작업		기간을 두고 해야 할 작업		작업 주기
	작업내용	사용용구	작업내용	사용용구	
Bed	Bed Making	Sheet	Matress 교체		1개월
		Pillow			
		Blanket	Spread 교체		2개월
		Cover			

대상 \ 구분	일상적인 작업		기간을 두고 해야 할 작업		작업 주기
	작업내용	사용용구	작업내용	사용용구	
Carpet	Cleaner	Vaccum Cleaner Shampooing Machine	얼룩 제거	세제액	필요시
Desk 및 Table	마른걸레로 닦는다.	Duster 전용걸레	수리 또는 교체	수리기구 교체품	필요시

1) 주간 객실정비

(1) 객실정비의 기준시간

객실의 정비에는 숙달된 작업능력을 지닌 room maid의 작업을 기준으로 25분~30분 정도 소요된다. 이와 같은 소요시간은 객실의 규모에 따라 혹은 객실의 종류에 따라 달라질 수 있으므로 각 호텔에서는 객실의 종류나 규모에 맞는 표준작업시간을 정해놓고, 이에 따라 객실을 할당한다. 일반적으로 대형 twin room은 40분, 보통의 twin room이나 double room은 30분, 그리고 suite room의 정비에는 60분 정도 소요된다.

여기서는 더블베드룸(check-out double bed room)을 중심으로 살펴보겠다.

(2) 객실정비의 순서

① 실내에 들어갈 때

첫째, 노크는 3회 하면서 '하우스키핑'임을 알리고 양해를 얻고 들어간다. 만약 출입금지 (Do not disturb)의 표찰이 걸려 있을 경우에는 노크하지 않고 후 에 들어간다.

둘째, 응답이 없으면 천천히 문을 열고, 객실에 들어가면 문을 도어·스톱(door stop)장치로 열어 고정시킨다. 이 때 메이드카트를 방문 앞에 바짝 붙여서 다른 사람이 함부로 들어오지 못하도록 해야 하고 인디케이터(indicator)로 작업 중임을 하우스키퍼에 알린다.

셋째, 냅킨과 청소도구가 든 바구니를 들고 방안으로 들어가서 냅킨을 미니-바 위에 두고 바구니는 욕실의 세면대 밑에 둔다.

② 실내 점검

- 모든 전등을 끄고 창문을 열어 환기한다.
- 습득물이나 분실 및 파손된 객실물품이 없는지 확인한다.
- 전화기와 메모패드를 나이트테이블에서 책상 위로 옮긴다.
- 재떨이와 유리잔을 욕실로 옮긴 후 룸서비스 기물을 들고 메이드카트로 간다.

- 마지막으로 깨끗한 시트와 필로케이스(Pillow case)를 가지고 들어와서 수하물대 위에 둔다.

③ 침대

- 침대 린넨을 벗긴다. 사용된 시트는 암-체어 위에 두고 담요와 베개는 의자 위에 둔다.
- 순서대로 침대를 꾸민다.
- 사용된 린넨과 휴지통을 들고 메이드카트로 가서 각각의 자루에 담는다.
- 걸레 2매(마른 것과 젖은 것)로 교대로 닦는다.
- 입구 등 위를 닦은 후 거울을 닦는다.
- 액자를 닦는다.
- 베드사이드 테이블(Bed side table)과 램프마블 서랍 옆면과 속을 닦으면서 전구를 점검한다.
- 헤드보드(Head board)를 닦는다.
- 나이트테이블을 닦으면서 램프와 스위치의 기능을 점검한다.
- 마지막으로 침대다리를 닦으면서 침대 밑을 점검한다.

④ 객실 내 기타 시설(TV, 책상, 옷장 등)

- 에어컨그릴(Air-conditioner grill)을 닦는다.
- 유리창을 닦는다.
- 커피테이블의 유리와 다리를 닦은 후 잡지류를 정돈한다.
- 책상 위의 전화기와 마블을 닦고 문구류를 점검한 후 서랍 속 및 책상다리를 닦는다.
- TV캐비닛 위를 닦은 후 문을 열고 TV스크린 및 문짝 위의 먼지를 닦는다. 문을 닫은 후 아래 칸의 문을 열고 서랍 아래에서부터 빼고, 위에서부터 닦으면서 밀어 넣는다.
- 수하물대의 위를 닦고 서랍 속 및 옆 부분을 닦는다.
- 미니바로 가서 유리잔을 냅킨으로 닦은 후 걸레로 거울과 냉장고의 내·외부를 닦는다.
- 옷장으로 가서 옷장 선반을 닦고 옷걸이 봉(Hanger rod)을 닦으면서 옷걸이를 정돈하고, 사용된 욕의(Bath robe)를 빼서 메이드카트로 간다.
- 마지막으로 욕의와 문구류, 성냥 등을 가지고 들어와서 세팅한다.

⑤ 욕실

- 사용된 타월을 걷어서 욕실문 밖에 둔다.
- 세면기의 물을 틀어 유리잔을 소독시키는 동안 세면대를 닦는다.

- 유리잔과 재떨이를 세척하여 세면대 위에 엎어 두고 거울을 닦는다.
- 화장지를 정돈한다.
- 비누접시와 샤워커튼을 닦은 후에 욕조를 닦는다.
- 변기를 닦고 물로 내린다.
- 타일바닥을 안에서부터 닦으면서 나온다.
- 사용된 타월과 청소도구가 든 바구니를 메이드카트로 옮긴다.
- 깨끗한 타월과 욕실소모품을 가지고 들어와서 세팅한다.
- 마지막으로 유리잔의 물기를 완전히 제거한 후 세팅한다.

⑥ 카펫

카펫을 진공청소기로 청소한다. 진공청소기를 이용하여 객실바닥을 청소할 때에는 먼저 침대 주위를 시작으로 창문까지 가서 책상 아래 커피테이블과 암체어 밑을 끝낸다. 그리고 가장자리로 밀고 나오면서 수하물대 아래 옷장 안, 객실 문 뒤까지 마친 후, 통로를 2회 왕복하고 나서 복도로 나가 객실 문 주위를 2회 왕복한다.

(2) 객실정비 후 최종 점검사항

객실의 정비 후 최종점검사항을 체크해 보아야 한다. 객실정비 후의 최종 점검사항은 다음과 같다.

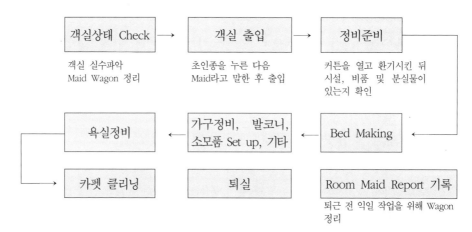

[그림 11-2] 객실정비 순서

- 커튼은 잘 쳐져 있는가?
- 에어컨은 정확하게 세팅되었는가?

- 모든 가구는 제자리에 놓여 있는가?
- 침대는 세팅방법에 따라 잘 꾸며져 있는가?
- 전화기와 램프의 코드는 제대로 꽂혀 있는가?
- 거울과 액자는 깨끗하게 닦여 있는가? 그리고 반듯하게 걸려 있는가?
- 전등갓의 재봉 선은 벽 쪽으로 향해 있는가? 그리고 벽면과는 떨어져 있는가?

(3) 침대 꾸미기(Bed Making)

객실정비에서도 중요한 비중을 차지하고 있는 침대꾸미는 시간을 줄이기 위해서 침대 상단 왼쪽부터 시작하여 시계반대방향으로 돌면서 진행한다. 혹 오른쪽에서 시계방향으로 해도 무방하다. 다음과 같은 순서에 따라 진행된다.

첫째, 매트리스 패드 펴 놓기 : 상, 하, 좌, 우로 균형 잡아 깨끗한 매트리스 패드를 매트 위에 펴 놓는다.

둘째, 첫 번째 시트 : 상하좌우로 균형 잡아 깨끗한 첫 번째 시트를 패드 위에 편다.

셋째, 좌측 헤드보드(Head board) 쪽 매트리스 모서리 처리 : 시트로 모서리를 각지게 싸서 접어서 매트리스와 박스 스프링 사이에 끼운다.

넷째, 좌측 발치 모서리 처리 : 시트로 매트리스 모서리를 각지게 싸서 매트리스와 박스 스프링 사이에 끼운다.

다섯째, 두 번째 시트 : 매트리스 위에 시트를 뒤집어서 좌, 우로 균형 잡아 헤드보드 쪽으로 15㎝ 정도 여유분을 두고 펴 놓는다.

여섯째, 담요 : 헤드보드에서 15㎝ 정도 간격을 두고 좌, 우로 균형 잡아 펴 놓는다.

일곱째, 좌측 깃 만들기 : 헤드보드 쪽으로 남겨둔 시트를 담요를 싸서 덮어 넘기면 30㎝ 폭의 깃을 만든다.

여덟째, 둘째 시트, 담요 고 : 담요와 시트를 겹쳐서 매트리스 밑으로 가볍게 끼워 넣어서 고정시킨다.

아홉째, 좌측 발치 모서리 처리 : 둘째 시트와 담요를 겹쳐서 매트리스 밑으로 가볍게 3㎝ 정도 깊이 끼운다.

열째, 좌측 담요 끼우기 : 둘째 시트와 담요를 겹쳐서 매트리스 밑으로 가볍게 3㎝ 정도 깊이로 끼운다.

열한 번째, 우측 발치 모서리 처리 : 첫째 시트로 매트리스 모서리를 각지게 싸서 접어 끼운다.

열두번째, 우측 헤드보드 쪽 모서리 처리 : 첫째 시트로 매트리스 모서리를 각지게 싸서 접어 끼운다.

열세번째, 우측 깃 만들기 : 둘째 시트 여유분을 담요로 싸면서 접어 넘기어 30㎝의 깃을 만든다.

열네 번째, 우측 담요 끼워 넣기 : 담요와 시트를 겹쳐서 매트리스 밑으로 가볍게 끼워준다.

열다섯째, 베개 : 필로 케이스(Pillow case)에 베개를 넣고 여유분을 판판하게 접어 넣고 침대 헤드보드 쪽에 보기 좋게 놓는다.

열여섯째, 베드 스프레드: 베드 스프레드를 침대 발치부터 양쪽 모서리를 먼저 씌우고 헤드보드를 자리 잡아 놓은 다음 남은 여유분으로 판판히 덮고 구김을 펴며 손질을 끝낸다.

아래는 객실정비를 마친 후 최종 점검하는 과정에서 확인할 수 있도록 만든 점검표이다.

[그림 11-3] 침대 꾸미기

2) 턴-다운 서비스(Turn Down Service)

Turn Down Service는 투숙한 손님의 잠자리를 더욱 아늑하고 편히 잘 수 있도록 하는 Evening Service로 '침대의 담요를 접어 넘겨 잠자리에 들기 쉽도록 하는 것'을 말하는데, 주간에 객실정비가 완료되고 점검된 객실을 가능한 한 가장 좋은 서비스로 유지하기 위해 실시한다. 그리고 아울러 주간에 미비 된 것을 시정하고 고객의 투숙에 대한 환영의 표시를 남기는 것을 말한다.

(1) 객실방법

① 창문을 열고 방안의 공기를 환기시킨다.

② 객실의 모든 커튼을 닫는다.

③ 모든 전등은 흐리게 켜 놓는다.

④ BGM(background music)을 낮은 볼륨으로 켜 놓는다.

⑤ 손님의 옷가지나 물건 등을 가지런히 정리 한다(돈이나 보석류는 같은 물건은 그대로 놓아둔다).

⑥ 룸서비스 기물과 사용된 유리잔을 치운다.

⑦ 조식메뉴를 나이트 테이블 위에 둔다.

⑧ 에어컨 스위치를 적당하게 조절한다.

⑨ 베드 스프레드를 벗긴다. 위쪽은 밑으로 3/4 접고, 아래쪽은 위로 3/4 접어서 왼쪽을 먼저 가운데로 접고, 이어서 오른쪽을 가운데로 접는다.

⑩ 베드 스프레드를 나이트 테이블 밑에 보관한다.

⑪ 슬리퍼(Slipper)를 침대 옆으로 옮긴다.

⑫ 담요와 매트리스를 덮은 첫 번째 시트를 빼서 3각형으로 접는다.

(2)욕실

① 사용된 유리잔을 세척한다.

② 세면대를 청소한다.

③ 욕조와 샤워기를 청소한다.

④ 거울, 샤워커튼, 변기 등을 점검한다.

⑤ 개인세면도구를 정리한다.

⑥ 비누나 Amenities는 2/3 정도 사용했으면 교체해 놓는다. 재실인 경우는 사용하다 남은 비품은 옆에 놓아둔다.

⑦ 모든 Amenities는 깨끗한 상태로 정리한다.

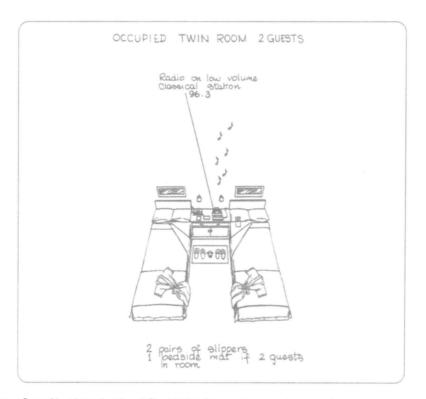

[그림 11-4] 트윈 베드의 턴-다운 서비스(Turn Down Service)

    a. 더블베드 1인의 경우: 나이트 테이블 쪽으로 접는다.
    b. 더블베드 2인의 경우: 양쪽으로 접는다.
    c. 트윈베드 1인의 경우: 욕실에 가까운 침대를 나이트 테이블 쪽으로 접는다.
    d. 트윈베드 2인의 경우: 양쪽으로 나이트 테이블 쪽으로 접는다.

이상의 작업을 마친 후, 객실을 최종 점검하고 나오는 과정을 거치게 된다. 이러한 턴-다운 서비스(Turn Down Service)는 일반적으로 오후 6시부터 저녁 10시 사이에 이루어지는데, 룸 메이드 1인이 보통 40~50실을 담당하게 되므로 1실당 평균 5분 이내에 완료해야만 한다. [그림 12-4]는 트윈 베드의 턴-다운 서비스(Turn Down Service) 그림이다.

3) 대청소

일정한 기간을 두고 이루어지는 대청소는 비수기를 이용하여 정기적으로 실시해야 한다.

이 때에는 계획을 수립하여 층 단위로 순서에 따라 시행해야 하는데, 그 효율적인 절차는
다음과 같다.

(1) 공급품의 수거

① 객실 내의 모든 공급품을 캐비닛 서랍 속에 넣는다.

② 욕실의 모든 공급품을 휴지통에 담아서 옷장 안에 넣는다.

③ 베드 스프레드, 담요, 시트, 필로 케이스와 매트리스 패드를 전부 벗겨서 세탁소로
보낸다.

④ 객실의 커튼 및 샤워커튼을 떼어서 세탁소로 보낸다.

(2) 객실의 청소

① 가구를 벽으로부터 떼어놓고 침대를 세운다.

② 에어컨 그릴을 닦는다.

③ 벽지의 얼룩을 지운다.

④ 천장과 벽지를 진공청소기로 청소한다.

⑤ 옷장 선반, 옷장 문, 완자문의 먼지를 닦는다.

⑥ 유리창을 닦는다.

⑦ 객실 문의 도어-뷰(door view) 부근의 기름때를 닦는다.

⑧ 헤드보드 뒤 먼지를 제거한다.

⑨ 가구 뒤를 청소한다.

⑩ 서랍 속을 청소한다.

⑪ 카펫의 가장자리를 깨끗이 파낸다.

⑫ 더러운 소파 및 의자를 샴푸(Shampoo)한다.

⑬ 카펫을 샴푸한다.

(3) 욕실의 청소

① 욕실의 전등판을 닦는다.

② 타일사이의 부식물을 깨끗이 제거한다.

③ 욕실의 환기통을 청소한다.

④ 욕실의 하수구 속을 청소한다.

대청소를 실시하는 동안에는 시설부와 협조하여 객실 내의 각종 시설물의 점검과 가구의
도색 및 벽지의 보수 등이 병행하여 이루어져야 한다.

4. 객실의 점검

위에서 살펴본 바와 같이 객실의 정비가 이루어지면 고객들이 투숙할 수 있도록 객실이 완벽하게 준비되어 있는지를 점검해야 한다. 룸 메이드에 의해 정비가 완료된 복도나 객실이라 하더라도 구석진 곳까지 세밀하게 점검해야 완벽한 상품가치를 지닐 수 있는 것이다. 객실점검의 순서는 시계 반대방향 혹은 정방향의 일정한 순서로 진행하며, 눈으로 체크하기보다는 직접 만져보고 때로는 고객의 입장에서 사용해 보기도 해야 한다.

1) 객실의 주요 점검사항

(1) 설비물과 가구류의 기능상태

옷장 서랍이나 화장대 서랍 혹은 커튼레일이 부드럽게 열리고 움직이는지의 여부와 TV 세트나 냉장고 등의 기능이 제대로 작동하는가를 확인한다.

(2) 소모품 및 Linen류의 정돈상태

객실이나 욕실에는 수많은 종류의 소모품과 towel, sheet 등의 linen류가 있다. 특히 침대의 정비가 잘 되었는가, 그리고 휴지통이나 컵, 각종 인쇄물 등의 소모품 및 비품 등이 제 위치에 바르게 놓여 있는가를 확인한다.

(3) 청결상태

객실의 비품이나 가구 등이 깨끗하고 광택이 나는지와 욕실의 바닥이나 벽면 등에 자국이 남아있지는 않은지, 변기는 잘 소독되고 닦여져 있는지 등을 확인한다.

① 거울의 청결 상태
② 환기구의 청결 상태
③ lace curtain, drapery의 균형상태
④ 커튼의 균형상태
⑤ 카펫 구석진 곳의 청결상태
⑥ 의자, 소파세트, 베드 스프레드의 청결상태
⑦ 창틀, 액자 등의 청결상태
⑧ TV 및 받침대의 청결상태
⑨ 쓰레기통 내·외부의 청결상태
⑩ 서랍 속의 밑받침의 청결상태 등

2) 객실의 세부 점검사항

(1) 입구

① 문과 복도의 카펫 이음새의 청결 상태

② 문의 개폐상태

③ 문의 접착상태 및 소음 여부

④ 문 받침(door stopper)의 작동상태

⑤ 문 걸쇠(door latch)의 작동상태

⑥ 현관 스위치 및 button의 작동상태 등

(2) Room

① 객실 전반

* 전등 및 스위치의 작동상태 및 밝기

* TV, 전화, 라디오, 시계 등의 작동상태

* 커튼의 고리 및 레일의 작동상태

* 벌레의 존재여부

* 벽지의 청결상태 및 파손상태

* 소모품의 비치 및 수량

* 가구 밀 설비의 파손여부

* 그림 및 액자의 균형상태 등

② 침대

* 매트리스와 스프링 박스의 상태

* 시트의 청결 및 세팅상태

* 베개의 청결 및 세팅상태

* 베드 스프레드의 청결 및 세팅상태

  벽과 침대의 간격, night table과 침대의 간격정도(10㎝가 적당)

* 헤드보드와 벽면의 부착상태

* 침대 밑의 청결상태 등

③ Night Table

* 메모지 및 메모도구 비치여부

* 비치된 인쇄물의 낙서 및 삽입물 확인

  * 시계의 시간이 정확한지 확인

  * room light 및 foot lamp 작동여부 및 밝기 확인

  * night table과 침대 사이의 청결상태

  * 전화기 및 전화기 선의 청결 및 정돈상태 등

 ④ 옷장(Closet)

  * 전구 및 스위치의 작동상태와 밝기

  * 쇼핑백 세트의 비치여부

  * 옷걸이의 적정수량

  * 선반, 옷걸이봉의 청결상태

  * 옷장 내벽의 청결상태

  * 문 표면의 청결상태 및 개폐시의 소음여부

  * brush 및 shoe horn, slipper의 비치여부 등

(3) 욕실

 ① 문의 개폐상태

 ② 문 뒷면 hook(towel-shower cap)의 상태

 ③ 천정, 벽, 바닥타일의 청결상태

 ④ 욕조마개의 작동 및 물 빠짐 상태

 ⑤ toilet bowel의 내부 seat cover의 접착상태

 ⑥ 샤워커튼의 청결상태

 ⑦ toilet paper의 분량확인(50% 이상)

 ⑧ 휴지통의 청결상태

 ⑨ kleenex tissue의 분량확인(50% 이상)

 ⑩ glass의 청결상태

 ⑪ 냄새발생 여부(drain의 불순물 제거)

 ⑫ 소모품의 적정량 확인

 ⑬ 린넨류의 냄새발생 여부 및 세팅상태

 ⑭ 욕조내의 청결상태

 ⑮ 형광등 커버의 청결상태 및 안전기의 소음여부

 ⑯ 거울의 청결상태(특히 하단 부 모서리)

⑰ 부착기구의 이상유·무

(shower head 및 hose, mixing valve, towel bar, grib bar 등)

5. 습득물 처리 업무

습득물이란 호텔의 건물 내에서(객실 및 부대시설)고객의 소지품이나 수하물을 고객이 분실하고 다른 고객 또는 종업원이 습득했을 때 신고를 받고 그 습득물을 관리하여 소유주가 나타났을 때에 이를 확인하고 정당하게 돌려주는 업무를 말한다.

습득물(lost & found)의 중요성은 고객에 대한 호텔의 중요한 서비스 중의 하나로서 호텔에 대한 공신력과 신뢰성을 심어 주는 기회가 되기도 하며, 고객이 안심하고 호텔은 이용하게 만들 수 있고, 분실한 물건을 찾았을 때 호텔에 대한 애착심과 감사하는 마음으로 재방문할 수 있도록 하기 때문에 습득물 관리는 매우 중요한 업무이다.

1) 분실 신고

분실자는 호텔종사원이나 영업장의 책임자에게 전화나 구두로 신고하게 된다. 이 때 신고를 접수한 접수자는 분실신고사항을 호텔 내의 분실물 및 습득물 취급 담당자에게 알려주어 분실물이 습득되어 보관되어 있으면 분실물주인의 신원을 확인하고, 성명, 주소, 서명 등을 받고 반환해준다. 만약 신고된 분실물이 습득물 접수에가 안 되었을 경우에는 분실자의 성명, 주소, 전화번호, 분실장소, 분실일시, 분실물 내용 등을 기록하여 차후에 습득물 신고가 들어오면 분실자에 전달해 주어야 한다.

2) 습득 신고

호텔의 건물 내에서 발견되는 습득물은 사소한 물건일지라도 호텔내의 규율에 따라 사후관리를 하여야 하며, 습득자는 습득물 신고카드를 작성하여 습득물과 함께 제출한다. 절대로 습득물품은 개인이 보관해서는 안 된다. 모든 습득물은 담당부서에 집중시켜서 일괄적으로 보관·관리되어져야 한다.

3) 습득물의 분류

습득물은 그 가치 및 보관기간에 따라 일반적으로 다음과 같이 분류보관 한다.

　(1) A급 : 귀금속, 카메라, 현금 등 고가품

　(2) B급 : 의류, 가방, 구두, 서적 등 일상용품

　(3) C급 : 약품, 속내의, 음식물 및 부패물

4) 보관 및 습득물 관리대장

습득물의 신고가 접수되면 습득물관리대장에 기록하고, 보관함이나 금고에 보관하게 된다. 습득물 관리대장에 아래사항과 같이 기록하여야 한다.

　① 접수번호

　② 습득 일자 및 시간

　③ 품명

　④ 습득자 성명

　⑤ 분실자 주소

　⑥ 분실자 전화번호

　⑦ 분실자 성명

　⑧ 확인자

　⑨ 인수자 주소

　⑩ 인수자 성명

　⑪ 인수 일자 및 시간

습득물 보관은 보관 봉투에 넣어 귀중품이나 고가품은 금고에 보관하고, 그 외의 물품은 습득물 보관함이나에 관리창고에 잠금장치를 하여 보관한다. 보관봉투에는 아래사항과 같이 기록하여야 한다.

　① 습득 일자 및 시간

　② 습득자 성명

　③ 품명

　④ 습득 장소

　⑤ 보관담당자

보관된 습득물은 일시 유용하거나 사용 및 외부인축은 하지 못하며, 습득물관리대장은 항상 정확하게 기록하고, 안전하게 보관하여야 한다. 보관기간은 일반적으로 A급은 1년, B급은 6개월, C급은 3개월이며, 각 호텔의 규정된 규약에 따라 보관하고, 부패되는 물품은

부패정도에 따라 하우스키핑의 책임자의 판단에 따라 즉시 폐기처분 등의 조치를 취할 수 있다.

5) 습득물 처리

습득물의 주인이 일정한 기간이 경과된 후에도 아무런 연락이 없을 경우 어떻게 처리 할 것인가를 결정하여야 한다. 대부분 보관 기간이 경과된 물품은 사전 결재를 득한 다음 관할 경찰서로 신고하여 제출한다. 경찰에 신고된 물품이 기간이 경과 후에도 찾아가지 않으면 이를 습득자에게 귀속시키거나 불우이웃을 돕기 행사에 기부하기도 하고, 직원들의 복리후생비로 귀속시킨다.

제3절 세탁관리

1. 세탁관리의 의의

오늘날 우리는 호텔이란 단어에서부터 고급스럽고 깔끔한 이미지를 떠올릴 정도로 호텔산업은 청결과 정리가 가장 기본이 되어야 한다. 따라서 호텔 내에서 세탁관리를 맡고 있는 부서는 보이지 않는 곳에서 경쟁력을 키워가는 일을 한다고 하겠다. 호텔에서의 세탁관리는 크게

첫째, 호텔 고객들의 세탁서비스

둘째, 호텔 내에서 매일 사용하고 있는 towel과 napkin, sheet, blanket 등의 세탁서비스

셋째, 종업원의 유니폼의 세탁서비스 등으로 나누어 볼 수 있다.

마지막으로 이러한 세탁의 대상이 되는 각종 물품을 보관하고 관리하는 창고관리업무까지를 아울러 세탁관리업무라고 한다.

2. 세탁관리부문의 구성 및 업무내용

1) 세탁부문(Laundry)

세탁물 서비스는 호텔의 규모나 운영특성에 따라 세탁전문 용역업체와의 계약에 의하여 운영되는 형태와 호텔 내 세탁시설이 구비하여 운영되는 형태가 있다. 고객의 세탁물 서비

스는 세탁물의 수거에서 시작하여 세탁물의 분류, 계산서(bill)의 작성, 세탁물의 배달에 이르는 일련의 세탁과정이 정확하고 신속하게 이루어져야 고객으로 하여금 만족한 서비스를 제공받았다는 평가를 받을 수 있다. 세탁물 서비스는 호텔에 따라 담당자가 다를 수 있는데, 보통 일반적인 경우에는 주로 룸 메이드(room maid)나 하우스 맨(houseman), 혹은 플로어키퍼(floor keeper) 등이 맡는 경우가 많다. 여기서는 한 단계를 더 거치는 외부 용역업체와의 계약에 의해 운영되는 세탁부문의 과정을 살펴보겠다.

(1) 세탁물 수거

세탁물을 수거하는 경우도 다음과 같이 3가지의 경우가 있다.

① 객실에서 고객이 세탁을 의뢰한 경우
* 객실번호를 확인하고 벨을 누른다.
* 인사를 한다.
* 세탁물을 수거한다. 이 경우 반드시 다음의 사항을 확인한다.
  • 세탁 빌(bill)에 객실번호 및 서명 확인
  • 품목 및 수량 확인
  • 물세탁, dry cleaning, pressing(다림질) 구분
  • 정확한 배달시간 기록
* 정중히 인사하고, 객실 문을 닫는다.
* 수거한 세탁물 bag을 지정장소로 모은다.
* 객실 출입대장에 객실번호, 시간 등을 기록한다.

② 외출 중인 객실의 세탁물 수거
* 세탁 빌(bill)이 작성되었는지를 확인한다.
* 세탁물 bag에 빌(bill)이 들어 있어도 객실번호를 기재하지 않는 경우가 있으므로 꼭 꺼내어 확인한다.
* 품목별 수량을 확인한다(생략하는 경우가 있기 때문에 주의해야 한다).
* 객실 출입 시에는 반드시 객실출입대장에 기록하여야 한다.

③ 특별한 경우
다음과 같은 특별한 경우가 생길 때에는 그에 따라 세탁물을 수거한다.
* 점검원이나 room maid가 객실 점검증을 발견, 통보하여 객실에서 수거하는 경우
* 점검원이나 room maid가 수거하여 각층 린넨실에 보관중인 세탁물

＊ 고객의 통보를 받고 해당 객실에 도착하였으나 이미 고객이 외출한 경우에는 점검원이나 담당 room maid를 찾아 출입문을 열고 세탁물을 수거한다.

＊ bell desk나 프런트데스크의 통보가 있을 경우(고객이 외출하면서 맡기는 경우)

(2) 세탁물 발주

세탁물의 발주와 납품은 1일 2회로 하며, 세탁물의 발주 시 호텔과 용역업체 쌍방 간에 동시에 확인한다.

① 필요한 사항을 확인

＊ 의복 주머니에 소지품의 유무를 확인한다. 만일 현금이나 귀중품 및 기타 소지품이 들어 있는 경우에는 바로 고객에게 전달한다.

＊ 물세탁과 드라이클리닝을 구분한다. 만일 고객이 분류하지 않은 것은 세탁주임이 분류하며, 고객이 분류하였더라도 타당하지 않은 것은 정정한다.

＊ 품목별 수량을 확인한다. 만일 확인 과정 시 잘못된 것이 있으면 정정하고 수량의 차이(특히 부족 시)가 있을 때에는 고객에게 확인하고 정정한다.

＊ 고객이 주문한 특별사항을 확인하고 기재한다.

• 오점 부분
• 수선(재봉실에서 수선 후 세탁)
• 다림질시 주의사항(바지, 스커트 등의 주름)
• 특수한 제품 및 색상

② 특수 세탁물로 정규시간 이내에 세탁이 불가능한 것(가죽종류, 짜깁기 등)은 장기투숙객이 아니면 세탁완료 예정 일자를 고객에게 통보한 후 처리한다.

(3) 계산서 작성

① 계산서(bill)는 주문명세서에 의해 발행한다.

② 계산서는 1조 3매로 발행하며, 발행 시에는 다음의 사항을 확인한다.

＊ 날짜와 객실번호 기재
＊ 품목별 정확한 수량
＊ 정확한 세탁비 계산
＊ 할인 여부

(4) 배달(delivery)

① 완료된 세탁물은 bill과 일치하는가를 확인한다.

② 고객이 문을 열면 세탁물을 확인시킨다.

③ 외출 중인 객실은 담당 메이드에게 문을 열도록 하고 세탁물은 반드시 침대 위에 놓는다(옷장에 걸거나 다른 장소에 놓으면 외출에서 돌아와 바로 눈에 보이지 않기 때문이다).

④ D.N.D 표시가 걸려 있는 객실은 배달을 하지 않고 세탁소로 내려온다.

⑤ 세탁물을 배달하러 갔으나 빈 객실(완전 청소된 상태)일 경우에는 사무실에 확인한다.

　* 객실 변경(room change)인 경우 해당 객실로 확인

　* check out인 경우에는 세탁소에 보관

이상의 업무순서를 그림으로 요약하면 다음과 같다.

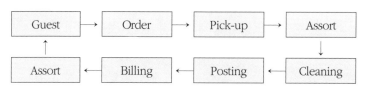

[그림 11-5] Laundry Service Flow

2) 린넨 부문(Linen)

린넨(linen)이란 원래 마직류를 말하는데, 호텔에서 린넨이란 면(cotton)류나 화학섬유로 만들어진 타월(towel), 냅킨(napkin), 시트(sheet), 담요(blanket), 유니폼(uniform), 커튼(curtain), 식탁보(table cloth), 그리고 도일리(doily: '작은 냅킨'으로 손을 씻거나 식탁 위에 깔고 세팅할 때 사용한다. 식탁 위에 세팅할 때 쓰는 doily는 일반적으로 무늬가 있다. 보통 원형의 doily는 물 컵이나 주스, 맥주 등을 서브할 때 밑받침으로 사용된다) 등을 가리킨다. 이러한 린넨은 모두 소모품이므로 매일 세탁하여 교체하지 않으면 안 된다. 객실마다 매일 같이 많은 숫자가 수거되고 다시 새로운 린넨들이 세팅되므로 린넨을 보관하고 지급하는 과정은 엄격히 통제·감독할 필요가 있다.

호텔의 린넨 서비스는 고객의 만족도를 높이는데 매우 중요하다. 깨끗하게 손질된 린넨의 적절한 공급은 호텔의 분위기를 밝게 해 주고 잘 정돈된 느낌을 주어 보다 편안한 분위기를 연출할 수 있다.

(1) 린넨의 수거

객실에서 사용한 린넨류는 룸메이드(room maid)가 담당 객실에서 수거하여 각층 린넨실

에 모으고, 린넨원은 각층 린넨실에서 세탁된 린넨을 수거하며, 수거한 품목별로 수령한 만큼 보급한다.

① 1일 2회 수거 및 보급한다.

② 품목별로 수량을 정확히 파악하여 린넨 장부에 기록한다.

③ 수거 시에 품목별로 구분하여 상태가 불결한 것은 따로 분류한다.

④ 수거한 세탁물은 세탁물 카트를 이용하여 검수 사무실에 모은다.

⑤ 특수 린넨, 즉 담요(blanket), 커튼(curtain), 휘장(drapery) 등은 수거 시에 별도로 구분하여 그 취급에 주의를 요한다.

⑥ 린넨을 수거할 때에는 수량을 정확하게 확인하고, 파손된 린넨을 구분하여 오점의 정도 등을 파악하여야 한다.

(2) 린넨의 보급

각 층에서 수거한 린넨은 품목별로 해당 수량만큼 세탁이 완료된 린넨류를 보급해야 하는데, 수거와 보급과정에서 품목별 수량을 정확히 하여 각 층에서 사용하는 데 불편이 없어야 한다.

① 층별 필요로 하는 린넨은 보급 시에 반드시 확인하고 서명을 받는다.

② 세탁된 린넨류는 매일 2회 린넨실에서 메이드가 수령하며, 각 층별 담당 린넨 창고에 품목별로 정돈하여 입고한다.

③ 청결상태를 확인한다(냄새, 불순물의 유무, 다림질 상태 등).

④ 수선의 필요여부를 확인한다. 린넨 상태가 노후되었을 때에는 세탁 후 상태를 확인하기 위하여 bed spread, bed pad, sheet, curtain 등을 재봉실로 보내어 점검한 뒤에 사용하도록 한다.

⑤ 전표에 의해 매월 말에 총사용량을 조사한다.

3) 종업원 유니폼 세탁부문(Uniform)

일반적으로 서비스업에 종사하는 사람들 중에서도 호텔에서 근무하는 사람들을 가장 깔끔하고 세련되게 서비스하는 사람으로 꼽는다. 세련된 매너를 통한 수준 높은 서비스는 고객으로 하여금 호텔 전체에 대해 좋은 인상을 갖게 한다. 종업원들의 수준 높은 서비스는 세련된 매너뿐만 아니라 맵시 있게 디자인된 유니폼을 깨끗하게 차려입었을 때 더욱 빛을 발할 수 있다.

(1) 유니폼의 관리

유니폼의 관리는 다음과 같이 각 사항별로 분류, 조치해야 한다.

① 세탁을 요하는 유니폼 : 개인별 대장에 기록 후 수량을 확인하고 세탁

② 수선을 요하는 유니폼 : 파손부위를 확인하고 조치

③ 퇴직사원의 유니폼 : 사이즈를 파악하여 신입사원이 이용할 수 있도록 관리

(2) 유니폼의 보관

① 좁은 공간을 유효하게 활용할 수 있도록 옷걸이 대를 비치하고, 사이즈별로 보관

② 주기적인 청소와 방역으로 청결을 유지하면서 유니폼의 수명을 유지한다.

4) 창고관리

객실정비부서의 업무가 호텔의 안살림과 같은 역할을 담당하므로 다양한 고객용품을 비롯하여 잡다한 소모품, 청소용품 등 취급하는 품목의 종류와 수량이 상당하다. 특히 각 객실에서 사용하는 고객용품들은 그 디자인이 정해져 있으며 언제 파손될지 알 수 없으므로 항상 여유분을 갖추고 있어야한다. 이러한 모든 물품들은 하나하나가 호텔의 중요한 재산이므로 언제든지 사용할 수 있을 정도의 상태를 유지·관리해야 한다. 이러한 물품을 보관하고 관리하는 창고관리부문의 업무내용은 다음과 같다.

(1) 각종 전기제품

냉장고, TV, 가습기, 에어컨 등은 고장을 일으킨 제품의 교체를 위해 여유물품이 항상 완전히 보수된 상태를 유지해야 한다.

(2) 고객용품의 관리

각 층, 각 객실로 지급되는 고객용품들은 지정된 보유물량을 보충하는, 즉 소모된 부분만을 보완할 수 있도록 지급한다. 이러한 서비스용품은 정확한 소비량을 측정하고 매월 확인함으로써 계획에 의거하여 보충물량을 구매한다.

(3) 청소용품 및 잡품

세제류, 청소용 장비 및 직원용 신발류와 우비 등의 주기적인 구매로 적기에 공급이 이루어지도록 한다. 못쓰게 된 린넨류는 행주나 걸레로 재활용하여 낭비를 줄인다.

(4) 램프 갓, 방석 등

얼룩진 갓, 방석 등은 항상 깨끗한 것으로 교체가 가능하도록 샴푸된 물품을 준비하여

창고에 보관한다. 2~3일에 한 번씩 샴푸를 의뢰하여 준비해 둔다.

(5) 세제류 관리

각종 세제를 지정된 희석도로 각 층에 지급하고 지급기록과 통계로 제때 구매하여 공급에 차질이 없도록 한다.

(6) 월말 재고조사

비품 및 소모품은 매월 말을 기준으로 하여 재고조사를 실시하고 보고서를 작성한다. 또한 이 보고서에 근거하여 구매 시기를 결정하고 적정한 구매량을 파악하며, 다음 회계연도의 예산수립에 대한 근거자료로 삼는다.

(7) 창고의 주기적 정리

창고의 주어진 공간을 보다 효율적으로 이용하는 방법은 오래되어 사용하지 못하게 된 물품은 분류하여 상사의 결재를 받아 반납 혹은 폐기함으로써 공간을 확보한다. 그리고 주기적으로 청소, 관리하여 항상 정돈된 상태를 유지한다.

제4절 미니 바(Mini Bar)

1. 미니 바(Mini Bar)의 의의

오늘날 일반적으로 대부분의 호텔에서 객실 내에 칵테일의 기본이 되는 소형의 양주류(hard drink)와 냉장고에는 음료 종류(soft drink) 및 안주류를 진열, 전시함으로써 고객이 자신의 기호에 맞는 음료를 선택하여 이용할 수 있도록 하고 있다. 처음에는 혼자서 투숙하는 손님들의 편의를 위해 만들어진 면이 없지 않지만 호텔의 추가적인 매출행위로 이어져 수입원(收入源)으로서의 역할을 톡톡히 하고 있다.

2. 미니 바(Mini Bar)의 물품관리

1) 품목의 설정 및 변경

품목별 판매 자료의 통계에 따라 새로운 품목을 추가로 비치하거나 고객으로부터 인기가 없는 품목은 다른 품목으로 변경하여 상황에 따라 품목을 정리한다.

2) 구매 및 공급

미니 바(Mini Bar)에 비치된 안주류와 음료수의 종류는 직접 구매하여 공급하며, 양주류 및 알코올음료는 식음료부의 음료과에서 구매하여 음료창고에서 출고·공급한다.

3) 물품의 출고

물품보고에 의하여 각 층별로 판매·소모 분을 출고함으로써 층 보유분량을 보충할 수 있도록 한다.

3. 미니 바(Mini Bar)의 점검

각 층의 미니 바(Mini Bar) 담당자들은 출근 이전에 일찍 퇴숙(check out)하는 고객을 위해 야간근무 룸보이(room boy)와 협력하여 미니 바(Mini Bar)의 점검업무를 담당한다.

점검은 신속·정확하게 이루어져야 하며, 확인 즉시 프런트로 우선 통보함으로써 계산서의 발행과 수납이 정확히 진행되도록 해야 한다. 점검이 진행되는 대로 점검표에 객실별로 물품의 수량을 기재한다. 점검 시 손님의 입회 여부, 점검자의 성명 및 점검시간 등을 빠짐없이 기재하며 D.N.D.('Do Not Disturb'의 약어로 '방해하지 마시오.'라는 뜻이다. 보통 객실에서 방해받지 않고 조용히 쉬거나 생각해야 할 일이 있을 때, 고객은 객실 내에 비치되어 있는 이 팻말을 객실의 손잡이에 걸어 놓게 된다. 객실 문의 바깥 손잡이에 이 팻말이 걸려 있으면, 별다른 통지가 있기 전까지는 청소 등 기타 특별한 일이 있더라도 종사원들은 이 객실에 출입할 수 없다.) 객실은 캐셔(cashier)로 통보하여 재점검을 실시할 수 있도록 한다.

미니 바(Mini Bar) 점검시의 유의사항은 다음과 같다.

① 항상 객실에 고객이 투숙중임을 생각하며, 고객이 응답할 수 있는 충분한 시간을 기다려야 한다. 급한 마음에 서둘러 객실문을 열면 안 된다.

② 공손히 아침 인사를 한 후 정중하게 양해를 구한 다음 신속히 점검을 마치고 기재한다. 상냥한 작별 인사도 잊지 말아야 한다.

③ 고객의 동반 손님이 점검 후에도 잔류할 경우에는 판매분의 현찰지급을 당부 드리고, 재점검해야 할 객실로 표시하여 둔다.

④ 퇴속 객실(check out)은 지나치며 소등하고, 열려있는 객실문은 닫는다.

4. 미니 바(Mini Bar)의 재고조사

① 일일 결산

　* 전일 재고분량에서 당일의 판 매분을 출고 후에 빈 카드의 수량과 현품을 대조·확인

② 월 결산

　* 월 재고 실 사일을 다음달 1일로 자재과와 미니 바(Mini Bar) 담당이 협력하여 진행

　* 각 층별 창고의 보유량 및 객실에 설치된 분량을 확인

　* 전월 말일까지의 객실비치분과 층 창고의 재고량을 합산하여 집계된 자료를 실사보
　　고서(inventory report)를 작성하여 자재과로 제출

③ 전월의 미니 바(Mini Bar) 손실 체크

　* 스키퍼(skipper : 원래의 의미는 계산을 하지 않고 퇴숙한 고객을 의미하지만, 여기서
　　는 미니 바의 체크를 지연시킨 후 먼저 check out함으로써 계산을 하지 않고 나간
　　고객을 의미한다. 간혹 음료나 양주류의 내용물을 마시고 이물질을 넣어두는 경
　　우도 발생한다. 따라서 미니 바(Mini Bar)의 점검 시에는 철저를 기해야 한다.)
　　등의 처리 분을 품목별로 체크하여 자재과로 제출

제5절　하우스키핑과 연관 부서와의 관계

1. 하우스키핑과 프런트오피스

　하우스키핑과 프런트오피스와는 밀접한 관계가 있다. 고객 서비스와 관련한 모든 정보를
즉시 서로 교환해야 하기 때문이다. 두부서 간에 상호 커뮤니케이션이 제대로 이루어지지
않으면 객실판매에 큰 장애를 가져오고 객실정비가 제대로 이루어지지 않아 고객에게도 큰
불편을 끼쳐 불만을 사게 된다. 그리고 이러한 결과는 당연히 매출과 연결될 것이다.

　아래에 나열하는 사항은 수시로 파악되어 하우스키핑과 프런트오피스 간에 공유해야 할
중요한 정보들이다.

　* 객실 점유율

　* VIP 현황

* Early Check In 현황

* Late Check Out 예정 현황

* 객실정비 완료 여부

* 고객의 투숙기간

* Out of Order 현황

* Sleep Out 현황

* 특별 요구사항

* 빈방 현황

* 분실물 및 습득물 보고

* 사고보고

* 기타 협조사항

프런트오피스(Front Office)에서 투숙율이 저조할 때 여러 층에 나누어 고객을 투숙시키게 되면 하우스키핑(Housekeeping)의 인력과 시간의 낭비를 초래하게 되므로 상호 간에 긴밀하게 협조하여 특정 층만 사용하도록 하여야 한다. 또한 고객의 불만처리에 있어서 서로간에 책임을 전가하여 불협화음이 생긴다면 고객과 직원 모두가 불편하게 된다. 그러므로 호텔에 따라서는 하우스키핑(Housekeeping)과 프런트오피스(Front Office)를 하나의 부서로 묶어서 관리하기도 한다. 상호간에 협조를 원활하게 하고 또 효과적인 비용관리를 위한 목적이기도 하나 규모가 큰 호텔일수록 분리하여 전문성을 기하는 것이 일반화되어 있다.

2. 하우스키핑과 식음료부문(F & B Department)

하우스키핑과 식음료부문(F & B Department)의 관계는 영업장에서 서비스를 하고 있는 직원들의 유니폼을 항상 깨끗하게 해주며, 테이블의 린넨도 업장의 종류에 따라 항상 다른 색과 디자인으로 꾸며 놓아 주어야 하고, 또 영업장의 청소문제로도 밀접한 관계를 가진다.

특히 호텔 내의 각 영업장은 성격에 따라 오전 6시부터 그 다음날 새벽 2시까지 사이에 영업이 계속되지만 시작시간과 종료시간은 일정하지 않다. 따라서 하우스키핑에서의 영업장 청소시간은 그 영업장의 영업시간 전·후와 중간 휴식시간을 이용하여 시행하게 된다.

그밖에 연회장은 대·중·소 연회 시작 전후에 하게 되므로 일정한 시간이 정해져 있지 않다. 식음료 영업부서장은 필요할 경우 하우스키핑 부서장에게 청소 또는 유지관리에 대한 사전 정보를 주어 영업장을 항상 청결하고 쾌적한 분위기를 유지할 수 있도록 협조해야 하며, 또한 하우스키핑의 인력을 최대한 절약할 수 있도록 간단한 진공청소 등은 자력으로 하는 것이 좋다.

하우스키핑에서는 식음료 영업장의 카펫, 가구, 장식품, 꽃꽂이, 화분 등의 관리책임을 맡아 일하는데 식음료부 직원의 절대적인 협조가 필요하다. 상호 협조가 없이는 효과적인 관리를 할 수 없기 때문이다. 따라서 규모가 작은 호텔 또는 영업장의 규모가 작은 호텔에서는 영업장 청소 일체를 해당 영업장에서 모두 책임지고 하는 경우도 있다. 한편 미니 바(Mini Bar) 관리를 하우스키핑에서 하는 경우는 미니 바 운영에 대하여 식음료 부서장과 하우스키핑 부서장간에 수시로 이에 관한 의견을 교환(미니 바의 품목, 가격, 수량)하면서 운영하게 된다.

3. 하우스키핑과 시설부문(Engineering Department)

엔지니어링 부서는 시설부, 영선부 또는 시설관비부 등의 명칭으로 불리고 있으나 그 기능면에서는 별 차이가 없다. 하우스키핑에서는 객실 시설물 또는 가전제품, 가구 등에 하자가 발생하거나 공공지역의 시설상 하자가 발생할 경우 수리요구서(maintenance order)를 작성하여 기술부서에 요청한다. 하우스키핑에서 기술부서에 수리를 요청하는 내용으로는 아래와 같은 것들이 있다.

① 가전제품의 고장 수리
② 가구제품의 수리
③ 카펫의 훼손부분 수리
④ 방수 요청
⑤ 에어컨의 조정 및 수리(객실의 온도와 관련)
⑥ 벽지 수리
⑦ 환기시설 수리
⑧ 화장실 시설 수리
⑨ 기계, 기구의 고장 수리
⑩ 전화기, 팩스의 설치 및 수리
⑪ 전구 교환
⑫ 기타 객실 및 공공지역 시설물의 고장 수리 등

식음료 관리

```
┌─────────────────────────────────────────────────────┐
│              제 1 부 호텔경영 일반론                    │
│              제1장 호텔의 이해                          │
│              제2장 호텔기업의 특성                      │
└─────────────────────────────────────────────────────┘

┌─────────────────────────────────────────────────────┐
│              제 2 부 호텔경영 관리론                    │
│              제3장 경영과 경영관리                      │
│        제4장 계획화          제5장 조직화               │
│        제6장 지휘화          제7장 통제화               │
└─────────────────────────────────────────────────────┘

┌─────────────────────────────────────────────────────┐
│              제 3 부 호텔경영 기능론                    │
│              제8장 인사관리                             │
│   제9장 객실판매 및 생산  제10장 프런트오피스의 조직  제11장 하우스키핑 │
│      제12장 식음료 관리      제13장 연회 서비스          │
│              제14장 호텔 재무관리                       │
└─────────────────────────────────────────────────────┘
```

☞ 열린 생각 및 직접 해보기
▶ 식음료부문의 영업의 중요성과 조직・구성원의 업무를 설명한다.
▶ 취업 희망호텔의 식음료부서의 조직과 각 업장을 파악하기
▶ 희망호텔의 식음료부서의 서비스품질과 고객만족을 위해 어떠한 교육과 훈련을 하는지 알아보기
▶ 테이블 매너에 대해 급우들과 토의한다.
▶ 우리나라의 한식을 세계화하고 있는 기사를 찾고 생각하기
▶ 테이블 세팅을 할 수 있다.

Chapter 12

식음료 관리

제1절 식음료 영업

1. 식음료 경영의 특징

호텔경영에 있어서 식음료가 차지하는 비중이 점진적으로 증가하고 있으나 경쟁업체의 증가와 고객들의 식생활 수준의 격상됨에 따라서 식음료 경영은 뛰어난 시설과 설비, 최고 수준의 조리능력, 서비스 수준을 유지하지 못할 때 곤란한 경영에 봉착하게 된다.

식음료 경영의 특징은 물적 서비스와 인적 서비스가 잘 조화를 이루어야 하고 수요예측이 어려워 대량생산이 불가능하다. 고객의 주문에 의한 주문 생산이며 고객의 다양한 욕구로 인하여 상품의 표준화와 단일화가 어렵다.

일반 제조업과는 달리 고객과 종사원 사이의 인간적 요소를 많이 내포하고 있는 기본적인 특징을 감안하여 생산과 판매로 대별하여 식음료 경영의 특징을 고찰 할 수 있다.

1) 생산측면에서의 특징

(1) 생산과 판매가 동시에 발생한다

일반 제조업에서 생산된 상품의 대부분은 공장에서 생산하고 대리점을 비롯하여 판매하는 장소가 분리되어 있으나, 식음료 사업은 고객이 식당을 방문한 후에 주문을 해야만 비로소 생산하게 되는데 이것은 즉시 판매되어 소비되는 특징이 있다.

(2) 주문생산이 원칙이다

일반 상품의 경우는 자동화와 규격에 의하여 성수기 수요를 예측하여 대량으로 생산을 하는 것이 보편화되었지만 식당의 경우에는 일부 대량생산되는 것이 있어도 호텔 식당의 경우에는 식당에 고객이 방문하여 고객의 개별주문에 의하여 상품이 생산된다.

(3) 수요예측이 곤란하다

호텔 식음료의 경영상 어려운 점은 사회, 정치, 경제, 계절, 기호, 지역, 일기 및 기타 여러 요인과 누가, 언제, 어떤 상품을 주문할 것인가를 예측하여 식자재를 구입하여 준비하거나 상품을 제조하는 것이 대단히 어렵다.

(4) 이익률이 크다

식당은 고정자산에 대한 최초의 투자 및 설비투자, 집기구입에 대한 설비투자비용이 크고 제경비의 지출이 타 기업보다 크지만 원가에 대한 폭은 다른 상품보다 비교적 크다.

> 이익 = 판매가격 - 원가(생산에 필요한 경비와 구입원가)
> 이익률 = 원가 / 총 매상액 * 100

2) 판매측면에서의 특징

(1) 장소적 제약

일반 제품의 경우는 구매 객이 요청하면 상품이 장소에 구애받지 않고 거의 무제한적으로 판매될 수 있으나 식당은 고객이 스스로 방문하여 상품구매를 하기 때문에 식당의 크기, 식탁 수, 객석 수에 대하여 많은 제약이 있다.

(2) 시간적인 제약

식당경영에서 시간적인 제약도 식당경영을 어렵게 하는 특징의 하나이다. 사람은 하루에 식사를 하는 습관이 3식으로 제한되어 있어서 효과적인 판매를 할 수 없다.

(3) 상품의 부패성

식음료의 식자재 및 상품은 단시간 내에 판매되지 않으면 부패하고 장기간 보존도 불가능하다. 또는 장기간 보관하더라도 신선도가 떨어져 상품적 가치는 급격히 하락하게 된다. 그러므로 정확한 수요예측에 의한 구매, 저장, 관리가 요구된다.

(4) 인적 서비스의 의존도가 높다

식당경영에서 중요한 요건은 직접 고객과 접촉을 하는 종사원들의 정성과 친절이 인적 서비스의 핵심이다. 따라서 종사원이 고객에게 관심과 숙련된 서비스로 효율적인 업무수행을 통하여 완벽한 서비스가 되도록 해야 한다.

(5) 메뉴에 의한 상품 판매

메뉴는 식당상품에 대한 가격, 조리법, 식재료 등에 대한 정보들을 상세히 설명하여 식당과 고객을 연결시켜 주는 안내자 역할을 하며 이러한 메뉴를 통하여 송업원이 설명을 하지 않아도 구매를 쉽게 할 수 있도록 도와준다.

(6) 물리적인 환경의 영향

식당의 성패는 요리의 맛과 인적 서비스의 질이 뛰어나도 빈약한 시설과 비위생적인 환경 그리고 고객의 관심을 끌어들일 수 있는 독특한 분위기가 조성되어야만 한다. 위의 조건이 갖추어져 있지 않으면 식욕을 감퇴시킬뿐더러 고객을 반복적으로 유치라 수 없다.

(7) 소액현금 판매의 원칙

식당경영은 판매되는 상품의 가격은 소단위이고, 후불이 발생하지 않기 때문에 운영자금의 회전속도가 신속한 것이 특징이다.

2. 식음료 영업의 특징

호텔 경영에서 식음료부문은 식료와 음료를 생산하고 판매하는데 직·간접적으로 참여하는 생산부서와 판매부서로 구성되어 있다. 호텔에 따라 식음료부분을 구성하는 생산부서와 식음료부서를 조직상 하나로 통합하여 식음료부서의 책임자의 관리할 수 있도록 조직이 구성되기도 한다.

최근에는 호텔 경영에서 뱅켓(Banguet) 기능의 중요성으로 인식하고, 그 활성화와 전문화를 위해 대형 호텔을 중심으로 식음료부서에 소속되어 있던 뱅켓을 식음료부서에서 독립하여 연회팀, 연회부서 책임자의 관리 하에 두는 추세에 있다.

오늘날에는 조직의 효율성과 생산성 향상이라는 모토 하에 식음료팀, 조리팀과 같은 경영의 프로젝트팀 시스템을 활용하여 식음료 부문의 조직을 재편하는 호텔이 증가하는 실정이다. 또한 호텔이라는 공간적인 한계를 초월하여 호텔 밖의 호텔레스토랑으로까지 그 사업영역을 확장하여 사업부까지 도입하고 있어 호텔경영에서 식음료부문의 비중이 날로 커지고 있는 것이 현실이다. 우리나라 호텔경영에서 식음료부문의 특징

첫째, 업장의 다양화

관주도로 성장한 우리나라의 호텔산업은 86년 아시안 게임과 88년 서울올림픽 게임, 그

리고 93년 대전엑스포라는 축제에 편승, 80년대를 전후하여 급속히 성장, 발전하였다. 이러한 급성장에는 관의 적극적인 개입이 불가피했으며, 그 중에서도 호텔의 등급에 따라 법으로 정해져 있었다. 그 결과 다양한 부대시설을 호텔의 규모와 등급, 위치 등과 같은 각 호텔의 특성과 무관하게 법으로 정해진 부대업장을 의무적으로 갖추어야 했으며, 이러한 규제는 일반적인 현상으로 받아들여졌다.

둘째, 조직의 비대화

고객에게 제공할 식료와 음료를 생산하고 판매하는데 직접적으로 관계되는 주방과 레스토랑 조직의 규모는 부대업장의 수에 비례한다. 미래를 예측하지 못한 조직 관리는 인사적체와 직위의 인플레이로 이어져 조직관리의 한계를 보이고 있다. 서울에 소재하는 특1급 호텔의 전체 종업원 수는 2005년 말을 기준으로 하여 전체 종업원은 52.20%를 차지하고 있음을 볼 때 식음부분의 조직이 얼마나 방대한 지를 잘 설명해 주고 있다.

셋째, 일반고객에 대한 높은 의존도

호텔의 등급과는 상관없이 각종 부대업장을 이용하는 대부분은 고객은 투숙객이 아닌 일반 내국인이며, 이에 대한 호텔 경영수지의 의존도는 날로 높아지고 있다.

넷째, 수입 매니지먼트에 대한 높은 의존도

대부분의 특1급 호텔은 유수한 외국계 호텔기업에 의해 위탁경영 또는 프랜차이즈 형태로 운영되고 있다. 특히 식음부분은 외국인에 의해 관리되는 정도가 다른 부문에 비해 훨씬 높다.

다섯째, 수입 식료와 음료에 대한 높은 의존도

호텔의 식음료 부대업장에서 사용하는 식료와 음료의 대부분은 국내산이 아닌 수입 산에 의존하고 있다.

여섯째, 수입 Equipment와 Utensil에 대한 높은 의존도

특등급 호텔에서 사용하고 있는 대부분의 Table Ware(식탁에서 사용되는 각종 기물), 주방에서 사용하는 각종 고정기기와 Utensil 등의 상당 부분은 수입된 외국산이 사용되고 있다.

일곱째, 생산방식의 경직성

고객에서 제공되는 대부분의 식료는 원식재료 구매 → 검수 → 저장 → 사전준비 → 생산 → 판매라는 일련의 과정을 거친다. 반제품, 또는 완제품을 구매하여 사전준비라는 하나의 과정을 생략하여 과정을 보다 단순화 할 수 있는 기본적인 여건은 형성되어 있으나 아직 이러한 생산방식에 접근하려 하지 않으려 한다.

여덟째, 생산지향적인 메뉴관리

메뉴에 의해 식음부문의 전 과정이 보다 효율적이며 생산적인 관리 될 수 있다는 이론은 간과하거나 무시하고 메뉴를 오직 생산 지향적으로만 관리하는 것이 일반적인 추세이다.

게다가 다양한 업장을 보유하고 있음에도 불구하고 메뉴를 호텔의 각 부대업장에 대한 종합적인 관점에서 보고 하나의 시스템으로 고려하여 관리하지 않고 업장별로 관리하고 있다. 또한 업장의 특성을 무시한 채 아이템 수만 증가시키는 동시에 원식재료의 구매에서부터 관리에 이르기까지 효율적이며 생산적인 관리가 이루어지지 않아 원가의 상승만을 초래하고 있다.

아홉째, 재고관리의 중요성에 대한 인식의 부족

수입식 재료의 의존도가 높기 때문이기는 하나 예측과 판매 관리와 같은 재고관리기법의 결여로 낮은 재고 회전율, 과장 사장 사용빈도가 아주 낮은 아이템의 과다 등과 같은 미숙한 재고 관리수준으로 보이고 있다.

열째, 인건비와 식료 원가에 대한 높은 비중

보다 체계적인 인사관리의 부재로 인한 직위의 인플레, 과다한 종업원, 직위와 직분의 부조화 등으로 인한 낮은 생산성과 경직된 생산방식, 비생산적인 메뉴관리 등에 의해 관리부문이나 생산품에 대한 원가의 비중이 지나치게 높다.

열한 번째, 낮은 관리수준

식음부문 호텔의 다른 부문에 비해 상대적으로 관리의 영역이 넓다. 즉 구매→검수→저장→사전준비→생산→판매→평가와 분석이라는 일련의 과정을 거치는 까닭에 그 관리영역은 시작도 끝도 없는 순환의 과정을 반복하고 있다. 그럼에도 불구하고 대부분의 호텔에서는 식음부문을 전체적인 시스템으로 보아 체계적인 관리를 하지 않고 부분적으로 관리하고 있을 뿐만 아니라 분석과 평가를 등한시하고 있음을 볼 수 있다.

열두 번째, 비싼 매기

매가의 결정은 과학이 아니라 예술이라고 했다. 즉 제 원가의 산출은 과학적인 방법에 따르지만, 그러한 원가에 알파라는 예술적인 요소를 가미하여 매가를 산출하는 기교가 결여되어 있는 것이다. 그 결과 원가의 상승요인을 고스란히 고객에서 전가하여 매가는 해가 갈수록 천정부지로 치솟고 있다. 그러나 고객도 언젠가는 NO라고 말할 때가 멀지 않았음으로 알아야 한다.

3. 레스토랑의 분류

레스토랑은 프랑스 어느 식당의 인기있는 수프이름이 전래되어 'Restaurant'이라는 식당의 통칭이 되었다고 전해지기도 하며, 또 프랑스는 휴식에 의해 체력과 건강을 회복시키고 원기를 돋운다는 의미를 가지고 있다고 한다. 미국에서는 레스토랑에 대한 정의를 '일반에게 공개된 식사와 음료를 제공하는 시설'로 설명하는데 종합해보면 레스토랑은 영리 또는 비영리를 목적으로 일정한 장소에 고객이 휴식할 수 있는 즉 원기와 피로를 회복할 수 있는 시설을 갖추고 잘 훈련된 접객원이 인적서비스와 식음료를 제공하고 그 댓가를 지불받는 업이라 할 수 있다.

1) 명칭에 의한 분류

(1) Restaurant

일반적인 식당의 의미로서 식탁이 마련되어 있고 고객의 주문에 따라 서비스 직원에 의해 음식이 제공되는 고급의 시설과 정중한 서비스는 물론 고급음식을 갖춘 식당이다.

(2) Dining room

식당 이용시간이 대체로 제한되어 있어, 아침을 제외한 점심과 저녁식사를 정해진 시간에 제공하는 식당으로 주로 Table d'hote를 판매한다. 그러나 최근에는 이 명칭이 잘 쓰이지 않으며 점심뿐만 아니라 일품요리도 제공하고 있다.

(3) Grill

A la carte나 daily special menu를 제공하는 식당으로 아침, 점심, 저녁식사가 계속해서 제공된다.

(4) Cafeteria

음식이 진열되어 있는 counter table에서 직접 요금을 지불하고 손님이 먹고 싶은 것을 스스로 가져다 먹는 self service 형식의 간이식당을 말한다.

(5) Lunch counter

음식의 조리과정을 직접 볼 수 있도록 counter table을 마련하여 놓고 고객이 이곳에 앉아 음식을 직접 제공받는 식당을 말한다. 일식당 내의 sushi counter가 좋은 예이며 고객이 직접 조리과정을 지켜볼 수 있기 때문에 식욕촉진에도 도움을 주고 기다리는 시간의 지루함도 덜 수 있다.

(6) 뷔페

일정한 요금을 지불하고 음식이 진열된 식탁에서 고객이 자유로이 선택하여 양껏 즐길 수 있는 셀프서비스 식당이다. 일식부문의 회코너, 생선초밥코너, 중식의 북경요리코너, 한식의 갈비코너 등에는 항상 조리사가 대기하여 즉석 서비스함으로서 질이 좋은 음식서비스를 제공하기도 하며 음료 및 커피는 직원이 서브해주기도 한다.

(7) Coffee shop

고객의 왕래가 많은 곳에서 많은 종류의 메뉴를 준비하여 판매하고 있는데 주로 가벼운 식사와 함께 커피 및 음료수를 판매하는 식당이다. 특히 우리나라에서는 인식이 잘못되어 아직도 커피숍 하면 다방을 생각하는 사람이 많은데, 엄연히 호텔식음료 업장 중에서도 매상이 많고 고객수도 가장 많은 중요한 식당이다.

(8) Drive in

교통이 편리한 도로변에서 여행객을 상대로 음식물을 판매하는 식당이며 여행자가 자동차를 타고 들어가므로 넓은 주차장 시설을 필요로 한다.

(9) Dining car

철도를 이용하는 사람들을 대상으로 해서 식당차를 여객차와 연결하여 그 곳에서 음식을 판매하는 식당을 말하며 우리나라의 새마을호 이상의 열차에서 경험할 수 있다.

(10) Snack bar

서서 음식을 먹는 간이식당으로 가벼운 식사, 음료, 술이 제공되는 식당이다.

(11) Industrial restaurant

회사나 공장 같은 곳의 구내식당으로 비영리 목적의 식당을 말하며, 학교, 병원, 군대의 시강이 여기에 속하는데 급식식당으로 더 잘 알려져 있다.

(12) Department store restaurant

백화점을 이용하는 고객들이 쇼핑도 중 식사를 할 수 있게 만든 식당을 말한다. 이곳에서는 대개 셀프 서비스 형식을 취하며 신속한 요리가 제공된다.

(13) 델리카트슨

간단한 샌드위치나 샐러드 빵 등을 판매하는 곳으로 최근에는 케이크, 햄, 소시지 등의 가공식품도 판매한다.

2) 운영형태에 의한 분류

(1) 체인형태의 레스토랑

구미각국에서 발달한 경영형태로 최근 식당사업의 대형화로 각광을 받고 있다. 강력한 중앙통제방법으로 대량구매, 대량생산으로 인한 원가절감과 서비스 및 시설의 통일화, 공동 선전, 식음료 요금의 표준화 등의 효과를 기대할 수 있지만 처음 개점할 때 큰 자본이 투자되는 단점이 있다. 햄버거 전문점인 맥도날드사가 대표적이며 우리나라에도 롯데리아를 비롯한 여러 식당이 있다.

(2) 독립형태의 레스토랑

한 사람의 투자와 경영기술로 운영되는 레스토랑으로 대부분의 식당이 여기에 속한다.

(3) 전문 레스토랑

단일한 품목만을 전문적으로 취급하여 제공하는 식당으로 원가절감의 효과를 기대할 수 있다.

(4) 실비식당

저렴한 가격으로 음식을 제공하여 서민들이 부담 없이 출입할 수 있으며 박리다매를 추구하는 식당이다.

3) 식사품목에 의한 분류

(1) 양식당

① 프랑스식 식당

서양요리에는 프랑스 요리가 세계적으로 유명하다. 프랑스 요리는 이탈리아에서 유래되어 16세기 앙리 4세 때부터 발전하여 오늘날 가히 요리의 천국을 이룩한 것이다. 우리가 잘 알고 있는 샤또브리앙을 비롯하여 바닷가재요리, 생굴요리 및 오되브르요리가 있고 각종 소스만도 500여 가지가 넘는다고 한다.

② 미국식 식당

서양요리는 각국마다 그 특색이 있는데 이탈리아에는 파스타 영국에는 로스트비프가 있는가 하면 미국에서는 비프스테이크를 대표 요리로 들 수가 있다.

그 밖에도 바비큐, 햄버거 등도 들 수 있는데. 이들은 일반적으로 빵과 곡물, 고기와 계란, 낙농식품, 과일, 야채 등을 재료로 이용한다. 미국인들은 간소한 메뉴와 경제적인 재료,

영양본위의 실질적인 식생활을 하고 있는 것이 특징이다.

③ 이탈리아 식당

이탈리아 요리는 일찍이 14세기 초엽에 탐험가 '마르코 폴로'가 중국 원나라에 가서 배워온 면류 요리가 고유한 스파게티와 마카로니로 정착하였으며, 또한 프랑스 요리를 총칭하여 파스타라고 하며 수프를 식사 전에 먹는다.

이탈리아 요리의 코스는 다음과 같다.

- 어페리티보(aperitivo, 식사 전에 마시는 술)
- 안띠파스토(antipasto, 전채에 해당)
- 육 요리
- 인살라따
- 과일
- 커피 등의 순서로 약 3시간 정도의 점심식사를 성찬으로 즐긴다.

④ 스페인 식당

스페인은 주위가 바다로 둘러싸여 해산물이 풍부하며 생선요리가 유명한데 특히 왕새우 요리는 세계적이다. 스페인 요리는 올리브유, 포도주, 마늘, 샤프란 등 향신료를 많이 쓰는 것이 특징이다.

(2) 한식당

우리나라는 궁중을 중심으로 발달한 궁중요리와 불고기, 신선로, 김치 및 전골요리가 대표적이며 음식에 여러 가지 재료와 양념을 사용하여 조리함으로 다양한 맛과 색깔을 나타내는 것이 특징이다. 그러나 음식의 보관방법과 다양한 반찬의 수 등으로 양식요리에 비해 표준식당 개발 어려움이 있어 다양한 요리가 제공되지 못하고 있는 실정이다.

(3) 중식당

음향오행설을 요리의 기초에 두고 요리하는 중국음식의 맛과 질이 다양하며 역사도 깊어 그 수준은 세계제일이라고 해도 과언이 아니다. 중국요리는 황궁과 민가의 합작요리라고도 할 수 있는데, 돈과 권력을 이용한 강장 강정의 음식과 민가의 생계를 위한 음식이 결합되어 현재와 같은 다양한 요리로 발전하였다.

특히 주식과 부식의 구별이 없으며 광대한 면적으로 인해 각 지역마다 독특한 재료를 이용한 지방별로 특색 있는 요리가 발달하였다.

(4) 일식당

일본은 섬나라인 관계로 생선요리가 발달하였으며 음식도 색 향기 맛을 살려 조미한 단백하고 깔끔한 점이 특색이다. 일본요리는 후지산을 중심으로 오오사카 지방의 관서요리와 토쿄를 중심으로 한 관동요리, 요정을 중심으로 발달한 요정요리로 크게 구분할 수 있으며 상차림, 식사예법 등의 형식을 매우 중요시 하는 것이 특징이다.

4. 서비스 형식에 의한 분류

1) 테이블 서비스 레스토랑

일반적인 식당을 의미하며 일정한 장소에 식탁과 의자를 비치하고 고객의 주문에 의하여 웨이터나 웨이트리스가 주문받고 식음료를 서비스하는 식당을 말하는데, 호텔 내에 위치해 있는 대부분이 테이블 서비스 레스토랑이며 쾌적하게 조성된 분위기 속에서 특징 있는 요리를 신속하고 부드럽게, 또한 보다 전문적이며 효율적인 방법으로 제공하여 고객의 요구를 충족시켜 주는데 그 목적이 있다.

요리를 서비스하는 방법에 따라 다음과 같이 분류한다.

(1) 아메리칸 서비스

레스토랑에서 일반적으로 이루어지는 서비스 형식으로서 서비스 중에서 가장 신속하고 능률적이다. 고급레스토랑을 제외하고는 대부분이 아메리칸 서비스 방법을 취하고 있다.

① 주방에서 음식이 접시에 담겨져 공급되어 직접 서브된다.
② 빠른 서비스를 할 수 있다.
③ 고객의 미각을 돋우지 못한다.
④ 음식이 비교적 빨리 식는다.
⑤ 고급레스토랑에서보다 회전이 빠른 레스토랑에 적합하다.
⑥ 종업원 한사람이 보다 많은 고객을 담당할 수 있다.

(2) 패밀리 서비스

아메리칸 서비스를 일부 변경한 일반적인 서비스이며, 잉글리쉬 서비스라고도 한다. 조리와 배분은 주방에서 이루어져 볼이나 플래터에 담겨져 장식되는데 패밀리 서비스 특징은 다음과 같다.

① 서비스 방법이 단조로워 숙련되지 못한 접객원도 쉽게 적응할 수 있다.

② 고객스스로가 요리를 분배해서 식사한다.

③ 접객원은 많은 고객을 담당할 수 있으며 좋은 서비스도 할 수 있다.

④ 고객 스스로 떠먹기 때문에 종업원의 관심도가 적고, 요리가 다른 고객에게는 호화스럽게 보이지 않는다.

(3) 프렌치 서비스

유럽의 귀족들이 좋은 음식과 시간적이 여유를 즐기기 위한 형식적이고 우아한 서비스이며, 요리는 silver platter,에 담아 Gueridon에 의해 운반된다.

고객 앞에서 flambee wagon이나 레쇼를 사용하여 쉐프드랭이 요리를 완성시켜 서브하는데 대표적인 요리는 다음과 같다.

① La salade cesar

② Le tournedos au poivre

③ Lec crepes suzettes

프랑스 요리는 한 스테이션을 보통 쉐프 드 랭 1명과 꼬미 드랭 1명이 담당하는데, 쉐프 드 랭은 지배인이나 Gueridon이 움직일 수 있는 충분한 공간이 필요하다.

Gueridon 서비스의 특징은 다음과 같다.

① A la Carte 메뉴를 사용하는 전문레스토랑에 적합한 서비스이다.

② 식탁과 식탁사이에 Gueridon이 움직일 수 있는 충분한 공간이 필요하다.

③ 숙련된 종업원으로 접객편성이 이루어져야 하므로 인건비의 지출이 높다.

④ 고객은 자기 양껏 먹을 수 있으며 남은 음식은 따뜻하게 보관되어 추가 서비스를 할 수 있다.

⑤ 다른 서비스에 비해 시간이 오래 걸리는 단점이 있다.

⑥ 구성원은 각각 독립적인 업무를 지니고 있으나 필요에 따라 서로 협조하지 않으면 안 된다.

(4) 러시안 서비스

러시안 서비스는 후렌치 서비스와 유사한 점이 많으며 1800년 중반에 유행했던 대단히 고급스럽고 우아한 서비스이다. 접객원은 무거운 Patter를 사용하며, 테이블 세팅은 Guardino 서비스와 동일하다.

① 전형적인 연회 서비스이다.

② 혼자서 우아하고 멋있는 서비스를 할 수 있고 Guardino 서비스에 비해 특별한 준비기물이 필요하지 않다.

③ 요리를 Platter에 고객의 왼쪽에서 오른손으로 서브한다.

④ Guardino 서비스에 비해 시간이 절약된다.

⑤ 마지막 손님은 식욕을 잃게 되기 쉬우며 나머지만으로 서비스 받기 때문에 선택권이 없다.

〈표 12-1〉 테이블서비스의 특징

구 분	특 징
아메리칸 서비스 (American Service)	• 다른 서비스에 비해 빠른 서비스를 할 수 있다. • 한사람이 종사원이 많은 고객을 서비스할 수 있다. • 서비스하는 시간이 짧다. • 고객회전이 빠른 식당에 적합하다.
패밀리 서비스 (Family Service)	• 고객은 자기 몫의 음식을 선택할 수 있다. • 남은 요리에 추가 서비스가 가능하다. • 식탁과 식탁사이에 게리동(guardino)이 움직일 수 있는 충분한 공간이 필요하다.
프렌치 서비스 (French Service)	• 주문된 음식을 정확하게 조리할 수 있는 숙련된 종업원이 필요 • 사전에 정확한 요리 준비가 필요하다. • 제공하는 시간이 오래 걸린다. • 음식을 식지 않게 제공할 수 있다.
러시안 서비스 (Russian Service)	• 일반적이고 전형적인 연회서비스다. • 서비스하는 인원 및 시간이 절약된다. • 주방에서 만든 음식을 직접 가져와 제공하므로 준비기물이 필요하지 않다.

2) Counter service restaurant

주방을 개방하여 고객이 조리과정을 직접 보면서 식사 할 수 있게 카운터를 테이블로 하여 음식을 제공하는 형식의 식당을 말한다. 이러한 식당은 직원의 서비스가 그다지 많이 필요하지 않고, 고객이 보는 앞에서 요리를 만들어 제공하므로 서비스가 빠르고 위생적이며 지루함을 느끼지 않는다. 때로는 웨이터가 음식을 테이블까지 날라주기도 한다.

3) Self service restaurant

고객이 직접 접시를 들고 자기가 좋아하는 음식물을 선택해서 운반해 먹는 식당으로 신속한 식사를 할 수 있으며, 기호에 맞는 음식을 자유로이 선택할 수 있고 가격이 비교적 저렴하여 팁을 지불할 필요가 없다는 장점이 있다.

4) Feeding

비영리적이며 셀프 서비스형식의 식당으로 회사의 급식, 학교 기숙사, 병원, 군대의 급식 등을 들 수 있다. 이는 반드시 비영리적이며, 일정한 장소에서 많은 인원을 수용하는 식사를 제공할 수 있으며, 반드시 정해진 메뉴만을 선택해야 하기 때문에 자신의 기호에 맞는 식사를 할 수 없다는 단점이 있다.

5) Vending machine service

인건비의 상승으로 인하여 선진국에서 인기 있는 자동판매기로 스낵, 캔, 우유, 아이스크림 등을 판매한다.

5. Table Ware

테이블 웨어란 식사에 필요한 제반 집기, 기물을 말한다. 식당용 서비스 기물에는 조리된 음식을 담아내는 그릇에서부터 테이블에서 식사하는 데 쓰이는 기물에 이르기까지 수많은 종류의 것이 있으나, 크게 다음과 같이 나눌 수 있다.

① Silver Ware
② China Ware
③ Glass Wware
④ Utensil

1) Silver ware(은기 제품류)

Steel로 만들어진 것에 은으로 도금한 것으로, 때로는 stainless steel을 사용하기도 한다. 취급 시에는 소음을 내지 않도록 하고, 특히 table setting을 할 때는 각별히 유의 한다. 녹이 슨 관계로 평소 뜨거운 물에 깨끗이 닦은 후에 반드시 마른 glass towel을 이용하여 물기를 제거한다. 또한 주기적으로 varnishing 을 하여 광택을 유지하도록 한다. 은기에 속하는 것으로는 쟁반, 포크나 나이프 스푼 등이 있다.

2) China ware(도기제품류)

도자기류라고도 하며 인류문명 이전부터 사용되어 왔는데, 특히 중국 식당과 일본식당, 한국식당에서 많이 쓰이고 있으며, 깨지거나 금이 가기 쉬워 취급 시 각별한 주의를 요한다. 종류로는 접시류, 컵류, 볼 등이 있다.

3) Glass ware

글라스를 크게 구분하면 목이긴 고블렛과 바닥이 평평하고 원형인 텀블러로 구분 할 수 있는데 고블렛은 주로 물 컵이나 와인글라스로 사용하고 텀블러는 음료수용으로 사용하는 손잡이가 없는 원통형으로 된 것을 말한다. 글라스를 이동할 때나 세팅할 때 주의할 점은 입이 닿는 윗부분에 손이 닿아서는 안 된다는 것이며 이것 역시 깨지기 쉬우므로 상당한 주의를 요한다.

6. Service Wagon

서비스를 원활히 하고 격조 있도록 하기 위해 식당에서는 여러 가지의 wagon을 사용한다.

1) Side wagon

Walking table, Service station, serving setting 등으로 불리기도 하며 서비스에 필요한 준비물을 보관해 두는 것으로 신속한 서비스를 목적으로 한다. 이동식과 고정식의 두 가지가 있다.

2) Guardino

최고급 서비스를 하는데 필요한 기물이며, 테이블의 높이와 비슷하여 음식을 서비스하는데 불편함이 없도록 한다. 바퀴가 달려 있어 자유자재로 움직이며, 때로는 무겁거나 뜨거운 음식을 운반하는데 사용하기도 한다.

3) Hors d'oeuvre trolley

음식의 빛깔이나 맛이 변하지 않도록 냉장설비가 되어 있어야 한다. 고객이 잘 볼 수 있도록 display한다. 항상 청결한 상태를 유지하여야 한다. 차가운 오드볼 접시와 필요한 기물이 함께 준비되어야 한다.

4) Roast beef wagon

요리된 roast beef가 식지 않도록 뚜껑이 있고 연료를 사용하여 적당한 온도를 유지하도록 되어 있다. 도마, roast beef용 knife와 fork, beef용 sauce가 준비되어 있어 고객 앞에서 직접 카빙하여 제공한다.

5) Frambee trolley

특별한 appetizer, entree, dessert 등을 고객 앞에서 요리할 때 사용된다.

가스나 알코올 렌지와 석쇠가 준비되어 있고 frypan을 비롯한 간단한 주방기구가 준비되어 있으며, 소금, 후추, 버터, 혹은 샐러드 오일 등의 간단한 조리용 양념이 고정 배치되어 있다.

6) Dessert trolley

냉장설비가 되어 잇는 것과 없는 것으로 구분되는데 여러 가지 dessert를 준비할 수 있게 접시와 케이크 서버 등의 필요한 기물이 함께 준비된다. 고객이 잘 볼 수 있고 구미가 당기도록 display 되어야 하며, 고객 앞으로 끌고 다니면서 suggestive selling을 통하여 주문을 받고 그 자리에서 바로 서비스 한다.

7) Bar wagon

각종 주류를 진열하여 판매할 수 있는 wagon으로 glass류와 bar기물들을 함께 준비할 수 있어야 하고, 얼음을 비롯한 칵텔용 부재료를 준비할 수 있어야 한다. 고객 앞에서 주문을 받아 직접 서비스 하는 것으로 품격 있고 격조 높게 장식되어야 하는데 formal full course party에서는 brandy를 위시한 dessert wine 을 비롯하여 cigar를 서비스하기도 한다.

8) Room service wagon

Room service용 wagon으로 hot box를 이용하여 음식이 식는 것을 방지한다. 깨끗한 line 을 엎은 후에 setting하며 carpet위 먼 거리를 이동하여 바퀴의 기능이 떨어질 수 있으므로 수시로 상태를 파악하여 양호한 상태를 유지시킨다. 인원의 다소에 따라 크기를 조절할 수 있게 되어 있다.

제2절 식음료 부문(F & B Department)의 조직과 업무

1. 식음료 조직의 특징

과거 호텔조직은 대별하여 두 개의 부문으로 분류하여 프론트 어브 하우스와 백 어브 하우스로 구분했었다.

식당부문을 백 어브 하우스라고 불렀는데 이것은 호텔의 업무가 객실에 치우치고 식당은 투숙객에게 편의를 제공하는 한 수단에 불과 했기에 다소 등하 시 된 것을 의미한다.

그러나 현대의 식음료 경영에서는 객실 부문보다 수익과 인적구성면에서 월등히 앞서고 충분히 규모의 경제를 이룩할 수 있다. 그렇기 때문에 각 부문의 조직원들이 경영목적을 위해서 일정한 업무를 수행하게 되는데 보다 효과적이고 능률을 제고시키기 위하여 종전의 1개의 식음료과에서 탈피하여 식당과, 연회과, 음료과로 분류하여 각과의 기능과 특성을 최대한으로 발휘될 수 있게 관리하고 있다.

식음료의 부문의 원활한 목적 달성을 위해서는 식음료 조직의 특징에 알맞은 효과적인 조직이 이루어져야 하는데 다음과 같은 조직의 특성을 갖는다.

첫째, 직무기능에 따라 조직한다.

식자재 구입, 메뉴계획, 조리, 서비스 등 식당 식음료 서비스에서 수행되는 각 기능은 조직 구조의 일부가 되어야 한다. 그 기능은 분명한 목적과 직무에 따라 설정해야 한다.

둘째, 조직은 간단하게 편성한다.

조직의 구성은 불필요한 직위가 없도록 간단하게 해야 한다. 계층 간의 거리를 짧게 함으로써 경영진과 종사원간의 의사소통을 원활하게 할 수 있다. 즉 한 명의 간부에게 보고하는 부하직원의 수가 많은 큰 식당에서는 각 웨이터 그룹을 감독하기 위해 캡틴을 임명한다.

셋째, 모든 직책에 대한 업무의 책임, 권한 및 경제적 책임을 밝힌다.

업무분석의 연구결과 종사원들이 자기의 의무와 책임을 명확히 이해하고 있지 못하다는 사실을 명심하여 모든 업무는 서식으로 명확히 밝혀야 한다. 종사원은 한명의 감독자에게 보고해야 하며 조직의 구성에 각 종사원의 위치를 서술하고 누구에게 보고하고, 또 누구에게 보고 받아야 하는가를 밝혀 주는데 조직표를 이용하는 것이 효과적이다.

넷째, 모든 직급에 책임과 권한을 설정한다.

경영자는 책임을 위임하는데 주저하지 말아야 한다. 식당의 소유주는 간부가 주어진 업무에 대한 책임을 맡았다면 그 업무를 수행하기 위해서 동등한 권한을 가지고 있어야만 한다는 것을 분명히 알아야 한다.

다섯째, 운영절차의 표준화

표준화는 자료처리 절차와 함께 지배인이 식당 운영자에게 필요한 여러 가지 일상적인 결정에 관한 업무를 덜어준다.

여섯째, 중앙집중화 분석

식당의 운영에서는 경영을 중앙 집권화 할 것인가 아니면 분산시킬 것인가 하는 문제가 발생하게 된다. 권한, 업무적 책임, 경제적 책임의 위임은 관리의 효율성에 달려 있다. 또한 분산화된 경영의 책임을 수행하기 위해서는 필요한 인격과 기술 및 판단력을 소유한 경영자가 있어야만 한다.

2. 식음료 부문 조직

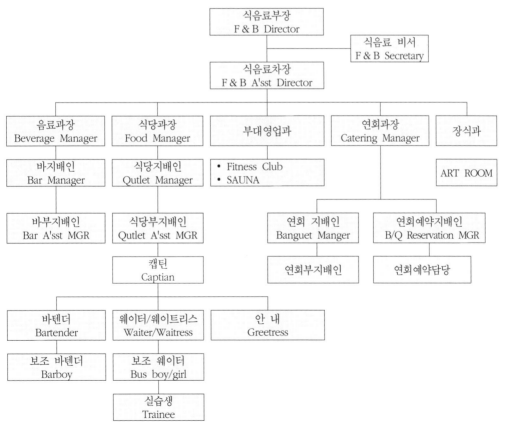

[그림 12-1] 일반적인 호텔 식음료 부문의 조직도

레스토랑에서 조직이란 경영의 최대목표인 이윤의 극대화와 고객에게 신속하고 편안한 서비스를 제공하기 위한 기능을 정비하고 그 접객원들에게 권한과 책임을 부여하는 것인데, 제1원칙은 식음료를 효율적으로 조제하여 그것을 유효하게 서비스하면서 최대의 수익을 가져오는데 있다. 그러기 위해서는 각 조직이 수행해야 할 일을 명시하고 개인을 집단화해서 책임과 권한을 규정 위임하여 접객원들로 하여금 소기의 목적달성을 위해 가장 효과적으로 일할 수 있도록 직무관계를 설정해야 한다. 이러한 조직의 업무분류방식은 레스토랑 규모와 판매상품의 내용에 따라 조금씩 달라진다. 다음의 그림은 대규모 호텔에 있어서의 [그림 12-1] 식음료부문의 조직구성을 보여준다.

위와 같은 호텔 내 식음료부문의 조직도 각 식당별로 제공되는 음식의 종류 및 내용이 다르고 따라서 각 식당의 특수한 사정 및 상황에 따라 조직의 구성도 달라질 수 있다. 그 내용을 살펴보면 다음의 3가지로 구분할 수 있다.

1) 쉐프 드 랑 시스템(Chef De Rang System)

이 시스템을 국제적 서비스제도 혹은 후렌치 서비스라 부르며 가장 정중하고 최고급의 서비스를 제공하는 고급식당에 적합한 조직이다. 식당 지배인 아래 캡틴이 있고, 그 밑에 3~4명의 웨이터가 근 무조를 이루어 고객을 담당하여 서브하는 제도로서 이는 팀웍의 조화가 잘 이루어져서 구성원의 책임이 각기 다른 업무까지도 원활히 대행되어야 하는데 이조직의 장점과 단점을 살펴보면 다음과 같다.

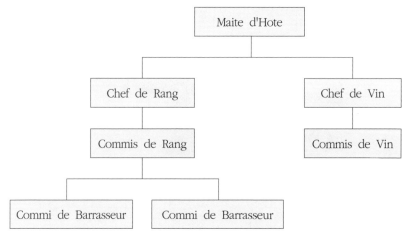

[그림 12-2] 쉐프 드 랑 시스템(Chef De Rang System)

장점으로는 ①수준 높은 서비스를 제공할 수 있고, ②근무조건에 만족도가 높으며, ③ 충분한 휴식시간을 가질 수 있고, ④ 영업상황에 따라 근무인원을 증감시킬 수 있다는 점이고, 단점으로는 ①전문적인 기능을 가진 인력이 필요 ② 인건비의 지출이 커다는 점 ③연중무효인 고급식당에 편성에만 적합한 조직이라는 점이 지적될 수 있다.

2) 헤드 웨이터 시스템(Head Waiter System)

일반 식당에 가장 적합한 조직방식으로 헤드 웨이터 밑에 식사담당(meals waiter)과 음료담당(drinks waiter)을 두어 인건비의 지출을 최대한 억제하는 형태로 쉐프 드 랑(Chef De Rang System) 시스템의 단점을 보완하고 비교적 적은 인원으로 서비스를 제공함으로써 인건비의 지출을 절약할 수 있다. 물론 그만큼 전문적이며 양질의 서비스를 제공하는 데에는 부족한 점이 있다.

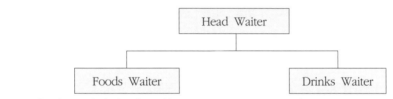

[그림 12-3] 헤드 웨이터 시스템(Head Waiter System)

3) 스테이션 웨이터 시스템(Station Waiter System)

스테이션 웨이터 시스템(Station Waiter System)은 일명 원웨이 웨이터 시스템(one waiter system)이라고 한다. 주로 휴양지에 위치하여 계절별로 이용고객 및 매상고의 현저한 차이가 있는 식당이나 나이트클럽, 극장식당과 같은 특수한 식당에 적합한 시스템이다. 책임자로 헤드 웨이터가 있고, 그 밑에 근무하는 웨이터들은 각각 한 담당구역만을 맡아서 근무하는 원 웨이터 시스템(One Waiter System)으로서 한 명의 웨이터가 자기가 담당한 테이블에 한해서 주문을 받고 서비스를 제공한다.

이 방식의 장점은 ① 한 사람의 웨이터가 일정한 수의 고객을 상대로 식음료 서비스를 제공하므로 서비스의 일관성을 기할 수 있고, ② 인건비의 지출이 적다는 점이고

단점은 ① 웨이터가 식사의 주문과 운반을 위해 주방을 출입하거나 음료준비로 담당구역에서 자주 이탈하기 쉽고 ② 서비스를 제공하는 데 시간이 많이 소요되므로 고객의 불평을 야기할 수 있다는 점이다.

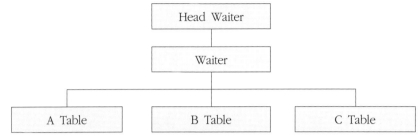

[그림 12-4] 스테이션 웨이터 시스템(Station Waiter System)

3. 식음료 부문의 구성원과 임무

1) 지배인(Manager)

식당 내의 모든 서비스와 직원에 대한 책임 및 그에 따르는 권한을 행사하며 근무 스케줄에서부터 교육훈련에 이르기까지 전체를 총괄한다. 구체적인 역할은 다음과 같다.

① 영업 및 서비스에 관한 제반사항을 지휘 · 통제 및 감독
② 직원의 근무시간표 편성
③ 예약사항과 준비사항을 점검하고 각 담당자의 임무에 대한 세부사항 지시
④ 영업장의 영업활성화를 위한 특별행사 등을 계획, 실시
⑤ 고객의 영접과 안내 및 불평처리
⑥ 직원들의 교육훈련 및 인사관리
⑦ 직원들의 서비스 담당구역 할당 및 영업 준비사항의 확인, 점검
⑧ 객실부, 영선부, 객실정비 등 타부서와 협조사항 의뢰 및 조치
⑨ 주방요원과 서비스 요원간의 업무조정

오늘날 호텔에서 식음료 판매에 의한 수입증대에 따라 식음료부서의 중요성이 부각되고 있어 지배인은 재무관리, 원가관리, 메뉴작성, 불만처리, VIP고객 접대 등에 최선을 다한다.

2) 부지배인(Assistant Manager)

평상시에는 지배인을 보좌하여 영업장 운영관리, 특히 대고객 서비스 관리를 맡고, 지배인의 부재 시에는 지배인의 업무를 대행한다.

3) 캡틴(Captain)

일명 헤드 웨이터(Head Waiter)라고도 하는데, 중소규모의 식당에서는 부지배인이 없이

캡틴이 그 역할을 대신하기도 한다. 캡틴은 접대책임을 맡고 있는 책임자로서 영업 준비, 고객영접, 웨이터나 실습생을 관리감독, 식당의 청결관리 등 식음료 서비스에 있어서 주문과 서비스를 담당한다. 캡틴의 직무는 다음의 몇 가지로 요약된다.

① 영업시작 전에 담당구역의 서비스 준비사항과 구성인원 점검
② 고객의 영접 및 주문 접수
③ 웨이터에 대한 작업의 지시와 감독
④ 판매하는 메뉴와 각 품목의 조리시간을 숙지하여 순서에 따라 서비스
⑤ 웨이터 및 실습생에 대한 메뉴와 서비스 교육 실시
⑥ 각종 집기 및 린넨류의 관리
⑦ 주 요리의 제공 후 고객의 반응 관찰
⑧ 동료직원과 긴밀한 협조로 식당이 원활하게 움직일 수 있도록 노력한다.
⑨ 고객의 전송 및 테이블의 재정비 사항 점검

4) 웨이터(Waiter)/웨이트리스(Waitress)

캡틴을 보좌하며 식당의 영업을 위한 준비와 주문된 식음료를 고객에게 직접 제공하는 역할을 하는 사람을 말한다. 뿐만 아니라 각자의 책임구역이 있어 맡은 구역에 대한 정리와 정돈도 해야 한다. 구체적인 업무내용은 다음과 같다.

① 영업시간 전에 영업에 필요한 사항 준비
② 메뉴, 할당된 구역, 부수적인 업무와 테이블 번호 등을 숙지하여 서비스 준비
③ 담당 테이블의 영접, 식음료 주문접수, 그에 따른 식사의 제공
④ 고객의 식사 시 추가적인 필요 사항 응대
⑤ 고객의 식사 후 계산서 제공 및 이상유·무 확인
⑥ 다음 고객을 접대하기 위한 테이블 재정비
⑦ 지배인 및 담당 캡틴의 지시사항 이행 및 동료직원과 협조
⑧ 보조 웨이터의 지시와 감독 및 지원

5) 그리트리스(Greetress)

일명 리셉셔니스트(Receptionist)라고도 하는데 고객을 영접하고 예약업무 및 좌석안내 등을 하는 사람을 말한다. 그 구체적인 업무를 요약하면 다음과 같다.

① 각 지역(station)에 배치된 캡틴과 웨이터 및 테이블 숙지
② 예약사항 점검, 좌석안내 등과 관련한 지배인의 지시사항 준수
③ 예약의 접수 및 예약내용의 기록
　(예약자의 정확한 성명, 인원 수, 도착시간, 특별한 요구사항, 전화번호 등 확인)
④ 영업장이 바빠서 서비스 인원의 부족 시 웨이터 및 웨이트리스 지원

6) 음료 지배인

주방의 책임자로서 레스토랑 내 음료에 관한 계획, 개발, 판매의 책임을 가지며 관할 직원의 근무감독, 인원배치, 서비스 교육을 맡고 주장의 운영 상태와 음료의 재고 구매 관리를 책임진다.

7) 기타

(1) 버스보이(Busboy/girl)

보조 웨이터를 말한다. 일반적인 직무는 캡틴이나 웨이터의 지시에 따라 테이블로부터 기물의 철거 및 교체, 테이블의 정리·정돈 등을 맡고 있다. 세부적인 업무는 다음과 같다.
① 웨이터나 웨이트리스의 업무 보조
② 업장에 필요한 각종 기물류 등의 보급
③ 고객에게 음료, 버터, 빵 등의 서비스
④ 테이블의 정리·정돈 및 사용한 린넨류의 교체와 테이블세팅
⑤ 업장 내 가구류의 청소 및 정리 등

(2) 소믈리에(Sommelier)

와인전문가로 식사와 잘 어울리는 와인을 추천하여 주문을 받고 고객에게 와인을 직접 서브하는 종업원을 말한다. 식당의 음료와 관련한 매상의 증진에 크게 영향을 미치는 사람으로 sommelier가 없는 식당에서는 wine waiter가 그 역할을 대신하기도 한다.

(3) 바텐더(Bartender)

음료(beverage)에 대한 충분한 지식을 가지고 칵테일을 조주할 수 있는 종업원을 말한다. 현란한 기술과 몸짓으로 바텐더에 대한 인식이 새로워지고 있다.

(4) 셀러 맨(Celler Man)

와인 보관창고에서 와인의 상태를 체크하고 관리하는 종사원을 말한다.

(5) 베이커(Baker)

주방에서 roll, bread, cake 등을 전문적으로 구워내는 사람이다.

(6) 스튜워드(Steward)

식당의 기물 및 비품을 정리하는 사람이다.

제3절 테이블 세팅

1. 테이블 세팅방법

Table setting 이란 식사의 제공에 필요한 일체의 준비로서 식사에 필요한 식기류를 비롯한 식탁보, 의자, 사이트 테이블 등의 모든 기물류를 비치하는 것을 말하며 식사의 종류에 따라 사물이 다르고 호텔에 따라서도 조금씩 다르다.

1) Table 준비

Table은 고객이 식사를 하는데 있어 가장 중요한 시설로서 항상 튼튼히 고정 되어야 하며 의자 또는 흔들리지 않도록 철저히 점검해야 한다.

테이블과 의자에는 여러 가지 종류가 있다. 테이블은 크게 구분해서 원형, 정사각형, 직사각형의 테이블이 있으며, 레스토랑에서는 주로 2인용 테이블과 4인용 테이블을 사용하고 있다. 테이블의 높이는 국제규격으로 보통 70~75cm가 표준이며, 의자의 경우 고객이 식사하기에 아무런 불편이 없는 의자를 배치해야 한다. 의자의 높이는 보통 40~50cm이며 넓이는 50~50cm가 적당하다. 고객이 앉기 전에 테이블과 의자를 배치할 경우에는 테이블과 의자의 간격이 너무 넓다거나 좁게 하지 말고 고객이 앉기에 편리하게 배치해야 한다. 식탁과 의자가 차지하는 넓이는 보통 2.3×2.3cm가 가장 적당한 간격이다.

(1) Under cloth

Silence cloth혹은 table pad 라고도 하며 식탁위에서의 모든 소음을 줄여주고 식탁보의 수명연장과 움직이지 않도록 고정시켜 주는 역할을 한다. Under cloth는 겉으로 보이지 않아야 한다.

(2) Table cloth

Table cloth는 약1000년 전 프랑스와 영국에서 사용하기 시작했다고 전해지며 19c 직물법의 발달에 따라 일반화되기 시작했다. 원래 흰색의 바둑무늬 직물을 사용하는 것이 원칙이지만, 요즈음에는 여러 가지 유형, 다양한 색상으로 사용하는 경향이 많아졌다. 테이블클로스는 위에 테이블 표면적과 같은 크기의 클로스를 까는데 이것을 top cloth라고하며 테이블클로스가 쉽게 더러워지는 것을 방지하고 테이블의 품위를 높여준다.

(3) 냅킨

냅킨은 무릎 위에 올려놓고 식사 중 음식물에 의해 옷이 더러워지는 것을 방지하기 위해서 사용하는 것이 주목적이나, 이외에도 식사 중 입을 닦거나 또는 식사도중 소스나 버터 등 음식물이 손에 묻었을 때 사용하기도 한다. 따라서 냅킨을 접을 때에는 위생적인 면에서 가급적 손이 많이 가지 않는 방법을 선택하는 것이 좋다. 냅킨은 호텔에 따라서 여러 가지 방법, 색상, 모양 등으로 만들어 사용하는데, 이러한 모양과 색상은 레스토랑을 산뜻하고 고급스러운 분위기로 조성시켜 고객에게 레스토랑의 이미지를 높여주는 역할을 수행하기도 한다. 냅킨은 정성스럽고 단정하게 구겨진 곳이 없도록 접어야 하며, 접은 냅킨을 폈을 때 바느질 자국이 고객 앞쪽으로 향하도록 접어야 한다. 냅킨을 놓는 위치는 밑받침 접시 또는 도일리 웨에 놓거나 그대로 식탁 위에 놓는다.

(4) 센터피스

테이블 중앙을 장식하기 위한 제반 물건을 말하는 것으로 식탁을 돋보이기 위한 꽃병과 재떨이, 촛대, 소금, 후추병 등이 있으며 과일접시, 쿠키, bread basket 등이 장식되기도 한다. 꽃은 병에 꽂거나 수반을 이용할 수 있으나 꽃의 높이가 너무 높아 상대방의 얼굴을 마주보는데 방해가 되어서는 안 된다. 촛대 역시 손님의 대화에 지장을 주는 좋이는 피해야 한다. 소금과 후추병은 보통 2~3명에 한 세트씩 세팅하며, 내용물이 차 있어야 하고, 응고되거나 구멍이 막히지 않았는지 확인한다.

2) Arm towel

서비스 타월 혹은 핸드 타월이라고도 부르며, 접객원이 항상 소지하는 타월로서 냅킨을 3등분해서 왼팔에 걸쳐 사용하며 테이블에 물을 흘렸을 때나 또는 뜨거운 접시, 요리를 운반할 때, 서비스 플레이트 기물을 담아 운반할 때 미끄러지지 않도록 방지해 주는 등 그 용도는 다양하다. Arm towel로 테이블 위의 먼지나 음식물 찌꺼기를 치운다든지 청소도구 대용으로 사용해서는 안 되며, 사이즈는 보통 40~60cm이 적당하고 재질은 면직류나 마직류로 만들어진다.

3) 도일리

손을 닦거나 식탁위에 세팅한다. 원형 도일리는 음료를 서비스 할 때 밑받침으로 사용되며 꽃병 및 그 밖의 장식용 밑받침으로 사용된다.

4) 에이프런

어린이용 냅킨이며 접객원이 서브할 때 많이 착용한다. 불고기와 같은 즉석요리를 제공할 때에 사용된다.

2. 테이블 세팅의 종류

테이블을 꾸밀 때는 우선 고객의 이용목적에 따라 식사와 부수되는 행사에 불편함이 없도록 하며 호텔식당에서 보유하고 있는 물적 자원을 상품화로 유도할 수 있도록 하는데 테이블 세팅은 식사의 종류와 식사형태에 따라 다양한 방법으로 세팅한다.

1) 기본세팅

고객 한사람을 기준으로 해서 가장 기본적으로 갖추게 되는 기물의 세팅을 말하며, 아침식사를 제외한 점심이나 저녁을 제공하는 식당에서는 고객에게 정해진 시간에 효과적으로 식사를 제공하기 위해서 사전에 테이블에 세팅을 하는데, 항상 테이블에 기본 차림을 세팅해 놓고 고객을 기다린다.

세팅방법은 먼저 냅킨이로 테이블 중앙을 잡아 놓고 왼쪽에는 meat fork, 오른쪽에는 meat knife와 그 옆에 spoon을 배열한다. fork 위에는 B. B plate를 놓고 butter knife는 오른쪽 meat fork와 나란히 셋업한다. Servie plate 위쪽에 dessert fork와 spoon을 반대 방향으로 나란히 놓으며, meat fork 윗부분에 butter bowl을 놓고 butter boil을 옆이나 위에 빵을 놓는다. Meat knife 위쪽에 tumbler 또는 water goblet을 놓으며 그 다음 테이블 중앙 부분에 center piece을 놓는다. 일반적으로 coffee나 tea spoon은 세팅하지 않으며, coffee나 tea가 서브될 때 saucer에 함께 내놓는 것이 원칙이다.

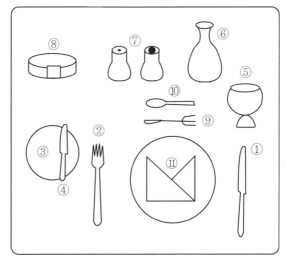

[그림 12-5] 기본세팅

2) 정식세팅

정식 테이블 세팅은 레스토랑에 따라서 조금씩 배열하는 방법이 다르다. Service plater를 테이블 중앙에 놓고 오른쪽에 knife를 놓는다. 배열순서는 service plater쪽으로부터 meat knife fish knife, soup spoon의 순서로 배열하고 이 때 knife 날은 안쪽으로 향하게 놓는다.

[그림 12-6] 정식세팅

왼쪽에는 service plater쪽으로부터 meat fork, salad fork, fish fork, hors d'oeuvre fork 순으로 배열한다. B. B plater 는 fork옆 약간 위쪽에 놓고 butter knife는 B. B plate 위 오른쪽의 meat knife와 나란히 셋업 한다. meat fork 윗부분에 butter bowl을 넣는다. Dessert fork 와 spoon은 service plate 위쪽에 놓고 fork의 손잡이는 왼쪽방향 spoon의 손잡이는 오른쪽방향을 향하게 해서 놓으면 안 된다. Dessert에 필요한 spoon과 fork는 hot sweet dessert에 사용하는 것으로 dessert가 제공되기 직전에 접객원이 spoon은 오른쪽, fork는 왼쪽으로 나란히 내려놓으면 고객이 사용하기 편리하다.

3) 조식세팅

조식은 주로 간단하게 제공되기 때문에 테이블에 조식 제공에 필요한 기물만을 세팅하면 된다. 먼저 냅킨이나 도일리로 테이블의 중앙을 잡고 왼쪽에 meat fork을 놓고 오른쪽에 meat knife를 놓는다. fork 옆 위쪽에 B. B plater를 놓고 그 plate 위에 knife를 올려 놓는다. knife 옆에는 커피 컵과 접시를 놓고 saucer 위에 teaspoon을 놓는다. Meat knife 위에 water glass를 놓고 테이블 위쪽에 caster set를 놓는다.

[그림 12-7] 조식세팅

제4절 메뉴관리

1. 메뉴의 정의

메뉴는 우리말로 '차림표' 또는 '식단'이라고 부르며, carte, bill of fair, minita 등으로 불리기도 하는데. 그 어원은 라틴어의 miutus로서 요리 하나하나에 대해 상세히 기록해 놓은 것이라는 뜻이다.

최근 레스토랑의 메뉴를 보면 화려하고 특색 있는 메뉴를 작성하여 업장에 비치하고 잇는데 요리명과 가격은 물론이고 요리에 대한 설명을 써넣기도 하며 요리의 사진을 넣기도 하다.

이러한 오늘날의 메뉴에 대한 정의를 내리자면 '고객이 알기 쉽도록 식음료의 품목과 가격을 작성. 기록하여 고객이 주문할 때 필요한 정보를 제공하는 차림표'라고 할 수 있는데 그 역할은 다음과 같다.

첫째, 메뉴는 레스토랑의 개성을 표현하고 이미지를 만든다. 메뉴에는 품목, 특별요리, 가격 등이 기재되어 있다. 최근에는 서비스 방법까지도 상세하게 기록한 메뉴도 있으며 그것에 의해 레스토랑의 특징 또는 개성을 표현하고 레스토랑의 이미지를 만든다.

둘째, 메뉴에는 레스토랑의 경영방침이 함축되어 있다. 즉 메뉴가 기초가 되어 레스토랑의 주방시설, 접객업수, 재료선택과 원료구입 등이 결정된다. 따라서 타 식당의 것을 모방해서 만든다든지 또는 적당히 만들어서는 안 되며 레스토랑의 경영방침을 기초로 해서 메뉴작성이 이루어져야 한다.

셋째, 메뉴는 고객과 종업원 간에 마음을 연결시켜 주는 역할을 수행한다. 고객은 메뉴를 보고 요리를 주문하지만, 접객원은 그 메뉴를 고객에게 건네주고 고객이 요리를 선택하기까지 기다리는 것만은 아니다. 메뉴를 보고 주문을 망설이는 고객에게 접객원은 메뉴를 통해서 고객에게 요리를 권유하기도 하다. 이 때 종업원은 자신을 가지고 요리를 권유하게 되면 고객은 그 요리에 대해서 호감을 가지고 주문을 하게 되며, 이 때부터 본격적인 서비스가 시작된다. 이렇듯 고객과 종업원간에 마음을 연결시켜 주는 것 또한 메뉴가 가지고 있는 기본적인 역할이다.

넷째. 메뉴는 요리를 연결하는 재료이다. 메뉴는 레스토랑 이용객의 기호를 가르쳐 준다. 주문이 많은 요리와 그렇지 않은 요리를 분석함으로써 고객의 기호를 판단하고 그것을 기초로 하여 요리를 연구하고 메뉴를 개정할 수가 있다.

2. 메뉴관리

레스토랑의 특성과 분위기를 창출하는 도구로서의 역할을 하는 메뉴계획은 고객의 필요와 욕구, 그리고 조직의 목표를 평가한 후에 행해야 하는 단계로서 그 주방의 책임자 또는 요리장의 책임 하에 이루어져야 하며. 조리사들은 이 메뉴에 의하여 그때그때의 요리를 조리하게 되는데, 특히 데일리 메뉴는 1년간을 통해서 계절별, 월별, 요일별, 조주석별 및 명절 등에 따라서 고려되어야 한다. 특히 잊어서는 안 될 것은 재료재고의 유무와 조달가능성을 잘 검토해서 그때그때의 메뉴를 구성해야 한다는 것이다.

성공적인 메뉴가 되려면 우선 판매 목표시장을 선정하고 고객의 욕구를 충족시킬 수 있을 만한 내용과 외양을 갖추어야 한다. 즉 판매시점에서의 고객욕구는 물론 미래 고객, 고객의 환경까지도 면밀히 검토하여 작성되어져야 하며, 또한 메뉴계획은 그 메뉴로 인하여 레스토랑의 광고와 선전효과까지도 고려하여 계획, 작성되어져야 한다.

3. 메뉴의 분류

1) 요리 내용에 의한 분류

(1) Table d'hote menu

"Table of host"를 뜻하는 것으로 오늘날의 숙박기능을 하는 여인숙이나 여관에서 유래되었다고 한다. 즉 여관이나 여인숙에 숙박하는 고객을 위해서 제공된 식사로 정해진 가격에 투숙한 고객과 똑같은 내용의 음식을 제공한 것인데, 이것이 관습이 되어 일정 코스의 식사를 Table d'hote menu라 부르게 되었고 지금까지도 정식을 Table d'hote menu라 부르고 있다.

이 메뉴는 아침, 점심, 저녁, 연회 등 어느 때든지 사용할 수 있으며, 식사요금도 한 끼분으로 표시되어 있어 고객의 선택 또한 용이하다 할 수 있다.

정식메뉴는 정해진 코스로 제공되는 것으로 매일매일 변화 있게 작성해야 하나, 계절과 재료 구입의 한계로 메뉴가 반복되는 경우도 많다. 따라서 정식메뉴는 주기적으로 새로운 메뉴를 작성하여 고객의 기대와 호기심을 충족시켜 주며 고객이 다시 방문하여 즐길 수 있도록 작성되어져야 하며, 정식 메뉴 코스에는 전채요리, 수프, 생선요리, 육류요리, 로스트, 야채, 디저트, 음료 등의 순서로 구성되어져 있다.

정식메뉴는 여러 가지 메뉴가 세트로 되어 있기 때문에 가격이 저렴하고 고객이 메뉴를 선택하기가 용이하다. 또 재료의 대량구입으로 원가가 낮아지고 조리 과정이나 서브가 일정하여 인력이 절감되며, 신속하고 능률적인 서비스를 할 수 있다. 그리고 가격이 고정되어 회계가 쉽고 매출액이 높은 관계로 고급 레스토랑이 아닌 중저급 레스토랑에서 많이 이용되고 있다.

(2) 일품요리(A la carte)

품목 하나하나에 각각 가격이 정해져 있어 고객이 선택한 품목에 대한 가격만을 지불하면 되고 자신이 좋아하는 요리만 선택할 수 있다.

주로 고급의 레스토랑에서 많이 이용되는 메뉴의 구성은 정식 메뉴 순으로 구성하여 각 코스별로 여러 가지 종류를 나열해 놓고, 고객으로 하여금 각자의 기호에 맞는 요리를 선택하여 먹을 수 있도록 만들어 놓았다.

이 메뉴는 한번 작성되면 장기간 사용하게 되므로 요리준비나 재료 구입업무에 있어서는 단순화되어 판매량이 줄어들 수 있으므로 고객의 호응도를 감안하여 새로운 메뉴계획을 꾸준히 시도해야만 하고 가격이 비싸다는 단점이 있다.

(3) 일일메뉴(Daily special menu)

전날 판매하고 남은 재료를 이용하기 위하여 또는 계절식품을 싸게 구입하여 매출을 향상시키기 위해서 주방장의 아이디어와 기술이 가미되어 만든 특별요리로서, 주방의 재고품 판매를 감안하여 매일매일 다른 요리를 만들어 판매하는 메뉴이다.

(4) 특별메뉴(Special menu)

이것은 기념일이나 명절과 같은 특별한 날이나 계절과 장소에 따라 그 감각에 어울리는 산뜻하고 입맛을 돋우게 하는 메뉴이다.

특별메뉴를 사용함으로써,

① 매일매일 준비된 상품으로 신속한 서비스를 할 수 있고,

② 재료의 재고품 판매를 꾀할 수 있으며,

③ 고객의 선택을 흥미롭게 할 수 있고,

④ 매출액을 증진시킬 수 있다.

(5) 콤비네이션메뉴(Combination menu)

Table d'hote menu와 A la carte menu의 장점만을 혼합한 메뉴로 최근 들어 많이 선호되어지는 메뉴이다. Set menu, clip-on 또는 tip-on menu 등이 있으며 item의 portion과 내용의 구성을 통하여 고객의 식사패턴의 변화에 유연하게 대처할 수 있고, 일품요리와 정식요리

의 혼합으로 average check을 높일 수 있으며, 고객의 측면에서 선택의 폭이 넓다는 장점이
있다.

어느 레스토랑에서나 적합한 메뉴로 현재의 호텔 레스토랑의 메뉴는 거의 이런 방식을
채택하고 있다.

(6) 뷔페(Buffet)

일정한 요금을 지급하고 기호에 따라 이미 준비된 음식을 먹을 수 있는 self-service 식사
이다. 그러나 음료나 술은 별도 계산을 하도록 되어 있다. 뷔페는 두 가지로 구분되는데, 일
정하게 예약된 인원(연회, 각종 행사)을 위하여 준비된 재료를 제공하는 closed buffet와 불
특정 다수의 고객(일반 뷔페식당)을 대상으로 준비되는 open buffet가 있다.

2) 식사시간에 의한 분류

(1) 아침식사(Breakfast)

조식은 하루에 처음 제공되는 식사이며, 이 식사서비스가 그날을 즐겁게 또는 기분을 상
하게도 할 수 있다는 점에 세심한 주의를 요하는데 훌륭한 레스토랑이라고 말하여 지는 곳
은 특히 아침고객을 얼마나 즐겁게 맞이하는가에 따라서 평가받는다.

빅토리아시대의 조식은 주음식이 스테이크, 고기다진 것, 뼈가 붙은 고기 등을 제공하였
으나, 근간에는 서양에서보다 음식을 간단하게 먹는 경향이 전해져 미국과 영국을 시발점
으로 전 세계로 점차 경향이 확대되어 가고 있다.

런던과 같은 도시에서는 호텔요금이 오직 객실요금이나 콘티넨탈조식을 포함한 요금이
성행하고 있으며, 이는 점차 지방으로 확산되고 있으나, 조식은 객실요금과 따로 지급하는
형식이 보다 넓게 이용되고 있다.

- 미국식 조식 : 계란요리를 중심을 해서 가벼운 음식이 다양하게 제공되는 식사로 계절과
  일, 주스류, 시리얼, 케이크로, 음료, 빵, 커피 등이 제공되며, 계란요리를 주문할 때에는
  햄, 베이컨, 소시지 등이 곁들여 제공되므로 주문 시에 착오가 없도록 주의해야 한다.
- 대륙식 조식 : 유럽식 조정식이라고 하는 대륙식 조정식은 계란, 육류가 서브되지 않는
  조정식의 형태로서, 시간에 쫓기는 고객을 위해서 주스, 커피, 빵 정도로 간단하게 제
  공되는 식사이다. 호텔 경영방식에서 대륙식 플랜에 의한 객실요금에는 이 대륙식 조
  정식 요금이 포함되어 있다.
- 영국식 조식 : 미국식 조식과 같으나 육류를 제하고 생선요리가 추가되는 아침식사이다.

- 조식뷔페 : 주스류, 계란요리, 케이크, 빵, 곡물류, 샐러드, 과일, 음료 등을 테이블 위에 진열해 놓고 고객이 기호에 맞는 음식을 선택해 먹도록 하는 아침식사이다.
- 비엔나식 조식 : 계란요리와 롤 정도에 커피가 제공되는 식사를 말한다.

이상과 같은 조식에 있어서 최근 호텔에서는 예외 없이 매상을 증진하기 위해서 룸서비스에 많은 노력을 기울이고 있다. 일반적으로 호텔 식당에서 조식을 드는 고객은 전야 숙박객의 반 정도 밖에 되지 않는다고 한다. 이것은 수용능력, 영업시간, 조기출발, 심야도착 등여러 가지 원인도 있으나 대개의 경우 아침시간에 식당에서 식사를 하지 않고 객실에서 룸서비스에 시켜서 먹는 경향이 많아지고 있다.

(2) 브런치

아침과 점심이 병용된 식사형태로서. breakfast의 'Br'과 lunch의 'unch'가 조합되어 만들어진 새로운 용어이다. 도시를 방문하는 관광객들이 밤늦게 호텔에 도착하여 아침 늦게 일어나 아침식사 시간이 끝난 후 식사를 요청한다던가, 아침식사를 먹지 않고 출근한 현대 생활인이 점심식사를 기다리지 못하고 아침과 점심 사이에 먹는 식사를 브런치라고 하며 브런치 서비스를 하는 식당에는 보통 'Brunch is available'라는 간판을 거는 것이 상례이다.

(3) 런치

주식의 명칭이며, 영국에서는 간단한 점심을 Tiffin이라 한다. 이것은 대개 정식의 메뉴로 구성되지만 내용적으로는 정찬보다는 간단한 약식 식사로 대개 3~4개 코스인 soup, entree, dessert, coffee 등으로 되어 있으며 정오 때부터 시작된다.

(4) 오후다과

이것은 전통적인 영국의 음식습관으로서 유명한 밀크 티와 시나몬 토스트로 간단하게 하는 것이며. 지금은 세계 각처의 오후 티타임에는 식당에서 이러한 간식을 판매하고 있다.

(5) 저녁식사

하루의 식사 중 가장 화려하고 맛있는 식사라고 할 수 있으며, 내용적으로나 시간적으로는 질 좋은 재료를 사용하여 충분한 시간을 갖고 요리한다.

일반적으로 디너는 5~6가지 코스로 제공하며 이러한 정찬식사에 어울리는 와인이나 알코올음료를 곁들이는 것이 통상이다.

정식 디너코스에는 생선과 로스트를 추가하기도 한다.

(6) 서피(Supper)

요즘은 늦은 저녁의 밤참을 칭하나 원래를 격식 높은 정식만찬이었다. 주로 저녁 늦게 끝나는 행사 후의 식사로서 부담되지 않는 가벼운 음식을 2~3가지 코스로 구성하여 제공한다.

제5절 식음료 서비스 실무

1. 서비스요원의 마음가짐

식음료부문의 식당종사원으로서 갖추어야 할 요건은 여러 가지로 많지만, 그 중에서 자신의 직업관 확립과 올바른 정신자세를 갖도록 하며 접객 업무를 성실히 수행하도록 하는 데에 역점을 둔다. 따라서 훌륭한 직업인이 되기 위해서는 올바른 정신과 행동이 항상 일치해야 하며, 맡은바 임무에 차질이 없도록 부단한 노력을 기울여야 한다. 다음에 열거하는 사항은 식당종사원으로서 갖추어야 할 일반적인 요건이다. 인적 서비스 품질은 그 마음을 어떻게 갖느냐 에서 출발한다. 그 때문에 마음가짐은 서비스 품질의 뿌리라고 할 수 있다.

예의 바르고 정중한 서비스는 마음의 표현이다. 마음속에 가지고 있는 바를 겉으로 표현하는 것이다. 올바른 마음을 가지고 있으면 서비스 품격을 바로 지킬 수가 있다. 예스러운 마음을 가지면 표정과 말과 행동이 예스러울 것이며 정중한 서비스로 이어지게 된다. 그러나 마음이 고약하고 부정적이면 그 말과 행동이 무례해지며 질 낮은 서비스로 이어질 것이다. 따라서 서비스요원의 대고객 서비스 수행에 대한 기본적인 마음가짐은 다음과 같다.

첫째, 원만한 성격과 친절한 태도로 항상 고객의 입장에서 생각하는 확고한 직업의식을 바탕으로 서비스 정신을 승화시킨다.

둘째, 능동적으로 자기에게 맡겨진 일을 즐거운 마음으로 행하며, 부단히 노력하고 개선할 수 있는 창의적인 자세로 업무에 임한다.

셋째, 고객에게 먼저 한 걸음 다가서는 고객의 마음을 이해하고 행동하는 것이 고객감동의 출발점이라고 인식하고 서비스의 프로가 된다.

넷째, 솔선수범 하는 자세로 조직원간의 신뢰와 공동체로 만들어 가족적인 분위기의 공동이익을 실현하는데 앞장선다.

2. 서비스요원의 기본요건

서비스요원으로서 갖추어야 할 정신적 요건은 투철한 직업관과 올바른 정신자세이며, 접객 업무를 성실히 수행하기 위한 전문지식의 습득을 위해 부단히 노력을 기울이는 것이다. 서비스요원의 기본요건을 살펴보면 다음과 같다.

1) 청결성(cleanness)

청결성은 가장 기본이라 할 수 있으며, 크게 나누어 공중위생, 개인위생으로 구분할 수 있다. 공중위생이란 출입구 주변에서부터 고객이 이용하는 영업장의 공간 즉 테이블, 화장실, 이동경로, 각종 기기, 식음료 등 고객이 업장을 이용하고 육안으로 볼 수 있는 부분의 정리정돈 등의 모든 영업장의 청결을 의미한다. 개인위생이란 종사자의 청결을 의미하며, 종사자의 신체 즉 두발, 신발, 복장, 얼굴, 손 등이 항상 깔끔히 단정되어 있어야 한다.

2) 환대성(courtesy & hospitality)

종사자는 항상 고객의 입장을 먼저 고려하며 고객이 영업장을 이용 시 진심으로 환영함과 동시에 끊임없는 관심과 애정으로 고객이 불편함이 없도록 도와주려는 종사자의 마음가짐에서 출발한다. 즉 고객의 만족은 자신의 기쁨으로 여기며 항시 즐거운 마음으로 얼굴에 미소를 가득 담고, 정중하며 반가운 태도로 고객을 맞이하여야 한다.

따라서 종사자의 예의바른 접객태도와 충만된 서비스는 고객으로부터 아낌없는 칭찬과 서비스의 가치를 인정받을 뿐만 아니라 그로 인해 파급되는 구전효과로 새로운 고객확보 및 이용 빈도를 더욱 높여 주는 계기가 될 것이다. 보편적으로 종사자의 환대태도에 고객이 느끼는 감정은 아주 민감하고 평가기준 또한 냉정하다는 것을 종사자들은 알아야 한다.

3) 능률성(efficiency)

능률성이란 주어진 시간 안에 맡은 바 업무를 정확히 파악한 후 최대의 능력을 발휘하여 얻어낸 성과를 말한다. 즉 모든 업무의 능률을 올리기 위하여 종사자들은 모든 일에 적극적이고 능동적인 자세로 일을 수행해야 하며 업무의 흐름을 숙지하여 요령 있게 효과적으로 일을 처리 할 수 있도록 전반적인 기능을 향상시켜야 한다.

4) 경제성(economy)

경제성이란 최소의 경비지출로 최대의 영업이익을 얻고자 함을 말한다. 즉 만족하는 영업성과를 얻기 위하여 평소에 모든 종사자들은 투철한 절약정신과 주인의식을 갖고 운영에 소요되는 고정경비와 변동경비의 지출을 최대한 절감할 수 있도록 해야 하며 또한 모든 경비지출에 따른 낭비 등을 사전에 차단하여 매출 및 이익증대에 이바지하도록 노력해야 한다.

5) 정직성(honesty)

정직성이란 인간의 근본정신 중에 가장 참된 것이라 할 수 있으며 어느 누구에게라도 책임감 있는 행동을 취하여 신뢰받을 수 있도록 정직성을 생활의 신조로 삼아야 한다. 이러한 올바른 정신과 행동은 호텔기업과 종사자들 사이에 신뢰를 통한 원만한 협조체제가 형성케 할 것이며 고객 또한 종사자들의 올바른 마음가짐과 행동에 더욱 신뢰감을 갖게 되어 기업의 명예를 높이고 아울러 영업신장과 지속적인 발전에 크게 기여한다는 것을 종사자들은 명심해야 할 것이다.

6) 봉사성(service)

봉사성이란 관광산업의 생명으로서 환대산업의 주요전략 상품이며 고객에게 제공되는 물적 서비스와 진심 어린 마음으로 고객에게 부담을 주지 않는 인간미가 수반된 인적 서비스로 구성된다. 따라서 종사자는 어떤 고객에게라도 단순히 형식에 치우친 사무적이고 수동적인 서비스를 해선 안 되며 진정한 마음에서 표출되는 최상의 친절로 고객서비스에 임해야 할 것이다.

3. 실제적 요건

1) 종사원의 몸가짐

식당종사원의 복장과 용모는 그 식당의 이미지를 대표하며, 접객태도는 그 식당의 품위를 대변한다. 따라서 종사원들은 근무에 임하기 전에 자신이 갖추어야 할 몸가짐을 점검하는 자세를 습관화하여 항상 고객에게 깨끗하고 단정한 인상을 주도록 하는 것이 종사원으로서의 실제적 요건이라 할 수 있다. 다음의 <표 12-2>남자 종사원 <표 12-3>은 여자 종사원의 실제적 요건이라 할 수 있다.

(1) 남자 종업원

〈표 12-2〉 남자 종업원의 몸가짐

구 분	내 용
두발	앞머리는 이마를 덮지 않도록 빗질하여 뒤로 넘긴다.
	뒷머리는 와이셔츠 깃을 넘어서는 안 되며 옆머리는 귀가 덥히지 않도록 단정히 깎아야 한다.
	비듬과 불쾌한 냄새를 예방하기 위해 매일 세발토록 한다.
	항상 머릿기름을 바르고 드라이를 하며, 파마를 해서는 안 된다.
얼굴	면도는 매일하여 깔끔한 상태 유지
	구레나룻은 귀 이하로 내려오지 않도록 깎아야 하며, 콧속 수염이 밖으로 나오지 않도록 한다.
	얼굴은 종기, 상처 등은 신속히 치료해야 하며, 반창고 등을 붙이고 영업장에 나가지 않도록 한다.
	시력이 좋지 않은 종사원은 가능한 안경보다 콘텍즈렌즈를 착용토록 한다.
	식사 후에는 반드시 양치질을 해야 하며, 입 냄새가 있는 사람은 적절한 조치를 취해야 한다.
	고객 앞에서 재채기, 기침, 딸꾹질 등을 하지 않도록 한다.
손	손은 항상 깨끗이 씻어 청결을 유지하고, 상처 난 손으로 서비스에 임해서는 안 된다.
	손톱은 반드시 짧게 깎아야 하고, 손톱 밑에 불순물이 끼지 않도록 가꾸어야 한다.
	근무 중에 손가락으로 코를 후비거나 머리, 얼굴, 입 등을 만져서는 안 되며, 또한 반지를 끼어서도 안 된다.
제복	유니폼은 소중히 깨끗이 보관해야 하고, 다림질이 잘된 것으로 착용한다.
	얼룩이 지거나 더러워졌을 경우 즉시 교환하여 착용한다.
	단추가 떨어졌거나 바느질이 터진 곳은 반드시 수선하여 입도록 한다.
	착용 시 먼지나 비듬 등이 묻어 있어서는 안 된다.
	명찰은 옷깃에 가리지 않도록 하며 왼쪽 정위치 에 반듯하게 패용한다.
	주머니가 불룩하면 보기 흉하므로 불필요한 물건은 넣지 않도록 한다.
	만년필이나 볼펜은 항상 안쪽 주머니 넣고, 바깥주머니에는 꽂지 않도록 한다.
외이셔츠	회사에서 지급된 것으로 입어야 하고, 다림질이 잘 된 것으로 착용한다.
	소매 끝, 깃 등이 더러운 와이셔츠를 입어서는 안 된다.
	옷자락이 바지 바깥으로 보여선 안 되며, 소매길이는 3~5mm 정도 유니폼 소매보다 조금 더 긴 것이 알맞다.
Bow Tie	회사에서 지급된 것으로 착용한다.
	항상 제 위치에 반듯하게 매어져 있는지 확인하는 습관을 갖는다.
구두와양말	항상 깨끗하게 광택이 나도록 손질한 검정 단화를 착용하고 절대 구겨 신어서는 안 된다.
	모양이 야하거나 장식이 달린 복잡한 구두는 신지 않도록 한다.
	구두 밑창이 떨어졌거나 뒷굽이 닳은 것은 고객에게 좋지 못한 인상을 주므로 수성하여 신도록 한다.
	양말은 검정색을 착용하고 매일 깨끗한 것으로 갈아 신도록 한다.

자료 : 롯데호텔 서비스 매뉴얼

(2) 여자 종업원

〈표 12-3〉 여자 종업원의 몸가짐

구분	내 용
두발	여자의 머리형은 얼굴 형태에 맞게 하여 요란스럽지 않도록 꾸민다. 앞머리는 얼굴에 흘러내리지 않게 손질하며, 뒷머리는 블라우스 깃을 넘지 않게 올려 묶거나 짧은 머리로 깎아 활동하기 편하도록 한다. 고객에게 불쾌감을 유발시키는 요란한 파마를 해서는 안 되며, 검정색 이 외의 다른 색으로 염색하지 않도록 한다. 헤어 벤드(Hair Band)는 회사에서 지급한 것으로 깨끗한 것을 착용해야 하며, 정확한 위치에 반듯하게 매어져 있는지 수시로 확인해야 한다.
얼굴	화장은 밝고 자연스럽게 하며, 야하거나 진한 화장을 하지 않도록 한다. 눈 화장(Eye Shadow, Eye Line)은 자연스런 색상이어야 하며, 속눈썹을 달아서는 안 된다. 윤이나 는 립스틱(Lipstick)과 짙은 색의 루주를 사용해서는 안 되며, 엷고 자연스러운 색상을 사용한다. 향이 강한 향수나화장품은 사용해서는 안 되며, 근무 중에 귀걸이, 목걸이를 착용해서는 안 된다. 식사 후에는 반드시 양치질을 해야 하며 입 냄새가 있는 사람은 적절한 조치를 취해야 한다. 고객 앞에서 재채기, 기침, 딸꾹질 등을 해서는 안 된다.
손	손은 항상 깨끗이 씻어 청결을 유지하고, 상처 난 손으로 서비스해서는 안 된다. 손톱은 반드시 짧게 깎아야 하고, 불순물이 끼지 않도록 가꾸어야 한다. 근무 중에 손으로 코를 후비거나 머리, 얼굴, 입 등을 만져서는 안 되며, 팔찌를 끼어서는 안 된다.
제복	유니폼은 소중하게 깨끗이 보관해야 하고, 다림질이 잘된 것으로 착용한다. 얼룩이 지거나 더러워졌을 때는 즉시 교환하여 착용한다. 단추가 떨어졌거나 바느질이 터진 곳은 반드시 수선하여 입도록 한다. 착용 시 먼지나 비듬 등이 묻어 있어서는 안 된다. 스커트 길이는 회사에서 지급된 표준사이즈를 지켜야 하며, 임의로 올리거나 내려서 착용해서는 안 된다. 에어프런(Apron)은 다림질이 잘된 것으로 사용하고, 매듭을 보기 좋게 묶어 깨끗이 착용해야 한다. 주머니가 불룩하면 보기 흉하므로 불필요한 물건은 넣지 않도록 한다. 명찰은 옷깃에 가라지 않도록 하며 왼쪽 정위치 에 반듯하게 패용한다. 한복 치마는 땅에 질질 끌리지 않도록 길이를 잘 맞추어 착용하고, 저고리 동정은 수시로 교체하여 깨끗이 입도록 한다.
블라우스	회사에서 지급된 것으로 입어야 하고, 다림질이 잘 된 것으로 착용한다. 소매끝, 깃 등이 더러운 블라우스를 입어서는 안 된다. 옷자락이 스커트 바깥으로 보여선 안 되며, 소매길이는 유니폼 소매를 기준으로 3mm 정도 더 긴 것이 알맞다.
리본	회사에서 지급된 것을 착용한다. 항상 제 위치에 반듯하게 매어져 있는지 확인하는 습관을 갖는다.
구두와스타킹	모양이 야하거나 장식이 달린 복잡한 구두를 신어서는 안 되며, 절대 구겨 신어서도 안 된다. 구두 밑창이 떨어졌거나 뒷굽이 닳은 것은 고객에게 좋지 못한 인상을 주므로 수성하여 신도록 한다. 스타킹은 짙은 색상은 피하고 엷은 살색을 착용하며, 스타킹이 흘러내리거나 올이 나가지 않은 것으로 신는다.

자료 : 롯데호텔 서비스 매뉴얼

2) 대기자세(Stand By)

(1) 가슴은 반드시 펴고 바른 자세를 취한다.

(2) 뒷짐을 지거나 의자, 탁자, 벽, 기둥 등에 절대 기대어서지 않도록 한다.

(3) 양손은 계란을 쥔 모양을 하며, 왼손은 배꼽 앞으로 하여, Arm Towel을 걸치고 오른손은 바지 재봉 선에 붙인다.

(4) 대기 중에 동료들과 잡담, 하품을 해서는 안 된다.

(5) 담당 구역은 절대 비우지 않도록 정위치를 지켜야 하며, 고객의 신호를 접하면 즉시 응할 수 있는 태도를 취한다.

(6) 대개 중에 신문, 잡지, 또는 서적 따위를 읽어서는 안 되며, 껌을 씹어서도 안 된다.

(7) 휴식 시 자세는 한쪽 다리에 중심을 두고 다른 한쪽 다리에 힘을 빼고 약간 앞으로 내민 상태가 좋으며, 다리를 떠는 행위는 절대 없도록 한다.

3) 보행자세

(1) 가슴과 등을 곱게 펴고 턱은 당기며, 시선은 정면을 향하고 보폭은 적당히 하여 자연스럽게 걷는다.

(2) 걸음을 걸을 때는 경쾌하게 조용히 걸어야 하고, 팔은 자연스럽게 흔들며 걷는다.

(3) 보행 중에는 다리가 벌어지지 않도록 걷고, 발을 질질 끌면서 걷지 않도록 한다.

(4) 뒷짐을 지고 걷거나 주머니에 손을 넣고 걸어서는 안 되며, 팔짱을 끼고 걸어서도 안 된다.

(5) 보행 중에 담배를 피우거나 껌을 씹으면서 다녀서는 안 되며 주머니에 소리 나는 물건을 넣고 다녀서도 안 된다.

(6) 식당 내에서는 어떠한 경우라도 뛰어서는 안 되며, 바쁘거나 급할 때는 빠른 걸음으로 조용히 걷는다.

(7) 항상 우측 통행을 하고 모퉁이를 돌아설 때나 자동문을 통과할 때는 부딪치지 않도록 주의해야 한다.

(8) 아무리 급한 일이 있더라도 앞서가는 고객을 앞질러 가거가 앞을 가로질러 가서는 안 된다.

(9) 손님과 서로 마주칠 때는 걸음을 잠시 멈추고 손님의 행동반경을 피해서 가볍게 머리 숙여 인사하고 손님이 먼저 지나가도록 한다.

(10) 유니폼을 벗은 채로 다녀서는 안 되며 손님을 유심히 쳐다보거나 곁눈질, 치켜뜨기, 흘리거나 손가락질을 해서도 안 된다.

(11) 고객용 엘리베이터, 에스컬레이터, 화장실 등을 사용해서는 안 된다.

4) 인사

(1) 인사의 기본

① 인사는 정성어린 마음가짐으로부터 밝고 상냥하게, 정중하고 공손한 자세로 한다.

② 종사원은 항상 절도 있고 예의바른 인사 태도를 갖추어야 한다.

(2) 인사의 종류

〈표 12-4〉 인사의 종류

최경례	45° 각도	• VIP 또는 사과할 때
보통례	30° 각도	• 일반고객
반절	15° 각도	• 장소의 제약을 받을 때·동료 사이

(3) 인사요령

① 손의 위치

  * 남자 : 양손은 계란을 쥔 모양을 하고 자연스럽게 내려서 바지 재봉선에 댄다.

  * 여자 : 두 손을 살며시 포개어 아랫배에 가볍게 댄다.

② 발 : 뒤꿈치를 붙이고 발의 내각을 30°로 벌린다.

③ 시선 : 인사하는 각도에 따라 자연스럽게 자신의 팔꿈치 또는 발꿈치 앞을 내려다보며, 얼굴을 쳐들고 인사해서는 안 된다.

④ 표정 : 항상 가벼운 미소를 띠며 인사하고, 크게 웃거나 이상한 웃음을 지어서는 안 된다.

⑤ 허리·머리 : 허리에서 머리까지 일직선을 유지하며, 머리만 숙이거나 허리만 굽히지 않도록 한다.

⑥ 다리 : 곱게 펴고 무릎을 밀착한다.

⑦ 인사말 : 인사하는 시기와 같아야 하며, 외국인일 경우 필히 존칭(Ma'am, Sir)표현을 한다.

⑧ 유의사항 : 인사 시 고객의 통행을 방해해선 인되며, 걸어가면서 인사해서도 안 된다.

4. 영업준비(Mis-en Place) 순서

　영업준비란 접객서비스를 하기 위하여 소요되는 모든 준비물(장비, 비품, 소모품 등)을 충분히 확보하여 정위치 에 비치하고 창고상태, 환경정리, 시설물 등을 완벽하게 재정비함을 말한다. 따라서 종사원들은 영업에 차질이 없도록 일의 진행 순서를 숙지하여 신속하게 수행한다.

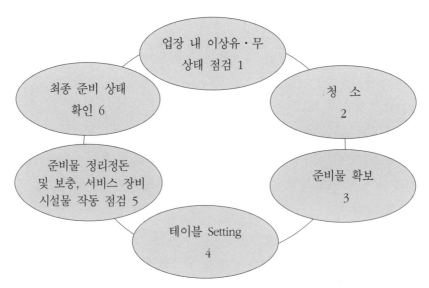

자료 : 롯데호텔 서비스 매뉴얼

[그림 12-8] 업무진행 순서

1) 일을 진행하기 전에 업장 내의 이상유·무를 점검하고 업무량을 파악한다.
2) 청소는 위에서부터 아래로, 식당입구로부터 Back Side쪽으로 하는 것이 원칙이다.
3) 서비스 웨어(Silverware, Chinaware, Glassware)세탁 및 모든 준비물(비품, 소모품 등)을 확보하여 작업을 원활히 한다.
4) 테이블 세팅은 식당의 특성과 구조, 메뉴 및 고객의 취향에 따라 달라지지만, 자체적으로 정해진 기본 원칙은 반드시 준수한다.
5) Side Board(Service Station, Side Table)의 준비물 정리정돈과 보충 및 서비스 장비, 시설물 등의 작동 여부를 확인 점검하며 접객 서비스에 불편함이 없도록 한다.
6) 전반적인 준비상태의 완료 여부를 점검하고, 미비된 사항은 보완하여 영업 시까지 완벽한 상태를 유지 한다.

7) 기타 Side Job(부차업무)은 업무의 원활한 수행을 위해 수시로 점검하며, 각자 책임감 있게 역할을 이행한다.

5. 식당예약 업무

1) 예약분류

예약은 고객이 계획하고 있는 행사를 차질 없이 진행하기 위해 식당과 약속을 하는 것이므로, 예약 담당자는 고객의 모든 요구사항을 정확히 접수하여 사전 준비와 효율적인 서비스로 고객에게 즐거움과 만족을 주도록 최선을 다해야 한다.

(1) 직접예약(방문)

(2) 전화예약

(3) Internet, Telex, Telegram, Fax, 편지예약

(4) 대리예약(판촉사원)

2) 접수 요령

(1) 행사일자, 시간, 인원수, 회사명, 예약자 성명(주최자, 주빈 성명), 연락처(전화번호) 등을 확인한 후 기재한다.

(2) 장소(Room) 또는 Table, 좌석배치를 결정한다.

(3) 접수대장에 기재사항을 정확히 기록한다.

(4) 요구사항(사진, 꽃, 케이크, 텐트카드, 안내문, 테이블 메뉴 등) 또는 준비사항 유무를 확인한다.

(5) 예약사항을 반복 확인한다.

(6) 취소 통보 접수(최소한 하루 전에 통보)시에 취소자 성함, 취소 일자, 시간, 연락처를 확인한 후 기재한다.

(7) 통신 매개체나 서신 예약시 즉시 접수 통보하도록 조치한다.

3) 예약 접수 시 유의 사항

(1) 접수 시 기재누락, 숫자착오(10은 열, 11은 열하나 등으로 사용함이 좋음) 등으로 인하여 고객의 손실은 물론 식당의 명예가 실추되지 않도록 정확하게 업무를 처리해야 한다.

(2) 예약된 장소(Room) 또는 Table은 행사 예정시간으로부터 1시간 이상 경과되면 상황에 따라 다른 고객에게 판매할 수 있게 한다. 그러나 이런 점에 대해서는 예약 시에 반드시 예약자에게 알려드려야 한다.

4) 전화 응대 요령

전화는 호텔의 이미지를 대표하는 통신 매개체이며, 통화자의 음성만으로 상대를 평가, 판단하므로 종사원들은 직접 접하여 대화할 때보다 더욱 신중하고 공손하게 친절한 말씨로 응대해야 하며, 항상 정확한 표현력과 적극적인 태도로써 고객의 문의에 신속하게 답변할 수 있도록 정성을 다해야 한다.

(1) 상황별 응대 요령

① 벨이 울림 : 두 번 이상 벨이 울리지 않도록 즉시 받아야 한다.

② 응대 : 수화기를 들면 먼저 감사의 말, 업장명, 이름(수화자)을 밝히고 고객의 성함과 용건을 듣는다.

③ 메모 : 항상 필기구, 메모지를 준비하여 필요시 즉시 메모한다.

④ 반복확인 : 고객의 용건은 필히 복창하여 Memo하고, 이해하기 어려운 점은 납득이 될 때까지 공손히 여쭈어 보고, 착오를 사전에 방지하기 위해 반드시 반복 확인한다.

⑤ 말씨 : 항상 표준말을 사용하여 경어와 올바른 화법으로 응대하고, 음성의 고저, 크기, 속도, 발음에 유의해야 하며, 고객이 이해하기 어려운 전문용어, 외국어를 사용해서는 안 되며 애매한 답변을 해서도 안 된다.

⑥ 중계 : 전언을 의뢰 받았을 경우 고객의 성명과 용건을 정확히 메모하여 상대방에게 즉시 전달한다. 자기 담당이 아닌 전화를 받았을 경우 지체하지 말고 즉시 담당자에게 인계한다.

⑦ 통화가 끝날 때 : 전화를 끊을 때는 상대방이 수화기를 놓는 신호를 확인한 후 조용히 수화기를 놓는다.

(2) 전화 응대 시 유의사항

① 시간이 걸리는 용건을 의뢰 또는 질문 받았을 경우 상대방에게 들리지 않도록 수화기를 막고 상사 또는 동료와 의논한 후 즉시 답변해드린다.

② 통화 시 절대 이사람 저 사람에게 전화를 돌려서는 안 된다.

③ 잘못 걸려온 전화는 상대방이 불쾌하지 않도록 친절한 말씨로 고객의 용건을 해결할
수 있도록 돕는다.

6. 고객영접 및 환송

고객 영접과 안내는 식당 지배인(Manager)과 그리트리스(Greetress) 등이 담당한다. 영업
담당자는 항상 식당입구에서 단정한 자세로 대기하고, 고객이 입장하면 미소 띤 얼굴과 다
정한 자세로 접근하여 정중히 고객을 맞이하며, 환송할 때까지 다음과 같은 절차에 의하여
접객서비스에 임한다.

1) 영접

(1) 미소 띤 얼굴로서 공손한 인사와 아울러 명랑한 인사말로 고객을 맞이한다.

(2) 예약 고객인 경우 사전에 성명, 예약사항을 숙지하여 영접시(○○○회장님, ○○○
사장님 등) 불러줌으로서 고객으로 하여금 친밀감을 갖도록 하며, 예약에 따른 장소
(Room) Table 및 모든 준비사항 등을 확인한다.

(3) 예약 고객이 아닌 경우 먼저 인원수를 물어 본 후 고객이 원하는 장소(Room) 또는
Table의 가능 여부를 확인하고, 고객이 만족할 수 있는 자라로 최대한 수용하도록
한다.

(4) Table이 없을 경우는 정중히 양해를 구하고 Waiting Room(대기실) 모시고, 사용가능
한 시간을 알려드림과 아울러 Waiting List(대기자 명단)에 기록한 후, 자라가 마련되
면 순서에 입각하여 차례대로 좌석을 배정한다.

(5) Table 배정은 식당 분위기가 좌우되므로 고객의 특성(외국인, 젊은층, 노약자, 지체부
자유자, 단체손님, 시선을 주목받을 수 있는 고객 등)을 잘 파악하여 적절한 장소에
유치한다. 예를 들면 외국인의 경우 식당 중앙이나 다른 고객이 잘 보이는 곳으로 배
정하고, 노약자와 신체가 부자유스런 고객은 출입이 용이하도록 입구 가까운 쪽으로
모시도록하며, 젊은 남녀 고객과 혼자오신 손님은 전망이 좋은 창가 쪽으로 배정하고
조용하고 안정된 분위기를 제공하도록 한다. 또한 단체 손님의 경우 식당 분위기가
산만해지고 다른 고객에게 불쾌감을 초래할 우려가 많으므로 구석진 곳 또는 다른
고객에게 방해가 되지 않도록 분리된 장소로 유치하도록 하며, 저명인사 및 남의 시
선을 주목받을 수 있는 고객은 다른 고객의 이목에 신경이 쓰이지 않는 곳으로 모신다.

(6) 한쪽 Station으로 고객이 몰리지 않도록 골고루 자리를 배정해야 하고, 합석은 원칙적으로 금한다.

2) 안내

(1) 지정된 장소로 모실 때 손바닥은 펴고 손등이 아래로 오도록 하여 방향을 제시한다 (안내 제시에 따른 손 모양은 모두 동일하며 절대 손가락으로 가리켜서는 안 된다).

(2) 고객의 통행에 방해되지 않도록 고객의 우축 2~3보 전방에서 고객과 보조를 같이 하며 자라로 안내한다. 안내 담당자는 호텔 내의 모든 정보(각종행사, 연예 공연시간, 각 업장의 영업시간, 일반적인 사항 등)를 항상 숙지하여 고객의 문 의시 즉시 제공할 있도록 준비를 갖추어야 한다.

3) 착석

(1) 고객이 자리를 앉기 쉽게 두 손으로 의자 등받이를 잡아 가볍게 빼고, 앉으실 때 두 손과 한쪽 무릎을 사용하여 살며시 밀어 드린다.

(2) 착석순서는 노약자, 어린이, 지체부자유자 또는 여성 순으로 앉도록 돕고, Host가 마지막으로 앉도록 돕는다.

(3) 착석이 끝나면 Table 담당자에게 인계하고 즐거운 시간이 되시기를 바란다는 정중한 인사를 한 후 제 위치로 돌아온다.

4) 보관

(1) 보관 요청을 하지 않을 때는 고객의 외투, 모자, 가방, 짐 등을 고객이 편리하도록 Table 옆 또는 고객의 주위에 놓아 드린다.

(2) 보관을 원하실 때는 보관표(Tag)를 반드시 본인에게 드리고 보관 품을 소중하게 관리한다.

(3) 나가실 때는 필히 보관표의 번호를 확인 대조하고 다른 보관 품과 바뀌지 않도록 돌려 드린다.

5) 환송

(1) 접객 담당자는 고객이 일어날 때 즉시 의자를 빼드리고 테이블 주위에 빠트린 물건이

없는지를 확인하며, 떠나실 때는 이용하여 주신 데 대한 감사를 표시하고, 출구 쪽을 향해 방향을 제시하고 정중히 인사드리며 배웅한다.

(2) 환송 담당자는 고객이 퇴장시 계산을 신속하게 할 수 있도록 계산대로 안내하고, 감사의 인사말과 접객의 평가, 만족도를 확인하고 재방문의 언약을 받도록 한다.

6) 주문받는 요령

(1) 주문의 개념

주문이란 품명, 수량, 모양, 크기 등을 일러주고 제작 의뢰하는 것을 의미하지만, 식당에서의 주문이란 고객의 기호와 취향에 맞게 판매가능 한 상품을 제공하기 위한 고객과의 계약행위라고 할 수 있다. 따라서 종사원들은 주문접수에 필요한 상품지식과 세련된 판매기법을 습득하여 효과적인 상품선전과 적극적인 판매활동을 할 수 있는 자세를 갖추어 항시 고객이 만족한 주문을 할 수 있도록 도와드리며, 고객으로부터 유능한 종사원으로 호평을 받을 수 있도록 연구 노력하는 자세를 가져야 한다.

(2) 판매자의 필수 조건

① 고객에게 상품(요리, 음료)을 팔기 전에 자신을 팔아야 한다.
② 항상 미소 띤 얼굴로써 서비스와 친절을 판다는 것을 잊어서는 안 된다.
③ 가격을 파는 것이 아니라 가치를 팔아야 한다.
④ 분위기를 함께 팔아야한다.

(3) 식음료 주문 순서

아래 순서는 양식상의 Full Course 주문을 기준으로 나열한 것이며, 식당의 종류, 메뉴의 종류 및 내용, 고객의 선택 등에 따라 주문 순서와 서비스가 달라진다.

(4) 주문받는 요령

메뉴는 고객의 우측에서 드리고, 주문 받을 때는 고객의 좌측에 위치한다(경우에 따라선 유동적일 때도 있다).

① 항상 메모용지와 볼펜을 지참하여 즉시 주문 내용을 받아 적는다.
② 주문 기록은 통일된 약자(Abbreviation)로 정확히 기재하며 반드시 복창하여 확인하다.
③ 주문 받을 때는 양발을 모으고 양팔을 겨드랑이에 자연스럽게 붙이며, 양손은 주문서와 볼펜을 가슴 앞으로 하여 허리를 15°정도 숙이고 고객의 좌측에서 얼굴을 주시하

며 공손히 주문 받는다.

④ 주문 받는 순서는 시계도는 방향으로, 고객인 여자, 남자, Hostess, Host순으로 받는다 (단체고객 또는 인원이 많은 고객일 경우 예외적으로 Host에게 일괄적으로 주문받는 경우도 있다).

⑤ 고객의 특별한 주문 요청이 있을 경우 주방과 신속히 연락하여 가능 여부를 확인한 후 주문을 결정한다.

⑥ 시간이 오래 걸리는 요리는 주문 받을 때 반드시 소요시간을 말씀드려야 한다.

⑦ 요리 주문이 끝나면 Wine List를 고객의 우측에서 드린다.

⑧ Wine은 주로 주문된 주요리에 잘 어울리는 품목으로 권유하여 주문 받는다.

⑨ 주요리(Main Dish) 식사가 끝나면 후식 주문과 음료 주문을 받는다.

⑩ 주문이 끝나면 감사의 표시로 정중하게 인사드린 후 물러난다.

(5) 주문받을 때 유의사항

① 상품 추천을 하기 전에 가능한 한 고객의 유형을 신속히 파악하여 고객으로 하여금 구매의욕을 최대한 유발시킬 수 있도록 자신의 능력을 최대한 발휘해야 한다.

② 고객의 주문 여하에 따라서 그날의 매상이 결정된다는 생각 하에, 사전에 추천하기로 결정한 상품을 집중적이고 효과적으로 설명하여 이윤증대에 기여해야 한다.

③ 고객으로부터 고가품을 강매하는 인상을 주어서는 안 되므로, 항시 고객의 입장과 식당의 매상을 유념하여 가장 합리적인 주문이 이루어지도록 추천해야 한다.

④ 추천 상품은 주로 그날의 특별요리(Daily Special Menu), 새로 입하된 식자재 Menu, 수익성이 높고 재고가 풍부한 상품, 특별행사 메뉴 등이 주종을 이루며 이런 상품들이 수익 증대에 크게 기여한다.

⑤ 단골 고객인 경우 사전에 기호를 암기하여 고객의 기호에 맞는 추천으로 고정고객과의 호의적인 관계 유지를 돈독히 한다. 또한 고객관리 자료카드(Guest History Card)를 기록 유지하여 고객 이용 시 항상 만족한 서비스가 이루어지도록 한다.

⑥ 음료 주문과 추가 주문은 매출증진과 이윤증대에 많은 비중을 차지하므로 적극적인 자세로 추천 판매하도록 한다.

(6) 주문의 확인

① 주문 확인의 필요성은 사전에 문제요인을 예방하기 위해 고객으로부터 주문 내용의 확실한 언약을 받기 위함이다.

② 확실한 주문을 받는 것은 고객에게 정확하고 신속하게 상품을 제공할 수 있는 수단이 된다.

③ 항시 종사원들은 고객 주문이 복창을 하면서 주문서에 기재하고, 주문이 끝나 후에는 반복하여 주문 내용을 확인시켜 드린다.

7. 고객의 불평처리법

1) 불만고객의 응대

접객서비스를 아무리 완벽하게 하려도 해도 손님으로부터의 불평은 있기 마련이다. 왜냐 하면 인간은 완벽할 수 가 없으며 주관적인 사고를 갖고 있으므로 모든 고객의 욕구가 똑 같을 수가 없기 때문이다. 따라서 고객으로부터 지적이나 불평이 발생하였을 경우, 항상 긍정적인 자세로 고객의 입장에 서서 정확한 원인을 파악하여, 불평에 대한 해결 방안을 강구하여 고객에게 호감을 줄 수 있는 만족한 조치가 이루어지도록 신속하게 처리해야 한다. 그럼으로써 회사의 이미지를 향상시키고 신뢰감을 더 높이며, 고객으로 하여금 재방문하게 하거나 고정고객으로 유치할 수 있게 될 것이다.

(1) 고객의 불쾌한 가정이 확대되지 않도록 신속히 응대하며, 성실한 태도로 경청하는 인상을 주도록 한다.

(2) 고객의 불평불만을 들을 때는 참을성 있게 듣도록 하며, 예의바른 자세를 갖추는 것을 잠시도 잊어서는 안 된다.

(3) 불평사항 또는 지적사항을 메모하는 자세를 보여준다.

(4) 경청하는 동안 원인을 파악 분석한다.

(5) 불평 내용 중 일부가 오해 또는 고객의 착각에서 오는 부당한 것이라고 생각되더라도 말 중간에 변명하거나 고객의 잘못을 지적해서는 안 된다.

(6) 절대로 고객의 불평을 회피하려고 해서는 안 되며, 과소평가나 성급하게 해결하려는 인상을 주어서는 안 된다.

(7) 무조건 잘못을 시인하거나 잘못이 없다고 주장해서는 안 되며, 고객이 요구하는 바가 무엇인지 신속하게 판단하여 가급적이면 고객의 뜻에 따른다(단, 명백히 종사원의 잘못으로 판단될 경우 충분한 사과를 드린다).

(8) 다른 고객이 옆자리에 있다는 것을 인식하고, 고객의 언성이 격해지지 않도록 최대한 노력하여 해결한다.

(9) 본인이 해결하기 힘든 사항일 경우 신속히 또는 상급자에게 사실을 보고하여 조치하도록 한다.

(10) 고객의 불평은 적극적으로 수용하고 가능한 한 빨리 사정내용을 고객에게 알려 드려 불쾌한 감정을 해소시켜 드린다.

(11) 항상 개인적인 감정 및 입장에 치우쳐서는 안 되며, 회사를 대표한다는 공적 입장에서 판단해야 한다.

(12) 같은 실수 및 불평이 또 다시 발생하지 않도록, 개선되어야 할 문제점을 기록 유지하여 종사원의 접객 서비스 향상에 뒷받침 될 수 있도록 한다.

2) Paging Service

Paging Service란 고객 간의 만남을 이루게 해 주는 것으로써 식당에 고객이 찾아와 만나고자 하는 손님을 찾아 달라고 문의할 경우 또는 전화상으로 식당에 와 계시는 손님과의 통화를 원할 때, Paging Board에 찾는 사람의 성명을 정확히 기재하여 빠른 시간 내에 유무를 알려 드리며, Computerized Paging Displayer가 설치된 식당에서는 찾는 사람의 성명을 정확히 입력시켜 고객과 의 만남을 원활히 해결해 주어 고객의 불편한 점을 대행해 주는 접객 업무이다.

(1) 원래는 Paging Boy가 있지만 그리트리스가 이를 수행하며, 단정한 걸음걸이로 고객이 쉽게 볼 수 있도록 Paging Board의 손잡이가 가슴 위 높이 정도 위치하는 것이 적당한다.

(2) 통화를 원하시는 고객이 지루함을 느끼지 않도록 빠른 시간 내에 신속하게 확인해 드린다.

(3) 단골 고객이나 이름을 알고 있는 손님 또는 저명인사인 경우에는 Paging Board를 사용하지 말고 직접 알려 안내를 신속히 한다.

3) 분실물과 습득물 처리 요령

고객의 분실물은 절대 소홀히 다루어서는 안 되며, 반드시 고객에게 신속, 정확하게 전해지도록 종사원들은 최선을 다해야 한다.

① 고객의 분실물 신고가 있을 때는 이를 지배인에게 보고하고, 분실 당시의 시간, 장소, 상황 등을 구체적으로 확인한다.

② 분실물이 즉시 발견되지 않을 때는 추후 연락을 취할 수 있도록 고객의 연락처를 받아둔다.

③ 분실물을 발견 시 지배인에게 보고하고 고객과 연결이 곧바로 되면 즉시 알려 드리거나 전달되도록 조치하며, 고객과의 연락이 불가능할 때는 당직 지배인실에 연락하여 습득물 신고와 함께 분실물을 당직실에 맡기도록 한다.

④ 습득물은 규정된 장소에 보고나해야 하며, 습득한 시간, 장소, 발견자 성명 등을 정확히 기록하여 고객이 찾아갈 경우 이를 확인 대조하여 차후 불미스러운 일이 발생되지 않도록 철저하게 기록을 유지해야 한다.

고객의 불만사항에 대해 신속하고 정성껏 처리했을 때 우리는 그 고객을 평생 고객으로 만들 수도 있다는 점을 인식하고 '고객은 항상 옳다'는 개념으로 업무를 처리한다.

(1) 습득물 처리

레스토랑 내에서 분실되거나 보관하는 습득물에 대해서는 반드시 문서화하여 안전하게 본인에게 반환하거나 법에 따라 처분한다.

① 각 부서의 전 종업원은 호텔 내에서 발견 습득한 모든 물건을 각 부서를 통하여 그 습득경로와 함께 당직지배인에게 전달한다.

② 고객이 놓고 간 모든 물건들은 가격 고하를 막론하고 습득일로부터 일정기간 동안 보존되어야 하며 그 이전에는 처분할 수 없다.

③ 모든 분실물은 L/F를 작성하도록 하며 각각 tag에 자료를 기입하여 분별할 수 있게 한다.

④ 모든 습득물에 대한 보관소는 안전자물쇠를 채워야 하며 현금 및 고가의 귀중품은 프런트데스크의 안전금고에 보관한다.

⑤ 물품 반환 후 담당직원은 습득물 인계부서에 slip을 작성 날인한 후 전표를 통해 장부 정리를 하며 전표는 물건 반환 후 6개월 이상을 보관한다.

⑥ 습득물은 본인이 날인한 우송 청구소가 있기 전에는 임의로 우송해서는 안 되며, 우송은 등기우편을 원칙으로 한다.

⑦ 주인 불명으로 인계된 분실물일 경우는 관계법령에 의거하여 처리 하는데, 정직을 장려하는 뜻으로 법이 허용하는 범위에서 발견 보고한 종업원에게 되돌려주는 경우도 있다.

8. 접객서비스의 실제

식당의 종류와 크기에 따라 서비스이 형태와 안내요령이 다르겠지만 일반적으로 헤드웨이터와 그리트레스 등 지정된 한두 명이 고객을 영접하고 식탁으로 안내한다.

테이블이 깨끗이 치워지지 않고 셋업이 완료되지 않은 테이블에 고객을 모셔서는 안 되며 적절한 서비스를 받을 수 있는 테이블이 빌 때까지 고객으로 하여금 기다리게 하는 편이 좋다.

1) 테이블 클로스 깔기

식탁보는 레스토랑의 전체 분위기에 큰 영향을 주므로 항상 깨끗함을 유지하도록 한다.

2) 식탁보 교체

식사 도중에 식탁보가 더러워지게 되면 즉시 교체해 주는 것이 좋으며 주변 고객의 시선을 끌지 않도록 조용하게 진행한다.

3) 중앙세팅정리

중앙세팅에는 소금, 후추통, 재떨이, 성냥, 램프 등이 포함되는데, 레스토랑 전체 분위기와 조화를 이루도록 해야 하며 기능적으로 배열해야 한다.

(1) 꽃병

꽃은 신선하고 이상이 없어야 하며, 꽃병은 깨끗하고 깨진 부분이 없어야 되고 물이 있어야 한다.

(2) 램프

램프는 깨끗하고 깨진 부분이 없고, 양초는 알맞은 높이에서 환하게 비춰야한다.

(3) 소금 및 후추

통이 채워져 있고 깨끗하고 윤이 나야 한다.

4) 인사(Greeting)

Manager, supervisor 또는 greetress가 항시 입구에 stand by하여 밝은 미소와 함께 아침, 점심, 저녁 등으로 구분한 적절한 인사말을 하며, 고객의 국적을 알 경우 그 나라의 언어로 대화할 수 있으면 좋고 고객의 성함을 물어 그 직함을 이용하는 것이 좋다.

"안녕하십니까?" "사장님 어서 오십시오."

5) 안내(Escorting)

고객의 인원 수 외 예약여부를 확인한 후 지정된 좌석이나 적당한 좌석으로 안내한다. 배정할 테이블이 없을 경우엔 대기좌석이나 칵테일 코너에서 대기하도록 정중하게 말씀드리고 웨이팅 리스트에 순서를 기입한 후 빈 테이블이 생길 때 순서에 따라 좌석을 배정하면 된다. "예약하셨습니까?" "제가 안내해드리겠습니다."

6) 착석(seating)

테이블에 도착하면 고객이 들어가기 편하도록 의자를 빼주는데, 노약자, 어린이, 여성 순으로 의자 1보 뒤에 서서 고객이 의자 앞에 충분히 설 수 있도록 의자를 뺀 후 착석이 오른쪽 무릎과 두 손을 이용하여 가볍게 밀며 고객이 편안한 자세를 집을 때까지 의자를 도와준다.

"즐거운 시간 되십시오."

7) 주문받기(Order taking)

고객의 착석이 완료되면 메뉴를 드리고 테이블에 새 손님이 오셨다는 신호를 담당 캡틴에게 알린다. 주문받기는 보통 캡틴이 받는 것을 원칙으로 하나 레스토랑에 따라서 웨이터가 주문을 받을 수도 있는데 단순히 고객의 요청에 대한 수동적인 태도여서는 안 되며 전문적인 세일즈맨이라는 입장에서 메뉴에 대한 풍부한 지식과 판매요령을 습득하고 고객의 형편을 잘 파악하여 고객의 체면과 경제사정에 맞고 식당의 이윤추구에도 효과적인 요리를 주문하도록 권유하여야 한다.

(1) 메뉴제공

고객이 테이블 좌석에 착석하면 캡틴은 테이블 위에 놓여 있는 냅킨을 풀어 고객에게 공손히 제공한 후, 메뉴를 가지고 온 다음 고객의 왼쪽에서 두 손으로 메뉴를 열지 않고 그대로 고객에게 제시한다. 메뉴를 제시할 때에는 여성 고객에게 먼저, 그리고 주빈의 왼쪽 고객으로부터 시계방향으로 돌면서 제시한다.

메뉴를 제시할 때 주의사항은 다음과 같다.

① 메뉴를 가지고 갈 때는 반드시 고객수를 확인한 후 적당한 수만큼의 메뉴를 가지고 간다.

② 메뉴를 고객에게 제공하면 고객이 요리를 선택할 수 있는 시간적 여유를 가지고 한동안 테이블에서 떠나 있도록 한다.

③ 많은 고객이 동행할 때에는 적당한 시간적 여유를 두고서 메뉴를 제공한다.

④ 고객 앞에 바싹 다가가 메뉴를 제공하는 자세는 가급적 피하는 것이 좋다.

⑤ 메뉴는 레스토랑의 얼굴이라 할 수 있기 때문에 항상 깨끗한 메뉴를 준비해야 한다.

⑥ 접객원은 메뉴 내용을 완전히 숙지하여야 하며, 고객이 어떠한 내용을 물어 보아도 곧바로 응답할 수 있도록 해야 한다.

(2) 물 서비스

물을 고객에게 서브할 때는 water pitcher를 주로 사용하는데, water pitcher에는 차가운 물이 들어 있기 때문에 pitcher에 물방울이 맺혀 있는 경우가 있다. 그 물방울이 테이블에 떨어지게 하거나 또는 고객의 옷에 떨어지지 않도록 타월로 물방울을 닦아 고객의 오른쪽에서 오른손으로 글라스에 pitcher가 닿지 않도록 하여 글라스의 4/5 정도까지 조용하게 글라스에 물을 채운다. 이 때 주의해야 할 사항은 여성 고객이 있는 경우 여성 고객에게 먼저 서브해야 하며, 글라스에 물이 없을 경우에는 먼저 고객에게 물어본 다음 물을 채우도록 한다.

(3) 주 요리 주문

메뉴제공 후 3분 이내에 호스트의 의향을 확인하고 상석부터 다가가 주문을 받는다.
"주문을 하시겠습니까?" "제가 주문을 받아도 되겠습니까?"

(4) 음료 주문

식사주문이 끝나면 손님 왼쪽으로 와인 리스트를 제시하고 식전 음료와 식사에 알맞은 와인을 주문받는다. French red wine의 경우 드시기 최소 한 시간 전에 따 놓아야 하는 것도 있기 때문에 언제 서브할지도 확인한다.
"식사 전에 음료 한 잔 하시겠습니까?" "주문하신 식사와 잘 어울리는 와인이 있습니다."

(5) Order 내기

식음료 주문을 받으면 이를 다시 주방에 요청해야 한다.
방법은 구두 주문과 문서 주문의 두 가지가 있으며 구체적이고 정확한 주문을 하도록 한다.

(6) 요리의 제공

음식은 정해진 절차와 방법에 따라 서비스해야 한다.

음식을 서빙 할 때에는 고객의 오른쪽에서 오른발을 가볍게 테이블 쪽으로 한 발자국 다가서서 고객 앞 테이블 끝에서 약 2~3cm 가량 위쪽으로 소리 없이 손바닥으로 밀어 넣는다. 이 때 plate에 무늬나 호텔로그가 있는 경우 이 로그가 고객 정면으로 향하도록 놓는다.

모든 식사는 서비스 시 고객의 오른쪽에서 오른손으로 서브하고, 빵이나 요리에 따른 소스, 샐러드. 드레싱을 제공할 때와 플래터 서비스 시는 고객의 왼쪽에서 보여준 후 서브해야 한다.

음식 서비스의 순서는 먼저 주빈에게 해야 하고 그 다음에 여성고객, 남성고객 순으로 제공하며, 주최자는 제일 마지막으로 서브해야 한다. 음식은 주문 순서대로 제공하며, 두 사람 이상의 고객이 일행인 경우 가능한 한 동시에 서브해야 하고. 뜨거운 음식은 뜨겁게, 차가운 음식은 항상 차갑게 제공되어야 한다. 따라서 접시도 뜨거운 요리용 접시는 디쉬워머에 뜨겁게, 차가운 요리용 접시는 차갑게 보관한다.

고객이 다 드신 빈 식기를 치울 때에는 오른손으로 손가락을 완전히 편 채 식기를 가리키며 고객의 의향을 물어본 후 치워야 하며, 기물을 취급할 때에는 절대 소음이 나지 않도록 주의해서 치워야 한다.

① 수프 서비스

수프를 수프 볼에 담아서 서브할 경우 고객의 오른쪽에서 서빙하며, 수프 튜린에 담아서 서브할 경우 먼저 준비된 수프 볼을 고객의 오른쪽에서 고객 앞 중앙에 올려 드린 후, Arm towel을 알맞게 접어서 왼손으로 수프 튜린 밑받침을 감싸 쥔 후 고객 좌측에서 수프 볼에 튜린을 가까이 대고 오른손으로 수프 래들을 사용하여 테이블 또는 수프 언더라이너에 흘리지 않도록 조심하면서 담아 드린다. 샐러드 드레싱이나 소스 보트서비스에도 위와 동일한 방법으로 서브한다.

② 음식 서비스

뜨거운 요리는 뜨겁게 해서 뜨거운 식기에, 차가운 요리는 차갑게 해서 차가운 접시에 담아 서브하고, 뜨거운 요리를 제공하기 전 고객에게 요리가 뜨겁다는 것을 알려 주의를 환기시키며 제공한다.

생선요리를 서브할 경우 머리는 왼쪽으로 향하게 하고, 꼬리는 오른쪽으로, 배 부분은 고객의 앞쪽으로 해서 서빙 한다. 이 때 side dish로 fresh wedge lemon 또는 half lemon을 같이 제공한다. 육류는 비계가 달려 있는 경우 비계를 위쪽으로 배열하고, 육류에 뼈가 있는 경우 뼈는 왼쪽으로 향하게 하여 서브한다.

요리에 소스를 뿌릴 경우 엷은 소스의 경우에는 요리의 중앙부분의 1/3정도 되는 부분에 적당량의 소스를 살짝 뿌려주고, 진한 소스의 경우 요리 앞 접시의 빈 부분에 뿌려준다. 이 때 소스가 야채 등에 흐르지 않도록 주의한다.

기본적인 테이블 소스의 경우 요리와 같이 테이블에 올려놓으나, 서비스 스테이션 또는 사이드 테이블에 놓고 고객이 요구할 경우 즉시 제공할 수 있도록 준비하는 경우도 있다. 소스는 마개 등을 깨끗이 닦고 내용물이 충분히 채워져 있는지 확인한 후 서브한다. 식사가 끝나기 전 이쑤시개 등을 준비하여 홀더에 가지런히 담아 테이블 위에 놓는다.

③ 샐러드 서비스

샐러드는 원칙적으로 주요리가 제공된 후 서브하며 빵 접시 위쪽에 놓는다. 그러나 요리의 사정에 의해 고객이 주요리를 기다리는 시간이 지루하지 않도록 하기 위해서 먼저 서브하기도 하는데 고객의 왼쪽에서 제공된다.

④ 빵과 버터 서비스

빵은 바구니에 담아서 고객의 왼쪽에서 어느 것으로 드실 것인지 물어 본 후 고객이 선택한 빵으로 서브한다. 빵을 집을 때에는 손으로 집어서는 안 되며, 반드시 브레드 텅으로 사용해서 서브한다.

빵을 바스켓에 담아서 테이블에 놓아 드릴 때에 고객이 손쉽게 드실 수 있는 위치 또는 테이블의 중앙에 놓는다.

⑤ 디저트 서비스

디저트를 제공할 경우 글라스와 디저트용 기물만 남겨 놓고 테이블에 놓인 모든 기물류는 완전히 제거한 다음에 서브한다.

디저트가 과일일 경우 핑거볼을 준비하여 핑거볼을 미트 포크 위에 놓아주며 언더라이너를 받쳐준다. 케이크 또는 파이를 서브할 경우 고객의 왼쪽에 디저트 포크를 세팅하고, 아이스크림을 서브할 경우에는 고객의 오른쪽에 디저트스푼을 세팅한다. 디저트는 고객의 오른쪽에서 서비스 한다.

⑥ 음료 서비스

 * 와인 서비스

와인 서비스 시에는 고객이 직접 상표를 확인하도록 고객에게 보여주며, 이 때 와인의 종류, 생산지, 품명 등을 설명한 후 고객 앞에서 코크를 빼내고 따르면 되는데, 레드 와인의 경우 큰 글라스를 화이트 와인의 경우 작은 글라스를 사용한다.

화이트 와인은 쿨러에 담아 약 7~10℃ 정도 온도로 냉각시켜 제공하며, 레드 와인의 경우 온도는 실내 온도인 18~22℃ 정도로 하고 와인 바스켓에 담아 와인이 흔들리지 않도록 운반하여 상표가 잘 보이도록 해서 서빙 한다. 삼페인의 경우 1~4℃ 정도로 차갑게 해서 서브한다.

화이트 와인은 글라스에 2/3정도, 레드와인은 1/2정도 글라스에 따르는 것이 원칙이며, 이 때 가득 따르는 것은 금물이다. Wine을 따르는 접객원이 맨손으로 직접 Wine bottle를 잡지 않아야 하며 항상 냅킨으로 감싸 쥐고서 서브해야 하는데 레드 와인은 육류가 제공될 때 서브하며, 화이트 와인은 식전주로서 제공되거나 또는 생선요리가 제공될 때 서브한다.

　* 맥주 서비스

맥주와 맥주 글라스는 차갑게 깨끗이 보관된 것을 서브한다. 맥주를 따를 때에는 맥주가 넘치지 않도록 글라스의 8부 정도 채우고 나머지는 거품이 솟아오르도록 해야 하며, 이 때 병을 천천히 잘 조절하면서 따르도록 한다.

맥주를 따를 때에는 맥주병이 글라스에 닿지 않도록 3cm정도 글라스 위의 중앙부분에 따르되, 거품이 생기도록 서브하는 것이 좋다.

글라스에 채우고 남은 맥주병은 상표가 고객 앞으로 향하도록 하여 맥주 글라스 위쪽에 놓는다.

　* 음료 서비스

글라스는 위생상 반드시 글라스 하단 쪽을 손끝으로 가볍게 쥐어야 하며, water glass 또는 wine glass가 있을 경우 그 글라스의 우측 아래에 놓는다. 테이블에 글라스를 놓을 때에는 절대로 소리가 나지 않도록 해야 하며 테이블에 놓은 후에는 고객 앞으로 살짝 내밀며 서브한다. 캔으로 된 요리는 캔 그 자체를 서브해서는 안 되며 글라스에 담아서 서브한다.

　* 커피, 티 서비스

컵은 항상 온장고에 넣어서 사전에 따뜻하게 데워서 서브해야 하며, 커피 컵은 고객의 오른쪽에서 손잡이는 고객이 잡기 편하도록 오른쪽으로 향하도록 하여 물 컵 아래쪽에 놓아 드리고 티스푼은 컵 앞부분에 손잡이와 평행이 되게 얹어 놓는다.

Sugar bowl 및 cream pitcher는 양이 충분히 보충이 되어 있는지 확인 한 후 손잡이가 고객 쪽으로 향하도록 하여 고객이 손쉽게 잡을 수 있도록 하고, 커피의 온도는 서빙시 80℃ 정도가 좋으며 컵에 3/4 정도 채워 드린다. 이 때 왼손은 뒤로해서 L자형으로 한다.

커피를 다시 서비스할 경우에는 별도의 요금을 받지 않으며, Pot 채로 가지고 가서 먼저 커피를 제공한 컵에 더 따라도 좋다. 커피 크림은 항상 냉장고에 차갑고 신선하게 보관해야한다.

아이스커피 또는 아이스티는 톨 글라스에 아이스 큐브를 넣어 차갑게 식힌 다음 글라스에 마시기 편리하게 빨대와 슈가시럽을 같이 서브하며, 아이스티는 반드시 레몬조각을 같이 서브한다.

(7) 기물류 취급

① 접시

Plate는 주문한 음식의 종류에 맞춰 알맞게 세팅을 한다.

고객 앞에 음식을 담은 그릇을 놓을 때는 손가락이 음식에 닿거나 접시 가장자리에 자국이 묻지 않도록 해야 하는데 plate를 테이블에 서브할 때는 먼저 고객 수와 같은 수의 plate를 왼손으로 들고 한 장씩 오른손으로 고객의 오른쪽에서 테이블 위에 놓는다. 한번 서브할 때에는 왼손에 3-4장. 오른손에 1장 정도 들고서 서브하는 것이 가장 이상적이다. 식탁 위에 놓을 때에는 고객의 오른쪽에서 오른쪽 다리를 가볍게 앞쪽으로 내밀면서 먼저 '실례합니다.'라고 주위를 환기시킨 다음, 오른쪽 엄지손가락을 plate옆 가장자리에서 약 2~3cm가량 안쪽에 놓으면서 손바닥을 감싸듯이 하여 천천히 손을 뺀다. 이 때 plate에 호텔 로그가 위쪽 한가운데 똑바로 보이도록 놓아야 한다.

plate를 뺄 때는 고객의 오른쪽에서 오른손으로 고객의 앞쪽에 있는 plate를 한 발자국 뒤로 물러서서 빼낸다. 고객의 왼쪽에 있는 plate는 고객의 왼쪽에서 오른손으로 빼낸다. 빼낸 plate를 들 때에는 첫 번째 plate는 왼손의 둘째손가락과 새끼손가락 사이에 끼우고 꼭 잡고 기물은 나이프 위에 포크를 십자가형으로 놓는다.

다음 plate를 팔목 살 위에 얹은 후 남은 찌꺼기와 기물을 정리하여 첫 번째 plate에 옮긴 다음 포개어 간다. 테이블의 음식을 다룰 때는 항상 다음의 server사용법을 이용한다.

② 서버

주로 러시안 서비스에서 사용하는 것으로 음식을 고객의 접시에 놓거나 뺄 때 사용하는 fork와 spoon을 가리킨다.

서버 잡는 방법에는 여러 가지가 있는데, 젓가락을 잡는 식으로 잡는 방법이 있다. 이 방법은 왼손 plate를 들고 있어 양손을 사용할 수 있는 경우에 사용하는 방법이다. 다음은 스푼과 포크가 겹친 사이에 둘째손가락을 끼우는 방법이 있으며, 양손을 이용해서 서버를 잡는 방법이 있다. 양손을 사용해서 잡는 방법은 스푼을 오른쪽에 포크를 왼쪽에 잡고서 사용하는데 이 방법은 서비스 왜건 위 platter에서 plate에 음식을 덜어 줄 때 사용하는 방법이다. 어느 방법이든 간에 요리를 잡는다는 것보다 스푼으로 요리를 떠내고 그것이 떨어지지 않게 포크로 살짝 누르는 감각으로 취급하면 되고, 육류의 국물과 소스는 스푼으로 국물을 떠내어 서브하고 밥을 담을 때에는 스푼과 포크 앞부분을 옆으로 나란히 하여 떠내는 면을 넓게 하면 용이하게 사용할 수 있다.

③ 서비스 트레이

tray는 서비스에 필요한 기물을 올려놓고 운반하는 쟁반으로 원형, 타원형, 직사각형이 있으며 호텔 레스토랑에서는 보통 원형의 tray를, 룸서비스나 아침식사 서브 시는 직사각형의 것을 많이 사용하는데 운반할 때는 tray 위에 물건이 있건 없건 간에 항상 허리 높이 이상에서 운반하는 습관을 길러야 한다.

트레이 잡는 방법은 왼쪽 손바닥이 계란을 쥔 듯한 모양으로 손가락을 전부 펴서 트레이의 중심을 안전하게 받친다. 잡는 높이는 왼팔을 90°로 굽힌 상태에서 가슴보다 약간 내려오게 하며, 이동할 때에는 전방을 꼭 확인한 후 걸어야 한다. 절대로 트레이를 한 손으로 잡고 흔들면서 다니거나 겨드랑이에 끼고 다녀서는 안 된다.

원래는 은제품을 사용하였으나 최근에 와서는 스테인리스나 플라스틱으로 만든 값이 싸고 위생적인 것을 많이 사용하는데 트레이 위가 미끄럽지 않게 하기 위해서 스테인리스 경우 트레이에 cork가 깔려 있으나, 플라스틱의 경우 미끄럼을 방지하기 위하여 천이나 종이 냅킨을 깔아 사용하기도 한다. 이 때는 천이나 종이 냅킨을 자주 갈아서 깨끗하게 유지해야 하며 평상시에는 가급적 받침을 깔지 않는 것이 좋다. 특히 트레이는 고객의 입에 접촉하는 기물 등을 운반하는 경우가 많기 때문에 항상 청결하게 하는 것이 중요하다.

④ Service station

service station 이 있음으로써 주방에 가는 횟수가 줄어든다. 고객이 있는 다이닝 룸에 두어서 소품을 최대한 줄이는 것이 좋다. 영업이 시작될 때에는 서비스 스테이션이 깨끗하고 서비스 용품을 충분히 갖추고 있어야 되며, 서비스 도중에는 잘 유지되고 shift가 끝나면 깨끗하게 청소해야 된다.

(8) 계산

식사가 종료되면 더 이상의 제공 부분이 없는지 확인하고, 계산서를 계산서용 홀더에 넣어서 host의 오른쪽에 정중히 놓는다.

카드 계산 시에는 고객 카드를 두 손으로 받아 posting한 후 카드의 서명과 전표의 서명이 맞는지 확인하고 bill 홀더에 영수증 bill과 카드슬립을 가루 두 번 접어 고객의 우측에서 두 손으로 드리며, 현금 계산 시에는 posting한 bill을 빌 홀더에 펜과 함께 드린 후 받은 금액을 복창하고 영수증과 거스름돈을 잔돈 받침대에 담아 거스름 금액을 말하면서 두 손으로 드린다.

또 수표로 계산 시에는 주민등록번호와 성명을 배서하도록 하되, 고액의 수표나 낯선 고객인 경우 신분증을 확인한다.

(9) 배웅인사

식사가 끝나면 계산여부를 확인하고 고객이 일어나실 때 등 뒤 의자 또는 옷걸이에 걸려 있는 옷을 왼손으로 든다.

일어나기 쉽도록 의자를 빼 드리고 코트나 겉옷을 입기 편하도록 도와드리며, 고객으로부터 음식 및 서비스에 대한 평가를 받는다.

"오늘 음식 이떠셨습니까?" "식사하시는 도중 불편사항은 없으셨습니까?"

또 고객이 소지품을 잊지 않았는지 확인하며 거동이 불편한 고객은 상황을 판단하여 줄구 또는 엘리베이터까지 안내한다.

불편사항이 있을 경우 메모를 해서 고객관리 컴퓨터에 입력시킨 후 문제점은 교육시켜 재발되지 않게 하고, 특이사항은 전원이 알 수 있도록 meeting시 전달한다.

환영인사에서부터 레스토랑에 머무는 동안 기분이 나쁘더라도 배웅인사로 잘못된 이미지를 바꾸어 놓을 수 있는 마지막 기회라는 점을 인식하자.

제6절 업장별 실제 서비스

1. 한식당(Korean Restaurant)

한국음식은 밥을 주식으로 여러 가지 부식인 국과 찬을 상에 배열하여 한상에 한꺼번에 차려내는 공간 전개형태로 발전하였으며 전통적으로 독상이 기본이다. 이러한 상차림의 체계를 갖춘 때는 조선시대로 요즘은 전통적인 상차림 형식대로 제공하는 식당이 드물지만 우리의 전통문화에 대해 알아두는 것은 지극히 당연한 일일 것이다.

대표적 메뉴로는 불고기 정식, 갈비찜 정식, 궁중전골 등을 들 수 있으며 이런 주 요리와 함께 국, 반찬을 같이 상에 올린다.

2. 양식당(Western Style Restaurant)

양식은 한식과 같이 모든 음식이 한꺼번에 상에 오르는 것이 아니라 코스가 정해져 있어 순서적으로 제공된다. 메뉴의 내용은 국가나 지역별로 그 내용과 순서가 다를 수 있으나, 보통은 전재(appetizer)로부터 후식(dessert)까지의 내용으로 구성된다.

이 정식(定食)을 Table D'hote, 또는 full course라고 부른다.

원래의 정식 메뉴는 종류가 매우 다양하여 set menu로 구성하기에는 양이 너무 많아 중복되는 요리는 생략하거나 통합·정리하여 사용하기도 한다(1~3코스를 생략한 정식을 Semi Table D'hote라고 한다).

1) 세분화된 정식 메뉴

① 냉전채(cold appetizer)

② 온전채(hot appetizer)

③ 수프(soup)

④ 생선(fish)

⑤ 더운 주요리(hot main dish)

⑥ 찬 주요리(cold main dish)

⑦ 가금류 및 엽조류(poultry or games)

⑧ 더운 야채(hot vegetable)

⑨ 생 야채(salad)

⑩ 더운 후식(hot dessert)

⑪ 찬 후식(cold dessert)

⑫ 생과일(fresh fruit)

⑬ 치즈(cheese)

⑭ 음료(beverage)

⑮ 식후생과자(pastry)

2) 정리된 메뉴

* 제 1 코스 : 전채(appetizer)

* 제 2 코스 : 수프(soup)

* 제 3 코스 : 생선(fish)

* 제 4 코스 : 주요리(main dish)

* 제 5 코스 : 야채(salad)

* 제 6 코스 : 후식(dessert)

* 제 7 코스 : 음료(beverage)

* 격식을 갖춘 정찬일 경우 roast 코스가 추가되어야 한다.

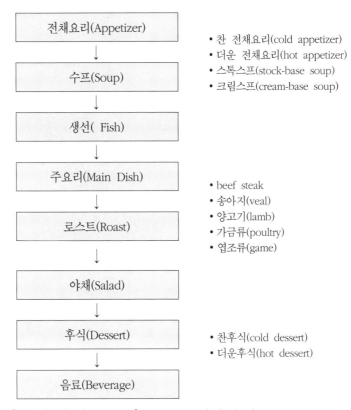

• 찬 전채요리(cold appetizer)
• 더운 전채요리(hot appetizer)
• 스톡스프(stock-base soup)
• 크림스프(cream-base soup)

• beef steak
• 송아지(veal)
• 양고기(lamb)
• 가금류(poultry)
• 엽조류(game)

• 찬후식(cold dessert)
• 더운후식(hot dessert)

[그림 12-9] 정식 메뉴(Table D'hote Menu)의 순서

3. 정식 메뉴의 구성

1) 전채요리(Appetizer, Hors d'Oeuvre)

전채요리는 식사 순서에서 제일 먼저 제공되는 요리로 분량은 적고 모양과 맛이 좋으며 주요리의 맛을 살려줄 수 있어야 한다. 전채요리의 재료는 어패류, 육류, 가금류, 과일, 야

채, 유제품과 치즈 등 다양한데 식사 전에 가벼운 칵테일을 하는 경우 안주의 의미로서 제공되기도 한다.

이 때 식전주로는 쉐리와인, 버무스, 마티니, 맨하탄 등이 제공되며 서비스는 특별히 오드볼을 위한 세팅을 하지만 피디 시에는 웨이터가 은쟁빈에 담아 손님의 사이사이를 다니면서 고객이 선택하는 대로 고객의 왼쪽에서 제공한다.

전채요리를 영어로는 "appetizer", 프랑스어로는 "hors d'oeuvre", 이탈리아어는 "Antipastii"라고 부른다. 이 요리는 주요리와 잘 어울려야 하며, 맛이 있고 식욕을 촉진시키기 위해서 다음과 같이 몇 가지의 특성을 지니고 있어야 한다.

① 맛이 있어야 하며,

② 자극적인 짠 맛이나 신 맛이 있어 위액의 분비를 왕성하게 해야 하고,

③ 모양이 적고

④ 시각적인 면에서 색감이나 체재가 아름다우면 좋다.

⑤ 메뉴 구성이 계절적 요소와 지방색을 곁들이면 더욱 좋다.

(1) 찬 전채요리(cold appetizer)

① 새우 칵테일(Shrimp Cocktail) 변형

크기가 중간 정도의 새우를 삶거나(boiling) 혹은 steaming하여 익히고 꼬리부분의 2~3마디의 껍질은 남기고 몸통부분은 껍질을 벗겨서 lemon slice, celery 등과 같이 차갑게 제공된다.

② 거위 간(Goose Liver)

거위의 간으로 만든 전채요리는 세계적으로 유명한데, 이는 각종 향신료와 야채, 와인(wine)과 브랜디(brandy) 등을 넣어 묵과 비슷한 pate 형식으로 제공된다. 거위 외에도 오리나 닭의 간을 이용한 pate도 많이 제공된다.

③ 철갑상어 알젓(Caviar)

세계적으로 희귀한 철갑상어의 알로 만든 것인데, 자연산은 요즈음 거의 멸종상태에 처해 있기 때문에 양식에 의존하고 있으며, 철갑상어의 알과 비슷한 대체용을 사용하기도 한다. 이 요리는 chopped onion, chopped egg white & yolk, lemon clip, melba toast 등과 같이 제공되며, 음료로는 차갑게 냉각된 white wine이나 vodka가 잘 어울린다.

④ 훈제 연어(Smoked Salmon)

훈제 연어는 색깔도 아름다울 뿐 아니라 맛도 뛰어나고 영양가도 높아 매우 인기 있는 전채요리 중의 하나이다. 시각적인 면, 짜고 새콤한 맛 등이 식욕을 돋우며 white wine과도

잘 어울린다.

⑤ 생굴(Fresh Oyster)

생굴요리는 영양이 풍부하고 맛이 상큼하여 식욕촉진 요리로 인기가 높다. 생굴은 껍질에 놓인 채로 잘게 부순 얼음 위에 올려져 lemon slice와 함께 차갑게 제공된다.

⑥ 스터프트 에그(Stuffed Egg)

stuffed라는 요리는 삶은 계란이나 토마토 등의 내용물을 제거하고 빈속에 다른 내용물을 채워 만드는 요리이다. 모양도 아름답고 다양한 맛을 느낄 수 있다.

그 외에 차가운 전채요리로서 게살(crab meat), 멸치 젓(anchovy), 훈제 송어(smoked trout), 생과일(fresh fruit), ham, cheese 등도 많이 이용된다.

(2) 더운 전채요리(hot appetizer)

① 식용 달팽이(Snail)

달팽이 요리도 고급요리로서 French restaurant에서 단골 메뉴이다. 이 요리는 뜨겁게 제공되는데 보통은 껍질째로 요리하므로 칸막이가 되어 있어 달팽이가 구르지 못하도록 되어 있는 snail plate에 담아서 제공되며 달팽이 집게(snail tong)와 white wine도 함께 서브된다.

② 삶은 바닷가재(Boiled lobster)

바닷가재는 맛이 담백하고 영양이 풍부하여 미식가들로부터 각광받는 요리이다. 가격이 비싸므로 전채 요리로 제공될 경우 적은 양이 서브되고 주요리로 주문할 경우에는 통째로 제공된다. 바닷가재는 껍질이 워낙 단단하므로 조리 시에 고객이 먹기 편하도록 껍질을 갈라놓는다. 또한 다리부분의 살을 발라먹기 편하도록 가늘고 뾰족한 lobster pick을 setting하여 놓는다. 바닷가재는 구울 때 표면에 버터를 발라 구워 소스를 곁들여 먹으면 더욱 맛있게 먹을 수 있다.

③ 가리비(Coquilles St. Jacques)

가리비는 패류의 일종으로 맛과 영양이 풍부하고 양이 적어 식욕촉진 요리로서 적합하다. 가리비 껍질을 이용하여 그 안에 가리비를 잘게 썬 후 양송이, 양파 등을 다져 넣고 그 위에 버터와 치즈가루를 부리고 오븐에서 구워낸다.

그 외에 더운 전채요리로서 구운 굴(baked oyster), 튀긴 양송이(fried mushroom), 튀긴 넙치(fried sole), 개구리 다리(frog leg) 등이 있다. 또한 전채 요리로 사용되는 재료로서 과실류(fruits)가 있는데, 생(fresh)으로 차게 서브하거나 굽거나 튀겨서 따뜻하게 제공할 수 있으며, 주스류(juices)로 과일이나 야채를 이용할 수 있다. 칵테일(cocktail) 종류로는 fruit cocktail이나 seafood cocktail 등이 있고, 카나페(canapes)와 딥스(dips) 등이 있다.

2) 수프(Soup, potage)

수프는 일반적으로 육류, 생선, 닭 등의 고기나 뼈를 야채와 향료를 섞어 장시간 끓여 낸 국물 즉 스톡(stock)에 각종재료를 가미하여 만든다. 식사의 제 1코스에 해당되며 뒤따르는 모든 요리의 성격을 결정하는 중요한 위치에 있다. 농도에 따라 맑은 수프(콩소메)와 진한 수프(potage)로 나뉘는데 수프를 제공할 때는 경우에 따라서는 찬 수프가 제공되기도 하나, 대부분 따뜻하게 제공하는 것이 원칙이므로 soup bowl보다는 soup tureen을 이용하며 arm towel로 밑을 받쳐서 들고 soup landle을 사용하여 서브하는데 russian service에서는 손님의 왼편에서 american service는 오른편에서 제공한다.

이 때 분위기와 식욕촉진을 위해 수프에 chives, parsley 등 향초를 약간 띄워주면 좋다.

(1) 스프의 종류

① 맑은 수프(potage clear)

맑은 수프는 주재료가 브이옹이나 마찬가지이며 육류, 생선, 가금류 등 한 가지 재료를 넣고 끓인 진한 스톡을 맑게 한 것으로, 수프를 만들 때에는 브이옹에 고기를 잘게 썰어 넣어 야채 및 향신료를 첨가하여 서서히 끓이면서 계란 흰자를 넣고 빠른 속도로 저은 다음, 1~2시간 정도 끓인 후 백포도주나 sherry wine을 넣어 아주 좋은 맛을 낼 수 있으며, 완성된 후에는 2중 용기에 담아 식지 않도록 보관한다. 이렇게 만들어진 맑은 수프를 콩소메(consomme)라 부르는데, 이 수프의 명칭은 수백 가지에 달하며 대표적인 것으로는 콩소메 부르노와즈(consomme brunoise), 콩소메 셀레스텐(consomme paysanne), 콩소메 로얄(consomme royal) 등이 있다.

② 짙은 수프(potage lie)

뽀따주 리에(potage lie)는 짙은 수프를 말하며, bouillon을 기본으로 야채, 녹말, 생선, 육류, 가름류 등을 주재료로 해서 양념을 첨가하여 농도가 진한 걸쭉한 수프를 말하는데, 이러한 진한 수프에는 다음의 세 가지 기본적인 수프가 있다.

첫째, Potage Puree(Puree soup) : 대표적인 것으로 야채수프가 있으며, 각종의 야채를 익혀서 진하게 만드는 수프로 모든 종류의 스톡으로부터 만들 수 있다.

둘째, Potage Cream(Cream soup) : 밀가루를 버터로 볶아 우유를 넣어 만드는 수프로

white stock을 사용하거나 기타의 스톡으로 만들 수 있는데, 어느 것이든 베샤밀 소스 (Bechamel sauce : white stock + milk + 향신료 + Onion)를 기본으로 하여 만든다.

Cream soup에는 mushroom soup, pea soup 등이 있다.

셋째, Potage Veloute(Velvet sauce) : Potage Veloute도 크림수프의 경우처럼 화이트 루 (white roux : 밀가루를 버터에 볶은 것)를 기본으로 하여 여러 종류의 스톡을 넣어 만드는 것이다.

이상의 세 가지 기본적인 수프에서 발달하여 오늘날 세계적으로 만들어진 수프의 종류는 수백 종에 달하며, 그 중에 유명한 것으로 다음과 같은 종류가 있다. 이 수프는 마시는 것이 아니라 식사의 한 코스로 먹는 것이다.

- Bisque : 새우, 야채, 화이트 와인, 쌀, 치킨 브이옹(chicken bouillon), 그리고 향신료를 넣고 크림을 첨가하여 만든 수프
- Onion Gratin : 와인을 넣은 육수에 슬라이스한 양파를 볶아서 넣은 후 French bread에 치즈를 얹고 오븐에서 구워낸다.
- Shrimp Chowder : 육수에 새우, 치즈, 큐브 감자, 밀크를 넣고 끓인 후 잘게 다진 파슬리로 장식하여 제공한다.
- Mulligatawny : Chicken bouillon에 베이컨과 야채를 넣고 끓인 수프로 커리향이 강하며 rice를 얹어서 서브한다.
- Minestrone : 전통적인 이탈리아 야채수프로 콩, 호박, 토마토를 넣어 끓인 야채로 가루 치즈를 함께 제공한다.

3) 생선요리

생선요리는 세미 정식에서는 생략되는 경우가 많고, 주요리로 제공되기도 한다. 인간의 생리구조상 식사 시 경식을 하고 난 다음에 중식을 하는 것이 위에 부담이 되지 않는 데 생선류는 육류보다 섬유질이 연하고 소화가 잘되는 특성을 가지고 있다. 생선요리는 지방 함유량의 많고 적음에 따라 보일드, 포취드, 그릴드, 매트리트, 뮈니에, 프라이드, 그라탱 등 다양한 조리법을 사용하며 이에 따르는 소스의 종류도 다양하다.

생선요리를 서브할 때는 고객의 오른쪽에서 오른손으로 제공하는데 일반적으로 화이트 와인을 곁들이며 머리는 왼쪽으로 꼬리는 오른쪽, 배 부분은 고객의 앞쪽으로 오게끔 놓는다.

생선요리에 소스를 뿌릴 때는 엷은 소스의 경우 요리 중앙부에서 1/3 정도 되는 부위에, 진한 소스의 경우는 요리 앞 접시의 빈부분에 뿌려주며 side dish 로 half lemon이나 wedge lemon을 같이 제공한다.

(1) 생선의 분류

생선은 육류보다 섬유질이 영하고 맛이 담백하여 열량이 적다. 또한 소화가 잘되고 단백질, 지방, 칼슘, 비타민 등이 풍부하여 건강식으로 육류에 비해 선호도가 높다. 그러나 부패하기 쉬운 결점이 있어 신선도를 유지하는 데 유의하여야 한다. 생선은 크게 바다생선(sea fish)과 민물생선(fresh water fish), 조개류(shell fish), 갑각류(crustacean), 식용개구리, 달팽이 등으로 구분하며 또한 생선의 경우 색에 따라 흰색 생선, 황색 생선, 붉은색 생선으로 나누기도 한다.

흰색의 생선에는 대구, 가자미, 넙치, 도미 등이 있고, 황색 생선에는 정어리, 멸치, 송어 등이 대표적이며, 붉은색 생선으로는 연어, 새우, 바닷가재, 게 등을 들 수 있다.

그리고 지방분의 많고 적음에 따라 지방이 많은 생선에는 연어, 고등어, 송어, 청어 등이 있는데 이러한 생선들도 지방 함유량이 15%를 넘지 않고 있으며, 지방이 적은 생선에는 대구, 가자미, 넙치 등이 있는데 2~5%의 지방을 함유하고 있다. 이 생선들의 지방분은 대부분 고도 불포화지방이다.

4) 육류요리(Meat, entree)

육류에는 높은 칼로리, 특히 단백질, 탄수화물, 지방, 무기질, 비타민 등이 풍부하여 주요리(main dish)로서 선호하는 품목이다. 정찬의 중간코스에 해당되며 과거에는 로스트(roast) 전에 소량의 육류를 주로 제공하였으나 요즘엔 로스트 코스가 생략된 Entree만을 제공하며 요리 중 가장 중심이 되는 주요리로서 제공된다.

육류요리는 정확한 분량으로 조리되어야 하고 주문 받을 때도 조리방법을 정확히 물어야 하는데, 이에 따르는 조리시간도 고객에게 알려주어야 하며 제공하는 레드와인의 주문여부와 같이 제공되는 빵과 밥의 선택도 확인해야 한다.

서브 시는 사전에 접시를 따뜻하게 하여 음식이 식지 않도록 해야 하며, 고객의 오른쪽에서 오른손으로 접시를 잡고 고객 앞 테이블 끝에서 2~3cm 가량 위쪽에 놓으면서 손등을 테이블에 붙이고 손바닥으로 가볍게 접시를 밀면서 제공한다. 육류에 비계가 달려 있는 경우 비계를 위쪽으로, 뼈가 있는 경우엔 뼈가 왼쪽으로 향하게 서브한다.

(1) 육류요리의 종류

① Beef Steak

정식에 있어서 가장 대표적인 Entree 요리로 쇠고기를 두껍게 잘라 구워낸 요리로 고기의 부위에 따라 명칭도 다양하게 불려진다.

* 안심 부위(Tenderloin)

   Chateaubriand, Filet steak, Tournedos, Filet mignon, Filet goulash

* 등심 부위(Sirloin)

   Sirloin steak, Club steak, Porter house, T-bone steak, Rib steak

* 허벅지 부위(Round)

   Round steak, Swiss steak, Ground round steak

* 궁둥이 부위(Rump)

   Rump steak, Roast rump steak

* 배 부위(Flank)

   Flank steak, Potted flank steak

* 안심 부위(Tenderloin)

   • Chateaubriand : 안심 부위의 가장 굵은 부분(head)을 4~5㎝의 두께로 두껍게 잘라 베이컨을 감아 broiling하거나 grilling하여 표면이 과도하게 조리되지 않도록 오븐 속에서 마무리하여 익혀낸다. 이것은 프랑스의 귀족 샤토브리앙이 즐겨 먹던 것으로 그의 주방장인 몽미레유(Montmireil)에 의해서 고안된 것으로 최고급의 스테이크이다.

   • Filet mignon : 휠래 미뇽은 아주 예쁜 소형의 안심 스테이크라는 의미로 안심 부위의 꼬리부분의 고기를 잘라 베이컨에 감아서 구워낸다.

* 등심 부위(Sirloin)

   • Porter house steak : 포터 하우스 스테이크는 등심 부위의 고기로서 안심에 비하여 부드럽지는 않지만, 지방이 많아 맛이 고소하여 구미인 들이 즐겨 먹는 스테이크이다.

* 배 부위(Flank)

   Flank는 배 부위의 스테이크로서 지방과 살이 겹겹이 되어 있어 다른 부위에 비해 매우 고소한 맛을 가지고 있다.

② 송아지(Veal)

송아지 고기는 어미 소의 젖으로만 기른 것으로 지방층이 적고 수분을 많이 함유하고 있어 육질이 매우 부드러운 것이 특징으로 생후 12주 이내의 것이 좋다. 좋은 육질의 송아지

고기는 단단하고 좋은 조직을 지니며 크림색에서 연한 핑크색을 띤다. 흐늘흐늘하거나 너무 밝은 색의 고기는 피한다. 송아지 고기는 지방이 적고 매우 연하기 때문에 조심스럽게 적당한 온도에서 요리해야 한다. 너무 오래 굽거나 요리하면 쉽게 단단해지고 금방 수분이 줄어든다.

* Scalloping : 송아지 다리 부위에서 잘라낸 작고 얇은 고기로 소금과 후추로 양념한 후 밀가루를 뿌린 후 살짝 튀겨내어 소스를 곁들여 제공한다.

* Veal cutlet : 뼈를 제거한 송아지 고기를 얇게 저민 후 소금과 후추를 뿌리고 계란, 빵가루를 입힌 후 버터에 튀겨 소스와 함께 제공한다.

③ 양고기(Lamb)

양고기는 종교상의 문제로 중동지역이나 유태인이 즐겨 찾는데 1년 이하의 어린 양고기는 부드럽고 담백한 반면, 다 자란 양고기는 질기고 맛도 담백하지 못하다.

* Lamb chop : 양의 등심부위의 고기를 약 2.5㎝ 두께로 잘라 소금과 후추, 향신료를 발라 구워 내는데, 고기 속은 핑크색이고 표면은 갈색이 될 때까지 Medium 정도로 익힌 맛과 향이 좋다.

* Leg of Lam : 와인, 오일, 마늘, 소금, 후추, 로즈마리 등의 양념과 향신료를 섞어 2시간 정도 재운 후 구워낸다.

④ 스테이크 서비스

스테이크는 정확한 분량으로 조리되어야 하고 주문을 받을 때에는 스테이크의 굽는 정도를 고객에게 정확히 물어 보아야 한다. 경우에 따라서는 스테이크와 함께 제공되는 garnish(삶은 야채)의 종류와 조리 방법에 대해서도 설명할 필요가 있다. Rare(Salivant)는 약 10분 조리하며 붉은 육즙이 보일 정도로 겉만 살짝 익힌 상태이다. Medium(point)은 15분 조리하며 겉은 갈색이나 속에는 붉은 육즙이 있을 정도로 익힌 상태이다. Well done(bien Cuit)은 20분 조리하며 속까지 완전히 갈색이 되도록 익힌 상태이다.

5) 가금조류요리(Roast, routs)

가금이란 닭, 오리, 칠면조, 비둘기, 거위 등 집에서 사육하는 날짐승을 말한다. 가금류 및 야조류는 영양이 풍부하고 지방분의 함량이 높아 조리 시 영양분이 유실되지 않도록 브로일링, 로스팅, 프라잉 등의 조리법을 사용하며 거위, 오리, 칠면조 등의 가금류는 통째로 요리하여 고객 앞에서 직접 썰어 주기도 한다.

오늘날엔 로스트 코스는 없어지고 여기서 제공하는 요리를 앙트레 코스에서 제공하기도 한다.

① 가금류의 선택

가금류를 선택할 때 외형, 중량, 나이가 중요한 요소이다. 가금류의 나이는 유연함을 결정짓는데 어린 가금류는 부드러운 육질을 가지고 있어 직접 불에 굽거나 튀길 수 있다. 아니가 많은 가금류는 농후하고 맛이 있는데 반해 그 고기는 덜 부드러워 오랫동안 익히거나 약한 불로 액체에서 상당한 시간을 두고 끓여야 한다.

② 가금류 녹이기

냉동실에 보관 했던 가금류는 냉장실 안에서 서서히 녹는다. 그러나 급하게 빨리 녹이길 원할 때에는 흐르는 차가운 물에서 녹일 수 있다. 냉장고 안에서 서서히 녹이기를 원할 때 정확한 녹는 시간은 가금류의 크기와 냉장고 안의 온도에 의존하기 때문에 다음의 표를 참조할 수 있다.

〈표 12-5〉 냉동 가금류의 해동에 소요되는 시간

무 게	녹는 시간	무 게	녹는 시간
1 ~ 2	12	6 ~ 12	1.5 ~ 2
2 ~ 4	12 ~ 24	12 ~ 20	2 ~ 3
4 ~ 6	24 ~ 36	20 ~ 24	3 ~ 3.5

③ 가금류 요리

* Roast Turkey : 칠면조의 물기를 닦아낸 후 올리브 오일과 로즈마리 향을 바르고 안쪽과 바깥에 소금과 후추를 뿌리고 몸통 안쪽에 레몬과 허브 등 향신료를 넣고 몸통을 묶은 다음 grill의 cover를 덮고 익히는데, 중간 중간에 버터를 발라준다. 조리시간은 대략 2시간 30분 정도 소요된다.

* Herb Roasted Chicken : 소금, oil, 각종 향신료를 혼합하여 만든 소스를 chicken 몸통의 표면과 속 안에까지 골고루 잘 바른 후 적어도 12시간~하루 밤 정도를 냉장고에서 재운 후 3시간 정도 구워내는데, 굽는 동안 가끔씩 버터를 발라준다.

그 외에 roast goose, roast duck, roast game 등이 있다.

6) 야채요리(Salad, salade)

주식인 육류요리와 같이 나오거나 육류요리 직후 제공되는데 이것은 육류요리가 산성식이기 때문에 야채의 알칼리성이 중화작용을 하여 영양 면에서 조화를 이루기 때문이다. 육류요리가 나올 때 곁들인 야채도 익힌 것이 나오기도 하나 좀 더 강한 생야채를 제공하는 것이다.

샐러드는 깨끗하고 차게 유지해서 제공해야 한다. 야채는 계절적으로 여러 종류가 있는데 양배추로, 식물의 어린 싹, 푸른 잎, 종자류, 뿌리인 구근류, 야채 과일, 감귤류, 열대 과일, 허브류, 향신료, 딸기류, 해조류, 종자의 싹 등이 쓰인다.

① 양배추류(Brassicas)

* Broccoli : 영양가 많은 야채이며 식생활의 한 부분을 차지한다. 요리방법은 날것으로 먹을 수도 있으며, 만일 브로콜리를 요리할 때 살짝 데치거나 강한 불에 빨리 볶는 것이 영양가를 보존할 수 있고, 바삭바삭한 감촉과 밝은 녹색이 나오도록 한다.

* Cauliflower : 밝은 녹색 잎에 크림색의 꽃잎이 둘러싸여 있는 모양으로 날것으로 먹거나 굽거나 약간 데쳐 먹을 수 있으며 많은 영양가를 얻을 수 있다. 꽃양배추는 토마토와 향신료에 결합되어 부드러운 맛과 상쾌한 향을 가지는데 지나치게 삶는 경우에는 유황냄새와 같은 불쾌한 향이 나므로 주의해야 한다.

* Cabbage : 너무 지나치게 요리할 경우가 있는데 양배추는 날것이나 연할 정도로 요리해 먹는 것이 가장 좋다. 양배추는 강한 맛을 가진 주름진 잎으로 가득 차 있는데 조각조각 찢어서 날것으로 샐러드로 사용하거나 프라이팬에 센 불로 볶아서 사용하기도 한다.

* Brussels sprouts : 이것은 기본적으로 양배추와 같은 작은 모양을 하고 있으며, 강한 견과 향을 낸다. 브르셀은 약간 굽거나 데치거나 센 불에 볶으면 녹색을 띠며 바삭바삭한 느낌이 나는데 비타민과 미네랄을 많이 함유하고 있다.

② 식물의 어린 싹(Shoot)

* Fennel : 짧고 뚱뚱한 구근은 샐러리와 비슷한 조직을 갖고 있고, 잎은 잘고 길게 갈라져 있으며 식용으로 사용할 수 있다. Fennel은 날로 먹었을 때 순한 애니스(Anise) 향이 나는데 그것을 얇게 저미거나 잘게 다져서 샐러드에 곁들인다.

* Asparagus : 로마시대부터 식용으로 높은 가치를 갖게 되었으며 17세기부터 상업적으로 재배되었다. 두 가지 종류로 구분되는데 흰색의 아스파라거스는 그것이 흙 위로 싹이 트자마자 바로 채취한 것이며, 푸른색의 아스파라거스는 싹이 지표를 뚫고 나와 태양빛을 받고 자란 싹을 채취하는 것이다. 요리방법은 약간의 소금은 넣은 스튜냄비에서 살짝 데치거나 혹은 녹인 버터에 마요네즈, vinaigrette dressing과 함께 제공하면 더욱 맛있다.

* Endive : 이 야채는 길고 단단하게 잎으로 쌓여 있으며 흰색과 붉은색의 두 종류가 있
  다. 붉은 endive는 좀 더 향이 강하고 흰색의 endive는 바삭바삭한 잎을 갖고 있다. 이
  바삭바삭한 좌직과 약간의 쓴 향은 그것이 특별히 샐러드에 좋다는 것을 의미한다.

* Artichokes : 속이 꽉 차고 솔방울 모양의 둥근 모양이며 자줏빛의 엷은 색조의 잎은
  맛있는 향을 갖고 있다. 칼과 가위를 이용하여 줄기를 잘라내고 잎의 가장자리에 있는
  가시를 잘라낸다. 이것은 손가락으로 각각의 잎을 따서 마늘 버터나 vinaigrette dressing
  에 찍어 먹거나 삶아서 bearnaise sauce와 곁들여 먹는다.

③ 푸른 잎사귀(Salad Green)

* Watercress : Watercress의 매운 후추향이 잎의 부드러운 맛을 보완해 주며 그 향은 신
  선한 오렌지와 잘 어울린다.

* Mache : 콘 샐러드로 잘 알려진 이 작은 양상추는 부드러운 맛의 작고 둥근 벨벳느낌
  의 잎사귀를 가지고 있다. 이것은 자체만 제공되거나 다른 salad green과 함께 섞어 제
  공되기도 한다.

* Radicchio : Chicory류의 일종인 radicchio는 짙은 붉은색이며 조금 매운 맛을 가진 잎
  들이 빽빽이 들어 차 있다.

* Lettuces : 천년 동안 경작되어 온 양상추는 로마시대에 야채샐러드로 처음 먹었다.
  영양학적으로 양상추는 날것으로 먹는 것이 제일 좋지만 볶거나 지거나 하여 먹을 수
  있다.

* Butterhead Lettuces : 부드러운 잎의 이 양상추는 평범한 맛을 가졌고 샌드위치의 내용
  물로 아주 적합하다.

* Romaine Lettuce : 이 양상추는 길고 억센 잎, 그리고 강한 맛을 가졌다. 속은 빽빽하
  게 작은 잎들로 싸여져 있다.

* Iceberg Lettuce : 이 양상추는 둥글고 바삭바삭한 엷은 녹색의 잎과 단단한 원형 모양
  으로 되어 있다. 이것은 butterhead 양상추와 같이 부드러우며 조금 쓴맛을 가지고 있
  고 장식하는데 이용되기도 한다.

* Oak Leaf : Oak 잎은 붉은 빛과 부드러운 잎사귀, 그리고 약간 쓴맛을 가진 인기 있는
  양상추다. 샐러드에서 맛과 색감을 위해서 그린 양상추와 섞는다.

* Chicory : Chicory는 못처럼 뾰족하고 찢어지고 다 헤어진 잎을 가지고 있는데 겉쪽의
  색은 짙은 녹색이고 중심부부터는 색이 바란 듯한 연두색이다. 강한 맛의 드레싱과 곁
  들여 먹으면 chicory의 독특한 쓴맛을 높일 수 있다.

④ 콩 꼬투리와 종자류(Pods and Seeds)

* Peas : 완두콩은 얼렸을 때 맛이 좋은 몇 안 되는 야채들 중 하나이다. 왜냐하면 완두
  콩을 수확하면 바로 얼리기 때문에 얼린 완두콩은 신선할 때 보다 더 영양적 가치가
  있다. 또 다른 이점은 완두콩은 일 년 쉽게 구할 수 있다. 어린 완두콩은 꼬투리 재로
  샐러드에 날로 또는 약간 데쳐서 제공한다. 완두콩은 purees나 soup에 맛을 더해 준다.

* Fava Beans : 어리거나 신선할 때 맛이 좋으며 작은 꼬투리는 통째로 먹을 수 있다. 다
  자란 콩은 요리한 후에 껍질을 벗기는 것이 좋다. 이 콩은 날로 먹거나 약간 조리해서
  먹을 수 있다.

* Green Beans : 그린색이며 껍질에 골이 패여 있고, 연한 어린 콩은 껍질째 먹을 수 있
  다. green bean은 간단히 손질하여 살짝 익히거나 데친다. 이것은 뜨겁거나 또는 차갑
  게 제공하며 레몬주스 혹은 vinaigrette dressing과 함께 제공한다.

* Corn : 옥수수는 낟알이 굳어지기 전, 즉 천연당분이 녹말로 변하기 직전에 먹는 것이
  당도도 높고 부드럽다. 녹색의 겉잎을 제거하고 통째로 요리하든가 날카로운 칼을 이
  용해서 낟알을 떼어내서 요리한다. 어린 옥수수는 날것으로 먹을 수 있으나 살짝 볶아
  먹으면 더욱 좋다.

⑤ 뿌리와 구조류(Roots and Tubers)

* Turnips : 이 뿌리야채는 건강에 도움을 주는 특성을 많이 가지고 있으며, 순무의 녹색
  상부는 특히 영양가가 높다. 순무는 날것으로 먹을 수도 있고 찌거나 굽는 방법으로
  요리할 수도 있다.

* Radishes : 매운 맛을 지닌 이 야채는 겨자 과에 속하며 진홍색이나 빨간색의 둥근 모
  양을 하고 있다. 무는 샐러드로 이용되며 아삭아삭 씹히는 맛이 있다.

* Horseradish : 혀와 코를 얼얼하게 하는 이 뿌리는 야채로는 결코 사용할 수 없으며, 보
  통 갈거나 크림 혹은 오일, 그리고 식초를 함께 섞어 사용한다. 이것은 요리의 첨가제
  로 사용된다.

* Jerusalem Artichokes : 작고 울퉁불퉁한 모양의 뿌리는 견과류의 향기와 단맛을 가지
  고 있다. 껍질 벗기기가 어려우므로 문질러 세척하고 깎는 것만으로 충분하며, 감자와
  같은 방법으로 사용되며 이것은 크림수프의 좋은 원료로 이용된다.

* Potatoes : 수많은 감자 종류들은 그 특성에 따라 다양하고 특별한 요리방법이 있다. 감
  자는 부드러운 감촉을 가지고 있으며, 요리 수에도 그 모양이 계속 유지되며, 전형적으
  로 샐러드에 많이 이용된다. 감자는 지방분이 적기 때문에 치즈와 같은 것을 추가하여

그 성분이 더해지도록 한다. 끓이는 것보다는 찌는 것이, 그리고 튀기는 것보다는 굽는 것이 가치 있는 영양분을 계속 유지할 수 있다.

⑥ 야채 과일(Vegetable Fruit)

* Tomato : 토마토는 색깔, 모양, 크기에 의해 다양하게 선택한다. 잘 익은 토마토와 체리토마토는 달고 샐러드나 요리되지 않은 소스에 좋다. 토마토는 비프스테이크의 맛을 내는데 사용하며 샐러드에 좋다.

* Chile Peppers : Chile peppers는 미국이 원산이며 고추의 일종으로 인도, 타이, 멕시코, 남미를 비롯한 많은 나라에서 여러 종류의 요리법으로 중요한 부분을 차지하고 있다. 이 고추는 200가지의 여러 종류가 있으며 그 모양 또한 여러 가지이다. 고추는 속이 꽉 찬 것이 맵고 맛이 좋다.

⑦ 감귤류(Citrus Fruit)

* Orange : Orange는 껍질을 벗기자마자 바로 먹어야 좋으며, 껍질을 벗긴 순간부터 비타민C를 잃기 시작한다. 얇은 껍질의 오렌지는 수분을 가장 많이 함유하고 있다. Navel(꽃이 질 때 오렌지에 볼록하게 단추모양의 점이 있어 붙여진 이름)과 같은 품종은 달고 수분이 많아 인기가 있으며, Jaffa와 Valencia와 같이 신맛이 강한 오렌지는 마멀레이드를 만드는데 쓰인다. 오렌지의 얇은 껍질은 달거나 혹은 달지 않은 모든 음식에 좋은 향을 풍기게 하는 오렌지만의 독특한 향이 나는 오일을 함유하고 있다.

* Grapefruit : Grapefruit의 과육은 맑은 핑크빛, 진홍색, 흰색으로 구분되며 핑크빛과 진홍색의 품종이 더 달콤하다. Grapefruit를 주스로 서브할 때 grapefruit를 2등분하거나 슬라이스로 썬다. grapefruit는 상쾌하게 하루를 시작할 수 있게 해 주며 또한 청량감을 주기 위해 샐러드에 첨가하거나 음식을 돋보이게 하기 위해 첨가한다. 요리를 하거나 끓일 대에는 맛이 시큼해지는데 영양소가 파괴되지 않게 요리시간을 최대한 짧게 한다.

* Lemons : 요리재료로 없어서는 안 되는 레몬은 즙과 껍질 모두 샐러드드레싱과 채소, marinades에 생기를 돋우기 위해 쓰인다. 또한 레몬주스는 몇몇 과일과 야채를 잘랐을 때 변색되는 것을 막기 위해 쓰여 진다. 레몬은 짙은 노란 색을 띠며 단단하고 껍질에 녹색점이 없는 묵직한 것이 좋다.

* Limes : Lime Juice는 레몬주스보다 더 강한 향을 갖고 있어 음식에 레몬 대신 라임을 사용한다면 좀 더 적은 양을 사용해야 한다. 라임은 아시안 요리에 많이 쓰이며 껍질은 curry, marinade에 맛을 내기 위해 쓰인다.

⑧ 열대 과일류(Tropical Fruit)

* Pineapples : 독특한 외관의 파인애플은 달콤하고 과즙이 많으며 황금색의 과육을 갖고 있다. 대개 다른 과일과 달리 파인애플은 수확한 이후에는 더 이상 익지 않는다. 만약 설익은 파인애플이 있다면 며칠 놓아두면 그 산성이 감소할지 모른다.

* Papaya : Paw paw로도 알려진 파파야는 배 모양의 과일이다. 익었을 때 초록색 표면에 노란색의 반점이 있으며 과육은 빛나는 오렌지 핑크색이다. 건조하였을 때 먹을 수 있는 많고 작은 검은 씨는 톡 쏘는 맛이며, 날카로운 칼이나 야채 껍질 벗기는 도구를 이용하여 껍질을 벗긴 후에 사랑스러운 아로마 향기와 달콤한 맛의 부드러운 과육을 즐길 수 있다. 익은 파파야는 그냥 먹는 것이 가장 좋고, 익지 않은 것은 요리를 해 먹을 수 있다.

* Mango : 감미롭고 향기로운 망고의 표면은 노란색, 오렌지색, 또는 붉은색에서 초록색으로 분류할 수 있다. 망고의 모양도 역시 매우 다양하다. 진한 초록색을 가진 망고는 덜 익은 것이지만 아시아에서는 이것을 종종 샐러드에 사용한다. 망고는 슬라이스 혹은 주스로 서브하고 아이스크림이나 셔벗의 기본으로 사용한다.

* Banana : 에너지 덩어리인 바나나는 귀중한 영양소로 가득 차 있다. 부드럽고 크리미한 바나나는 요거트와 섞어 짓이기거나 달콤하고 부드러운 드링크와 혼합할 수도 있으며 구울 수도 있다.

이제 드레싱에 대해 알아보겠다. 드레싱은 일반적으로 샐러드에 혼합하거나 곁들여서 제공되는데, 풍미와 맛을 더하고 가치를 돋보이게 하며, 소화를 돕는 소화촉진제의 역할을 한다.

* French dressing : 식용유에 식초, 소금, 후추, 레몬주스, 겨자, 계란 노른자, 다진 양파를 혼합하여 만든다.

* Thousand Island dressing : 마요네즈 소스에 삶은 계란, 토마토케첩, 양파, 피클, 핫소스 등을 넣어 만든다.

* English dressing : 소금, 후추, 겨자, 그리고 식초를 넣고 오일을 식초의 2배로 부어 만들고 약간의 설탕으로 맛을 낸다.

* American dressing : English dressing과 거의 같은 것으로 기름과 식초를 혼합하여 만들고 설탕을 첨가하여 달게 만든 것이다.

* Italian dressing : 식초, 올리브유, 마늘, 레몬주스, Oregano, 배절(basil), 딜(dill) 등을 재료로 한다.

7) 후식(Dessert, De douceur)

후식은 식사의 마지막을 장식하는 감미요리로서 구미가 당기게 화려한 모양으로 만들어지며, 지나치게 달거나 지름지지 않고 산뜻한 맛을 주는 것이 특성이다. 찬 후식과 더운 후식, 치즈류, 과일류 등으로 구분하는데 과일류를 후식으로 제공할 때는 신선한 것을 통째로 제공하는 것이 원칙이며 이 때 fruits knife와 fruits fork, finger-bowl을 함께 제공한다.

① 찬 후식(cold dessert)

* Ice cream : 우유, 설탕, 향료를 첨가하여 미세한 거품을 만들어 냉각시켜서 그 맛이 매우 부드럽다.

* Sherbet : Sherbet는 과즙에 수분과 설탕을 넣어서 냉각시킨 것으로 부드럽지는 않지만 아이스크림보다 시원한 청량감을 느낄 수 있다. 첨가되는 과즙에 따라 strawberry sherbet, pineapple sherbet, orange sherbet 등으로 명명할 수 있다.

* Mousse : 계란과 whipping cream을 혼합하여 만든 것으로 차갑게 하여 제공한다.

② 더운 후식(hot dessert)

* Souffle : Mousse와 만드는 방법이 비슷하다. whipping cream에 egg white를 기본으로 넣는 향의 재료에 따라 chocolate souffle, orange souffle 등이 있다.

* Pudding : 밀가루, 설탕, 계란 등을 넣어 만든 반유동체의 과자로 부드럽고 달콤하다.

③ 치즈(cheese)

치즈는 세상에서 가장 다양한 종류의 미묘한 맛을 지닌 음식 중의 하나이다. 치즈는 담백한 맛, 버터 맛, 상큼한 맛, 풍성한 맛, 크림 맛, 자극적인 맛, 쏘는 맛, 짠 맛, 미묘한 맛 등 많은 다양한 맛을 느끼게 해 주는 음식이다. 부스러기가 나올 정도로 딱딱한 치즈도 있으나 너무 연해서 숟가락으로 떠먹어야 하는 치즈도 있다.

건장한 사람의 속도 뒤틀어 놓을 정도의 역겨운 냄새를 가진 치즈도 있으나, 실제로 향이 있는지조차 느끼기 힘들 정도로 은은한 향을 지닌 치즈도 있다. 치즈는 포도주와 어울리는 최상의 음식이며 용도가 많은 음식 중의 하나이다. 이것은 스낵이나 주요리 또는 코스와는 별도로 샌드위치 속에 혹은 샐러드나 모든 종류의 요리에 곁들여 먹을 수 있다. 치즈는 우유의 영양분의 대부분이 함유되어 있거나 육류나 생선, 달걀과 같은 질 좋고 높은 단백질이 모두 모아진 음식이다.

치즈를 후식으로 할 때에는 보다 많은 영양을 흡수하는데 그 목적이 있으며, soft cheese에는 Mozzarella, Camembert가, 그리고 hard cheese에는 Parmesan, Edam, Gouda, Emmental

등이 있다.

④ 과실류(fruit)

생과일로 제공될 경우에는 나이프와 포크를 따로 제공해야 하며, 이 때에는 핑거 볼 (finger bowl)도 함께 내야하며, 미리 껍질을 벗겨 내야 할 경우에는 서브뇌기 직전에 껍질을 벗겨 제공해야 한다. 그 밖에 Apricot(살구), Peach(복숭아), Grape(포도) 등의 절임과일을 내기도 하고 fruit cocktail 같이 여러 가지의 과일을 혼합하여 제공하기도 한다.

그 외에 dessert로 제공되는 메뉴로는 pie, torte, meringue, beignet, cookies, candy 등이 있다.

8) 음료(Beverage, Poisson)

정찬의 마지막 코스에 제공되며 일반적으로 커피나 홍차를 낸다. 음료의 주문을 받으며 이 시간은 고객이 쉬면서 대화를 나누는 시간이므로 찻잔, 물 컵 등은 고객이 떠날 때까지 치우지 않는 것을 원칙으로 한다. 음료로 가장 많이 제공되는 커피에 대해서 좀 더 자세히 살펴보기로 하겠다.

① 커피 저장 및 만들기

신선한 커피만이 좋은 향을 낼 수 있으며, 개봉하지 않은 진공 포장된 가루커피는 1년이 넘는 동안 상온에서 신선하게 보관될 수 있다. 한번 개봉되면 그 향은 즉시 사라진다. 따라서 개봉된 커피는 일주일 이내에 사용하는 것이 좋다. 커피 원두는 구워지자마자 향을 잃기 시작하므로 3주내에 사용하도록 해야 한다.

커피를 끓이고 난 후에 남는 오일 찌꺼기는 불쾌한 냄새가 나며 커피의 향을 앗아가 버리므로 커피 메이커가 항상 깨끗한 상태를 유지하도록 해야 한다. 커피를 끓일 때에는 항상 신선하고 차가운 물, 그리고 신선한 커피를 사용해야 최상의 커피 맛을 즐길 수 있다. 커피는 바로 끓였을 때 가장 맛이 좋으며, 한 시간 이내에 마실 양만을 끓이는 것이 좋다. 만일 커피를 데우려면 항상 낮은 온도에서 시작한다. 센 불로 끓이면 쓴맛이 더욱 강해진다.

② 커피의 제공 방법

식후 음료로 커피를 제공하는 것이 일반적인데, 커피 제공시 컵을 따뜻하게 하여야 한다. 정식 후에 제공되는 커피는 보통 커피 잔보다 적은 demi-tasse로 no cream, no sugar의 black으로 제공되는 것이 보통이나 고객의 기호에 따라 설탕이나 크림을 사용하여도 무방하다.

커피 속에 있는 카페인 성분은 위산의 분비와 위의 활동을 돕는 작용을 하므로 식사 마지막 순서에서 커피를 제공하는 것이다. 커피 제공시 적정온도는 약 80℃이며, 마시기에 적당한 온도는 대략 60~65℃이면 알맞고, 맛과 향도 이 때가 가장 좋다.

③ 커피의 종류

* 카페오레(Cafe au Lait) : 프랑스식 모닝커피로 카페오레는 커피와 우유라는 의미이다. 영국에서는 밀크커피, 독일에서는 미히르카페, 그리고 이탈리아에서는 카페랏떼로 불린다. 여름에는 차게 겨울에는 뜨겁게 해서 마실 수도 있다. 재료로는 커피, 우유 설탕을 넣는다. 만드는 방법으로는 커피를 보통의 추출 농도보다 40% 정도 진하게 추출한 후, 큰 컵에 커피와 우유를 50:50으로 동시에 붓는다. 휘핑크림을 넣기 도하고 커피와 우유를 따로따로 서브해도 좋으며, 뜨겁게 마실 땐 뜨거운 우유를 넣는다.

* 카페 카푸치노(Cafe Cappuccino) : 이탈리아 타입의 짙은 커피로, 아침 한 때 우유와 커피에 시나몬 향을 더하여 마시게 되면 더욱 풍미를 느낄 수 있다. "카프치노"라는 말은 회교 종파의 하나인 카프치노 교도들이 머리에 두르는 터번으로 모양이 같아서 이름 지어졌다. 기호에 따라 레몬이나 오렌지 등의 껍질을 갈아 섞으면 한층 더 여러 향이 어우러진 맛을 낼 수 있는 "신사의 커피"이다. 재료로는 커피, 설탕, 우유거품, 또는 휘핑크림, 계피가루, 계피막대, 오렌지껍질 적당량을 넣는다. 만드는 방법으로는 컵에 커피를 넣고 거품을 낸 우유를 얹는다. 계피가루를 뿌린 뒤 오렌지 껍질을 가늘게 썰어 얹은 다음, 스푼 대신에 계피 막대기를 이용하여 휘젓는다.

* 비엔나 커피(Vienna Coffee) : 음악의 도시 오스트리아의 비엔나에서 유래되었다는 커피로, 비엔나커피라는 이름을 가진 커피는 정작 비엔나에는 없으며, 단지 이곳을 방문하는 관광객들의 입에 오르내리는 이름일 뿐이다. 재료로는 커피, 설탕, 휘핑크림, 적당량을 넣는다. 만드는 방법으로는 컵에 커피를 따르고 여기다가 비엔나에서 스카라고 멜이라고 불리는 휘핑크림을 듬뿍 넣고 스푼으로 젓지 않고 마신다.

* 아이리시(Irish Coffee) : 이 커피의 고향은 아일랜드 더블린인데, 아일랜드 사람들이 점차 미국의 샌프란시스코에 이주하여 이 커피에 아일랜드 위스키나 미스트를 넣어마시게 되자, 차츰 유명해져서 "샌프란시스코 커피"라고도 불리게 되었다. 삼록(아일랜드 국화)색의 야당이(포장마차)가 노을이 질 무렵 역이나 선착장에 서게 되면 바다사나이들이 민요를 흥얼거리며 이 커피를 마시고 간다하여 일명 "개릭 커피"라고도 알려져 있다. 재료로는 커피, 설탕, 아이리시 위스키, 생크림 또는 휘핑크림 등이 있다. 만드는 방법으로는 글라스에 설탕과 위스키를 넣은 후 커피를 천천히 섞는다. 생크림을 얹고 롱 스푼을 준비한다. 아이리시 커피 글라스를 이용하여 위스키에 불을 붙여 만드는 방

법도 있으며 더블린 공항에서 추위를 이기기 위한 커피로 처음 생겨났다.

* 카페 로얄(Cafe Royal) : 푸른 불빛을 연출해 내는 "커피의 황제" 카페 로얄은 프랑스의 황제 나폴레옹이 좋아했다는 환상적인 분위기의 커피이다. 재료로는 커피, 각설탕, 브랜디 등이 있다. 만드는 방법으로는 커피를 넣은 컵에 로얄 스푼으로 걸치고 각설탕을 스푼위에 올려 놓는다. 설탕위로 브랜디를 부은 후 불을 붙인다. 실내를 어둡게 하는 것이 분위기에 좋다.

* 에스프레소(Espresso Coffee) : 본격적인 이탈리안 커피로 "크림카페"라고도 한다. 이탈리아에서는 식후에 즐겨 마시는데, 피자 따위의 지방이 많은 요리를 먹은 후에 적합한 커피이다. 재료로는 에스프레소 커피, 설탕, 크림 등이 있다. 만드는 방법으로는 이탈리안 스타일의 커피콩을 사용하여 에스프레소 머신에 넣어 추출한 뒤 데미타스 컵에 따라서 블랙으로 마시는데, 너무 강렬하기 때문에 기호에 따라 설탕, 밀크 등을 넣어도 좋다.

* 커피 플로트(Coffee Float) : 크림커피로 일명 카페 그랏세, 카페 제라트로도 불리며, 아이스크림이 들어 있는 커피이다. 재료로는 커피, 설탕시럽, 바닐라, 아이스크림 휘핑크림, 얼음 만드는 방법은 큰 글라스에 잘게 부순 얼음을 가득 넣고 설탕 시럽을 붓는다. 여기에 커피를 넣고 잘 젓는다. 바닐라 아이스크림을 넣고 휘핑을 장식한 뒤 롱스푼과 스트로를 준비한다.

4. 중식당

중국요리는 오랜 역사를 두고 광대한 영토와 영해에서 얻은 다양한 재료를 사용하여 발전시킨 요리로 음식의 맛과 질이 다양하며 영양도 풍부하여 세계 각국에서 환영받는 세계적인 요리라 할 수 있다.

중식당 메뉴의 구성은 cold dishes(전채용), soup류, main dish(어육류), 식사류(rice & noodle), 감채류(sweat cakes & candies), dessert의 순으로 짜여 판매되는데 서브는 양식의 서비스 방법과 같으며 특히 러시안 서비스방법이 많이 쓰이고 있다.

정해진 순서에 따라 제공되는 정탁요리(상요리)와 고객의 기호에 따라 양과 종류를 자유로이 선택할 수 있는 일품요리, 요리재료의 특성에 따라 특별히 구성되거나 고객의 특별한 주문에 의해 만들어지는 특별요리 등이 있으며 주문은 1인분을 받는 것이 아니라 접시의 양에 따라 대(大), 중(中), 소(小)로 나누어 받는데 보통 대(大)는 7~8인분이고, 중(中)은 4~5인분, 소(小)는 2~3인분을 기준으로 한다. 또 조리시간이 오래 걸리는 요리를 한꺼번에 많이 주문받지 않도록 하고 조리법이 같은 요리는 중복되지 않도록 하며 술 다음의 식사 주문 시는 산뜻한 죽 종류나 면류를 권하도록 한다.

5. 일식당(Japanese Restaurant)

일본은 바다로 둘러 싸여 해산물이 풍부한 관계로 이를 이용한 요리가 발달하였으며 맛이 담백하고 풍미가 뛰어나다는 점이 특징이다.

일본식 정찬의 순서는 전채요리, 맑은 국, 생선회, 조림, 구이, 밥, 된장국, 밑반찬, 후식의 순이며, 밥과 된장국이 나오면 요리가 끝난 것으로 알면 된다.

이러한 정식정찬 이외에 일품요리로 생선회, 스시, 튀김, 우동, 솟아, 나비모노가 우리에겐 더 익숙한데 생선회나 생선초밥집에 가면 앉은 자리가 카운터와 일반의자로 나뉘어져 있으며 카운터 자리는 고객의 주문에 따라 조리가사 즉석에서 만들어 주므로 값이 비싸다.

6. 뷔페식당(Buffet Restaurant)

스칸디나비아에서 유래되었다고 하는 buffet는 균일한 요금을 지급하고 자기 양껏 선택해 먹을 수 있는 self-service 식당인데 스모가스보드라고도 하며 일본에서는 바이킹 레스토랑이라고 부른다. 뷔페식당의 종류는 크게 open buffet 와 closed buffet 로 구분된다.

1) Open buffet

일반적인 뷔페식당의 형식으로 일정한 요금을 지급하면 무한정 먹을 수 있도록 음식이 계속 제공된다.

2) Closed buffet

연회행사 때 행해지는 형식으로 정해진 인원이 넉넉히 식사할 수 있도록 계약에 의해 일정한 양의 음식만이 제공되는 형태이다.

7. 룸서비스

객실이 있는 대형 음식점의 서비스와 호텔 내의 룸서비스는 모두 방에 체류하고 있는 고객에게 직접 음식을 제공하는 서비스이다. 룸서비스는 식사할 때 화장이나 정장을 해야 하는 복잡한 절차가 필요 없다는 점에서 고객에게 편리한 서비스인데 다음과 같은 특징이 있다.

첫째, 영업대상이 투숙객이므로 24시간 영업한다.

둘째, 주로 아침식사와 간식이 주류를 이룬다.

셋째, 룸서비스의 주문은 대부분이 오더테이커가 전화를 통하여 주문을 받거나 도어 놉 메뉴에 의해 주문받는다.

넷째, 메뉴는 한식, 양식, 일식, 이탈리아식으로 구성되어 있는데 주문은 시간의 제약을 받는다.

1) 주문

(1) 전화주문

① 전화벨이 울리면 밝은 인사와 함께 객실번호와 고객의 성함을 확인 기록한다.

② 주문이 끝나면 내용을 반복확인하고 조리시간을 알려준다.

③ 고객이 먼저 수화기를 놓은 다음 수화기를 놓는다.

④ 주문전표를 정확하게 작성한다.

(2) Door knob menu에 의한 주문

① 예약 주문서의 수거는 항상 일정시간에 이루어져야하며 수거시간과 객실번호를 정확히 기록한다.

② 수거한 주문서는 같은 시간대별, 같은 층별로 구분하여 기록한 후 담당접객원을 배정한다.

③ 음식이 준비되면 주문서와 일치여부를 확인하고 계산서를 발행한다.

④ 객실에서 서브한다.

2) 준비

(1) 룸서비스 트롤리 또는 다른 기물 등의 정상작동 여부를 확인한다.

(2) 트레이들은 깨끗이 닦아서 필요시 즉시 사용할 수 있도록 선반 위에 쌓아 놓는다.

(3) 테이블 클로스, 냅킨, 트레이 클로스, 키친 클로스, 글라스 클로스 등 리넨류를 체크하고 지정된 선반 위에 정리하여 놓는다.

(4) 소금, 후추, 셰이커, 머스터드, 포트 등을 깨끗이 닦고, 다시 채워 넣는다. 필요시에는

소금을 셰이커에 넣기 전에 따뜻하게 말려서 다시 채워 넣는다.

(5) 모든 소스 병들을 뚜껑을 열어 보고 주둥이를 깨끗이 닦아서 다시 닫아 놓는다. 만약 반 정도 쓴 병이 있을 땐 다른 병에 채워 넣는다. 보충하여야 할 것이 있으면 미리 보급청구를 한다.

(6) 모든 기물들은 뜨거운 물에 담기었다가 깨끗이 닦은 다음 저장장소에 보관한다.

(7) 냅킨은 즉시 사용할 수 있도록 미리 접어놓는다.

(8) 밤 동안에 아침에 사용할 트레이들을 콘티넨탈 브랙퍼스트와 아메리칸 브랙퍼스트로 구분하여 셋업 하여 놓는다.

(9) 룸서비스용 엘리베이터의 정상작동 여부를 확인한다.

3) 기본세팅

룸서비스에서 제공하는 조식 서비스에는 미국식, 대륙식 및 간단한 한식 종류가 주로 제공된다.

4) 서브요령

(1) 서비스 조장인 캡틴은 시간이 허락하는 한 웨이터들이 객실로 출발하기 전에 모든 주문사항과 준비상태를 체크하여 준다.

(2) 웨이터는 문을 노크하고 고객의 허락에 따라 입실한다.

(3) 대부분의 고객이 트레이에 놓은 채 직접 식사하기 때문에 셋업하기 전에 cloth를 깔아야 한다.

(4) 무거운 품목은 트레이의 중앙부에 놓아야 한다. 두 사람 혹은 그 이상일 때는 객실 테이블에 놓아 드려야 한다. 한 사람 이상일 때는 트롤리를 사용하도록 한다.

(5) 뜨거운 포트나 음식은 트레이 외곽으로 놓되 물이 나오는 주둥이를 바깥쪽을 향하게 놓는다. 이것은 트레이 크로스가 더러워지지 않게 하기 위해서다.

(6) 트레이에 뜨거운 요리가 제공될 때에는 접시에 커버를 씌워 운반한다.

(7) 트레이를 테이블 위에 놓을 때에는 주식 접시가 의자를 향하도록 놓아 드린다.

(8) 병에 들어 있는 음료를 서브할 경우는 병마개를 열어 드려야 한다.

(9) 전표에 사인을 받은 후에 테이블 수거를 위한 안내카드 사용요령을 설명하여 드리고 객실을 나온다.

(10) 식사시간은 약 한 시간 정도 소요된다. 트레이와 트롤리는 웨이터와 버스 보이에 의하여 수거되며, 이 때 조직적인 수거작업을 위하여 수거되지 않은 방이 어느 방인가 한눈에 볼 수 있도록 한다. 트레이나 트롤리, 기타 룸서비스용 기물을 수거하는 작업은 객실부서의 업무가 아니라는 것을 명심해야 한다.

(11) 서명 날인된 전표는 룸서비스 도착 즉시 캐셔에게 전하고 비정상적인 사항은 어떤 것이든 조장캡틴에게 즉시 보고한다.

제7절 테이블 매너

1. 코스별 식사방법

(1) 전채(Appetizer)

전채(Appetizer)는 식욕을 불러일으키기 위한 요리로 불어로는 오드볼(Hors d`Oeuvre)이라고 한다. 전채(Appetizer)의 종류에는 수십 종에 달하며 맛도 매우 좋지만 그 날의 식욕과 주 요리를 참작하여 전채(Appetizer)를 선택해야 한다.

양이 많지 않은 사람은 전채(Appetizer)를 먹은 다음 수프를 생략하는 것도 좋다. 또 더운 오드볼을 주문할 때는 메인 코스를 비교적 가벼운 요리로 하고 찬 오드볼을 먹을 때에는 좀 무거운 요리를 주문하는 것이 좋다.

① Melon with Raw Ham은 Knife Fork로 먹는다.

② Shrimp Cocktail, Crab Meat Cocktail, Lobster Cocktail등의 칵테일은 Appetizer-용 Fork와 Knife를 사용해 먹는다. 이 때 껍질이나 꼬리가 붙어있지 않으면 Fork로만 먹어도 좋다.

③ Smoked Salmon은 양상추 위에 훈제한 연어를 얇게 썰어서 올려놓는데 레몬조각, 양파, Caper, Hors Radish, Egg White, Egg York가 반드시 곁들여져 나오므로 레몬즙을 뿌린 다음 Appetizer-용 Fork와 Knife를 사용해 작게 썰어 이것들과 함께 먹는다.

④ 샐러리, 파 세리 등은 손으로 집어서 먹는 것이 오히려 보기가 좋다. 오드볼 접시에 담겨져 있는 샐러리, 파세리, 당근, 오이 등은 손으로 집어 먹어도 좋다. 무, 오이, 피클 같은 야채도 마찬가지이다. 그린 아스파라거스도 손으로 집어 소스에 찍어 먹는

것이 좋다.

⑤ 오드볼의 대표적인 것으로 Canape가 있다. Canape는 한 입에 들어갈 수 있도록 알맞게 만들어 놓기 때문에 손으로 집어먹으면 된다. Knife를 사용하면 곱게 장식된 요리가 부숴지므로 나이프를 사용할 필요가 없다.

⑥ 생굴은 생굴용 Fork로 잘라서 떠서 먹는다. 생굴을 껍질에서 떼어내 먹기 위해서는 왼손으로 껍질의 한 끝을 잡고, 바른 손에 든 Fork로 떼어 먹는다. 굴을 떼어 먹은 다음 껍질 속에 담겨있는 줄 급은 일미이며, 왼손으로 들어 마셔도 전혀 흉이 되지 않는다. 굴에는 레몬 즙이나 칵테일소스 쳐서 먹는데 레몬 즙을 낼 때는 옆 사람에게 튀기는 일이 없도록 한 손으로 가리고 다른 손으로 짠다.

(2) 수프(Soup)

① Soup을 떠먹는 방법에는 유럽식과 미국식이 있다.

수프를 먹을 때 스푼은 펜을 잡는 것과 같은 방법으로 쥔다. 자리 앞쪽에서 먼 쪽으로 향해 스푼을 밀어가면서 떠먹는 방법을 미국식이라 하고 뒤쪽에서 앞쪽으로 떠먹는 방법을 유럽식이라 한다. 우리나라 사람들은 유럽식에 익숙해져 있으나 어떤 방식도 좋다. 스푼은 너무 길게 잡지 말고 중간쯤이면 적당하다. Soup을 먹은 다음 스푼은 Soup Bowl이나 Soup Cup안에 넣어두지 말고 접시 위에 놓아둔다.

② Soup은 소리 내며 마시지 않는다.

양식을 먹는 매너 중에서도 Soup을 먹는 매너가 가장 어렵다고 한다. Soup은 대게 뜨거운 상태로 나온다. 어느 정도 뜨거운가 알아보기 위해 적은 양을 떠서 천천히 먹어본 다음 양과 속도를 조절해야 한다.

수프가 뜨거워도 입으로 불지 않는다. 뜨거운 수프를 먹을 때는 스푼으로 저어서 식힌다. Soup은 먹는 것이지 마시는 것이 아니다 라고 생각하면 틀림없다.

③ 손잡이가 달린 Soup Cup은 들어서 마셔도 된다.

식탁에 나오게 되는 Soup Cup은 좌우에 손잡이가 달려 있으나, 차대신 나오게 되는 Beef Tea같은 것은 Tea cup모양으로 손잡이가 한쪽에만 달려 있다. 전자의 컵은 양손으로 마시고, 후자의 컵은 Coffee Cup처럼 잡고 마신다. 만약 Soup을 마실 경우에는 어느 것이든 간에 먼저 Spoon으로 맛과 열을 본 다음 Spoon은 받침 접시에 놓고 컵을 들어 올려 마시는 것이 매너이다. 수프를 거의 다 먹으면 접시에 놓은 채로 약간 기울여 떠먹는다. 컵 안에 Spoon을 넣어둔채로 마신다거나 또는 들어 올린 컵에서 Spoon을 쥐고 떠서 마시는 행위는 매너에 어긋난다.

④ 수프를 먹을 때 흐르지 않게 하기 위하여 너무 입을 그릇에 가까이 하지 않는다.

(3) 빵(Bread)

① 빵은 너무 많이 먹지 않는다.

양식당에서는 식사와 함께 여러 가지의 빵이 제공된다. French Bread, German Hard Roll, Rye Bread, Soft Roll, Onion Roll등이 작은 바스켓에 담겨 나오는데 이중 한두 가지만 골라 빵 접시에 올려놓는다. 뜨겁게 구운 마늘 빵(Garlic Toast)은 굽는데 시간이 걸리므로 미리 주문해야 하며 맛이 있다고 많이 먹으면 마늘의 진한 향이 입에 배어 요리의 맛을 떨어지게 한다. 토스트와 크로와상 등 식사용 빵은 각종 쨈과 함께 아침 식사 때만 제공되므로 점심, 저녁 식사 때는 주문하지 않는다. 점심과 저녁 식사 때는 쨈이 제공되지 않으므로 버터나 올리브기름을 발라 먹는다. 빵은 입 속에 남아 있는 요리 맛을 씻어주고 미각에 신선미를 주기 위한 것이므로 처음부터 빵을 많이 먹으면 음식의 맛을 상실하게 된다.

② 빵은 Soup을 끝낸 뒤에 먹는다.

빵은 처음부터 식탁에 놓여 있을 때도 있으나 일반적으로 Soup이 끝나는 동시에 나오게 된다. 처음부터 빵이 나와 있다 하더라도 Soup과 같이 먹지 않고 Soup이 끝난 다음부터 후식이 나올 때까지의 사이에 먹어야 한다. 빵 접시는 좌측 것이 본인의 것이다. 우측에 있는 옆 사람 빵을 잡는 일이 없도록 주의한다. 또한 빵을 Soup, Milk, Coffee 등에 적셔 먹는 일이 있는데 이것은 삼가야 한다.

③ 빵은 Knife로 자르지 않는다.

빵은 Knife Fork로 먹지 않고 손으로 한입에 먹을 수 있는 크기로 떼어서 손으로 먹어야 한다. 통째로 들고 이로 잘라 먹거나 크게 떼어서 여러 번에 걸쳐 먹으면 빵에 이빨 자국이 남게 되어 보기에 매우 흉하다.

④ 버터는 빵 접시에 옮긴 다음 빵에 바른다.

버터는 버터 볼에 담겨져 개인별로 제공되지만 여러 사람이 함께 사용하도록 버터 홀더에 버터가 제공될 때에는 일단 자기의 빵 접시에 적당한 양을 옮겨놓은 다음 빵에 발라서 먹어야 한다. 빵에 버터를 바를 때는 각자 자기 접시에 놓여있는 버터나이프를 사용하여 자기 빵에 바르면 된다.

⑤ 빵 부스러기가 떨어져도 그대로 둔다.

빵을 떼어 낼 때는 빵 가루나 조각이 테이블에 떨어지므로 가능하면 빵 접시 위에서 떼어내도록 하는 것이 좋다. 빵 부스러기는 디저트가 나오기 전에 종업원이 정리해 주므로 집거나 쓸어내지 않는다.

(4) 생선요리(Fish)

① 생선 요리는 서브된 상태로 먹는다.

생선요리는 연어나 농어같이 큰 고기는 스테이크 형태로 제공되며 혀 가자미(sole)나 관어(turbot) 같이 납작한 고기는 뼈를 발라먹고 고기만 휠래(Filet). 형태로 제공된다. 만약 생선이 통째로 나오면 먼저 포크로 머리를 누르고 나이프로 머리와 몸체를 분리시킨 다음 꼬리를 자르고 머리, 등, 배, 지느러미를 생선의 뒤편에 옮겨놓는다. 생선의 윗면을 다 먹은후 뼈와 생선의 뒷부분에 Knife를 넣어서 우측으로부터 좌측으로 뼈와 고기를 분리시킨다. 떼어진 뼈는 머리와 꼬리가 없는 곳에 옮겨놓는다. 생선을 뒤집어서는 안 된다. 뒤집는 순간 소스가 날아와 옷을 버릴 수 가 있고 또 옆 사람에게 불안감을 줄 수 가 있다. 잔뼈가입에 들어갔을 때는 왼손으로 가볍게 입을 가리고 오른쪽 엄지와 검지로 집어내어 접시에 놓는다. 생선에 나오는 묽은 소스는 고기에 직접 치나 진한 소스는 직접 치지 않고 접시에덜어 찍어 먹는다. 대체로 기름에 뒤긴 것이나 구운 요리에는 소스가 따라 나오고, 물기가비교적 많은 요리에는 소스가 따라 나오지 않는다.

② 생선 버터 구이 즉 뮤니에(Meuniere)에는 레몬을 친다.

레몬은 생선의 담백한 맛에 산미를 주고 생선 비린내와 기름진 맛을 제거하기 위해서 사용된다. 반달 모양의 레몬은 오른손 엄지, 검지, 중지의 세 손가락으로 짜서 즙을 낸다. 이때 즙이 튀지 않도록 왼손으로 가리면서 짜면 안전하다. 즙은 생선의 여러 군데를 골고루치는 것이 좋다. 즙을 짜고 난 레몬 껍질은 함부로 버리지 말고 접시 끝에 놓는다. 연한 생선은 Fork로 먹는 것이 좋으며, 작은 생선은 한입에 넣어서 먹거나 둘로 잘라서 먹지만 입으로 잘라서 먹는 것은 좋지 않다.

③ 갑각류를 먹는 방법

새우, 게, 바닷가재 등의 갑각류는 먹기 쉽게 껍질을 벗겨 요리하거나 살만을 꺼내 요리한 다음 껍질 속에 다시 넣어 제공되므로 먹는데 그리 불편하지 않다. 만약 새우가 껍질째로 요리되어 나올 경우엔 Fork를 사용해서 머리 부분을 누르고 Knife를 껍질과 살 사이에넣어 움직이면서 고리까지 가르면 살이 껍질에서 떨어지게 된다. 껍질은 접시 끝에 놓고 살은 앞으로 가지고 와서 왼쪽부터 잘라서 먹는다.

④ 달팽이 먹는 방법

달팽이를 영어로는 스네 일(Snail), 불어로 에스카르고(Escargot)라고 하며 버터·마늘·향료를 넣어서 구워내는데 식탁에 나올 때는 매우 뜨겁다. 왼손으로 스네 일 텅(Snail Tong)을 쥐고 껍질을 꼭 잡은 후 Snail Fork를 오른손에 잡고 꽂아서 먹는다. 껍질 속에 있는 소스는 마셔도 좋다.

(5) 스테이크(Steak)

① 스테이크는 소스가 나올 때까지 요리에 손을 대지 않는다.

서양요리와 한국요리의 근본적인 차이는 그 요리 특유의 소스가 있고 없음에 있다. 소스는 요리의 맛을 최대로 높이기 위해서 연구해온 결과라고 할 수 있다. 서양요리 중에서 유명한 것은 역시 프랑스 요리인데 프랑스 요리가 고급이라고 하는 이유는 소스가 세계에서 가장 많기 때문이다. 프랑스 가정에 초대되었을 때 요리의 맛보다 소스에 대해서 칭찬하면 더욱 좋아한다. 레스토랑 메뉴에는 요리 이름과 같이 나오는 소스가 씌어 있다. 고급 식당일수록 스테이크와 소스를 분리해서 서브하며 소스 두 가지 이상을 만들어 선택하도록 하는 경우가 많다. 따라서 스테이크에 소스가 쳐있지 않으면 바로 먹지 말고 소스가 나올 때까지 기다려서 먹는다.

② 묽은 Sauce와 진한 Sauce는 치는 방법이 다르다.

고기 요리에 쓰이는 묽은 Sauce는 요리 위에 직접 뿌린다. 그러나 생선에 바르는 Mayonnaise, Tartar Sauce등의 진한 Sauce는 접시의 비어있는 곳에 떠놓고 찍어서 먹는다. 진하고 물렁한 Sauce를 요리 위에 치게 되면 Sauce의 맛이 지나쳐서 요리 맛을 감하게 된다. Sauce의 종류에는 Brown Sauce, White Sauce, Mayonnaise Sauce Vinaigrette 등이 있다. Brown Sauce는 고기에 잘 맞고 White Sauce는 생선 요리, 닭 요리, 야채 요리에 잘 어울린다. 식초를 사용한 Mayonnaise Sauce는 진한Sauce로 찬 육류, 생선 요리 특히 새우 요리에 많이 쓰인다. 이밖에도 Parsley와 Pickle로 만든 Tartar Sauce는 생선 요리에, Sauce Vinaigrette로 알려진 소위 French Dressing은 Salad용으로 쓰이고 있다.

③ 스테이크의 참 맛은 고기에서 배어 나오는 즙에 있다.

흔히 스테이크에서 "피가 흐른다."라는 말을 한다. 이것은 피가 아니라 고기가 열을 받아 세포에서 흘러내리는 육즙으로 이 고기즙이야 말로 스테이크만이 가지고 있는 맛의 본체이다. 굽는 시간이 길어지면 이 고기 즙이 증발해 버리므로 고기가 질겨지고 맛도 줄어든다. 고기를 먹을 때 흔히 접시에 모두 잘라놓고 먹는 것은 잘못된 것이다. 고기를 잘라놓게 되면 고기가 빨리 식고 육즙이 접시에 흘러내려 그만큼 맛이 줄어든다. 따라서 스테이크는

Knife로 한 조각씩 잘라서 서서히 먹는다.

④ 스테이크를 주문할 때는 굽는 정도를 주문한다.

스테이크는 굽는 정도에 따라 맛이 달라진다. 스테이크는 요리하기 전에 항상 굽는 정도를 알려 준다. 스테이크를 굽는 정도는 각자의 취향대로이지만 될수록 오래 굽지 않는 것이 좋다. "지나치게 구워진 Filet은 오히려 굽지 않는 브리스켓(싸구려 고기)보다 못하다."라는 격언이 있다. 지역의 풍토와 기호에 따라 다소 차이는 있지만 고기 맛을 알고 있는 사람은 고기즙이 많이 들어있는 Rare를 좋아한다.

◈ 스테이크 굽는 정도
  A. Rare : 표면은 갈색, 속은 붉게 조금 구운 것(2~3분)
  B. Medium Rare : 중심부가 핑크 색과 붉은 색으로 조금 더 구운 것(3~4분)
  C. Medium : 겉은 완전히 구워지고 중심부는 핑크색으로 중간 정도구운 것(5~6분)
  D. Well-done : 표면과 중심부 모두 갈색으로 완전히 구운 것(10~12분)

⑤ 스테이크는 반드시 세로로 자른다.

스테이크를 자를 때는 고기의 왼쪽을 Fork로 누르고 오른손에 든 Knife로 잘라 왼손으로 먹는다. 그러나 일단 잘라놓고 Fork를 오른손에 쥐고 먹어도 무방하다. 고기는 반드시 왼쪽부터 한입에 들어갈 크기로 잘라서 먹는다. 스테이크는 접시 먼 쪽에서 안쪽으로 칼을 움직여 자른다. 톱질하듯 자르지 않고 밀 때는 슬며시, 당길 때는 힘을 준다. 또 단번에 자르지 않는다.

⑥ 송아지 요리와 돼지고기는 굽는 정도가 없다.

이런 종류의 고기는 굽는 정도가 세분되어 있지 않고 Well-done으로 요리해서 소스와 같이 제공된다.

⑦ Meat Pie 껍질은 Fork로 자르지 않는다.

Meat Pire는 삶아서 조리한 고기를 둘레에 파이 껍질로 사서 숯불 또는 오븐으로 구운 것이다. 파이 껍질은 Knife로 벗겨서 속과 껍질을 교대해 가면서 먹어도 무방하다. 비교적 파이 껍질은 연한 것이기 때문에 Fork로 잘라도 잘리기는 하나 Fork 만으로 자르면 내용물이 튀기 때문에 Fork로 한쪽을 누르고 Knife로 자르는 것이 좋다.

⑧ 옥수수는 통째로 잘라 먹는다.

양식당에서 제공되는 옥수수는 크게 세 종류가 있다. 하나는 가는 손가락 굵기 정도로 여물지 않은 옥수수자루로 통째로 삶아 나오는데 야채처럼 잘라 먹는다. 또 하나는 알알이 따낸 옥수수 알갱이로 삶아서 나오는데 포크로 떠먹는다. 드물게는 옥수수 토막이 꼬챙이에 꽂혀 나오는 경우가 있는데 격조 높은 식당에서는 거의 볼 수 없고 보통 스테이크 하우스나 패밀리 레스토랑에서 볼 수 있으며 이럴 때는 손으로 먹는다. 입에 대고 먹는 것이 거북스러울 경우에는 먼저 긴 옥수수를 손이나 Knife로 짧게 자른 다음 왼손으로 접시에 세워놓고 오른손으로 Knife를 쥐고 알맹이를 떼어 내어 Green Peas 먹듯이 Fork로 떠서 먹는다.

⑨ 먹기 어려운 콩은 Fork의 등으로 눌러 부수어서 먹는다.

둥근 콩 종류는 Fork의 등으로 눌러서 문질러 놓고 떠서 먹으면 된다. 이렇게 해서도 안될 때는 빵을 Pusher로 사용하면 된다. 빵을 사용하는 것이 스마트하고 맛있는 Sauce도 빵에 스며들어 남김없이 먹게 되는 이점도 있다. 요리를 다 먹고 난 뒤 접시에 묻어있는 Sauce를 빵 조각으로 깨끗하게 닦아 먹는 것은 매너에 어긋나지 않는다. 따라 나온 야채와 주요리를 번갈아가면서 먹게 되는데 콩이나 옥수수를 요리와 같이 Fork에 꽂아서 먹는 방법은 좋지 않다. 흔히들 절여놓은 야채는 먹지만 장식용 생야채는 먹지 않고 남겨 놓은 사람들이 있는데 서양요리는 원칙적으로 먹지 못하는 것은 접시에 담아 내지 않는다.

⑩ 구운 감자의 껍질은 먹어도 된다.

감자는 야채 중에서도 가장 많이 쓰이는 것 중의 하나로 고기와 생선 요리에 따라 나오게 된다. 그 대표적인 것이 Baked Potato, Mashed Potato, Boiled Potato 등이다. Baked Potato는 껍질 채로 오븐에 구워서 스테이크나 Roast Meat에 따라 나온다. 뜨거운 상태로 나오기 때문에 왼손의 Fork로 누르고 오른손의 Knife로 중심부에 X자형의 칼자국을 내고 거기에 버터나 Sour Cream을 발라 침투시킨 다음에 먹는다. 요리에 손을 대기 전에 감자에 버터나 크림을 바르고 베이컨 조각과 다진 실파를 얹어 먹는다. 누렇게 익은 껍질은 영양적으로도 좋기 때문에 먹는 것이 좋다.

(6) 가금류(Poultry)

① Roast Chicken은 손으로 먹어도 좋다.

닭 요리는 상당히 먹기 거추장스럽다고 생각을 하지만 양식당에서 제공되는 닭요리는 대부분 가슴살 요리이므로 먹기에 전혀 불편하지 않다. 정식 디너에서 로스트 치킨은 손을 대지 않고 Knife와 Fork로 먹도록 요리된다. 뼈째로 요리가 되는 부분은 다리 부분으로 대개 수월하게 먹기 위해서 다리 끝에 스티커라고 하는 은박지를 감아 놓는다. 이것은 오른손에 쥐고 먹으면 된다. 스티커가 없으면 웨이터에게 은박지를 요청한다. 이럴 때 영국인들은 "You see, Queen Victory did this."(빅토리아 여왕도 이렇게 해서 먹었어)라고 하면서 당당하게 먹는다. 대체로 가금류의 날개 아래 부분과 가슴살을 White Meat라고 하는데 깔끔한 맛이 있고 다리 부분은 Dark Meat라고 하며 진한 맛을 가지고 있다. 주문 시에는 기호에 맞게 하면 된다. 식도락가는 Dark Meat를 즐기고 여성들을 대체로 White Meat를 즐긴다.

② 야생 조류는 수량에 제한이 있기 때문에 미리 예약을 해두어야 한다.

우리나라는 물론 외국에서도 야생 조류는 포획에 한계가 있기 때문에 요리가 가능한지를 반드시 사전에 확인하여야 한다.

(7) 샐러드(Salad)

① 샐러드 접시를 자기 몸 앞으로 옮겨서 먹지 않는다.

웨이터가 갖다 놓은 위치에 그대로 두고 먹는다.

② 샐러드는 포크로만 먹는다.

단, 너무 크다고 느낄 때는 나이프를 사용하여 작게 선 다음 포크로 먹는다.

③ 샐러드에는 두 가지 이상의 Dressing을 섞지 않는다.

샐러드의 Dressing은 보통 몇 가지 중에서 기호에 따라 한 개를 선택하는데 절대 두 가지 이상을 한 샐러드에 치지 않는다.

④ 샐러드와 고기 요리는 번갈아 가며 먹는 것이 좋다.

고기 요리에는 반드시 샐러드를 먹어야 한다. 샐러드는 토마토, 오이, 샐러리, 양파, 상치, 파 세리 등 생야채를 보기 좋고 깨끗하게 담아서 제공된다. 생야채는 고기의 맛을 돋우고 고기요리에서 나는 냄새를 중화 시키는 역할도 한다. 고기는 산성이 강한 식품이라 삶거나 찐 야채로서는 산성을 중화 시키는데 부족하다. 따라서 알칼리성이 강한 생야채를 먹어 중화시키는 것이 영양적으로도 의의가 있다.

(8) 디저트(Dessert)

① 식후에는 마른 과자를 먹지 않는다.

구미지방에서는 디저트를 "정찬의 꽃"이라 하며 대단히 중요시하고 있다. 디저트는 그날의 식사를 즐거운 기억이 되게 하는데 큰 비중을 차지한다. 서양요리는 설탕을 되도록 쓰지 않으며 쌀이나 녹말가루 같은 것도 적게 쓰고 있다. 이 때문에 식후에는 자연히 단것을 먹었으면 하는 생각이 나게 된다. 디저트용 과자는 단맛도 있어야 하지만 연해야 한다. 마른 과자, 딱딱한 과자는 보존하기는 좋으나 디저트용으로는 쓰이지 않고 있다. 더운 디저트로 Cherries Jubilees, Crepes Subletter, Pudding 등이며, 찬 디저트로는 각종 Parfait, Ice cream, Tartlet, Mousse 등이 있다.

② 아이스크림은 형태를 망가뜨리지 않으며 먹는다.

아이스크림을 위부터 떠먹으면 형태가 망가지므로 앞쪽 옆 부분부터 먹는다. 아이스크림에 과자가 나오면 아이스크림과 번갈아 먹는 것이 매너이다.

③ 수분이 많은 과일은 스푼으로 먹는다.

과일류는 수분이 많고 적음에 따라 또는 과일의 형태에 따라 또는 과일의 형태에 따라 먹는 방법이 다르다. 수분이 많은 Crappefruit이나 Orange류는 스푼으로, 사과나 감, 배와 같은 비교적 수분이 적은 과일은 Knife와 Fork를 사용한다. Melon은 수분은 많으나 흐를 정도는 아니므로 Knife와 Fork를 사용한다. 딸기 같은 과일에 설탕을 쳐서 먹는 것은 본래의 맛을 음미하는데 바람직하지 않다. 토마토는 양식에서는 과일이 아니고 야채로 취급되기 때문에 디저트로 나오지 않는다.

④ 바나나는 껍질이 벗겨진 상태로 나오거나 껍질의 일부분이 벗겨져 나오므로 좌측에서부터 한 입에 넣을 수 있는 크기로 잘라서 먹으면 된다.

⑤ 포도는 손으로 먹는 것이 정식이다.

한 알씩 따서 먹으며 껍질과 씨는 접시에 직접 뱉어내지 말고 왼손에 들고 있다가 접시 위에 놓는다.

⑥ 더운 디저트 중에는 만드는데 상당한 시간을 요하는 것이 많으므로 미리 주문해야 한다.

디저트를 만드는 시간을 잘 모를 때는 디저트는 웨이터에게 물어서 주문해야 다른 사람이 기다리지 않는다.

⑦ 모서리가 있는 케이크는 모서리 부분부터 잘라 먹는다.

(9) 커피와 차(Coffee or Tea)

① 일품요리(a la Carte)를 먹을 때 커피와 차는 별도의 주문이 필요하다.

커피는 정식일 경우 코스에 따라 나오지만 일품요리(a la Carte)로 식사를 했을 경우에는 별도로 주문해야 한다. 식후에 나오는 Coffee는 통상 양이 적고 진하다. 커피와 차는 한번 마시면 몇 잔이고 추가 요금을 받지 않는다. Sanka Coffee는 카페인을 제거시킨 것으로서 커피를 마시면 잠이 잘 오지 않거나 의사의 지시로 자극성을 피하는 사람에게 권한다.

② 커피 컵은 손가락을 끼우지 않고 손잡이를 잡는다.

커피를 마실 때 손가락을 손잡이의 구멍에 넣는 것은 좋지 않다. 엄지와 검지로 손잡이를 가볍게 잡아 마시는 것이 일반적인 방법이다. 설탕과 크림은 기호에 따라 적당량을 사용하며, 각설탕은 하나 또는 두 개를 Coffee Spoon이나 집게로 잡아 컵에 넣는다. 각설탕을 손으로 컵에 넣으면 커피가 튀길 수 있다. Spoon은 사용 후 반드시 접시 위에 놓는다. 컵 안에 놓아두면 잘못하여 컵을 뒤집거나 하는 위험의 요인이 되기 때문이다. 식탁에서 커피를 마실 때 접시를 들어서 받치는 것은 좋지 않다. 또한 커피 잔 밑에 왼손으로 받치고 먹는 시늉을 하는 것도 자연스럽지 않다. 그러나 티 파티를 할 때나 테이블 없이 커피를 마실 때는 왼손으로 접시를 잡고 컵을 받치는 것이 안전 한다. 소파에 앉아 있을 때 테이블과의 거리가 많이 떨어져 있으면 접시를 들고 마실 수 있다.

③ 홍차에 곁들인 레몬은 짜지 않는다.

컵 안쪽에 가볍게 대면서 즙을 내고 스푼과 함께 놓는다.

④ Irish Coffee는 식후주(After Dinner Drink)로도 사용할 수 있다.

Irish Coffee는 커피에 Irish Whisky를 탄 것으로 식후주의 대응이다.

(10) 기타 요리의 식사 방법

① 스파게티는 포크로 말아서 먹는다.

오른손에는 Fork를 쥐고 왼손에는 Spoon을 쥐고, 먼저 2~3가락의 Spaghetti를 Fork에 걸쳐 Fork를 빙빙 돌린다. 이 때 Spoon은 아래로 내려 가락이 잘 말리도록 거들며 다 돌리고 나면 한입에 들어가 아주 알맞은 크기로 된다. Spaghetti는 Meat Sauce, Tomato Sauce또는 조개 살을 다져서 생강과 케첩을 같이 넣은 Cream Sauce를 쳐서 먹는다. 스파게티를 먹을 때는 국수를 먹듯 쭉쭉 소리를 내어 먹으면 안 된다.

② 카레는 한 번에 부어 비빔밥처럼 비벼 먹지 않는다.

카레는 인도의 전통 음식으로 전 세계에 널리 보급되어 있다. 카레는 카레 소스가 별도로 나오는데 이소스를 밥 위에 두세 번 떠먹을 만큼 조금씩 부어서 먹는다. 한 번에 밥 위에 다 부어 비벼먹지 않는다.

자료 : 롯데호텔

연회 서비스

```
┌─────────────────────────────────────────────────────────────┐
│                    제 1 부 호텔경영 일반론                      │
│                  ┌─────────────────────────┐                 │
│                  │    제1장 호텔의 이해      │                 │
│                  └─────────────────────────┘                 │
│                  ┌─────────────────────────┐                 │
│                  │   제2장 호텔기업의 특성   │                 │
│                  └─────────────────────────┘                 │
└─────────────────────────────────────────────────────────────┘
```

```
┌─────────────────────────────────────────────────────────────┐
│                    제 2 부 호텔경영 관리론                      │
│                ┌───────────────────────────┐                 │
│                │     제3장 경영과 경영관리   │                 │
│                └───────────────────────────┘                 │
│         ┌────────────────┐   ┌────────────────┐             │
│         │  제4장 계획화   │   │  제5장 조직화   │             │
│         └────────────────┘   └────────────────┘             │
│         ┌────────────────┐   ┌────────────────┐             │
│         │  제6장 지휘화   │   │  제7장 통제화   │             │
│         └────────────────┘   └────────────────┘             │
└─────────────────────────────────────────────────────────────┘
```

```
┌─────────────────────────────────────────────────────────────┐
│                    제 3 부 호텔경영 기능론                      │
│                 ┌───────────────────────────┐                │
│                 │      제8장 인사관리        │                │
│                 └───────────────────────────┘                │
│  ┌───────────────────┐ ┌─────────────────────┐ ┌──────────────────┐
│  │ 제9장 객실판매 및 생산 │ │ 제10장 프런트오피스의 조직 │ │ 제11장 하우스키핑 │
│  └───────────────────┘ └─────────────────────┘ └──────────────────┘
│         ┌───────────────────┐ ┌──────────────────────┐      │
│         │  제12장 식음료 관리  │ │   제13장 연회 서비스   │      │
│         └───────────────────┘ └──────────────────────┘      │
│                  ┌──────────────────────┐                   │
│                  │  제14장 호텔 재무관리   │                   │
│                  └──────────────────────┘                   │
└─────────────────────────────────────────────────────────────┘
```

┌───┐
│ ☞ 열린 생각 및 직접 해보기   │
│   │
│   ▶ 연회의 개념 및 종류 설명하기   │
│   ▶ 행사 성격에 따른 테이블 배치의 종류 및 특징을 설명한다.   │
│   ▶ 연회행사의 흐름도를 이해하고 업무처리를 할 수 있다.   │
│   ▶ 취업 희망호텔의 연회조직 및 직무분장 알아보기   │
│   ▶ 취업 희망호텔의 연회 매뉴얼 알아보기   │
│   ▶ 취업 희망호텔의 연회장의 크기와 테이블배치에 따른 수용인원 알아보기 │
└───┘

Chapter **13**

연회 서비스

제1절 연회의 개념과 특성

1. 연회의 개념

연회업무는 호텔에서 다양한 방켓 룸(Banquet Room)을 준비하여 원래의 의미인 축하, 환영, 피로연, 석별에서 확대된 개념으로 회의, 전시회, 설명회, 세미나, 교육, 패션쇼 등의 각종 행사를 유치하여 행사를 수행하는 다목적인 기능을 가진 확대된 개념이다.

현대호텔경영에서는 수입과 규모, 경영의 탄력성으로 연회의 비중이 점진적으로 증가하고 있기에 과거에는 반드시 식음료부서에 소속이 된 경우가 많았으나 호텔 연회의 수요가 점차 증가됨에 따라 각 호텔의 연회부가 독립되어 기능을 맡고 있으며 연회만을 전문적으로 취급하는 호텔이 출현하고 있다. 또한 행사장을 방문한 고객은 잠재적인 고객화가 될 수 있어 호텔의 홍보나 판촉에 지대한 기여를 하고 객실이나 다른 업장의 파급효과도 크다.

식음료 부서에 소속이 된 경우라도 가장 큰 면적과 수입을 올리는 영업장으로 내부적으로는 대, 중, 소의 연회 룸을 가지고 있으며, 출장 연회도 활발하게 이루어지고 있다.

출장연회(Outside Catering Service)는 호텔연회장과 상관없이 고객이 원하는 외부의 장소에서 이루어지므로 점진적으로 시장의 규모는 증가하고 있다.

2. 연회의 특성

호텔의 이용이 대중화되지 않았던 시기에 호텔연회는 결혼, 회갑, 돌, 백일, 약혼식 등을 위주로 가족연회가 많았다. 1970년대 이후 산업개발과 1980년대 국제행사의 적극적인 유치로 도시화, 산업화, 핵가족화와 더불어 생활수준도 높아짐에 따라서 점차 격식 있고, 질적 수준이 높은 연회장시설을 갖춘 호텔이나 규모 있는 식당 등을 이용하기 시작하였다.

우리나라 국력의 신장과 국제사회에서의 위상이 높아지고 비즈니스와 관광으로 세계적인 국제행사, 각종 회의, 세미나, 전시회, 개인이나 단체의 모임 등 다양한 연회행사가 개최됨으로 연회업무도 수준에 알맞은 시설을 비롯하여 서비스 요원도 확보하지 않으면 안 된다.

최근 들어 경제의 발전과 더불어 사회 활동이 활발해 지면서 호텔의 연회행사는 다양화, 대형화, 조직화되고 있으므로 호텔은 그에 따른 대형연회장을 마련하고 연회를 전담하는 부서를 조직화하여 연회의 유치와 성공적인 행사진행을 해야 한다. 또한 호텔에서 예식업이 가능해짐에 따라서 큰 수요가 발생되므로 적극적인 준비가 요구된다. 이러한 연회장은 식당과는 다른 특성을 가지고 있는데 다음과 같다.

① 호텔연회는 식당과는 달리 예약에 의해서만 판매가 가능하다.

② 연회는 예약에 의해 접수되고 계약이 성립되면 행사가 이루어지기 때문에 다른 식당이나 주장보다는 인력수급계획을 탄력적으로 운영할 수 있으며, 필요한 경우 외부 인력을 시간제로 사용할 수도 있어 인건비를 절약할 수 있다.

③ 식당이나 주장에서는 가격을 결정하고 메뉴에 공시하여 판매가 이루어지지만 연회장은 연회예약시 고객의 예산과 행사의 규모, 중요도 등에 따라 가격이 결정되므로 상품가격을 다양화하여 차별화를 꾀할 수 있다.

④ 식당처럼 항상 테이블과 의자를 일정하게 배치하여 일정한 시간에 영업을 하는 것이 아니고 동일한 공간에서도 식음료 메뉴에 따라서 가격이 상당히 탄력적이며, 시간도 다양하다. 특히 출장파티는 공간적 제한을 받지 않고 테이블 배치나 서비스 형태 등 다양한 융통성을 보일 수 있다.

⑤ 식음료 원가절감 효과와 서비스 능률성을 기대할 수 있다. 사전에 예약된 메뉴를 동시에 생산하고 서브하기 때문에 식음료품 창고에 저장 품목을 처분할 수 있어 원가절감의 효과를 기대할 수 있으며, 동일한 서비스로 진행되기 때문에 노동성도 극대화시키는 효과를 볼 수 있다.

⑥ 호텔 외부판매(Outside Catering)나 행사에 참여한 고객들을 통한 호텔 홍보의 효과를 극대화시킬 수 있다. 고객이 만족할 만한 행사는 재방문객이 되고, 고객들이 행사를 기다리는 동안 혹은 행사 후에 각종 부대시설을 이용하기도 하여 연회장 외의 부서에도 파급효과가 크다.

⑦ 연회장의 규모에 따라 특별 이벤트를 유치하거나 각종 연회상품을 개발하여 판매할 수 있어서 특별 이벤트 유치 및 각종 연회상품 개발가능하다.

⑧ 여행사의 단체고객을 모집할 때 연회장을 파티 등을 포함한 패키지 상품으로 묶어 판매할 수 있다. 이는 상품경쟁력을 높이는 일이다.

⑨ 연회행사, 특히 컨벤션은 계절성의 영향과 주말의 영향을 덜 받기 때문에 객실판매 비수기 혹은 주중의 타개책으로 이용할 수 있다.

⑩ 컨벤션이나 연회 고객이 객실 및 부대시설을 이용함으로써 호텔의 추가적인 매출증대를 가져올 수 있다.

제2절 연회의 분류

연회행사는 목적에 따라 다양하게 이루어지고 있는데, 크게 식음료를 판매를 목적으로 하는 식음료연회 행사와 장소 판매를 목적으로 하는 임대연회 행사가 있다. 식음료 연회 행사는 주로 파티형으로 정찬파티, 리셉션 파티, 칵테일파티 등이 있으며 임대연회 행사로는 전시회, 회의, 패션 쇼 등이 있다.

1. 기능별 분류

1) 식사와 음료판매를 목적으로 한 연회

블랙퍼스트(Berakfast) 런치(Luncheon), 저녁(Dinner), 정찬파티(State Dinner Party), 칵테일파티(Cocktail party), 뷔페(Buffet Party), 티 파티(Tea Party), 리셉션 파티(Reception Party) 등이 있다.

2) 장소대여를 목적으로 한 연회(Rental Charge)

박람회(Exhibition), 패션 쇼(Fashion Show), 세미나(Seminar), 회의(Meeting), 국제회의(Conference), 심포지엄(Symposium), 프레스 미팅(Press Mccting), 연주회(Concert), 상품설명회, 강연, 간담회 등이 있다.

2. 장소별 분류

1) 호텔 내의 연회장 파티(In House)

고객들을 호텔 내에 준비된 연회장을 이용하여 고객들의 행사를 수행한다.

2) 출장 연회(Outside Catering)

고객의 요청에 따라서 고객들이 원하는 장소를 섭외하고 파티의 목적에 알맞은 연회행사를 호텔 밖에서 유치하길 원할 때 호텔의 음식과 기물 인력을 동원하여 목적지에 도착하여 연회행사를 한다.

3. 목적에 의한 분류

1) 가족모임 : 약혼식, 회갑연, 칠순, 금혼식, 돌잔치, 결혼피로연
2) 회사행사 : 창립기념행사, 개점기념행사, 이·취임식, 사옥이전
3) 학교관계행사 : 입학, 졸업축하 파티, 사은회, 동창회, 동문회
4) 정부행사 : 외국 국빈의 영접 파티, 정부수립기념회, 국민행사
5) 각종 협회행사 : 국제적 회의, 심포지엄, 정기총회
6) 수상 파티 : 각종 시상식 행사
7) 디너 쇼 : 식사와 함께 가수들의 노래와 쇼를 즐기는 것
8) 기타 행사 : 신년하례식, 소연회, 간담회, 체육행사, 각종 이벤트 등이 있다.

4. 시간별 분류

1) 조찬 파티(Berakfast Party) : 06:00~10:00
2) 브런치 파티(Brunch Party) : 10:00~12:00
3) 런치 파티(Lunch Party) : 12:00~15:00
4) 디너파티(Dinner Party) : 17:00~24:00
5) 만찬 파티(Supper Party) : 22:00~24:00

제3절　연회의 종류

연회가 국가적인 행사나 국제적인 대규모의 성격을 띠고 있을 경우가 있으므로 연회서비스 담당자는 사전에 그 내용과 목적을 잘 파악하여 업무수행에 최선을 다하고 고객 서비스에 만전을 기하여 연회행사가 성공적으로 이뤄질 수 있도록 최선을 다해야 한다.

1. 테이블서비스 파티(Table Service Party)

테이블 서비스 파티(정찬파티)는 가장 정식적인 행사로서 경비의 규모가 클 뿐만 아니라 사교상의 중요한 목적을 띠는 연회행사이다. 별다른 언급이 없더라도 통상 예복을 입고 참석해야 하는데, 초대장에 연회의 취지, 주빈 성명, 복장에 대한 명시를 하기도 한다.

연회서비스 직원들은 고객이 참석하기 전에 좌석 배치도가 결정되면 좌석카드를 각각의 식탁에 배치하여 지정된 좌석에 앉도록 안내하여야 한다. 많은 고객이 초대 되었을 경우에는 연회장 입구에 좌석 배치도를 부착하여 참석자들이 혼잡을 일으키지 않고 자리를 안내 받을 수 있도록 한다. 테이블서비스 파티의 테이블 세팅은 연회장의 넓이와 참석자의 수, 연회의 목적에 따라 테이블의 배치가 달라진다. 좌석의 배열로 사회적 지위 및 연령의 상하가 구분되기 때문에 주최자와 충분한 사전협의가 이루어져야 하고, 특히 외국인의 경우는 부인을 위주로 하며 상석을 입구에서 가장 먼 내측이 된다.

2. 칵테일 리셉션(Cocktail Reception)

칵테일 리셉션이란 고객들이 입식형태로 각종 주류와 음료를 주제로 전체를 곁들이면서 행하여지는 연회를 말한다. 칵테일 리셉션은 정찬파티에 비해 비용이 경제적이고, 자유롭게 이동하면서 자연스럽게 담소할 수 있다. 또한 참석자들의 복장이나 시간도 별로 제한받지 않기 때문에 현대인에게 더욱 편리하고 특히 사교모임에 적당한 파티이다. 고객들은 연회장 입구에서 주최자와 인사를 한 후 입장을 하고, 연회장내 준비되어 있는 바에서 좋아하는 칵테일이나 음료를 주문한 후 격식 없이 고객들과 어울리게 된다. 연회서비스 직원들이 특히 준비해야 할 점은 고객에게 직접 다가가 적극적으로 주문을 받도록 한다.

3. 출장연회 파티(Outside Catering Party)

출장연회란 호텔의 한정된 장소를 탈피하여 고객이 원하는 장소, 시간에 따라 호텔 외부에서 행하여지는 연회 행사로 음식, 음료, 식기, 테이블, 글라스, 린넨, 각종 비품 등 연회행사에 필요한 집기 비품들을 준비하여 고객이 지정한 장소에 운반하여 고객이 만족할 만한 연회행사를 실시하는 것을 말한다.

이 행사 역시 최근 들어 시장의 신장률이 점차 높아지고 있는 행사이다. 출장연회 행사 전 현장 책임자는 반드시 장소를 사전에 답사하여 행사규모, 주방시설 및 위치, 엘리베이터 이용가능 여부, 전기, 차량 대기 장소, 약도 등을 파악하여야 한다. 또한 야외행사시 기상변화에 따른 대비책도 강구 되어져야 한다.

4. 뷔페 파티(Buffet Party)

뷔페는 보통 입식뷔페와 착석뷔페로 나눌 수 있으며, 식사의 내용도 단일 종류의 뷔페식사와 여러 가지를 섞은 뷔페식사가 있다.

특히 뷔페식사에서는 양이 모자라 고객이 불쾌하게 생각하는 경우가 빈번히 발생하게 되므로 뷔페레스토랑에서의 뷔페는 오픈뷔페, 연회행사시의 뷔페는 클로즈 뷔페라는 것을 고객에게 인지시켜 주도록 한다.

5. 패밀리 뷔페(Family Buffet)

우리나라도 눈부신 경제성장과 더불어 국민의 소득이 증대됨에 따라 가족모임을 호텔에서 갖는 일이 많아지고 있다. 가족모임은 글자 그대로 가족들과의 행사를 호텔에서 행하는 것이다. 보통 가족모임이라면 약혼식, 결혼식, 돌잔치, 회갑연, 칠순, 생일파티, 결혼기념 파티 등이 있는데, 가정에서 직접 가족행사를 했던 예전과는 달리 최근에는 호텔의 시설을 빌려서 하는 경우가 많이 늘어나고 있다. 호텔의 정원이나 수영장 등에서 특별히 하는 가든파티(Garden Party)도 가족모임의 일환으로 개최되는 경우가 있다 가족모임 뷔페는 최근 들어 부쩍 신장률이 높아지고 있고 시장 잠재력이 높은 연회행사로써 호텔에서 행사 유치에 전력을 기울이는 전력품목 중의 하나이다.

6. 정원 파티(Garden Party)

개인의 정원이나 경치 좋은 야외에서 칵테일 리셉션, 뷔페 파티 등의 연회행사를 개최하는 연회행사를 말한다. 자연의 풍경이나 경치를 만끽할 수 있으며, 실내에서의 서비스와 동일한 서비스를 제공받게 된다. 그러나 정원파티는 우천 시의 대비책을 사전에 강구하여야 한다.

7. 티 파티(Tea Party)

티파티는 일반적으로 휴식시간(Break Time : 오후 3~5시) 사이에 양식 다과만으로 하는 경우와 한식 다과만으로 간단히 하는 경우 그리고 한, 양 다과를 혼합하는 경우가 있다. 또한 과일, 샌드위치, 대형 케이크를 잘라 한쪽씩 음료수나 차와 함께 하기도 한다. 티 파티에서는 커피, 홍차, 인삼차와 같은 더운 음료와 주스, 콜라, 사이다 등과 같은 찬 음료가 제공된다.

8. 기타

각종 회의를 진행하는 동안 잠깐 쉬는 시간에 미리 준비한 커피 및 음료를 제공하는 커피 브레이크(coffee break), 어떤 공식적인 행사를 진행하기 전에 서로 모르는 사이인 참석자들이 자신들을 소개하면서 친근감을 가질 수 있도록 가벼운 음료와 다과를 함께 나누는 상견례의 일종인 아이스 브레이크(ice break) 등도 있다.

제4절 연회 판매촉진 및 직무분담

1. 연회 판매촉진의 의의

연회상품의 가장 효과적인 판매촉진수단은 이적 판매로써 주어진 거래선의 예상고객이나 단체에 방문을 통한 판매활동을 하는 것이다.

연회판촉은 연회행사를 유치하는 것이다. 연회예약을 받는 것이기 때문에 연회판촉과 연회예약은 상호 긴밀히 협조해야 할 필요성이 있다. 그래서 연회예약부서와 연회판촉팀은 같은 사무실을 쓰는 경우가 많다.

2. 연회판촉의 기본방향과 인적 판촉의 이점

1) 연회판촉의 기본방향

고객을 위한 호텔이 된다는 것은 호텔 상호간에 선의의 경쟁을 통하여 고객서비스수준 향상 및 환경, 시설개선 등의 손님맞이 태세에 만전을 기해야 한다.

고객이 만족하는 호텔연회장이 되려면 다음과 같은 개선책이 강구되어야 한다.

첫째, 연회장 시설의 고급화, 대형화와 규격에 따라 편의시설이 국제수준에 맞도록 계획하고 디자인 되어야 한다.

둘째, 연회행사의 가장 기본적이고 중요한 식음료에 이어서 고객의 요구사항에 대하여 항시 대비하고, 종합적인 서비스가 이루어지도록 종사원의 안전 서비스면의 지속적인 교육을 통한 서비스 질 향상에 주력해야 한다.

셋째, 현대 연회행사는 정치·경제·사회·문화부문의 사교의 장이면 새로운 정보교환의 매체로서 중요도가 재인식되고 있으므로 상품의 개발 또는 선전과 홍보활동이 요망된다.

2) 정규판촉사원과 준판촉사원

정규판촉사원이란, 연회행사를 전담할 수 있는 전문판촉사원으로서 모든 거래선을 총망라하여 관장하게 된다. 판촉능력 여하에 따라서 연회매출의 높고 낮음이 판가름 나게 된다. 기능별로 분류하게 되면 판로개척형, 정규수주형, 지원형이 있다.

준판촉사원이란, 연회판촉부와 기능을 달리하는 타부서에 근무하고 있는 지원을 담당부서 판촉사원으로 임명하여 그들로 하여금 각 부서 조직원들이 소속해 잇는 가정, 집단, 모임 등에서 일어나고 있는 혹은 예정인 각종 연회행사의 정보를 사전에 입수하여 세일즈 리드함으로써 연회행사를 적극 유치하려는 제도이다. 이들이 전해준 정보를 정규판촉사원이 잠재 연회행사를 유효화하여 연회매출을 증진시키는 방법이다. 하지만 준판촉사원이 정규판촉사원의 영역을 침범해서는 안 된다.

3) 인적 판촉의 이점

광고, 판매촉진, 홍보와 더불어 판촉믹스 요소 중 가장 중요한 판촉수단의 하나라고 할 수 있다. 이유에는 판촉요원은 각 고객의 욕구, 동기, 행동에 따른 판매제시가 가능한 것이다. 인적활동의 이점은 다음과 같다. 노력의 소비를 최소화 할 수 있다. 시간을 절약할 수 있다. 회상의 대고객서비스 개선에 기여할 수 있다. 고객관리 담당자이며 이익관리자이고, 동시에 호텔의 얼굴 역할을 하는 총판매요원 역할을 한다.

3. 연회판촉의 방법

호텔 연회판촉의 방법으로는 다양한 매체를 이용하게 되는데 판촉매체별 특성과 장·단점은 이렇다.

첫째, 직접방문판촉은 항상 고객과 직접 상담하기 때문에 예약의 확률이 높아지고 고객에게 더욱 자세한 내용을 알릴 수 있는 반면 출장비용의 증가로 인한 예산의 문제와 시간이 많이 소비된다는 단점이 있다.

둘째, 전화를 이용한 연회판촉은 직접방문의 효과를 가지면서 출장비용도 절약된다. 여러 인쇄물의 빠른 전달도 가능하며 고객의 질문사항이 있을 경우 편리하게 대응할 수 있다. 직접상담이 아니기 때문에 고객의 욕구를 정확히 파악하는 것은 어렵다. 고객확보가 직접방문판촉보다는 떨어진다.

셋째, 비디오 우편을 통한 연회판촉은 시각효과를 가지고 우편을 통해 고객들에게 쉽게 전달할 수 있다. 처음 비디오를 편집할 때 드는 비용이 매우 크고 비디오를 받는 고객들이 VCR이 없으면 사용이 불가능하다는 것이 단점이다.

넷째, 우편물을 통한 연회판촉은 고객필요로 하는 정보를 보낼 수 있으며 비디오 제작과 배달보다는 예산비용이 적게 들어간다는 장점이 있는 반면 우편광고에 대한 고객의 관심도가 낮고 우편수송이 자주 지연되거나 누락되는 경우가 많아 판촉효과가 떨어진다는 단점이 있다.

다섯째, 잡지광고를 통해 판촉을 할 수 있다는 것이다. 잡지광고는 다양한 층의 고객들에게 접근이 가능하다. 무역과 관련된 잡지에 호텔연회에 대한 안내광고를 싣게 되면 고객들에게 널리 알릴 수 있는 장점이 있다. 단점에는 수명이 짧다는 것이다. 잡지라는 것이 책처럼 오래보는 것이 아니라 한 번 보고 버려진다는 것이 단점인 것이다.

여섯째, 라디오광고를 이용한 연회판촉은 메시지를 음향효과로 강조할 수 있고 특정 고객층을 겨냥한 시간대를 선택해 광고가 가능하다는 장점이 있으나, 광고수명이 짧고 단체고객의 유치가 어렵다는 단점이 있다.

일곱째, TV광고를 이용한 연회판촉은 음향효과와 시각효과가 동시에 가능하면 전체적인 이미지의 개선과 고객과의 거리를 좁힐 수 있다는 장점이 있으나, 광고수명 또한 짧다.

여덟째, PR광고를 이용한 연회판촉은 간접적인 광고로써 호텔 전체의 이미지를 개선시킬 수 있으며, 연회행사와 이벤트행사를 광고보다 강력하게 어필할 수 있는 특징이 있다. PR 광고는 직접적으로 판매를 촉진시킬 수 없으며 광고비용이 비교적 비싼 편이다. 이와 같은 방법도 더 강구해야 할 것이 있다. 고객의 측면에서 이해 할 수 있어야 되며 광고매체를 최대한 이용해야 하며 상품정보는 진실해야 하며 기획 상품 개발에 주력해야 하며 각종 서비스 제공을 해야 한다. 또한 판촉요원화 교육이 필요하며 홍보선전활동을 강화해야 하며 연회매출 증진방안 모색해야 하며 연회유치를 위한 판촉계획 및 목표를 할당해야 한다. 이유는 막막하게 그냥 판촉 할 수 없기 때문에 계획을 짜서 계획대로 시행되도록 독려해야 한다.

4. 연회 판촉사원의 역할과 판매과정

1) 연회 판촉사원의 역할

연회 판촉사원은 호텔과 고객과의 사이에서 시장 환경의 변화에 대처하면서 수시로 고객과 접촉하며, 고객이 필요로 하는 정보를 제공하고 연회 판촉에 필요로 하는 정보를 수집하고, 유·무형의 호텔상품을 판매하며, 거래선을 관리하고, 고객에 대하여는 호텔을 대표하는 역할을 수행한다. 판촉사원은 자신이 담당하는 거래선에 대하여 호텔 전반에 대해 소개하며 객실, 식음료, 기타 상품을 판매한다. 연회 판촉은 시장조사 및 거래선 관리를 통해 정보를 모집하고 모집된 정보에 의해 행사를 추적, 유치하며 행사 주최 측과 상세한 협의를 하여 좋은 행사가 이루어지도록 관계부서와 긴밀한 협조를 이루어져야 한다. 판촉요원은 연회서비스지배인에게 고객을 소개시켜 주어야 한다. 그 이유는 연회장의 시설이나 연회에 필요한 식음료와 같은 사항들을 서비스지배인을 통해 자세히 알아야 한다. 고객의 욕구를 최대한으로 충족시켜 주고 동시에 최고의 서비스를 제공할 수 있다.

2) 연회 판촉사원의 자세

연회 판촉사원은 항상 회사의 대표자적 입장에서 책임을 지고 모든 행동을 신중히 하여야 한다. 호텔 내외에 대한 풍부한 상품지식을 갖도록 부단히 노력하여야 하며 적극적인 사고방식으로 행동하며 바른 몸가짐과 적절한 언어를 구사하며 공손한 태도를 습관화하여야 한다.

구체적으로 말한다면 방문계획과 준비를 면밀히 해서 방문을 평균화하고 한번 방문하지 말고 여러 번 방문하며 단골과 신뢰가 쌓이도록 최선을 다한다. 판매원은 부정적인 언어보다 긍정적인 어휘를 사용하도록 한다.

또한 어학능력 향상이 필요하다. 연회행사의 종류에서도 언급했듯이 외국인 주최 연회행사 및 국제행사도 빈번히 열리고 있다. 외국인 주최 연회행사 등을 무리 없이 유치하고 진행시켜 성공적인 연회로 이끌기 위해서는 판촉요원이나 연회예약요원, 연회서비스요원의 어학능력이 무엇보다도 중요하다.

기본적인 서비스 자세도 필요하다. 그리고 매일 일정시간의 회의를 통해 각종 정보교환이 연회판촉 요원들 간에 이루어지도록 분위기를 조성한다. 예를 든다면 L호텔과 같은 경우 거래 선별로 판촉담당직원이 지정되어 있다. 이들은 각각의 거래처와 판촉활동을 하는 동안에 자기와는 별개의 연회행사 정보를 입수하게 되는데, 이들은 지체 없이 담당직원에게 인계를 실시하여 당 호텔의 연회매출증진을 꾀하는데 일익을 담당하게 된다. 이것은 연회행사에 있어서 정보입수가 얼마나 중요한지 알려져 주는 것이다. 판촉사원은 자기만의 체크리스트를 작성해 다음에 문제가 생기지 않게 무리 없이 행사를 치러나갈 수 있도록 한다.

3) 연회판촉사원의 판매과정

잠재고객을 발굴해나간다. 잠재고객이라고 하는 것은 연회생사에 지불할 돈과 행사를 진행시키려는 의도와 권한을 갖고 있는 사람을 의미한다. 잠재고객의 발굴방법에는

첫째, 거래선별 접촉방법, 각종뉴스매체 등을 통해 알 수 있다.

둘째로 사전접촉이 있다. 사전접촉에 의해서 판촉사원들은 잠재고객에 관하여 알 수 있는 모든 프로파일과 그로 하여금 당 호텔에 연회행사를 유치하도록 격려할 이유, 각종 혜택을 찾기 위하여 노력한다.

셋째, 접촉이 있다. 판촉사원이 당사에 행사를 유치하도록 단골고객을 만날 때마다 그는 접촉을 하게 되는 것이다. 단골고객이 된 연회행사 주최자에 대한 접촉은 매우 다른 것이며 우자의 경우에 있어서 접촉은 훨씬 신중하게 계획되어야 한다.

넷째, 판매제시가 있다. 판매제시란 연화행사의 당 호텔 유치에 대한 잠재고객의 욕망을 창출하는 단계이며 훌륭한 판촉사원은 그의 판매제시를 통하여 완전성, 명료성, 잠재고객의 신뢰를 확보하도록 노력해야 할 것이다.

다섯째, 반감의 해소이다. 잠재고객은 판매제시에 대하여 이해하지 못하였거나 동의하지 않거나 흥미를 갖기 못하는 경우 반감을 제기하게 된다. 가격, 저지반응을 제외하고 대부분의 이러한 반감은 즉시 해소되어야 한다.

고객들은 가격에 제일 민감하게 반응하기 때문에 그 점에서 판매사원은 적절히 해소 시켜 고객을 하나 더 유치하도록 노력해야 한다. 이밖에 판매의 종결, 사후관리가 있다. 사후관리라는 것은 연회에 대해 어떻게 생각하는지 등 모든 일이 끝난 다음 거기에 대해 어떻게 생각하는지 등 무엇이 불편했는지 만족인지 불만족인지 알아야 될 것이다.

5. 연회 판촉부서의 조직

국민소득의 증대, 여가에 대한 새로운 인식, 그리고 새로운 가치관의 형성에 따라 호텔을 이용하는 계층이 다양화되고 각종 모임이 활발해져 호텔이 대중화·보편화하는 추세에 있다.

따라서 호텔의 고객유치는 어느 때보다 더 심화되고 연회판촉도 호텔지역과 특성에 따라 조직의 중요성을 강화하여 고개유치에 힘쓰고 있다. 예를 든다면 L호텔의 연회조직도를 본다면 판촉본부가 주축을 이루어 객실판촉부, 해외 판촉부, 국내 판촉부, 연회판촉부, 본관, 잠실연회판촉과, 국내 1,2,3팀 외국인팀, 컨벤션 팀으로 이루어져 있으며 연회판촉관리과, 홍보선전과, 해외영업소로 나뉘어져 있다.

호텔의 위치에 따라서 판촉부서의 조직도 더 탄탄하게 짜여 있을 것이다. SW호텔은 시내와 좀 떨어져 있어 판촉부서의 조직이 탄탄하다고 책에 나와 있다. 조직부서는 호텔의 입지적 위치와도 연관이 되어있는 것 같다.

1) 연회부문 조직

호텔의 연회부문은 식음료부서에 소속하고 있어 식음료부서장이 연회부문을 관리하게 된다. 그러나 최근에는 연회부문이 호텔에 대한 기여도가 큰 만큼 식음료부서와 별도로 독립된 조직체계를 갖추고 있는 호텔이 증가하는 추세이다.

호텔 연회부문조직은 크게 연회를 유치하는 부서, 연회장에서 행사의 서비스를 수행하는 부서, 판매와 서비스의 원활한 커뮤니케이션과 코디네이션 역할을 하는 연회예약부분으로 대별된다. 철저한 사전준비로 치열한 경쟁에서 고객만족과 재고객화를 위해서 상기 3부문은 호텔내의 다른 부문보다 더욱 긴밀히 유기적인 조직체계를 갖춰야 한다.

2) 조직원의 직무분담

조직원들의 직무분석을 하기 전에 연회행사에 없어선 안 될 호텔 내부 관련부서의 역할에 대하여 살펴보고 구성원들의 직무에 대하여 설명하기로 한다.

(1) 연회관련 부서의 역할

① 연회 예약실

호텔 연회행사시 대부분의 고객이 가장 먼저 접촉하는 곳으로 연회행사가 대중화 되어감에 따라서 그 비중은 현재도 크지만 앞으로 더욱 증가할 전망이다.

연회행사의 유치 및 연회를 창출하는 주요기능과 철저한 고객관리, 원만한 행사의 준비를 통하여 고객의 만족도를 제고시키고, 식음료에 대한 상식으로 최선의 가격으로 최고의 서비스를 할 수 있도록 지원해야 한다.

연회예약을 성립시키기 위해서는 예약담당자와 판촉사원 간에 밀접한 협력 체제를 갖추면서 능률과 기능을 최대한 발휘하여야 한다.

경쟁업체와 우위를 유지하려면 최고의 시설, 특색 있는 요리, 품위 있는 실내 분위기, 최상의 서비스를 지속적으로 개발하여 예약 시 자신 있게 상품을 추천할 수 있어야 한다.

② 아트 룸(Art Room)

고객이 원하는 플래카드나 사인류를 준비하고 연회관련 인쇄물을 취급한다. 행사고객들의 특성을 나타낼 수 있는 아이스 카빙이나 조형물도 준비하는 곳이다.

③ 연회장 바(Banquet Bar)

고객의 요구가 있으면 연회장 안이나 외부에 바를 준비하여 각종 음료를 제공한다.

④ 플라워 숍(Flower Shop)

연회행사시 필요한 꽃과 평소의 업장, 객실에 비치되어 있는 관상목이나 장식물을 담당하며, 행사의 특성에 맞게 계절감 있는 장식으로 고객에게 비쳐지는 주변을 보다 아름답게 한다.

⑤ 연회장 주방(Banquet Kitchen)

고객이 주문한 행사 통보서를 보고 시간에 맞춰서 요리를 하여 동시에 많은 인원을 서비스하더라도 부족함이 없는 철저한 준비가 있어야 한다. 또한 음식이 식거나 음식 만드는 속도가 느려서 행사에 차질이 없도록 인적자원도 충분히 확보하여 원만한 서비스가 되도록 한다. 음식과 관련 있는 브레드나 후식도 베이커리 주방과 충분히 협조하여 준비를 하는 곳이다.

⑥ 음향실

행사에 필요한 조명, 음향, 동시통역기, 녹음, 아이스 카빙, 조명, 스크린, 스피커, 영사기,

환등기의 준비와 점검이 필요하다.

(2) 직무분담

* 연회예약지배인(Banquet Reservation Manager)

연회행사의 판매, 행사 예약 장부의 관리, 연회장 준비상태를 조정하는 직무를 담당하고 있다. 연회예약지배인은 호텔 연회장의 규모에 따라서 관리하는 부하직원의 수가 다르고, 호칭도 이사, 차장, 과장으로 불리며, 예약지배인의 세부적인 업무는 다음과 같다.

① 고객들의 연회예약과 관련된 업무의 총괄적인 지휘, 감독 및 최종적인 책임을 진다.

② 연회행사에 대한 세일즈 및 특별행사 기획을 한다.

③ 연회예약 대장을 관리한다.

④ 연회에 필요한 모든 준비상황을 고객과 함께 검토한다.

⑤ 연회예약의 메뉴 및 가격결정을 한다.

⑥ 관련부서와 협조하여 행사준비를 차질 없이 한다.

* 연회서비스지배인(Banquet Service Manager)

연회서비스 지배인은 연회예약부서에서 작성된 예약통보서에 의하여 식음료 서비스를 실제적으로 계획하고 감독하는 등 행사의 세부사항을 책임지는 임무를 맡고 있다.

① 연회장의 시설 및 기자재 관리

② 각 직원의 업무분담 및 행사준비 지시

③ 행사 통보서를 완전히 숙지하여 업무담당 및 준비사항을 점검한다.

④ 행사 전에 관련부서에 충분한 시간을 두고 협조요청을 한다.

⑤ 행사 중에 VIP영접과 고객의 불편함을 체크하여 요구사항을 들어준다.

⑥ 행사 후에도 행사에 대한 피드백을 들어보고 계산을 도우며, 환송을 한다.

⑦ 직원의 교육, 훈련, 직원회의, 업무일지 작성, 근무시간표 등을 작성한다.

* 연회판촉지배인(Banquet Sales Manager)

연회판촉지배인은 호텔의 연회서비스를 대중에게 홍보하는 역할, 연회와 컨벤션 행사를 치하고 고객과 상담하며, 연회메뉴를 조정하고 가격을 결정한다.

* 접객조장(Captain)

지배인의 지시에 의하여 연회행사를 직접적으로 준비하는 사람으로 식탁배열, 테이블 세팅, 인원배정, 행사의 특성, 준비과정, 기물확보, 음료설치 및 서비스 요청, 린넨류를 점검하는 실무 책임자이다.

① 지배인을 보좌하여 업무를 수행한다.

② 행사 전, 후에 연회장 및 백사이드 정리정돈 점검한다.

③ 연회행사의 순서와 특별사항을 숙지하고 실천한다.

④ 행사시 서비스 인원을 알맞게 배치한다.

⑤ 고객의 영접 및 환송을 하고 행사 후 계산서를 작성하고 계산을 완료한다.

⑥ 행사 완료 후에 결과를 보고한다.

⑦ 직원과 지배인의 교량적 역할을 하면서 지배인의 지시와 직원의 불만을 해소한다.

* 웨이터(Waiter)

행사시에 접객조장을 도와서 식탁배열, 테이블 세팅을 하며 지정된 담당구역에서 고객서비스를 직접 담당한다.

① 접객조장의 지시에 의하여 연회를 준비하고 청소한다.

② 행사시 고객의 특별한 주문을 숙지하여 준비한다.

③ 정해진 메뉴에 따른 기물, 비품을 준비하고 서비스한다.

④ 영업완료 후의 각종 기물을 정리, 정돈한다.

⑤ 행사에 따른 고충, 개선점, 문제점 등을 보고한다.

* 접객보조원(Busboy)

웨이터를 도와서 연회 행사에 필요한 기물 준비, 정돈을 하고 연회행사의 고객서비스를 담당하여 행사 후 기물을 정리한다.

① 웨이터의 업무를 보조한다.

② 연회용 기물, 비품, 린넨류 등을 준비하여 정리한다.

③ 각 연회장, 스테이션을 정리, 정돈한다.

④ 연회 행사시 서비스를 준비 및 보조를 한다.

제5절 연회행사 업무의 절차

1. 예약

연회판매는 주로 판촉사원에게 의뢰하고 예약담당자는 정보제공, 서류정리, 자료작성 등을 주관하며, 판촉사원과 상호 협력하여 예약업무의 착오가 없도록 하여야 한다.

연회예약의 접수는 고객이 직접 내방하거나 판촉사원을 통하여 또는 전화, 팩스, 인터넷, 편지 등으로 이루어지는데, 근래에는 적극적인 판촉활동을 통해 고객 확보에 최선의 노력을 해야 하는 경쟁시대에 들어섰기 때문에 경쟁업체보다 우위를 유지하기 위해서는 최고의 시설, 특징 있는 요리, 친절한 서비스를 항상 유지해야 한다.

특히 연회예약을 접수하기 위해서는 연회의 구성 요소를 충분히 사전에 숙지할 필요가 있는데, 연회장의 규모, 시설이나 기자재, 식음료의 메뉴와 가격, 좌석배치, 무대 등 전반적인 사항을 파악하고 있어야 한다. 더구나 연회행사는 요금이 정해진 상품만을 판매하는 것이 아니고 연회행사라는 상품을 창조하여 판매하기 때문에 연회예약 종사원의 역할은 매우 중요하다. 또한 연회는 사내 관련부서와의 긴밀한 협조 하에서 이루어지는 특성을 가지고 있기 때문에 관련부서와의 연락이 정확하게 이루어져야 한다.

만약 관련부서와의 사전 연락의 불충분이나 관련부서의 착오로 인해 한 가지라도 실수를 하게 되면 식음료 상품의 특성상 완벽한 상품을 창조하지 못해 고객의 불만이나 불평을 사게 되므로 연회예약 시간은 사전에 관련부서와의 협조를 충분히 하여야 한다.

따라서 고객이 연회예약을 문의하면 제일 먼저 연회의 성격과 규모를 파악한 다음 연회장의 사용여부를 확인하고 고객과 여러 가지 사항을 연회예약서(Function Reservation Sheet)를 토대로 해서 하나씩 상담하고 협의(Negotiation)하면서 관련 부서와의 업무 협조를 한다.

연회예약이란 요금이 정해진 상품을 판매하는 것이 아니라 연회라는 상품을 창조하여 판매하는 것이므로 다음과 같은 사항을 유의하여 접수를 받는다.

2. 연회행사 준비

연회행사의 준비는 사전의 준비 작업으로서 대단히 중요한 사항이다. 주최자 측의 입장에서 보면 당연히 큰 행사이고 이벤트화 된 업무로서 서비스를 제공하는 회사 측의 입장에서도 이벤트 업무라고 할 수 있다.

연회가 접수되면 접수된 내용에 의하여 연회예약 명세서를 작성하고 책정된 예산에 의한 메뉴 및 인원, 행사일, 행사시간이 기록된 연회행사 통보서를 관련부서에 보내고 서비스 방법에 따른 세부 계획을 작성한 다음 연회성격에 맞는 장시고가 식탁을 배열한다.

식탁배열은 연회성격에 맞는 장소와 인원, 분위기 등을 고려하여 알맞게 배열하여야 하며 출입문과 창문, 기둥과 무대의 위치 등 공간을 최대한 이용한다. 식탁배열이 연회의 성격에 따라 결정되며 서비스방법에 따라 다소 차이가 있겠으나 웨이터, 웨이트레스의 식탁 배정이 이루어져야 한다. 일반적으로 8인용 10인용 원탁을 사용하거나 타원형 식탁 또는 장방형 식탁을 사용할 경우 숙련된 종사원이 접객할 수 있는 인원은 한사람이 10~12명 정도이나 차원 높은 서비스를 요구할 경우 6~8명이 가장 적당하다.

식탁배열이 이루어지면 그에 알맞은 서비스 계획을 작성하여 연회행사에 차질이 없도록 한다.

1) 예약의 접수

행사를 위한 최초의 단계는 연회예약을 담당하는 부서의 예약원이 연회상품을 설명하고 견적에 의해 계약을 하게 되면 연회예약시 접수된 고객의 모든 행사 정보를 행사지시서에 표기하여 연회서비스 부서를 비롯하여 관련부서에 송부하게 된다. 연회서비스 부서에서는 행사지시서에 의거, 행사를 준비하게 되고 행사 당일 최종적으로 예약한 각종 연회 상품을 판매한다.

판촉활동을 담당한 직원이 열심히 영업활동을 하는 동안 예약담당자는 정보의 제공, 서류정리, Table Plan, 자료의 작성 등을 주관하면서 판촉담당직원과 일체감을 가지고 상호협력하면서 판매이윤의 증진 및 연회예약의 활성화를 위해 합심·노력해야 한다. 연회예약을 접수할 때에는 반드시 다음의 사항을 확인해야 한다.

① 날짜와 시간(Date & Time)
② 주최자와 초청받은 손님(Organizer & Guest of Honor)
③ 연회의 성격 및 목적(Type of Function)
④ 참가인원(Number of Guest)
⑤ 약정된 예산(Budget : Price per cover)
⑥ 연회장소 및 장식(Room & Decoration)
⑦ 차림표와 주류(Menu & Wine)
⑧ 식탁 배치(Table Arrangement)
⑨ 좌석 배치(Seating Arrangement)
⑩ 연회장 도면(Function Ray-out)
⑪ 서비스 방법(Method of Service)
⑫ 가격 안내(Price Information)

⑬ 지급방법(The way of Payment)
- 개인지급 - 현금후불(지급조건)
- 회사지급 - 현금후불(지급기일)
- 신용카드 지급 및 가계수표

⑭ 견적서(Quotation)

⑮ 기타 특별사항(Others, Special Requirement)

2) 견적서 작성(Banquet Quotation)

견적서를 작성할 때에는 고객의 예산에 맞는 제출하는 것이 매우 중요하다. 특히 식음료의 요금은 봉사료와 세금을 포함한 가격으로 하며, 무료로 제공되는 품목이 있으면 원래의 가격을 기록하고 비고란이나 가격 기록 란에 무료라고 표시해 주어야 고객이 내용을 파악할 수 있다. 또한 견적서를 작성할 때에는 연회장의 도면과 좌석 배치(Layout) 등을 동시에 제출한다.

3) 연회장의 배정

보통 호텔은 대, 중, 소규모의 연회장을 다수 가지고 있으므로 연회장을 적절히 배정하는 것도 연회장의 효율적인 운영과 매출의 극대화를 기할 수 있는 부분이다. 따라서 연회장을 배정할 때에는 행사의 인원수와 성격 등을 고려하여 배정한다.

4) 예약서 작성과 예약금

고객과의 모든 협의가 끝나면 계약서를 작성하고 예약금을 받는데 액수는 보편적으로 총금액의 30%정도로 한다. 연회계약서나 예약금을 받고 난 뒤에는 반드시 고객의 사인이나 도장을 받는다.

5) 연회 요구서 작성 및 배부

연회예약서를 작성하고 난 뒤 행사가 유치되면 컨트롤 차트(Control Chart)를 재확인하여 확정된 내용을 기록하는 연회요구서(Banquet Event Control)를 작성한다. 연회행사 관련부서에서 고객과의 대화나 대면 없이 연회요구서에 의해서만 행사를 추진하기 때문에 고객과 협의한 모든 사항을 연회요구서에 기록하며, 관련부서에 배부하여야 한다.

6) 예약의 취소

연회 예약이 취소되었을 때 즉시 예약 컨트롤 북(Control Book)을 정정한다. 취소의 경우 훗날의 예약판매를 위하여 취소사항을 확인하는 것이 중요하다. 컨트롤북(Control Book)을 정정한 후에는 접수 서에 스탬프를 찍고, 취소일시, 취소 자 이름, 취소접수자의 서명을 기입한 후 파일에 철하여 관계부서에 취소사항을 연락하면 된다.

호텔 간의 판촉경쟁은 갈수록 심화될 추세이고 연회부문의 수익성은 더욱 중요하므로 가능한 한 취소가 이뤄진 원인을 정확히 파악하여, 관리적인 측면에서 분석하여 차기의 연회 장판매 노력을 경주하여야 한다.

7) 접수된 예약의 공유

행사 주최 측과 견적서(Quotation)를 주고받아서 행사가 결정되면, Control Chart를 재확인하여 확정한 내용을 기록하고 Event Order를 작성한다.

행사진행 관련부서에서는 고객과의 대화나 대면도 없이 E/O에 의해서만 행사를 진행하기 때문에 고객과의 협의내용과 필요한 사항 등 E/O에 기록할 내용이 많아서 난이 부족할 경우에는 별도의 업무연락 혹은 회의를 통하여 행사내용을 관련부서에 배부하고 협조를 구한다.

8) Event Order 작성방법

(1) Food의 종류

Breakfast, Lunch, Dinner, Cocktail, Reception, Buffet(Seating & Standing), Chinese, Korean, Western, Japanese, Tea Party

① 메뉴는 사전 제작된 견본메뉴에 의해 결정되나 고객이 원하는 특별메뉴도 수용한다. (Vegetarian, 종교적·신체적 특식 등)

② Buffet식인 경우 Standing 또는 Seating인지를 명확히 확인한다.

③ 지정된 메뉴 외에 특정한 가격의 메뉴, 특정인의 메뉴는 'Up to Chef's Discretion'이라 명시하고 주방으로부터 예약 받는다.

④ 한식, 중식, 일식 등의 음식은 100명 이상의 고객일 때에는 조리부와 상의하여 식자재 관련유무를 확인한 후 예약 받는다.

(2) 가격 및 인원의 결정

고객의 요청에 의하여 가격 및 인원이 결정되겠지만 예약업무 담당자는 반드시 고객에게 'Guarantee'개념을 설명하고 인원을 결정한다.

(3) Flower Decoration

연회의 목적과 성격에 따라 알맞게 장식되어야 하는 꽃은 연회장에서 큰 역할을 하게 된다. 그러므로 연회장의 꽃장 식은 대체로 온화하고 화사한 분위기를 조성할 수 있도록 해서 어떤 연회의 분위기와도 잘 조화될 수 있도록 배치해야 한다.

꽃꽂이란 자연 속에서 피어 있는 꽃을 실내공간으로 옮겨 자연의 전형적인 미를 토대로 해서 인간이 창조할 수 있는 또 하나의 예술이라고 할 수 있으므로, 자연의 꽃을 단순하게 화병에 옮기는 것만이 아니고 공간과 선의 구성 및 색채감을 강조하면서 미를 추구하는 것이 꽃꽂이의 참된 의미를 살리는 것이다.

(4) Ice Carving

고객의 요청사항, Logo 문자 등을 기록하거나 별도의 Logo를 Art실로 넘겨준다. 또한 특별한 무대제작 장식도 함께 넘겨준다.

(5) Beverage

Full Bar 또는 Soft Drinks 등 준비 한계를 고객에게 정확히 문의하고 계산은 실수계산(Consumption Base)으로만 하는 것이나 고객의 욕구에 따라 변경할 수 있다.

Bar 설치 유무, Whiskey, Wine, Champagne, Cocktail, Beer, Juice류, Soft Drinks 등에 대한 수량 및 가격 반입품목에 대한 Corkage Charge 등에 대하여 기록한다. 음료는 음료재료비가 일반 식사보다 저렴하고 매출을 신장시킬 수 있는 수단이 되므로 음료판매에 많은 노력을 기울이며, 고객의 주류반입은 최대한 억제한다.

① Cocktail Reception인 경우 1인당 3잔정도
② Cocktail Buffet인 경우 1인당 2잔정도
③ 식사 전 Cocktail은 1인당 1~1.5잔 정도 예측한다.

(6) Rental Charge

Rental Charge는 행사장의 크기, 단골고객 유무, 계절별로 성수기와 비수기 등을 고려하여 차등하며 상황에 맞는 가격을 받도록 한다.

전시회, 패션쇼의 경우에는 100% 또는 그 이상을 초과하여 받는다. 전시회, 패션쇼의 경

우 사전에 많은 준비시간을 필요로 하기 때문에 가급적이면 준비시간도 장소사용료로 계산하여 받는다. 또한 호텔 시설물(전기, 방송음향)을 필요로 할 때에는 관련 부서장과 협의하여 장비사용료를 받도록 하며, 장비 사용 시 훼손, 파손, 분실물에 대한 손해배상 판례를 명시토록 한다.

(7) Decoration

기본적인 장식은 연회준비 담당자가 하지만 고객의 특별요청이 있을 때에는 해당부서와 협의 하에 원하는 형태를 도면으로 작성하여 가격을 결정한다. 특히 Cocktail Reception때 많은 장식을 원할 때에는 반드시 가격을 받도록 하며, Mini Garden 등을 고객이 사용토록 권한다.

(8) Table Shape(Lay Out)및 의자배열(테이블 각각의 그림추가)

연회에 필요한 테이블 배치작업을 말하는데 연회장의 연회내용과 참가고객의 인원수를 고려하여 분위기 연출에 신경을 써야 된다. 우선 연회용 테이블은 크게 나누어 사각테이블과 원형테이블 두 가지로 나눌 수 있다.

특별한 경우 또는 중요한 행사시에는 Table Lay Out을 제시해 두는 것이 원칙이다. Table Lay Out 도면 작성 시 각 연회장 축적도면에 사실적인 도면을 그려서 행사 주최 측에 제시하고 또한 Copy는 현장에 보내서 행사 진행 준비에 차질이 없도록 한다.

연회의 성격에 따라서 테이블의 배치가 달라지는데 극장식 배치, U자형, E자형, T자형, 이 사회형, D자형, 말굽형, 고리형, 교실형, 원형테이블 배치 형태가 있다.

① 원형 테이블 배열(Round Table Shape)

가족연회, 디너쇼, 패션쇼 등 다수의 인원을 유치하여 식사와 함께 제공하는 형태의 연회를 할 때 테이블을 배열하는 방법이다. 테이블간의 간격은 3.3cm 정도이고, 양쪽 통로는 60cm 공간을 유지하도록 한다. 테이블 무대를 중심으로 중앙 부분을 고정한 뒤 앞줄부터 맞추면서 배열하면 되나 뒷줄은 앞줄의 중앙부분이 보이도록 지그재그 식으로 맞춘다. 원형 테이블은 2~14인용까지 있으며, 테이블을 지그재그로 배열하면 수용인원을 더 늘릴 수 있다.

② U형 배열(U-Shape)

U형에서는 일반적으로 60"*30"의 직사각형 테이블을 사용하는데 테이블 전체의 길이는 연회행사 인원수에 따라 다르며, 일반적으로 의자와 의자 사이에는 50~60cm의 공간을 유지하며 식사의 성격에 따라서 더 넓은 공간을 필요로 할 경우도 있다. 테이블클로스는 양쪽

이 균형 있게 내려와야 하며, 헤드 테이블 앞쪽에는 드랩스를 쳐서 다리가 보이지 않아야 한다.

③ T형 배열(T-Shape)

헤드 테이블을 중심으로 T형으로 길게 배열할 수 있으며 주빈이 많은 경우에 적합하다. 상황에 따라서 테이블의 폭을 2배로 늘릴 수 있다. T형은 가장 흔히 사용되는 테이블 배열 형이다. 다만 60명 이상의 모임인 경우 부적합하다. T형 배열도 U형과 마찬가지로 헤드테이블 앞부분에 드랩스를 쳐서 다리를 가리도록 한다.

④ E형 배열(E-Shape)

U형과 같은 배열 방법을 취하나, E형은 많은 인원이 식사를 할 때 이용되며 테이블 안쪽의 의자와 뒷면 의자의 사이는 다니기에 편리하도록 120cm 정도의 간격을 유지하여야 한다.

⑤ I형 배열, 이사회형 배열(Oblong-Shape)

예상되는 참석자의 수에 따라 테이블을 배열하며, 60"*30", 72"*30"테이블을 2개 붙여서 배치하는데 의자와 의자의 간격은 60cm의 공간을 유지하도록 하며 특히 고객의 다리가 테이블 다리에 걸리지 않게 유의한다. 이 형태는 작은 모임에 많이 사용된다.

⑥ 타원형 배열(Oval-Shape)

I형 테이블 배열과 비슷하나, 타원형은 양쪽에 반달모양 테이블을 붙여서 사용한다.

⑦ 공백 사각형 배열(Hollow Square)

U형 테이블 모형과 비슷하게 배열하나 테이블 사각이 밀폐되기 때문에 좌석은 외부 쪽에서만 배열하여야 한다. 테이블 크로스는 반대쪽에서 다리가 보이지 않도록 길게 내리거나 드랩스를 쳐서 회의장 분위기를 돋우어 주어야 한다. 이 형태는 모든 사람들에게 같은 의자에 앉았다는 기분을 주게 되지만 단점은 비디오 시설 등을 제대로 활용하지 못한다는 것이다.

⑧ 말굽 자석형 배열(Horse Shoe)

U형과 같이 배열하여 양쪽 귀퉁이 테이블 끝 부분에 반원형 테이블을 배열한다. 좌석은 외부 쪽에서만 배열하여 안쪽으로 드랩스를 쳐주어야 한다. 굴절되는 부분을 처리하는데 약간의 어려움이 있으므로 테이블 크로스를 잘 조정하여야 한다.

⑨ 공백식 타원형 배열(Hollow Circular)

이 테이블은 Horse Shoe형과 같게 배치하며, 끝부분만 2개의 부채형 테이블로 덧붙여 양쪽을 밀폐시킨다. 굴절된 부분에 테이블 크로스를 덮는데 주의하여야 하며 테이블의 연결 부분도 잘 처리하여야 한다. 이 형도 안쪽에 드랩스를 쳐주어야 한다.

＊ 회의시 의자 배열

① 극장식 배치(Theater Style)

의자를 극장식으로 배열하는 것이 극장식 배치인데, 극장식 배치의 포인트는 가로와 세로 줄을 잘 맞추어야 배치를 똑바로 할 수 있다. 특히 극장식 배치에서는 의자와 의자 사이를 공간이라 부르고 의자의 앞줄과 뒷줄 사이를 간격이라 한다.

연설자의 스피치 테이블에서의자의 첫 번째 줄을 2m정도의 간격을 유지하고, 400 이상의 홀 좌석배치는 통로 복도가 1.5m 넓이의 간격을 유지하도록 하며, 소연회일 경우는 복도 폭이 1.5m가 되도록 한다.

② 강당식 반월형 배치(Auditorium, Semilunar, Center Aisle)

강당식 반월형 배치는 의자 배열에 넓은 공간을 점유하기 때문에 많은 인원을 수용하는데 어려움이 있다. 의자를 배열하는 방법은 무대에서 최소 3.5m 간격으로 배열하고, 중앙복도는 1.9m간격을 유지하여 놓고 의자를 양쪽에 한 개씩 놓아서 간격을 조절하다.

③ 강당식 굴절형 배치(Auditorium, Semilunar with Center Block and Curved Wings)

강당식 반월형 배치와 같으나 옆면을 굴절시킨다. 맨 앞 가운데 테이블은 나란히 배열하여 홀 내의 의자 8~9개로 배열하며, 양측 복도는 1.2m 간격을 유지토록 한다.

④ 강당식 V형 배치(Auditorium V Shape)

첫 번째 2개의 의자는 무대 테이블 가장 자리에서 3.5m 간격을 유지하여 의자를 일직선으로 배열하고 앞 의자는 30도 각도로 배열해야 한다. V자형의 강당식 회의 진행은 극히 드문 편이나 주최 측의 요청에 따라 배열한다.

＊ 기타 회의형 배열

① 학교 교실형 배열(School Style)

테이블 형에 따라서 다소 다르나 일반적으로 18"*72"테이블을 2개씩 붙여서 배치하며 무대와 앞 테이블의 간격은 1m 정도 떨어지게 설치하고 중앙 복도의 간격은 1.5m, 또 테이블과 테이블의 간격은 150cm, 의자와 의자 사이의 간격은 40cm정도로 두며 보통 1개의 테이블에 3개의 의자를 배치하도록 한다.

② 학교 교실 개조 V형 배열(School Style Inverted V-shape)

이 형의 테이블 배치는 학교 교실형 배열 방식과 비슷한 형식이지만 무대에서 30도 경사지게 배열한다.

③ 학교 교실 수직형 배치(School Style Perpendicular)

연회장의 크기에 따라서 많은 사람들이 회의 및 식사를 할 수 있게 배열하는 방법이다.

무대를 향하여 테이블을 수직으로 길게 배열해야 하며, 테이블을 설치할 때는 무대에서 2m 간격으로 떨어지게 배치하고, 중간통로의 넓이는 130cm, 의자와 의자간의 간격이 잘 맞도록 하여 중앙 테이블을 중심으로 배열해 나가는 방법이다.

④ 뷔페 및 칵테일 리셉션 테이블 배열

뷔페나 칵테일 리셉션을 할 때 테이블을 배열하는 방법에는 다양한 형태가 있으나 주로 이용하는 형태는 다음과 같다.

타원형(Circular), 양머리형(Landes Head), 멍에형(Yoke), 목걸이형(Necklace), 들뿔소형(Bison's Horns), 심장형(Heart) 등이 있다.

상기와 같은 형이 있으나 무엇보다도 해당 연회장에 가장 잘 맞는 이상적인 형태를 사용하는 것이 제일 좋은 방법이다.

(9) 음향 및 조명시설

Dinner Show, Fashion Show, 전시회 등과 같이 특별음향이나 조명(Laser Beam)이 필요한 경우가 많다. Mike System, BGM 등을 필요한 경우 고객에게 Rental Charge 또는 무료인지를 확실히 명시하고 기록한다.

(10) 지급조건

판매를 할 경우에는 반드시 대금회수방법도 생각하여야 한다. 지급능력이 없는 거래처나 악성 거래처의 행사를 치러주고 대금회수가 안 되는 경우가 발생하여 법적으로 처리할 경우가 종종 발생되기도 한다.

① 지급방법 : 행사종료 후 현금지급, 개인지급, 회사후불(필히 사인을 받는다), 신용카드 사용 등
② 예약금 접수 : 신빙성이 없는 행사, 가족 모임, 개인적 행사는 예약금을 사전에 받아 두는 것이 원칙이다.

(11) 기타 유의사항

① 행사 년, 월, 일, 요일 기재
② 장소, 시간, 위치
③ 회사명, 주소, 행사담당자, 전화번호 기재
④ 행사명, 현수막 내·외부, Signboard 문안
⑤ VIP 참석 여부

3. 서비스 인원 확보

서비스 방법에 따라 다소 차이는 있으나 모든 업무에 숙련된 웨이터가 접객할 수 있는 인원은 보통 10~15명 정도이며, 정식 파티인 경우에는 4~8명이다. 지배인은 연회 성격에 따라 종사원을 확보, 배치하여야 한다. 연회부서 인원만으로 부족할 경우에는 식음료부 또는 인사과에 협조 의뢰하여 지원받도록 한다.

4. 서비스의 준비

지배인은 연회가 시작되기 전에 연회의 성격, 메뉴 내용, 테이블 배열, 진행순서 등을 종사원에게 설명해 주고 서브가 일관성이 있도록 교육을 하여야 하며, 사전에 준비할 내용은 다음과 같다.

① 연회장의 청소(카펫, 가구, 비품)
② 비품의 파손 확인
③ 린넨류의 점검
④ 메뉴와 일치된 table-setting의 점검
⑤ Ice Carving 등의 장식
⑥ 실내온도, 조명, 음향관계
⑦ 음악
⑧ 안내판
⑨ Flower
⑩ 좌석배치도
⑪ Menu Set-up
⑫ 접수 테이블
⑬ Place Card
⑭ Name Card

5. Attend Service

연회가 시작되기 20분 전에 종사원은 각자 맡은 구역에서 대기 자세를 취하며 지배인, 캡틴은 연회장 입구에서 고객영접을 준비한다. 연회장에 입장하는 고객에게 착석 보조 등 모든 제반적인 서비스를 할 수 있도록 마음의 자세를 취한다.

6. Table Service

연회의 메뉴는 식당처럼 일품요리(a la carte)를 서브하는 것이 아니라 동일한 요리(set menu)를 서브하기 때문에 연회책임자는 특히 서비스 연출에 있어 특히 고려해야 한다. 또한 연회장의 전반적인 업무의 흐름을 보아 진행사항 등에 관해서도 주방과의 긴밀한 협조가 이루어질 수 있도록 한다.

7. 연회중의 서비스

연회 중에는 늦게 도착한 고객을 위한 서비스와 또는 예정시간보다 먼저 퇴장하는 고객을 위한 서비스에 주력하게 되며, 그 이외에도 전화서비스, 실내의 온도상태, 음향, 조명, 식음료의 추가 제공 등에 불평불만이 발생하지 않도록 노력해야 한다.

8. 연회 종료 후 서비스

연회가 끝나면 연회에 서비스한 직원들은 연회장 출구에 정렬하여 고객을 환송하며 주최자 측으로부터 요리 및 서비스에 대한 의견을 취합하기도 한다. 또한 파티에 반입된 각종 물품의 누락 및 고객의 분실물을 확인한다.

9. Billing

연회예약 담당자는 예약과정에서 지급조건에 관한 방침결정을 주최자와 충분히 협의한 후 event order에 기입하며, Cashier는 연회 당일에 Bill을 작성한다. 연회의 Bill은 호텔의 다른 업장과 비교하여 볼 때 복잡하고 금액이 높으므로 예약된 요리나 음료에 비해 추가되는 상황이 발생할 경우에는 반드시 지배인이나 캡틴의 확인과정을 거친 후 가산한다. 또한 지급방식에 있어서 현금, 신용카드, 후불 등을 정확하게 체크하고 후불인 경우에는 주최자의 성명, 연락처, 회사명 등을 파악해 두는 것을 잊어서는 안 된다.

10. 최종작업

모든 연회행사가 끝나고 고객들이 퇴장하면 입구에 설치되었던 접수 테이블과 그 밖의 무대장치를 철거하고 각종 집기류 및 장비 등의 관리 상태를 점검한다. 또한 다음날의 업무에 대한 서비스 일정과 event order를 점검한다.

제6절 연회 진행 순서

호텔의 연회서비스는 고객이 호텔에 도착할 때부터 시작하여 연회를 마치고 고객이 호텔을 떠날 때 끝난다. 따라서 연회서비스에 있어서 연회행사 진행 전 단계의 서비스(고객 영접), 연회행사 진행 중 서비스(식음료 서비스 및 어텐션), 연회행사 진행 후 서비스(고객 환송)의 3단계로 구분할 수 있다.

1. 고객 영접

고객이 입장하기 전에 웨이터, 웨이트레스는 연회장 입구에 정렬하여 손님의 입장을 기다린다. 정렬할 때는 키 순서로 혹은 웨이터가 입구 가까운 쪽으로 웨이트레스는 그 다음에 잇달아서 정렬한다. 경우에 따라서는 오른쪽으로 웨이터, 왼쪽으로 웨이트레스 하는 식의 정렬 방법도 있다.

고객을 맞이할 때 웨이터, 웨이트레스는 순서를 지켜 손님을 연회장 안으로 안내하며, 좌석이 정해져 있으면 좌석명을 물어서 좌석으로 안내한다.

이 때 헤드 웨이터 또는 접객조장은 입구에 서서 참가하는 고객 영접을 주시하며, 손님의 수를 파악한다.

2. 식음료 서비스 및 어텐션

연회에서 고객에 대한 식음료 서비스는 테이블 서비스와 입식 서비스로 대별되며, 연회 성격에 따라 준비된 서비스형식으로 고객에게 식음료를 제공하게 된다. 그 외에도 연회 중에 행사에 필요한 여러 가지를 보살펴야 하는데, 특히 연회행사가 진행 중에 다음 같은 사항에 유의하여야 한다.

① 지각손님의 안내

연회에 늦게 참석한 손님에게는 성명을 확인하고 조용히 좌석으로 안내한다. 요리는 연회의 상황에 따라 다르나 많은 사람이 참석한 연회의 경우에는 진행 중의 코스부터 시작한다.

② 도중에 퇴장하는 고객서비스

사정이 있어서 일찍 퇴장하는 손님이 있을 경우, 미리 부탁을 받은 시간이 되면 담당자는 그 손님 곁으로 가서 낮은 목소리로 손님에게 시간을 알린다. 기념품, 경품 등이 있을 경우에는 일찍 퇴장하는 손님에게 잊지 않고 전해준다.

③ 스피치를 위한 서비스

스피치를 하는 손님에 대하여서는 협의 단계에서 미리 파악해 두었다가 스피치 손님의 객석과 순서를 메모해 둔다. 앞 손님의 스피치 도중에 다른 마이크를 다음 스피치 손님의 좌석에 준비하는 일도 있다.

④ 전화 페이징 서비스

외부에서 전화가 걸려왔을 경우에는 객석을 살펴보고 손님에게 전화가 걸려와 있음을 알린다. 뷔페 등의 경우에는 페이징 보드에 손님의 성명을 적어서 회장을 돈다.

⑤ 실내 환경의 조정

공기조절, 음향, 조명 등에 대하여서는 항상 주의를 기울이고 파티의 무드를 깨지 않게 조심한다.

⑥ 시간의 조정

연회의 진행사항에 항상 신경을 쓰고, 시간이 크게 초과되지 않게 배려한다.

⑦ 사회자의 보좌

연회를 성공적으로 마치기 위하여 주최자 측 또는 사회자를 돋보이지 않게 뒤에서 보좌하는 것 등이다.

3. 연회장 서비스 요령

연회장은 일반 식당에 비하여 서비스 형태가 일정하지 않으므로 서비스 요령에서도 주의를 요하는 사항이 많다.

① 행사준비는 충분한 시간을 두고 완료한 후에 철저한 테이블 점검을 한다.

② 테이블 배열을 비롯한 행사는 고객의 선호도에 맞춰서 진행한다.

③ 행사 중에 필요한 비품은 사전에 충분히 준비한다.

④ 식사를 비롯한 모든 서브는 주빈부터 시작한다.

⑤ 서브는 테이블 단위로 하여 실시한다. 한 테이블에 일부만 먼저 서브하고 일부는 나

중에 서브하는 실례를 범하지 말아야 한다.

⑥ 서비스의 통일과 원활한 흐름을 위하여 해당 연회장의 서비스 책임자에게 단 일된 명령, 지휘를 받아야 한다.

⑦ 행사 중에 서비스를 해야 할 때는 고객들의 시선을 가로 막아서는 안 된다.

4. 고객전송

연회가 끝나면 웨이터, 웨이트레스는 손님을 전송하고, 좌석 등에 잃은 물건이 없는가를 체크한다.

헤드 웨이터 또는 접객조장은 주최자 측에 정중한 인사를 하고, 회계카운터로 안내를 하여 청구서의 확인 및 사인 또는 정산하게 한다. 또한 손님이 혼잡을 이루고 있을 때는 손님의 흐름을 조정한다.

5. 최종작업

고객이 모두 연회 행사장을 떠난 후 고객의 분실물의 여부를 확인하고, 입구에 설치한 접수 테이블, 카펫(Carpet), 아이스 카빙(Ice Carving)등을 철거한다. 각종 집기류 및 장비 등의 관리 상태를 점검하고, 다음 행사를 위하여 스케줄 및 쓰레기 처리, 청소 등 최종 점검을 한다.

호텔 재무관리

제 1 부 호텔경영 일반론

제1장 호텔의 이해

제2장 호텔기업의 특성

제 2 부 호텔경영 관리론

제3장 경영과 경영관리

제4장 계획화	제5장 조직화
제6장 지휘화	제7장 통제화

제 3 부 호텔경영 기능론

제8장 인사관리

제9장 객실판매 및 생산	제10장 프런트오피스의 조직	제11장 하우스키핑
제12장 식음료 관리	제13장 연회 서비스	
	제14장 호텔 재무관리	

☞ 열린 생각 및 직접 해보기
- ▶ 재무관리의 의의와 목표에 대해 설명한다.
- ▶ 재무관리의 기능을 설명한다.
- ▶ 자본조달에 대해 설명한다.
- ▶ 자본운용에 대해 설명한다.
- ▶ 투자안의 경제성 평가방법에 대해 토의한다.
- ▶ 취업 희망호텔의 매출액 알아보기

Chapter **14**

호텔 재무관리

제1절 호텔 재무관리의 의의

호텔 재무관리란 호텔의 활동을 자금의 측면에서 관리하는 것으로서 협의의 호텔 재무관리는 주로 호텔의 활동 중에서 자금과 관련된 활동을 어떻게 효율적으로 수행할 것인가에 관한, 소위 기업재무(corporate finance)에 대한 관리활동이 된다.

그러나 광의의 호텔재무관리는 호텔기업재무뿐만 아니라 유가증권, 부동산, 외환 등에 대한 투자 및 금융기관과 금융제도, 그리고 국가의 재정정책이 호텔에 미치는 영향 등에 대한 분야의 관리까지도 그 내용에 포함시킨다.

이러한 호텔재무관리를 통해서 기업이 추구하는 궁극적 목적은 기업이 소유한 자산의 가치를 극대화하는 것이다. 기업이 소유한 자산의 가치를 기업가치(corporate wealth)라고 한다.

여기서 자산은 호텔기업의 통제 하에 있는 기업의 모든 자원을 의미하는 바, 자산은 기업이 차입한 부채인 타인자본과 주식발행에 의해 조달한 자기자본의 운용 및 투자의 결과로서 구성된다. 따라서 호텔기업의 총 자산 가치는 증권시장에서 거래되는 그 기업의 주식이나 채권 등의 가격에 의해 나타나게 된다. 이는 결국 기업가치의 최대화는 주가의 최대화라고도 할 수 있다. 왜냐하면 향후에 주주가 받을 현금흐름 및 채권소유자가 받을 현금흐름을 현재가격으로 나타낸 것이 바로 주식과 채권의 가격이기 때문이다.

제2절 **호텔 재무관리의 목표**

1. 이윤극대화의 목표

이윤극대화는 전통적으로 많은 경제학자들과 기업가들이 주장해 온 기업의 유일한 목표였다. 이윤의 극대화는 그 개념이 단순하여 이해하기 쉽고 합리적인 사고를 할 수 있는 사람은 누구나 수긍할 수 있다는 점에서 널리 받아들여지고 있다. 그러나 이윤극대화는 기업의 목표를 지나치게 단순화하였다는 이유로 많은 비판을 받고 있다.

이윤의 개념이 모호하다. 극대화의 대상이 되는 이윤이 장기적 이윤, 단기적 이윤, 이익률, 이익액, 순이익, 주당이익 중 어느 것을 의미하는지 분명하지 않다.

이윤의 개념은 화폐의 시간가치를 고려하지 않고 있기 때문에 이익의 실현에 있어 시간적 차이를 갖는 여러 가지 대안 사이의 의사결정에 도움을 주지 못 한다.

미래이익의 불확실성을 무시하고 있다. 따라서 위험의 크기가 다른 투자안의 의사결정에 유용하지 않다.

이외에도 기업이 비윤리적이고 부정한 방법으로 이익을 획득하는 것은 사회적으로 용인될 수 없는 것이기 때문에 이윤의 극대화는 기업의 목표로서 적당하지 않다.

2. 부의 극대화

현대 호텔재무관리에서는 기업의 목표를 주주의 부의 극대화, 주가의 극대화 또는 기업가치의 극대화에 두고 있다. 호텔기업가치란 기업의 미래이익 또는 현금흐름을 시간성과 위험을 고려하여 현재가치(net present worth)로 평가한 것이다. 기업의 가치란 기업의 총자산의 가치를 말하는 것으로 총자산가치에서 타인자본의 가치를 제외한 나머지는 궁극적으로 주주의 부가 된다. 주주의 부는 주주×발생주식 수이므로 주주의 부의 극대화는 주가의 극대화가 된다.

일반적으로 주가는 기업의 현재의 수익실현능력, 미래의 수익력, 미래수익의 불확실성과 시간성, 사회적 책임의 실현 정도 등 종합적인 경영성과를 반영하고 있다고 할 수 있다. 그러므로 기업의 주가는 그 기업의 진실한 가치를 나타내며 기업재산의 시장가치 또는 주가를 극대화하는 것을 경영목표화 함으로써 보다 명백한 의사결정기준을 마련할 수 있게 된다.

3. 대리인이론과 기업목표

오늘날 대부분의 기업은 소유와 경영의 분리로 인하여 기업의 지분을 갖지 않은 전문경영자가 기업을 지배하게 된다. 이에 따라 주주와 경영자 사이에는 대리관계가 성립하게 된다. 이 때 경영자는 인간으로서의 이기적인 속성을 가지고 있는 까닭에 자신의 이익을 위해 주주의 이익에 반하는 행위를 할 가능성이 많다. 이와 같은 시각에서 보면 기업가치의 극대화, 특히 주주의 부의 극대화는 소유와 경영이 분리된 현대기업의 목표로는 부적절한 것이 될 수 있다.

그러나 장기적으로 볼 때 경영자는 자신의 지위를 유지하기 위하여 기업의 이익에 반하는 행위를 억제하게 된다. 이러한 관점에서 볼 때 기업가치의 극대화는 기업의 목표로서 논리성을 잃지 않는다고 할 수 있다.

4. 부의 극대화와 기업의 사회적 책임과 과제

현대기업은 사회의 지도적 기관으로서 사회에 대한 공적 책임을 갖는다. 즉 주민의 생활수준 향상에 대한 책임, 환경보전의 책임, 고용유지·창조의 책임 등의 질적 성격의 책임과 더불어 국민경제적으로 부의 공정한 분배의 책임도 갖는다. 이러한 기업의 사회적 책임은 주주의 책임은 주주의 부의 극대화와 잠재적 충돌가능성을 갖는다. 그러나 이러한 목표 간의 충돌은 다음과 같은 조화의 가능성을 갖고 있다.

기업의 적극적인 사회적 책임의 수행은 기업이미지를 개선시켜 궁극적으로 기업의 가치를 극대화하는 데 기여한다. 이러한 기업가치의 극대화는 효율적인 경영을 통하여 가능하며 이 과정에서 창출된 부의 공정한 분배가 기업의 사회적 책임에 관련되는 것으로 볼 수도 있다.

그러므로 부의 극대화와 사회적 책임은 완전히 배타적인 것이 아니라 기업가치 극대화 목표에 통합된 하나의 개념으로 이해될 수 있다. 따라서 재무의사결정은 제약조건하에서의 극대화, 즉 최적화로 볼 수 있다.

제3절 호텔 재무관리의 기능

호텔재무관리의 기능은 기업환경의 변화에 따라 그 영역과 내용이 확장되고 있다. 일반적으로 현대적 호텔재무관리의 대상이 되는 재무의사결정은 투자결정, 자본조달결정, 배당결정으로 구분된다.

1. 투자결정(investment decision)

투자결정은 기업의 자산구성에 관한 의사결정으로서 조달된 자본을 효율적으로 배분하는 자본의 운용이 그 내용이 된다. 투자결정에 의하여 기업이 보유하는 자산의 규모와 구성이 결정되며 자본이 합리적인 배합을 통하여 자신의 최적결합을 도모한다.

2. 자본조달결정

각종의 자금원천으로부터 투자에 필요한 자금을 어떻게 조달할 것인가를 결정하는 것으로서 내부자금과 외부자금의 비율 및 자기자본과 타인자본의 비율 등에 관한 결정이 포함된다. 그러므로 자본비용을 최소화하는 최적자본배합 또는 최적자본구조의 달성이 그 목표가 된다.

3. 배당결정

배당결정은 경영성과의 배분에 관한 의사결정으로서 배당향상 및 장기적인 배당의 안정성 및 배당형태에 관한 의사결정이 이루어진다. 배당결정은 기업투자의 계속성과 성장성 및 주주의 요구 등을 고려하여 합리적으로 결정되어야 한다.

이상의 세 가지기능은 상호 밀접한 관계를 유지하고 있어서 자본조달결정은 투자결정을 전제로 하며 또한 배당결정과정도 상호 영향을 주고받는다. 따라서 이들을 재무관리의 목표를 효과적으로 달성할 수 있도록 총괄적으로 결정되어야 한다. 결국 재무담당자는 재무활동의 시너지 효과를 최대화할 수 있는 최적자산구성을 추구하여 자본비용이 최소로 되는 최적자산구성을 추구하여 자본비용이 최소로 되는 최적자본구조 그리고 기업 가치를 최대로 하는 배당정책을 수립하기 위해 노력하게 된다.

제4절 호텔의 자본조달

기업이 경영활동을 펴 나가기 위해서는 계속적으로 자금을 필요로 하게 된다. 이와 같은 필요를 충족시켜 줄 수 있는 자금 원천을 결정하는 데는 ① 소요자금량의 크기 및 자금의 수급관계, ② 조달원천에 따른 자금 코스트와 자금구성, ③ 자본조달에 따른 재무위헌, ④ 경영지배권 문제 등을 고려해야 한다.

자본 조달은 자금 순환기간을 기초로 단기자본조달과 장기자본조달로 구분할 수 있는데 단기자본수요는 단기적 자본원천으로부터, 장기자본수요는 장기적인 자본원천으로부터 조달하는 것이 바람직하다.

1. 단기자본조달

1) 매입채무

매입채무란 원재료 또는 상품을 매입하고 매입대금의 지급을 일정기간 연장함으로서 발생하는 기업 간 신용으로 이에는 외상매입금과 지급어음이 있다. 특히 외상매입금에 대한 신용기간은

① 제품의 경제적 성질(회전율이 높으면 신용기간은 짧다.)
② 판매기업의 재정상태(재정상태가 약한 기업에게 신용기간이 짧다.)
③ 구매기업의 상태
④ 현금할인의 기간과 정도 등에 의하여 결정된다. 매입채무는 절차가 복잡하고 담보제공이 요구되는 금융차입과 비교할 때 쉽게 이용할 수 있다는 장점이 있으나 구매인의 경우 무시 못 할 암시적 비용을 수반하고 있다.

2) 은행차입

이는 기업자금의 원천 중 가장 보편적인 타인자본으로 이에는 다음과 같은 유형들이 있다.
① 어음할인

이것은 상거래에 수반하여 발행된 어음을 받는 것이다. 매출채권의 양도에 의해 매출채권을 자금화하며 대금추심사무를 은행에 전가시키고 그 수고를 덜 수 있으며 매출로부터 입금까지의 시기를 단축시킴으로서 자금유동성을 증대시킬 수 있다.
② 당좌대월

당좌대월이란 당좌대월규약에 의거하여 일정한 한도까지는 언제나 은행이 예금액을 초과하여 지급위탁에 일종의 임시대부이다. 이는 극히 단기의 대출이며 변동적인 자본수요를

일시적으로 충족하기 위한 것이다.

③ 어음대부

어음대부는 어음상의 권리와 소비임차상의 권리를 병존시키고 있다. 이는 단기차입이므로 유동자산의 변동적 부분에 투입하는 것이 좋으나 반제기간의 연기에 따라 장기 자본화되어 고정자산의 자금원천이 되기도 한다.

3) 리스금융

리스(lease)는 일정한 임차료를 지급하고 일정기간 동안 특정자산을 경제적으로 이용하는 수단이다. 그러므로 임차인에게 대상자산의 소유권이 양도되는 것은 아니다. 리스는 직접적인 자본조달 수단은 아니지만 임차인에게는 해당자산 구입액만큼의 자본을 조달한 것과 같은 효과를 가져다 준다. 요즈음은 기업환경의 변화가 심하고 기술혁신으로 인한 진부화가 신속하게 진행되는 까닭에 많은 기업들이 자산구입으로 인한 위험을 회피하기 위한 수단으로 리스를 많이 이용하고 있다.

리스금융은 자산구입에 소요될 자금을 이용할 수 있으므로 그만큼 자본조달능력이 증대되고 자산에 대한 기술적 진부화 위험을 회피할 수 있고 기업의 유동성을 저해하지 않으며 담보 물건이 불필요하고 계약의 사무절차가 간편하다. 그러나 임차인은 임대계약 종료 시 자산의 잔존가치에 대한 이익을 누릴 수 없으며 리스료는 일반적으로 이자비용보다 높고 리스자산은 그 소유권이 임대인에게 있으므로 변경, 개수 등 효율적인 관리와 운용이 어렵다는 단점이 있다.

2. 장기자본조달

1) 사 채

(1) 의의

기업에서 일반대중을 상대로 거액의 장기자금을 조달하기 위하여 채무에 대한 증표로서 발행하는 유가증권을 말하며 구제적인 이자지급조건과 상환만기가 정해지는 기업의 확정채무이다.

(2) 장단점

① 장 점

   * 사채권자에게는 주주총회의 의결관이 없으므로 경영지배권에 영향을 미치지 않는다.

　　* 기업이익이 과소와 관련 없이 고정적으로 원리금이 지급되므로 투자자에게는 주식
　　　에 비하여 위험도가 낮은 투자수단이 되어 상대적으로 저렴한 비용으로 조달 가능
　　　한 조달원이 된다.
　　* 사채이자는 손비 처리되어 과세대상이 아니므로 법인세 감세효과가 있다.
② 단 점
　　* 기업이익이 없어도 고정적으로 원리금이 지급되어야 하므로 재무위험이 증대된다.
　　* 사채약정서상의 의무규정이 있을 경우 경영의 제약요인이 될 수 있다.

2) 주 식

주식(STOCK, SHARE)이란 주식회사가 자기자본조달의 수단으로 발행하는 유가증권으
로 이는 기업에 대한 출자사실에 대해 출자자(주주)와 기업 간의 요식행위이며 출자가치(또
는 지분)이고 주주의 지위를 표시한 균등의 비율단위이다. 이 주식에 의한 대표적인 자본조
달원천은 보통주, 우선주가 있다.

(1) 보통주

장기자본 조달원천으로서 가장 전형적인 것으로 이 보통주 소유주주가 바로 기업소유주
라고 할 수 있다.
① 장 점
　　* 고정적인 이자나 배당지급의무가 없으므로 기업의 안정성 유지가 용이하다.
　　* 자본에 대한 상환만기가 없는 영구성자본이므로 안정성이 높다.
　　* 자기자본이 많을수록 신용도가 높아져 타인자본조달이 용이해진다.
　　* 인플레 진행시 주식은 기업소유실물자산에 대한 소유권이므로 소유 시에도 화폐성
　　　자산인 사채와는 달리 인플레에 대한 헷징이 가능하다.
② 단 점
　　* 신주발행으로 주주가 늘어나는 만큼 의결권의 수가 많아져 기존주주이익이 분산된다.
　　* 사채에 비해 위험도가 높아서 보다 높은 수익을 보상해야 하므로 결국 자본 조달 비
　　　용이 높게 된다.
　　* 법인세 감세효과를 누리지 못하여 자본비용이 높게 된다.

(2) 우선주

우선주는 사채의 성격과 보통주의 성격이 복합된 주식 형태로서 법인세차감후 순이익에

서 배당금이 지급되므로 감세효과가 없고 재산처분권이 보통주보다는 우선하지만 사채보다는 후위이므로 배당금이 사채의 이자율보다 높기 때문에 자본코스트가 높아서 자본조달원천으로서는 많이 쓰이지 않고 있다. 그러나 이익이 없을 때는 무배당도 가능하므로 융통성 있는 자금 원천이며 만기가 없는 영구자본일 뿐만 아니라 자기자본의 일종이므로 재무구조가 건전하게 됨으로서 기업의 타인자본 수용능력 및 대외 신용력을 높이는데 기여한다. 또한 우선주 주주는 원칙적으로 의결권이 없으므로 기존 주주의 경영지배권을 약화시키지 않으며 최고 배당액은 약정배당률에 한하므로 (보통주)주주의 이익을 그대로 살릴 수 있다는 장점이 있다.

3) 자기금융에 의한 자본조달

이것은 기업이 경영이익 중에서 제비용과 세금 및 배당금을 공제하고 남은 유보이익에 의한 자기자본조달의 한 형태로서 추가자본조달 내지 기업의 자본축적 형태이다. 이 방법은 자본의 필요시에 신속하게 부응한다는 데에는 문제점이 있지만 기업내부의 유동적 자금순환을 통해 조달되는 것이므로 그 획득이 용이하며 명시적 자본 코스트가 불필요하고 반제가 필요 없고 채권자의 경영지배권 개입이 없으므로 가장 안전한 자금 원천이다. 그러나 배당금이 유보율에 의해 결정되므로 내부유보와 배당은 항상 경합관계에 있게 된다.

제5절 자본의 운용

기업의 가치는 그 기업이 소유하고 있는 자산의 가치에 의해서 평가되므로, 기업 가치를 극대화하기 위해서는 자산에 대한 투자결정을 합리적으로 행해야 한다. 그리고 투자결정은 투자대상 자산이 단기성자산(유동자산)이냐 장기성자산(고정자산)이냐에 따라 운전자본관리와 자본예산관리로 구분된다.

1. 자본예산의 의의

자본예산(capital budgeting)이란 투자대상으로부터의 현금흐름, 즉 투자로 인해 발생되는 효과가 1년 이상 장기간에 걸쳐 실현될 가능성이 있는 투자결정과 관련된 계획수립을 말한다. 자본예산은 건물, 대지, 기계 등 고정자산투자, 즉 시설투자 뿐만 아니라 거액의 투자가 필요한 연구개발투자나 광고, 시장조사 프로젝트 등 장기에 걸쳐 효과가 나타날 수 있는 모든 자산에 대한 투자결정이 포함된다.

자본예산이 오늘날 재무관리에서 중요시되는 이유는 다음과 같다.

① 그 효과가 장기간에 걸쳐 영향을 미치기 때문에 미래의 투자환경에 대한 정확한 예측을 할 필요가 있다.

② 자본예산에 소요되는 투자액이 상대적으로 크다.

③ 현대의 기업환경은 경쟁적이기 때문에 임기응변적인 투자결정만으로는 실패할 가능성이 크다.

④ 투자결정은 이에 수반된 자금조달결정과 조화되어야 하며, 무리한 기업 확장은 도산을 초래할 수 있다.

2. 투자안의 경제성 평가방법

투자가치의 평가는 투자로부터 기대되는 미래현금흐름이 기업 가치에 얼마나 공헌할 수 있는가를 평가하는 투자안의 경제성에 대한 분석이다. 분석방법에는 전통적 방법과 화폐의 시간적 가치를 고려하여 투자 안을 선택하는 현금흐름할인법(discounted cash flow method)이 있다.

전통적 방법으로는 평균이익률법과 회수기간법이 있고, 현금흐름할인법에는 내부수익률법과 순현재가치법 및 수익성지수법 등이 있다.

(1) 전통적분석방법

① 평균이익률법

$$평균이익률 = \frac{연평균순이익}{연평균투자액} = \frac{연평균순이익}{총투자액/2}$$

평균이익률법(Average Rate of Return : ARR)은 연평균순이익을 연평균투자액으로 나누어 구한다. 연평균순이익은 회계 상의 법인세차감후 순이익(Earning After Tax: EAT)으로 계산되기 때문에 평균이익률을 회계적 수익률(accounting rate of return)이라고도 한다.

연평균순이익은 투자한 기간 동안의 추정손익계산서상의 법인세 차감후 순이익을 합하여 기간수로 나눈 값으로 구하며, 연평균투자액은 총투자액 중에서 감가상각비를 차감한 매 기간의 장부상의 투자 잔액의 연 평균액으로 구한다. 연평균투자액이 잔존가치가 없고 투자기간동안 정액법으로 감가상각한다면 연평균투자액은 $\dfrac{총투자액}{2}$ 으로 계산된다.

예를 들어 총투자액이 10,000이고, 내용연수가 3년이라면, 연평균 투자액은 <표 14-1>과 같이 5,000이 된다. 투자안을 선택하는 방법은 기업의 목표이익률(required rate of return) 또는 절삭율(cut-off rate)보다 크면 투자안은 선택하고, 작으면 기각한다.

<표 14-1>에서와 같이 갑·을·병의 평균이익률을 계산한다면 다음과 같다. 각 투자안의 투자비용은 10,000이며, 투자기간은 3년이다. 잔존가치는 없다고 하자.

〈표 14-1〉 투자안의 현금흐름

연 도	투자안 '갑'	투자안 '을'	투자안 '병'
1	3,000	2,000	1,000
2	2,000	2,000	2,000
3	1,000	2,000	3,000

$$평균이익률 = \frac{연평균수익률}{연평균투자액} = \frac{3,000 + 3,000 + 1,000/3}{10,000/2} = 40\%$$

평균이익률은 세 투자안 모두 동일하나 화폐의 시간적 가치를 고려하여 순이익의 현재가치(PV)를 계산하여 보면, PV 갑 = 5,131 PV을 = 4,974 PV병 = 4,816으로 갑의 투자안이 가장 유리하다. 따라서 초기에 이익(현금흐름)이 많은 갑이 기업에 가장 유리한 투자 안이라고 할 수 있다.

평균이익률법의 장점은 계산하기가 간단하고 이해하기 쉬우나 다음과 같은 단점을 가지고 있어 투자안의 평가에 적합하다고는 할 수 없다.

예제 1 손강주식회사는 4,000만원을 투자하여 이에 대한 세후순이익이 1년도 말에 300만원, 2년도 말에 500만원, 3년도 말에 400만원, 4년도 말에 800만원이라면 평균이익률이 얼마인가?

풀이 평균투자액 = 4,000 / 2 = 2,000(만원)
평균순이익 = (300 + 500 + 400 + 800) / 4 = 500(만원)
평균이익률 = 500 / 2,000 = 0.25 또는 25%

㉠ 평균이익률법은 투자로부터 기대되는 현금흐름을 기초로 투자가치를 평가하지 않고, 순이익을 기초로 투자 안을 평가하고 있다. 투자가치의 평가는 현금흐름을 기초로 하여야 한다.

ⓛ 평균이익률법은 화폐의 시간적 가치를 무시하고 있다.

ⓒ 평균이익률의 비교기준이 되는 목표이익률의 설정에 문제점이 있다. 즉 목표이익률의 설정이 임의적이므로 기업의 영업활동이 좋을 때는 목표이익을 높게 설정되어 좋은 투자 안이 기각될 수 있으며, 영업활동이 나쁠 때에는 목표이익률이 낮게 설정되어 나쁜 투자안도 채택되는 경우가 발생할 수 있다.

② 회수기간법

회수기간(Payback Period : PP)법이란 투자에 소요되는 자금을 그 투자로부터 발생하는 현금흐름으로부터 모두 회수하는 데 걸리는 기간을 말한다. 자본회수기간법은 자본회수기간을 비교하여 투자 안을 평가한다.

회수기간을 계산할 때 각 연도별 현금흐름은 연중 균등하게 발생한다고 가정하고 있으며, 자본회수기간이 빠른 투자 안을 우선적으로 선택한다.

<표 14-2>와 같은 현금흐름을 갖는 두 개의 투자안 A와 B가 있다고 하자. 이 두 투자 안의 자본회수기간을 비교하여 보자.

〈표 14-2〉 평균자본 회수기간의 차이

연 도	현금흐름(단위 : 만원)	
	투자안 A	투자안 B
0	-1,000	-1,000
1	500	100
2	400	200
3	300	300
4	200	400

$$NPV을 = \frac{3,000}{1.1} + \frac{2,000}{(1.1)^2} + \frac{1,000}{(1.1)^3} = 5,131$$

$$NPV을 = \frac{2,000}{1.1} + \frac{2,000}{(1.1)^2} + \frac{2,000}{(1.1)^3} = 4,974$$

$$NPV병 = \frac{1,000}{1.1} + \frac{2,000}{(1.1)^2} + \frac{3,000}{(1.1)^3} = 4,816$$

투자안 A에 소요된 투자액 1,000만원을 회수하는데 걸리는 가간은 $2\frac{1}{3}$년이고 (500+400+100), 투자안 B에 소요되는 투자액 1,000만원을 회수하는데 걸리는 기간은 4년 (100+200+300+400)이다. 따라서 투자안 A가 B보다 기간이 짧으므로 유리한 투자 안이라고 할 수 있다.

회수기간법은 투자가치의 평가방법으로 널리 사용되고 있으며, 회수기간법이 가지는 이점은 다음과 같다.

첫째, 회수기간법은 이해하기 쉽고 계산이 간편하다.

둘째, 회수기간법은 해당투자안의 위험도를 나타내는 위험지표(risk indicator)로 이용되어 기업에 유리한 정보를 제공한다. 투자기간이 긴 투자일수록 미래의 불확실성이 크므로 회수기간이 짧은 투자 안을 선택함으로써 미래의 불확실성을 어느 정도 제거할 수 있다.

셋째, 회수기간이 짧을수록 자금이 빨리 회수되어 기업의 유동성을 향상시킬 수 있다.

회수기간법은 다음과 같은 단점을 가지고 있다.

첫째, 회수기간법은 회수기간이후의 현금흐름을 무시하고 있다. 각 투자안의 경제성을 정확히 평가할 수 없기 때문에 수익성이 높은 투자 안을 기각 시킬 수도 있다.

둘째, 회수기간법은 화폐의 시간적 가치를 무시하고 있다. 이러한 단점을 보완하기 위하여 할인자본회수기간법(discounted payback period method)이 사용되기도 한다. 이 방법은 각 연도의 현금흐름을 현재가치로 환산하여 회수기간을 구하고 이를 비교하여 투자 안을 평가하는 방법이다. 앞의 <표 14-2>의 투자안 A와 B를 할인자본회수기간법에 의해 회수기간을 구해 보면, <표 14-3>와 같다(자본비용은 10%).

〈표 14-3〉 할인자본회수기간의 산출

연 도	투자안 A		투자안 B	
	현금흐름	할인현금흐름	현금흐름	할인현금흐름
0	-1,000	-1,000	-1,000	–
1	500	455	100	91
2	400	331	200	165
3	300	225	300	225
4	200	139	400	273
5	100	68	500	311

이 경우 투자안 A의 회수기간은 약 3년이고, 투자안 B의 회수기간은 약 4년이 된다.

예제 2 자양관광회사는 현재 1,000만원을 투자하였다. 이 투자안에 대한 현금흐름 액이 1년도 말에 200만원, 2년도 말에 400만원, 3년도 말에 400만원, 4년도 말에 800만원이라면 회수기간이 얼마인가?

풀이 3년

---

(2) 현금흐름할인방법

① 순현가법

순현가 또는 순현재가치(Net Present Value: NPV)란 투자로부터 기대되는 미래의 순현 금유입과 순현금유출을 자본비용으로 할인한 순현금유입의 현가에서 순현금유출의 현가를 공제한 값으로 정의된다. 일반적으로 투자의사결정은 현재시점을 기준으로 이루어지지만, 투자로부터 얻어지는 대가는 미래에 실현되는 것이 보통이다. 이러한 투자 안을 평가하기 위해서 화폐의 시간적 가치를 고려하여야 한다. 순현가법은 투자로부터 발생하는 현금유입 의 현재가치와 현금유출의 현재가치를 비교하여 투자여부를 결정하는 방법이다.

$$NPV = \left[\frac{R_1}{(1+k)^1} + \frac{R_2}{(1+k)^2} + \cdots + \frac{R_t}{(1+k)^t} \right] - C$$

$$= \sum_{t-1}^{n} \frac{R_t}{(1+k)^t} - C$$

R_t : t시점의 순현가유입

C : $t=0$시점의 순현금유출(순현금유출의 현가)

k : 자본비용

순현가법에서 의사결정기준은 순현재가치가 0보다 클 경우 그 투자안을 채택하고, 0보다 작을 경우 기각한다. NPV > 0이라는 것은 절대적 부(富) 또는 기업가치의 증가를 의미하며, NPV < 0이라는 것은 그 반대를 의미한다. 상호배타적인 투자안의 경우에는 NPV가 큰 순서 대로 투자 안을 선택한다.

자본비용이 10%인 경우 <표 14-3>의 투자한 A와 투자한 B의 순현가를 구하면 <표

14-4>와 같다. <표 14-4>에서 볼 수 있는 바와 같이 투자한 A의 순현가는 210백만 원이고, 투자한 B의 순현가는 64백만 원이다.

〈표 14-4〉 투자안 A, B의 순현가

연 도	PVIF(10%)	투자안 A		투자안 B	
		현금유입	현금유입의현가	현금유입	현금유입의현가
1	0.9091	500	455	100	91
2	0.8264	400	331	200	165
3	0.7513	300	225	300	225
4	0.6830	200	137	400	273
5	0.6209	100	62	500	310
			1,210		1,064
			-1,000		-1,000
			NPV=210		NVP=64

$$NPV(A) = \frac{500}{(1+0.1)} + \frac{400}{(1+0.1)^2} + \frac{300}{(1+0.1)^3}$$

$$+ \frac{200}{(1+0.1)^4} + \frac{100}{(1+0.1)^5} - 1,000 = 210$$

예제 3 자양호텔은 현재 1,500만원이 소요되는 투자 안을 고려하고 있다. 이 투자 안에 대한 현금흐름액이 1년도 말에 200만원, 2년도 말에 500만원, 3년도 말에 400만원, 4년도 말에 800만원이라면, 할인율 9 %를 이용하여 순현가를 계산하시오.

풀이 NPV = 현금유입의 현재가치 – 현금유출의 현재가치

=(200×0.9174+500×0.8417+400×0.7722+800×0.7084)−1,500

= 1,480−1,500

= −20

② 내부수익률법

내부수익률법(Internal Rate of Return: IRR)이란 투자로부터 기대되는 현금유입의 현가와 현금유출의 현가를 같게 하는 할인율을 구하는 것을 말한다. 투자안의 순현재가치(NPV)를 0으로 하는 할인율을 구하여 이를 요구수익률과 비교하여 투자 여부를 결정하는 방법이다.

내부수익률(IRR)을 r로 정의하면, 만족시키는 r이 IRR이다.

$$\frac{R_1}{(1+r)^1} + \frac{R_2}{(1+r)^2} + \cdots + R\frac{SUBt}{(1+r)_t} = C$$

$$\sum_{t=1}^{n} \frac{R_t}{(1+r)^t} - C = 0 \quad \text{또는} \quad NPV = \sum_{t=1}^{n} \frac{R_t}{(1+r)^t} - C = 0$$

R_t : t시점의순현금유입

C : $t = 0$시점의순현금유출(순현금유출의현가)

내부수익률의 개념은 투자기간이 1년인 투자 안으로부터 쉽게 파악할 수 있다. 현재 C를 투자하여 1년 후에 R1의 현금유입을 기대할 수 있는 투자안의 수익률은 다음과 같다.

$$\text{수익률} = \frac{R_1}{C} - 1$$

그런데 이 투자안의 내부수익률 IRR을 구하면 다음과 같다.

$$\frac{R_1}{1+IRR} = C$$

$$\therefore IRR = \frac{R_t}{C} - 1$$

위의 식에서 투자안의 현금흐름이 클수록, 즉 분자인 $R_1, R_2, \cdots C$가 큰 값을 가질수록 분모인 r값은 높게 되는데, 이는 결국 r이 투자안의 수익성의 정도가 된다는 뜻이다. 여기서 r이 자본비용 또는 시장이자율이 되며, 이 때 이 사업으로 인한 기업가치의 증가(또는 부의 증가)는 영(NPV=0)이 된다.

r > i이면 이 투자 안을 채택하고, r < i이면 이 투자 안은 기각한다.

IRR법에서 자본비용은 투자를 위한 최저요구수익률(minimum required rate of return) 또는 절삭율(cout-off rate)이 되며, r을 구하기 위해서는 현가표를 이용하여 시행착오방법(trial and error method)으로 구한다.

예제 4 예제 7-4를 이용하여 내부수익률을 계산하시오.

풀이 IRR : 현금유입의 현재가치 = 현금유출의 현재가치 8%의 할인율을 이용하여 순현가를 구하면 20만원이고, 9%의 할인율을 이용하여 순현가를 구하면 −20만원이다. 내부수익률을 구하면 다음과 같다.

8% + 1%×20/40 = 약 8.5%

<표 14-5>와 같은 현금흐름을 가지고 있는 투자 안 A와 투자 안 B가 있다. IRR을 구하고 투자가치를 평가하면(단, 시장이자율 12%이다), 다음과 같다.

〈표 14-5〉 투자 안 A와 B의 현금흐름

연 도	A의 현금흐름	B의 현금흐름
0	-10,000	-10,000
1	6,500	3,500
2	3,000	3,500
3	3,000	3,500
4	1,000	3,500

$$NPV(A) = \frac{6,500}{1-r} + \frac{3,000}{(1+r)^2} + \frac{3,000}{(1+r)^3} + \frac{1,000}{(1+r)^4} - 10,000 = 0$$

$$\therefore r = 0.18\,(18\%)$$

$$NPV(B) = \frac{3,500}{1-r} + \frac{3,500}{(1+r)^2} + \frac{3,500}{(1+r)^3} + \frac{3,500}{(1+r)^4} - 10,000 = 0$$

$$\therefore r = 0.15\,(15\%)$$

(3) 위험 하에서 투자 안 평가

상기의 투자 안 평가방법은 미래의 현금흐름을 정확하게 예측할 수 있다는 확실성을 전제로 한 수익성기준을 가지고 평가하였으나, 미래의 현금흐름을 정확하게 예측할 수 없다. 따라서 투자 안이 내포하고 있는 위험과 시간의 문제가 고려되어야 한다.

위험이란 투자로부터 예상되는 손실의 가능성 내지 미래현금흐름의 변동가능성을 의미하는데, 투자 안에 따라서 변동 폭이 클수록 위험도 커지게 된다.

투자안의 위험을 나타내는 자본예산기법으로서 위험조정할인율법 등이 있으나, 기본적인 절차를 준수하여야 한다. 즉 첫째, 어떠한 자산이든지간에 보유 시에 예상되는 미래의 현금유입은 현재가치로 환산되어야 하며, 둘째, 그때의 기회비용은 시장에서 평가되는 적절한 위험도를 반영한 기회비용이어야 한다.

3. 운전자본관리

(1) 운전자본관리의 의의

운전자본(working capital)은 두 가지 의미로 사용된다. 첫째, 운전 자본은 유동자산 전체인 총운전자본을 의미하기도 하고, 둘째, 유동자산에서 유동부채를 뺀 순운전자본을 의미하기도 한다. 본서에서는 운전 자본을 유동자산으로 정의하고, 운전 자본관리를 유동자산인 현금, 시장성 유가증권, 매출채권 및 재고자산의 관리로 한정하기로 한다.

운전 자본관리는 아래에 제시된 이유로 그 중요성이 강조되고 있다.

① 기업의 재무관리담당자는 대부분의 시간을 운전 자본에 할애하고 있는 반면, 고정자산 등에 대한 투자결정은 간헐적으로 이루어진다.

② 단기부채에 대한 지급수단이라 할 수 있는 유동성을 파악하는데 있어서 운전자본관리가 대단히 중요하다.

③ 유동자산은 매출액 증가와 밀접한 관계를 갖고 있다.

(2) 운전 자본의 목표

운전 자본의 기본적 목표는 다음과 같다.

① 기업의 유동자산을 적정수준으로 유지하는데 있다. 유동자산에 대한 투자는 고정자산에 대한 투자에 비해 수익성이 떨어지므로 적게 보유할수록 좋다. 그러나 유동자산이 부족하면 매출액 변화에 대한 탄력적인 적응능력이 결여되고, 또한 단기 채무에 대한 지급불능의 위험이 발생할 위험도 있다. 따라서 수익과 위험을 고려하여 적절한 유동자산을 유지해야 한다.

② 유동자산을 조달하는 원천으로서 유동부채와 장기성자본(고정부채와 자본을 포함한 것)을 적절히 배합함으로써 위험을 줄이고 수익성을 높여야 한다. 운전 자본에 필요한 자본은 유동부채와 장기성자본으로 조달될 수 있는데, 유동부채로 조달될 경우 장기성자본에 비해 자본비용이 낮아 기업에 유리하다. 그러나 유동부채에만 의존할 경우 기업은 차입과 상환을 자주 반복해야 하는 불편을 겪게 되고, 장기성자본처럼 항상 보유하고 있지 않기 때문에 필요한 자금을 적시에 조달하지 못하여 유동성을 악화시킬 위험이 있다.

최고경영자는 운전자본의 적정수준유지와 운전 자본 필요한 자본조달원천을 적절하게 배합할 수 있도록 의사결정을 해야 하는데, 그 경우 수익과 위험의 상쇄관계를 고려하여 위험에 대한 과학적인 관리를 해야 한다.

(3) 현금관리

현금은 통화화폐와 타인발행의 당좌수표, 자기앞수표 등 통화대용증권, 그리고 은행 등에 유치한 요구불예금이나 단기적으로 인출이 가능한 예금을 모두 포함한다.

현금은 기업보유자산 중 가장 유동성이 높으나, 수익성이 가장 낮은 특징을 갖고 있으므로, 기업은 안정적 성장을 유지하는 최소한의 수준에서 현금을 보유해야 한다.

현금관리는 ① 현금유입의 촉진, ② 현금유출의 통제, ③ 현금보유의 적정액 결정 등이 포함된다. 그리고 현금관리는 현금흐름(cash flow)을 관리하는 것으로서, 현금흐름이란 일반적으로 매출로부터 창출된 현금에서 현금으로 지급되는 매출원가, 현금지급이자, 현금지급 제비용(세금 등)을 공제한 나머지를 의미하는데, 이를 기업의 자금흐름으로 본다.

(4) 유가증권관리

유가증권은 기업이 일시적인 유휴자본으로 투자할 수 있는 시장성 있는 유가증권을 의미하는데, 이에는 주식, 국공채, 회사채, 기업어음 및 수익증권 등이 포함된다.

유가증권의 특징은 수익성도 보장되면서 현금이 필요할 경우 곧바로 현금화가 가능한 환금성이 높다는 데 있다. 그러므로 유가증권을 보유할 때에는 지급불능위험, 시장성 및 만기 등의 선택기준을 고려해야 한다.

(5) 매출채권관리

매출채권이란 기업이 신용판매를 하여 발생하는 판매대금의 미회수액을 말하는데, 이에는 외상매출금, 받을 어음 등이 있다.

기업은 신용판매를 통해 매출수익을 증가시킬 수 있으나, 신용판매로 인하여 매출채권의 회수가 지연된다거나, 대손이 발생할 경우, 이는 유동성의 악화를 초래시켜 파산을 자초할 위험도 있다. 따라서 매출채권관리를 위해서는 신용정책과 수금정책을 적절히 조화시켜야 한다.

신용정책에는 신용기준, 신용기간을 결정해야 하며, 수금정책에는 회수방법을 결정하는 것이 포함되는데, 매출대금의 수금을 촉진하는 방법으로 팩토링(factoring)을 이용할 수 있다. 팩토링이란 매출채권의 관리를 전담하는 전문기관인 팩타(factor : 금융기관 등)가 기업의 매출채권을 할인 매입하여 만기일에 고객으로부터 대금을 직접 회수하는 것으로서, 기업은 매출채권에 투하된 자금을 회수하여 소요자금을 조달하는 방법이다.

(6) 재고자산관리

재고자산이란 생산 활동이나 판매활동을 위하여 기업이 일시적으로 보유하고 있는 원재료, 재공품, 완제품 등을 의미한다.

재고자산은 미래의 제품수요에 맞추기 위해서 또는 원재료의 공급이 불규칙하게 변동하더라도 기업의 생산과 판매활동을 일정하게 유지하기 위해서 필요하다. 그러나 재고자산을 적정수준 이하 또는 이상으로 보유하면 이로 인해 손실이 발생한다. 즉 재고자산의 부족은 제품판매 기회를 상실케 하거나, 생산계획에 차질이 생기고, 재고자산의 과다는 과다한 보유비용과 진부화 등에 의한 손실이 발생한다.

그러므로 적절한 재고수준을 결정하기 위해서는 ① 예상매출액, ② 생산 공정의 소요시간, ③ 완제품의 내구성, ④ 재고공급의 계절적 변동과 공급업자의 신용, ⑤ 재고관리의 제비용 등의 요인을 고려해야 한다. 그러나 이 중에서도 재고관리비용이 중요한데, 이에는 재고유지비용, 주문비용, 부족재고비용 그리고 초과재고비 등이 포함되며, 이들 비용을 최적으로 배합함으로써 소요비용이 최소가 되도록 재고자산을 관리해야 한다.

제6절 호텔 재무비율분석

1. 호텔 재무비율분석의 개념

재무제표에 나타난 계정과목은 무수히 많다. 재무제표를 이용하여 의사결정을 할 경우 복잡하고 유용한 정보를 얻을 수 없다. 재무비율은 유용한 정보를 이용하여 의사결정을 할 때 필요한 것으로 경제적 의미와 논리적 관계가 있는 재무제표의 항목을 비교하여 상대적 비율을 구하는 것이다. 재무제표를 구성하는 수많은 계정과목을 대응하여 계산하게 되므로 무수히 높은 비율이 산출될 수 있다. 한국산업은행 발간의 「기업재무분석」을 통하여 보면, 유용한 정보를 제공 할 수 있는 재무비율은 68개로 계산되어 있다.

재무비율은 대·차계정 과목을 상호 비교하여 기업의 안정성과 자산과 자본의 이용도나 수익성을 파악하는 것으로, 기업의 과거나 현재 상태를 분석하고, 미래에 대한 관리의 지표로 삼는 데 도움이 된다. 따라서 재무비율분석은 기업의 현재 재무 상태와 손익상태를 파악하여 미래에 대한 기업의 방향을 제시하는 의사결정에 도움을 준다.

사진과 비교하여 재무제표는 관광기업의 재무 상태와 영업성과를 파악할 수 있어 이를 보통사진이라고 한다면, 재무비율은 보통사진으로 나타나게 된 배경을 더욱 구체적·종합적으로 분석하여 단층촬영이나 느린 동작의 화면을 이용하여 세밀히 관찰한 것이다.

재무비율은 기업의 재무적 건강상태에 대한 신호 또는 징후를 제공하는 수단이다. 재무비율을 적절히 해석하여 추가적인 분석이 필요한 분야가 어디인지를 파악할 수 있다. 재무비율은 재무비율을 구성하는 계정과목에 대한 분석을 통하여 재무적 건강상태의 변화가능성을 파악하는 데 이용된다.

이러한 재무비율은 관광기업의 이해관계자집단, 즉 주주·투자가·금융기관·채권자·정부기관·지역주민 등에게 필요한 정보를 제공하는 분석용구로 쓰이며, 재무비율방법으로 안전성비율, 수익성비율, 활동성비율, 성장성비율, 생산성비율 등이 있다.

2. 재무비율의 분류

재무비율은 계정과목을 이용하여 계산되는 것이기 때문에 무수히 많을 것으로 생각된다. 그러나 경제적 의미가 있는 재무비율은 그렇게 많지 않다. 재무비율을 몇 가지 범주로 나누어 구분할 수 있는데, 자주 이용되는 재무비율을 구분하면 다음과 같다.

1) 자료원천에 의한 분류

재무비율은 두 가지 이상의 계정과목을 이용하여 계산하는 것인데, 이 때 계정과목을 어느 재무제표에 있는 계정과목을 이용하였느냐에 따라 대차대조표비율과 손익계산서비율 및 혼합비율로 구분한다.

대차대조표비율은 재무비율 계산시 모두 대차대조표에 있는 계정과목을 이용하는 것으로 유동비율·부채비율 등이 이에 해당된다. 손익계산서비율은 손익계산서에 있는 계정과목을 이용하는 것으로 매출액영업이익률과 매출액순이익률 등이 이에 해단한다. 혼합비율은 대차대조표에 있는 계정과목과 손익계산서에 있는 계정과목 모두에서 자료를 얻어 계산하는 방법으로, 총자산순이익률과 자산회전률 등이 있다.

대차대조표는 일정시정의 재무 상태를 보여 주므로 정적 재무제표라 하며, 손익계산서는 일정기간동안의 경영성과를 보여 주는 것이므로 동적 재무제표라고 한다. 대차대조표비율은 정태분석이라고 하며, 손익계산서비율과 혼합비율은 동태분석이라고도 한다.

2) 분석방법에 따른 분류

분석방법에 따라 관계비율과 구성 비율로 구분된다. 비율계산을 계산하여 상호 비교할 경우 기업의 규모가 비슷하면 관계비율을 이용하여 상호 비교하는데, 기업의 규모가 차이가 날 경우에는 구성 비율을 이용하여 상호 비교하는 것이 더 합리적이다.

관계비율은 재무제표상의 특정항목과 상호 밀접하게 관계되는 다른 항목과의 비율을 백분율 또는 회전속도로 표시하여 기업의 경영 상태와 성과를 측정·판단하는 데 사용되는 방법으로, 위에서 살펴 본 정태비율과 동태비율로 대별된다.

구성 비율은 각 구성항목을 총액에 대비하여 그의 구성관계를 백분율로 표시하여 그 대상항목의 크기나 중요성을 결정하는 방법이다. 대차대조표는 총자산을, 손익계산서는 매출액을 100%하여 상대적 비율을 계산한다.

3) 이용목적에 따른 분류

재무비율은 기업의 이해관계자들이 의사결정을 하는 데 필요한 정보를 제공하여야 한다. 예로 주주와 투자자들은 수익성과 안전성에, 채권자들은 지급능력과 유동성에 주된 관심을 가지고 있다. 이러한 정보는 재무비율에 의하여 제공될 수 있다. 재무비율의 의사결정자의 이용목적에 따라 구분할 수 있다. 여러 학자들 간에 여러 가지 방법으로 분류하였는데, 본서에서는 한국산업은행 발간의 「기업재무분석」의 방법에 의하여 안전성비율, 수익성비율, 활동성비율, 성장성비율, 생산성비율로 구분하여 설명하였다.

안전성비율 14개, 수익성비율 25개, 활동성비율 9개, 성장성비율 5개, 생산성비율 15개 모두 68개로 구분하였다.

〈표 14-6〉 재무비율의 분류

분류	내용	비율의 종류
안전성 비율	단기채무지급능력을 이행할 수 있는 능력과 기업의 타인자본의존도를 측정하여 부채원리금을 상환할 수 있는 능력을 측정	유동비율, 당좌비율, 부채비율, 자기자본비율, 고정비율, 조정장기적합률 등
수익성 비율	경영의 총괄적인 효율성을 측정하는 것으로 매출액 혹은 투자에 대한 이익의 비율로 측정	총자산순이익률, 자기자본순이익률, 매출액영업이익률 등
활동성 비율	기업의 총재산의 이용활용도를 측정	총자산회전률, 재고자산회전률, 고정자산회전률, 매출채권회전률, 매입채무회전률 등
성장성 비율	기업의 외형 및 수익력의 성장성을 측정	총자산증감률, 매출액증감률, 총자본증감률 등
생산성 비율	기업의 투입물과 산출물을 비교하여 인적·물적 자원의 능률 측정	부가가치율, 노동생산성, 자본생산성, 총생산성 등

4) 주요 재무비율 요약

비율분석은 사용하는 지표에 따라 다양하게 실시할 수 있는데, 주요 재무비율을 요약 정리하면 다음의 표에 제시된바와 같다.

〈표 14-7〉 재무비율의 개념

구 분		산 식	개 념
안 정 성 지 표	유 동 비 율	유동자산/유동부채×100	단기 채무에 충당할 수 있는 지급자산이 얼마나 되는가를 나타내는 비율
	부 채 비 율	부채총계/자기자본×100	타인자본과 자기자본의 관계를 나타내는 비율
	차 입 금 의 존 도	차입금/총자산×100	총자산에서 차입금이 차지하는 비율
	영 업 이 익 대 비 이 자 보 상 율	영업이익/이자비용	이자를 지급할 수 있는 능력을 나타내는 비율
수 익 성 지 표	매 출 액 영 업 이 익 률	영업이익/매출액×100	매출액 1원이 얼마의 영업이익을 실현했는가를 나타내는 비율
	매 출 액 순 이 익 률	당기순이익/매출액×100	매출액 1원당 얼마의 순이익을 실현했는가를 나타내는 비율
	총 자 산 순 이 익 률	당기순이익/총자산×100	총자산 1원당 얼마의 순이익을 실현했는가를 나타내는 비율
	자 기 자 본 순 이 익 률	당기순이익/자기자본×100	자기자본 1원당 얼마의 순이익을 실현했는가를 나타내는 비율
	총자산대비영업현 금 흐 름 비 율	영업활동으로 인한 현금흐름/총자산×100	총자산 1원당 영업활동으로 인한 현금흐름을 실현했는가를 나타내는 비율
성 장 성 · 활 동 성 지 표	매 출 액 증 가 율	당기매출액/전기매출액×100-100	금기에 증가된 매출액을 전기의 매출액으로 나눈 비율
	영 업 이 익 증 가 율	당기영업이익/전기영업이익×100-100	금기에 증가된 영업이익을 전기의 영업이익으로 나눈 비율
	당 기 순 이 익 증 가 율	당기순이익/전기순이익×100-100	금기에 증가된 당기순이익을 전기의 영업이익으로 나눈 비율
	총 자 산 증 가 율	당기말 총자산/전기말 총자산×100-100	금기에 증가된 총자산액을 기초시점의 자산액으로 나눈 비율
	총 자 산 회 전 율	매출액/(기초총자산+기말총자산)÷2	자산 1원이 얼마의 매출액을 실현했는지를 나타내는 비율

5) 호텔재무비율 사례분석

본 사례분석에서는 서울지역 소재 15개 특1급 관광호텔을 대상으로 2001년도와 2002년도의 표준 재무비율을 제시하고 있다. 분석대상 재무비율은 호텔관리자들의 관리적 의사결정과 부문별 업적 평가에 중요하나고 판단되는 '주식회사의 외부감사에 관한 법률' 제8조에 따라 참고자료로 작성하여야 하는 재무비율로 제한하였다.

서울지역의 15개 특1급 호텔의 모집단은 한국관광호텔업협회(http://hotelskorea.or.kr)의 자료를 토대로 선정하였다. 모집단의 재무제표는 금융결재원의 전자공시 시스템(http://dart.fss.or.kr, 전자공시 시스템(DART : Data Analysis, Retrieval and Transfer System)은 상장법인 등이 공시서류를 금융감독원에 인터넷으로 제출하고, 투자자 등 이용자는 제출 즉시 인터넷을 통해 조회할 수 있도록 하는 종합적 기업공시 시스템이다. 전자공시제도 관련규정은 '증권거래법 제194조의 2'와 '증권거래법시행령 제84조의 29' 및 '유가증권의 발행 및 공시 등에 관한 규정 제10장' 등이 적용된다. 우리나라에서는 1999년 4월 1단계 전자공시시스템 인터넷 서비스를 실시<서면공시 병행>하여 2002년 1월부터는 서면제출이 면제되어 상장법인 등 공시의무자의 부담이 경감되게 되었다.)을 통하여 공개된 각 호텔별 감사보고서를 기초로 자료를 수집하였다.

재무비율분석은 일반적이고 객관적인 회계처리에 의한 재무제표(대차대조표, 손익계산서, 이익잉여금처분계산서, 현금흐름표)를 기초로 하여 한국은행에서 적용하는 분석방법에 의하여 처리함을 전제로 하였다. 표준재무비율의 산정을 위하여 수집된 자료의 통계처리는 Excel을 이용하였다. 한편 본 연구에서 재무비율에서의 평균, 즉 표준재무비율은 평균값(mean)을 적용하였다.

분석 대상 호텔은 한국관광호텔업협회의 자료를 통하여 <표 14-8>과 같이 서울지역 특1급 관광호텔을 선정하였다.

〈표 14-8〉 분석대상 호텔

지 역	등 급	호 텔 명
서울	특1급	그랜드 하얏트 서울, 래디슨 서울 프라자, 르네상스 서울 호텔, 서울힐튼 호텔, 쉐라톤 워커힐 호텔, 그랜드 힐튼호텔, 신라호켈, 웨스틴, 조선호텔 서울, 호텔 롯데, 호텔 롯데월드, 호텔 리츠 칼튼 서울, 임페리얼 호텔, 호텔 인터컨티넨탈 서울, 코엑스 인터컨티넨탈, JW 매리어트 호텔 서울

분석대상 모집단의 15개의 호텔 중 1개 호텔은 유한회사로 금융결재원에 법인재무제표의 공시의무가 없어 분석대상에서 제외하였으며, 또한 2개 호텔은 법인명이 동일하여 1개의 법인명으로 결산이 공고되어 동일한 재무비율의 자료를 분석대상으로 하였다.

(1) 분석결과

① 안정성비율

서울지역 특1급 호텔의 2001년과 2002년의 유동비율은 별 차이가 없는 것으로 나타나고 있다. 특이한 것은 관광호텔업이 타업종에 비하여 업종의 특성상 고정비율이 높기 때문에 단기지불능력을 나타내는 유동비율이 낮을 것으로 예상되었으나 서울지역 특1급 호텔에서는 표준비율 200%에는 미치지 못하는 110%대의 수준을 나타내고 있다. 이는 관광호텔업이 단기 채무에 대한 지급에 있어 항상 많은 위험과 압박을 받고 있는 것을 의미한다. 그러나 1988년부터 1991년까지의 우리나라 전체관광호텔업체의 평균유동비율인 35.9~67.1%(한국관광협회, 1993 : 56)에 비교하여 상대적으로 개선된 것으로 평가되고 있다.

부채비율은 2001년보다 2002년에 감소하여 90.70%를 나타내고 있다. 이러한 100% 미만대의 부채비율은 안정성이 상대적으로 높은 수준임을 나타내는 것으로, 관광호텔업은 업종의 특성상 비교적 높은 자기자본(특히 높은 유형고정자산이 건물)에 의해 운영되고 있기 때문인 것으로 평가되고 있다. 한편 1990년 및 1991년의 우리나라 전체관광호텔업체의 평균부채비율인 153.76%와 149.49%(한국관광협회, 1993 : 56)에 비교해서도 특1급 호텔의 안정성을 나타내는 비율인 부채비율이 매우 개선된 것으로 판단된다.

차입금의존도는 2001년 31.53%에서 2002년 29.84%로 1.69% 감소하여 안정성이 증가된 것으로 이는 차입금의 감소와 더불어 총자산의 증가에 따른 결과로 평가된다.

〈표 14-9〉 서울지역 특1급 호텔 안정성지표 표준재무비율

구 분	2001년	2002년	증감
유 동 비 율	110.90%	110.31%	-0.59%
부 채 비 율	102.60%	90.70%	-11.90%
차 입 금 의 존 도	31.53%	29.84%	-1.69%
영업이익대비 이자보상율	5.15배	4.70배	-0.45배

영업이익대비 이자보상율은 약 5배 수준으로 2002년에는 전년도에 비교하여 0.45배가 감소한 것으로 나타나 이자비용이 동일한 수준임을 감안할 때 2002년의 영업이익이 2001년보

다 저조하여 이러한 결과를 나타낸 것으로 분석되고 있다.

② 수익성비율

서울지역 특1급 호텔의 수익성을 나타내는 매출액영업이익률은 약 10%, 매출액순이익률은 약 5%, 그리고 총자산순이익률은 약 2% 수준에 달하고 있다. 2002년이 2001년에 비교하여 수익성지표가 하락하였는데, 이는 인건비 증가에 따른 내적 부담의 증가와 외적 환경요인에 기인한 것으로 평가되고 있다. 한편 자기자본순이익률은 3.97% 수준으로 전년에 비교하여 0.07% 상승한 것으로 나타나고 있다. 총자산대비 영업현금흐름비율은 2001년 3.93%에서 2002년 5.22%로 1.29% 증가하여 영업활동으로 인한 현금의 흐름이 개선된 것으로 평가된다.

이러한 수익성에 관련된 비율들을 과거 1990년대 초와 비교하면 약 2배 수준(1991년 우리나라 전체관광호텔업 표준경상이익률은 3.03%, 그리고 총자본경상이익률은 1.32%이었음)이 증가된 것으로 평가되고 있다(한국관광협회, 1993 : 50).

〈표 14-10〉 서울지역 특1급 호텔 수익성지표 표준재무비율

구 분	2001년	2002년	증감
매 출 액 영 업 이 익 률	11.4%	10.91%	-0.57%
매 출 액 순 이 익 률	5.35%	5.18%	-0.17%
총 자 산 순 이 익 률	2.18%	2.04%	-0.14%
자 기 자 본 순 이 익 률	3.90%	3.97%	0.07%
영 업 현 금 흐 름 비 율	3.93%	5.22%	1.29%

③ 성장성·활동성비율

기업의 성장성과 활동성을 나타내는 거의 대다수의 재무비율에서 2002년이 2001년에 비교하여 낮게 나타나고 있으나 2002년의 경우에도 안정적인 신장세를 지속한 것으로 평가되고 있다. 이는 서비스 활동의 호조와 호텔수요의 증가에 기인한 것으로 나타나고 있다.

그러나 전반적으로 이러한 성장성의 둔화에도 불구하고 활동성지표인 총자산회전율은 0.01회 증가하였다.

〈표 14-11〉 서울지역 특1급 호텔 성장성·활동성지표 표준재무비율

구 분	2001년	2002년	증감
매 출 액 증 가 율	23.95%	4.99%	-18.96%
영 업 이 익 증 가 율	26.04%	-1.28%	-27.32%
당 기 순 이 익 증 가 율	48.49%	18.29%	-30.20%
총 자 산 증 가 율	-3.66%	7.52%	11.18%
총 자 산 회 전 율	0.42회	0.43회	0.01회

(2) 타산업 표준재무비율과의 비교분석

서울지역 특1급 호텔의 안정성지표를 비교·분석하면 유동비율의 경우 우리나라 전 산업 평균인 90.39%보다 서울지역 특1급 호텔이 약 20% 정도 높으며, 동 비율의 숙박업평균보다 매우 높은 수준임을 알 수 있다. 이러한 서울지역 특1급 호텔의 높은 유동비율은 채무에 대한 지급능력이 우수한 것을 의미하는 것이다. 한편 부채비율은 산업평균인 209.60%의 절반수준으로 긍정적으로 평가할 수 있다. 그러나 이러한 낮은 위험부담이 바람직한 재무레버리지 효과를 가져 왔는가에 대해서는 재무전략측면에서 재평가되어야 할 것이다. 차입금의존도는 산업평균보다 낮으나 숙박업의 표준지표보다는 높은 수준으로 나타나고 있다. 종합적으로 서울지역 특1급 호텔의 재무구조를 나타내는 안정성측면에서는 우리나라의 전 산업 평균과 비교하여 안정적인 것으로 평가되고 있다.

2001년의 경우 서울지역 특1급 호텔은 수익성지표를 나타내는 모든 수익관련 재무비율에서 전 산업평균보다 높은 수치를 나타내고 있다. 또한 숙박업의 표준비율과 비교하여도 모든 수익성지표를 나타내는 재무비율에서도 서울지역의 특1급 호텔이 높은 것으로 평가되고 있다.

성장성을 나타내는 지표에서 2001년의 경우 매출액 증가율은 산업평균과 숙박업평균에 비교하여 높으나 총자산증가율은 반대의 현상을 나타내고 있다. 활동성을 나타내는 총자산회전율의 경우 산업평균인 0.89회의 절반에도 미치지 못하는 회전율을 나타내어 호텔 및 숙박산업의 특성이 자산회전율이 낮은, 즉 시설집약적인 산업의 특성에 기인한 것으로 평가되고 있다.

〈표 14-12〉 2001년 특급호텔과 타산업 표준재무비율 비교표

구 분		서울지역 특1급 호텔		숙박업 (2001년)	산업평균 (2001년)
		2001년	2002년		
안정성 비율	유 동 비 율	110.90%	110.31%	63.86%	90.39%
	부 채 비 율	102.60%	90.70%	63.97%	209.60%
	차 입 금 의 존 도	31.53%	29.84%	19.60%	35.21%
수익성 비율	매 출 액 영 업 이 익 률	11.48%	10.91%	7.34%	6.64%
	매 출 액 순 이 익 률	5.35%	5.18%	2.63%	2.20%
	총 자 산 순 이 익 률	2.18%	2.04%	0.76%	1.30%
	자 기 자 본 순 이 익 률	3.90%	3.97%	1.26%	2.59%
성장성 활동성 비율	매 출 액 증 가 율	23.95%	4.99%	10.26%	6.00%
	총 자 산 증 가 율	-3.66%	7.52%	0.30%	3.15%
	총 자 산 회 전 율	0.42회	0.43회	0.29회	0.89회

Chapter

부록

부록

A La Carte<식> [아 라 까르뜨 : 일품요리] : 메뉴상의 명칭으로 고객의 주문에 의해 제공되는 일품 요리를 말한다. ① Table D'hote와 상반된 요리로서 이것은 계절과 조리기술에 따른 변수가 있어 메뉴의 변화가 많은 요리이다. 아 라 까르트는 1792년 프랑스의 많은 외국정부 고위관리자가 오랜 기간 모여서 회담하는 가운데 매일 같은 메뉴에 싫증을 느껴 생선요리라고 한다.

② 메뉴선 용어로 일품요리라 하며 식당에서 정식요리(Table D'hote)와 다르게 매 코스마다 주종의 요라를 준비하여 고객이 원하는 코스만 선택하여 먹을 수 있는 식당의 표준차림표

Accommodation<숙> [숙박시설, 숙박설비] : 관광 여행객이 여행 중 잠자리를 얻을 수 있는 총 숙박시설을 말한다.

Account<회> [고객거래장] : 호텔이 판촉 하는데 있어서의 지정거래처, 즉 기업, 항공사, 여행사, 대사관, 관공서를 말한다.

Account Balance<회> [고객 계정 잔액] : 고객용 계산서의 차변과 대변가격 잔액 사이의 차이점

Account Form<회> [계정식대차대조표] : 원장의 계정 계좌와 같이 대차대조표를 좌우 양측으로 나누어 차변 측에는 자산의 항목을, 대변 측에는 부채 및 자본의 항목을 설정하여 양측의 합계를 평균시켜 표시한 것을 말한다.

Account receivable<회> [수취계정] : 회사, 조직체 또는 개인의 호텔에 대한 미지급 수취계정

Account receivable ledger<회> [수취계정 원장] : 개별 수취계정상의 기록을 모아놓은 서식

Account Settlement<회> [고객결산] : 호텔의 투숙고객이나 외부고객이 고객원장(Guest Folio)에 미지급된 잔액을 현금이나 신용카드로 지급하는 회계수단이다.

Actual Market Share of Hotel<객> [실제시장 점유율] : 호텔의 객실 점유율 수/ 경쟁그룹 총점유 객실수로서의 산출되어지며 자사 호텔의 객실점유율 경쟁력을 말한다.

Accuracy in Menu<식> [메뉴 정확도] : 음식점의 식단에 각 음식항목의 기본, 준비 등을 명확히 기술하자는 소비자 및 업계의 운동

Adds<객> [추가예약 기록] : 도착당일 예약목록상의 최종적 추가예약

Adjoining Room<객> [인접객실] : ①두 방이 통로문 없이 이어져 있는 객실. ②객실이 같은 방향으로 복도에 나란히 연결되어 있지만, 객실과 객실 사이에 내부 통용문이 없으며 복도를 통해서만 출입이 가능한 일반객실. ③복도에 따라 나란히 있는 객실로서 객실과 객실 사이에 통용문이 나있지 않은 객실

Advanced Deposit<회> [선수금] : 객실예약 보증금; 이미 수취된 선수 수익으로 선수이자, 선수지대, 선수객실료, 선수수수료 등이 이에 속하며 부채계정이 된다.

Advertising : 신문, TV 등 광고매체를 통해 상품 서비스 및 생필품 등을 대중에게 알리기 위해 사용되는 수단

Advertising budget : 특정기간 동안 소요되는 광고비용 및 그 효과를 나다내는 도표 또는 계획

Affiliated Hotel <객> [제휴호텔] : 특별한 광고 또는 국제적 예약시스템을 제공하는 회원제 호텔형식으로 운영하는 호텔업. 현재 호텔업계에 있어서는 미국의 베스트 웨스턴(Best Western) 호텔 그룹이 대표적이다.

After Care<연> [애프터케어] : 연회장에서 행사가 끝나고 1일 또는 2일 후에 행사가 있었던 거래선을 방문하여 행사시 불편했던 사항이나 불평을 듣고 행사에 대한 감사를 표시하는 것을 말한다.

After departure<연> [이연계정] : 고객이 퇴숙 후 프런트 회계로 온 전표 계산에서 이연계정으로 처리한다는 의미의 용어(후불요금)

After Dinner<식> [애프터 디너] : 칵테일 이름으로 Liqueur Base Cocktail로 Apricot Brandy, Curacao, 라임껍질을 셰이커에 넣고 얼음 덩어리와 같이 흔들어서 만든 달콤하고 향기 높은 것으로 식후에 주로 마신다.

After taste<식> [애프터 테이스트] : 술이나 음료를 마신 뒤에 입안에 남아 있는 맛과 향의 잔 맛을 말한다.

Agency or agent : 다른 사람 또는 회사를 대표 또는 대리하여 주는 사람이나 회사

AHMA [미국 호텔·모텔협회: American Hotel & Motel Association] : 1910년도에 발족한 미국의 연방지방(Federal region)과 주(State)에서 독립한 호텔과 체인호텔, 모텔 등의 호텔연합 단체협회이다.

Air Conditioner<객> [에어 컨디셔너] : 실내의 기온을 낮추어 방안을 냉각시키는 장치. 냉동기에 의하여 냉각, 제습한 공기를 실내로 보낸다. 즉 실내의 공기정화, 온도, 습도의 조절장치

Airport Hotel<숙> [에어포트호텔] : 공항 근처에 있는 호텔을 말하며, 이 호텔들이 번영하는 원인은 항공기의 증가에 따르는 승무원 및 항공여객의 증가와 일기관계로 예정된 출발이 늦어지는 경우 아울러 야간에 도착한 고객이 이용할 수 있는 편리한 점도 있다.

Airport limousine [에어포트 리무진] : 공항과 호텔 간에 운행되는 작은 버스

Airport Presentative<숙> [공항담당] : 호텔 고객의 영접 및 배웅 등 고객의 편리를 도모하는 호텔 직원이다. 호텔을 방문하는 VIP 고객이나, Repeating 고객 등 호텔의 특별대우 고객을 대상으로 리무진 서비스 및 Pick-up 서비스를 하여 주며 고객이 공항을 나와 호텔에 들어가기까지의 최대한 서비스를 제공하는 공항담당 직원이다.

Allowance<회> [전일매출액 사후조정] : 불만족한 서비스에 의한 가격 할인과 호텔 종업원의 영수증(Bill) 잘못 기재 등으로 고객계산서 지급금액을 조정기재방법. 특히 이용 금액의 에누리가 발생된 경우 Allowance (Rebate) Voucher에 내용을 기입한 후 부서책임자에게 승인을 받아야 한다.

Amenity<객> [편의용품] : ① 단어의 뜻은 기분 좋음, 쾌적함, 상냥함, 사람을 유쾌하게 하는 일 등으로 설명하고 있다. ② 호텔에서 Amenity류란 고객에 대한 Plus 알파의 매력 물로서, 일반적이고 기본적인 서비스 외에 "부가적인 서비스의 제공"을 의미한다. ③ Amenity류란 협의로, 객실의 "욕

실내의 비품" 즉 비누, 샴푸, 린스, 면도기, 칫솔, 치약, 헤어드라이기, 빗, 로션, 헤어 캡뿐만 아니라 객실내의 비품, 즉 반짇고리, 구두닦기천, 구둣솔, 구두 주걱, 옷솔 등도 역시 어메니티류라고 할 수 있다.

American Plan<숙> [아메리칸 플렌 : Full Pension] : 북아메리카에서 처음 발생한 호텔상품으로서 객실요금과 아침, 점심, 저녁이 포함되는 경영방식을 말한다.

American Service<숙> [아메리칸 플렌] : 아메리칸 서비스는 서비스의 기능적 유용성, 효율성, 속도의 특징을 가지고 있는 가장 실용적인 서비스의 형태이다. 주방에서 음식을 접시에 담아서 손으로 또는 소반에 얹어 식탁으로 운반되는 형식을 갖추지 않은 서비스(즉 cart를 사용하지 않는 형식의 서비스)

ASTA [전미여행자협회 : American Society of Travel agents] : 여행업자들 간의 상호 공동이익을 도모하고 협회 회원을 비롯한 각 호텔산업체, 여행알선업체, 운송기관 등 상호 불공정한 경쟁을 배제함으로써 관광, 호텔, 여행서비스의 향상을 기하는데 목적이 있다.

Appetizer<식> [에피타이져 : 전체요리] : 식사 전에 식욕을 촉진시키기 위해 먹는 식전요리를 말함

Arm Chair<식, 객> [암체어] : 팔걸이가 있는 의자.

Arm Towel<식> [암타월] : 레스토랑 종사원이 팔에 걸쳐서 사용하는 서비스용 냅킨.

Arrival Timer<객> [도착시간] : 고객원장과 등록카드 등에 고객이 호텔에 도착한 시간을 구체적으로 기록한 것; 손님에게 예약의 이행을 위하여 도착이 요구되는 시간

Assistant manager [어씨스턴스 메니져] : 부지배인

AU Gratinr<식> [오 그라탱] : White Sauce, 빵가루, 치즈로 만들어진 요리를 오븐에서 갈색이 되게 구운 요리 용어

Auditor<회> [감사] : 호텔의 하루 동안 운영된 모든 영업 현황, 즉 객실, 식음료, 기타 부대시설에 관한 계산서를 정확하게 기재되었는지 또한 모든 기록이 정확하게 결산되었는지 확인하는 업무이다.

Available rooms<객> [사용가능한 객실] : Hotel에서 판매 가능한 객실 수; 특정일의 총객실 수나 빈 객실 수

Average Daily Room Rater<객> [일일 평균객실료] : 호텔의 판매 가능한 객실 중에서 이미 판매된 객실의 총실료를 판매된 객실 수로 나누어 구한 값

Average Room Rate<객> [평균객실료] : 판매된 객실의 총실료를 판매된 객실 수로 나누어 구한 값을 말 함.

Baby Sitter<객> [베이비시터] : 호텔을 이용하는 고객들의 자녀를 돌보아 주는 사람을 말한다. 일반적으로 하우스키핑의 객실 정비원(Room Maid) 비번 자들 중에서 가능한 직원이 돌보아 주며 요금은 시간당 계산을 받는 것이 일반적이다.

Back of the house : 하우스키핑, 식음료 서비스, 세탁, 서비스 및 영선 분야 등 많은 대중과 접촉이 적은 호텔업무 분야

Back to back<객> [백투백] : 연속적인 단체객의 출발과 도착으로 인하여 객실이 비지 않는 상태

Back-up System<전> [예비시스템] : 장비나 전송상의 오류를 찾아내어 고치는 여러 가지 정교한 기술들이 결합되어 있는 시스템이다.

Baggage in Record<객> [수하물 기록대장] : 하물 기록대장으로서 객실번호, 성명, 하물수량, 시간, Bellman의 이름 등을 기록한다.

Baggage Net<객> [수하물 덮개, 수하물 망] : 객실 투숙객 중에서 잠시 후에 출발예정인 고객의 짐은 Lobby에 내려다 놓고 수하물 망(Baggage Net)만을 씌워 놓는다.

Baggage Stand<객> [수하물 받침대 : Baggage Rack] : 호텔 객실 안에 있는 가구로서 트렁크 (trunk) 등 비교적 큰 수화물을 두는 받침대를 말한다.

Baggage Tag<객> [수하물 꼬리표, 하물표 : Luggage Tag] : 화물을 맡겼을 때의 짐표

Bank cards<회> [뱅크카드] : 은행에서 발행하는 신용카드로서, 통상 travel and entertainment card 보다 적은 사용요금을 지급

Banquet<식> [연회] : '연회'를 뜻하는 프랑스 고어에서 유래된 말로 연회란 호텔 또는 식음료를 판매하는 시설을 갖춘 구별된 장소에서 2인 이상의 단체고객에게 식음료와 기타 부수적인 사항을 첨가하여 모임의 본연의 목적을 달성할 수 있도록 하여주고 그 응분의 대가를 수수하는 일련의 행위를 말한다.

Banquet Manager : 연회판매부서의 책임자를 의미하며 보통 연회과장 또는 연회 지배인이라고 부른다.

Bed and breakfast(B&B)<식> [비 앤 비] : 민박형태로 제공하는 숙박시설과 조식

Bed board : 침대를 견고하게 하기 위해 매트리스 밑에 까는 받침대

Bed occupancy : 판매가능 침대 수에 대한 판매침대수의 비율

Bed-and board house : 숙박시설과 조식을 제공하는 호텔

Bell captain : bellman을 감독하는 사람

Bell Stand<객> [벨 스탠드] : 프런트데스크로부터 가깝게 잘 보이는 곳의 로비에 위치한 벨맨의 데스크이다.

Bellman/bellhop<객> [벨 맨] : 고객의 짐을 객실까지 운반하고 짐 정돈을 도와주는 종사원

Bermuda plan<숙> [버뮤다플랜] : 숙박요금 계산방법으로 객실료에 완전한 아침식사요금이 포함되는 계산방식

Berth : 열차 내의 침대

Berth Charge<숙> [침대요금 : Bed Rate] : 열차나 선박 등의 침대에 대한 요금

Best Available<객> [상급예약] : 단골고객 또는 주요고객을 위한 호텔 서비스로서 가능한 한 고객에게 예약한 것보다 보다 나은 객실을 제공하는 서비스이다.

Beverage<음> [베버리지] : 사이다, 콜라 주스, 와인 위스키 등 음료의 총칭

Bill<회> [계산서, 영수증 : Chit. Check] : 호텔의 객실, 식음료, 기타 부대시설에서 쓰이고 있는 고객의 영수증이다.

Bill Clerk : 경리부에 소속된 직원으로 고객이 이용한 요금청구서의 계산을 하는 직무이다.

Bill of Fare<식> [메뉴] : 메뉴

Black List<회> [불량거래자 명단 : Cancellation Bulletin] : 거래중지자 명단으로 불량카드의 정보자료이다.

Blind Cheese : 치즈공의 숫자가 적어 거의 없는 제품을 말하며 저급품으로 취급된다.

Block<객, 전> [블록] : 호텔에 예약이 되어 있는 국제행사 참석자나 VIP를 위해 사전에 객실구획을 한꺼번에 예약하는 것을 말하며 이를 블록예약이라고 함

Block book : 항공기, 극장, 호텔 기타시설에 대하여 단체로 한꺼번에 행하는 예약

Boarding pass : check-in할 때 발행되는 특별증서로서, 이는 탑승 시 보여주게 됨

Book<객> [객실 판매] : 호텔을 이용하고자 하는 고객들에게 미리 객실을 예약 받거나 판매하는 것을 말한다.

Booth<숙> [부스] : 일정 계약기간 동안 소유자가 전시 참가자에게 할애한 특정지역

Botel<숙> [보텔] : 보트(Boat)를 이용하여 여행하는 관광객이 주로 이용하는 숙박시설로서 보트를 정박시킬 수 있는 규모가 작은 부두나 해변 등지에 위치한 호텔을 말한다.

Bouquet<식> [부케] : 질이 좋은 포도주에서 夙成되어 감에 따라 일어나는 냄새인데 포도주를 마실 때 혀와 목구멍으로 느끼는 향기이며 Aroma(향기)와 함께 반드시 Wine에서만 사용하는 용어이다.

Box : 일정기간 동안 예약이 허용되지 않는다는 예약상의 용어

Box lunch : 여행 중 휴대하기 간편하도록 상자로 포장한 간단한 식사

Break Even Point<회> [손익분기점] : 손익분기점이라고 하며 투자액 대비 매출액이 같아지는 시점을 의미한다.

Breakage<식> [브레이크이지] : package에 포함된 식사나 기타 서비스를 고객이 이용하지 않아 호텔이나 여행알선업자가 발생한 이익을 얻는 것; Breakage Profit라 부르기도 한다.

Bus Boy<식> [버스 보이 :   Assistant Waiter] : 식당에서 웨이터를 돕는 접객보조원

Bus : 식당에서 식탁을 정리하기 위해 쓰이는 바퀴가 달린 운반기구

Bus station : 여분의 유리그릇, 사기그릇 및 수저를 보관하고 또한 사용된 그릇을 주방으로 가져오기 전에 일시적으로 올려 두는 곳

Business Center<객> [비즈니스 센터] : 호텔의 상용 고객을 위한 부서로서 '사무실을 떠난 사무실(Office Away From Office)' 개념을 도입하여 가정과 사무실의 복합적인 기능을 고려하여 비즈니스 고객을 위한 비서업무, 팩스, 텔렉스, 회의준비, 타이핑 등을 서비스하는 부서이다.

Buy in bulk : 일시 대량 구매

CAB(Civil Aeronautics Board) : 미국 내의 항공사의 가격(요금)과 루트(항로)를 규정하는 정부기관

Cabana<숙> [커버너] : 보통 호텔의 주된 건물로부터 분리되어 수영장이나 해수욕장 내에 위치한 호텔의 객실을 말하며, 침대가 있기도 하고 없기도 하며 그와 같은 목적이나 특별행사를 위해 사용되는 임시 구조물도 이에 포함된다.

Cabin attendant : 기내고객이 편안하고 안전하게 여행할 수 있도록 보살펴 주는 사람

Call Accounting System<회> [전자교환 시스템] : 전화회계시스템은 단독(Stand-Alone)시스템으

로 운영되거나 호텔 HIS와 연결된다. 일반적으로 CAS는 장거리 직통전화를 처리할 수 있고 최소
비용 송달 네트워크(Least-Cost Routing Network)를 통해 전화를 걸 수 있으며, 통화량에 가격을 삽
입하도록 한다. CAS가 HIS 프런트 부서의 고객회계모듈에 연결되어 있을 때 전화요금은 즉각적으
로 해당 고객 폴리오에 분개된다.

Call sheet : morning call을 이용 요청한 객실과 시간을 기록하기 위해 교환원이 사용하는 서식

Camp grounds : 야영을 원하는 사람들을 위하여 특별한 시설을 갖추고 있는 장소

Camp On : 객실 또는 구내의 각 부서로 전화 연결 시 통화중일 때 캠프 온을 작동하고 잠시 기다리
도록 하면 통화중이던 전화가 끝났을 때 자동적으로 연결되어 통화할 수 있는 시스템이다.

Cancellation<객> [예약취소] : 고객이 사용하기로 예약한 호텔 객실에 대하여 고객의 요구에 의하
여 사전 예약된 것이 취소되는 것을 말한다.

Cancellation Charge<객> [취소요금] : 예약되었던 내용에 대하여 어떤 이유로 인하여 취소할 경
우 지급해야 하는 예약취소 수수료를 말함

Canteen<식> [캔 틴] : ① 구내매점 ② Staff Canteen으로는 종업원식당

Capacity<숙> [수용량, 수용능력] : 호텔 시설물이 그곳의 특성을 그대로 유지하면서 이용에 제공될
수 있는 수용 한계를 말한다. 호텔에서는 컨벤션 룸이나 연회룸, 주차수용 능력 등을 말한다.

Captain<객, 식> [캡 틴] : ① 항공기나 여객선을 책임지는 사람 또는 조종사 ② 식당에서 손님의 음
식 주문받는 일을 수행하면서 웨이터와 함께 정해진 서비스 구역의 서비스를 책임지는 호텔종사원

Captain's order pad : 고객 식음료 주문서

Car Jockey : 주차 대행요원

Cafeteria<식> [카페테리아 : 셀프서비스 식당] : 음식물이 진열되어 있는 진열 식탁에서 고객은 요
금을 지급하고 웨이터, 웨이트리스의 서비스가 없으므로 직접 손님이 음식을 골라 날라다 먹는 셀
프서비스 식당

Carrier : 항공기로 고객을 수송하는 항공사. 항공전에는 airline대신, 이 용어를 사용

Carry-on luggage : 고객에 의하여 기내에 반입되는 수하물

Cart : 짐을 나르는 데 사용되는 두 바퀴 달린 수레

Cart Service<식> [카트서비스 : Weagon, Trolley, Guardino] : 카트서비스는 주방에서 고객이 요구
하는 종류의 음식과 그 재료를 카트에 싣고 고객의 테이블까지 와서 고객이 보는 앞에서 직접 조리
를 하여 제공하는 서비스 형태

Carte<식> [까르트] : 요금표(메뉴)

Carving<식> [카빙] : 주방에서 조리된 요리를 고객의 테이블 앞으로 운반하여 서비스 카트에 준비
해 둔 Rechaud 위에 요리가 식지 않도록 올려놓고 고객이 주문한 요리를 쉽게 드실 수 있도록 생
선의 뼈, 껍질 등을 제거하거나 덩어리 또는 통째로 익힌 고기를 같은 크기로 잘라 서브하는 것

Cash Audit : 현금 감사

Cash Bar<회> [캐시 바] : 고객이 술값을 현금으로 지급하는 호텔연회장 내의 임시 바를 말함

Cash Disbursement<회> [현금지출금] : 현금 지급장

Cash Out<회> [캐시 아웃] : 근무 종료 시 당일의 업무를 마감하여 금액 확인 및 결산을 보고하고

직무를 마치는 것을 말한다.

Cash paid-outs : 고객에게 선불(가불)하거나 대여하는 돈, 다른 부서의 서비스처럼 당해 고객의 계정에 부과됨

Cash Register<회> [캐시 레지스터] : 금전등록기

Cash sheet<회> [캐시 시트] : 프런트 캐셔에 의해 유지되는 부서별 통제양식(서식)

Cashier : 상점 호텔 또는 식당에서 서비스 또는 상품에 대한 지급금액을 수취하는 사람; 현금이나 화폐를 교환하거나 보유하고 있는 사람

Cashier's report<회> [출납보고서] : 영업 종료 시 각 영업장 수납원이 작성하는 현금입금 기록서류

Cashier's Well<회> [케쉬어스 웰 : Tub Bucket, Pit] : 계산이 정산되지 않은 고객의 폴리오(Guest Folios) 파일 철

Casino<숙> [카지노] : 카지노의 어원은 이탈리아에서 생성된 말로서 특급호텔 또는 별장에서 도박, 사교, 춤, 쇼 프로그램 등의 오락시설이다. 현재의 우리나라에서는 호텔 안에 카지노시설을 갖추고 있으며 24의 업소가 있다.

Casino Hotel<숙> [카지노 호텔] : 카지노호텔이란 호텔 내의 부대시설로서 일종의 갬블인 (Gambling) 시설을 갖추어 놓고 다른 호텔의 경우보다 여기서 발생되는 수입이 훨씬 높은 비율을 차지하고 있는 호텔을 말한다.

CAT(City Air Terminal) : 도심공항터미널

Canterers : 서비스를 위한 목적으로 음식을 조리하거나 공급하는 사람

Catering<식> [케이터링] : 지급능력이 있는 고객에게 조리되어 있는 음식을 제공하는 것을 뜻한다.

Cellar Man<음> [샐러맨] : 호텔의 저장실 관리인, Bar의 주류창고 관리자

Center Table<객> [센터 테이블] : 소파와 Easy Chair(소파형의 안락한 의자) 중간에 놓은 테이블

Central Processing Unit<전> [중앙처리장치 : CPU] : 명령어들의 해석 및 실행을 통제하는 회로를 가진 컴퓨터 시스템의 일부로서 중앙처리장치라 부른다. CPU에는 演算論理(Arithmetic Logic)와 制御(Control)기구가 있다.

Certificate : 증명서

Chain Hotel<숙> [체인호텔] : 복수의 숙박시설이 하나의 그룹으로 형성하여 운영될 때 그것을 체인시설이라 부르며, 일반적으로 3개 이상일 때 체인이라고 하고 있다.

Charge back<회> [고객신용거절] : 제반사유로 신용카드회사에 의해 거절된 크레딧카드요금

Charge collect<회> [차지 컬렉트 : 운임착지지급] : 요금을 상대방이 지급하는 방법으로 장거리전화 등에서 잘 이용되는 제도이다.

Charter : 대여, 전세

Charter plane : 항공기 대절 자가 원하는 장소, 원하는 시간에 닿을 수 있도록 하는 전세비행기

Chaser<음> [체이서 : 독한 술 뒤에 마시는 음료] : 「뒤쫓는 자」란 뜻으로 독한 술(酒町이 강한 술) 따위를 직접 스트레이트(Straight or On The Rocks)로 마신 후 뒤따라 마시는 물 혹은 청량음료를 뜻한다.

Check Out<객> [체크아웃 : 퇴숙] : 고객이 객실을 비우고, 객실 열쇠를 반환, 고객의 계산을 마치

고 호텔을 떠나는 것을 말한다.

Check Out Room : 손님의 퇴숙 후 청소는 아직 안된 객실

Check-In<객> [체크 인 : 입숙] : 고객이 도착하면 정중히 인사를 하고 고객의 인적사항을 요구하는 등록카드를 접수한 후 그 고객을 정해진 객실로 친절히 안내하기까지의 모든 행위를 체크-인이라 한다.

Check-out : 회계정리 및 고객의 출발을 포함한 제반 퇴속절차

Check-out procedure : 퇴숙 절차

Check-out time : 퇴숙시간, 퇴숙이 이 시간보다 늦어지면 추가요금이 부가됨

Checking Machine<회> [체킹 머신] : 호텔의 식음료 매상기록 및 관리의 방법을 용이하게 하기 위하여 식당 회계시스템에서 사용하는 금전등록기의 일종이다.

China Ware<식> [사기그릇] : 陶器類는 대부분의 경우 주방에서 취급되지만, 요즈음에는 식당지배인 주관 하에 취급된다. 사기그릇도 서비스를 담당하는 부서의 철저한 청결이 확인되고 취급되어야 한다.

Chives<직> [차이브 : 골파] : 유럽, 미국, 러시아, 일본 등이 산지인 부추과의 식물로 녹색의 관 모양으로 생겼으며, 순한 향을 가진 잎사귀와 불그스름한 꽃송이를 가지고 있다.

CIP<숙> [씨아이피 : Commercial Important Person] : CIP는 상업적인 거래상 중요한 영향력이나 역할을 하는 귀빈을 말한다.

CIT(Charter Inclusive Tour) : 수송용 전세항공기를 이용하는 P.T.

City Journal<회> [시티저널] : 호텔의 외래 고객에 대한 거래의 분개장(分介帳)

City Ledger<회> [미수금 원장] : 호텔의 외상매출장으로 특히 비투숙객에 대한 신용판매로부터 발생된 수취원장으로 후불장이라고도 한다.

Claim check or stub : 고객이 도착하여 자신의 집을 찾기 위해 사용하는 B.C(2매 1조로 구성)의 한 부분

Class : 통상기준으로서 평균 객실료와 관련된 호텔의 질적 수준

Clean Up Room : 손님의 퇴숙 후 청소가 끝난 객실

Clear(Clearance) : 정산, 결재

Clip Joint<카> [클립 조인트] : 속임수(Cheat) 등으로 Player를 기만하거나 바가지를 씌우는 등의 카지노. 이곳은 또한 Cheater들이 허용하는 불법(Illegal) Gaming Style을 가졌다.

Cloak Room<객> [휴대품 보관소] : 투숙객 이외의 방문객이나 식사 고객 등의 휴대품을 맡아두는 장소를 말한다.

Close of the day : 경영적 측면에서 특정한 날과 그 다음날에 관한 기록을 구별할 목적으로 미리 정해둔 임의의 특정시간

Closed Dates<객> [만실날짜 : Full Date, Full House] : 객실이 모두 만실이어서 판매가 불가능한 일자를 말한다.

Closer<카> [클로져] : 교대시간 종료 시 Gaming Table(도박 대)의 집기 일체를 목록화한 테이블 Inventory Slip의 원본

Closet<객> [옷장 : Wardrobe] : 벽에 부착된 옷장

Closing Date : 마감일

CND<객> [씨앤디 : Calling Name Display] : 고객의 이름과 객실번호가 표시되어 나타나는 기계로서 객실에서 손님이 수화기를 들면 등록된 손님이름과 객실번호가 씨앤디 기계에 나타나므로 교환원이 응답이 항상 씨앤디를 보며 손님의 이름을 불러준다.

Coaster<식> [코스터] : 컵 밑에 받치는 깔판

Cocktail for All Day<음> [올 데이 칵테일] : 식전이나 식후에 관계없이 또 식탁과 관계없이 어디서나 어울리는 레저드링크로서 감미와 신맛을 동시에 가지고 있으며 비교적 산뜻하고 부드러운 맛을 내는 것으로 치치(Chee Chee), 마이타이(MaiTai), 브랜디사워(Brandy Sour), 진 라임 소오다 등이 있다.

Code(부호)<전> [코드, 부호] : 의사소통의 편의를 위해 사용하는 숫자, 문자 또는 약자 시스템. 항공사에서는 공항, 항공사 및 서비스 형태를 확인하기 위하여 문자 code를 사용

Collect : 요금 징수(지급)

Collect Call<객> [대화자요금] : 요금을 수신자가 지급하는 통화제도

Collected Bill<회> [콜렉티드 빌] : 비교적 새로운 직종으로서 카지노 지배인을 직접 보좌하며 수금하는 역할을 한다.

Collarette<식> [코레르트] : 둥근 문고리 모양으로 자르는 방법

Commercial Hotel<숙> [상용 호텔 : Business Hotel] : 비즈니스 고객을 유치하기 위한 상업적 성격을 띤 호텔

Commercial Rate<객> [커머셜 요금 : COMM.] : 상호고객에게 베푸는 객실할인요금; 할인요금(discount rate)의 일종으로 특정한 기업체나 사업을 목적으로 하는 비즈니스(business)고객에게 일정한 율을 할인해 주는 것이다.

Commie : 웨이터를 돕는 식당보조원을 말한다.

Commission(수수료 : Commissionable)<회> : 여행사나 관광업체가 호텔에 고객을 송객할 경우 이들에게 수수료를 지급하는 것을 말한다. 이 수수료는 표준적으로 고객이 지급하는 객실요금의 백분율로 이루어진다.

Common language(통용어) : 여러 나라 사람들에 의해 사용되는 공용어

Commuter : 매일의 업무를 위하여 여행하는 사람. 열차 통근자는 매일 같은 시간에 직장과 가정에 도착하기 위하여 특정 시간의 통근열차를 이용한다.

Company Account(Co. A/C) : 회사계정

Company Made Reservation<객> [회사보증예약] : 호텔에 도착하는 고객의 관련회사가 보증하는 예약을 말한다.

Compartment : 물건을 보관하기 위한 밀폐 공간

Compartment Racks<음> [칸막이 선반, 칸막이 분류상자] : Glass류의 운반 보관용의 Glass Rack

Compatible Room<객> [컴퍼터블 룸] : 큰 객실을 문으로 구분하여 각각 독립된 객실로 판매가 가능한 객실

Complaint : 호텔에서 제공했던 제반 서비스에 대하여 만족스럽지 못했었다고 느꼈던 점을 제시해
주는 고객의 불평을 말함

Complimentary<객> [무료 : Comp.] : 호텔의 접대객 및 판매촉진을 목적으로 고객에게 호텔의 편
의시설 및 식음료, 객실, 호텔 판촉 선물이나 상품에 대하여 요금을 받지 않는 것이다.

Computer System : 호텔에서의 Computer 운영체제

Concession<숙> [컨세션] : 호텔의 시설과 서비스를 임대하는 것으로 대부분의 호텔은 임대경영을
하고 있으며, 임대인을 Concessionaire라고 한다.

Concierge<객> [컨시어즈 : 관리인] : 고객의 도착, 출발, 이동시 고객을 맞이하고 혹은 짐의 운반,
보관과 더불어 고객이 필요로 하는 여러 정보를 제공하는 일을 하는 직원

Conductor : 열차 내에서 승객 서비스를 전담하는 사람

Conductor Free<객> [컨덕터 프리] : 단체객 15인당 한 사람에게 객실을 무료로 제공하는 혜택을
말한다.

Conference : 일반적으로 구성된 조직 등과 같이 보편적 테마를 풀기 위한 회의형식을 말한다.

Conference Call<숙> [컨퍼런스 콜 : 전화에 의한 회의] : 외부에서 걸려온 전화로 객실 또는 구내
각 부서를 연결해서 통화할 때 사용되는 통화로써 3인 이상의 통화가 한 번에 가능한 것이 특징이다.

Confirmation form(slip) : 예약확인증명

Confirmation Slip<객> [예약확인서] : 호텔 객실을 예약한 고객에게 예약에 이상 없음을 알려주는
확인서로서 투숙자명, 도착일, 출발일, 객실 종류 등 필요한 사항을 기입하여 고객에게 예약사항을
확인하게 하는 것

Connecting rooms<객> [커넥팅 룸 : Side by Side Room] : 복도를 따라 나란히 붙어있는 객실들
로서 복도를 통하지 않고 직접 출입할 수 있도록 사잇문이 나 있음(connection : 한 차량과 다른 차
량과의 연결(부분))

Consomme<식> [콩소메 : Cream Soup] : 부용(Bouillon)을 맑게 한 것으로 부용이 맑고 풍미를 잃
지 않도록 하기 위해 지방분이 제거된 고기를 잘게 썰거나 기계에 갈아서 사용하며 양파, 당근, 밸
리향, 파슬리 등과 함께 서서히 끓이면서 계란 흰자위를 넣어 빠른 속도로 젓는다.

Continental Plan<숙> [대륙식 요금제도 : C.P.] : 객실요금에 아침식대만 포함되어 있는 요금지급
방식

Contraband : 법적으로 반입이나 반출이 금지된 품목

Contract Buying<식> [계약구매] : 매일 혹은 1주일에 몇 번씩 배달하여야 할 식료품은 보통 특정
한 기간을 정하지 않고 공식적인 혹은 언약에 의한 계약에 따라 구매하게 되는데 이것을 Contract
Buying이라 한다.

Control Chart<객> [컨트롤 차트 : Control Sheet] : 예약 조정 상황표

Control Folios<회> [통제 폴리오] : 각 수익부서를 위해 개설되고 다른 폴리오들(개인별, 마스터,
비고객, 종업원)에 분개된 모든 거래들을 추적할 때 이용된다.

Control tower : 항공 교통 통제소

Convention<숙> [국제회의] : 회의분야에서 가장 일반적으로 쓰이는 용어, 정보전달을 주목적으로

하는 정기집회에 많이 사용된다.

Convention Bureau<숙> [컨벤션 뷰로우] : 이 말은 잘 알려지지 않았으나 컨벤션이란 '회의', '모임'의 뜻으로 그러한 회의의 종합적인 준비를 하는 업체를 말한다.

Convention Hotel<숙> [회의용 호텔] : 미국에서는 호텔 객실의 수요 증가로 회의 및 집회의 수요가 매우 큰 구성비를 차지하고 있다.

Convention Service Manager<숙> [컨벤션서비스 매니저 : CSM] : 컨벤션산업의 전문 직종으로서 호텔의 연회나 다양한 컨벤션활동의 유치와 모든 제반사항을 총괄하는 총책임자이다.

Convertible bed : 접어서 소파로도 쓸 수 있는 침대

Cook Helper<식> [요리사 보조원] : 조리사를 보조하여 야채다듬기, 식자재운반, 칼 갈기, 조리기구의 세척, 청소 등 잡무를 담당하며, 조리사의 기초를 다진다.

Copy Key<객> [카피 키] : 처음 발행한 New Guest Key를 인원수 추가의 경우 고객의 요청에 의해 똑같은 열쇠를 발행하여 주는데 이것을 Copy Key라고 한다.

Cordial<음> [리큐어술, 감로주] : 2.5% 이상의 당분이 함유된 유색음료로서 유럽에서는 Liqueur(리큐어)라고 부른다.

Core Concept<객> : 이용자로부터 관심이나 매력을 끌기 위해 호텔의 로비, 휴양지 또는 기타 지역에 특이한 설계전략을 계획하거나 혹은 건설비용을 절약하기 위해 주방, 승강기 등을 중앙에 설치하는 등도 이에 포함된다.

Cork Screw<음> [코르크 스크루] : 콜크 마개 병을 따는 기구

Corkage Charge<음> [코키지 차지 : 음료반입요금] : 호텔 레스토랑에서 식사를 할 때 그 호텔의 술, 음료를 구매치 않고 고객이 가지고 온 술, 음료를 마실 때에 호텔 웨이터가 마개를 뽑는 서비스 요금을 말한다.

Corner(room) : 건물 모퉁이의 양면이 노출되어 있는 외향객실

Corporate Guarantee<숙> [코퍼레이트 개런티] : 상용여행자의 No Show를 줄이기 위해 호텔과 그 보증인이 이에 관해 재정 책임여하를 계약상으로 협조, 동의한 예약보증의 형태

Correction<회> [정정표] : 프런트오피스에서 전기의 실수를 기록하여 나중에 야간감시자가 정정하여 금액의 일치 여부를 확인하는데 사용한다. 이것은 당일 영업 중에 발생하는 오류를 정정하거나 수정하고자 할 때 조정하는 당일 매출액 조정

Correction sheet(매출정정표) : front office에서 사용되는 양식으로서 轉記 상의 실수를 기록하여 나중에 야간회계 감사자가 訂正하여 금액의 일치여부를 조정

Correspondence : 어떤 사람이 보내거나 받는 서류 또는 편지(통신문)

Corsage<식> [커 사지] : 결혼식, 회갑, 생일 등 파티 때 주빈 앞가슴에 다는 꽃

Cost<회> [원가] : 원가의 3요소. ①Material Cost(재료비) ②Labor Cost(노무비) ③Expense(경비)

Cost Accounting : 원가회계

Cost analysis System<회> [원가분석제도] : 식음료의 원가관리방법의 하나로 원가분석제도라고 한다.

Cost Factor<식> [코스트 팩타] : 키친 테스트 후에 매입재료에서 킬로그램(kg)당 알. 티. 이(R. T.

E: 조리완료 상태)가격을 kg당 매입가격으로 나눈 수치를 가리킨다. 이것은 원재료 이용의 효율성 파악이나 식료원가관리 활동의 능률측정에 애용될 수도 있고 또한 원가계산 자료로도 이용된다.

Cotoff hour : 대중판매를 목적으로 불예약분을 공개하는 시간

Counter Service : 식당을 오픈키친으로 하고 앞을 카운터를 식탁으로 하여 음식을 제공하는 것이 나. 싼 가격에 팁을 주지 않아도 뒤며 조리장이 객석에서 볼 수 있는 구조로 되어 있어 주문한 요리가 조리되는 것을 볼 수 있어 고객이 지루함을 느끼지 않는다.

Counter Service Restaurant<식> [카운터 서비스 식당] : 식당을 Open Kitchen으로 하여 앞의 Counter를 식탁으로 하여 요리를 제공하는 것이다. 이 카운터 서비스 식당은 가격도 저렴하고 Tip 을 주지 않아도 된다.

Coupon : 티켓의 한 부분을 티켓 묶음으로부터 분리시킬 수 있는 티켓

Cozing system : 종류별 기물, 집기 적재 방법(운반, 세척시 안전 유지)

Cream Cheese : 미국에서 대량 생산되며 Cream이 첨가된 우유를 사용하여 만든 Curd를 숙성시키 지 않는 치즈이다. 크림치즈는 45%이상의 유지방을 함유하여야 하고 수분함량은 55%를 넘어서는 안 된다. 이 치즈는 주로 음식물에 발라 먹으며 분해되기 쉬우므로 조리용으로는 사용치 않는다.

Credit<회> [대변 (Cr.), 신용] : 수취계정의 감소를 가리키는 회계용어로서 차변의 반대

Credit Alert List<객> [신용한도 리스트] : 신용카드 고객들을 신용카드의 종류별로 묶어서 출력하 므로 카드의 한도를 쉽게 파악할 수 있으며 이는 악성부채를 미리 예방하는 방법이다.

Credit Limit<객> [크레디트 리미트 : Credit Line] : 신용한도

Credit Manager<회> [여신관리자 : 후불 담당 지배인] : 호텔조직원 중 신용외상매출계정의 취급 을 전문으로 하는 사원

Crew : 항공기내에서 일하는 사무직 종사원을 제외한 모든 항공승무원

Crinkle Sheet<객> [크링클 시트] : 특수하게 직조된 아마포와 유사한 시트로 담요를 씌워 보호하 는데 사용된다.

Croquette<식> [크로켓 : Kro-Kets] : 닭, 날짐승, 생선, 새우 같은 것을 주재료로 하여 다진 고기에 빵가루를 입혀서 기름에 튀긴 것을 말한다.

Cruise : 보트를 타고 즐기는 관광, 선박관광(여행), 선편관광(여행)

Cubbyhole : 호텔고객을 위하여 전달사항과 객실 열쇠를 보관하는 적은 밀폐 공간

Currency exchange : 한 나라의 돈을 다른 나라의 돈으로 교환할 수 있는 곳(환전소)

Current Liabilities<회> [유동부채] : 유동부채란 고정부채와 상대되는 개념으로 결산일로부터 1년 이내에 그 결제일이 당도하는 부채이다. 이에 해당하는 예로서는 외상매입금, 지급어음, 당좌차월, 단기차입금, 미지급비용, 선수금, 기타 미지급금 등이 이에 속한다.

Curtain Runner<객> [커튼 러너] : 커튼레일에 달려 있으며 커튼 핀을 거는 부속품

Custard Sauce<식> [커스터드 소스] : 우유, 달걀 또는 곡식가루를 섞어 찐 단맛이 나는 소스

Customer : 상품 또는 서비스 구매자; client

Customer : 고객, 거래선

Customer Deposit<카> [고객예치금] : 게임에 사용키 위해 일정액의 현금, 가불, Gaming Chips;

Plague를 Cashiers Cage에 맡겨두는 것

Customs : 관세. 한나라 안으로 물건을 들여올 때 징수하는 세금, Duty free(면세 품목)일 때는 세금
이 없음. 한 나라의 생활습관이나 전통을 의미할 때도 있음

Customs declaration : 한 나라 안으로 가지고 들어오는 물건에 대해 기록하는 서식 또는 신고서로
서 여행자가 기록

Customs inspector : 한 나라 안으로 들어오는 짐과 그 밖의 물건에 대해 조사 감시하고 관세부과
여부를 결정하는 사람

Cut-off Date<객> [컷오프 데이트] : 고객이 호텔에 사전 예약한 객실을 사용하지 않을 경우 일반
고객에게 예약을 받는 경우의 날짜를 말한다.

Cut-off Hour<객> [컷오프 아워] : 호텔의 예약된 객실이 사용되지 않을 경우 일반고객에게 객실을
배정하는 경우를 말한다.

D.D.D<객> [시외전화 : Direct Distance Dialing] : 직접 다이얼 통화로 시의 구역 밖의 근접지역에
대한 전화

D.N.D : 출입 및 소음 금지 표시(Do not Disturb)

D.N.P : Do Not Post의 약자로 행사표(Event Sheet)에서 흔히 찾아볼 수 있는 것으로 공고하지 말라
는 의미이다.

D.N.S : 숙박등록을 한 후 어떠한 사유에 의해 숙박을 하지 않는 경우, 그 등록카드에 D.N.S(Do Not
Stay) 즉 "숙박하지 않음"이란 Stamp를 찍어 취소할 수 있다.

Daily Menu(데일리 메뉴) : 식당의 전략메뉴라 할 수 있는 이 식단은 매일시장에서 나오는 특별재료
를 삽입하여 조리장의 기술을 최대로 발휘하여 고객이 식욕을 자극할 수 있는 메뉴, 양질의 재료를
적정가격으로 구입하여 계절 감각을 돋울 수 있으므로 고객의 호기심을 만족시킬 수 있다.

Daily Report<식> [일일보고서] : 일일보고서라고 하며 부문별수익과 비용을 계산하여 영업이익을
산정한 보고서이다.

Daily Special Menu(특별메뉴)<식> [데일리 스페셜 메뉴 : Daily Menu, Carte de Jour] : 원칙적으
로 매일 시장에서 특별한 재료를 구입하여 주방장이 최고의 기술을 발휘함으로써 고객의 식욕을 돋
우게 하는 메뉴이다. 이것은 기념일이나 명절과 같은 특별한 날이나 계절과 장소에 따라 그 감각에
어울리는 산뜻하고 입맛을 돋우게 하는 메뉴이다.

Daily tour : 일일 관광

Day coach : 승객용 특별열차

Day Rate(주간 실료) : 야간 개실 이용 시에 비해 할인된 요금이 적용되는 주간이용요금. 주간에만
호텔이나 모텔을 사용하는 고객들에게 부과하는 요금으로 "Use Rate"이라고도 한다. 도착일과 출발
일이 같을 때 적용

Day Use(데이 유스) : 객실의 시간 사용요금으로 24시 미만의 투숙고객 혹은 이용객에게 부과하는
객실료로서 보통 사용시간 정도에 따라서 요금이 다르게 부과된다.

De Caffeinated Coffee<음> [탈 카페인 커피] : 커피 속의 카페인 성분을 97% 제거시킨 원두를 사용하여 제조된 커피로 입자는 과립커피와 같으며 커피 속의 카페인 성분을 염려하는 분이나 노약자에게 알맞은 커피이다.

Dead Room Change<객> [데드 룸 체인지] : 투숙한 고객이 부재로 인해 호텔이 물리적으로 객실을 변경하는 것을 말한다.

Debit<회> [차변(Dr.) : Charge] : 수취계정의 증가를 나타내는 회계용어

Decanting<음> [티켄팅 : Wine Decanting] : 와인의 찌꺼기를 거르거나 다른 용기에 담는 과정을 말한다.

Decoration<연> : 데커레이션이란 행사진행을 위한 각종 장치와 장식을 말한다.

Deduct(Deduction) : 공제

Delivery Service<객> [딜리버리 서비스] : 딜리버리 서비스는 각종 배달 물을 고객에게 신속히 배달하는 서비스이다.

Deluxe<객> [디럭스 : De Luxe] : 개별 욕실과 각종 다양한 서비스를 하는 최상급 호화로운 호텔로 최고의 시설과 서비스 및 요리가 제공된다.

Demi Chef<식> [대미 셰프] : Bus Boy 역할뿐만 아니라 스스로 테이블을 알아 접객 서비스할 수 있는 준 접객원(Junior Station Waiter)을 일컫는다.

Density Board<객> [객실현황판 : Density Chart. Tally Sheet] : 객실별 예약밀도 도표. 예약 객실 수를 객실 유형별로, 즉 싱글, 트윈, 퀸(Queen) 등으로 나누어 일변하기 쉽게 통제하는 도표를 말한다.

Density Board Chart(예약밀도표) : 예약 객실 수를 객실형 별로 싱글(singe), 트윈(Twin), 더블(Double), 스위트(Suite) 등으로 나누어 구별하기 쉽게 표시하여 예약을 통제하는 도표

Departmental Control<회> : 이것은 호텔 각 영업장의 모든 Voucher 및 Checks를 통제하는 데 사용되며 각 영업장의 케쉬어(Cashier) 업무교대 시간에 원활한 업무처리를 위해 이용된다.

Departure List<객> [출발명부] : 당일에 Check-Out할 고객과 Room에 대한 정보를 나타내는 보고서

Departure lounge : 승객이 비행기에 오르기 전에 대기하는 곳으로 공항터미널 내에 있는 일정지역

Departure tax : 승객이 한 나라를 떠날 때 지급해야 하는 특별요금. 그 돈은 관광산업

Deposit<객, 식> [디포짓] : 객실요금의 일부 선불금

Destination hotel : 고객의 여행목적지(때때로 그 자체로도 목적지가 됨)의 호텔

Dine-around plan<숙> [다인 어라운드 플랜] : AP 또는 MAP의 객실요금 측정방법으로서 cope-rating 호텔을 제외한 몇몇 독립운영 호텔의 어떤 곳에서는 식사를 할 수 있음

Diner<식> : 자동차나 기차여행을 하는 사람들을 위해서 고속도로변이나 기차내 또는 역 주위에 설치한 간단하고 값싼 음식을 파는 식당

Dining Car<식> [다이닝 카] : 기차여행객을 대상으로 열차의 한 칸에 간단한 식당설비를 갖추어 간단하고 저렴한 식사를 취급하는 식당

Direct Mail<객> [다이렉트 메일 : DM] : 고객의 판촉담당 직원이 고객 유치를 위해서 호텔의 다양한 형식의 우편물을 고객의 가정이나 거래처 회사, 여행사, 각종 사회단체 등에 발송하는 것을 말한다.

Do Not Disturb(D.D.D)<객> [방해 금지] : 깨우지 마십시오.

Do Not Disturb sign : 객실 안에 있는 손님에게 방해가 되는 행위를 못하도록 객실 문에 걸어두는 표지판

Doily<식> [도일리 : Doyley] : 작은 냅킨으로 손을 씻거나, 약간의 무늬가 있는 도일리는 식탁 위에 깔고 세팅을 하여 놓는다. 그러나 일반적으로 원형의 도일리는 물 컵, 주스, 맥주 등을 서브할 때 밑받침으로 사용된다.

Door Backing<객> [도어 백킹] : 객실 문을 닫을 때, 충격을 방지하기 위한 고무장치

Door Bed<객> [도어 베드] : 헤드 보드(head board)가 벽에 연결되어 있어 야간에는 90도로 회전하여 침대로 쓸 수 있는 침대를 말한다.

Door Chain<객> [도어체인] : 객실 문을 안에서 거는 쇠줄(방범용의 5~6cm만 문짝이 열리도록 된 장치)을 말한다.

Door Closer<객> [도어 클로저 : Door Check] : 비상구 문 위에 달려 있으며 천천히 닫히는 장치

Door Frame<객> [도어 프레임] : 객실입구 문틀

Door Holder<객> [도어 홀더] : 문이 떨어지지 않도록 위, 아래에서 고정시킨 장치

Door knob : 고객이 객실에서 아침식사를 시간에 맞추어서 먹을 수 있도록 문에 걸어놓은 아침메뉴 주문표(비즈니스 고객들을 위하여 새벽 3시전에 걸어놓으면 룸서비스에서 pick up하여 표시된 대로 정확한 시간에 식사제공)

Door Man<객> [도어 맨] : 호텔에 도착하는 고객의 자동차의 문을 열고 닫아주는 서비스를 하는 현관종업원을 말함

Door Open Service<객> [도어 오픈 서비스] : 투숙객이 열쇠를 분실 혹은 객실 내에 있을 때 고객의 요청에 의하여 사용된다. 프런트데스크(Front Desk)에서 고객의 객실이 맞는지 확인하고 벨맨을 시켜 Master Key로 문을 열어주는 서비스를 도어오픈 서비스라고 한다.

Door Stopper<객> [도어 스토퍼] : 문이 벽과 부딪히는 것을 방지하기 위한 장치를 말한다.

Door View<객> [도어 뷰어] : 객실 안에서 밖을 내다보는 장치

Doorman : 호텔 또는 건물의 출입객을 거들어주는 사람

Double Occupancy Rate<객> [더블 어큐펀시 가격] : 객실 하나에 두 명이 기본인데 한 사람당 계산하는 것으로 관광객을 위한 객실가격

Double Occupancy<객> [더블 어큐펀시] : 객실에 두 명이 투숙하는 것을 말한다.

Double Room<객> [더블 룸] : 2인용 베드를 설비한 객실

Double-Locked : 고객이 객실부 서비스 받기를 원하지 않아 객실 안쪽 dead bolt로 객실을 잠가 버린 상태, 일반적인 Pass key로 열 수가 없다.

Double-up : 두 개의 room rack slip을 필요로 하는 관련이 없는 단체에 의하여 수용되는 double occupancy를 지칭

Downgrade : 당초의 예약 또는 등록이 끝난 손님에 대해 서비스의 등급이 낮거나 질이 낮은 객실을 제공하는 것

Draft beer<음> [드리프트 비어 : 생맥주] : 제조과정에서 발효균을 살균하지 않은 생맥주(lager beer)

Drapes<식> [드레이프스] : 연회행사에 쓰이는 테이블용의 길게 드리우는 덮개

Drink Formular<음> [드링크 포뮬러] : 한 병에서 얻어지는 잔의 수와 한 잔의 분량을 cc로 규정한 표준분량 규정

Drive-In<식> [드라이브 인] : 레스토랑의 넓은 정원에 자동차를 타고 들어가면 인터폰이 붙은 기둥이 널려져 있는데, 차창에서 손을 내밀어 마이크를 들고 요리를 주문하여 운반된 것을 차내에서 먹는다.

Drop<음> [드롭] : 칵테일에서 사용하는 강한 향료를 Bitters Bottle에서 떨어뜨릴 때 사용하는 말로 "방울"을 의미한다. 그리고 1방울을 뜻하는 말로서 5~6 드롭의 양이 1dash 정도 된다.

Dual Plan<숙> [혼합식제도] : 듀얼 플랜은 혼합식 요금제도로서 고객의 요구에 따라 아메리칸 플랜(American Plan)이나 유럽피안 플랜(European Plan)을 선택할 수 있는 형식으로 두 가지 형태를 다 도입한 방식이다.

Duchess Potatoes<식> [뒤체스 포테이토] : 삶은 감자를 달걀노른자와 함께 휘젓고 페스트리 튜브에 통과시킨 것

Due Back<회> [듀백 : Exchange. Due Bank. Difference Returnable] : 호텔 케쉬어의 근무 중 고객으로부터 받은 수령금액이 결산 시에 순이익보다 현금이 초과한 경우이다. 이러한 경우에는 차이가 나는 현금가액을 프런트 캐 쉬어(Front Cashier)에게 넘기어 정리한다.

Due Bill<숙> [두빌 : Trade Advertising Contract] : 호텔의 숙박시설 광고에 있어서 광고장소나 방송시간 광고 등의 협정

Due Out<객> [듀 아웃] : 당일 체크아웃 시간 이후 객실이 빈다는 것을 알리는 객실상황표시 용어

Dump<객> [덤프] : 호텔고객이 지정된 예약날짜나 시간보다 미리 퇴숙(Check-Out)절차를 받는 것을 말한다.

Dust Pan<객> [더스트 팬] : 가구나 욕실 청소 시에 사용하는 걸레로서 가구의 먼지를 닦을 경우 물기를 꽉 짜서 사용해야 하며, 물걸레 사용 후에는 반드시 마른 걸레로 물기를 완전히 제거해야 한다.

Duster<객> [먼지털이개] : 그림 액자, 천정, 벽지 등에 붙은 먼지제거에 사용하며, 파손이 되기 쉬운 가구나 비품류의 먼지를 털 경우에는 각별히 주의해야 한다.

Dusting(더스팅) : 밀가루나 설탕을 뿌리는 행위를 말한다.

Duty Free Shop : 외국인 관광객을 위한 면세품을 판매하는 상점

Duty Manager<객> [당직지배인] : 호텔 현관입구에 위치해 있으며 고객의 불평불만 처리와 비상사태 및 총지배인 부재 시 직무대리 등 일반적으로 밤 시간대부터 그 다음날 오전까지 근무를 한다.

Early Arrival(얼리. 어라이벌)<객> [조기 도착고객] : 조기도착 고객으로 예약한 일자보다 하루 내지 이틀 빨리 도착하는 고객을 의미한다.

Early Arrival Occupancy(얼리, 어라이벌 어큐펀시)<객> [조기도착 점유] : 아침 일찍 도착하여 체크인(Check-In) 시간 전에 입실할 수 있도록 객실을 보존하는 일로 수배 및 단체비 견적상 특히 유의할 필요가 있다.

Early Arrival(얼리 어라이벌) : 조기도착 고객으로 예약한 일자보다 하루 내지 이틀 빨리 도착하는

고객을 의미한다.

Early Out(얼리. 아웃) : 조기퇴숙 절차

Easy Check<회> [이지 체크 : 신용카드 조회기] : 이것은 카드회사와 한국정보통신 그리고 가맹점(호텔)이 On-Line으로 연결되어 불량카드 여부를 컴퓨터에 의해서 체크하는 시스템이다.

Economy Hotel(이코노미 호텔) : 개별 욕식 시설이 없고 제한된 봉사를 저렴한 가격의 호텔로 Tourist 또는 Second Class Hotel이라고 한다.

Efficiency<숙> [이피션시] : 주방시설이 포함된 숙박시설

Embark : 한 장소를 떠나는 것. 출항, 출발카드는 승객이 한 나라를 떠날 때 자신이 기입하기도 함

Emergency Exit<객> [비상구 : Emergency Door] : 화재 따위의 긴급한 사고에 대비하여 피해나갈 수 있게 특별히 만들어 두는 문

Emergency Light<객> [비상등] : 객실 천장에 설치되어 모든 객실에 전기가 안 들어 올 경우 호텔 자체 발전시설에 의하여 작동되는 비상등(평상시에는 전기가 들어오지 않음)을 말한다.

Emigration(이민) : 다른 곳에서 살기 위해 자신의 조국을 떠남

En route : route 상의, 여행도중

Endorsement : 수표의 배서, 이서

English Breakfast(잉글리시 브렉퍼스트) : 아메리칸 브렉퍼스트(American Breakfast)의 코스에 생선 요리가 추가되는 아침식사를 말하며 Season Fruit, Juice, Cefeal, Fish, Eggs, 음료의 순으로 구성된다.

English service<식> [잉글리쉬 서비스 : Family Service] : 주빈이 테이블을 돌며 고객에게 요리를 제공하거나 요리를 돌려가며 고객이 직접 담는 방법

Entertainment<숙> [엔터테인먼트] : 호텔 서비스에 있어 환대, 접대, 즐거움, 오락, 여흥 등의 의미를 갖는 서비스 개념인데, 이러한 서비스는 연회상품에서는 전반적이고 종합적인 서비스가 요구된다.

Entry : 기장, 기입

Equipment<식> [장비] : 식당, 주방, 연회행사에 필요한 각종 장비

Escort : 어떤 사람을 동행하거나 수행함

Escort/tour leader : 여행안내원

Escort(tour escort: TC) : 여행자를 동행, 수행하는 사람

European Hotel Coporation : 유럽 각국의 항공회사가 대량수송의 점보(Jumbo)기 시대에 대처할 수 있도록 각지에 호텔을 건설할 목적으로 설립된 호텔단체이다.

European Plan(E. P : 유럽식 요금제도)<객> [유럽피언 플랜] : 서구식 경영방식으로서 숙박요금에 식사요금을 포함시키지 않고 숙박요금과 식사요금을 각각 구분하여 계산하는 요금제도이다.

Eurotel<숙> [유로텔] : 유럽 호텔의 약어로서 분 양식 리조트맨션의 수탁체인 경영이다.

Exchange : 교환(외환)

Exchange Transactions<회> [교환거래] : 교환거래는 자산, 부채, 자본의 증감변동은 발생하나 비용은 발생하지 않는 거래이다. 따라서 교환거래는 당기순이익에 영향을 미치지 않는 거래이다.

Executive : 간부

Executive Chief<식> [조리장 : Head Cook, Chef de Cuisine] : 음식을 조리하고 준비하는 총괄 조리장

Executive Floor<객> [귀빈층 : EFL, Executive Club, Regency Club, Grand Club, Executive Salon, Towers] : 상용고객을 위하여 세계적 수준의 최고급 서비스를 제공하는 객실 층(귀빈층)

Executive Room(이그제큐티브 룸) : 소규모 모임이나 또는 취침도 할 수 있도록 설계된 다목적 호텔 객실을 말한다.

Exhibit : 회의 중에는 간혹 회의참석자들에게 흥미 있는 싱품을 보이기 위한 전람회를 포함하는 것도 있음

Exhibit hall : 많은 상품을 전시, 전람할 수 있는 넓은 지역, 혹은 연회장

Exhibition<객> [전시회, 전람회] : 무역, 산업, 교육 분야 혹은 상품 및 서비스 판매업자들의 대규모 상품진열을 의미하는 것으로서 회의를 수반하는 경우도 있다. 전시회, Trade Show라고도 하며 유럽에서는 주로 Trade Fare 라는 용어를 사용한다. 호텔 측에서는 연회장 및 기타 설비의 임대행사라고 볼 수 있다.

Exit : 출구, 비상구

Expert Service<객> [엑스퍼트 서비스] : 일급 서비스 혹은 숙련된 전문가의 서비스

Express : 목적지 도착할 때까지 정차하지 않거나 거의 정차하지 않는 열차 혹은 버스

Express Check-In/Out<객> [익스프레스 체크인/아웃] : 프런트데스크에서 대기해야 할 번거로움을 없애기 위해서 전산처리하는 방법으로 고객의 입숙과 퇴숙을 신속하게 하기 위한 서비스이다.

Express letter : 속보

Extension<객> [익스텐션] : ① 투숙객의 숙박연장, 체재연장 ② 전화의 내선

Extra Bed(엑스트라 베드)<객> [추가 침대] : 객실에 정원 이상의 손님을 숙박시킬 경우 임시로 설치하는 침대로 보통 접는 식의 이동하기 쉬운 "Roll Away Bed"를 말한다.

Extra charge<객> [특별비용] : Check-Out Time 이후 객실을 사용하는 경우의 초과요금

Extra meals : 고객에게 주어지는 일정한도 이상의 dining room 서비스에 대한 America plan 요금

F.F.&E : 호텔의 가구, 비품(고정) 및 장비를 가리킴

Facilities : 관광객을 위한 침식, 회의, 여행 혹은 레크리에이션 장소

Familiarization trips : 특정지역을 알리기 위한 목적으로 여행업체, 방송국 또는 신문사 등에서 근무하는 사람들에게 제공하는 무료여행

Family plan<객> [패밀리 플랜] : 자녀를 동반한 부부에 대해 추가요금을 적용하지 않는 특별 객실요금

Farm out<객> [파암 아웃] : 호텔객실이 모두 찼을 경우 손님을 다른 호텔로 배정함

Feathering<음> [페더링] : 커피의 온도가 85도 이하로 떨어진 후에 크림을 넣어서 고온의 커피 즙에 함유된 산과 크림의 단백질이 걸쭉한 형태로 응고되는 것을 말한다.

Feeder lines : 주요도시와 소도시 사이를 운항하는 항공사

Final Proof<음> [파이널 프루프] : 최종 발효 점을 말한다.

Final Stage<식> [파이널 스테이지] : 반죽 단계 중 탄력성과 신장성이 가장 우수한 단계이며 특별

한 종류 외에는 여기서 반죽작업을 중단한다.

Finger Bowl<식> [핑거보울 : (식후에)손가락 씻는 그릇] : 포크 따위를 사용하지 않고 과일을 손으로 직접 먹을 경우 손가락을 씻을 수 있도록 물을 담아 식탁 왼쪽에 놓는 작은 그릇. 이 때에 음료수로 착각하지 않도록 꽃잎 또는 레몬조각 따위를 띄워놓는다.

Fire Spray<객> [파이어 스프레이] : 화재 시 분무형식으로 물을 뿌려주는 장치

Firm Account<회> [회사거래 : Coporate Account] : 호텔과의 거래에 의해 지정된 회사나 거래상사에 대한 외상거래를 기록하는 계정

First Cook<식> [요리장, 조리장, 전문 요리사] : 각 조리부서의 조장으로서 조리업무의 실무면에서 탁월한 기능소지자

Flrst-aid : 의사로부터 받을 수 있는 정상적인 의과적 처치 이전에 다치거나 아픈 사람을 돕거나 치료해 주는 것(응급처치)

First-in, First-out(FIFO)<회> [선입선출법] : 요리재료 보관 시 먼저 구매되어 들여온 것을 먼저 사용하도록 하는 시스템

Fiscal Year : 회계연도

FIT(Free Indentment Traveller)<객> [외국인 개인여행객 : Foreign Independent Tour] : 개인적으로 호텔에 숙박하는 고객

Flag<객> [플래그 : 표시문자] : 룸랙 표지, 룸랙 외 특별한 객실에 대하여 룸클럭의 주의를 환기시키기 위한 표지의 하나

Flambe<식> [플랑베] : 고기, 생선, 과자에 브랜디를 붓고 불을 붙여 눋게 한 요리

Floor Clerk<객> [플로어 클락] : 각 층에서 Front Clerk의 제 임무와 직능을 함께 수행하는 직원을 말한다.

Floor key : 한 층에 있는 여러 방을 열 수 있는 열쇠. Master key라고도 함

Floor Station<객> [플로어 스테이션] : 객실의 정비나 장비를 위한 장소의 개념으로 가구류, 집기류 등이 설비되어 있고 또한 린넨 등을 수납한 창고 및 냉장고 설비가 되어 있는 장소

Flow Chart<전> [순서도] : 어떤 과정을 표시하기 위하여 여러 가지의 유통기호(Flow Chart Symbol)를 사용하여 그림으로 나타내는 시스템의 분석기법이다.

Fold Bed<객> [접는 침대 : Murphy Bed] : 호텔 객실에 있는 침대로서 취침 전후에 접을 수 있게 만들어져 객실 공간 활용에 좋다.

Folding Screen<객> [홀딩 스크린] : 병풍

Folding Table<식> [연회용 탁자, 파티용 테이블] : 연회 서비스 테이블로서 여러 개를 이어 사용하기 편리하게 만들어져서 Catering Service에도 적당하다.

Folio(폴리오)<회> [고객원장 : Account Card, Guest Bill] : 폴리오에는 Master Folio와 Individual Folio가 있으며, Folio상에는 고객의 객실 사용료, 식음료, 기타 지급상황이 일자별로 기록된 내역서이다.

Folio Tray : 고객 Folio를 보관하는 곳

Food and beverage manager : 식사음료의 가격조정을 책임지는 매니저

Food Checker<식> [푸트 체커] : 주문한 메뉴가 조리되어 바르게 서브되는가를 점검하는 사람

Food Cost Control<회> [식료원가관리] : 경영방침 또는 판매계획에 따른 목표상품으로서 요리의 품질 및 분량에 맞게 식료를 구매, 제조, 판매함으로써 가능한 최대의 이익을 확보하기 위한 제원가 관리 활동이다.

Food Cover<식> [푸드 커버] : 고객에게 제공되는 음식서비스 단위

Food Service Station<식> [레스토랑 구역 담당자] : 레스토랑에서 테이블 수와 구역에 따라서 종 사원이 책임구역을 정하여 고객에게 서비스하는 것을 말한다.

Forecast : 사업규모에 대한 장래예측

Forecast<객> [상상, 예측] : 과거의 영업실적을 분석하여 현시점에서 미래에 대한 고객의 수요예 측, 호텔상품의 판매 등 영업예측 활동을 말한다. 영업예측은 월별, 분기별, 연별로 구분하기도 하 며 단기, 중기, 장기 예측으로 구별되기도 한다.

Forecast Scheduling<객> [상상, 계획] : 호텔의 판매예상을 기초로 하여 사업설정을 미리 설정하 고 평가하여 일의 스케줄을 조정한다. 일반적으로 컨벤션, 단체고객, 이벤트사업 등 호텔 전 부서의 예상활동을 예측하는 것이다.

Foreign Currency Unit<회> [외환시세단위 : FCU] : 변동하는 통화의 환시세단위가 가치의 문제 를 배제하기 위하여 IATA 외환시세단위에 의해 확립된 요금 측정기준을 말한다.

Forfeited deposit<회> [보증금 예치] : 고객이 호텔에 예약한 후 예약을 취소하지 않고 나타나지 않을 경우의 양식(no show)을 대비해 받은 예약금; lost deposit라고도 부름

Forum(포럼) : 토론 내용이 자유롭고 문제에 관하여 진지한 평가나 의견 교환을 하는 공개토론 형식 을 말한다.

Forwarding Address<객> [포워딩 어드레스] : 투숙객이 퇴숙할 때 Mail, Telex, Message를 차후 도착예정지로 보내주길 원할 때 도착예정지의 주소 전화번호 및 연락처를 받아서 퇴숙한 고객에게 전달될 수 있도록 하는 서비스를 말한다.

Forwarding Address(포워드 어드레스) : 대체우편물의 회송선의 주소를 호텔 등에 숙박기간 후 우 편물이 도착한 경우에 회송해 받는 주소를 말한다.

Franchise : 명칭사용권리에 대한 로열티를 지급하고 체인으로 가입한 개인소유 호텔 또는 레스토랑

Franchise System(프랜차이즈 시스템) : 프랜차이즈는 가명권 및 상품의 판매권을 의미하는데 호텔 이나 레스토랑 등의 서비스업에 있어서 체인화를 추진하는 방법이다.

Free day : 여행일정 중 아무런 계획이 잡혀져 있지 않은 휴식일

Free independent traveller(FIT) : 개인적으로 호텔에 숙박하는 고객

Free Sale : 여행사나 항공사 대리점 또는 호텔 대리인 등이 호텔에 명확한 정보나 허락 없이 객실을 판매하도록 위탁하는 경우를 말한다. 그러나 사후에 주기적으로 호텔 측에 보고서를 작성한다.

French Service(프렌치 서비스)<식> [프렌치 서비스] : 고객에게 제공되는 음식을 각자 선택하여 식사를 할 수 있는 것이다. 프렌치 서비스의 이용은 호텔 등급이나 식당 시설에 따라 결정한 문제 라고 볼 수 있으나 최근에 이르러 유럽 각국에서 전형적인 연회 서비스에 널리 사용되고 있는 서비 스 방법이다.

Fresh Air Cover<식> [프레쉬 에어 커버] : 외부공기를 빨아들여 제공하는 장치의 커버

Fromage(프로마쥐) : 치즈(Cheese)

Front Bars<음> [프런트 바] : Counter Bar라고도 부르는데 바텐더와 고객이 마주보고 서브하고 서
빙 받는 바를 말한다.

Front of the house<숙> [영업부문] : 일반 고객의 눈에 보이는 식당의 한 부분

Front office<객> [프런트오피스] : 외형적으로 front desk뿐만 아니라 객실에 대한 서비스와 판
매를 포함한 제반 직무와 기능을 의미하는 광의의 용어

Full day : 계산을 목적으로 요금을 부과할 수 있는 세금의 합계

Full house<객실> [만실 : No Vacancy] : 모든 객실이 판매된 상태인 점유율 100%를 의미

Full Service<숙> [풀 서비스] : 호텔, 모텔의 제한적 서비스와 대조적으로 호텔 내의 제반부서로부
터 전 제품과 완전한 서비스가 제공됨을 뜻한다.

Functional Organization<숙> [기능조직] : 경영기능의 수평적 분화를 명확히 하고 전문화에 의한
관리자의 분업상 이익을 확보하기 위한 관리조직을 말한다.

Gala and Festival Menu<식> [겔러 및 페스티벌 메뉴] : 호텔 레스토랑에서 축제일이나 어느 특
정 지방 및 특정 국가의 기념을 위하여 개발한 메뉴

Garlic Powder<식> [마늘을 건조하여 분말로 만든 향료] : 마늘의 향은 독특한 매운맛을 갖고 있으
며 각종 식품의 맛을 돋우는 데 효과가 대단하며 특유의 냄새는 다른 향료와 병행해서 쓰는 것이
바람직하다.

Garlic(마늘)<직> [갈릭 : 마늘] : 아시아가 원산지로 온대지방에서 재배된다. 한 냉지나 습지에서 재
배한 것은 강한 냄새가 난다. 종류로는 줄기가 흰 것, 핑크빛, 연보라 등이 있다. 소화기 계통의 효
능을 높이는 방부 효과가 있고 혈압을 낮추며 기관지염에 좋다.

General Cashier<회> [회계 주임] : 제너럴 캐시는 1일 영업 중에서 발생하는 현금 결제계정을 총
괄, 수합하고 그 현품을 은행에 입금하여 영업장 영업에서 소요되는 현금기금의 가지급 및 회수와
관리 등의 일을 맡는다.

General Clean<객> [대청소] : 정기적으로 객실과 연회실을 철저히 청소하는 것

General Manager<숙> [총 지배인 : G. M] : 호텔영업에 관한 전반적인 업무를 관리, 감독하는 사
람을 말하며 약칭 GM이라고도 함

Ginger(생강)<직> [진저 : 생강] : 원산지는 아시아. 갈대와 비슷한 잎사귀를 가진 초본식물로 어린
뿌리가 뾰족한 모양을 하고 있다. 완전히 익으며 붉은색으로 변한다.

GIT(지. 아이. 티) : Group Inclusive Tour의 약자로 단체여행을 말한다.

Giveaway<직> [기브어웨이] : 판매촉진을 위한 경품이라든가 무료증정품을 말함

Glass Ware<식> [글라스 에어] : ① 식당기물 중에 유리로 만든 식기 종류를 말한다. ② 음료의 종
류에 따라 사용하는 캐시 종류와 크기를 정하여 양을 측정할 수 있게 한다.

Go Show<객> [고 쇼우] : 호텔의 빈 객실이 없을 경우 체크-인 예정 고객 중 예약 최소나
No-Show로 빈 객실을 구하려고 기다리는 고객

goblet<식> [고브릿 : 받침달린 잔] : 손잡이가 달린 글라스류를 말한다.

Government Rate(가버먼트 레일)<숙> : 정부의 공무원들에게 적용된 객실 할인율

Goulash<식> [굴라시] : Hungarian Goulash라고도 하는 파프리카(Parprika) 고추로 진하게 양념하여 매콤한 맛이 특징인 전통 헝가리식 쇠고기와 야채의 스튜를 말한다.

Gourmet(미식가) : 식도, 식도락가

Grand Total<회> [그랜드 토털] : 호텔에서 발생하는 단가에 봉사료를 합하면 공급가액이라고 하고 공급가액에 부가가치세를 합하면 판매가액이 되는데 이 총합계를 그랜드 토털이라고 한다.

grandmaster : 내부로부터 잠긴 것을 제외하고 모든 객실을 열 수 있는 열쇠

Great Wine<음> [그레이트 와인] : 포도주를 만들어서 15년 이상 저장하여 50년 이내에 마시는 와인을 말한다. 이 때 콜크 마개의 수명이 25~30년 밖에 안 되므로 25년 이상 묵으면 콜크 마개를 갈아 끼워주어야 한다.

Green Cabbage<식> [그린 캐비지] : 양배추의 한 종류로 잎들은 초록색이고 매우 꼬불꼬불하고 엉켜 있다.

greens fee : golf course 이용 요금

Greetress<식> [그리트리스] : 식당의 입구에서 지배인을 도와서 고객을 관리, 영접하고 식탁 안내 등을 맡은 여종업원

GRILLING : 전도열로 요리하는 것

Grip Bar<객> [그립 바] : 욕조 안에서 일어날 때 미끄러지는 것을 방지하기 위한 손잡이

Gross Income : 총수입

Group<객> [그룹] : 호텔의 예약 및 계산서를 청구할 때 일행으로 취급하는 사람들의 집단을 말한다.

Group Bill<회> [그룹 빌 : Banquet Bill] : 단체고객에 대한 계산서. Billing의 편의 및 효율성에 비추어 한 장의 계산서에 단체주문분을 작성하는 경우

Group List : 단체손님명단

Guarantee<회> [개런티] : 서비스를 받게 될 사람의 수를 나타내는 것으로 적어도 연회의 24시간 전에 연회기획 담당자가 계산해 산출한 고객의 숫자이다.

Guarantee Money(Key Money) : 보증금

guaranteed reservation<객> [지급 보증 예약 : Guaranteed Payment] : 손님이 사정에 의해 투숙하지 못하더라도 객실요금을 지급하기로 약정된 보통예약

Guardino Service : 식당서비스 중 게리동을 사용한 서비스를 뜻한다. 게리동이란 프렌치 서비스와 같은 정교한 식당서비스를 위해 사용되는 바퀴가 달린 사이드 테이블이다.

Guest Charge<회> [게스트 차지] : 고객의 청구서에서 기재된 모든 청구액, 즉 서비스, 전화, 미니바 호텔의 부대시설 사용에 대한 비용의 합계를 말한다.

Guest Check<회> [숙박객 청구서] : 식당 및 주장의 고객에게 청구하는 전표로 Voucher라 부르기도 한다. 접객원의 주문전표(Waiter Order Slip)를 Guest Check로 병행하는 경우도 있다.

Guest Count(고객수)<객> : 투숙고객수, 즉 등록된 고객의 수를 말한다.

Guest Day<객> [고객일일숙박] : 한 명의 고객이 한 호텔이나 모텔 기타 숙박업소에 당일 숙박을

한 경우에 업소규정에서 정한 일일숙박기준에 의하여 체크 아웃된 고객

Guest Elevator<숙> [고객전용 엘리베이터] : 이것은 프런트 엘리베이터라고 하며 고객을 동반, 객실을 왕래하는 벨맨을 제외한 일반 종사원의 출입이 금지된 고객 전용 엘리베이터

Guest History Card(고객투숙기록카드: Guest History File, Guest History Folio)<객> [고객관리 카드] : 고객이 과거에 여러 번 방문한 투숙기록을 보존하는 카드로 고객의 방문회수, 사용객실, 사용기간, 특별한 선호, 불평불만 사례, 지급방법, 특별한 고객요구, 외상거래, 회사명칭, 직위 등을 기록하여 보다 세밀한 서비스를 단골고객관리를 위해 사용되는 카드를 말한다.

guest house<숙> [게스트 하우스 : Tourist Home] : 침실제공을 목적으로 여행자에게 대여할 수 있는 객실을 갖추고 있는 건물; tourist home이라고도 한다.

Guest Ledger<회> [고객원장 : Room Ledger. Transient Ledger] : 등록된 고객에 대한 원장

Guest Night(고객 일일숙박)<객> [고객일일숙박] : 고객이 한 호텔이나 모텔 기타 숙박영소에 당일 숙박을 한 후 일인당 숙박업소에서 정한 일일 숙박기준에 의하여 체크아웃(Check-Out)된 고객을 말한다.

Guest Relation Officer(고객 상담: GRO)<객> : GRO는 일반적으로 외국인 고객들의 편의를 제공하기 위하여 고객 상담 및 안내를 맡는 직종이다.

Guest Supplies : 고객용 소모품

guidebook : 안내 책자

Guide(Tour guide) : 관광지를 소개하고 그에 대해 설명해 주는 사람

Guide Rate<객> [가이드요금] : 여행단체를 받아들이는 호텔 측과 여행알선업자 사이에 적용되는 특별요금제도

guided tour : 주로 유람을 목적으로 하는 안내원을 동반한 여행

Hand Shover<객> [핸드 쇼버] : 손으로 들고 샤워를 할 수 있는 분무기

Handicap Room<객> [핸디캡 룸] : 객실에 비치된 시설장치, 구조, 가구 및 비품 등이 물질적으로 손상되어 있는 객실로 객실가격이 저렴한 것이 특징

Handle with Care<객> [핸들 위드 케어] : 취급주의를 말한다.

Happy Hour<식> [해피 아워] : 호텔 식음료 업장에서 하루 중 고객이 붐비지 않은 시간대를 이용하여 저렴한 가격으로 또는 무료로 음료 및 스낵 등을 제공하는 호텔 서비스 판매 촉진 상품의 하나이다.

Hash House<객> [하쉬 하우스] : 하쉬 하우스는 무질서한 서비스가 제공되는 곳의 은어로서 트럭 정차장, 커피숍이나 터무니없이 음식 값이 비싼 식당 등에서의 서비스

Head Waiter[Captain] : 레스토랑의 서비스 총괄책임자

Heating System<숙> [난방 시스템] : 건물 전체를 통하여 각 객실에 더운 열을 공급하는 하나의 난방 시스템

Held Luggage<객> [헬드 러기지] : 숙박료 지급 대신에 고객의 물건을 담보로 잡아 두는 것을 말한다.

High Tea<식> [하이티] : 영국의 일부지역에서 Afternoon Tea 대신 초저녁(오후 4~5시)에 나오는 간단한 식사

Highway Hotel<숙> [하이웨이 호텔] : 고속도로변에 세워진 호텔

Historical Revenue Report<회> [수익기록 현황보고서] : 호텔의 모든 부문 수익발생에 있어서 과기의 실적을 전반직으로 나타내는 보고서. 금년, 금월, 금일의 실적과 전년, 동월, 동일의 실적을 함께 볼 수 있도록 작성

Hold for Arrival Stamp<객> [홀드 퍼 어라이벌 스탬프] : 우편물 도착 표시

Hold Laundry<객> [세탁요금의 보유] : 세탁을 의뢰한 고객이 갑자기 귀국한다든지, 타 호텔로 옮긴다든지 하여 보관하였다가 차후에 돌려받을 때가 있다. 이 경우 보유계정으로 처리되는 것

Hors D'Oeuvre(오르 되 브르)<식> [전채 : Appetizer] : 식사순서에서 제일 먼저 제공되는 전채 요리로 식욕을 돋워 주는 소품요리를 말한다. 오르 되 브르는 분량이 적어야 하고, 보기에 좋고 맛이 있어야 하며, 신맛, 짠맛이 있어 위를 자극하여 위액의 분비를 왕성하게 하여 식욕을 돋워 주어야 한다.

hospitality : 사람을 기쁘고 편안하게 하는 환대; 호텔과 식당은 주로 환대산업이라고도 불림

Hospitality Industry(환대산업)<숙> : 관광산업 또는 호텔산업의 동의어 개념으로 사용되고 있으나 실질적인 환대산업은 서비스산업에 있어서 숙박산업, 관광산업, 식음산업, 레스토랑 산업을 말하는 것이다.

Hospitality Room<객> [호스피텔리티 룸] : 호스피텔리티 룸은 총지배인이나 객실담당 지배인의 허락 하에 단체의 수하물을 임시 보관한다든지, 일반고객이 의상을 잠시 동안 갈아입는 등의 목적으로 제공되는 객실이며 객실요금은 징수하지 않는다.

Hospitality Suite<객> [환대실] : 호텔 또는 모텔에서 일반적으로 숙박목적이 아닌 오락 및 연회목적으로 사용되는 객실

Host<숙> [(연회 등의) 주최자] : 고객을 영접하거나 환영하는 사람. 손님의 특별한 요구를 돌보아줌으로써 그들을 편안하게 만든다.

Host/hostess : 고객을 영접하여 필요한 서비스로 안내하는 서비스 요원

Hostel<숙> [호스텔] : 도보여행자나 자동차 여행자용의 값이 싼 숙박시설

Hot Dessert<식> [핫 디저트] : 더운 디저트에는 조리방법에 따라 다음과 같은 조리법이 있다. 즉 오븐에 굽는 법, 더운 물 또는 우유에 삶아내는 법, 기름에서 튀겨내는 법, 알코올로 플랑베하는 법 등이 있다.

Hot Drink<식> [핫 드링크] : 인간의 체온보다 온도를 높인 음료. 즉 사람의 체온(36.5도)보다 25~30도가 높은 62~67도 정도로 해서 마신다.

hot list<회> [취소 명단 : Cancellation Card Bulletin] : 신용카드 회사에 의하여 호텔과 다른 소매자들에게 제공된 분실 또는 도난당한 신용카드의 목록

Hot Souffle(핫 수플레)<식> : 크림소스에 스위스 치즈나 가루 치즈를 혼합하여 양념과 함께 오븐에 넣어 구워낸 것

Hotel Package(호텔 패키지) : 호텔에서 교통편의와 객실 및 기타 부대시설의 사용을 포함한 일괄

적인 서비스를 말한다.

Hotel Chain(호텔 체인) : 동일 자본계열에 속하는 것과 프랜차이즈제의 것이 있는데, 이전에는 힐튼과 쉐라톤이 세계적 체인망을 가지고 있었으며 세계에서 가장 유명한 체인이었으나, 최근에는 웨스틴 호텔스 앤 리조트, 홀리데이인, 인터콘티넨탈, 트래블 롯지 등의 해외진출도 눈부시다.

Hotel Charter<숙> [호텔 헌장] : 호텔경영의 기본적인 사항에 대하여 국제적인 통일기준을 만들려고 하는 움직임이 있는데 그 기준을 말한다.

Hotel Cost Analysis System(호텔원가분석제도)<회> : 호텔식음료의 원가관리방법으로 식음료의 원가를 그 성분에 따라 부문별 혹은 원가요소별로 원가분석을 한다.

Hotel Direct Cost<회> [호텔 직접비] : 호텔 직접비는 원가요소에 있어서는 어느 특정부문에 직접적으로 부과되는 원가로 직접재료비, 물품비, 부문인건비, 직접경비 등으로 구성된다.

Hotel Fix Cost<회> [호텔 고정비] : 호텔의 매출액 또는 업무량에 관계없이 소비되는 원가로서 정규 종사원의 인건비, 재산비, 공공장소의 전열비 등과 같은 비용. 호텔업은 특히 고정비의 비율이 높은 특성을 가진다.

Hotel Information Control System<전> [호텔 정보처리시스템 : HICS] : 회계처리시스템, 고객관리시스템, 예약정보시스템을 중심으로 한 호텔의 서비스 향상이 목적이다.

Hotel Marketing Mix(호텔 마케팅 믹스) : 호텔마케팅 시스템의 구성요소가 되는 호텔 객실을 비롯한 시설 서비스, 객실요금, 식음료 요금, 촉진활동, 판매경로 등의 적합한 결합을 뜻한다. 이러한 요소들은 서로 관련되어 있으며 한 분야에서의 의사결정은 다른 분야의 행동에도 영향을 미치게 된다.

Hotel Marketing Plan(호텔 마케팅 계획) : 마케팅활동에 필요한 전반적인 계획을 내용으로 하며, 구조는 효과적인 마케팅전략의 수립에 있으며 호텔 마케팅 활동을 촉진하기 위한 선전광고비, 통신비용, 판촉활동에 소요되는 과목별 예산을 최소의 비용으로 계획하고 최대의 판매목표를 달성하도록 하는 것

Hotel Package(호텔 패키지)<숙> : 호텔에서 교통편의와 객실 및 기타 부대시설의 사용을 포함한 일괄적인 서비스를 말한다.

Hotel Package Sales(호텔 패키지 세일즈)<숙> : 호텔 판매촉진 활동의 한 방법으로 호텔이 적극적인 고객의 유치를 위해서 항공사, 여행사, 혹은 호화여객선 회사와 공동으로 단일요금으로 된 여행상품을 개발하여 판매하는 것을 말한다.

Hotel Pay<객> [호텔 요금] : 호텔 객실의 요금계산 기준시간이며 우리나라는 정오부터 그 다음날 정오까지이다.

Hotel Personal<숙> [호텔 종업원] : 호텔이나 모텔 등과 같은 숙박업소에서 근무하는 종사원

Hotel Porter(홀 포터)<객> [호텔 포터] : 호텔의 출입구에서 손님의 화물이나 심부름을 하는 종업원으로, 벨보이(Bell Boy)와 구별이 잘 안 된다.

Hotel Price Policy(호텔 요금 정책)<숙> : 적정한 객실요금 책정은 호텔경영에 있어서 가장 중요한 경영정책의 의사결정으로 호텔의 판매증진을 위한 최선의 방법이며, 기업의 수익성을 향상시키는 요건이라 할 수 있다. 호텔의 요금정책은 객실요금뿐만 아니라 식음료 요금까지를 포함하고 있다.

Hotel Representative(호텔 대리인)<숙> : 호텔에서 파견되어 여행업자나 항공회사 등의 이용자에

대하여 호텔의 홍보나 예약의 접수, 확인업무를 대행하는 것을 말한다. 생략해서 호텔 랩(Hotel Rep)이라고 한다.

hotel safe : 호텔 금고

Hotel Sales Plan(호텔 판매계획) : 호텔 판매촉진 활동을 효과적으로 수행하기 위한 호텔의 판매계획은 경영자와 판매담당 책임자 혹은 부서책임자에 의해 수립되며, 판촉활동은 고객, 사회단체, 기업 등에 직접적인 판촉업무를 하게 되며 객실, 식음료, 부대사업 판매계획으로 크게 나눌 수 있다.

Hotel Variable Cost<회> [호텔 변동비] : 호텔이 매출액, 업무량, 조업도에 따라 변동하는 성질의 비용으로서 식음료의 재료비는 변동비에 속한다.

Hotel Voucher<회> [호텔 회수권] : 모든 선불여행에서 비용이 납부되었다는 것이 명기된 관광업자에 의해 발행되는 회수권으로 고객은 호텔 투숙 수속 시 이 회수권을 제시하며, 호텔 측은 후에 관광업자에게 비용을 요구하는 계산서를 이 회수권과 함께 발송한다.

Hotelier(호텔인)<숙> [호텔인 : Hotelkeeper] : 호텔업자 또는 호텔지배인, 관리인, 소유주를 총칭한다.

House Bank<회> [하우스 뱅크] : 환전 업무를 용이하게 하도록 일정금액의 현금을 Front Cashier에게 전도하여 책임지우고 보관하여 놓은 것

house call<객> [하우스 콜 : 회사직원 업무용 전화] : 회사, 업무용전화; 직원이 업무용으로 전화를 사용하는 것으로서 무료임

house count<객> [하우스 카운트 : House Earning] : 등록된 고객의 숫자

House Doctor<숙> [하우스 닥터 : Hotel Doctor] : 호텔과 특약되어 있는 담당의사로 급한 환자가 발생하였을 때 이 의사를 부른다.

House Keeper<객> [하우스키퍼] : 호텔 하우스키핑의 책임자로서 객실청소 및 정비책임자이며 프런트 기술부문과 연결하여 객실의 관리유지를 말한다.

House Keeping<객> [하우스키핑 : 객실 정비] : 객실의 관리 및 객실부문에서 제공되는 서비스의 모든 것을 가리킨다.

house laundry : 통상 호텔이 약정을 맺는 외부세탁과는 대조되는 것으로 호텔이 직접 운영하는 내부세탁시설

House Limit<회> [하우스 리미트] : 고객의 외상거래한도를 말한다.

House Man<객> [하우스 맨] : 하우스키핑에서 근무하는 종사원으로 힘든 청소업무나 물건을 옮기는 작업을 수행한다.

House phone<숙> [하우스 폰 : 내선전화] : 호텔 로비에 놓여 있는 구내 전용전화

House Profit<회> [하우스 프로피트 : House Income] : 호텔의 순이익, 소득세를 공제한 영업부문의 순이익. 점포 임대 수입은 제외되나 세금, 임대료, 지급이자, 보험 및 감가상각비는 공제된다.

house rooms : 판매가능 객실로부터 제외된 것으로서 호텔자체에서 사용할 목적으로 남겨둔 객실

house telephone : 구내전화

House Use : 호텔직원이 무료로 객실을 이용하고 있음을 나타내는 객실상황표

House Use Room<객> [하우스 유스 룸 : House Room] : 호텔 임원의 숙소로 사용되거나 사무실이 부족하여 객실을 사무실로 사용하는 경우, 침구류를 저장하는 Linen Room이나 객실 비품을 저

장하는 Store Room 등을 말한다.

House Wine : 호텔이 영업신장을 위하여 정한 기획 Wine으로 대체적으로 저렴한 상품을 Glass단위로 판매할 수 있는 Wine

Housekeeper : 호텔 투숙객을 위하여 객실의 정돈상태와 관리 상태를 감독하는 사람

housing bureau<숙> [숙박 안내소] : 도시간의 회의(기간) 동안 호텔에 관한 문의, 예약 등을 위하여 운영되는 도시간의 예약기관

IATA(국제항공운송협회) : 대부분의 항공서비스에 대하여 합의하에 가격과 그 밖의 다른 기준들을 설정하는 국제 항공사의 자발적 협회

ID<객> [아이 디(Identity Card) : Identity] : 개인 신분증

Immigration card : 한 나라에 입국한 사람이 작성하여야 하는 카드의 일종: arrival 또는 disembarkation card라고도 불림

In-Bound(외인여행) : 외국인의 방한 여행 또는 외국인의 국내여행이며 반대는 Out-Bound(해외여행)이다.

In-season rate<객> [성수기 가격] : 성수기요금 ; 여름, 겨울의 중반처럼 수요가 최대일 때 계산되는 휴양지 호텔의 최고요금(cf.off-season rate)

Inbound tourists : 외국에서 관광을 목적으로 국내를 방문하는 외국인 여행자

Incentive Pay<숙> [인센티브 페이 : Incentive Bonus] : (종업원에 대한) 생산성 향상 장려금

Incentive Tour : 포상여행

Independent Hotel<숙> [단독 경영호텔 : Independent Operation] : 단독경영의 호텔이란 개인이 호텔 하나만을 운영하는 경우와 그룹사의 경우 호텔업에 투자를 하여 관리인으로 하여금 단독경영을 하게 하는 경우이다.

Independent traveler : 단체의 회원으로보다 오히려 그(그녀) 자신 혼자 여행하는 사람, 단체여행객에 대해 개별여행자를 지칭

Indicator<객> [인디케이터 : 상황 표시판] : 호텔 하우스키핑 부서로부터 객실정비가 완료된 후 프런트에 객실정비가 완료된 것을 알리는 시스템

Industrial Restaurant(인더스트리얼 레스토랑) : 회사나 공장 등의 구내식당으로 비영리 목적의 식당이다. 학교, 병원, 구내의 급식식당 등이 이에 속한다.

Inside call<숙> [인사이드 콜 : 호텔 내부의 구내전화] : 호텔 내부의 전화교환대를 통한 통화; 호텔 내부의 구내전화(cf.Outside call)

Inside room<객> [인사이드 룸 : 내향객실] : 건물의 세 방향 또는 네 방향으로 막혀져 있거나 내부의 뜰과 면하고 있는 객실

Inside Selling<숙> [사내 판매] : 기업이 어떤 팔 물건과 고객이 접촉할 때 추가적 제품이나 서비스가 판매되도록 모색하는 전략으로서, 호텔의 고객에게 호텔 이발관을 이용하도록 유도하거나 레스토랑 단골 고객에게 식사와 함께 포도주를 들도록 권유하는 경우

Inspector : 판매가능 객실로 정비되었는지 점검할 책임을 지니고 있는 객실정비부서의 감독

Institute(인스티튜트) : 학교 형식처럼 가르치는 방식으로 강좌 하는 강습회 형식이나 기관을 일컫는다.

Institutional advertising : 대중을 대상으로 하는 특정상품, 서비스에 대한 소개가 아닌 회사명, 국
가명 등을 알리고자 하는 일종의 공영광고

Intangible Product<숙> [부형의 상품, 인적서비스] : 호텔내의 여러 부서의 종업원들이 제공하는
상품(만질 수 없는 상품), 즉 흔히 인적인 서비스가 합쳐져서 제공된다고 할 수 있다.

Interline connection : 한 비행기에서 다른 비행기로의 연결 혹은 바꾸어 타는 일

Internal tourists : 국내에서 관광하는 내국인 여행자

Interphone<객> [인터폰] : 객실내 욕실에 설치되어 있으며 받을 수만 있는 수신용전화기

Intrastate call : 동일 주 내에 수신인과 발신인이 있는 장거리 통화

Inventory(재고조사)<숙> [인벤토리] : 판매전표와 출고전표 취급을 확실히 하고, 재료 원가율에 유
의하여 적원가율을 항상 유지하도록 한다. 일일 재고조사(Daily Inventory)와 월 재고조사(Monthly
Inventory) 등이 있다.

Inventory : 식음료나 다른 물품의 재고량 조사

Invoice<회> [송장. 송품장 : Food Invoice] : 거래품목의 명세표시와 청구의 기능을 갖는다. 이것에
는 거래당사자, 목적물, 거래가액, 부가가치세액, 거래일자, 주문서의 일련번호 등을 표시한다. 송장
원본은 검수보고서 작성의 자료가 된 후 원가관리부로 회송, 심사 및 원가 삽입을 거쳐 다시 경리
부로 보내어 대금지급을 의뢰한다. 그리고 검수부, 재료수령처(창고 또는 주방), 구매부, 납품업자에
게는 그의 사본을 보내어 재료관리, 통계, 증빙용으로 쓰게 한다.

IT number : 포괄여행에 대해 증명과 booking을 위하여 배정되는 code(번호)

Jockey Service<숙> [대리 운전 서비스 : Valet Parking. Parking Boy] : 호텔의 현관서비스의 일
종; 호텔고객의 차가 도착하면 직원이 직접 운전하여 전용주차장에 주차해주는 서비스; 고객의 신
속한 호텔출입을 위한 주차대행 서비스

Junior Suite(주니어 스위트)<객> [주니어 스위트 : Petit Suite. Mini Suite] : 응접실과 침실을 구분
하는 칸막이가 있는 큰 객실

Junket<카> [정키트] : ① 유람여행, 관비여행 ② 뼈의 스톡을 넣고 끓여 누렇게 만든 국물, 밀가루
가 들어가지 않는 것이 루(Roux)와의 차이점; 영국에서 육류음식을 조리하는 대표적인 방법

Keep Room : 예약되어 있는 객실

Keep Room Charge<객> [킵 룸 차지] : 호텔에 투숙한 고객이 단기간의 지방여행을 떠날 때에는
짐을 객실에 남겨 두고 가는 경우가 있다. 비록 고객이 객실을 사용하지 않았어도 요금을 부과시키
는 것을 말한다.

Key drop : 투숙객이 호텔 외부로 나갈 때 그들의 객실 열쇠를 두는 곳

Key In<전> [키 인] : 컴퓨터 작동가능 여부를 알려주는 기능

Key Inventory<객> [객실열쇠 점검] : 프런트의 나이트 클럭이 결산을 하기 전에 빈 객실과 투숙중
  인 객실 열쇠의 유무를 파악하는 것

Key Space<객> [키 스페이스] : 투숙객이 열쇠를 소지하고 자유롭게 다닐 수 있는 범위

King<객> [킹] : 대략 78*80inch 규격의 특별히 폭이 넓고 긴 double bed

King-sized bed : 규격이 큰 침대

Landing gear : 착륙 시 항공기의 선륜(바퀴)을 내리는 기계장치

Last Year Month To Date : 전년 동월 동일의 누계

Late Chanrge Billing<회> [추가계산서] : 이미 퇴숙한 고객이 요금을 지급하지 않고 떠난 경우에
  추가요금을 계산하는 것으로 이 계정도 자동으로 원장에 부가되어 요금청구를 하게 된다.

Late Check-out<객> [레이트 체크-아웃] : 호텔의 정상 체크아웃 시간보다 늦게 객실을 비우는 것

Laundry Slip<객> [라운드리 슬립] : 세탁신청서

Leg of a flight : 전부 비행기에 의하여 이루어지는 여행의 일부분

Leisure : 인간이 일, 의무로부터 해방되거나 계획된 활동으로부터 자유로워져서 휴식을 취하거나 즐
  길 수 있는 시간

LIcense : 개인 또는 사업체에 주어지는 특정활동수행에 대한 허가서류(증)

LIght baggage<객> [수하물이 적은 고객 : L.B] : 고객을 신용하기에는 양, 질 면에 있어서 불충분
  한 짐. 고객은 현금지급을 하게 됨

Limit Switch<객> [리미트 스위치] : 객실안 옷장 문에 설치되어 있으면서 문이 열리면 전등이 켜지
  고 문을 닫으면 전등이 꺼지는 장치

LImited service<숙> [리미티드 서비스] : 객실 이외에는 서비스가 제공되지 않거나 거의 없는 호
  텔 또는 모텔; 염가호텔(모텔) (cf. Full service)

LImousine : 많은 사람들을 수송할 수 있는 대형 자동차

Linen<객> [린 넨] : 테이블보, 냅킨, 트랩스 등을 총칭하여 부르는 말

Linen Shooter<객> [린넨 슈터] : 객실 각 층에 설비되어 린넨류를 구내 세탁장까지 운반할 수 있
  도록 되어 있는 장치

Linen-Room(린넨룸)<객> [린넨 룸] : 호텔에서 사용하는 각종 직물류 및 유니폼, 기타 천으로 된
  모든 것을 보관하면서 필요한 제품은 Room Maid 나 식당 관계자들에게 제공된다.

Local Call<객> [로컬 콜] : 시내통화

Lock Out<회> [록 아웃] : Bill을 정산하지 않은 고객의 객실 출입을 차단하는 것

Loding Industry(숙박산업) : 미국에서 호텔사업이라고 호칭하는 것보다 이런 용어의 쓰임이 보통이
  다. 리조트(Resort), 모텔(Motel), 콘도미니엄(Condominium), 게스트 하우스(Guest House) 등을 총칭
  하는 광의의 개념이다. Accommodation Industry 는 상용숙박시설을 총칭하는 일반적인 용어이다.

Log<객> [인수인계대장 : Log Book] : 업무일지로 몇몇 영업부문에서 사용하는 업무활동 기록대장이다.

Logbook : 예약에 관한 사항이 기재된 책

Logo<숙> [로 고] : (표지, 의장, 상표의) 활자, 심벌마크, 상표 혹은 상징그림

Long Distance Call<객> [장거리 전화] : 보통의 가입구역 이외의 특정 장거리지역과 통화할 수 있는 전화

Long Drink<음> [롱 드링크] : 칵테일에 있어서 알코올과 비알코올성을 혼합한 것을 말한다.

Lost and Found<객> [고객의 분실물 습득신고 및 보관센터] : 분실물 보관소

Lost Bill<회> [분실계산서] : 식음료계산서 처리 시 등록되지 아니하고 사용 중 관리 부실로 분실된 계산서

Maid Station<객> [메이드 스테이션] : 객실, 정비원, 검사원, 청소원들이 사용하는 사무소

Mail and Key Rack<객> [메일 앤 키 랙] : 우편 및 열쇠 랙. 열쇠 및 우편물을 보관하기 위하여 객실번호 순으로 제작한 프런트오피스의 한 비품이다.

Mail Clerk<객> [메일 클락] : 우편물을 고객에게 전해주고 객실 손님의 우편물을 보관 또는 운송하는 업무를 말한다.

Mail Service<객> [메일 서비스] : 호텔의 우편물을 집배하거나 발송하는 서비스

Main Dish<식> [메인 디쉬] : 주요리 식사단계 중 가장 으뜸이 되는 요리로 일명 앙트레라고 부른다.

Maitre D'Hotel<숙> [메트르 도 오뗄] : 대형 호텔에서 모든 식당을 관리하는 중간관리자

Make the bed : 기상 후 잠자리를 개다.

Make up<객> [메이크업] : 객실을 이용한 다음 정돈하는 것

Make up a room : 방 정리를 하다.

Make Up Card<객> [메이크업 카드] : 고객 객실의 문에 걸어 놓는 카드로써 객실청소원에게 우선 청소를 해달라는 표시로 호텔과 고객 간의 의사전달 도구이다. 반대쪽에는 Do Not Disturb(방해금지) 카드이다.

Management contract : 체인호텔이 호텔운영에 책임지는 사업합의서

Manual<숙> [매뉴얼] : 호텔에서의 매뉴얼이란 Q. S. C.(Quality, Service, Cleaness)에 근간을 두고 표준을 설정하여 작업의 방법을 구체적으로 지시하는 지침서, 즉 작업동작이나 수순을 도식화하는 것이 매뉴얼이다. 일반적으로 호텔의 매뉴얼은 6가지로 나누어진다.

Marker<카> [환전증서] : 카지노의 지정양식으로 고객의 가입서명으로서 Bank 인출이 가능해지는 환전증서

Market : 특정상품 또는 서비스를 구매하거나, 특정한 장소를 방문하는 사람 ; 물건이 판매되는 장소

Master Account<회> [그룹 원장 : Master Folios] : 그룹원장을 말하며 컨벤션 및 관광단체를 위해 작성되는 원장

Master Key : 이중 잠금장치가 된 객실을 제외한 전 객실을 열 수 있는 열쇠

Master key : 한 층에 있는 모든 객실을 열 수 있고 여러 개의 pass key를 통제할 수 있는 열쇠 ;

floor key라고도 함

Meal Coupon<객> [식권 : Meal Ticket] : 단체고객 중 인원수가 적은 단체나 관광일정, 행사일정 등이 여유가 있는 단체는 "식권"을 발행하여 개개인이 원하는 시간에 취향에 맞는 식사를 자유롭게 선택하여 즐길 수 있도록 하기도 한다.

Meal service : 식당의 영업시간

Meeting Planner<숙> [미팅 기획자] : 호텔 및 컨벤션 업계에 영향력 있는 담당자로서 컨벤션을 유치하는데 있어서 호텔, 컨벤션 등 장소 결정에 주요한 결정권을 가지고 있는 사람

Members Only<숙> [회원제 : Membership Club] : 일반적으로 특정인이 호텔의 레스토랑, 스포츠 시설, 피트니스 센터, 리조트 클럽 등의 회원에 가입함으로써 회원에 한하여 이용이 가능하다.

Merchandise : 상품 또는 필수품; 상점에서 판매되는 모든 것

Message Lamp<객> [메시지 램프 : Message-Light Indicator] : 나이트 테이블에 설치되어 있는 작은 램프로서 손님에게 메시지가 있을 때 프런트데스크에서 작동시킨다.

Messenger Boy<객> [메신저 보이] : 고객의 체재기간 중 Check-out하는 경우 전화, 편지 이외에 직접 인편에 의해 의사를 전달하는 경우에 대비한 심부름꾼

Metropolitan Hotel<숙> [메트로폴리탄 호텔] : 대도시에 위치하면서 수천 개의 객실을 보유하고 있는 매머드 호텔의 무리. 이 호텔은 동시에 많은 숙박 객을 수용할 수 있고 대연회장과 전시장, 그리고 대집회장과 주차장 등을 모두 갖춘 컨벤션 호텔이라고 칭할 수 있는 것이다. 그러므로 이 호텔은 회의와 비즈니스 상에 필요한 시설 및 서비스가 철저히 구비되어 있어야 한다.

Mezzanine : 층과 층 사이에 있는 특별 층, 보통 발코니를 가리킴. 극장에서는 첫 번째 balcony 또는 그것의 일부분을 mezzanine라고 함

Midnight Charge<객> [미드나이트 차지 : 야간요금] : 객실을 예약할 경우에 고객의 호텔 도착시간이 그 다음날 새벽 또는 한밤중일 때 호텔 측은 그 고객을 위하여 그 전날부터 객실을 비워 두었기 때문에 전날 밤의 객실을 사용하지 않아도 1일 객실요금으로 계산된다.

Minimum Rate<객> [미니멈 레이트] : 모든 예약을 받음

Minor Departments<숙> [마이너 부서 : Minor Dept.] : Valvet, 세탁 및 전화와 같은 소규모 영업 부문(객실 및 식음료는 제외됨)이다.

Mirror Holder<객> [미러 홀더] : 거울을 위와 아래에서 고정시키는 장치

Miscellaneous charge order(MCO) : 항공사에서 지급보증 하는 쿠폰의 일종으로 이름이 명시되어 있는 사람에게 서비스의 판매를 인정하는 항공사 voucher

Miscellaneous<회> [잡수익 : MISC] : 호텔에서 발생되는 잡수익(MISC) 계정은 주 상품이 아닌 부대상품 판 매시 금일 수입금이 아닌 전일 마감된 수입을 추가로 부과할 때, 임시계정으로 대체할 때, 발생빈도가 적거나 금액이 적을 때, 특별행사를 위한 Ticket 판매대금 및 Member Fee 등에 사용하는 계정

Mise-en-place<식> [영업장준비] : 영업장 사전 준비(기물, 집기, 린넨 등)

Mobile Home<숙> [모빌 홈] : 일반 가정의 모든 시설, 장비가 갖추어져 있어 여행에 편리하며 또한 일상 거주형태로 비교적 쉽게 이동할 수 있는 이동식 주거형태

Modified American plan<숙> [수정식 아메리칸 플랜] : 객실료뿐만 아니라 아침, 저녁을 포함한 요금계산 방식

Month to Date<객> [먼스 투 데이트 : MTD] : 당월 합계로 특정 월별, 특정일별을 위한 수입과 지출을 나타내는 회계 상의 합계

Morning Call<객> [모닝 콜 : Wake-up Call] : 호텔 고객의 요청으로 아침에 성한 시간에 전화로 깨워주는 것을 말하며 wake-up call이라고도 한다.

Motel<숙> [모 텔] : 객실 가까이에 주차장이 마련된 숙박시설

Multiplier effect : 승수효과, 관광지에서 소비되어진 돈의 배수 효과

Murphy Bed<객> [머피 베드 : Closet Bed, Fold Bed] : 호텔객실의 침대 종류로서 벽 또는 벽장 속에 붙이는 침대형태이다.

Murphy bed : 옷장형태의 벽이나 캐비닛 속으로 접어 넣을 수 있는 침대

National Cash Register(NCR) : 회사에 의해서 제작된 호텔계산기로 프런트 캐셔가 사용하며 이 기계로 호텔 고객의 제반 요금을 전기 및 누적 계산하여 송출시 그 절차를 간편하게 한다.

Net Rate<객> [넷 레이트] : 수수료에 의해 할인된 객실가격이다.

News Letter<숙> [호텔 사보] : 호텔에서 주별, 월별, 계절별 등으로 발간하는 호텔의 사업홍보와 광고, 사내 뉴스를 내용으로 하는 책자이다.

Night audit<회> [야간 감사] : 호텔은 1일 24시간 영업을 하디 때문에 정기적으로 당일의 영업 판매금액에 대한 감사가 필요하다고 할 수 있다. 그러므로 야간 근무 중 수취계정금액(Account Receivable)을 마감하여 잔액의 일치를 검사하는 야간 회계감사를 말한다.

Night auditor<회> [야간 감사자] : 야간에 진행되는 경리장부의 정확도를 점검하는 사람

Night Cap<객> [나이트 캡] : 여자들이 머리에 쓰고 잘 수 있도록 제공되는 위생적인 모자

Night Clerk<객> [나이트 클럭] : 나이트 클럭은 야간에만 근무하는 자로서 야간 내에 일어나는 업무만이 아니고 프런트오피스에서 주간에 발생되었던 업무의 연장으로 보다 축소 이전되어 맡아보는 일까지도 하여야 한다. 근무시간은 23:00~07:00까지로 Graveyard Shift라고도 한다.

Night clerk's report<객> [나이트 클럭 보고서] : 야간회계 감사자 또는 night clerk에 의하여 작성되는 중간보고서로서 day audit가 끝날 때까지 사용됨

Night Club<숙> [나이트클럽 : Night Spot] : 야간에 전문적인 스테이지 쇼를 위주로 하여 술과 음료를 판매하는 시설로서 대개 무도를 즐길 수 있는 장소를 구비하고, 바 영업을 주종으로 하는 것이며 사교장소로도 이용된다.

Night Spread<객> [나이트 스프레드 : 침대 덮개] : 담요를 보호하고 각 고객에게 청결한 커버를 제공하기 위해 밤에 침대에 사용하는 덮개를 일컫는다.

No Arrivals<객> [노 어라이벌] : 호텔의 예약상황이 특별기간의 예약 때문에 특별기간에 예약을 받지 않는 것을 말한다.

No reservation(NV) : 예약 없이 입숙한 고객

No Through Booking<객> [노 드루 북킹] : 호텔이 예약상황에서 손님의 체류가 특별기간 내내 계속될 때 어떠한 예약도 받지 않는 것을 No Through Booking이라 말한다.

No tipping : 사례금 없음

No Voucher<회> [노 바우쳐] : 전표를 분실하였을 때 「전표 없음」이라는 표시를 함으로써 보충전 표를 받기 위한 표시이다.

No-Show Employee : 예정 근무일에 회사에 출근하지 않고 결근의 이유도 알리지 않은 종사원을 말한다.

No-show : 예약은 했으나 고객이 호텔에 나타나지 않는 경우

Non-Guest Folios<회> [비고객 원장] : 호텔 내에서 외상구매권을 갖고 있지만 호텔에 고객으로 등록되어 있지 않은 개인들을 위하여 작성한 것으로 이러한 개인들은 헬스클럽 회원, 단골회사 고객, 특별회원, 지역유지들이 포함된다.

Non-Smoking Area<숙> [금연 지역] : 호텔의 로비, 레스토랑, 기타 부대시설에서 담배를 피우지 말 것을 위해 지정해 놓은 장소를 말한다.

Non-Smoking Room<객> [금연 객실] : 호텔을 이용하는 고객층의 다양화와 전 세계적인 금연운 동의 확산으로 담배를 피우지 않는 고객의 투숙이 늘고 있어 그들을 위한 서비스 차원에서 금연객실 및 금연 층을 지정하여 객실 배정을 하고 있다.

Non-transferable : 발행자 혹은 등재되어 있는 사람 이외에는 누구도 사용할 수 없는 것

Nonscheduled airline : 타임테이블(시각표)에 따르지 않고 수요에 따라 시간과 route를 변경하여 운항하는 항공기

Note Payable : 지급어음

Note Receivable : 받을 어음

Novelty<숙> [노벨티] : 노벨티는 호텔이용객에게 제공하는 호텔 측의 선물인 동시에 호텔광고를 목적으로 한 판촉물로서 원칙적으로 무료로 폭넓은 고객을 대상으로 배부하는 것이다.

Numbering Stand<연> [넘버링 스탠드] : 연회(Banquet)행사나 컨벤션 시 참석자가 자기 테이블을 찾기 쉽도록 각 테이블마다 표시한 번호

Occupancy<객> [객실이용률 : Room Occupancy] : 호텔에 있어서 객실 경영상황을 판단하기 위하여 가장 보편적으로 사용되는 지표

Occupancy Percentage(판매 점유율) : 판매된 객실 수와 판매가능 객실 수와의 관련 비율을 말한다. 즉 판매 가능한 총 객실 수 중 이미 판매된 객실 수가 차지하는 백분비율을 말한다.

Occupancy Rate(=O. C. C.) : 객실판매율

Occupancy Ratio : 일정기간 중에 판매 가능한 객실 중 판매된 객실의 비율

Occupied<객> [아큐어파이드] : 고객이 현재 사용하고 있는 객실을 말한다.

On Request<객> [온 리퀘스트] : 예약담당자가 예약을 확인하거나 거절하기 전에 호텔과 의논을 필요로 하는 것

On the rocks<음> [온더락 : On the Ice Cubes] : 술에 얼음을 넣어서 마시는 형태를 말한다.

On-Change : 고객은 체크아웃을 해서 떠난 상태지만 객실 청소가 아직 끝나지 않아서 재판매의 준비가 덜된 상태, 또는 잠시 사용한 후 객실을 옮겼을 경우의 객실을 나타낸다.

Open Bed(오픈 베드)<객> : 저녁시간에 손님이 침대에 들어가기 쉽도록 모서리를 접어놓은 것

Opening and Closing Stock<회> [기초 기말제고] : 식음료 가격을 결정하는데 있어서 재고품의 가치가 결정되어야 한다. 그리고 재고품가치 파악 후 주방으로 들어오는 음식가격을 추가하여야 한다. 음식을 제공하고 난 뒤 남은 재고가치는 공제되어야 하며 이것이 재고마감이다. 한 기간의 재고마감은 다음기간의 재고개시이다.

Opening Balance : 개시잔고, 전일잔고

Operating Equipment<숙> [운영 비품] : 호텔의 운영비품은 린넨, 은기류, 도기류, 유리제품, 유니폼 같은 것들이다. 이러한 운영비품은 호텔 서비스에 직접 사용되는 물품으로서 영업장 서비스를 위해 적정 재고량을 유지해야 한다.

Operating Equipment(운영 비품) : 호텔의 운영비품은 린넨(Linen), 은기류(Silver Ware), 도기류(China Ware), 유리제품(Glass Ware), 유니폼(Uniform) 같은 것들이다. 이러한 운영비품은 호텔 서비스에 직접 사용되는 물품으로서 영업장 서비스를 위해 일정 재고량을 유지해야 한다.

Optional Rate<객> [미결정 요금 : Opt.—R.] : 객실의 예약시점에서 정확한 요금을 결정할 수 없을 경우에 사용되는 용어. 예를 들면, 다음 연도의 객실을 예약할 경우 인상될 다음 연도의 객실요금이 결정되지 않았을 경우, 또 예약신청자가 할인요금을 요구하여 왔지만 결정권자가 부재중이어서 요구사항을 확약해 줄 수 없을 경우 사용된다.

Optional tour : 임의관광, 즉 미리 계획하지 않고 필요에 따라 선택하는 관광

Order for Fill<카> [오더 휘 필] : Fill의 준비를 승인하는 데 사용되는 서식

Order Pad System <회> [오더 패드 시스템] : 호텔의 고급식당이나 일반적인 전문식당 혹은 메뉴가 많고 Full Course의 식사가 제공되는 식당에서 일반적으로 식료가 추가 주문도 있으므로 주문을 직접 계산서에 기입하지 않고 고객의 주문을 웨이터나 웨이트레스가 주문서에 기재하는 시스템으로 주문서와 계산서를 분리 처리하는 시스템이다.

Order Slip(오더 슬립) <식> [주문서 : Order Pad] : 웨이터가 작성하는 식음료의 주문전표

Order Taker<객> [오더 테이커] : 호텔의 식당이나 룸서비스에서 고객의 주문을 받는 종업원을 말함. 주로 벨맨, 웨이타 등이 담당하는 경우가 많음

Origin country : 여행객이 태어난 곳 혹은 출발장소

Out Bound : 국외로 나가는 국내 관광객

Out of order : 객실 등의 시설이 고장으로 인하여 당분간 판매가 불가능하게 된 상태

Outlet Manager<회> [식당부문의 업무지배인] : 식음료부장(F&B Director)의 하위직으로 업장지배인

Outside Call(아웃사이드 콜)<객> [외부전화] : 외부전화, 즉 호텔 외부로부터 전화교환대에 들어오는 전화를 말한다.

Outside Catering<연> [출장연회] : 출장연회란 연회행사를 부득이하게 호텔내의 연회장에서 하지 못하고 고객이 원하는 장소나 시간에 행하는 행사이다.

Outside laundry(valet)<객> [외부 세탁서비스 : Valet Laundry] : 고객에 대한 편의를 제공하기 위한 목적으로 호텔 측이 계약하는 외부세탁

Outside Room <객> [아웃사이드 룸] : 호텔건물의 외측이 자연이나 정원 쪽을 향하고 있어서 전망이 좋은 객실을 가리킨다. 이것은 Inside Room과 반대개념이다.

Over and short<회> [오버 앤 숏트] : 장부상의 금액과 실제 현금과의 불일치(과부족)

Over Booking(초과 예약)<객> [초과예약 : Over Sold] : 객실보유수 이상의 초과 예약 접수를 말한다. 실제 판매가능 객실보다 최소 10% 정도의 예약을 초과 접수한다.

Over Charge<객> [초과요금] : 객실 사용기간 초과요금, 즉 Check Out Time을 기준으로 하여 일정시간을 초과함에 따라 적용되는 요금, 대개 2시간 이내는 무료, 그 이후부터 6시까지는 Over Charge로서 Half-Day Charge(반값)을 적용하는 것이 보통임

Over Sold(판매초과) : 객실 보유수 이상의 초과예약 접수로 호텔의 예약은 일종의 객실주문이므로 시간적으로 판매가 불가능한 시간에 예약이 취소되는 경우와 예약 손님이 나타나지 않는 경우에 대비하여 호텔의 전 가동을 위해 실제 판매가능 객실보다 10% 정도의 예약을 초과 접수하고 있다.

Over Stay(체류 연장)<객> [체류 연장 : Hold Over] : 예약상의 체류기간을 초과하여 체류를 연장하는 고객

Over Time<숙> [오버 타임 : 초과 근무 수당] : 호텔 종사원이 정상 근무시간보다 더 많은 시간을 근무한 경우를 말한다.

Overbooking : 초과예약. 예약취소(통상 약8~10%), No show(약5%) 등을 예비해서 실제 수용가능한 객실 수 이상으로 예약을 초과 접수하는 것. Stayover도 overbooking의 원인이 된다.

Override<객> [오버라이드] : 호텔에 많은 예약을 한 대가로 격려하기 위하여 표준비율보다 더 많은 커미션을 지급하는 형태. 원래 오버라이드란 무효화시킨다는 의미로 우선순위가 높은 객실료에 우선하여 적용한다고 해석할 수 있다. 먼저 객실료는 호텔에서 표준적으로 정한 Rack Rate가 있으며 호텔의 할인정책에 따라 여러 객실료가 정해질 수 있다. 호텔에 있어서는 대개 Market Segment에 따라 가격을 차별화하며 특히 그룹 고객은 다른 시장보다 파격적인 할인을 하는 것이 보통이다.

Overweight : 예정체류기간을 넘겨 투숙하는 손님

Pack : 여행 가방 또는 상자 속에 물건을 꾸리는 일. 물건을 풀 때는 unpack이라 함

Package tour : 교통, 관광, 호텔 비용 등을 모두 포함하는 여행사, 항공사 주최의 기획관광, 통상 식사도 제공되며 항공요금은 정상운임에 비해 대단히 저렴함

Package(패키지) : 여행에 필요한 교통, 숙박, 식사, 팁, 관광 등의 일체의 경비를 포함하는 요금으로 여행 구매자의 숫자에 의거 할인요금으로 판매된다.

Packing & Wrapping Expenses : 포장비

Page : 메시지를 전달하기 위해서 손님을 찾는 것

Paging : 호텔, 공항 등에서 고객을 찾는 일

Paging Service<객> [대고객 호출 서비스] : 호텔의 고객이나 외부 고객의 요청에 의해 필요한 고

객을 찾아주고 메시지 전달을 해주는 것을 말한다.

Paid Bar<식> [페이드 바] : 제공되는 모든 음료가 미리 지급되어 있는 바

Paid In Advance<회> [선납금 : PIA] : 선불형식으로 미리 지급받는 객실요금; 휴대품이 없는 호텔고객에 대하여 호텔요금을 미리 청구하여 받는 금액. 호텔 회계상 선납금은 발생 직후 서비스 비용이 뒤따라 발생 전의 판매수익으로 대체되는 호텔수입금이다. 이 경우 고객이 숙박하고자 하는 일수에 1.5배의 요금을 청구하는 것이 일반적이다.

Par Stock(파 스톡)<식> : 최저 필수 재고 보유량을 말하며 효율적인 기물관리를 할 수 있는 방법이다.

Parent<숙> [House Parent] : Youth Hostel의 관리자(지배인)

Pass key : 일명 submaster key라고 하며 12~18개의 방을 열 수 있도록 제한된 열쇠

Passenger service : 공항에서 승객이 지상에 있는 동안 그들을 도와주는 사람

PC-POS <전> [피시-포스 : Personal Computer Based Point of Sales] : 상품의 판매시점에서 매입, 매출관리, 재고관리, 예약, 고객관리, 이익관리, 매장관리 등의 경영분석 자료를 신속하고 정확하게 제공해주는 휴먼테크로 완성된 첨단 경영관리 시스템

Peeling<식> [피일링] : 껍질을 벗긴다는 뜻. 레몬이나 오렌지의 껍질을 벗겨 칵테일 조주 시 글라스 장식을 하면서 향기를 내게 한다.

Pension<숙> [빵숑 : 양풍민숙] : 저렴한 가격으로 숙식을 제공하는 숙박시설이 한 형태

Penthouse(펜트하우스)<객> : 호텔 등의 최상층에 꾸민 특별 객실이다. 호화로운 가구나 특별설비가 있고 전망 좋은 거실에 침실, 욕실, 화장실 등이 꾸며져 있다. 다른 손님과 접촉할 번거로움이 없기 때문에 탁월한 고객에 의한 독점적인 사용의 예도 허다하다.

Periodical : 정기간행물

Permanent Hotel<숙> [퍼머넌트 호텔] : 이것은 아파트식의 장기 체류 객을 전문으로 하는 호텔, 그러나 최소한의 식음료 서비스 시설이 있는 것이 보통이다. 이 호텔은 단순히 아파트와 다른 것은 메이드 서비스가 제공되는 것이다.

Person Call<객> [지명통화] : 통화 상대자를 직접 연결하여 통화하게 하고 상대자와 직접 연결되지 않으면 요금을 계산하지 않는 방법

Personal check : 개인 은행수표

Pick Up Stage(픽업 스테이지) : 저속으로 2분 정도 반죽하는 것을 말하는데, 재료가 섞이고 물이 흡수되는 단계를 말한다.

Pick-Up Service<객> [픽업 서비스] : 예약 고객의 요청에 의해서 공항 터미널에서 영접하여 호텔에 체크인 시키는 서비스를 말한다.

Plain<식> [플레인] : 아무것도 가미하지 않은 음식이나 음료의 본래 그대로의 상태를 말한다.

POP(Point of Purchase Advertising) : 식음료부서, 연회장소, 선물가게 등의 서비스를 광고할 때 많이 사용하며, 눈에 띄는 장소, 즉 엘리베이터, 객실, 로비 등에 광고 분을 붙여 놓음으로써 고객에게 알리는 광고라고 말할 수 있다.

Port(항구) : 선박에서 화물을 하역하거나 승객이 내리는 장소

Porter<객> [포 터] : 벨 보이(bell boy)의 업무와 비슷하지만, 호텔의 고객이 투숙하여 퇴숙할 때까

지 짐을 보관, 운반해 주어야 할 때 이러한 서비스를 담당하는 사람을 말한다.

Porterage<객> [포터이지] : Porter Service에 대한 팁(Tip)

Portion Control<회> [포션 콘트롤] : 영리적인 식당업체에서 이용되는 관리방법으로 식음료의 원가통제와 모든 고객에게 균등량을 제공하기 위한 통제수단

POS(Point of Sales)<전> [판매시점 정보관리 : Point of Sales] : 점포에서 매상시점에 발생한 정보를 컴퓨터가 수집할 수 있도록 입력하는 기기이다. POS는 어디까지나 점포에서의 매상기록에 준해 컴퓨터처리를 함으로써 경영판단에 필요한 정보자료를 작성하려고 하는 것이다.

Posting<회> [포스팅 : 전기] : 호텔 경리장부에 요금을 기재하는 것

Posting Machine<회> [포스팅 머신] : 거래업무에 따른 금액을 기록하는데 사용되는 등록기계를 말한다.

Pot Still<식> [포트 스틸] : 위스키 증류법으로서 소량을 증류시키는 단식증류법

Pre-Assign<객> [프리 어사인] : 고객이 도착하기 전에 예약이 할당되고 특별한 객실은 블록(Block)을 시키는 예약직원의 작업이다.

Pre-Payment : 선지급

Pre-Registration<객> [사전 등록] : 사전등록으로 고객이 도착하기 전 호텔이 등록카드를 사전에 작성하는 절차로 그룹이나 관광단체가 도착하여 프런트데스크(Front desk)에 혼잡을 피해 등록을 마칠 수 있도록 하기 위해 사용되어지는 것이다.

Preassign : 고객이 도착하기 전 예약분에 대해 이루어지는 객실 사전배정

Prepaid Commission : 선불 수수료

Prepay : 현금지급 혹은 선불

Preregistration : 고객이 도착하기 전에 등록을 완료하는 호텔의 절차; 일반 고객과의 혼잡을 덜기 위해 여행자와 단체 일부여행객에 대해 적용하는 사전등록

Press conference : 대중전달매체의 회원들이 그들의 독자 또는 시청자에게 흥미 있는 것을 전달하기 위하여 참석하는 회의

Press release : 무료 광고로서 언론기관에 의해 이용되는 뉴스

Pressing Service<객> [프레싱 서비스] : 고객 세탁 서비스의 다림질 서비스를 말하여 하우스키핑(House keeping)의 라운드리(Laundry)에서 일임하고 있다.

Previous Balance : 전 잔고, 이월된 잔고

Property Management System<전> [자산관리시스템 : PMS] : 프런트데스크(Front desk)와 백오피스 사이에 원활한 기능을 위해 고안된 호텔 컴퓨터시스템이다.

Property to Property Reservation<숙> [호텔과 호텔의 예약] : 이것은 체인호텔에서 주로 사용하고 있으며, 고객이 호텔과 체인을 맺고 있는 호텔에 투숙하기에 앞서서 호텔 측으로부터 사전에 무료로 예약서비스를 받을 수 있는 서비스를 말한다.

Public Area<숙> [퍼블릭 에리어 : Public Space] : 공유지역, 공공장소

Public relations : 장소, 상품 또는 서비스에 대하여 호감을 얻을 수 있도록 대중과 접촉하는 일

Publicity : 대중의 주의를 끌기 위한 것; 주로 신문 또는 잡지에 게재되는 무료광고 또는 news

release가 있음

Purchase Orders<숙> [구매 발주서] : 구매발주서

Purchase Request<숙> [구매 청구서] : 구매요청서Purchase Specification : 호텔 식음 자재 및 기자재의 특정한 아이템의 질, 크기, 등급 등을 표준화하여 그 내력을 기록한 것으로 육류, 생선, 과일, 야채 등에 많이 쓰인다. 구매명세서를 이용함에 있어서의 장점은 아이템 주문이 용이하며 주문상에서 생기는 실수와 오해를 해소시키며, 고객에게 제공되는 음식의 질을 계속 유지하며, 원가관리가 용이하며, 구매업무를 효율적이고 신속하게 할 수 있다.

Purchasing<숙> [구매] : 호텔의 모든 식음료 및 기자재, 가구, 비품류 등을 구입하는 것으로 최대한의 가치효율을 창출하기 위하여 호텔 전부서의 긴밀한 의사소통과 엄격한 통제의 바탕에서 이루어진다.

Quality Assurance<숙> [서비스질] : 호텔에서 고객에게 끊임없는 최상의 서비스를 제공하기 위한 운영적이며 관리적인 접근방법이다. 호텔 매뉴얼에 따라서 각 부서의 평가와 측정에 의해서 관리되어지고 있다.

Quality Control<숙> [품질 관리] : 호텔에서 품질관리는 최고의 서비스를 위해서는 표준적인 상품의 질을 유지하여야 하기 때문이고 더 나아가 서비스 개선점을 발견하는데 용이하다. 이는 고객에게 그들의 기대하는 만큼의 표준적인 품질의 서비스상품을 제공함으로써 고객의 만족도를 극대화할 수 있다.

Quote : 室料 혹은 다른 요금을 계산하는 일

Rack Rate(공표 요금)<객> [공표요금 : Published Rate] : 호텔 경영진에 의해 책정된 호텔 객실당 기본요금

Rate<객> [가격] : 가격 혹은 서비스가 제공된 가격의 원가로서, '호텔 객실요금을 일정기간 가격으로 정하다'의 뜻이다. Charge와는 쓰이는 의미에 차이가 있다.

Rate Cutting<숙> [가격 절하] : 새로운 고객창출이나 시장개척보다는 경쟁 호텔로부터 고객을 끌어들이는 사업방법이다.

Rate of exchange(환율) : 한 나라의 통화와 다른 나라의 통화를 비교한, 한 나라의 화폐가치

Re-Exchange<회> [재환전 : Reconversion] : 재환전이라 함은 비거주자가 입국하여 외국환을 원화로 환전한 후 사용하고 남은 원화잔액을 출 숙시 다시 외화로 환전하는 것을 말한다.

Receiving<식> [식품검수] : 식품검수의 주요 목적은 공급업자로부터 배달된 상품을 주문한 대로 정확한 질과 양을 견적가격대로 확실하게 수령하는 데 있다.

Receiving Clerk : 호텔의 각종 자재의 입고 시 수령파악 및 질을 파악하는 담당자

Reception <객> [리셉션] : 손님을 맞아들이는 곳, 입숙 등록 접수

Receipt(Bill.Check)<회> [영수증 : Bill. Check] : 고객에게 주는 영수증이다.

Red book : American Hotel & Motel Association (AH & MA)에 가입되어 있는 회원 호텔의 시설, 가격을 지역별로 기재해 놓은 간행물

Red Cabbage<작> [레드 캐비지] : 양배추의 일종으로 색은 붉거나 보라색으로 되어있다. 속은 단단하고 꽉 차 있다.

Refreshment Stand<식> [경양식, 가벼운 음식] : 주로 경식 사를 미리 준비하여 진열해 좋고 고객의 요구대로 판매하며 고객은 즉석에서 구매해 사서 먹을 수 있는 식당이다. 다시 말해서, 우리나라 고속도로 휴게실에 간단한 식사를 준비하여 놓고 바쁜 고객들이 서서 시간 내에 먹고 갈 수 있도록 되어 있는 식당이다.

Refreshments : 가벼운 음식, 다과

Refund<회> [환불금] : 고객이 호텔에 보관한 선납금 중에서 고객이 퇴숙하고자 할 때 남은 금액을 되돌려 받는 것을 말한다.

Register(등록)<객> [입실 등록 과정] : 호텔에서 고객의 도착 등을 기록하는 일

Register Reading Report<회> [레지스터 리딩 리포트] : 식당회계 시스템에서 전날까지의 판매고와 당일까지의 판매합계를 기록한 회계보고서

Register(호텔명부) : 호텔에 투숙하는 모든 고객들이 기록으로 고객은 호텔 규칙에 의거하여 숙박계를 쓰게 되어 있다.

Registered Not Assigned <객> [등록 미입실 : R. N. A] : 호텔에 등록한 고객이 특별히 원하는 객실이 준비될 때까지 기다리는 것을 말한다.

Registration card(form)<객> [등록 카드 : Reg. Card] : 등록카드, 투숙객의 성명 및 연락처 등을 기록하는 카드

Rehabilitation(리허빌리테이션)<숙> : 업무를 올바르게 행할 수 있도록 재훈련시키는 것

Relief Cook<식> [릴리프 쿡 : Chef Tolerant] : 주방 조리사들 중에서 와병, 비번, 혹은 휴가로 결원이 생겼을 때 그 사람의 업무를 대행하는 경험 있는 조리원으로 세프 투르닝(Chef Tolerant)이라고도 한다.

Reminder clock<객> [리마인더 클럭] : 15분 간격으로 48회에 걸쳐 울릴 수 있도록 맞추어 놓을 수 있는 특수 자명종으로 주로 모닝콜 서비스용으로 사용됨

Repeat business : 상품 또는 서비스에 대해 크게 만족하여 재차 이용하기 위하여 방문하는 고객으로부터 발생하는 사업

Repeat Guest : 처음 투숙한 고객이 그 후에 계속 그 호텔을 방문하는 것

Requisition Form : 청구서는 호텔 물품을 받기 위한 양식으로 청구서에는 허가를 받은 사인이 있어야 하며 물품 청구 후 하루에 한번 담당부서에 보내져 엄격한 재고변동관리에 필요하다.

Reservation Rack<객> [레저베이션 랙] : 고객이 요구한 서비스 내용의 요약, 도착예정 일시, 고객의 성명 등을 알파벳 순서와 날짜별로 정리되어 있는 상황판이다.

Reservation Status<객> [예약 조건] : 고객이 호텔예약 시 상호 협정한 조건으로서 지급방법, 서비스 요구사항 등의 조건을 말한다.

Resident manager : front office, housekeeping 그리고 uniformed service를 포함한 호텔 front 부문을 책임지고 있는 호텔 지배인(경영 관리자)

Resort Hotel<숙> [휴양지 호텔] : 관광지 호텔로 보양, 휴양, 또는 레크리에이션을 목적으로 한 호텔로 해안이나 경치 좋은 곳에 있는 별장식 호텔을 일컫는다.

Retail(직판) : 일반대중을 대상으로 직접 판매하는 영업(사업); 소매여행대리입자의 경우 일반대중을 대신하여 숙박시설, 교통편 및 기타 여행서비스를 구매하거나 수배함

Room a guest : 손님의 짐을 객실까지 운반하고 짐정리를 도와주는 일

Room Assignment<객> [객실 배정] : 프런트데스크 업무 중에서 매우 중요한 것으로 고객예약에 대하여 객실을 할당하는 것을 말한다.

Room Attendance<객> [객실 청소원] : 호텔고객의 객실을 안전하고, 쾌적하게 또한 청결한 객실 상품을 제공하기 위하여 호텔의 모든 객실을 정리 정돈하는 호텔종사원이다.

Room Change : 객실의 예약, 판매, 객실준비 담당직원으로 현고나 실무진에서 가장 중요한 위치이다.

Room count sheet<객> [룸 카운트 시트 : Daily Room Report. Room Charge Sheet] : 야간에 작성되는 룸랙의 영구적인 기록으로서 이는 객실통계의(=에 대한) 정확성을 기하기 위해 사용됨

Room Demand<객> [소요 객실] : 호텔 객실경영에 있어서의 산출량관리의 하나로서 기존객실 공급량 혹은 미래에 필요한 호텔 객실 수의 소요량을 말한다.

Room Inspection<객> [룸 인스펙션] : 객실 청결도와 유지 상태를 조직적으로 점검하는 세부과정

Room inspection report<객> [룸 인스펙션 리포트] : 방 청소부가 청소를 끝냈을 때 검사 자에 의하여 준비된 객실의 상황을 체크한 목록

Room Inventory<객> [객실 조사] : 프런트오피스에서 객실을 판매하는데 있어서 아무 지장이 없도록 도와주는 것

Room Key Tag System<객> [객실 자동전멸장치] : 호텔의 에너지 절약차원에서 객실 입실시 키를 키 센서(Key Sensor)에 꽂으면 객실이 자동적으로 점등되고 외출 시나 퇴숙 시 키를 빼내면 자동으로 점멸되는 시스템 방식을 말한다.

Room Rack Slip(룸 랙 슬립)<객> [룸 랙 슬립 : Room Rack Card] : 객실 투숙객 개개인의 인적사항이 기록되어 있는 등록카드로부터 중요한 내용만 발췌한 것으로, 지정된 룸 랙의 포켓에 배치되어 있다. 여기에는 고객이 성명, 국적, 투숙일자, 투숙기간 등이 기록되어 있다.

Room Renovation<객> [객실의 수리] : 객실수리에 있어서는 일반적인 객실수리와 전반적인 객실수리로 나누어 생각할 수 있겠다.

Room Revenue<객> [객실 매출액] : 당일의 객실매출액을 Room Earing에서 찾아서 총 객실매출액 비유을 산출한다.

Room service<식> [룸서비스] : 호텔 투숙객의 방으로 식사, 음료를 날라 주는 것

Rooming List<객> [입실 명단] : 단체고객이 도착하기 전에 단체객의 인적사항을 기록한 고객의 명단을 미리 받아 단체객의 사전 등록과 사전 객실배정을 하기 위한 단체객의 명단이다.

Rooming slip<객> [입실 서류양식 : Rooming Card] : desk에서 bellperson에게 발행되는 양식으로, 고객의 성명, 객실, 요금을 증명하기 위한 bellperson에 의하여 작성됨

Rotation Menu Plan : 음식원가를 절감하는 방법으로 일정한 기간 동안 계속적으로 반복하여 메뉴를 내는 순환메뉴계획

Royalty<숙> [로얄티] : 광의로는 특허권사용료, 저작권사용료, 상연료, 인세 등 전용권을 가진 사람의 허락을 받아 이러한 권리를 행사함으로써 이익을 얻는 자가 권리권자에 대해 지급하는 요금을 말한다.

Ruban<식> [루 반] : 리본과 같은 형으로 자르는 방법

Ryokan : 일본의 전통적 여관

Safe-Deposit Boxes <객> [귀중품 보관소] : 호텔객실에 투숙하는 고객의 귀중품을 보관해주는 금고로 프런트 캐셔가 관리한다.

Sales Promotion<숙> [판매 촉진] : 기업이 자사제품이나 서비스의 판매를 촉진하기 위해 수행하는 모든 촉진활동을 포함한다.

Salon : 응접실에 대한 유럽식 표현

Sample room(견본객실) : 상품매매 및 전시를 위하여 사용되는 방으로서 통상 숙박시설을 겸비하고 있음

Sample Room<객> [전시용 객실 : Display Room] : 판매용 객실이 아니라 어떤 회사가 자사의 상품을 전시, 진열할 목적으로 임대한 호텔의 객실을 일컫는다.

Seasonal Rate<객> [계절별 요금] : 동일한 제품과 서비스에 대해 계절에 따라 가격의 변동을 허락하는 차별 요금재도를 말한다.

Seasoned(시즌드)<식> [시즌드 : 조미한] : 고객의 식성에 맞게 양념과 조미료를 넣어 맛을 맞춘 음식을 말한다.

Seat belt : 충돌 시나 기타 비상시 승객을 보호하기 위해 비행기, 자동차 등의 좌석에 부착되어 있는 안전벨트나 손잡이

Seat No<식> [싯 넘버] : 영업장 테이블의 좌석번호로 Service에 만전을 기하기 위해 편리하게 정한다.

Second Class Hotel(이등 호텔)<숙> : 1급 호텔보다 적은 서비스이지만 편의가 1급으로 제공되는 경제적 관광호텔을 말한다.

Security<숙> [경비] : 호텔 경비업무로서 외, 내부의 도난, 파괴행위로부터 종사원과 고객을 안전하게 보호하는 업무이다.

Security check(보안점검) : 불법무기 소지여부를 알기 위해 주로 x-ray 시설과 금속탐지기를 이용, 승객과 하물을 조사하는 일. security officer : 보안점검을 하는 사람

Security(경비) : 절도와 파괴 행위로부터 종사원과 고객을 안전하게 보호하는 업무이다.

Self-contained : 휴양지처럼 한 호텔 혹은 한 지역 내에 여행자가 필요로 하는 숙박시설 및 제반시설을 갖추고 있는 것

Selling Up<객> [셀링 업 : Up Grade Sale] : 호텔에서 판매촉진을 위해 이미 예약된 객실의 요금보다 높은 가격의 객실을 선택하도록 권유하는 경영방법이다.

Semiskilled worker(반숙련종사원) : 업무를 수행하는데 그다지 많은 훈련(숙련)을 필요로 하지 않는 노동자

Serve(serve an airport) : 유용하게 하는 일. 보살펴 줌. 식당에서 음식 또는 식사를 제공하는 일 공항내외의 운항중인 항공기에서 제공되는 서비스를 serve an airport라 함

Seven-Day Forecast<객> [일주일간의 수요예측 : 7-day Forecast] : 호텔의 예약부서에서 예측하는 자료로서 예약고객에 대한 1주일간의 수요예측을 말하는 것으로 프런트(Front), 하우스키핑(House Keeping) 등 관련부서에 자료를 제공한다.

Shallow Frying(쉘로우 프라잉)<식> : 깊이가 얕은 팬을 사용하여, 팬을 뜨겁게 한 뒤 기름과 버터를 넣어 급히 식혀 내는 방법으로, 스테이크 조리 시 고기의 표면조직을 수축시켜 내부의 영양분과 고기즙이 밖으로 흘러나오지 않도록 조리하는 방법이다.

Shift Sheet<카> [시프트 시트] : 매 교대 시 그에 따른 각 게임들에 대한 이득, 손실 계산 기록

Shoes Rag<객> [구두 닦기천] : 호텔에 따라 구둣솔을 비치하는 곳도 있으나, 구둣솔보다는 천이 사용되기에 편리하고 위생적이다. 천 종류나 얇고 부드러운 종이류로 주머니처럼 만들어져 속에 손가락을 넣어 닦을 수 있다.

Short Drink<음> [쇼트 드링크] : 보통 Shaker, 즉 칵테일 따위를 만들기 위한 음료 혼합기를 사용하여 만든 칵테일을 말하며 5분 이내에 마셔야 제 맛을 즐길 수 있다.

Short-haul route : 단거리 교통수단

Shot Glass<식> [쇼트 글라스 : 작은 유리잔] : 특정한 글라스의 일종인데 글라스의 내부에 눈금이 새겨진 것과 눈금이 없는 것이 있는데 눈금이 새겨져 있지 않은 경우는 글라스의 가장자리를 기준으로 하여 양을 측정한다.

Shoulder : 성수기와 비수기 사이의 기간을 가리키는 마케팅 용어; 성수기와 성수기 사이를 말하기도 한다.

Show Plate(쇼우 플레이트) : 식탁을 차릴 때 고객좌석의 중심을 표시하기 위한 장식 접시로서 그 위에 냅킨을 올려놓는다. 대개 동이나 놋쇠로 만들며, 특별제작품이 없을 때는 앙트레 접시로 대용하여 테이블에 놓는다.

Shut-Out Key<객> [셧아웃 키] : 보석이나 귀금속을 다루는 고객의 필요에 의해 고객이 부재 시 어떠한 종사원도 개방, 출입할 수 없도록 고안된 장치이다.

Side Station(사이드 스테이션) : 신속한 서비스를 위해 영업장 안의 편리한 곳에 기물을 놓는 장소를 말한다. Service Station또는 Waiter Station이라고도 한다.

Side Work<식> [사이트 워크] : 레스토랑이 영업을 개시하기 전에 케이블 정렬, 세팅(Setting) 및 청결유지를 하며 레스토랑 오픈 후에는 구역 내에서의 소금, 설탕, 후추 등을 보충하여 레스토랑 고객에게 공급하는 업무를 말한다.

Sidewalk(보도) : 도로의 양가에 나 있는 인도; 통상 연석에 의해 차도와 구분되며 보호됨(보도)

Sightseeing tour : 한 지역의 경치를 감상하기 위한 여행. a trip to see the sights of an area

Sightseers(관광객) : 경치를 보기 위하여 흥미를 가지고 있는 장소로 가는 사람

Silver ware(실버웨어)<식> : 식당기물 중에서 은으로 도금이 되어 있는 식기류를 말한다. Flat Ware

류를 도금한 것이 대부분이다.

Simmering [시멀링] <식>: 온도 섭씨 85도의 약한 불에 부글부글 끓이는 것

Simmering(시머링) : Poaching과 Boiling의 혼합조리 방법으로 95~98도씨에서 조리한다.

Sitting Room Ensuite<객> [시팅 룸 엔스위트] : 침실과 연결된 객실, 즉 거실을 말한다.

Size : 객실 수에 의하여 측정되는 호텔의 수용능력

Skewering<식> [스큐어링] : 요리하는 과정에서 육류나 가금류를 기다린 핀에 다른 부재를 곁들여 꽂아주는 것

Skinning(스키닝) : 반죽 표면이 건조된 것이나 제품의 표면이 건조되어 불량하다는 뜻으로 쓰임.

Skip Account<회> [스킵 어카운트] : 미지급계정

Skipper(스키퍼)<객> [스키퍼 : Skip] : 고의든, 무의식적이든 요금을 지급하지 않고 떠난 객실의 상황을 나타내는 용어

Skirt [스커트] <객> : ① 벽지의 아래 부분을 보호하기 위하여 부착된 띠 ② 가구 따위의 가장자리 장식

Sleep Out(슬립 아웃)<객> [슬립 아웃(체재중 외박한 고객) : S/O] : Room에 투숙중인 손님이 있으나 방을 사용한 흔적이 없는 것

Sleeper<객> [슬리퍼] : 고객은 요금지급을 하고 호텔을 체크아웃 했는데 Front Office에서는 고객 객실 상황을 제대로 점검하지 않아 객실이 사용 중인 것으로 오인되어 버린 객실을 나타내는 용어

Sleeper Occupancy<객> [슬리퍼 어큐펀시 : Bed Occupancy] : 판매할 수 있는 침대수와 이미 판매한 침대수와의 관계비율을 말한다.

Sleeping car : 침대에서 잘 수 있게 된 기차; 젖히면 침대가 되는 객실

Slumber coach : 잠을 잘 수도 있고, 다리를 쉬게 할 수도 있으며(foot rest가 있는) 기댈 수 있는 좌석을 가지고 있는 열차

Small Charge<회> [스몰 차지] : 소전, 소액화폐, 잔돈을 말한다.

Smuggler : 밀수품을 가지고 들어오는 사람 또는 세금을 지급하지 않고 국내에 물건을 반입하고자 하는 사람

Snack Bar<식> [스낵 바] : 간이식당으로 가벼운 식사를 하는 식당이다. 식사의 서브 방식은 카운터 서비스(counter service)와 셀프 서비스(self service)의 형식을 취한다.

Social director : 휴양지, 호텔, 유람선 등에서 고객을 즐겁게 하고 환대하기 위한 활동에 대해 책임지고 있는 사람

Special attention(SPATT)<객> [특별 주의] : 중요 고객(귀빈)에 대하여 특별한 예우(대우)를 하기 위해 배정하는 표식

Special Service(스페셜 서비스) : 특급 서비스로서 보통 요금의 20~ 50%까지의 할증요금을 취한다.

Spice(스파이스)<음> : 양념, 향미료, 양념류

Spirits<음> [스피리츠] : 화주로서 모든 증류수를 말함

Splash(스프래시) : 반죽할 때 붓으로 바르거나 케이크를 만들 때 시럽을 바르는 것을 말한다.

Split Rate<객> [분할가격방법] : 객실의 몇몇 고객이 총 객실요금을 분할해서 지급하는 방법이다.

Split Shift System<식> [스플리트 시프트 시스템] : 호텔식당 경영상에 있어서 근무조의 시간을 연

속이 아닌 두 개로 쪼개어 근무시키는 시스템이다. 이를테면, 오전 10시부터 3시까지 근무하게 하고, 식당 문을 닫았다가 오후 6시에 다시 열어서 10시까지 근무시키는 시스템이다.

Spread Rate<객> [단체고객 객실할당금액] : 가격이 다소 랙 가격(Rack Rate)보다 떨어지지만, 단체고객이나 회의참석 고객에게 표준요금을 적용한 객실가격이다.

Station<식> [스테이션 : Section Area] : 종사원에게 주어진 서비스 구역, 즉 호텔업장에서 고객에게 서비스하기 편리하도록 하나의 서비스 구역 그 자체를 말한다.

Station : 종사원에게 주어진 서비스 구역

Stationery(상비설비)<객> [스테이셔너리] : 객실 내에 항상 준비되어 있는 문구용품으로 봉투, 편지지, 엽서, 볼펜 등을 일컫는다.

Stay : 일박 이상 투숙하는 모든 고객; check out하기로 되어 있었으나 떠나지 않은(=못한) 고객; stay over. 투숙하기로 되어 있었지만 떠나지 않고 출발예정을 넘어 체류하는 일; 일박 이상의 연박

Stay(체류)<객> : 호텔에서 1박 이상을 체류한 모든 고객을 뜻한다.

Stayover<객> [체류 연장 : Hold Over. Over Stay] : 연박, 퇴숙 예정 일자를 넘겨 체류하는 일, 고객

Steward or stewardess : 선실(객실) 항공기 등에서 근무하는 남자 또는 여자

Stirring<식> [스터어링 : 휘젓기] : 음식물을 원형으로 빙빙 돌려 혼합하는 것. 고루 섞이게 하는 것 유리제품인 Mixing Glass에 얼음과 술을 넣고 바 스푼으로 저어서 재빨리 조제하는 방법이다. Sharp하고 Dry한 칵테일의 대부분은 비중이 가벼운 재료를 사용하고 있으므로 Shake하면 불투명하고 묽어질 염려가 있기 때문에 Stir하는 것이다.

Stock Ledger(재고원장)<회> [재고 순환] : 호텔의 재고원장은 주로 창고에 저장되어 있는 식음료 및 집기류 등 재고원장으로 효과적인 재고관리를 위해서는 재고원장이 필요하다. 재고원장의 기장은 청구서를 수령하여 물품을 출고하였을 때 출고기록과, 물품을 구매하였을 때 입고기록을 한다.

Stock Rotation(스톡 로테이션) : 창고의 재고나 저장품을 선입선출 법에 의해 순서대로 소비하는 재고 순환을 말한다.

Strap portion : 2매 1조의 하물표 중 하물에 붙여지는 하물표의 한 부분

Studio<객> [스튜디오] : 침대로 전환할 수 있는 한두 개의 긴 의자를 가진 침대가 없는 호텔이나 모텔의 객실을 말한다.

Studio Bed<객> [스튜디오 베드] : 호텔에서 사용하는 베드 중 낮에는 벽에 밀어붙이고 베개를 빼면 베드 커버를 걸어 놓은 채 소파로서 이용할 수 있는 것도 있는데 이것을 스튜디오 베드라고 한다.

Suite : 1실 이상의 침실, 거실, 주방 등이 있는 대형 객실

Support facilities(지원시설) : 호텔, 공항으로 가는 도로, 전기, 재봉사, 식수공급 등 관광시설을 운영하는 데 필요한 것

Sweet Jelly<식> [스위트 젤리] : 젤라틴으로 만든 투명한 젤리로 과즙이나 향을 넣은 것인데, 굳이 않고 액체 상태이지만 저어서 거품을 내 주면 그대로 굳는다.

Tariff : 호텔에서 공표한 정규요금을 지칭함

Tariff(공표요금) : 공표요금은 일반적으로 호텔이나 여관에서 공표한 정규요금을 지정하고 있으며, 호텔 브로우셔에 있는 요금표를 태리프라 부른다. 이 태리프는 원래 미국에서 수입품에 부과시키는 관세율표로 사용되었던 것이 현재는 철도의 운임표, 호텔의 요금표로도 사용되고 있다.

Take-Out Menu<식> [테이크-아웃 메뉴 : Carry-Out Menu] : 고객이 레스토랑에서 음식을 주문하여 레스토랑 외부로 음식을 가지고 나가는 메뉴의 종류

Tele-Marketer(텔레마케터) : 텔레마케팅을 수행하는 자를 말한다.

Telemarketing<숙> [텔레마케팅 : Teleshopping] : 호텔기업이 고객을 직접 만나지 않고도 전화나 컴퓨터 등 정보 통신수단을 이용해 매출액을 늘리고 고객 만족을 실현하려는 종합적인 마케팅 활동이다.

Temporary Advance : 임시 선수금

Tenant : 임대(차용)자

The Duplicate System<회> [대조시스템] : 식당 판매관리의 한 방법으로서 금전등록기(Cash Register Machine)나 식당 체킹머신(Checking Machine)의 원본 등록사항과 카본(Carbon)지의 금액을 대조 확인하는 방법이다.

Ticket agent : 특정 회사의 교통수단을 이용할 수 있는 승차권을 구매자에게 판매함으로써 특정 회사를 대리, 대표하는 사람

Tidy-Up(타이디 업)<객> [타이디 업 : Make-Up] : 고객이 퇴실한 후 객실을 정비하고 청소하는 일

Time card(타임 카드)<숙> : 호텔 종사원의 근무시간 관리를 위해 작성되며, 이 카드는 종사원 개인의 호텔 출근 시간과 퇴근시간이 기록된다. 이 카드는 회계부서의 급료담당 직원에게 보내어져 종사원 급료 계산의 자료가 되며, 종사원의 근무상태를 파악할 수 있다.

Timetable(시간표) : 루트에 따라 여러 곳의 정거장으로부터 차량이 도착, 출발하는 시간을 보여주는 계획표, 비행시간표는 기종, 식사서비스 및 서비스의 빈도와 기타 정보를 제공

Tip(봉사료)<숙> [팁, 감사금] : 서비스를 제공하는 사람에게 감사의 표시로서 비용 이외에 따로 지급하는 돈. 포터와 같이 어떤 형태의 서비스는 팁(봉사료)에 의해서만 제공(수행)됨

To-date(누계) : 누적되는 합계를 말함

Total check : 주문 품목의 모든 가격을 합계하는 일

Tour Coordinator : 단체여행객을 취급하는 분

Tour Desk<객> [투어 데스크] : 호텔의 로비에 있는 데스크로서 이것은 특별히 관광, 특히 단체고객 패키지 상품 등의 상담과 판매를 하는 곳

Tour operator : 관광객을 위하여 시설과 장비를 소유하고 대여하며 특별한 여행의 수배 및 활동을 위한 서비스를 제공하는 회사

Tour packager : 교통편, 숙박시설, 여행시설 등을 한데 묶은 여행상품을 만들어 소매여행업자를 통해 일반에게 판매하는 회사

Tourism Hotel(관광호텔)<숙> : 관광객이 숙박에 적합한 구조 및 설비를 갖추어 이를 이용하게 하고 음식을 제공하는 자동차 여행자 호텔, 청소년 호텔, 해상 관광호텔, 휴양 콘도미니엄 등의 숙박시설 등이 있다.

Tourist class : 주로 개인전용 목욕탕이 없는 시설과 같이 제한된 service를 제공하는 호텔을 가리키며, 미국에서는 이 용어를 사용치 않음

Track : 열차용 특수금속레일(선로)

Training : 어떤 직무 또는 작업수행을 위한 훈련

Transcript<회> : 야간회계감사원이 사용하는 서식으로서 고객 또는 각 부서에 의해 발생한 당일의 요금을 종합하고 나누는 데 쓰임

Transfer<회> [트랜스퍼] : 한 항공에서 다른 항공으로 하물을 취급하거나 수송하는 일, 이 서비스는 주로 패키지 투어에 포함되어 있음

Transfer Credit<회> : 고객계정간의 잔액을 이체할 때 사용되며, 이체계정 간에 상호 상대계정번호가 각각의 고객원장에 기록됨으로써 상호추적을 가능하게 한다.

Transfer Folio<회> [원장] : 고객의 체류기간이 1주일을 경과하여 원래 개설한 고객원장에는 더 이상 누적 계산을 할 수가 없을 때 새 원장으로 옮기는 것을 말한다. 새 원장에는 원장번호가 따로 주어지지 않는다.

Transfer Sheet<회> [양도전표] : 부서와 부서 간에 상품 또는 재료가 이관되는 경우 재료비의 계정변경상 소요되는 전표를 양도전표라 한다.

Transient guest(단기 체류고객) : transient hotel 참조

Transient Hotel(단기체제 호텔)<숙> [트랜지언트 호텔 : Destination Hotel] : 단기로 호텔을 이용하는 고객을 주요 대상으로 영업하는 호텔로 공항과 같은 특수한 지역에 위치하여 여행자들의 단기적인 숙박을 목적으로 하는 호텔과 도시에 있는 호텔 중 상업호텔이나 장기 숙박 호텔을 제외한 호텔로 구분한다.

Transmittal Form<회> [트랜스미탈 폼] : 호텔 고객으로부터 축적되어 있는 신용카드 후불을 우송하거나 기록하기 위하여 신용카드 회사로부터 제공받는 양식

Transoceanic : 태평양 또는 대서양 횡단

Travel and entertainment card : 호텔 이외의 특정회사에 의하여 발행되는 신용카드로서, 사용자가 매년 카드 이용료를 지급함

Travel Industry Association of America(TIA : 미국여행산업협회) : 미국 내의 여행 및 관광을 진흥시키기 위하여 활동하고 있는 여행관련사업 및 개별사업체들로 구성되어 있는 비영리단체

Tray service<식> [트레이 서비스] : A. P 이용고객이 룸서비스를 이용한 경우 부과하는(추가) 요금

Trunk System<회> [트렁크 시스템] : 서비스 요금을 Waiter's Pay와 같이 예치계정에 분개하여 월말에 전종업원에게 환불하는 제도

Turn Away<객> [턴어웨이] : 객실부족 사정으로 인하여 고객을 더 유치할 수 없어, 예약된 고객을 빈 방이 있는 다른 호텔에 주선하여 보내는 것을 말함

Turn down : 예약을 신청하여 거절된 사람

Turn over : 1회 식사를 서브하는 동안에 식탁을 한 번 이상 사용하는 것

Turn-away service : Overbooking 등으로 불가피하게 고객을 받을 수 없는 경우 다른 호텔로 안내해 주는 서비스

Turn-In<회> [턴-인] : 각 업장 교대시간에 업장 Cashier로부터 General Cashier에게 입금되는 입금 총액. 근무 종료 시(마감시) 각 부서의 수납원이 수납우두머리에 제출한 금액

Twin-double(두 개의 double bed) : 이러한 침대가 두 개 들어 있어 4명을 수용할 수 있는 객실

Unaccompanied baggage : 승객이 탑승하고 있는 비행기로 운반되지 않는 하물

Uncollected Bill<회> [언콜랙티드 빌] : 식음료계산서 처리시 Posting은 되었으나 여러 가지 사유로 해서 회수 불능한 계산서로써 다른 말로 Open Check이라고도 한다.

Under Stay<객> [조기 퇴숙 : Unexpected Departure] : 퇴숙 예정일보다 고객의 업무상 또는 개인적인 사정으로 갑작스럽게 퇴숙 예정일보다 앞당겨 출발하는 경우

Understay : 예정출국일 전에 출국하는 고객

Unexpected Arrival<객> [불시 도착고객] : 고객이 예약날짜 이전에 호텔에 도착하는 것을 말한다.

Uniform System of Accounts for Hotel(USAA ; 통일 호텔회계제도)<회> : 사업전체의 통일성을 기하기 위해 주로 수입과 지출에 관한 회계항목(계령)에 관해 기술한 편람. 호텔업무의 전문성을 때문에 회계 상의 전문용어와 이용방법을 획일화하여 보증하기 위한 수익 보증을 주로 다룬 회계용어의 편람이다. 미국의 호텔회계는 1926년 3월에 마련된 USAH로부터 시작된다. USAH는 호텔기업의 특성에 맞는 회계기준 마련의 필요성에 따라 뉴욕시 호텔협회에서 제정한 것으로 1985년 12월 8차 개정 후 1986년부터 시행되고 오늘에 이르고 있다.

Uniformed Service<객> [유니폼 서비스] : 호텔 현관 로비에서 주로 유니폼을 입고 근무하는 종사원으로서 벨맨, 도어맨, 페이지 보이. 엘리베이터 오퍼레이터 포터 등이 있다.

Unit<숙> [유니트 : 단위] : 자유롭게 설립된 개인사무장소, 특히 한 사업장소 이상을 갖고 있는 기업의 부분(대단위 기업, 개인적 숙박시설)으로 호텔객실, 콘도미니엄, 별장을 일컫는다.

Unit Rate System<숙> [단일요금제도] : 우리나라에서 실시되고 있는 호텔의 객실요금정책으로서 객실당 투숙객수에 따라 가격이 결정되는 게 아니고 객실 1실에 투숙객이 1인이든 2인이든 관계없이 동일요금을 고객으로부터 지급하게 하는 제도

Unit(유닛) : 자유롭게 설립된 개인사업장고, 특히 한 사업장소 이상을 갖고 있는 기업의 부분으로 호텔 룸, 콘도미니엄 또는 별장을 일컫는다.

Up grading<객> [업 그레이딩 : Up-Grading. Up-G.] : 고객이 예약한 등급의 객실보다 비싼 객실에 투숙시키는 것을 말함

UPS(Uninterruptible Power Supply: 무정전전원공급장치)<전>: 정전이나 소음이 없는 깨끗한 전기를 공급하여 주는 장비로 정전압 정주파수 전원장치라고 불이어지기도 한다.

Up-to-date(누계) : 어떤 행위가 가장 최근화 되는 것

Upright position : 비행기 좌석 중 가장 앞쪽의 좌석

Urgent Telegram<객> [지급 전보] : 지급 전보

Usher : 수위, 안내하는 사람

Utensil<식, 음> [유텐실] : 주방용 각종 기물류

Utility Man<객> [유틸리티 맨 : 공공 구역의 청소원] : 유티릴티 맨이란 말의 원래의 뜻은 엑스트라 배우, 단역 배우 등의 뜻이지만, 호텔용어로는 공공구역의 청소원을 의미한다. 특별한 기술이 필요하지 않은 호텔의 로비나 화장실, 호텔주변, 주차장 등의 청소를 담당하는 단순직이라는 의미에서 유틸리티 맨이란 호텔 용어가 탄생한 것으로 생각한다.

Vacancy<객> [베이컨시 : 공실] : 객실이 만실(Full House)이 아닌 상태로 판매가능 개실이 아직 남아 있음을 의미

Vacant : 투숙하지 않은 객실. 판매 가능한 청소된 객실

Vacant and Ready<객> [베이컨트 앤 레디] : 투숙되지 않은 객실로 판매 가능한 객실을 말한다.

Vacation : 노동 혹은 기타 의무로부터 자유로운 시간

Vacation Home<숙> [휴가 별장] : 특별한 계절 동안에 비교적 단기간 사용되는 2차적인 주거지

Valet Service<객> [발렛 서비스] : 호텔의 세탁소(Laundry)나 주차장에서 고객을 위해 서비스하는 것을 말한다. 또는 손님의 옷을 세탁, 드라이 클리닝 하거나 수선하여 주는 서비스

Validate : 어떤 일을 법적으로 또는 행정적으로 유효하게 함; 항공권은 사용되기 전 판매처에 의해 유효함을 인정받게 되는데 판매처에서는 항공권에 요금지급 사실을 기입하거나 스탬프로 표시함

VAT(Value Added Tax)<회> [부가가치세 : Value Added Tax] : 부가가치세란 물품이나 용역이 생산 제공 유통되는 모든 단계에서 매출금액 전액에 대하여 과세하지 않고 기업이 부가하는 가치, 즉 Margin에 대하여만 과세하는 금액

V.D.Q.S(Vin Delimites De Qualite Superiere)<음> [우량지정 포도주 : Vin Delimites De Qualite Superiere] : 와인의 원산지 명칭 통제를 뜻하는 말로 우수한 품질의 와인이라는 의미이다. 1949년 정부 령으로 품질 분류상 A.O.C와인의 다음 급에 속하며 규정항목으로는 포도생산지역, 포도 품종, 재배법, 양조법, 최저 알코올 도수 등을 규제하고 있다.

Veal<식> [송아지 고기] : 송아지는 생 후 12주를 넘기지 않은 것으로 어미 소의 젖으로만 기른 적은 지방층과 많은 양의 수분을 갖고 있어 연한 맛이 있다. 송아지 고기요리에는 Scalloping Veal Cutlet이 있다.

Verification<객> [재확인] : 객실예약, 신용카드사용, 또는 시민권 증명의 사실여부를 증명하는 과정이다.

Vintage chart<음> [빈티지 차트] : 포도주의 생산연도를 알기 쉽게 표시해 놓은 표, 포도주를 수확한 연도를 표시한 말로서 그 해에 수확한 포도로 만든 포도주라는 것을 나타낸다.

Void Bill<회> [보이드 빌] : 식음료계산서 처리 시 영업 중 고객이나 종업원에 의하여 정정 혹은 수정되거나 기타 훼손 등으로 해서 불가피하게 무효화된 계산서를 말한다.

Vouch : 어떤 사람의 언행 혹은 그 밖의 다른 사람의 보증에 대해 동의함

Voucher<회> [바우처 : Coupon] : 전표, 증빙

Waffle<식> [와플] : 덴마크 음식의 일종으로 밀가루와 버터, 설탕, 이스트(Yeast)우유, 소금, 바닐라 향 등을 반죽하여 틀에 넣어 구워내는 케이크종류로 꿀이나 시럽, 버터를 발라먹는다.

Waiting List <객> [대기 고객 명단] : 이미 예약이 만원되어 있는 좌석 또는 호텔 객실을 예약하기 위하여 이미 예약된 것 중 취소되는 것을 기다리고 있는 사람

Wake Up Call<객> [Morning Call] : 손님이 원하는 시각에 통보하여 주는 전화

Walk in Guest<객> [워크 인 게스트 : Walk Ins. No Reservation] : 사전에 예약을 하지 않고 당일에 직접 호텔에 투숙하는 고객을 말한다. 이 경우 일반적으로 고객에게 선수금을 받고 있다 (Walk-Ins % = Walk-ins의 수 / 전체 도착자 수×100).

Walk Out<객> [워크아웃] : 공식적인 체크아웃 없이 호텔을 떠나는 고객을 말한다.

Walk-in : 예약하지 않고 투숙하는 손님

Walk-in guest : 예약을 하지 않고 호텔에 들어오는 고객

Walk-Through<숙> [워크 드로우] : 호텔 간부 임원이나, 프랜차이즈 조사자 등에 의해서 이루어지는 호텔 자산에 대한 총 심사과정을 말한다.

Wastage<식> [소요량] : 호텔 레스토랑 사업에 있어서 식음료 저장에서의 소모량(Wastage In Stores)과 조리준비과정(Wastage In Preparation) 또한 요리과정(Wastage During Cooking)에서 생기는 불가피한 일정한 식음료의 소모량을 말한다.

Watch Work<객> : Room Maid가 오후 4시경 (16:00)부터 밤중(24:00)까지 작업하는 것을 말한다.

Welcome Envelop<객> : 단체 숙박절차(Group-Check-In)시, 객실 열쇠와 등록카드(Registration Card) 등이 넣어져 있는 객실

Wet Vacuum<객> [웨트 버큠] : 물청소용 진공청소기

Well or Bucket<객> : 고객원장이 프런트 캐시(Front Cashier)에 의해 객실번호(Room No.) 순으로 정리보관된 것

Whipping<식> [휘핑 : 거품일구기] : 공기를 넣음으로서 빠른 동작으로 BEATING하여 부풀게 함

Whipping Cream<식> [휘핑크림] : 평균 36%의 유(乳)지방이 든, 거품 일구기 좋은 크림

Who<객> [후] : rack에 비어있는 것으로 나타나 있는 객실의 확인되지 않은 고객이 투숙하고 있는 것

Wide Area Telephone Service(WATS) : 특별요금으로 제공되는 장거리전화

Will Call for Service<객> [윌 콜 포 서비스 : By Hand] : 호텔의 체크 룸서비스의 일종으로 숙박하고 있는 고객 또는 출발할 고객이 외부의 사람에게 물품을 전달할 경우에 보관 후 외부손님에게 전달하는 서비스이다.

Word-of-mouth advertising(구전판촉) : 이용한 후 만족한 고객이 다른 사람에게 상품, 서비스, 장소 등에 대해 추천하는 일

Work Station<식> [워크스테이션] : 호텔종사원이 일하는 영업장소 개념과 음식을 생산하는 장소를 말한다.

Working Schedule<숙> [워킹 스케줄] : 근무계획표

Writing Desk<객> [사무용 책상] : 간단한 사무를 볼 수 있는 책상으로 호텔 객실 내에 비치되는 가구이다.

Yachtel<숙> [요 텔] : 요트를 타고 여행하는 관광객들을 대상으로 하는 숙박시설로서 비교적 규모가 작으며 단기체류객을 대상으로 주로 잠자리만 제공하는 일종의 간이호텔이다.

Yeast<식> [이스트 : 효모] : 맥주의 원료로 맥아즙 속의 당분을 분쇄하고 알코올과 탄산가스를 만드는 작용을 하는 미생물이다.

Yield<회> [표준산출량] : 제품을 전부 합쳐 구운 전량 또는 계산된 단위의 개수를 말한다.

Yield Management<회> [수익관리] ; 1988년 항공 산업에서 도입된 것으로 중앙 컴퓨터 시스템(Central Computer System)을 통하여 하루에 8만 번까지 가격이 변동되는 자동식 가격변동방식이다. 이 시스템 하에서는 할인율은 수요의 변동 및 예약 상황에 따라 다르게 적용된다. 즉 호텔고객들은 그들의 예약 시점에 따라 같은 객실에 대하여 다른 객실 요금을 지불한다. 가격은 매일 시간 단위로 변하여 예정 객실 투숙일의 주요 상황이 모든 가격조정을 조절하는 것이다. 따라서 이 시스템의 수요예측 기능까지 구비하고 있는데 일반적인 근거 자료는 과거의 수요상황에 대한 자료이며 위에서 언급되었던 수요상황 이외에도 세분시장에 따라 예약 순위 및 가격이 다르게 책정된다. 판매수익의 증대, 이익의 극대화, 세분시장 효율성 향상, 제품 포트폴리오 전략의 강화, 수요의 안정화 등 무수한 장점을 가지고 있으나, 같은 객실을 구입하면서도 높은 가격을 지급하는 고객을 격리시킬 수 있는 단점을 가지고 있다.

Young Wine<음> [영 와인] : 포도주를 만들어서 오랜 기간 숙성하지 않고 1~2년 저장하여 5년 이내에 마시는 포도주를 말한다.

Zakuska<식> [자쿠스카] : 러시아어로 에피타이져(Appetizer)란 뜻으로 풍미 있고 짭짜름한 소량의 식욕촉진제, 혹은 술안주를 말한다.

Zero Defects<숙> [ZD 운동] : 무결점 운동으로 종업원 개개인이 자발적으로 추진자가 되어 일의 결함을 제거해 나가려는 관리기법이다.

Zero out<회> [지로 아웃] : 손님이 check out하며 요금을 정산함에 따라 고객구좌상의 대차대조가 균형을 찾는 일

Zest<식> [제스트 : 풍미, 맛] : 오렌지 레몬의 껍질

Zip Code<객> [집 코드 : 우편번호] : 우체국의 담당 배달 각 지역에 매긴 번호

Zombie [좀비] : 칵테일 이름으로 남태평양제도에서 Don 이라는 백인에 의해 만들어졌으며 그 뜻은 마법으로 죽은 사람을 되살아나게 한다는 초자연의 힘이나 그렇게 되살아난 사람을 의미한다.

 참고문헌

▶ 국내 연구논문

김효정(1986), 호텔산업 마케팅에 관한 연구, 경희대학교, 석사학위논문
김대환(2000), 관광호텔의 효율적인 객실운영에 관한 연구, 경기대학교, 석사학위논문
봉성대(1995), 호텔마케팅 믹스개발에 관한 연구, 세종대학교 경영대학원, 석사학위논문
우철현(2007), 국내체인 호텔의 경영성과 분석에 관한 연구, 경희대학교, 석사학위논문
이선희(1986), 한국호텔기업의 서비스마케팅 전략 개발에 관한 연구, 경기대학교, 박사학위논문
이완로(2004), 관광호텔의 효율적인 객실운영에 관한 연구, 경기대학교, 석사학위논문
이재섭(2005), 호텔의 마케팅 믹스와 경영성과와의 관계연구-4P's Mix와 BSC의 측정항목을 중심으
　　　　　로, 한국호텔경영학회
조명환(2002), 관광호텔의 객실 가격 전략에 관한 연구, 동아대학교, 석사학위논문

▶ 국내 서적
두산동아, 「동아 새 국어사전」, 1998, p. 1869
고석면(2005), 『호텔경영론』, 기문사
김상진 등(2005), 『호텔과 호텔경영』, 백산출판사
김영준 등(2006), 『최신호텔 현관객실 실무론』, 대왕사
김왕상·권문호(2005), 『관광서비스 경영론』, 대왕사
김홍범(2006), 『호텔·관광마케팅』, 한올출판사
민혜성(2005), 『호텔·객실영업론』, 현학사
박상수·고금희(2009), 『해설 관광법규』, 백산출판사
박한표(1998), 『호텔·관광마케팅』, 학현사
신재영 등(2005), 『식음료서비스관리론』, 대왕사
임경인(2003), 『호텔관광마케팅』, 백산출판사
이희천 등(2006), 『호텔마케팅』, 도서출판 갈채
정규엽(2004), 『호텔·외식 관광 마케팅』, 연경출판사
정인태·이종순(1991), 『현대호텔식음료 경영론』, 형설출판사
정수영(2003), 『신경영학원론』, 박영사
주종대(2003), 『호텔경영학』, 대왕사
주종대(1999), 『현관객실업무』, 백산출판사
황희곤·김성섭(2007), 『컨벤션 산업론』, 백산출판사
주현식·조재문·여호근(2003), 『컨벤션 실무기획과 마케팅』, 학문사

하동현(2003), 『신호텔경영론』, 한올출판사

홍철희 등(2006), 『식음료실무론』, 대왕사

손대현(1988), 『관광마케팅론』, 일신사

송성인·김영식(2007), 『호텔경영학』, 새로미

신전인 등(2005), 『식음료서비스관리론』, 대왕사

최동렬(2004), 『연회실무』, 백산출판사

최병호·이형재(2005), 『호텔체험가이드』, 백산출판사

최영준(1999), 『호텔경영론』, 대왕사

최태광·정승환·김미경(2002), 『호텔마케팅 실무』, 백산출판사

村松司叙, 現代經營學總論, 中央經濟社, 1990, 序文

▶ 국내기관 발표자료

호텔롯데, 식음료 직무 교재

호텔신라, 서비스 교육센터 교재

한국관광공사(2006), 『국제회의 개최현황』

한국관광연구원(2000), 『컨벤션 전담기구 설립·운영방안』

http://cafetea.co.kr/board/view.php?id=convention

▶ 해외 참고서적 및 논문

Archie B. Cl.(1991), "The Pyramid of Corporate Social Responsibility : Toward the Moral Management of Organizational Stakeholders," Business Horizons(July-August), pp. 39-48.

Astroff, M. T., & Abbey, J. R.(2005). Convention Management & Service AH & MA.

David, C. D.(1982), Hospitality Marketing, The Practice of Hospitality Management, ed by A. Pizam, R. C. Lewis, P. Manning, p. 342.

Daniel R. Lee.(1984), A Forecast of lodging supply and demand, the Cornell H. R. A Quarterly, vol 25, Aug. p. 28.

Doswell, R. G.(1978), Garable Marketing and Planning Hotel and Tourism Project (London: Hutchinson), p. 20.

Eyster, J. J.(1997), "Hotel Management Contracts in the U. S.: Twelve Areas of Concern, The cornell Hotel and Restaurant Administration Quarterly, June, p. 24.

Go, F. Christensen, J.(1989), "Going Global", The cornell Hotel and Restaurant Administration

Haiman, F. S.(1951), Group Leadership and Democratic Action, pp. 3-4.

Hersey, P. & Blanchard, K. H.(1988), Management of Organizational Behavior, Prentice-Hall, 1988, 5th, p. 86 Quarterly, November, p. 73.

James F. Engel, Roger D. Blackwell, and Paul W. Minard, Consumer Behavior, 7th ed. The Dryden Press, 1993, p. 759.

Levit The Ordore.(1958). The Danger of Social Responsibility, Harvard Business Review. sep-oct. pp. 941-49.

Plunkert, W. R. & Attner, R. F.(1983). Introduction to Management, Kent Publishing Co.

Powers, T.(1988), Introduction to management in the hospitality industry.
wiley service management series, p. 517.

Renaghan, L. M.(1981). A New Marketing Miix for Hospitality Industry The Cornel Quarterly, vol. 22, no.2(Aug), pp. 32-35.

Ronald, J. E. & Ricky. W. G.(1995). The attempt of a business to balance its commitments to groups and individuals in its environment, including customers, other businesses, employees, and investors. : Business Essentials. p. 52.

Ruther, D. G.(1990). Introduction to the conventions, exposition, and meeting industry, New York: Van Nostrand Reinhold. p. 108.

Schätzing, E. E.(1983). Qualitätsorientierte Marketinggpraxis in Hotellerie und Gastronomie (Stuttgart: Hugo Matthaeas Drukerei und Verlag), S, 41.

Stoner, J. A. F. & wankel(1986). Management 3rd. ed (Prentice Hall) pp. 18-19.

Schwaninger, M.(1980), Organisatorische Gestaltung in der Hotellerie: EinLeitfaden, Verlag Paul Haupt Bern und Stuttgart, pp. 73-85.

Stephen. P. R.(1988). Management, pp. 6-7.

Kaub, E.(1990). Erfolg in der Gastronomie, Deutscher Fachverlag, p. 50.

Koontz & O'Donnel.(1968). Principles of Management-An Analysis of Managerial Functions-, Fourth Edition, International Student Rdition.

Hotel's Giant Survey, 2000.

Hamer, E. & Riedel, B.(1990), Gastronomie Marketing, Poller, p. 74.

Nagel, C. G.(1993). Strategische Unternehmensbewertung am Beispiel von Hotelunternehmen, Verlag Paul Haupt Bern Stuttgart Wien, pp. 67-70.

H. Mintzberg, Mintzberg on Management, Free Press, 1989.

Westley F & H Minzberg, "Visionary leadership and strategic management."
Strategic Management Journal, vol. 10, pp. 17-18.

───────◇ 저자소개 ◇───────

〈김 시 중〉
- 오스트리아 국립 빈(wien)대학교 관광경영학과(학사)
- 오스트리아 국립 빈(wien)대학교 대학원 관관경영학과 및 교통경영학과(석사)
- 오스트리아 국립 빈(wien)대학교 대학원 관광경영학과(박사)
- 현재, 우송대학교 호텔관광경영학과 교수
- E-mail : sjkim@wsu.ac.kr

〈박 정 하〉
- 우송대학교 관광경영학과(학사)
- 우송대학교 대학원(관광경영학 석사)
- 세종대학교 대학원(호텔관광경영학 박사)
- (전)유성호텔 마케팅 팀장
- 현재, 중부대학교 호텔경영학과 교수
- E-mail : jungha605@hanmail.net

호텔경영론

2010년 2월 27일 초 판 1쇄 발행
2012년 3월 10일 수정판 1쇄 발행

저 자 김 시 중 · 박 정 하
발행인 (寅製) 진 욱 상

저자와의
합의하에
인지첩부
생략

발행처 🏠백산출판사
서울시 성북구 정릉3동 653-40
  등 록 : 1974. 1. 9. 제 1-72호
  전 화 : 914-1621, 917-6240
  FAX : 912-4438
http://www.ibaeksan.kr
editbsp@naver.com

값 23,000원
ISBN 978-89-6183-298-4